JN438942

건축설계 ATLAS

양용기 저

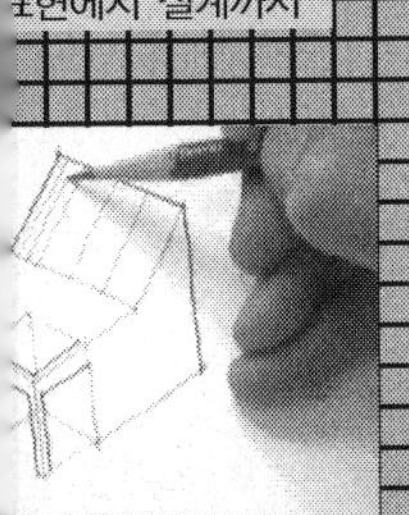

머리말

예전에는 설계가 대부분 수작업으로 이루어 졌다. 심지어는 글씨도 직접 도안을 해야 했으며 치수를 넣는 것도 쉽지 않은 작업이었다. 수작업이었지만 도면의 정확도는 지금과 미찬가지로 정확했다. 지금은 대부분의 작업을 CAD로 한다. 계단도 자동으로 계산되어 나오고 벽체, 재료, 치수까지 모두 프로그램에서 다루고 있다. 컴퓨터가 도면의 품질을 돕고 있으며 작업의 속도도 빠르게 진행시키고 있지만, 이것이 작업자가 초보자일 경우 좋은 상황이라고만 볼 수는 없다. 이 책은 도면을 그릴 때 설계의 각 요소를 표현하는 데 있어 도움을 주려고 만든 것이다. 도면을 잘 그린다는 것은 곧 잘 이해한다는 말과 동일하다. 아는 것만큼 표현하게 되어 있다.

이 책은 초반부에 과도할 만큼 설명이 많이 하고 있다. 이는 행동에 대한 이론을 돕기 위함이다. 결코 이론적인 바탕 없이 발전을 볼 수 없다. 명확한 설명을 할 수 없으면서 표현을 보여줄 수는 없다. 이 책은 크게 세 개의 부분으로 구분되어 있다. 전반부는 제도에 대한 설명이고, 중반부는 각 부재에 따라서 설계의 표현이 다르기 때문에 실시설계에 가깝게 간단한 예를 제시하며 설명하였다. 그리고 후반부는 각 주제에 따른 실제 설계를 보여주었다.

전반부에서는 도면의 설명이 주를 이루고 있으며, 각 도면의 명칭이 다르듯이 표현도 다르다는 것을 보여주고 있다. 이는 대상이 다르며 그에 따른 설명도 다르다는 것을 보여주는 것이다. 중반부에서 보여주는 디테일한 요소들은 건물을 이해하는 데 아주 중요하다. 일반적으로 건축물이 완성된 후 우리가 보는 것은 마감된 표면이다. 그러나 건축을 전공하는 사람들은 그 후면을 동시에 생각해야 한다. 이것이 디테일이다. 이러한 시각으로 건축물을 바라보는 방법을 중반부에서 설명하였다. 후반부는 건축의 계획적인 단계로, 기능을 갖고 있는 건물의 공간적인 구성요소의 예를 보여주었다. 가능하면 다양한 예를 실어서 건축물에 대한 경험이 많지 않은 학생들이 참고로 볼 수 있도록 하였다.

사실상 기술은 습득하는 것이고 시간상의 문제이다. 이 책은 습득하는 데 중점을 둔 책이다. 그러나 습득도 이해를 해야 머리에 남는다. 그래서 이해를 돕는 것을 목적으로 설명을 많이 넣으려고 하였지만 모든 의문에 답할 수는 없을 것이다. 이 책이 건축을 공부하는 학생들에게 조금이라도 도움이 되었으면 하는 바람이다.

안산에서

양용기

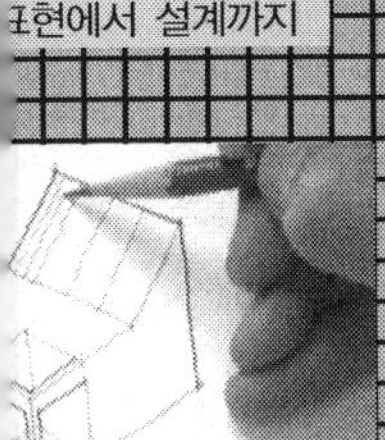

차 례

Chapter 1
건축설계제도

1 건축설계

1.1 건축

건축이라는 과목은 지식이 쌓일수록 흥미로운 분야이다. 건물은 인간이 상주하고 생활을 하는 공간으로 물리적인 환경 외에도 심리적인 것과 철학적인 문제가 결부되며, 그 규모가 갖는 스케일로 인하여 에너지 보존과 생태계의 변화를 줄 수 있는 환경상의 중요한 요인이다. 이러한 기능을 고려한다면 건축은 디자인 이상의 역할을 한다는 것은 자명한 일이다. 대부분의 사람들은 건축물을 디자인의 단계에서 많은 평가점수를 주려는 경향이 있는데, 이는 기념물일 경우는 기능적인 면을 제외하고 디자인만 고려하면 되지만 건축물은 인간이 사용자로 머무는 동안 기능을 해야 하므로 다방면의 고려가 필요하다. 그러나 이러한 삶을 위한 기능을 창조할 수 있는 건축물을 만든다는 것이 쉬운 일이 아니다. 건축물 하나가 완성되기 위해서는 많은 분야의 전문가가 참가를 하는데 이 부분에서 우리가 숙지해야 하는 것이 바로 건축주이다. 건축주 또한 사용자로서 전문가임을 설계자는 잊지 말아야 한다.

1.2 건축설계도서와 건축도면

건축설계도면은 설계, 건축허가, 그리고 구조물이나 사물의 계획을 위하여 표현하는 도면이다. 건축설계도서에는 건축도면, 구조도면, 설비도면, 조경도 그리고 토목도면 등이 있다. 이렇게 건축도면은 건축주, 건축가, 관청, 그리고 그에 상응하는 작업을 하는 사람들이 이해할 수 있어야 한다. 건축도면에는 건축가가 건축주로부터 위임받은 작업을 적합한 표현을 통해 건축적인 미를 살려 반영해야 한다. 또한 도면은 건축법에 상응하는 계획과 그 건축물에 가능한 구조, 첨가되는 재료와 경제적인 면 등을 알 수 있게 그려져야 한다. 그리고 건축도면은 건축가가 작업을 통하여 표현하고자 하는 전체적인 표현이 시공에서도 나타날 수 있어야 한다. 때로 도면에 표현된 것이 시공을 거치면서 완성된 후에는 아주 다른 형태로 나타나는 경우도 있는데, 이는 필수적으로 변경을 해야 하는 상황에서 발생한다. 이러한 과정을 거치게 되면 돈과 시간의 손실이 클 수 있으므로 설계 초기에 주의해야 할 것이다. 하나의 건축물을 완성하기 위하여 여러 분야의 사람이 모여서 작업을 한다. 예를 들어 건축가, 시공전문가, 설비전문가, 그리고 건축주(발주처) 등이 있다. 이렇게 여러 분야에는 각자 작업에 착수하는 단계가 있는데, 그 중에서 설계도를 작성하는 작업은 처음부터 마지막 단계까지 이어져 있다. 이 설계 작업이 건축물의 완성 단계까지 이어지는 이유는 초기에 작업의 방향을 설정하고, 시공 단계에서 변경이 가능하며, 완성 후에는 건축물의 전반적인 설계내용을 기록해야 하기 때문이다. 설계도는 개인적인 표현을 사용하여 그릴 수도 있으나 일반적으로는 정확한 이해를 돕기 위하여 규격화된 표현을 사용하여 기록하는 것이 옳다. 이렇게 규격화된 표현을 사용하기 위하여 현재 사용되는 것들을 배우고 습득해야 한다.

1.3 건축설계제도

건축도면은 하나의 건축물을 완성하는 데 관여하는 모든 사람들을 위한 의사전달의 표현이다. 그렇기에 건축도면에는 정확한 정보가 빠르게 전달되도록 약속된 표현과 규격을 사용하는 것이 유리하다. 건축도면을 표현하는 방법은 나라와 개인 간에 많은 차이가 있지만 자세히 살펴보면 그 차이는 쉽게 이해할 수 있다. 이는 공통적인 표현이 사용되기 때문이다. 건축설계제도란 바로 이러한 설계도면상의 공통적인 표현을 배우고 사용하기 위하여 익히는 수단이다. 즉, 건축설계제도란 위에서 언급한 건축도면의 규격화되고 절제된 표현을 습득하는 과정이라 하겠다.

1.4 건축도면

건축도면은 크게 계획설계도, 기본설계도, 실시설계도가 있다. 이 세 개의 도면에는 공통적으로 평면도, 입면도, 그리고 단면도를 포함하며, 그 외에 실시설계도는 상세한 표현을 위하여 각부 상세도 등 더 많은 도면이 포함된다.

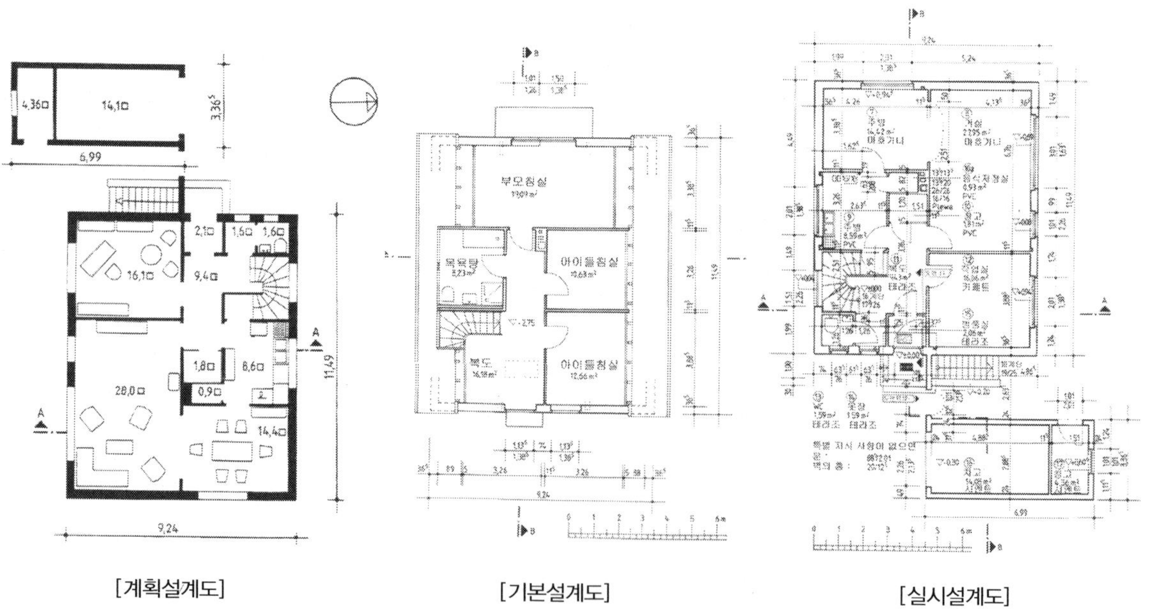

[계획설계도] [기본설계도] [실시설계도]

건축도면의 시작

건축도면의 구분은 도면의 관찰자(사용자)가 누구인가에 기준을 둠으로써 발생하는 것이다.

A. 계획설계도

계획설계도는 도면의 가장 기초적인 표현으로 전체적인 것을 보는 것이다. 이 단계는 무에서 유를 창조하는 시작으로 가장 재미있고 쉬운 부분이면서 단추를 처음 채우는 과정과 같이 가장 중요하면서 비중 있는 단계라 하겠다. 작업이 시작되면 우선적으로 건축주와 건축가가 설정이 된다. 건축주는 일반적으로 건축에 관하여 전문지식이 없는 사람으로 건축가의 도움으로 자신의 요구사항을 건축가에게 의뢰하게 되는데, 건축가는 건축주의 요구사항을 전문가의 입장에서 분석·검토하여 정리를 하고 건축주에게 제시해야 한다. 이 경우 발생되는 것이 계획설계도이다.

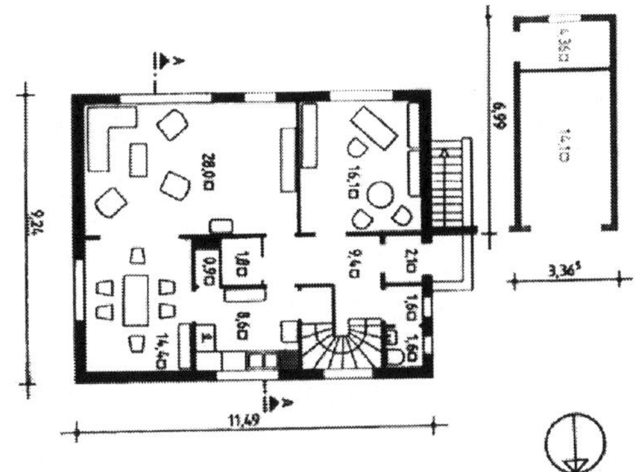

건축주가 건축에 관한 전문인이 아니라는 것을 고려한다면 계획설계도는 건축주의 이해를 위하여 건축물에 관한 최소한의 의사전달을 표현하면 된다. 계획설계도는 기본적으로 스케치, 평면도, 입·단면도를 기본적으로 포함하고 그 외에 배치도, 설계설명서, 투시도 등을 추가할 수 있다. 계획설계도는 특별한 요구가 없을 경우 스케일을 1 : 100으로 하는 것이 좋다.

계획설계도에 표현되어야 하는 것

❶ 평면도

벽의 형태, 배기구(만일 존재하면), 계단, m^2로 계산한 공간면적, 그리고 만일 건축주가 원하면 가구배치, 전체 대지의 배치도 내의 동선, 조경 등을 표현할 수 있다.

❷ 단면도

지붕의 형태, 천정, 벽, 기초, 계단, 층고

❸ 입면도

opening, 건물의 형태, 건물 주변의 조경 등

B. 기본설계도

계획설계도가 완성이 되면 좀 더 자세한 표현으로 허가를 위한 도면을 만들어야 하는데, 이를 기본설계도라 한다. 승인이 되면 각 팀, 즉 구조도면, 설비도면, 조경도, 그리고 토목도면을 담당한 사람들에게 보내져 작업이 이뤄지고 최종 설계 책임자인 건축가와 조율 및 의견을 거친 후에 검토와 종합적인 작업을 해서 전체도면이 이루어진다. 이 전체 도면이 기본설계도면이다.

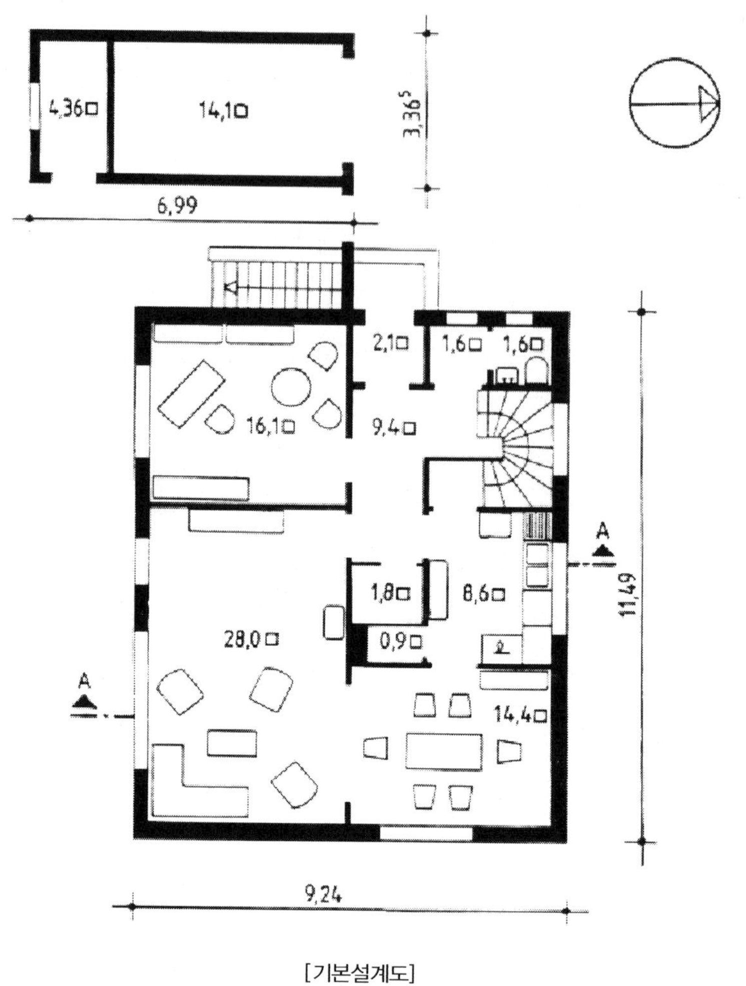

[기본설계도]

기본설계도에 표현되어야 하는 것

❶ 평면도 : 가능한 스케일을 1 : 50 이상으로 한다.

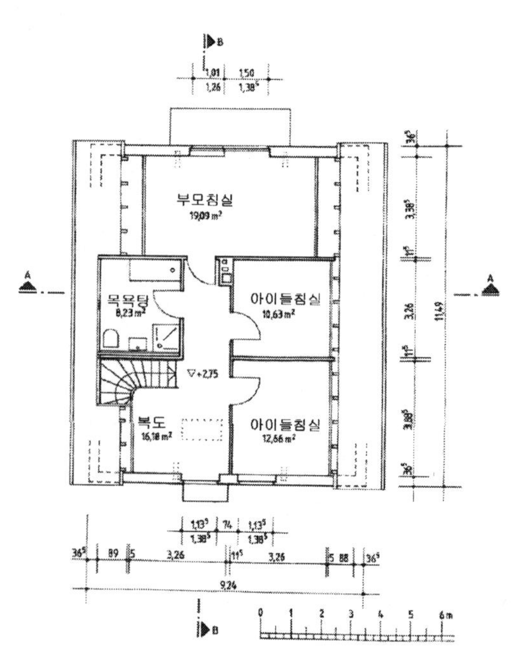

- 건물의 길이와 폭
- 각 공간의 길이와 폭
- 벽 두께
- 배기구와 단열재 등을 단면으로 표시
- 창호의 opening
- 문의 움직임
- 벽난로 등 그 외의 계획
- 계단(흐름도, 개수, 수직 그리고 수평의 치수)
- 화장실
- 공간요소(예를 들어, 방 번호, 면적(m 단위), 이름 등)
- 특이한 재료가 사용되는 경우 표시

- 단면지시선 표시
- 변경 내용
- 계획한 동선이나 조경(계획한 것이 없으면 표시하지 않아도 됨), 방위
- 경사진 대지인 경우 NN에 대한 표시

❷ 단면도

- 층고, 천정높이
- 대지로부터의 건물높이
- 지붕의 전체 높이
- 벽난로의 지붕으로부터의 높이
- 지붕구조를 단면으로 표시
- 개개의 층의 높이 표시
- Groundline 높이 표시
- 계단
- 조경

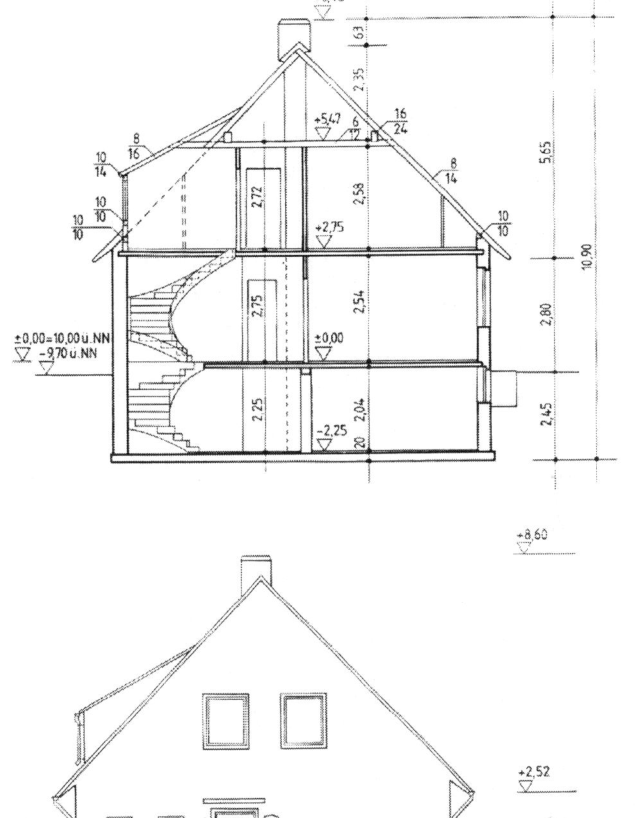

❸ 입면도

- 건물의 전체 형태
- 모든 opening
- 문과 창문의 정확한 위치
- 지붕의 완성된 형태
- 홈통
- 주변
- 높이

C. 실시설계도

건축물을 완성하는 데 관여하는 사람 중에 건축주는 직접적인 건축 전문인이 아니다. 단지 그는 건축물을 사용하는 전문가 일뿐이다. 그 외의 팀은 모두 건축에 전문적인 사람들로, 이들은 자신의 작업을 실시하기 위하여 상세한 도면을 요구한다. 각 팀의 작업에는 설계팀과 공사팀이 구성을 이루어 수평적인 작업을 이루어 나가는데 이들의 의사전달을 효율적으로 돕는 것이 바로 설계도이다. 기본설계도의 표현은 최소의 정보를 갖고 있기에 이들이 작업을 실시하는 데 충분하지 않다. 각 팀의 설계부서는 자신들의 분야를 맡고 있는 공사팀이 작업을 효율적으로 실시할 수 있도록 기본도면을 바탕으로 따로 이 도면을 작성하는데, 이를 실시설계도라 한다.

실시설계도 중 건물(공간)의 형성을 위하여 작성되는 도면을 실시건축도면이라 한다. 실시건축도면에는 평면도, 입면도, 그리고 단면도가 있다. 이는 건축 공사팀에 더 상세한 정보를 주기 위하여 정확한 표현을 하여 공사가 잘 진행되도록 돕는다.

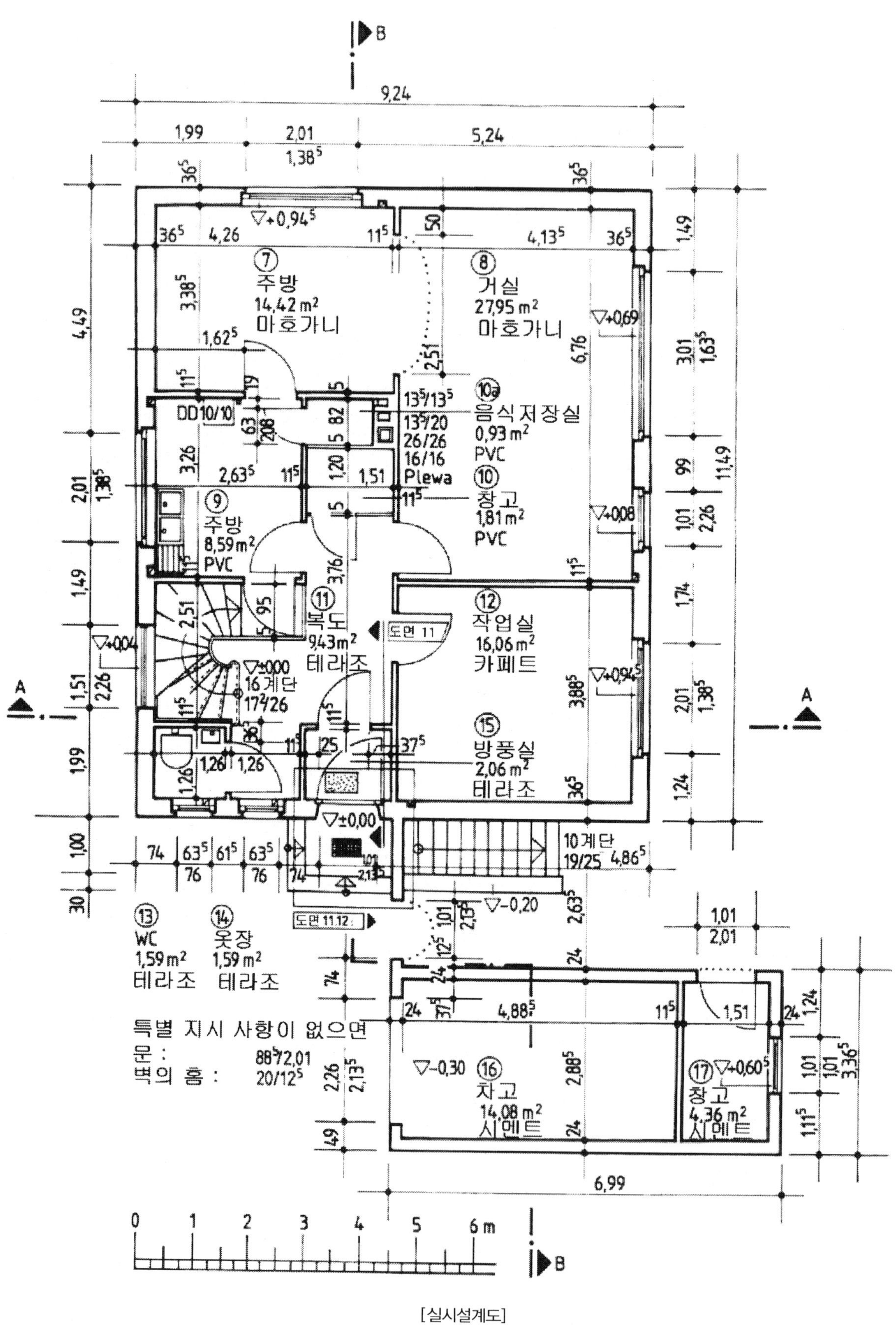
⑦ 주방
14,42 m²
마호가니
⑧ 거실
27,95 m²
마호가니
⑩a 음식저장실
0,93 m²
PVC
⑩ 창고
1,81 m²
PVC
⑨ 주방
8,59 m²
PVC
⑪ 복도
9,43 m²
테라조
⑫ 작업실
16,06 m²
카페트
⑮ 방풍실
2,06 m²
테라조
16계단
17²/26
10계단
19/25
⑬ WC
1,59 m²
테라조
⑭ 옷장
1,59 m²
테라조
⑯ 차고
14,08 m²
시멘트
⑰ 창고
4,36 m²
시멘트
도면 11
도면 11.12
특별 지시 사항이 없으면
문 : 88⁵/2,01
벽의 홈 : 20/12⁵
9,24
6,99
0 1 2 3 4 5 6 m

[실시설계도]

2 건축도면작업

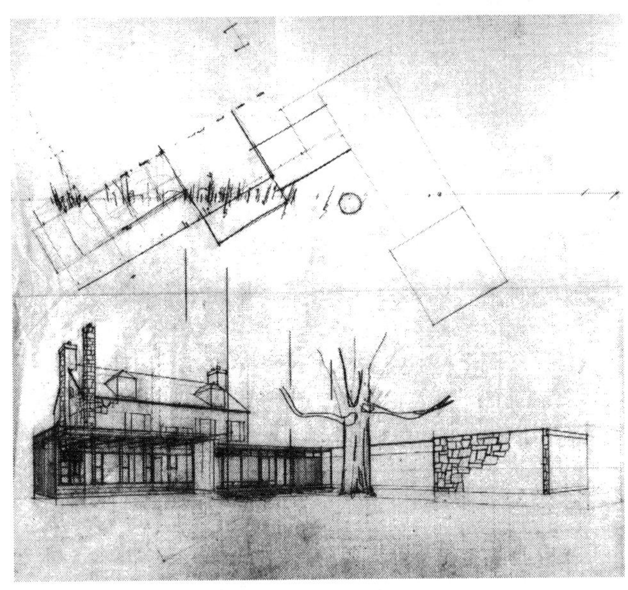

도면을 작성하는 작업방법은 우선적으로 세 가지로 구분할 수 있다. Freehand, 도구를 이용한 수작업, 그리고 CAD를 이용하는 것이다. 중세에는 건축가들이 Freehand로 작업을 하였는데 이 또한 모든 것을 도면상에 표현할 수 있다면 설계도로서 손색이 없다. 그러나 깔끔하게 표현하지 못하면 사용자에게 더 혼란을 가중시키므로 숙련된 Freehand 작업이 필요하다. 이것은 현재 공사 중에 발생하는 일을 신속하게 처리하는데 많이 사용되고 있다. 그렇기에 Freehand를 깔끔하게 표현하는 연습을 하는 것이 설계자에게 필요하다. 도구를 이용한 수작업은 Freehand에 비하여 스케일을 정확하게 표현할 수 있고, 깔끔하게 그릴 수 있으며, 수정이 용이하다. CAD를 이용한 작업은 정교하게 할 수 있으며 신속하고 우선적으로 도면이 청결하다. 그러나 CAD에 관한 지식이 필요하고 컴퓨터를 이용하는 작업이기에 전문적인 지식을 요한다. 이렇게 세 가지 방법은 설계자에게 모두 필요한 기술이며, 이 중 Freehand나 수작업은 창의성과 순발력을 키우는데 도움이 많이 된다. 도면은 정보전달의 수단이며 스케일을 이용한 작업이기 때문에 제일 우선은 청결하고 정확하게 하는 것이 기술이다. 기술은 테크닉에 따라 그 질이 결정된다. 따라서 도면을 그릴 때 기술적인 면을 익힌다면 같은 시간에 좋은 질의 도면을 그려낼 수 있을 것이다.

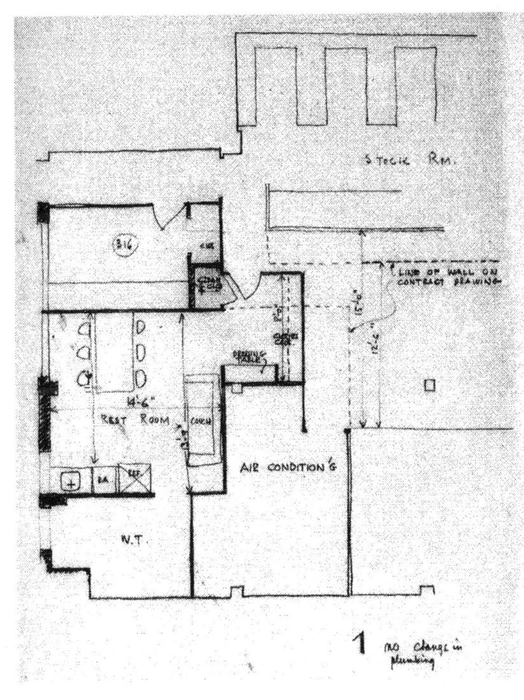

[평면계획 1]

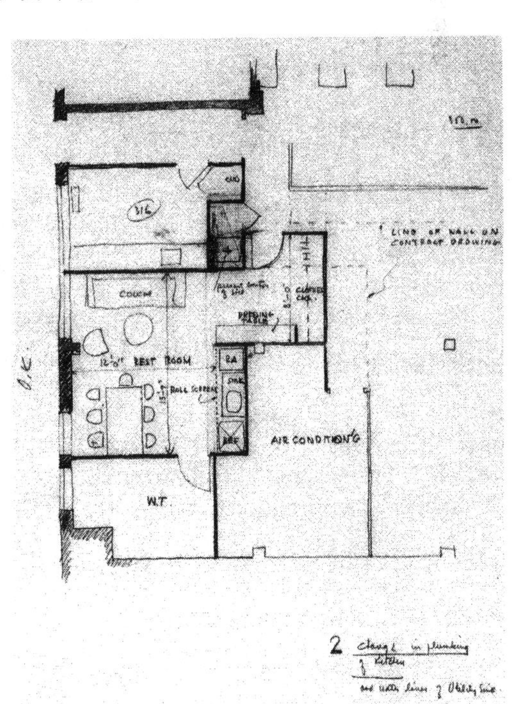

[평면계획 2]

2.1 제도 준비 작업

A. 제도 기구

이 장에서는 간단하지만 제도작업에 중요한 제도 기구를 이해하는 데 중점을 두겠다. 현재 대부분의 작업이 컴퓨터를 이용하여 이루어지고 있지만 아직까지는 작업도구에 대한 지식이 필요하다. 여기서 다루는 기구들에 대한 더 많은 정보는 제품회사에 의뢰하면 알 수 있을 것이다.

❶ 제도판

제도를 위한 작업대를 선택하는 데는 몇 가지 주의할 포인트가 있다. 면이 고르게 되어 있는가, 면에 미세한 구멍이 있지 않은가를 살피고 각 면이 직각으로 되어 있는가를 보아야 한다. 제도판의 크기는 일반적으로 제도용지보다 여유 있는 것이 좋다. 제도용지는 국제적으로 통상 A열과 B열이 있는데 A열을 사용하고 있다. 일반적으로 아래 첫 번째 그림과 같이 A4/A3 크기의 종이를 같이 사용할 수 있는 이동용 제도판이 공급되지만, 두 번째, 세 번째 그림과 같이 기계적인 것도 있다 이러한 것은 학교나 사무실에서 많이 사용하는 것으로 가격이 비싸다. 그러나 사용이 편안하고 삼각자나 T자가 필요 없다. 이러한 것을 사용할 경우 90° 직각이 정확하게 얻어지는가 검사하는 것이 중요하다.

제도용지에 따른 제도판의 크기(단위 cm)

[표 1-1] 제도판의 크기

제도용지	제도판의 크기
A0	92 X 127
A1	70 X 100
A2	50 X 70
2A0	125 X 200

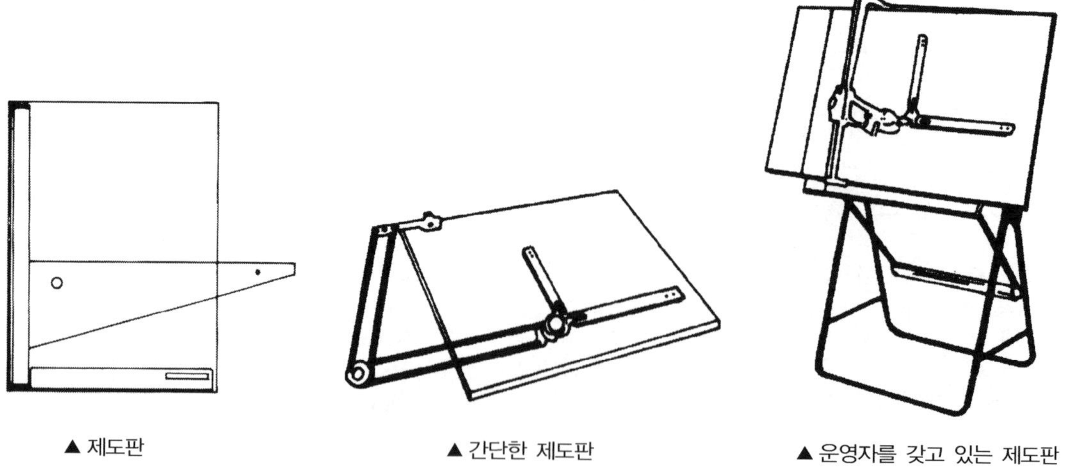

▲ 제도판　▲ 간단한 제도판　▲ 운영자를 갖고 있는 제도판

❷ 축척자(스케일 자)

건축설계는 큰 규모의 건물을 작은 사이즈의 종이에 나타내는 작업이므로 스케일을 작게 만드는 작업이 필수적이다. 그렇기 때문에 이를 위하여 규격화된 축척을 사용하는데, 스케일 자를 사용하면 계산을 쉽게 할 수 있는 이점이 있다. 일반적으로 스케일 자를 고를 때는 손에 잘 잡히는 것이 좋다. 일반적으로 양면에 스케일 자가 있는 것이 좋다. 설계에서 우리는 0.5 mm를 나누어야 하는 경우도 있는데, 자가 양면일 경우는 스케일을 쉽게 볼 수 있고 손잡이가 달려있어 편하다. 그러나 6개의 스케일이 있는 3면 축척자는 원하는 축척을 찾기 위하여 빈번하게 돌려야 하는 번거로움이 있다. 일반적으로 양면에 치수만 있는 스케일을 원하면 1 : 2 그리고 1 : 5가 함께 있는 것이 좋다. 스케일 자를 살 경우에 확인해 봐야 할 것은 축척자의 눈금부분 바닥 전체가 제도판에 닿는가 하는 것이다. 이는 선을 긋는 데 중요하다.

▲ 양면 스케일 자

❸ 삼각자

삼각자는 곧고 또는 끝이 각 져서 줄을 긋기 편해야 한다. 보통 45° 자와 30°+60° 자 두 가지를 많이 사용한다. 운영자나 T자를 함께 사용하는 경우 각 면에 밀착되어야 한다. 삼각자에 눈금이 있으면 선을 그을 때 종속적이 되기에 가능하면 눈금이 없는 것이 좋고, 삼각자에 다른 선이 가려지지 않도록 투명한 것이 좋다. 크기는 가능한 긴 선을 그을 수 있도록 긴 변이 60 cm 이상인 것이 좋다.

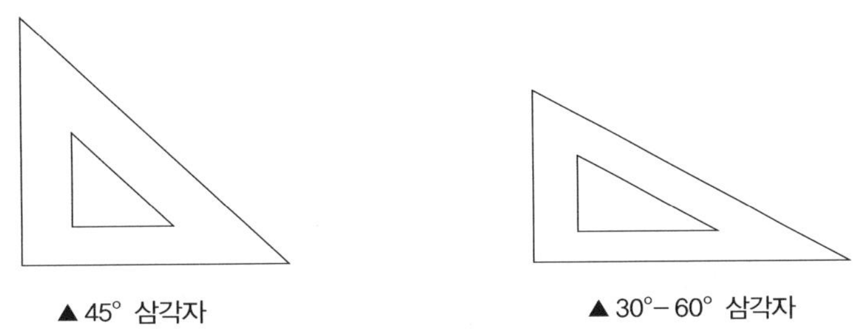

▲ 45° 삼각자　　▲ 30°– 60° 삼각자

❹ 연필

과거에는 깎아서 쓰는 연필을 주로 사용하였으나 일정한 연필심의 두께를 유지하는 것이 어려워 자주 깎아야 했었다. 요즘은 샤프연필이 나왔고 제도용으로도 튼튼하고 다양하게 사용할 수 있는 것도 있다. 연필이 갖고 있는 심도에 맞추어 샤프연필도 다양하므로 그에 맞추어 선택을 하면 편하다. 일반적으로 0.3 mm, 0.5 mm, 그리고 0.7 mm의 두께를 갖고 있으면 제도를 하는 데 좋다.

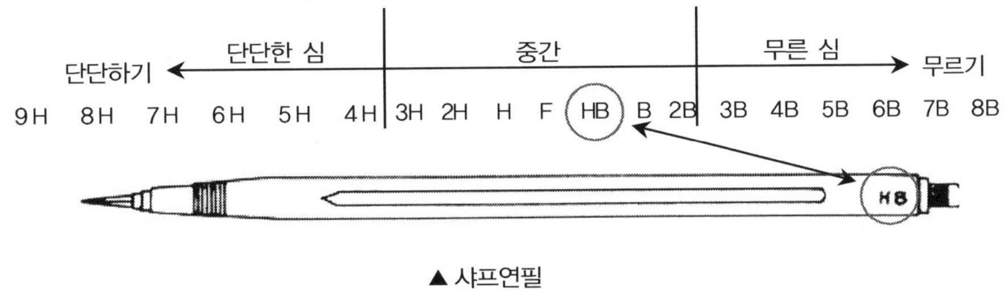

▲ 샤프연필

[표 1.2] 연필심에 따른 적용

연필심 강도		적 용
8B~2B	아주 연함~연함	모든 스케치에 사용. 큰 스케일의 절단면에 외각선
B~F	연함~중간	모서리에 보이는 부분 자재 표시
H~3H	단단함	기본도면, 치수 또는 치수선에 사용
4H~9H	매우 단단함	심의 두께가 너무 가늘어 도면을 표현하는 데 적합하지 않다.

연필을 사용해서 정확한 선을 그려야 하는데, 연필은 언제나 스케일 자, 삼각자, 또는 그 외의 자의 하부면에 붙어서 따라가야 한다. 이러한 이유로 선을 그을 때는 연필을 앞으로 그리고 오른쪽으로(오른손 사용자일 경우) 기울여야 한다.

작업대에 있는 불빛은 왼쪽 앞에서 비추어야 반사와 그림자를 만들지 않으며, 이러한 이유로 선을 그을 때는 왼쪽에서 오른쪽으로, 아래에서 위로 움직여야 한다.

연필로 처음에 작업을 할 때는 가능한 모든 도면에 가는 선으로 그리는 것이 좋다. 그래야 교정을 할 경우 깨끗하게 지울 수 있기 때문이다.

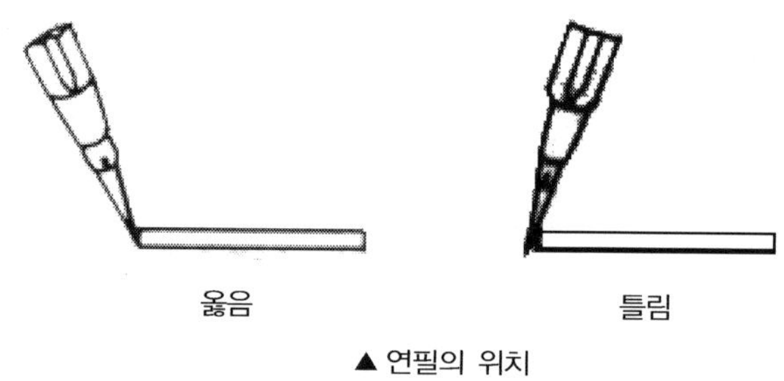

▲ 연필의 위치

❺ 설계제도 용지의 선택

설계제도를 하는 용지의 종류는 일반적으로 네 가지로 구분할 수가 있다.

1) 용지의 종류

- **Transparent paper** : 투과의 효과를 이용한 제도를 할 수 있다. 빛이 반사되지 않고 투과되어 선을 잘못 보는 일을 방지해준다. 이 종이의 질은 양면의 질이 틀리다. 광이 나는 면은 로터링 작업과 같은 잉킹을 위한 면으로 생각하면 된다. 왜냐하면 이 면을 사용하면 잉크가 종이에 흡수되지 않고 표면에 그대로 남아 있기 때문에 수정을 해야 하는 경우 쉽게 지울 수 있기 때문이다. 연필로 작업을 하는 경우는 광이 나지 않는 면을 사용하는 것이 좋다. 이렇게 두 가지를 다 사용할 수 있는 이점이 있어 Transparent paper가 많이 권장된다.

- **비닐종이** : 설계제도를 위한 비닐종이가 있는데 이는 물에도 강하고, 훼손에 강하며, 저항력이 높다. 그리고 높은 투과의 효과를 갖고 있다. 이 비닐에는 연필의 심도 H와 같은 높은 단단한 연필을 사용할 수 있고 로터링 같은 미세한 펜을 사용하기에 좋다.

- **일반 백색 제도용지** : 흰 바탕이기에 이 종이 위에 작업을 하면 선이 뚜렷하게 보이므로 설계초기 작업을 하고 이 위에 Transparet paper를 올려놓고 작업하면 좋다.

- **Raster paper** : 종이 위에 일정한 사각이 전체적으로 그려져 있어 스케치나 초기설계에 적합하다. 다양한 축척이나 세밀하고 정확한 선을 나눠야 하는 경우, 그리고 isometric, diametric, 또는 투시도를 그려야 하는 경우에 이 종이를 사용하면 정확한 형태를 얻을 수 있다.

2) 용지의 크기

- **용지의 크기** : 일반적으로 제도용지를 선택할 경우 필요한 크기보다 길이와 폭이 3~4 cm 더 길게 자른다. 그러면 작업 중 필요한 필기나 계산을 할 수 있는 여백의 공간을 확보하고 작업 후에 절단한다. 일반적으로 설계자는 왼쪽 하단 부분에서 작업을 시작하게 되는데 시작 전에 도면의 좌측 하단에 수작업으로 2.5 cm(A2는 1.8 cm)의 간격을 길이 29.7 cm(A4용지 크기) 높이로 여백을 두는데, 이는 후에 도면을 철해 두기 위한 여백을 미리 만들어 놓는 것이다(아래 그림 참조). 이 여백은 작업이 끝난 후에 파일의 위치에 적당하게 구멍을 뚫고 뒷부분에 마분지 등을 붙여 보강한다.

[표 1.3] A열 용지크기(단위 mm)

용지크기 A열	외곽선 크기	제도를 위한 면적	제도용지 절단 면적
A0	841×1189	831×1179	880×1230
A1	594×841	584×831	625×880
A2	420×594	410×584	450×625
A3	297×420	287×410	330×450
A4	210×297	200×287	240×330

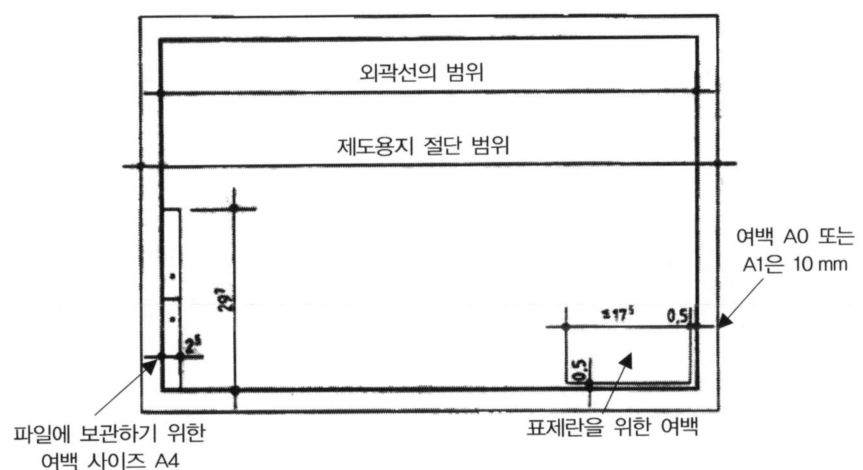

제도용지를 보관할 경우 공간이 필요한데 일반적으로 도면을 접지 않고 서랍이나 걸이에 진열하거나 말아서 놓기도 한다. 이는 많은 공간을 필요로 하기에 요즘은 파일에 A4 사이즈로 접어서 철을 해 놓는 경우가 많다. 이러한 경우 도면을 찾거나 구분하기 좋도록 타이틀 박스를 놓으면 편하다. 또 다음 [표 1.4]와 같은 방법으로 도면을 접어놓으면 쉬울 것이다.

[표 1.4] A열 용지 크기(단위 mm)

도면의 크기	접는 방법	세로 접기	가로 접기
A0 (841×1189)	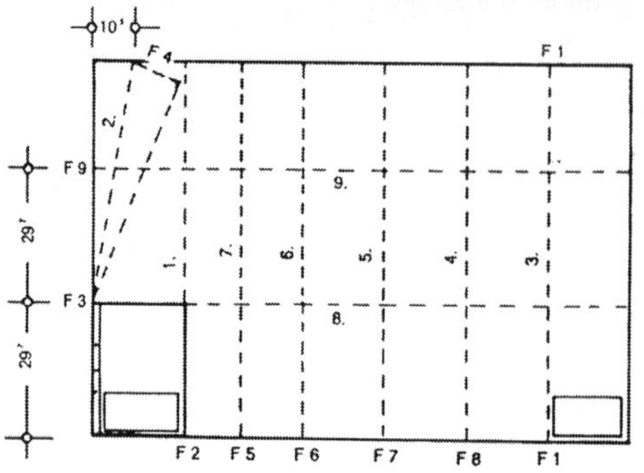		
A1 (594×841)	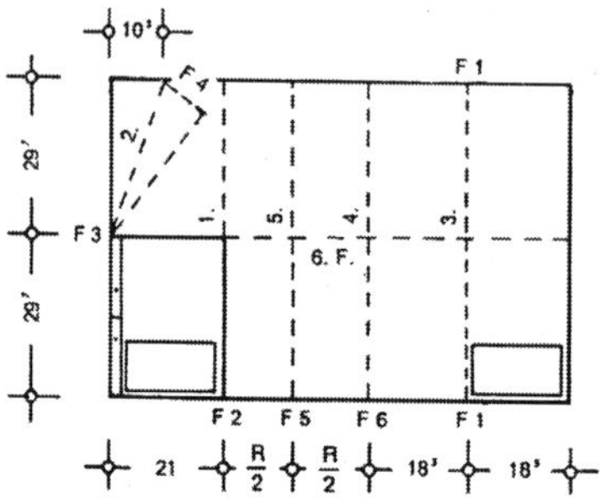		
A2 (420×594)	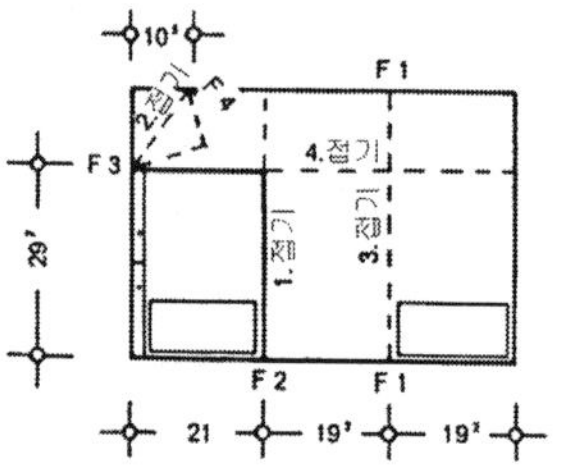		
A3 (297×420) A4 (210×297)	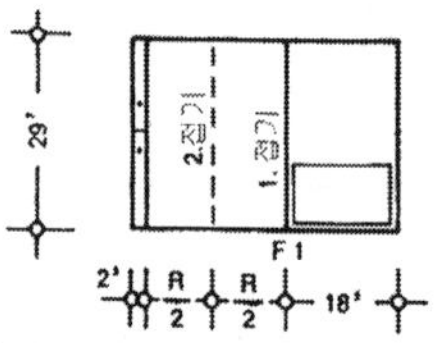		

3 설계표현에 필요한 기본 제도연습

3.1 Freehand, Rotering 도면, 그리고 CAD 표현

CAD 프로그램이 개발되면서 Freehand가 점차 사라지고 있는 추세지만 아직도 실무에서는 신속한 작업 결정이나 도면변경 등에 A4용지 위에 Freehand로 작업이 이뤄지고 있다. 특히 학생들의 창의력을 키우는 데는 Freehand가 실질적으로 좋은 방법이다. Freehand는 표현이 자유롭고 신속하게 할 수 있는 장점이 있으나 숙련되지 않으면 지저분하고 잘못된 의사를 전달할 수 있다. 그러나 연습을 한다면 오히려 신선하고 도면이 갖고 있는 규격화된 이미지에서 벗어나 하나의 그림 같은 이미지를 줄 수도 있다.

Freehand, Rotering 도면, 또는 CAD에 의한 표현 등에서 우리가 공통적으로 사용하는 것은 선이다. 도면은 사실 선으로 시작하여 선으로 마무리 한다고 하여도 무리가 아니다. 이렇게 선의 사용은 도면에서 중요한 역할을 하므로 선의 표현을 제일 먼저 다루기로 한다.

A. 선

- **Freehand** : 선을 그릴 때 수평선은 왼쪽에서 오른쪽으로, 선의 순서는 위에서 밑으로, 수직선은 밑에서 위로 긋는다. 순서는 왼쪽에서 오른쪽으로 하는 것이 기본이다. 이는 선의 번짐으로 인해 용지가 더러워지는 것을 막고 손의 움직임을 자유롭게 하기 위해서다.

◀ 연필을 잡을 경우 옆의 그림과 같이 힘을 주면 선의 굵기를 일정하게 하기가 어려우며 모서리에서 방향을 바꾸는데 쉽지 않다.

◀ 옆의 그림과 같이 부드럽게 연필을 쥐는 것이 좋다.

◀ 일반적으로 선은 굵기에 따라 적당한 연필을 사용하여 나타낸다. 하지만 번거로우므로 하나의 연필로 힘 조절을 통하여 다양한 선의 굵기를 표현할 수도 있다. 따라서 이를 연습해 두는 것도 좋다.

◀ 건축물을 스케치할 경우 처음에는 선에 무게를 주지 않는 것이 좋다. 즉 가장 흐리게 윤곽을 잡는다. 그리고 모서리 부분을 그릴 경우 정확히 한 점에서 만나게 그릴 필요도 없다.

◀ 흐린 선으로 그리고자 하는 윤곽이 완성되고 나면 선의 굵기를 굵게 하여 정확한 형태를 완성해 나간다. 이 경우에는 선의 굵기가 주는 이미지가 뚜렷하기 때문에 모서리를 가능한 정확히 한 점에서 만나도록 그리거나 또는 끊어지지 않고 손의 방향만 바꾸며 연속해서 선을 그리도록 한다. 굵은 선으로 형태를 완성하고 나면 외부로 나온 흐린 선은 지워도 되고 그냥 두어도 괜찮다. 우리의 시각은 굵은 선에 초점이 맞추어지고, 또한 흐린 선이 굵은 선을 더욱 선명하게 하는 역할을 하기도 한다.

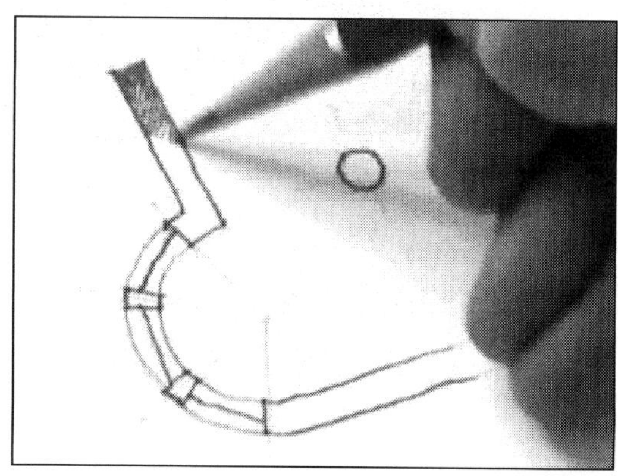

◀ 절단된 부분을 굵은 선으로 표현하고 나면 해치(재료표시)를 넣는데 계획설계에서는 정확한 해치를 넣기 보다는 일차적으로 절단된 면과 절단되지 않은 면을 구분하기 위하여 명암으로 구분해주는 것이 좋다. 원형의 형태에 창문을 넣을 경우 유리가 원형인지 직선인지를 구분해야 한다.

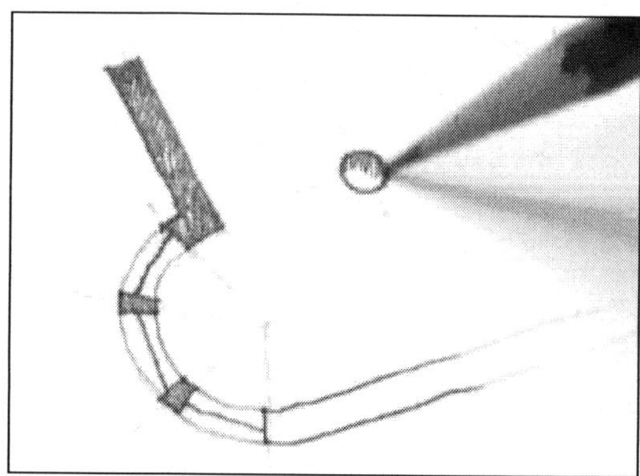

◀ 해치를 넣을 경우 한 요소를 완성하고 다른 요소에 넣어도 되지만 좋은 방법은 선을 그을 경우 왼쪽에서 오른쪽으로 가듯이 해치를 넣어가는 것이 좋다. 이유는 오른편에 해치를 넣고 다시 왼편으로 와서 해치를 넣으면 번져서 바닥이 지저분해질 수 있기 때문이다.

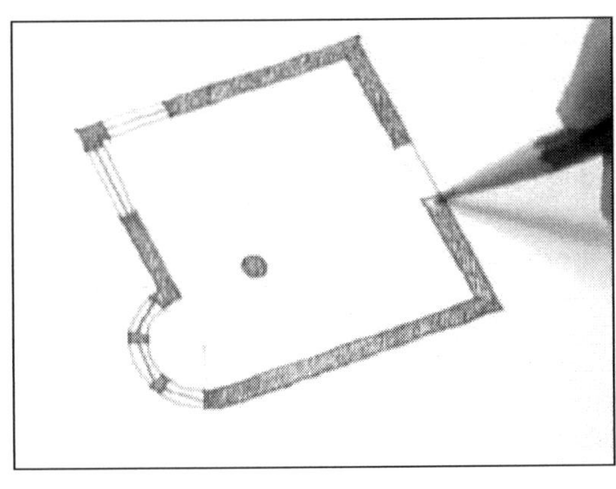

◀ 해치를 넣을 경우 연필은 선에서 출발하여 안으로 들어가게 긋는 것이 명확하게 나타난다.

◀ 처음에 형태를 만들 때 흐린 선으로 기본적인 모양만 나오도록 한다.

◀ Isometric이나 다른 3차원의 그림은 항시 전체적인 XYZ축을 만들어 놓고 그린다.

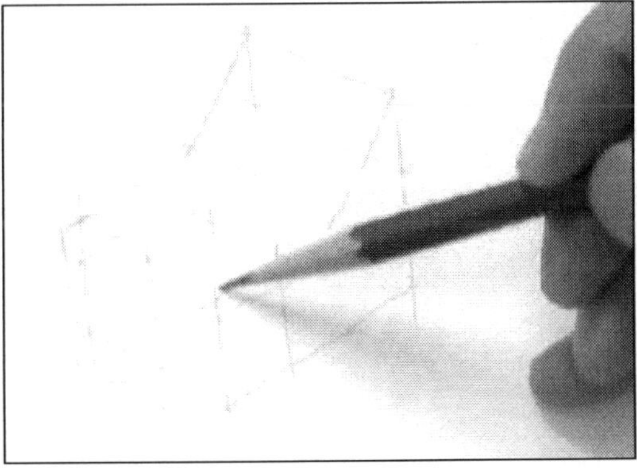

◀ 바탕 선으로 그리는 경우에는 각 축에 정확히 만나게 그리는 것에 치중하기보다 정확한 축 안에 전체가 놓이도록 해야 한다.

◀ 바탕이 마무리 되면 겹쳐서 굵은 선으로 정확한 형태를 만든다.

▼ 일반적으로 절단된 곳의 외각 선을 굵은 선으로 그리는데, 형태를 그리는 경우에도 외각 선을 굵은 선으로 표현하면 깔끔하게 형태가 나타난다. 이 경우 굵은 선과 가는 선의 구분이 명확하면 굳이 바탕의 가는 선을 지울 필요는 없다.

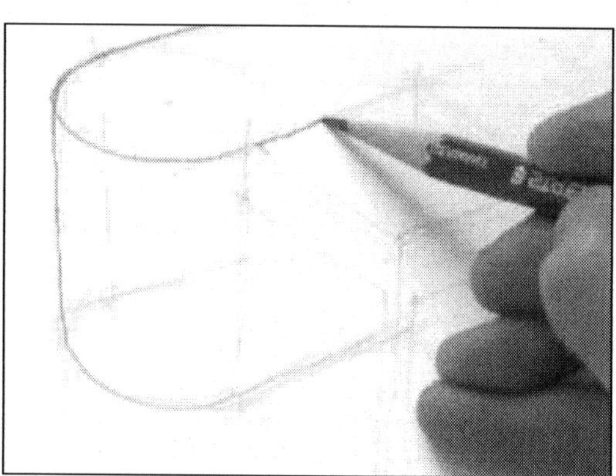

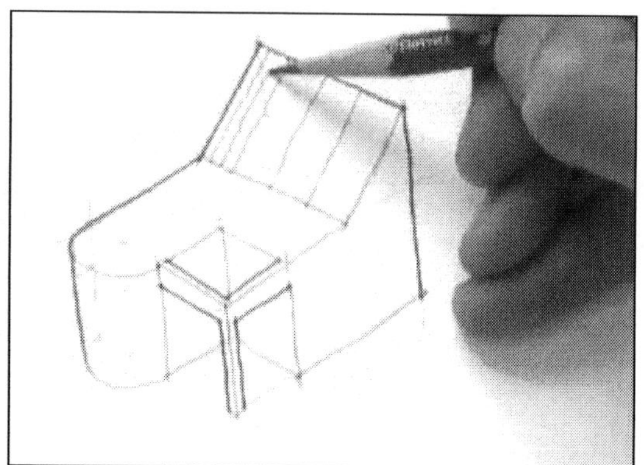

4 도면작업

건축도면은 건축물에 관계된 모든 사람을 위한 의사전달의 수단이므로 규격화된 표현을 사용하여야 하며 청결하고 불필요한 표현은 자제하는 것이 좋다.

도면을 그리는 작업은 기술적인 것이므로 공통적인 것을 익히고 도면 표현의 기본적인 사항을 학습한다면 후에 어려움이 없을 것이다.

건축도면은 건축에 종사하는 사람들이 도면을 작업에 사용할 수 있고 건축물을 정확히 파악하는 데 이용이 되어야 하므로 그들을 관찰자로 생각하여 그려야 한다.

각 나라마다 도면 표현을 하는 데는 약간의 차이가 있으나 궁극적으로는 모두 같으므로, 이 책에서는 필요한 경우에는 비교하면서 다루어 보기로 한다.

4.1 축척(스케일)

A. 축척의 선택

일반적으로 건축에서 사용되는 재료를 설계자가 도면에 실제크기로 나타내는 경우는 아주 드물거나 불가능하다. 그러나 건축주에게 모든 것이 명확하게 이해되어야 하기 때문에 실제크기가 주는 이미지를 설계자가 나타내야 하는 의무가 있는데, 이 경우 사용하는 것이 실제크기를 축소하거나 확대시킨 실물변경이다. 이러한 방법을 사용할 때 설계자는 명확한 법칙을 사용해야 하는데 바로 축척에 대한 법칙이다. 한 부분에 축척을 사용할 경우 동일한 축척을 사용해야 하고, 반드시 도면에 명시가 되어야 하며, 여러 축척을 사용하게 되면 각 부분에 표시를 해주어야 한다. 그리고 도면에 축척을 선택할 경우 어떠한 것을 선택해야 할 것인지 미리 생각을 해 두어야 한다. 예를 들어, 축척 1 : 500의 경우에 전체 집을 표현하면 문의 틀이나 벽의 틈 등은 도면에 표현되지 않는다. 그래서 자신이 표현하고자 하는 내용을 위하여 어떤 축척을 사용할 것인가 선택을 하여야 한다. 축척을 사용하는 것이 경험자에게는 어렵지 않으나 초보자는 매번 변형된 치수를 계산해야 하는 수고가 있다. 일반적으로 많이 사용하는 것이 1 : 100이다. 이를 기준으로 연습하면 어렵지 않을 것이다. 축척을 사용할 때 사용하는 도구가 바로 축척자이다.

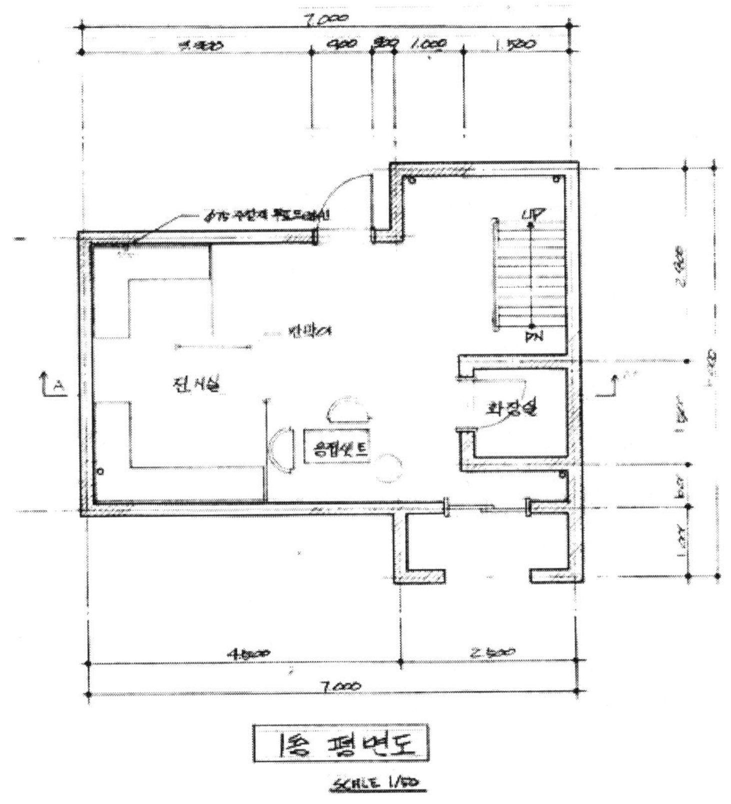

일반적으로 사용하는 축척은 다음과 같다.

[표 1-5] 건축도면에 사용되는 스케일의 종류

<table>
<tr><td rowspan="4">축척표시 1 : 100
(실물의 크기를 1로 보았을 때 100배로 축소하는 경우)</td><td>1 : 5</td><td>1 : 2</td><td>1 : 5</td></tr>
<tr><td>1 : 10</td><td>1 : 20</td><td>1 : 50</td></tr>
<tr><td>1 : 100</td><td>1 : 25</td><td>1 : 500</td></tr>
<tr><td>1 : 1000</td><td>1 : 200</td><td>1 : 500</td></tr>
</table>

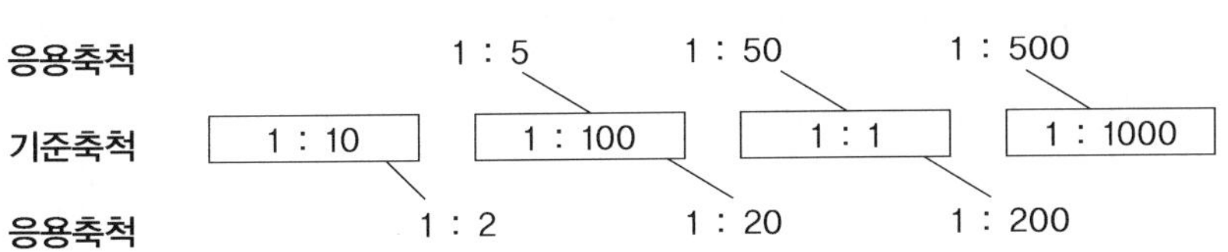

1 : 1의 축척이 실척 크기라는 것을 감안하면 변형된 실척의 치수를 계산하는 것이 어려운 것은 아니다. 1 : 10은 10배로 축소한 것이고, 1 : 100은 100배로 축소한 것임을 이해한다면 1 : 2와 1 : 5의 축척도 응용할 수 있을 것이다.

B. 축척의 계산

❶ 축척계산의 예

실물의 길이를 1 m로 가정해서 도면 위에 단위를 cm로 하여 표현하면 아래와 같다. 도면에서 1 m를 1 : 100으로 축척했을 경우 1 cm가 실제 1 m와 같은 치수이다. 실물의 크기에서 0의 숫자만큼 소수점이 왼쪽으로 이동한다.

실물의 크기에서 0의 숫자만큼 고수점이 **왼쪽**으로 이동한다.

실물의 크기 1 : 1 100 cm	1 : 10 10 cm	1 : 100 1 cm	1 : 1000 0.1 cm
1 : 2 50 cm	1 : 20 5 cm	1 : 200 0.5 cm	
1 : 5 20 cm	1 : 50 2 cm	1 : 500 0.2 cm	

실물의 크기

축척 1 : 5

크기를 변경한 축척의 크기

실물의 크기를 축척의 크기로 나눈다.

위와 같은 공식을 사용하면 1 : 500으로 축소한 경우 먼저 실물의 크기 1 : 1에서 100 cm를 5로 나누면 20 cm가 된다. 그리고 500의 0의 개수만큼 소수점이 2자리 왼쪽으로 이동하면 0.2 cm가 된다. 즉 1 : 500의 축척도면에서 0.2 cm가 실제 1 m와 같은 크기라는 것이다.

C. 축척의 표기

모든 도면에 축척은 반드시 기입이 되어야 한다. 일반적으로 표제란에 기입한다. 그러나 한 도면에 여러 축척을 사용하는 경우에는(디테일이나 그 외 상세도를 추가 할 경우) 그 표현의 밑 부분에 기입한다. 그 도면의 주된 축척은 표제란에 기입이 되어야 한다. 축척을 사용하지 않고 표현하는 경우에도 반드시 Non-Scale이라는 축척표시를 기입하여야 한다. 그렇지 않으면 설계자가 도면에 축척의 기입을 잊은 것으로 간주될 수도 있다.

이 외에도 일반적인 축척을 사용하지 않거나 축척된 것을 임의로 확대 또는 축소하여 복사하거나 크기를 변형하여 보관할 경우 축척자로 확인할 수는 없지만 그 나름대로 축척을 확인할 수 있도록 기록을 하는 경우가 있다. 이것을 우리는 그래픽 축척이라 칭한다. 예를 들어, 마이크로필름이나 A1도면을 A3로 복사하는 경우 마스터플랜에 밑의 모양처럼 기준이 되는 길이를 정하여 놓는다. 그래픽 축척을 표시하는 경우 두께가 없이 선 하나(|____|____|____|)로 표시하는 것은 틀린 것이다.

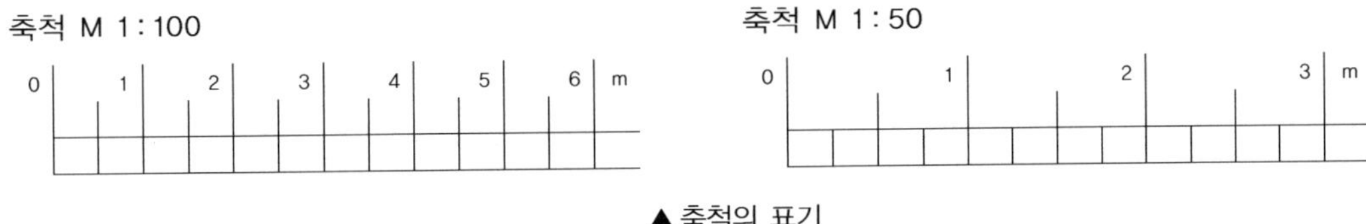

▲ 축척의 표기

아래의 도면과 같이 원래 사이즈를 복사할 경우 본래의 축척을 잃어버리기 때문에 그래픽 축척을 만들어 놓으면 어느 사이즈로 크기를 변경하더라도 그래픽 축척에 의하여 그 길이를 찾을 수 있다.

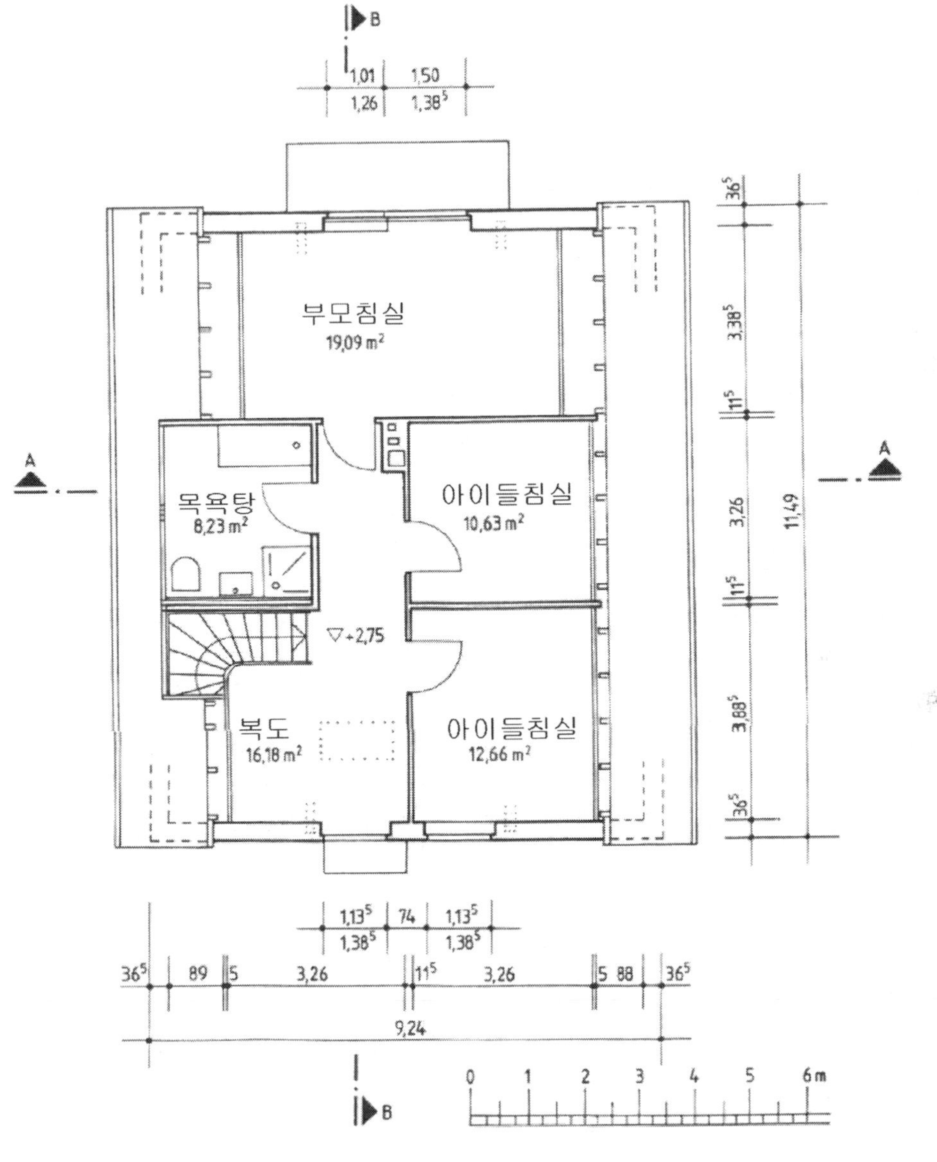

▲ 평면도에서의 축척의 표기의 예

다음의 그림은 일정한 치수를 갖는 도면은 축척이 변하더라도 그 치수는 변하지 않음을 표시한 것이다. 즉, 축척 1 : 10에서 가로 세로가 1.51×1.38의 치수를 갖는 도면을 1 : 20, 1 : 50, 1 : 100, 1 : 200으로 변경하더라도 치수는 1 : 10과 같이 1.51×1.38로 나타나는 것을 표현한 것이다.

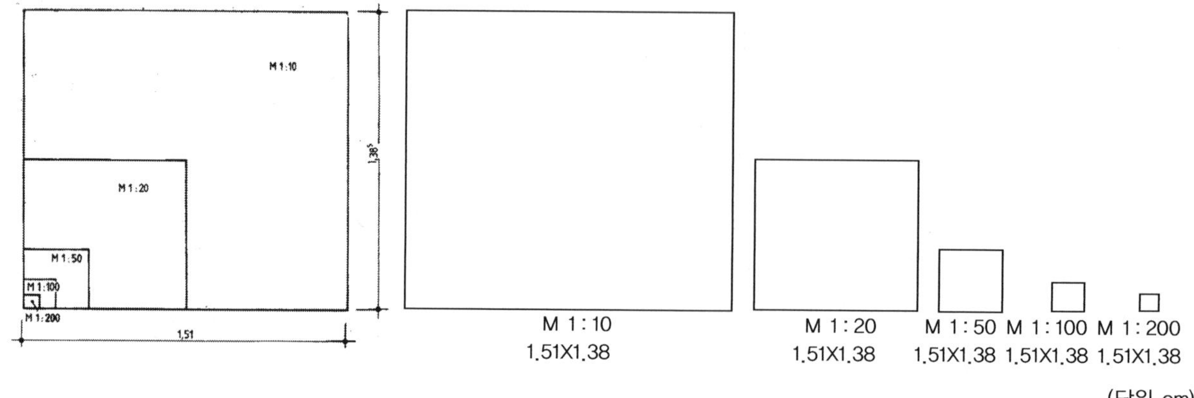

▲ 축척 변화에 따른 크기 변화(축척이 변함에 따라 크기는 변하지만 치수는 변하지 않는다)

처음 설계를 접하는 학생 중에는 축척을 변경하면 그 길이도 변하므로 도면에 축척의 계산에서 나온 길이를 그대로 기입하는 경우가 있는데 축척이 변경된다는 것은 그 스케일 안에서 실지 길이를 변경한 것이므로 어떠한 축척에서도 그 길이는 그대로 옮겨지는 것이다.

축척의 선택은 처음 도면작업을 시작하기 전에 정해진 도면의 사이즈에 맞추어 표현할 수 있는 축척을 결정하여야 한다. 사실상 가장 좋은 축척은 실지 사이즈를 그대로 나타낸 1 : 1의 축척이 가장 좋다. 그러나 설계자가 표현할 수 있는 건축물이 가장 큰 도면 사이즈 A0보다 큰 것이 사실이므로 설계자는 축척을 사용할 수밖에 없다.

4.2 선의 종류와 선의 굵기

설계자가 2차원적인 도면에서 건축물을 표현하는 데 실질적으로 사용하는 것은 선이다. 선을 갖고 설계자는 자신의 의도를 모두 나타내야 하는데, 특히 원근법, 재료의 성질, 그리고 상황을 표현해야 하는 제한을 갖고 있다. 그러나 도면의 설계자와 사용자 간에 선의 표현에 대한 언어를 이해한다면 의사전달은 충분하다. 따라서 설계도의 표현을 처음 배우는 사람은 이미 약속된 표현을 익혀 자신의 의사를 나타내는 데 어려움이 없도록 해야 할 것이다. 선의 종류와 굵기를 익혀서 평면도와 단면도 그리고 입면도에 사용되는 표현의 몇 가지 규칙을 보도록 하겠다.

A. 선의 굵기

도면을 표현하는 데 선의 굵기는 도면의 종류에 따라서 구분이 된다. 기본적으로 한 도면에 최소한 세 가지 선의 굵기가 표현되어야 구분이 명확해진다. 그러나 도면의 종류에 따라서 표현되는 방식이 다르므로 선의 굵기가 하나의 건축요소로 오인될 수 있는 소지가 있으며, 스케일 개념에서도 혼돈을 부를 수 있는 소지가 있어 가능하면 도면에 따라 사용하는 선의 종류를 정해주는 것이 깔끔하고 정확하다.

일반적으로 사용하는 굵기는 0.18 mm에서 1.4 mm을 사용한다. 0.18 mm 이하는 손으로 작업하기에는 표현하기가 어렵다. CAD 작업을 하는 경우에는 0.18 mm 이하도 가능하지만 그 굵기가 필수적으로 필요한 것은 아니다. 그리고 1.4 mm 이상의 굵기는 큰 축척에 사용을 하는데 면과 그 경계선 사이에 자유롭게 표현하는 경우에 사용한다.

다음의 그림에서는 도면의 표현에 선의 굵기를 사용한 경우와 그렇지 않은 경우를 예를 들어 비교해 보기로 한다.

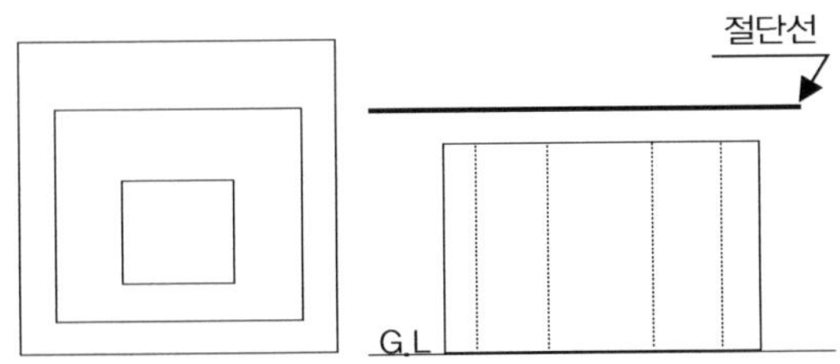

이것은 같은 위치와 같은 높이를 나타내는 것이다.

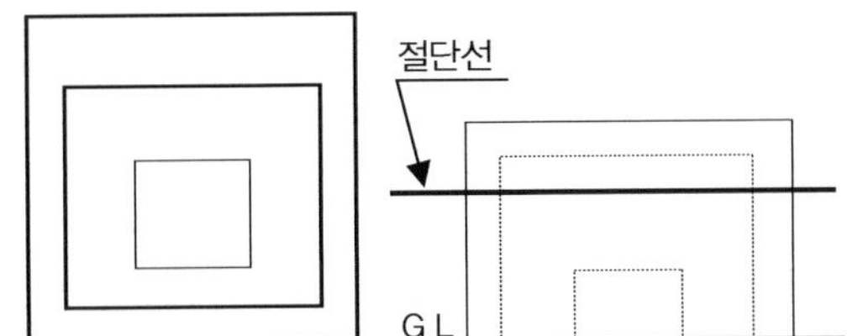

이 경우는 굵은 선은 관찰자로부터 가까이 있는 것이고, 가는 선은 멀리 있는 것을 나타낸다. 굵은 선은 절단되었으며 가는 선은 그대로 절단되지 않음을 도면에서 나타낸다.

도면에 사용하는 선의 굵기를 도면의 종류에 따라 구분을 해보았다. 우리가 노을이 질 때 산이 있는 곳의 배경을 보면 자신의 위치에 가까울수록 어둡고 멀어질수록 더 밝고 옅게 보이는 것을 알 수 있다. 선의 굵기도 또한 이러한 이치다. 관찰자의 위치가 어디인가를 생각했을 때 가까우면 굵고 멀면 흐리거나 가는 선을 사용한다. 도면에서 관찰자의 위치는 절단된 면의 위치이다. 평면은 건물을 바닥에서 높이 1.0~1.5 m 정도 위에서 수평으로 자른 것이다. 이 경우 관찰자의 위치는 잘린 부분이다. 그래서 그 절단면을 가장 굵은 선으로 표현한다. 즉 모든 도면에서 절단면의 위치가 관찰자의 위치라고 생각하면 된다. 그리고 그 면에서 멀어질수록 절단면보다 가늘고 흐린 선으로 표현한다.

[표 1.6] 도면의 종류에 따른 선의 굵기

도면의 종류	계획도면	기본도면	실시도면	실시도면
선의 분류	I	II	III	IV
선의 종류	선의 굵기 mm			
굵다	0.5	0.7	1.0	1.4
가늘다	0.25	0.35	0.5	0.7
미세하다	0.18	0.25	0.35	0.5

수작업을 하는 경우 처음에 선을 그릴 때 가는 선으로 먼저 그리고 굵은 선을 요하는 부분에는 가는 선의 안쪽으로 굵은 선을 그린다. 그래야 그 부분의 정확한 치수를 얻을 수 있기 때문이다(옆 그림 참조).

이러한 선 굵기를 얻는 데 CAD 프로그램이나 로터링 또는 그 외 잉킹펜은 원하는 굵기를 얻을 수 있으나 연필로 하는 것은 가는 선을 얻기 어렵다. 그러므로 연필로 작업을 할 경우 연필을 누르면 안 되고 심의 강도를 잘 선택하면 굵기 0.1 mm에서 0.2 mm까지는 얻을 수 있을 것이다.

▲ 가는 선 안쪽으로 굵은 선을 넣음

선 굵기의 구분에 따라 선의 종류를 사용하여 도면 표현의 이해를 돕는다. 일반적으로 선의 종류를 크게 구분하면 실선과 점선으로 나눌 수 있다. 선 굵기는 실선에서만 적용되고 점선에서는 굵은 선이 사용되지 않는 것이 일반적이다.

B. 선의 종류

[표 1.7] 선의 종류

<table>
<tr><th rowspan="2">선의 종류</th><th colspan="3">적용범위와 예</th></tr>
<tr><th>평면도</th><th>단면도</th><th>입면도</th></tr>
<tr><td rowspan="2">굵은 실선</td><td colspan="2">절단면의 경계선</td><td></td></tr>
<tr><td>예) 조적조의 표시</td><td>예) 조적조, 콘크리트, 철근 Conc.</td><td></td></tr>
<tr><td rowspan="2">가는 실선</td><td colspan="3">재료의 보이는 면의 모서리나 외각선, 절단면의 경계선, 가늘거나 작은 재료</td></tr>
<tr><td colspan="2">예) 벽 두께가 10 cm보다 작은 경우, 나무 표시</td><td></td></tr>
<tr><td rowspan="2">미세한 실선</td><td colspan="3">치수선, 치수보조선, 지시선, 일반보조선, 형태선, 심볼</td></tr>
<tr><td colspan="2">예) 창문이나 문 등의 개구부 표시, 문의 절단선. 마감, 도면 내의 그림, 가구, 경사표시, 인출선, 기준선, 높이삼각형</td><td></td></tr>
<tr><td>굵은 1점 쇄선</td><td>단면의 상태
예) 단면 절단선, 단면 절단선의 변경</td><td></td><td></td></tr>
<tr><td>미세한 점 쇄선</td><td>중심선
예) 기본설계와 실시설계에서 표시</td><td></td><td></td></tr>
<tr><td rowspan="2">가는 점선</td><td colspan="3">건축 부위의 숨겨진 모서리나 외각선 표시</td></tr>
<tr><td>예) 계단의 옆 부분, 기초</td><td>예) 계단의 흐름표시선, 천장, 기초</td><td>예) 조적조 표시, 계단, 천장, 기초</td></tr>
<tr><td>가는 파선</td><td colspan="2">절단면에 관한 재료 표시
예) 계단의 숨겨진 부분, 지지보, 하단부, 둥근천장, 보</td><td></td></tr>
</table>

4.3 도면의 치수기입

치수란 실질적인 크기를 도면에 기입하는 것으로, 이것을 통하여 도면 사용자가 건물공간의 적합한 크기와 스케일 등을 떠올리고 또한 시공 전에 건물의 상황을 검토하는 기준이 될 수 있다. 모든 치수는 공사가 진행되는 동안 건축재료가 들어갈 자리에서 검토해야 한다는 말이 있는데 이는 정확한 치수기입의 필요성을 강조한 것이다. 만일 공사를 담당하는 사람이 골조공사가 끝나기 전에 먼저 조립제품(문, 창문, 그 외 실링 등)을 초기 도면에서만 검토하고 측정, 통보하였다면 부담감을 느끼면서 작업을 하게 될 것이다. 실질적으로 전체적인 공사기간을 단축할 수 있는 방법은 골조공사 기간 중 동시에 모든 요소의 치수를 현장에서 검토하는 것이다. 도면의 치수는 반복되지 않고 정확한 치수를 넣도록 하여야 한다. 그러나 치수가 생략되는 것은 사용자에게 계산해야 하는 번거로움을 줄 수 있으므로 오히려 반복되는 것보다 더 나쁘다. 치수는 도면에 가까울수록 세분화되고 멀수록 전체치수를 기입하는 방법으로 한다.

치수를 기입하는 경우 도면을 임의적으로 4방향으로 나누어 상단에 속하는 영역은 위의 치수에 하단의 것은 아래치수에 기입하고 좌우도 같은 방법으로 기입하면 훨씬 이해가 빠르며 치수가 많은 경우에는 도면의 내부에 기입하는 것도 나쁘지 않다.

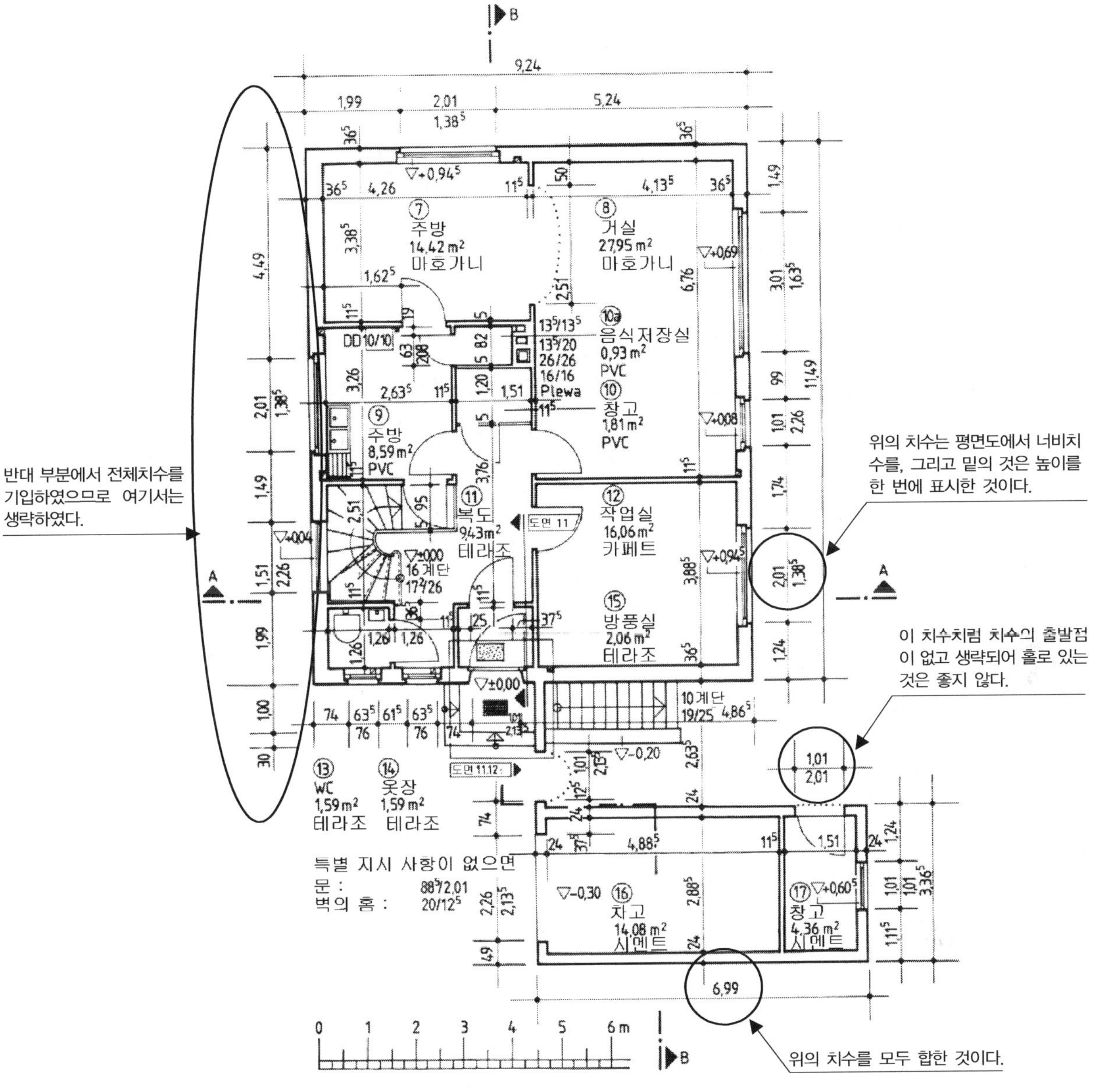

반대 부분에서 전체치수를 기입하였으므로 여기서는 생략하였다.

위의 치수는 평면도에서 너비치수를, 그리고 밑의 것은 높이를 한 번에 표시한 것이다.

이 치수처럼 치수의 출발점이 없고 생략되어 홀로 있는 것은 좋지 않다.

위의 치수를 모두 합한 것이다.

▲ 도면의 치수표기 예

일반적으로 치수를 기입하는 방향은 수평은 밑 부분을, 수직은 오른쪽의 치수를 먼저 기입한다.

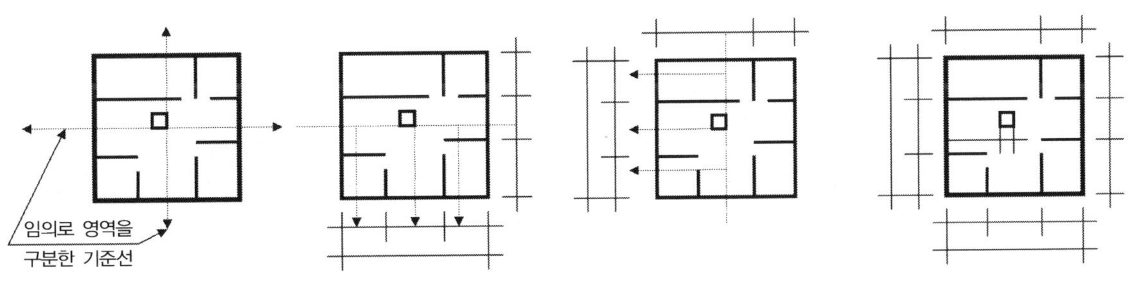

• 어느 부분의 치수를 택할 것인가 시각적으로 영역을 구분한다.

• 아래 부분과 오른쪽에 해당하는 것에 치수를 기입한다.

• 왼쪽과 윗부분에 해당하는 치수를 기입한다.

• 가운데 기둥의 경우 치수선을 도면 안에서 기입한다.

▲ 치수를 기입하는 바른 방법

A. 치수기입의 분류

도면에 치수를 기입하는 방법 또한 여러 가지가 있으나 기본적으로 한 도면에는 한 가지 방법으로 통일을 해야 도면을 이해하기 쉽고 시공에 도움이 된다. 유럽은 대체적으로 마감을 포함한 외부치수를, 미국은 외부와 중심선을 사용하며, 국내는 주로 중심선을 치수의 기준으로 사용하고 있다. 도면은 설계자의 의도를 시공을 담당한 사람이 알 수 있도록 해야 하며, 도면에 표시된 치수만으로 실제 치수를 부수적인 계산을 하지 않고 시공에 전념할 수 있도록 표시해야 한다. 단 1 mm의 치수도 설계자와 시공담당자 간에 명확하게 표현이 되어야 한다. 건축은 큰 물체를 작게 축소시켜 표현된, 즉 축척을 사용하는 작업인 만큼 정확한 시공은 정확한 설계도로부터 시작된다는 것을 명심하고, 애매모호한 치수 표현은 하지 말아야 한다. 설계도에서 해결되지 않은 것은 공사장에서도 문제로 발생되며 시공기간에 영향을 준다. 치수는 또한 건축재료의 양을 산출하는 기본이 되며, 개구부의 상황을 미리 예상하는 데 도움이 된다. 다음에서 표준형 벽돌(90×190 mm)을 예로 치수의 구분을 들어 보겠다.

❶ 내부치수

내부치수란 하나의 건축부재의 시작에서 다른 건축부재의 부분이 시작되는 지점까지를 말한다.

옆의 그림의 경우 벽돌이 시작하여 줄눈까지를 말하는데, 만일 400의 치수를 갖는 경우 이는 4장의 벽돌에 줄눈도 4개가 포함해 있는 것이다.

내부치수는 공간의 폭과 깊이, 창문과 문의 개구부에 속한 폭과 높이, 그리고 Pit 등 모든 개구를 예상할 수 있다.

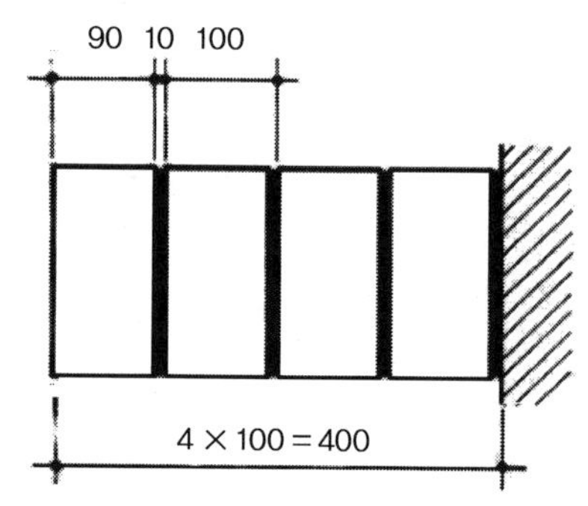

❷ 인접치수

예를 들어 벽돌로 쌓은 벽에 문이나 창문이 들어가는 경우 임의로 개구부를 만들었을 경우 마지막 벽돌의 치수는 온전한 크기가 아니고 변경을 해야 하는데 이것이 많을 경우는 그만큼 시간을 빼앗는 작업을 하게 된다. 그러나 설계 시에 이를 고려하여 옆의 그림과 같이 온전한 크기를 계산한다면 훨씬 꼼꼼한 설계도가 될 것이다. 더욱이 벽에 홈을 내거나 길이를 다르게 할 경우 인접치수의 계산은 필수적이다.

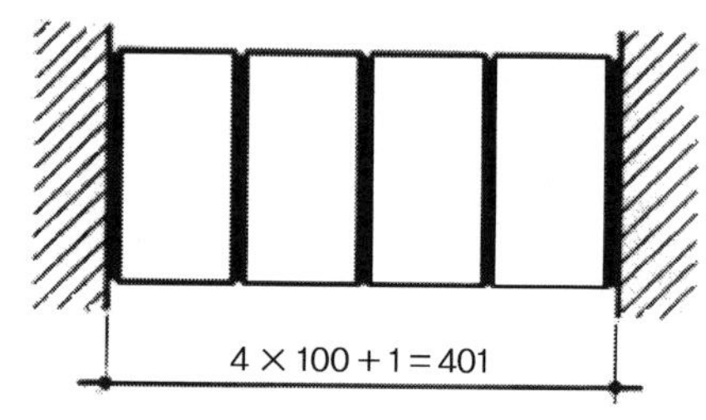

❸ 외부치수

외부치수는 구조체의 양쪽이 오픈되어 있는 경우이다. 이러한 경우 양쪽에 줄눈이 필요 없기 때문에 벽돌의 전체치수에서 줄눈의 두께 1을 감해줘야 한다.

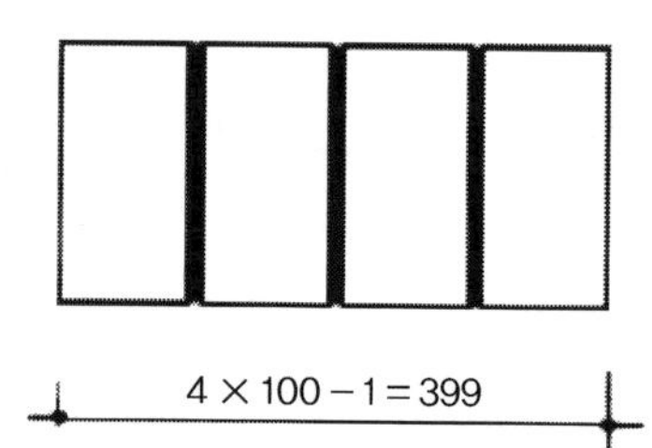

❹ 도면에서 사용되는 치수기입의 예

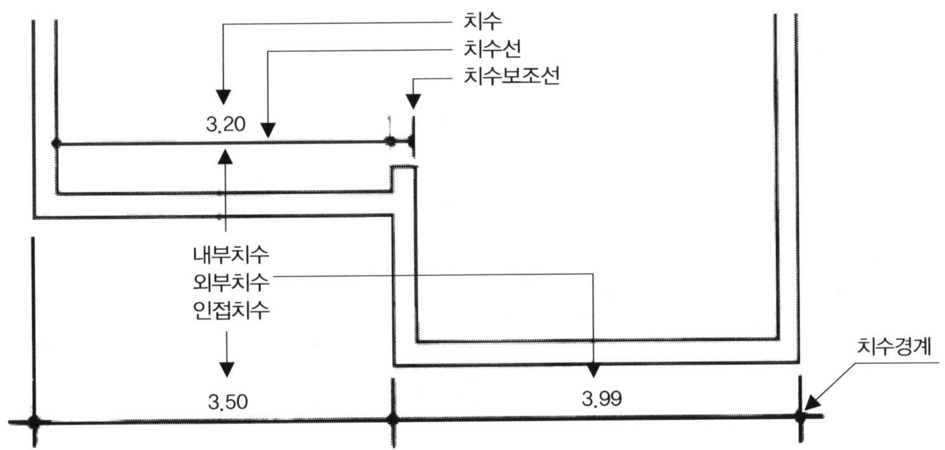

❺ 부분적인 치수기입 방법

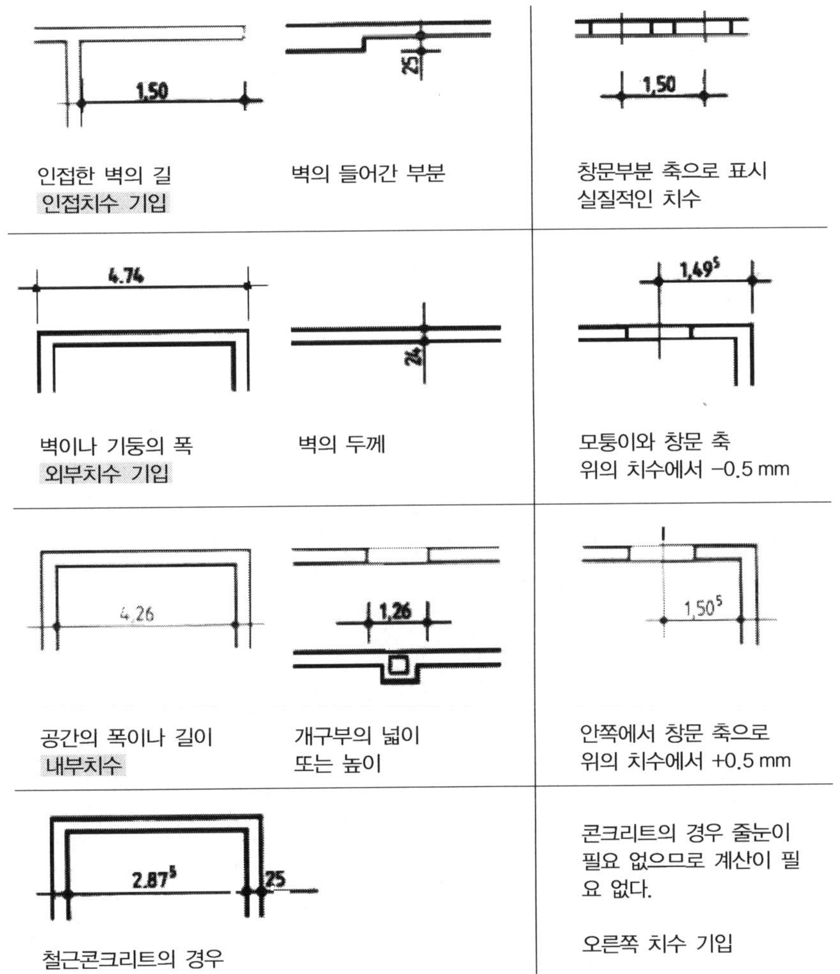

❻ 치수선에서 치수의 위치

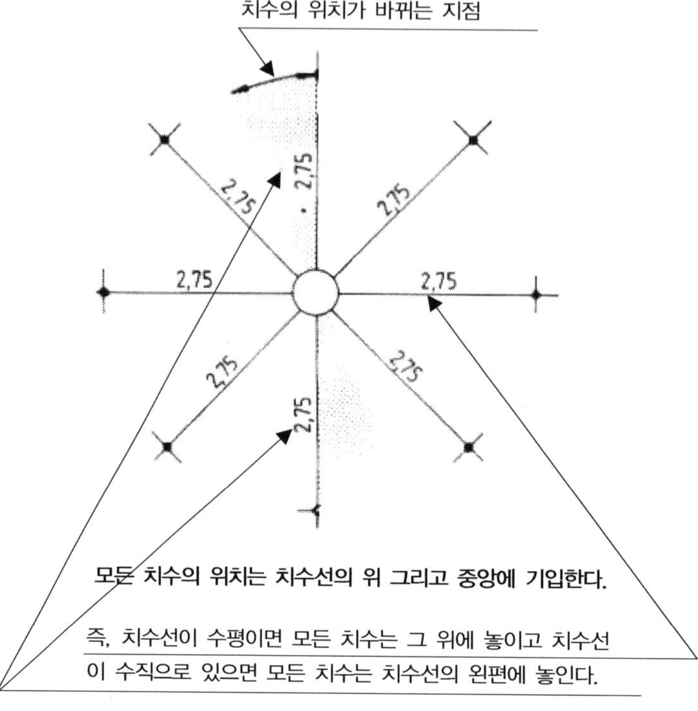

일반적으로 도면에서 치수를 읽는 방향은 아래에서 위로, 그리고 오른쪽에서 왼쪽으로 읽는 것이 일반적이다.

❼ 벽의 두께가 좁은 곳에 치수 기입하기

도면에 치수를 기입하다 보면 자리가 좁아 치수를 넣을 수 없는 경우도 생긴다. 이런 경우에는 일반적으로 오른편에 치수를 기입한다. 그러나 좁은 경우가 두 번 이상 발생하는 경우도 생긴다. 이런 경우에는 하나는 오른편에 다른 것은 왼편에 기입한다. 때로는 그 사이에 그림 a와 같은 경우도 생기는데 이럴 때는 지시선을 사용하여 치수를 기입한다. 또한 현장에서 공사 중에 도면이 변경되어 변경된 도면이 나오는 시간보다 공사가 먼저 진행되는 경우에는 사선을 그어 취소하고 그 오른편에 치수를 기입한다.

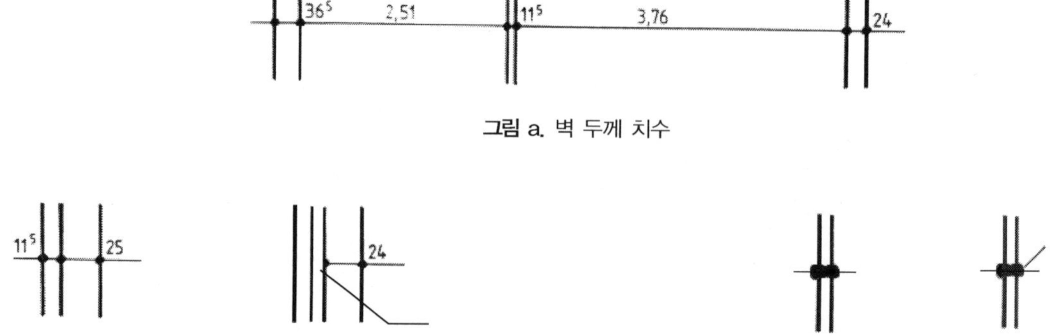

그림 a. 벽 두께 치수

그림 b. 여러 치수의 자리가 좁은 경우와 지시선의 사용의 경우

그림 c. 치수경계가 밀집한 경우 수정이 된 경우

▲ 치수표기를 위한 공간이 충분하지 않은 경우의 치수 표기

B. 치수기입요소

❶ 치수의 단위 선택

치수의 단위는 건축물의 종류와 또는 현장에 따라 선택하는 것이 일반적이다. 미터를 기준으로 하였을 경우 4자리나 5자리까지 숫자가 생기면 계산이 어렵기 때문에 가능하면 숫자의 자릿수가 적게 되는 것이 좋다. 1 m의 경우 mm 치수단위로 한다면 1000 mm가 되고, 10 m의 경우 10 000 mm가 된다. 그러므로 스케일자에서 나타내기 쉬운 단위를 선택하는 것이 좋다. 예를 들어 1 m 이하의 단위는 cm로 치수단위를 쓰고 그 이상은 m를 단위로 쓰면 서로 편할 것이다. 가구나 금속을 다루는 데서는 주로 mm를 사용한다.

❷ 치수선

치수선은 미세한 실선으로 나타낸다. 그리고 치수의 위치는 나타내고자 하는 부분과 평행으로 위치해 있어야 한다. 치수선의 구조는 치수선, 치수보조선, 경계표시, 그리고 치수로 구분이 되는데, 치수선은 치수경계에서 약 5 mm 정도 더 나아간다. 건축물에서 치수가 벌어진 간격은 기본설계에서는 1 cm 정도 실시설계에서는 1.5 cm 정도 간격을 두고 위치하면 좋다. 치수선을 기입하다 보면 교차하는 경우가 생기는데 이는 가능하면 피하는 것이 좋다. 그러나 부득이한 경우에는 멀리서 오는 치수선을 교차전에서 끊어버린다. 이는 도면 내에서 치수선이 건축물의 한 부분으로 오해되는 것을 방지하기 위함이다(치수를 치수선의 중앙에 기입하면 선만 보인다).

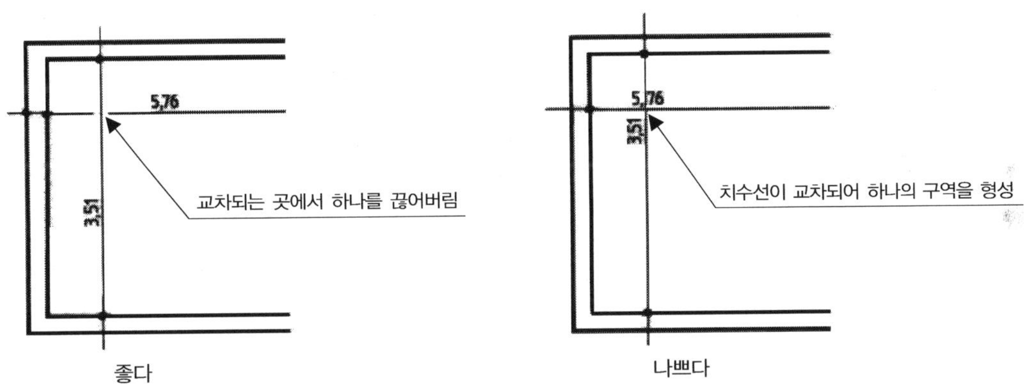

▲ 치수선이 교차로 만나는 부분의 치수표기

❸ 치수선의 경계점 표시

치수선의 경계를 표현하는 것은 여러 가지 있으나 중요한 것은 한 도면에서 하나의 표현을 써야 한다는 것이다.

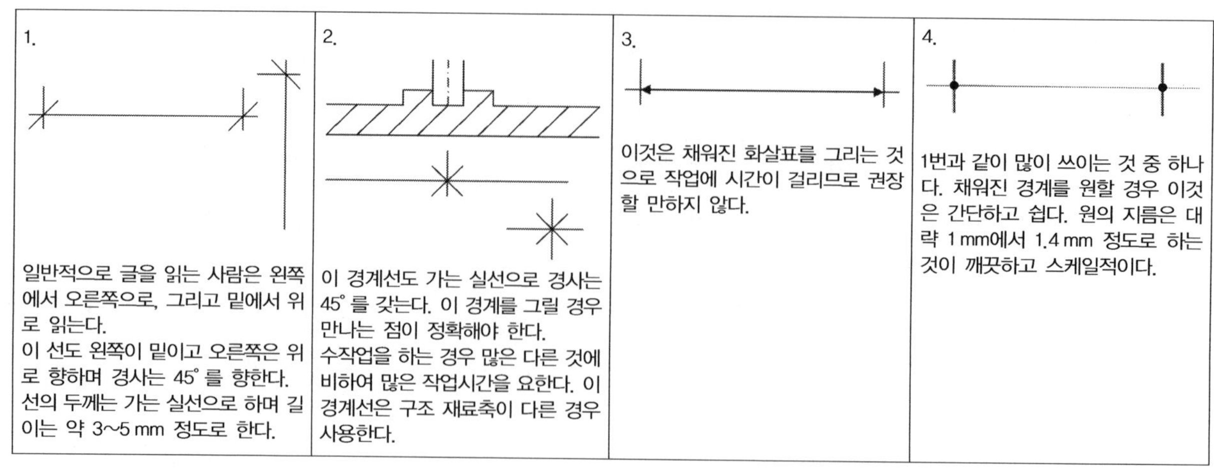

1.	2.	3.	4.
일반적으로 글을 읽는 사람은 왼쪽에서 오른쪽으로, 그리고 밑에서 위로 읽는다. 이 선도 왼쪽이 밑이고 오른쪽은 위로 향하며 경사는 45° 를 향한다. 선의 두께는 가는 실선으로 하며 길이는 약 3~5 mm 정도로 한다.	이 경계선도 가는 실선으로 경사는 45° 를 갖는다. 이 경계를 그릴 경우 만나는 점이 정확해야 한다. 수작업을 하는 경우 많은 다른 것에 비하여 많은 작업시간을 요한다. 이 경계선은 구조 재료축이 다른 경우 사용한다.	이것은 채워진 화살표를 그리는 것으로 작업에 시간이 걸리므로 권장할 만하지 않다.	1번과 같이 많이 쓰이는 것 중 하나다. 채워진 경계를 원할 경우 이것은 간단하고 쉽다. 원의 지름은 대략 1 mm에서 1.4 mm 정도로 하는 것이 깨끗하고 스케일적이다.

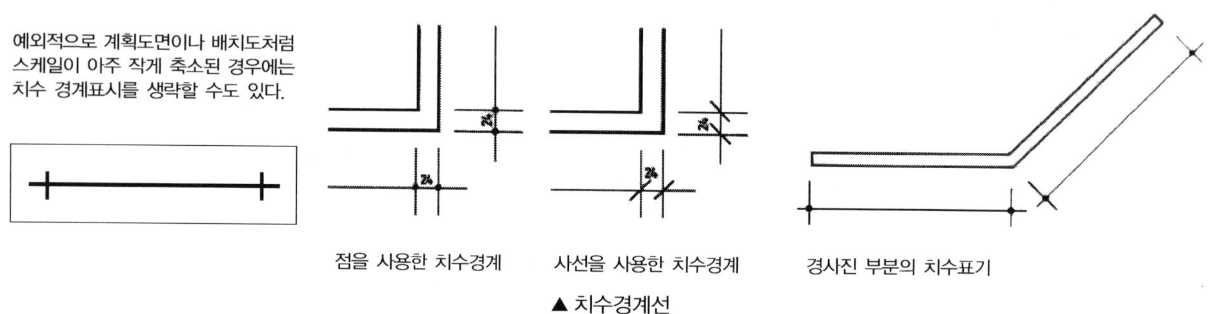

▲ 치수경계선

건축물이 원의 형식을 가질 경우 치수표기에 당황하는 학생도 있다. 그러나 치수표기는 건축물이 어떠한 모양이든 기본원칙(치수선의 위와 가운데에 기입)을 따른다. 그러나 호의 경우는 길이 외에 각을 표시해 주어야 대지에 정확한 표시를 할 수 있다.

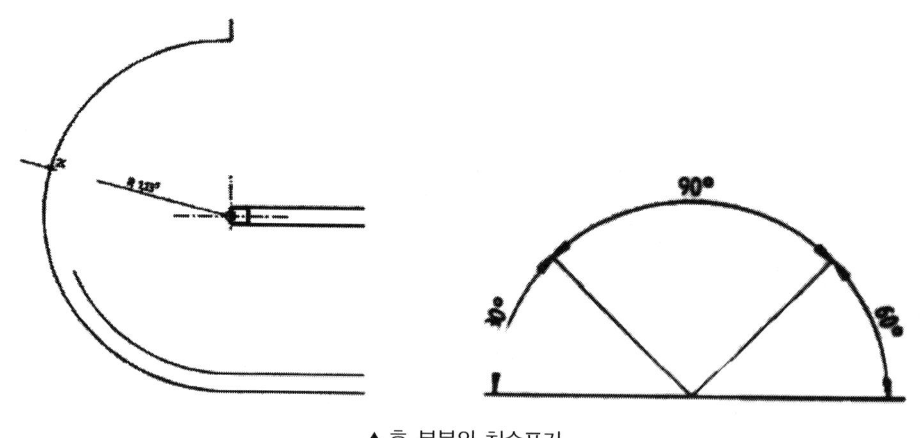

▲ 호 부분의 치수표기

위의 그림과 같이 일정한 형태를 갖는 경우에는 한 지점에서 중심을 잡아 그 반지름을 표시하는 것도 좋은 방법이다. 설계자가 다양한 방법으로 그 치수를 표기할 수도 있지만 간단하고 명확한 표현을 하는 것은 곧 공사현장에 측량을 효율적으로 하는 방법을 제시하는 것과 같다.

앞의 그림과 같은 형태가 있을 경우 어떻게 이 규모를 전달할 것인가 먼저 생각해보자. 보통 사각형이나 삼각형의 경우에는 변을 따라서 치수를 평행하게 표시하면 되지만 이러한 형태에서 초보자들은 일반적으로 직선(지름과 같은 선)으로 치수를 표시하는 경우가 있다. 그러나 원은 원주라는 다른 성격을 갖고 있으므로 원에 맞는 치수를 표시해주어야 한다. 설계자가 치수를 표시하지 못하는 도형은 공사에서도 작업을 할 수 없다.

설계도는 설계자의 의도를 건축주나 관청 그리고 공사장에 전달하는 수단이며, 계획대로 건축물이 준공 되었는가 판단하는 기준이며, 건축물에 대한 정보를 갖는 자료이다. 이를 위하여 치수 하나라도 정확하게 표현되어 있지 않으면 그에 따라 문제점이 어디선가 나오게 될 것이다. 설계자는 그러한 원리를 충분히 고려하여 정확하고 신속한 정보를 전달하는 데 중점을 두고 설계작업에 임해야 한다.

C. 도면별 치수 기입법

❶ 평면도

치수는 명확하게 읽을 수 있도록 기울게 또는 수직으로 기입한다. 공사를 담당하는 사람이 치수로 인하여 부수적인 작업이 이뤄지지 않도록 하고 부정확한 치수의 문제를 방지할 수 있게 분명하게 기입이 되어야 한다. 치수의 크기는 도면 내에 기입하는 숫자의 크기와 크게 다르지 않은데 계획도면과 기본도면에서는 치수의 높이를 2.5 mm, 실시도면에서는 3.5 mm, 그리고 상세도면에서는 5 mm 정도로 하면 깔끔하다. 치수는 어느 선에 의하여 나누어지거나 교차되거나 또는 선과 선이 닿는 것은 좋지 않다. 항상 치수선의 중앙에 놓이고 숫자의 끝은 언제나 위로 향하거나 왼쪽에 놓여야 한다(치수표기 참조).

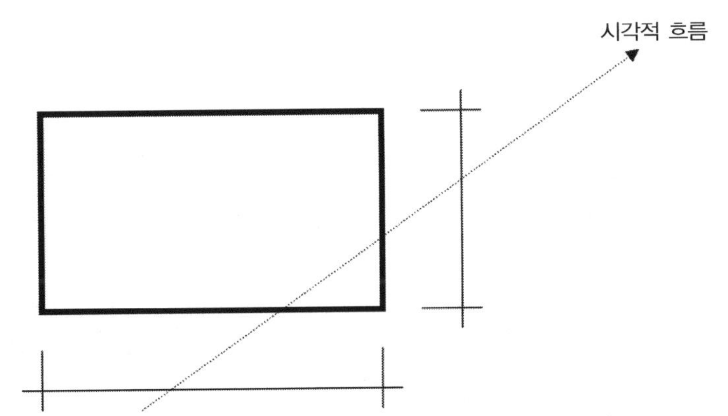

일반적으로 치수의 기입은 건축물의 아래 부분에서 시작하고 오른편을 먼저 시작한다.
이는 우리의 시각이 일반적으로 밑에서 오른쪽으로 흐르기 때문이다.

▲ 치수를 읽을 때 시각의 흐름방향

계획도면에서 치수를 위의 그림과 같이 가로와 세로의 전체적인 치수로 기본적인 크기를 나타내기도 하지만 도면이 복잡할수록 치수의 표현도 구체적으로 많아진다. 이러한 경우에 모든 치수는 동일한 높이와 크기를 가져야 한다. 그리고 같은 방향의 치수는 서로 수평이 되어야 하며 일정한 간격을 유지하는 것이 좋다. 기본설계에서는 치수선의 간격이 서로 1 cm, 그리고 실시설계에서는 1.4 cm의 간격을 유지하면 좋다. 건축물과 치수의 간격은 도면에 따라 약간의 차이가 있지만 치수 간의 간격과 같이 띄우는 것이 좋다. 실시설계는 치수가 세분화되어 많아지고 다른 도면에 비하여 기입하는 것이 많으므로 원하는 정보를 찾을 수 있도록 잘 표현해야 한다. 치수의 표현도 내부치수는 실시설계에서 공간의 내부에 표현을 하는 것도 좋다. 설계의 관찰자가 원하는 정보를 그 위치에서 찾을 수 있도록 하는 것이 가장 좋은 표현으로 벽의 두께는 벽에서, 공간의 치수는 공간에서 찾을 수 있도록 하는 것이다. 만일 모든 치수가 공간의 밖에 표현된다면 그 위치를 찾는 것은 쉽지 않을 것이다. 그리고 공간의 내부에 치수를 표현하게 되면 가능한 공간의 중앙 같은 빈 공간에 치수가 있게 하여야 한다. 그러면 공간의 번호, 크기, 마감의 종류 또는 가구의 위치와 겹치지 않기 때문이다.

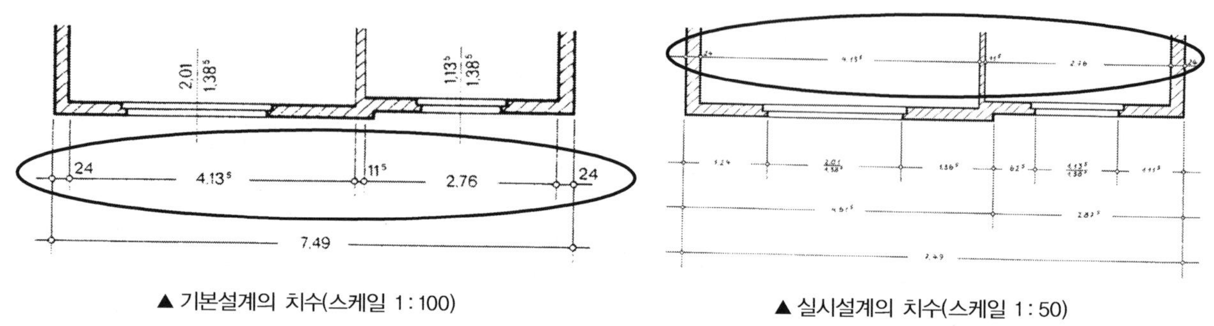

▲ 기본설계의 치수(스케일 1 : 100)

▲ 실시설계의 치수(스케일 1 : 50)

일반적으로 치수는 세분화된 것을 먼저 기입하고 마지막에는 전체의 길이를 나타내는 치수가 있어야 한다. 특히 문이나 창문 같은 개구부는 평면도에서 도면의 가까이 있는 것이 좋고 폭과 높이를 함께 나타내 주면 좋다(폭 치수의 밑인 치수선 바로 밑에 나타낸다). 도면이 복잡한 경우에는 모든 치수를 외부에 표현하지 못하는 경우가 생긴다. 실시설계(1 : 50 이상)의 경우에는 거의 내부에 치수를 표현하는 경우가 생긴다.

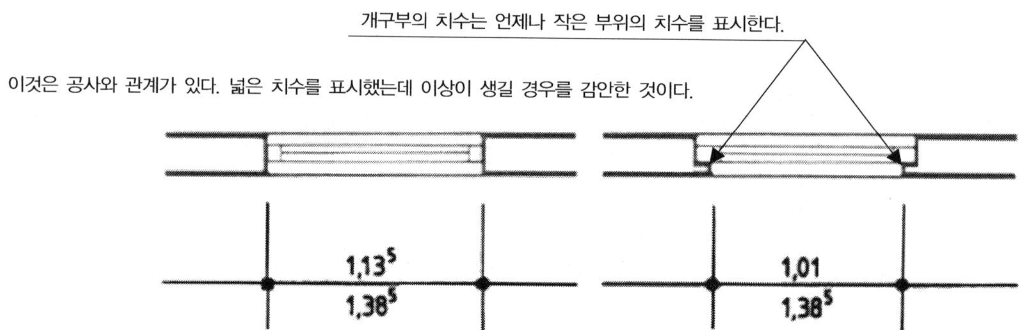

❷ 단면도

단면도는 평면도와는 달리 건축물을 수직으로 잘라 표현한 것이다. 그러므로 건축물의 높이를 정확하게 치수로 표현해야 하는 과제가 있다. 도면이라는 것이 커다란 건축물을 용지에 맞게 크기를 축소하여 놓은 것이니 그 규모의 스케일감을 정확하게 느끼는 것은 아주 중요하다. 특히 높이에 대한 느낌은 우리가 건축물 안에 살면서 영향을 많이 받는 요소의 하나이며 평면에서 공간의 넓고 좁은 것은 완공 후에도 개조를 하는데 어느 정도의 가능성을 갖고 있지만 높이에 대한 구조는 건축물의 하중을 직접적으로 연결해주는 중요한 요소가 되므로 공사 전에 충분히 검사되어야 한다.

특히 구조체의 바닥과 마감 후 바닥의 치수검사는 공사를 얼마나 정교하게 마무리를 짓는가 하는 문제와 직접적으로 결부 되므로 실시설계의 도면에서는 전체적으로 볼 수 있도록 표현되어야 한다. 많은 설계자가 상세도에 그 책임을 돌리는 경우가 있는데 모든 설계의 기본적인 치수는 단면도, 입면도, 그리고 단면도에 우선적으로 표현을 하여 전체적인 이해를 주는 데 역점을 두어야 하며, 가능한 도면의 수를 줄여 도면을 여러 번 들추어야 하는 수고를 덜어주는 것이 좋은 기술이다.

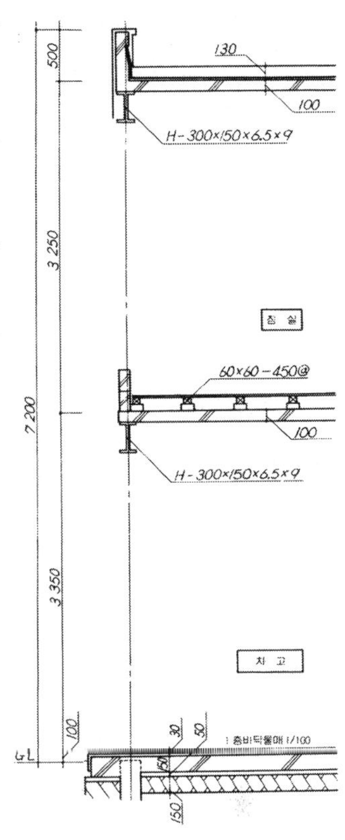

▲ 철골구조 단면도

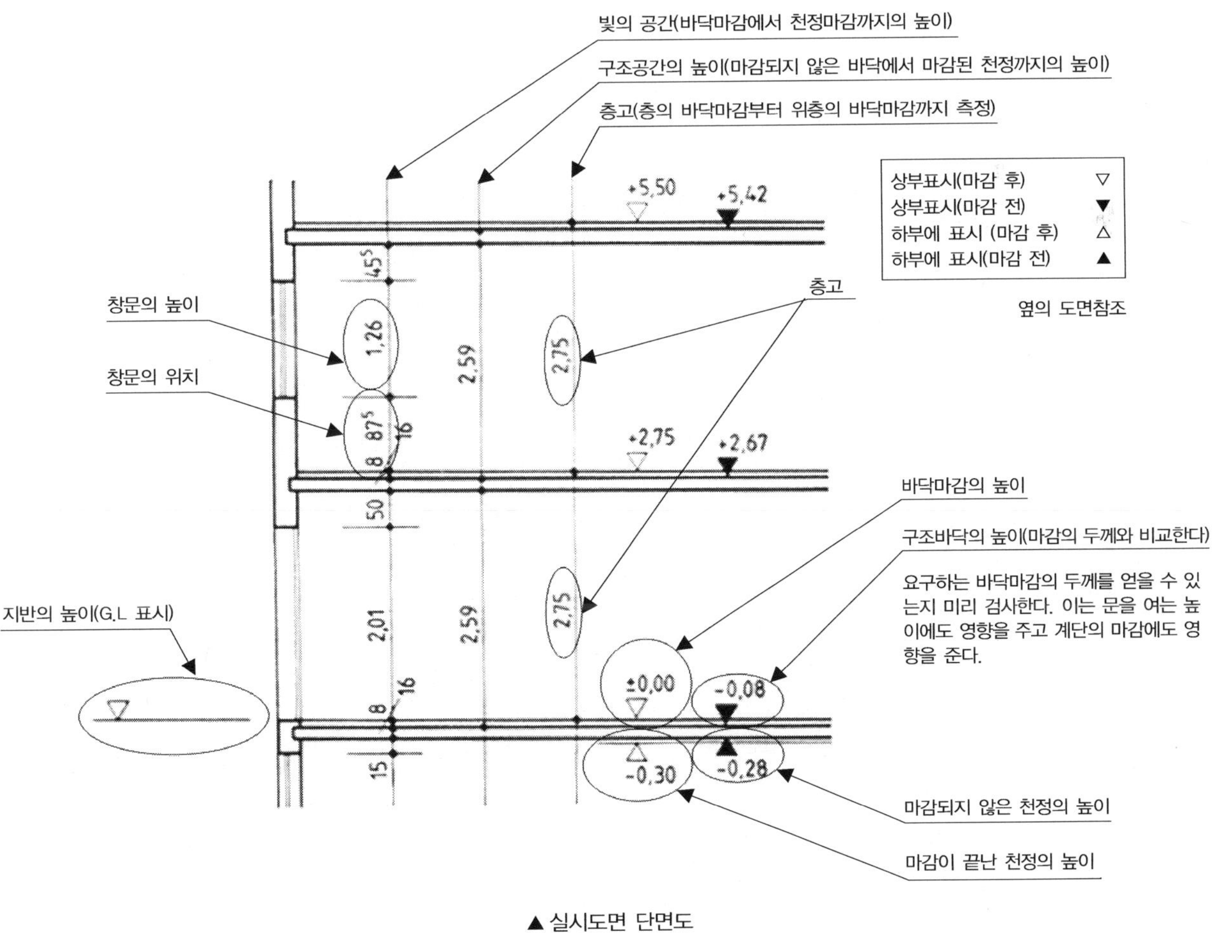

▲ 실시도면 단면도

❸ 그 외의 치수 표현

- 기둥이나 또는 발코니 같은 작은 사각의 형태는 치수를 나누기의 형태로 같이 표시해 주면 이해하는 데 도움이 된다.
- 원의 형태의 단면을 위한 치수크기는 지름을 표시한다(예: ø12).
- 반지름은 대문자 R을 표시한다(예: R20).

12/16

4.4 도면에서 문자기입

설계도는 선과 치수를 갖고 표현을 하는 것으로, 여기에 글씨를 첨가하여 이해를 돕는 데 사용한다. 중요한 내용은 주로 표제란에 기입하지만, 때로는 한 도면에 여러 설계도를 첨가하거나 공간에 대한 정보로 도면 내에 글씨를 기입해야 할 경우가 있다. 정교하게 표현한 도면이 때로 혼란스럽고 정돈되지 않아 보이게 하는 원인은 글씨의 형태가 좌우하는 경우가 있다. 그러므로 수작업을 하는 데 글씨체를 연습하는 것은 꼭 필요하며 도면 내 글씨의 크기가 전체 스케일 개념에 맞지 않아 좋은 설계의 이미지를 가리는 경우가 있으므로 글씨크기를 연습하고 CAD로 작업하는 경우에도 알아두는 것이 유리하다.

표제란을 제외하고 설계도에 기입하는 최소한 글씨내용의 종류는 다음과 같이 구분할 수 있다.

- **도면의 종류** 평면도, 입면도(정면도, 배면도, 우측면도, 좌측면도), 단면도, 상세도명
- **공간의 번호** 건물에 공간의 이름이 중복되는 경우 혼란스러울 수 있으므로 공간에 번호를 매기는 것이 좋다. 1층은 101로 시작하고 2층은 201로 시작한다.
- **공간의 이름** 침실, 부엌, 응접실, 화장실, 복도, 계단
- **공간의 면적** 30 m^2
- **마감재료의 종류** PVC, 목재, 페인트, 벽지 등
- **스케일 종류** scale 1 : 100, scale 1/100
- **분류번호** SEC-105-01, A-D-05-03

A 표제란

도 면 명	평 면 도	축척	1/100
이름	홍 길 동	날짜	2007. 06. 15
학번	0009123	검인	김 기 수

▲ 학생실습용 표제란 예

공사명	○○ 은 행	도면번호	A-D-00-00
도면명	상세도	축척	1/10
작성 날짜	2007. 06.15		
설계자명	홍 길 동	담 당 자	김 기 수

▲ 현장 스케치 및 즉석 회사 보관용 도면

실시도면은 일반적으로 왼편과 같은 형태를 취한다. 표제란에는 도면에 대한 모든 정보를 기록해야 하며 회사의 이름이 꼭 들어간다. Key Plan은 도면에 표현된 설계도가 건물이나 대지에서 어느 부분에 속하는지 전체적으로 보여주는 배치도와 같은 성격을 갖고 있다.

도면 변경에 대한 공간을 만드는 것은 아무리 꼼꼼한 도면이라도 변경의 가능성을 갖고 있음을 예상하며

만든 것으로 변경번호, 변경자, 감수자, 날짜, 그리고 내용을 간략하게 기록한다.

도면을 표현할 때 일반적으로 규격화된 것을 사용하지만 때로 새로운 표현이 첨가되거나 특수한 기호를 나타내기도 하는데 이를 색인과 기호란에서 설명한다. 모든 도면에는 방위표시가 표현되어야 하는 것이 기본이며, 일반적으로 북쪽을 도면의 위로 향하게 한다.

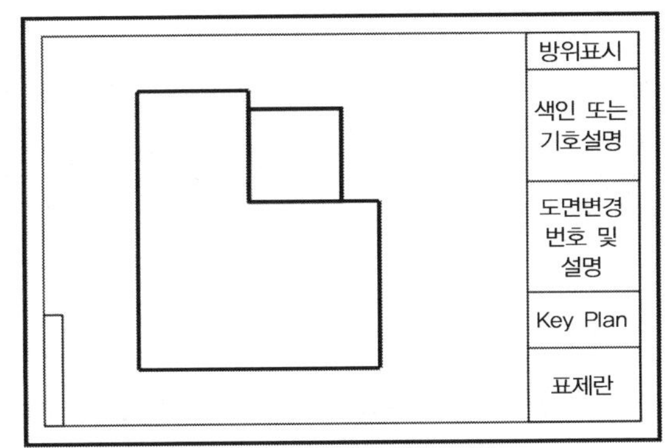

▲ 학생실습용 표제란 예

B. 도면 내 문자기입

❶ 도면 명 쓰기

한 설계도에 여러 도면을 기입하는 경우에는 표제란에 도면 명을 기입하는 것으로는 충분하지 않다. 따라서 각 설계도 밑에 도면 명을 직접 기입할 때도 있는데 글자의 위치를 질서 정연하게 놓으면 도면을 잘 이해하고 체계 있어 보이게 한다.

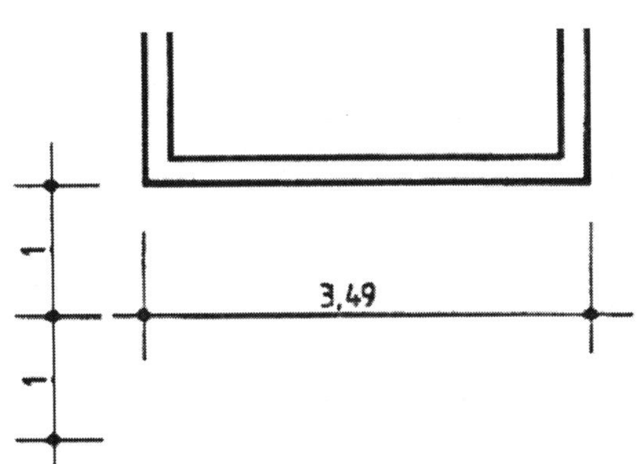

◀ 도면으로부터 치수선의 간격은 기본도면은 1 cm, 실시도면은 1.4 cm의 간격을 상하로 갖으며, 도면 명을 기입하는 경우에도 같은 간격을 주고 글자의 높이는 기본설계에서 3.5 mm, 실시설계에서는 5 mm이나 7 mm의 높이를 갖도록 한다.

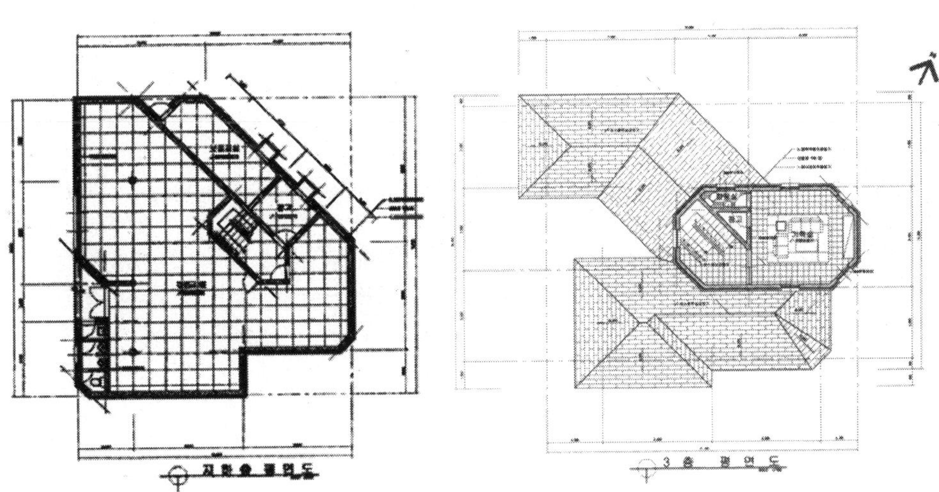

▲ 평면도에 도면 명 쓰기

❷ 도면 내에 공간이름 넣기

도면에 침실, 부엌, 창고, 또는 거실 등 공간의 이름을 기입하면 공간을 파악하는 데 한층 도움이 된다. 이러한 경우 글씨의 위치는 공간 내의 빈자리에 기입하고 각 글씨의 높이와 글씨체는 모두 동일하게 한다. 선의 굵기가 도면의 종류마다 다르듯 글씨체와 숫자의 크기도 차이를 준다.

[표 1-8] 제도판 사이즈

도면의 종류	선의 종류	선의 굵기(mm)	글자의 높이(mm)
계획도면	I	0.18	2.5
기본도면	II	0.25	3.5
실시도면	III	0.35	5.0
	IV	0.50	7.0

❸ 마감 인출선 표시

벽, 바닥, 천정, 그리고 지붕에는 구조체에 다른 마감재료가 덧붙여지면서 이를 도면에 표현해야 한다. 이러한 경우 사용하는 것이 마감 인출선이다.

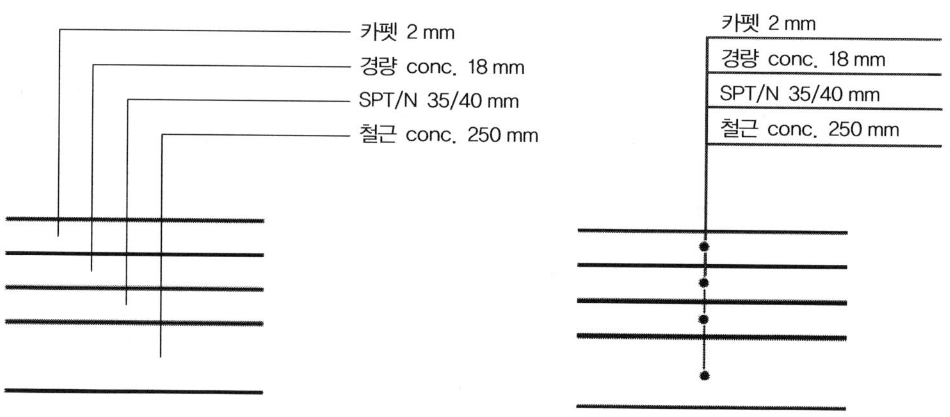

도면(바닥, 지붕 등)의 마감을 나타내는 경우에 재료의 이름과 인출선을 재료와 수평으로 기입하면 이해를 도와준다.

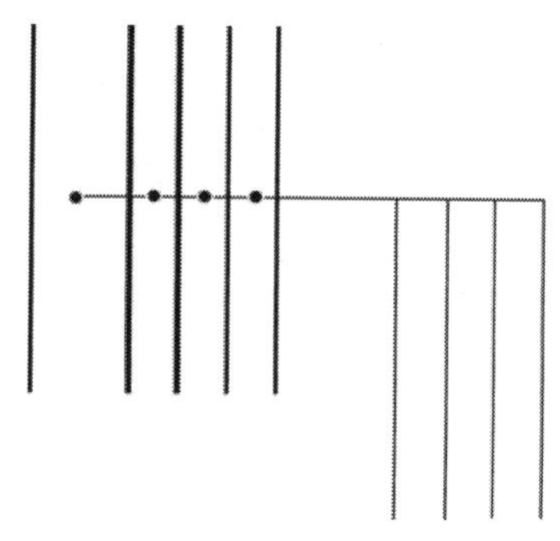

실시도면의 마감도면(Finishing DWG.)에서는 각 부재의 마감을 도면상에 표시해주어야 한다. 이 경우 부재의 종류뿐 아니라 그 두께도 기입을 하는데 이는 각 바닥의 높이를 정확히 측정하는 데 중요하다. 또한 인출선이 마감재료와 만나는 지점은 재료의 중간지점이 좋다.

▲ 수직부재의 인출선 표시

5 투시도 작도법

설계도를 그린다는 의미는 위에서 언급한 데로 하나의 건축물을 완성하는 데 종사하는 모든 사람들 간에 명확한 의사전달을 돕는 수단이 목적이다. 건축가는 자신의 의도와 건축주의 의도를 설계도에 표현하여 공사담당자에게 넘긴다. 설계과정에서 조금이라도 명확하지 못한 부분은 반드시 다른 관찰자에게도 문제가 된다는 것을 명심해야 한다. 설계자는 설계의 초기단계에서 이미 자신의 건물이 어떻게 디자인되는지 그 형태의 윤곽을 계획해야 한다. 설계를 하면서 자신의 의도와 건축주의 의도를 표현하는 첫 번째 시도가 스케치다. 스케치는 모든 설계의 시작을 의미한다. 스케치에는 평면과 입면이 임의적으로 표현이 된다. 스케치 작업을 마친 후에 어느 정도 결정이 이루어지면 본격적으로 시도하는 설계도의 기본이 평면도이다. 평면도를 그린 후에 우선적으로 입면도를 좌우 입면도 중에 하나를 그리고 정면도를 그려서 표현하고자 하는 것을 구체적으로 나타낸다.

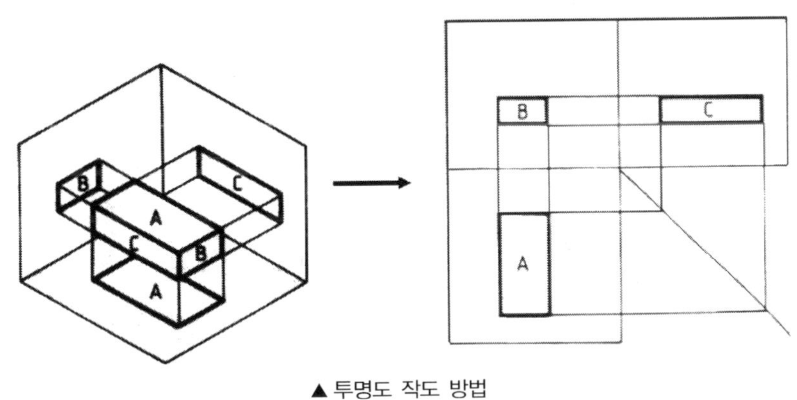

▲ 투명도 작도 방법

건축주에게 건축물에 관하여 더 많은 이해를 시키기 위하여 건축가나 제도자가 건축물을 각도를 넣어 전체적으로 보이도록 표현하는 것이 투시도이다. 건물의 투시도는 일반적으로 3방향으로 나타낸다. 투시도는 크게 평행투시도가 있고, 중심투시도가 있다. 평행투시도는 각 변이 평행으로 그려지기에 평행투시도라 칭하며, 종류에는 Isomeric, Kavalic, 그리고 Dimetric가 있다.

5.1 평행투시도

❶ 아이소메트릭

각 변의 길이를 임의로 a라 정하고 그 길이의 변화를 주지 않고 가로변만 각도 7° 정도 위로 올린다. 높이는 길이가 변하지 않고 그대로 유지되며, 뒤로 빠지는 변은 42° 만큼 위로 올린다.

뒤로 빠지는 길이는 앞의 a 길이보다 반으로 잡으면 아이소메트릭의 투시도를 그릴 수 있다.

평행투시도는 각 변이 평행으로 나아간다. 즉 원근감을 주지 않는다.

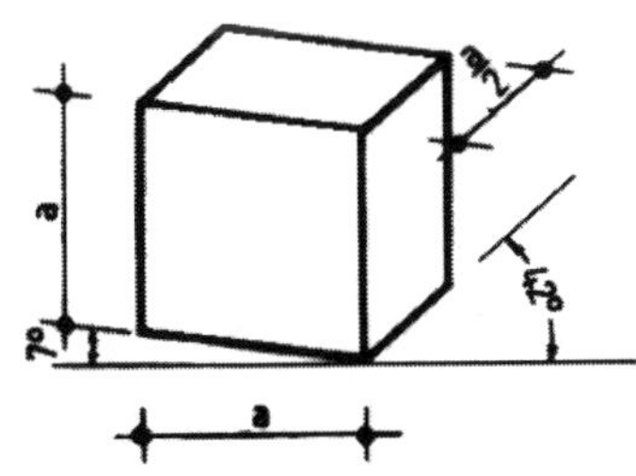

❷ Kavalic

Kavalic는 한 변을 축으로 좌우 양면을 30° 각으로 위로 올린 형태이다. 이 경우에도 위로 올린 면을 형성하는 변의 길이는 평행으로 간다.

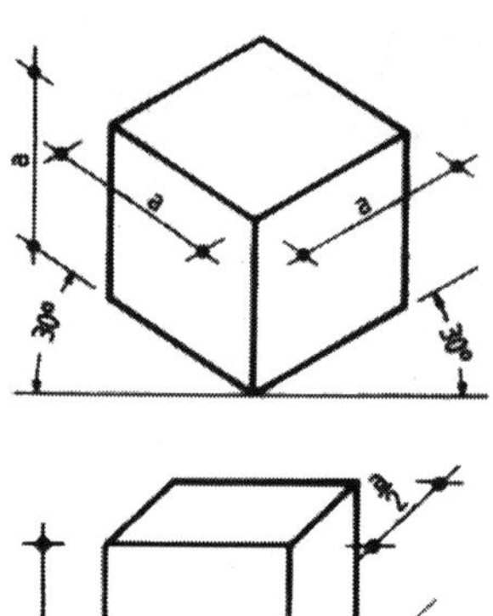

❸ Dimetric

Dimetric은 한 면이 정면을 그대로 보이며 뒤로 빠지는 면을 45° 올리고 길이는 정면의 반으로 한다.

5.2 중심투시도

❶ 한 점 중심투시도

점은 길이를 갖고 있지 않으므로 그대로 모양을 표현하면 되지만 길이를 갖고 있는 것은 그 길이가 눈의 위치와 멀리 있는 것인지 가까이 있는 것인지 표현을 해주어야 한다. 우리는 이것을 원근감이라 하는데, 중심투시도는 눈의 위치에 따라 모양이 다르게 표현된다. 일반적으로 화면의 시작은 관찰자의 위치가 아니라 서 있는 지점에서 사물의 정면 폭에 1.5배를 곱한 것이다. 이 거리가 무난하게 사물을 관찰하는 데 좋은 거리다. 두 개의 선은 관찰자로부터 멀어지면서 한 곳에 모이게 되는데, 이 지점이 눈의 위치가 된다. 그리고 눈의 위치에서 수평선이 형성이 되는 것이다. 투시도를 그리는 경우 반드시 필요한 것이 사물(건축물)의 폭과 높이이다.

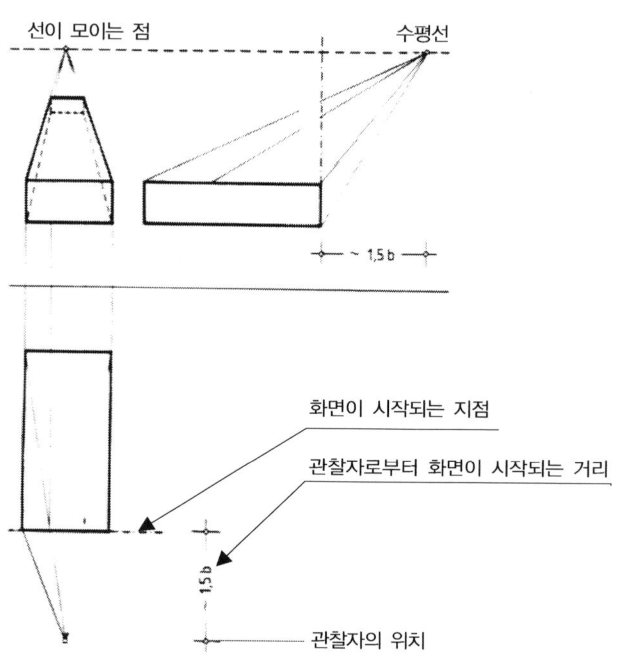

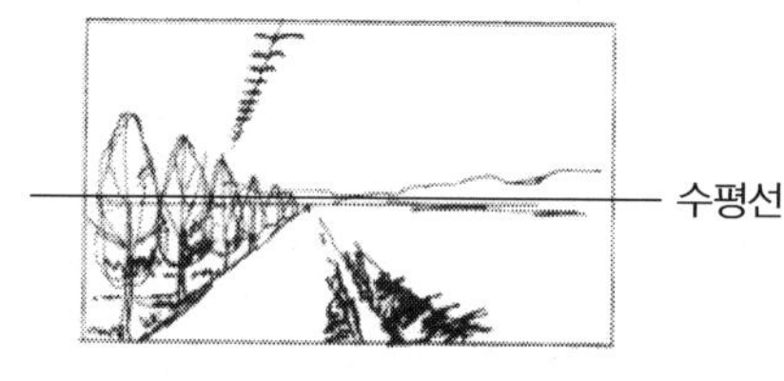

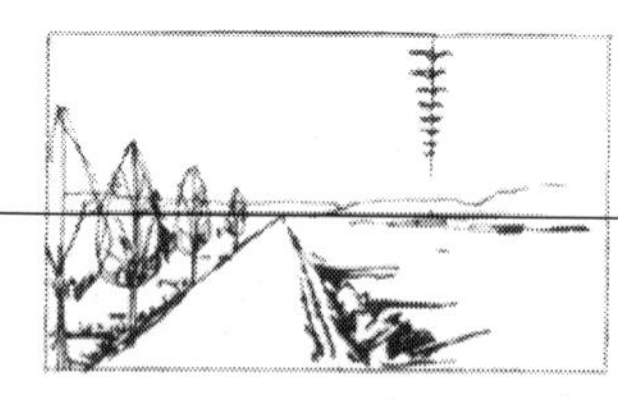

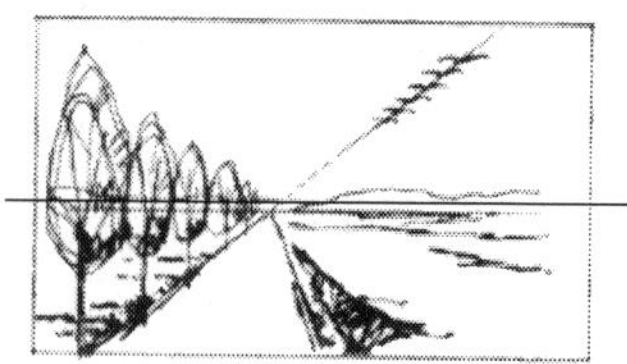

▲ 자연에서 볼 수 있는 중심투시도

❷ 두 점 중심투시도

한 점 중심투시도는 일반적으로 인테리어 같은 내부공간을 나타낼 경우 하나의 중심으로 모으기 위해 사용하지만 3차원의 사물은 최소한 2점 투시도를 사용하는 것이 입체감을 살리는 데 적절하다.

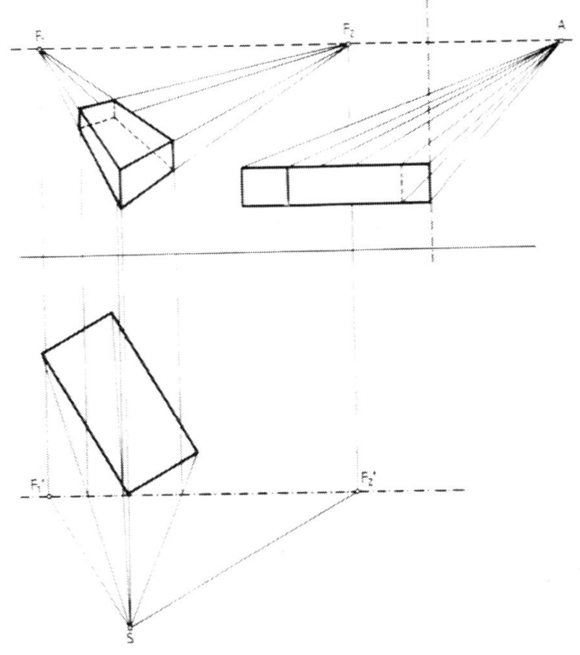

• 두 점 투시도를 그릴 경우

1. 관찰자의 위치가 우선적으로 필요하다 (옆의 그림에서 'S').
2. 화면(투시도를 어디에서 시작하게 할 것인가 결정한 면)이 시작되는 화면과 같은 선을 그려야 한다(그림에서 F1′ 그리고 F2′이 있는 일점쇄선).
3. 관찰자의 시각적인 방향은 사물의 보이는 면과 평행하게 화면의 선과 만나게 한다(그림에서 S와 F1′과 F2′을 이은 실선).
4. 사물의 각 모서리를 관찰자(그림에서 S와 사각형의 모서리를 연결한 선)와 연결하여 화면의 선과 만나는 지점을 표시한다.
5. 그림에서 일점쇄선은 화면이 시작되는 것을 의미하는 것으로 수평으로 놓인 것은 좌우로 놓인 각 변을 보는 것이고, 수직으로 있는 것은 사물의 높이를 바라보는 것이다. 아래 그림에 있는 것은 단지 사각형만 놓여 있지만 우리가 표현하고자 하는 것은 3차원적인 투시도이므로 높이가 반드시 필요하다.
   그림에서 가운데에 놓여 있는 수평의 실선은 건물의 기점을 나타내는 것으로 그림의 밑 부분에 수평으로 놓여 있는 수평의 일점쇄선처럼 오른편에 화면이 시작되는 수직 일점쇄선을 그어 건물의 시작위치(기점)를 잡고 일점쇄선에 건물의 높이를 잡는다.
6. 그림에서 맨 위의 점선(F1, F2, 그리고 A가 놓인 선)은 수평선으로 수평선은 눈의 위치라고 앞부분에서 언급하였다. 이 수평선의 위치가 위로 갈수록 건물은 낮아 보이고 아래로 갈수록 높아 보인다. 아래 부분의 일점쇄선에 있는 F1′과 F2′을 수직으로 수평선까지 올려 관찰자의 위치 F1과 F2를 결정한다.
7. 그림에서 높이를 나타내는 직사각형의 두 수평선을 왼쪽으로 연장하여 그린다. 그리고 아래 부분의 일점쇄선과 닿은 사각형의 모서리 선을 수직으로 올려 그려서 만나는 것이 이 사물의 높이이다.
8. 얻어진 높이에 F1, F2에서 선을 그어 만나게 하고 F1′과 F2′가 있는 일점쇄선 상에 S와 연결하여 만나는 부분에서 위로 수직을 그어 F1, F2와 만나는 부분을 서로 연결하면 하나의 투시도가 완성된다.

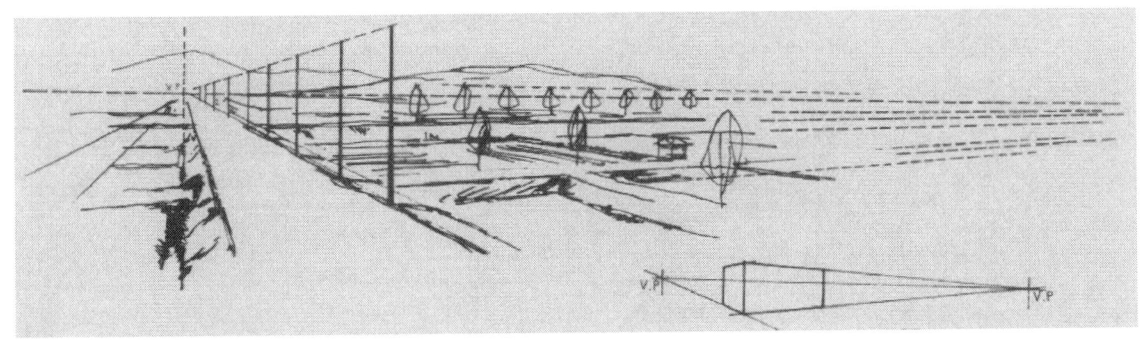

5.3 수평선의 위치에 따른 투시도의 형태

❶ 일반적인 투시도

기점에서 수평선(눈높이)까지의 높이를 일반적인 눈높이 1.60 m로 하였고, 건물의 전체 높이를 기점에서 시작하였다. 일반적인 투시도는 건물의 높이를 일상생활에서 접하는 현상을 의미한다.

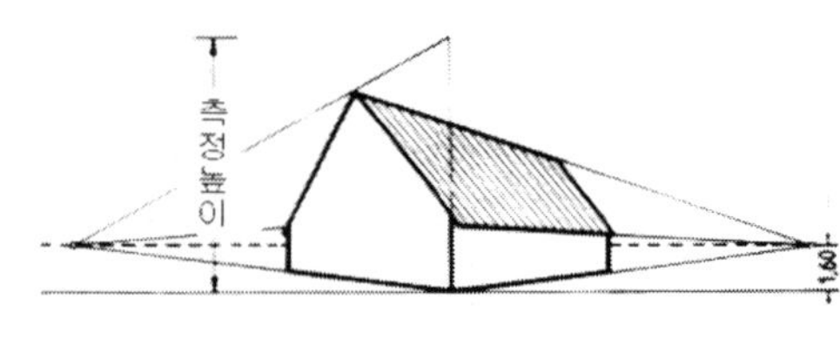

❷ 개구리 투시도

기점보다 수평선(눈높이)의 위치가 더 낮으며, 건물의 기점 또한 수평선의 위에 놓여 있다. 이 투시도는 건물을 강조하려 할 경우 많이 이용한다.

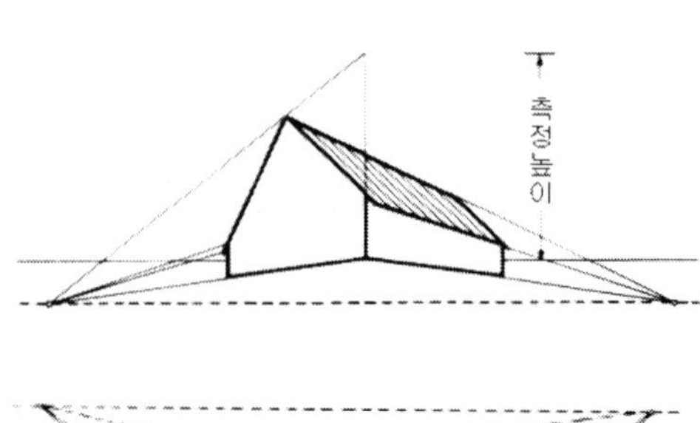

❸ 조감도적인 투시도

수평선(눈높이)의 위치가 건물의 높이보다 위에 있다. 이 투시도는 주변과의 전체적인 조화를 보이려 할 때 사용하면 효과적이다.

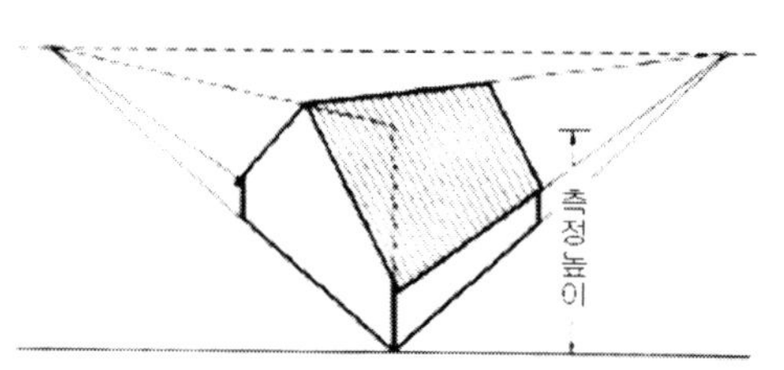

5.4 투시도의 속성

투시도는 결론적으로 건물이 완성되기 전 그리고 완성된 후에 건물의 전체적인 형태를 보려는 목적으로 표현하는 것이다. 일반적으로 대체적인 건물의 형태를 잡아 그리기도 하지만 이는 건축의 올바른 표현이 아니다. 투시도를 그리는 순서는 도면이 완성된 후에 작업을 한다. 즉, 건물의 좌우 폭과 길이가 결정되고 층의 높이를 얻은 후에 그에 따라 그려야 정확한 건물의 모양을 얻을 수가 있다. 여기에 건물에 들어가는 개구부와 그 외의 디자인을 표현하면 사전에 어떠한 건물이 완성될 것인가 건축주뿐만 아니라 공사를 하는 사람들도 참고할 수 있을 것이다.

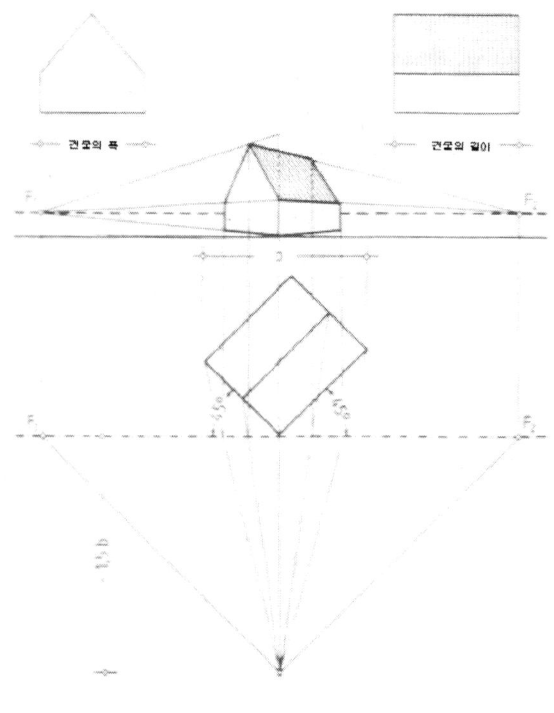

투시도를 그릴 경우 제도자는 건물의 폭과 길이 그리고 높이를 우선적으로 알아야 하며 수평선의 위치는 중심투시도의 종류에 따라 결정한다. 그리고 일반적으로 일반투시도를 사용하며 투시도를 그릴 경우 관찰자의 위치는 기점에서 1.5b(옆의 그림 참조)의 거리를 두는 것이 무난하다. 건물의 경사는 좌우 약 45°를 잡으면 무난하다.

5.5 공간 내부투시도

외부투시도를 그린다는 것은 곧 공간의 내부투시도를 그릴 수 있다는 것이다. 공간 내부투시도는 평면도를 사용하여 그린다.

일반적으로 내부투시도의 눈의 높이는 평균적으로 1.60 m로 정한다.

- 공간 내부투시도를 그리는 순서

1. 평면도를 배치한다.
2. 화면이 시작되는 지점(그림에서 일점쇄선)과 관찰자의 위치(그림에서 S)를 정한다.
3. 축척에 맞게 하나의 영역(그림에서 사각형 안의 영역)을 만들고 눈의 높이 1.60 m를 관찰자의 위치에서 수직으로 정한다(사각형의 틀을 만드는 것은 제한된 영역을 두는 것이다).
4. 평면도 내의 각 지점을 관찰자의 위치 S와 일점쇄선까지 연결한다. 그리고 사각형 안에 수직으로 선을 그린다.
5. 눈의 위치 F와 만나는 점에서 서로 연결한다.

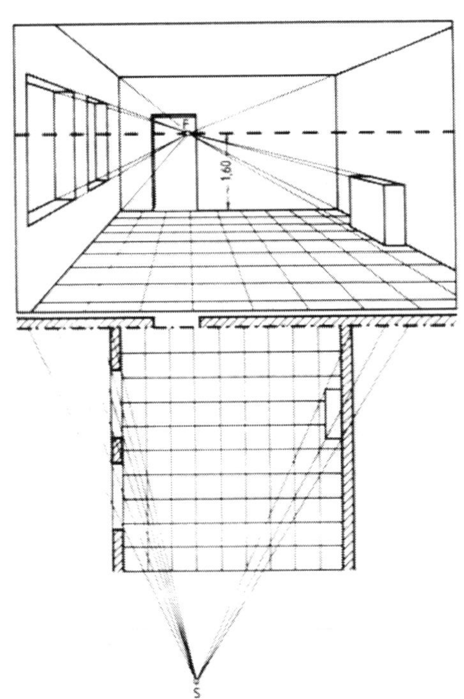

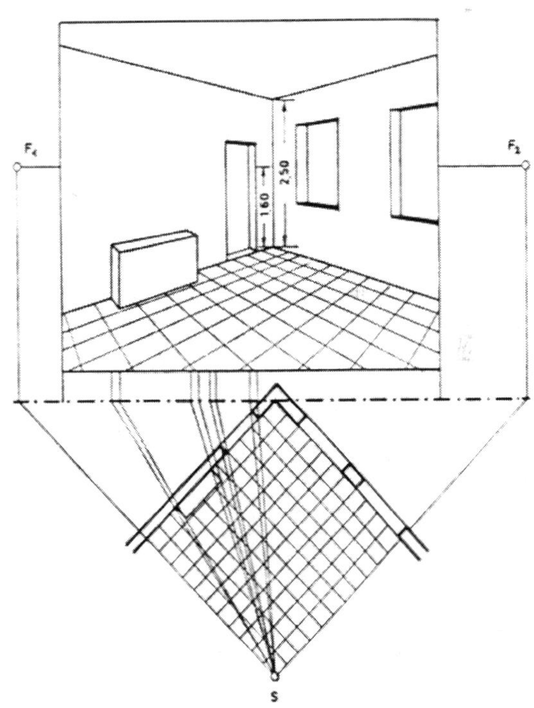

Chapter 2
도면그리기

1 기본도면

집을 설계하는 것은 책상을 설계하는 것과 크게 다르지 않다. 앞의 장에서는 3차원적인 물체를 어떻게 종이에 표현하는가 그 방법을 설명하였다. 건축물 또한 위에서 열거한 방법을 통하여 표현할 수 있다.

건축도면을 그릴 때는 건축주, 시공업자 등 도면 사용자에게 어떤 방법이 가장 잘 이해가 될 것인가를 설계자는 심사숙고하여 그려야 한다. 즉, 도면의 각 요소가 이해가 잘되어야 함을 아무리 강조해도 부당하지 않다. 그렇지 않으면 도면의 본질적인 속성을 잊어버리고 작업을 하는 것과 같기 때문이다.

설계작업은 일반적으로 건축주가 집을 짓고자 하는 동기에서 시작한다. 건축주의 의도가 결정이 되면 그는 자신의 목적을 그림으로 표현해 줄 수 있는 설계전문가(건축사)를 방문하여 자신의 생각을 설명할 것이다. 그러면 설계자는 건축주의 의도에 합당하게 설계도에 표현하면서 그에 합당한 건축법규를 적용하여 가장 적절한 표현을 건축주에게 제시한다. 설계자는 건축주의 의도를 표현하면서 자신의 디자인을 함께 제시하게 되는데 이는 설계자가 디자이너이기 때문이다.

처음의 도면은 결정해야 할 많은 요인을 포함하고 있으므로 설계자는 일반적으로 스케치로 시작을 한다. 그리고 어느 정도의 디자인이 완성되면 간단한 도면을 표현하는데 이를 계획도면이라 부른다. 이 도면은 건축주에게 제시되고 상의를 거친 후에 가장 알맞은 건물의 디자인에 따라 계획도면의 수정작업을 거친다.

계획도면의 수정작업을 마친 후에 건물의 기본적인 요소(공간, 개구부, 구조적인 재료 등)가 결정이 되면 좀 더 정확한 표현을 하여 공사를 위한 허가작업을 위한 도면을 그리기 시작한다. 이를 우리는 기본설계라 부른다. 기본설계는 치수가 좀 더 세분화되고 공간의 내용이 다양해지며 일반적인 재료의 산출이 가능해지는 단계이다. 허가를 받은 후에는 본격적으로 공사를 실시할 수 있는 설계작업에 착수 하는데, 이를 실시설계라 부른다. 실시설계는 공사 팀이 그 도면을 갖고 공사를 하는 데 무리가 없도록 가능한 구체적으로 표현을 해주어야 하며 기본적인 도면으로 충분하지 않기 때문에 상세도 및 부분상세도를 그리고 마감도면의 스케일을 바꾸어 중요한 부분의 작업을 지시하게 된다. 실시설계로 공사작업이 마무리 되면 AS BUILT(완공도면: 모든 도면 수정이 끝난 도면)을 완성한다.

모든 도면의 기본은 평면도이다. 평면도에서 공간의 종류가 결정되고 면적의 분할이 나온다. 그리고 입면도를 그려 건물의 전체적인 형태를 보고 단면도에서 공간의 내부 상태를 읽을 수 있다.

1.1 평면도

만일 시공업자가 지붕이 덮여 있는 집을 위에서 바라본다면 어디에 벽이 놓여 있고 또한 벽의 두께가 어느 정도가 되는지 알 수 없다. 그렇기 때문에 설계자는 기본적으로 모든 층을 일정한 높이에서 수평으로 잘라 보여주고 만일 여러 층이라면 각 층을 따로 그려주어야 한다. 우리는 이를 평면도라고 부른다.

평면도란 하나의 건축물을 각 층의 바닥에서 수평으로 잘라 위에서 밑으로 내려다 본 부분이다. 여기에서 절단된 부분의 보이는 곳을 실선(————)으로 표시한다.

절단된 부분보다 아래에 있으면서 숨겨져 있는 부분은 일점쇄선(-·-·-·-·-·-·-)으로 표시하고 절단된 부분보다 위에 있는 것도 일점쇄선으로 표현한다. 개구부나 계단 등 그와 상응하는 것은 점선(··········)으로 표시를 해준다. 이러한 방법으로 건물의 평면을 그린다면 벽의 위치와 두께 등 모든 요소를 인식할 수 있다.

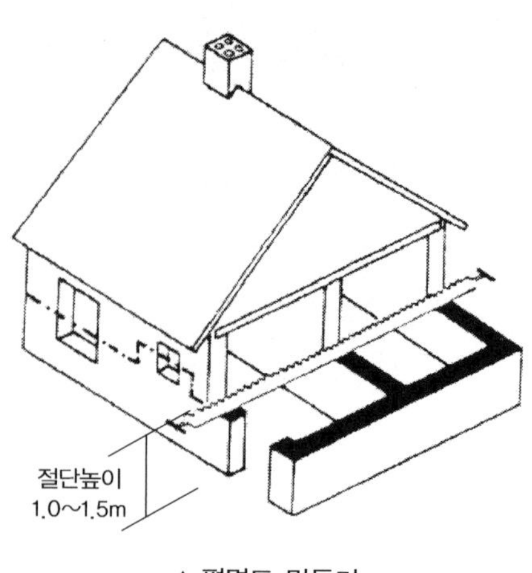

▲ 평면도 만들기

도면의 표현은 평면도의 종류나 층의 위치에 따라 지하실, 지상층, 1층, 2층, 또는 지붕평면도라고 부른다. 평면을 그릴 경우 바닥에서 또는 천정으로부터 어디까지라고 수평으로 절단하는 높이를 정확하게 미터로 명시하지는 않았으나 일반적으로 마감이 된 바닥으로부터 1.0m에서 1.5m 사이이며, 이는 가능한 많은 요소가 도면 하나에 포함될 수 있도록 상황에 따라 선택할 수도 있다. 왜냐하면 건물을 수평으로 잘라 평면도를 그릴 경우 건축물 내에 있는 창문이나 문 그리고 계단 등이 포함되도록 자르는 것이 좋기에 이러한 상태를 고려하여 도면을 수평으로 자르는 높이를 결정하는 것이 좋다.

❶ 3D CAD 캐드로부터 평면도 그리기

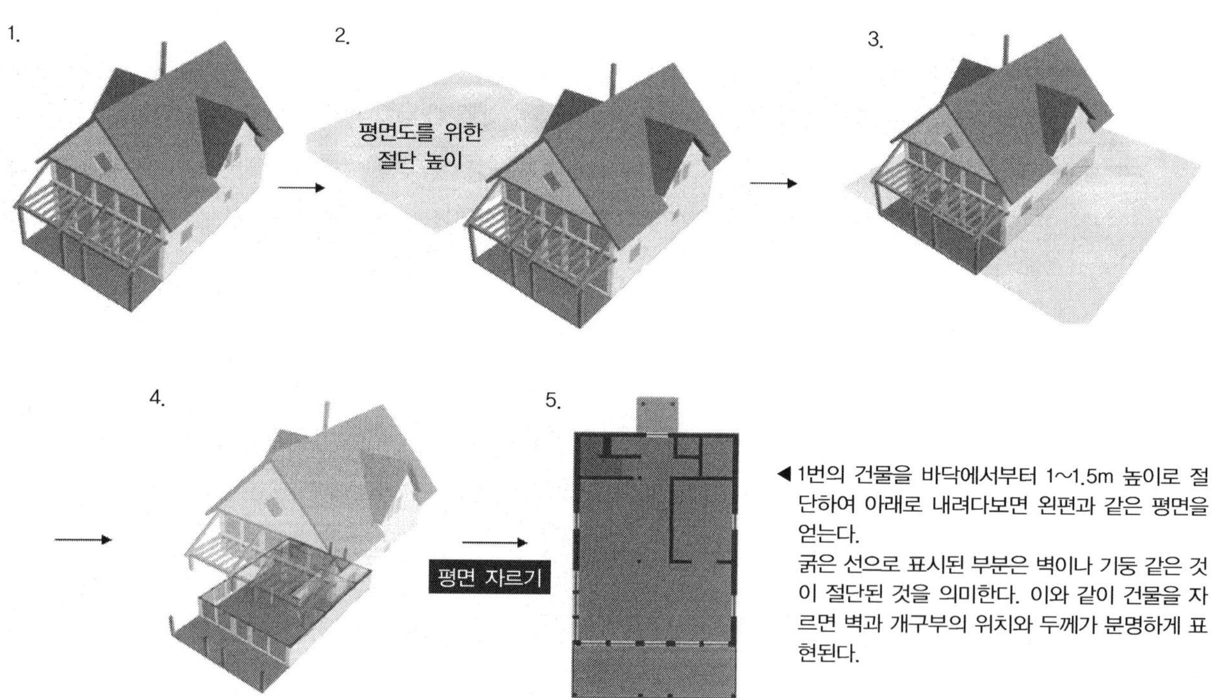

◀ 1번의 건물을 바닥에서부터 1~1.5m 높이로 절단하여 아래로 내려다보면 왼편과 같은 평면을 얻는다.
굵은 선으로 표시된 부분은 벽이나 기둥 같은 것이 절단된 것을 의미한다. 이와 같이 건물을 자르면 벽과 개구부의 위치와 두께가 분명하게 표현된다.

위의 그림은 먼저 건물의 형태를 정하고 평면이 어떤 것인가를 설명하기 위해 나타낸 것이지만 일반적으로 건물의 형태는 스케치의 수준에 우선적으로 남아있고 평면을 먼저 결정하는 것이 더 간단하다. 평면도가 건축주와 상의에 의하여 결정이 되면 그 후에 위의 그림 1번과 같이 건물의 모양이 결정되어 나오는 것이다. 설계의 초기단계는 계획의 수준이므로 평면에 표현되는 벽이나 문 그리고 창문의 형태는 정확히 나타내지 않는다.

계획단계는 실시설계까지 많은 수정을 요하는 과정이므로 표현이 많아지면 그만큼 수정작업도 많아지기 때문이다. 그렇기에 초기도면 계획단계에서는 최소한의 건축물의 정보가 포함되어도 가능하다.

위의 그림 5번을 보면 절단된 부분은 마치 굵은 선으로 그린 것 같은 모양인데 이와 같이 구조체의 모양은 계획단계에서 다른 것과 차별화를 주기만 해도 가능하다.

위의 그림 5번과 같이 계획설계에서 평면을 표현하는 방법은 크게 세 가지로 구분해줄 수 있다.

다음의 그림에서는 평면도를 freehand로 작성하여 표현하는 것을 설명하기로 한다. 그러나 자를 사용하거나 CAD 작업도 그 순서는 동일하다.

❷ 평면도로부터 입체감 표현하기

1.

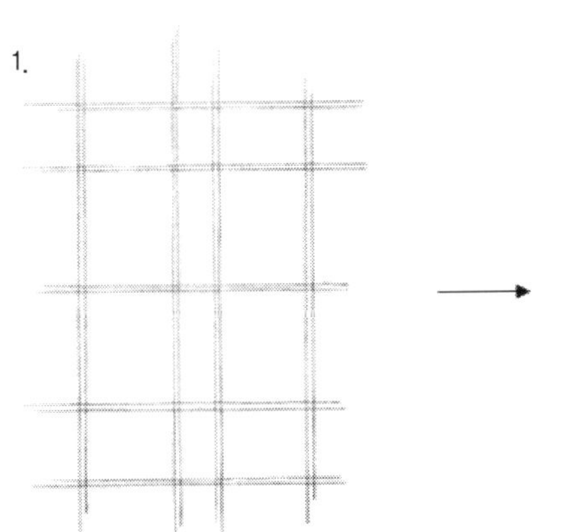

▲ 가는 선으로 먼저 건물의 외각적인 형태를 그리고 내부의 공간을 나눈다.

2.

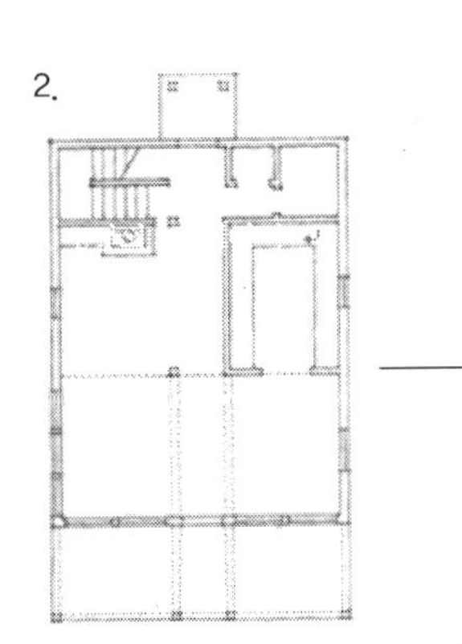

▲ 바탕선 위에 건물의 외곽선을 가는 선으로 그린다.

3.

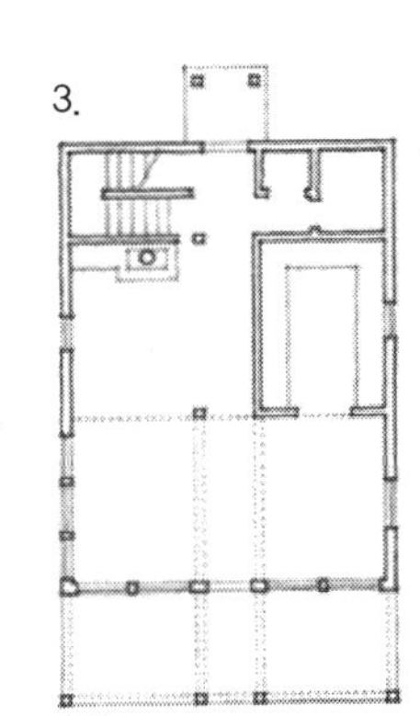

◀ 2번에서 그려진 건물의 대략적인 형태에서 절단되는 부분을 좀 더 굵은 선으로 그린다. 그리고 위나 아래에 숨겨진 부분을 점선으로 표시를 해준다. 2번 그림에서 점선은 천정 부분에 보가 지나가는 것을 표현한 것이다.

▲ 그리고 필요 없는 선은 제거하여 건축물의 형태를 완성한다. 창문이나 문에서는 아래 부분의 벽이 지나 가는가를 확인하여 표시해주어야 한다. 그리고 구조체와 다른 부분을 시각적으로 구분하기 위하여 아래의 그림과 같은 방법으로 표현하면 명확해진다.

4.

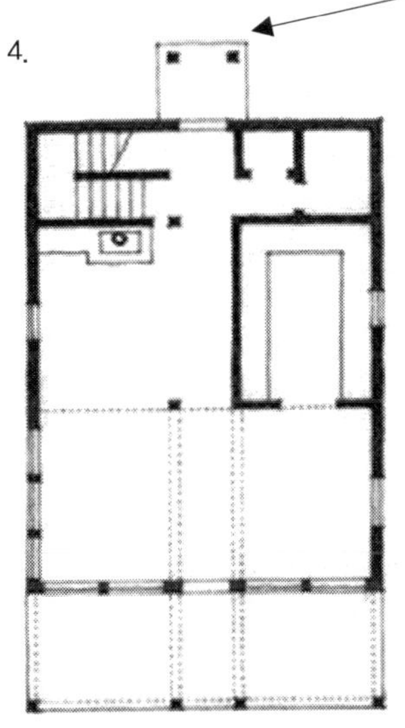

▲ 이 평면은 구조체의 부분에 명암을 분명하게 주어 무게감을 주면서 다른 부분과 구별되게 하였다.
건축도면의 표현에서 굵은 선이나 검게 채운 것은 관찰자와의 거리가 가까움을 표현한 것이다.

5.

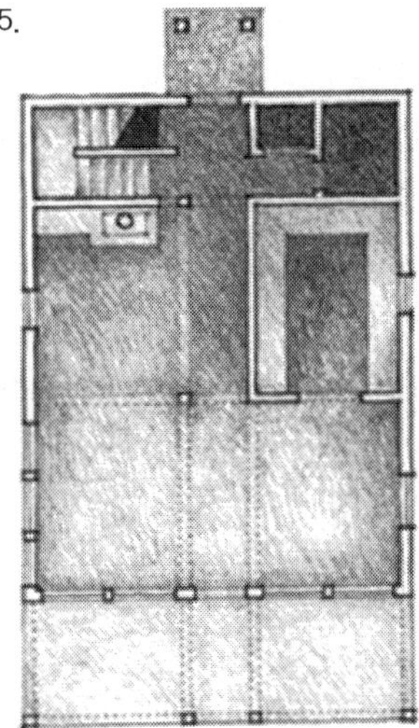

▲ 이 평면은 구조체를 밝은 색으로 나타내고 공간에 그림자를 주어 공간감이 생기도록 하였다.
이러한 표현은 3번 구조체를 검게 채운 것과는 차이가 있다. 그림자를 넣을 경우에 어느 부분이 가장 어둡고 밝은지 구분을 해주어야 한다. (개구부)

6.

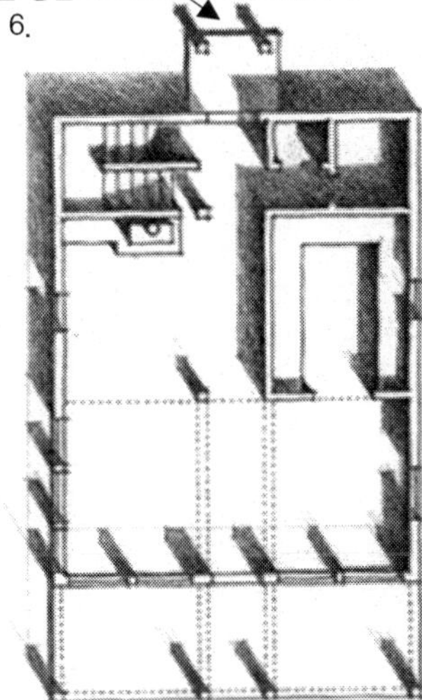

▲ 이 평면은 구조체에 그림자를 주어 3차원적인 표현을 시도하면서 폐쇄적인 부분과 개구부의 차이를 나타내는 표현을 강조했다. 3번 그림의 설명처럼 그림자를 넣을 경우 관찰자와 가까운 위 부분을 가장 검게 하고 아래로 갈수록 밝게 한다. 동양화의 산수도 원근감과 비교.

❸ 계획설계의 평면도 예

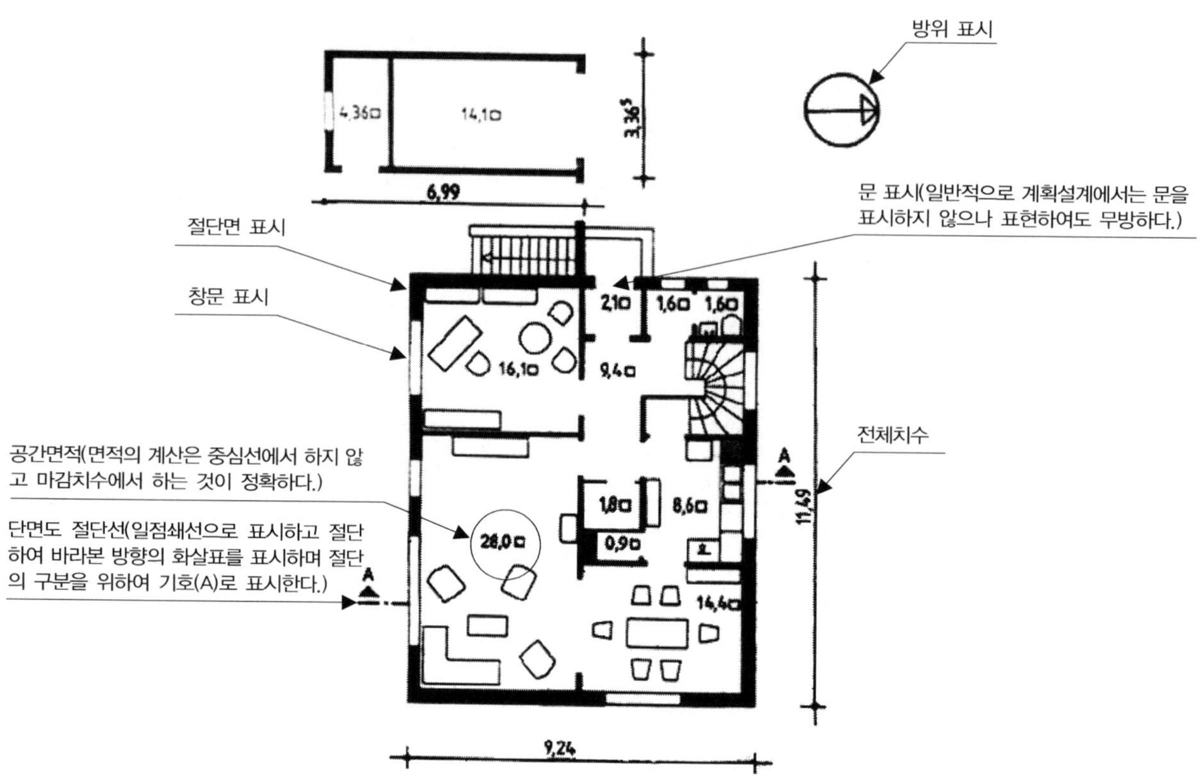

❹ 기본설계의 평면도 예

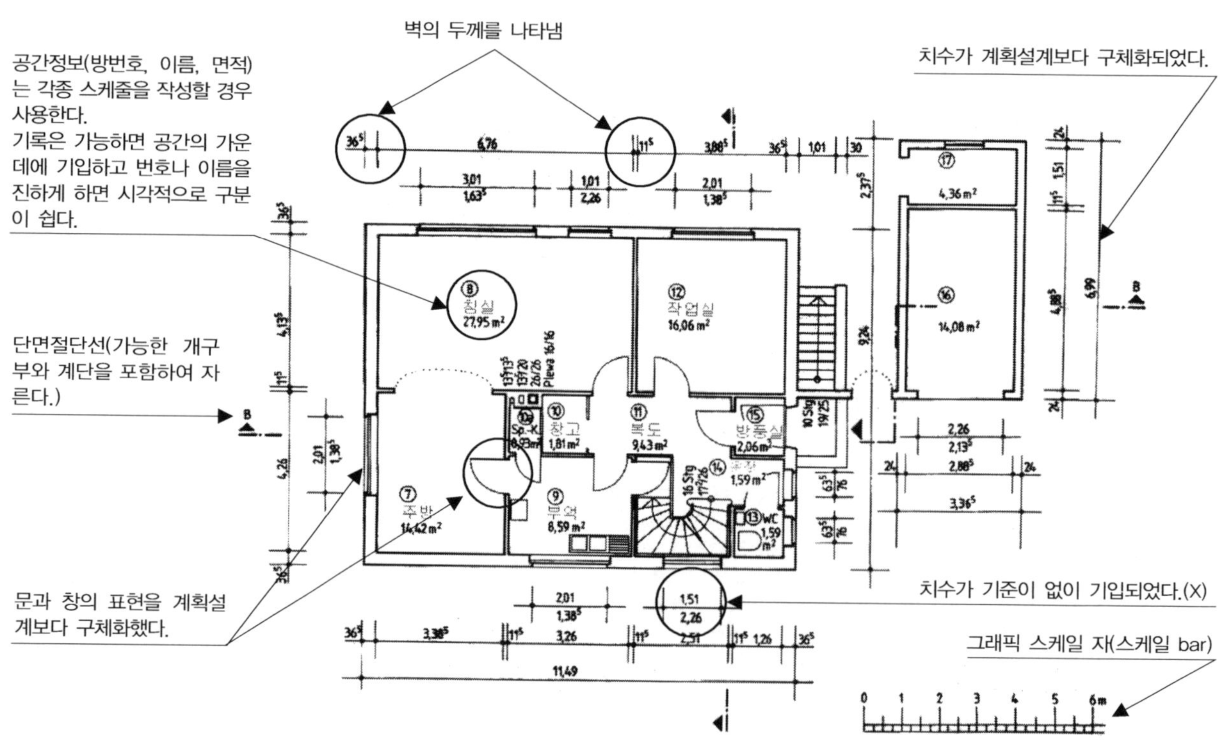

❺ 실시설계의 평면도 예

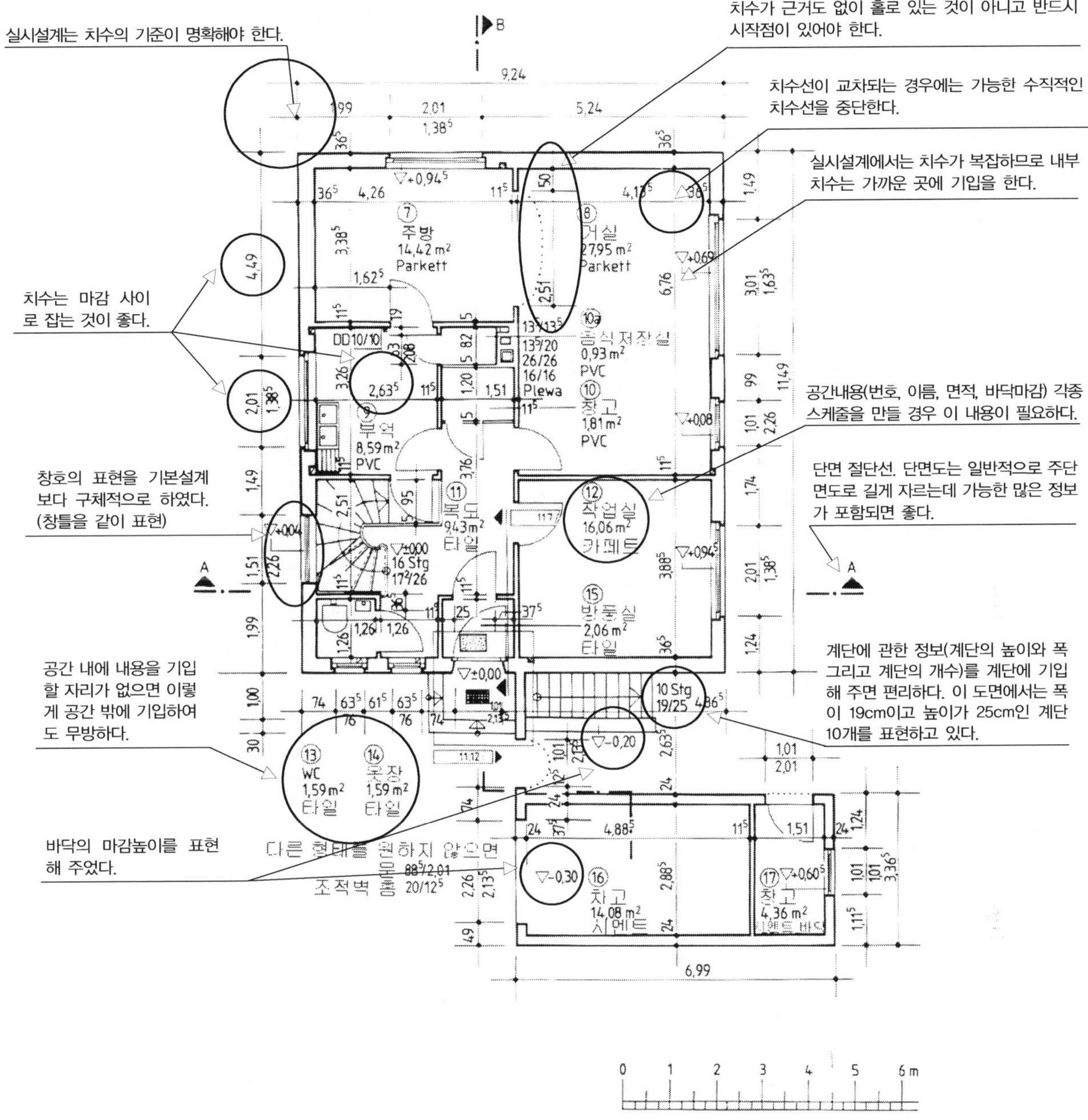

도면을 표현하는 작업은 하나의 기술이다. 기본적인 요소를 익히고 후에 부수적인 표현을 사용하면 설계작업을 하는 데 어려움이 없다. 설계자가 많이 하는 실수를 보면 대체적으로 자신이 알고 있는 지식을 상대방도 알고 있다고 착각하기 때문이다. 직접적인 대화를 하는 중에도 오해는 발생한다. 하물며 도학적인 표현은 좀 더 정확하고 넘치는 표현을 사용하는 자세를 갖는 것이 초보자에게는 좋다.

모든 도면의 기본은 평면도라고 앞에서 언급하였다. 도면의 종류는 위에서 열거한 것 외에도 원활한 의사전달을 돕기 위한 부수적인 도면도 있다. 그러나 이렇게 많은 도면을 사용하게 되면 설계도서의 양이 많아지고 그에 따르는 비용도 적지 않게 들므로 평면도에 표현할 수 있는 모든 것을 표현하는 것이 좋다.

1.2 단면도

❶ 3D CAD 캐드로부터 단면도 그리기

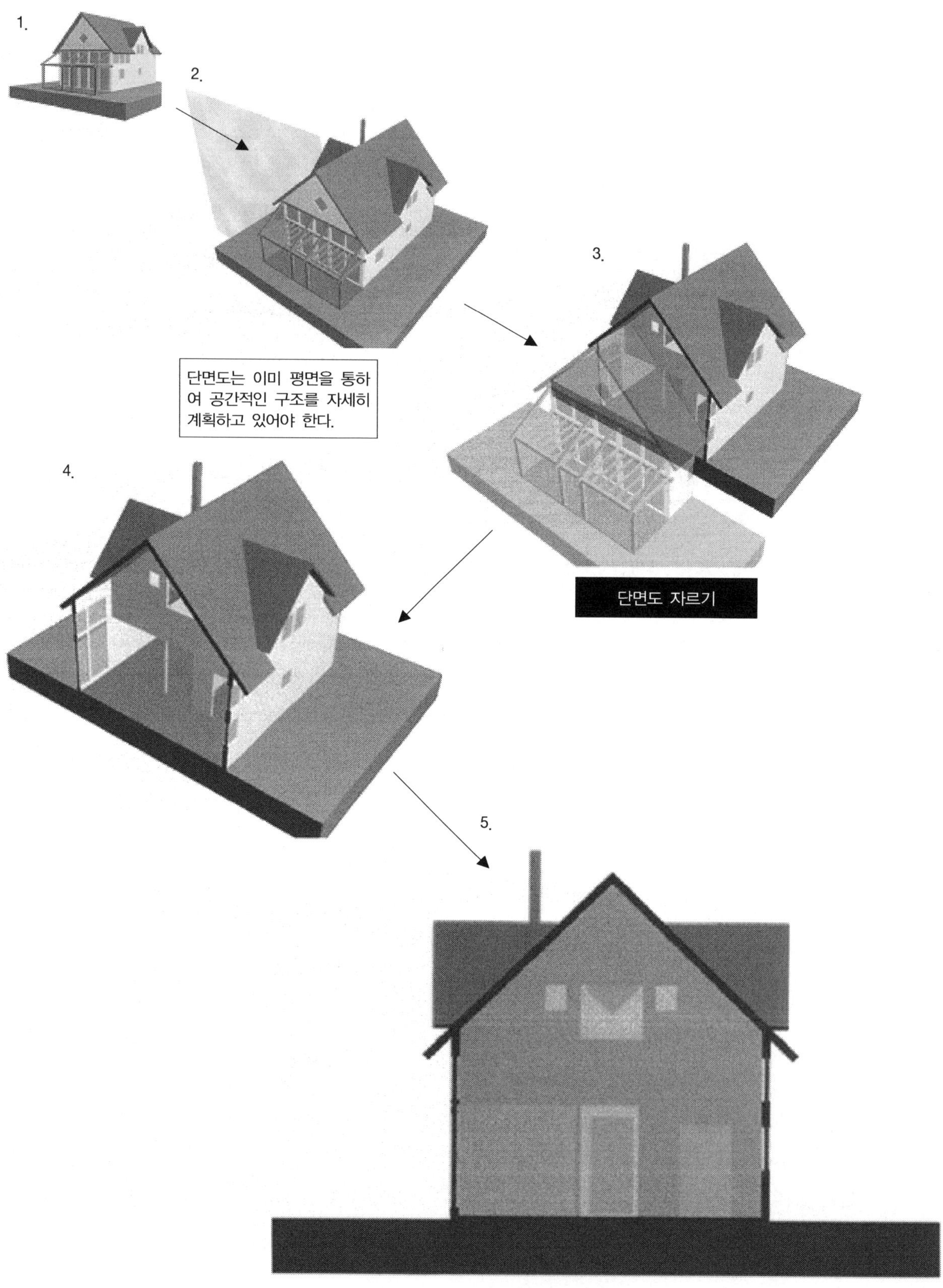

❷ 앞의 그림을 FREEHAND 또는 자를 대고 단면도 표현하기

1.

▲ 처음 단면을 그릴 경우에는 전체적인 치수를 계산하여 각 부분의 형태를 대체적으로 선으로 잡아 그린다.

2.

▲ 1번처럼 대체적인 형태를 잡은 후에 평면도에서 단면 절단선을 따라 나타나는 절단면을 생각하며 형태를 만들어 나간다.

3.

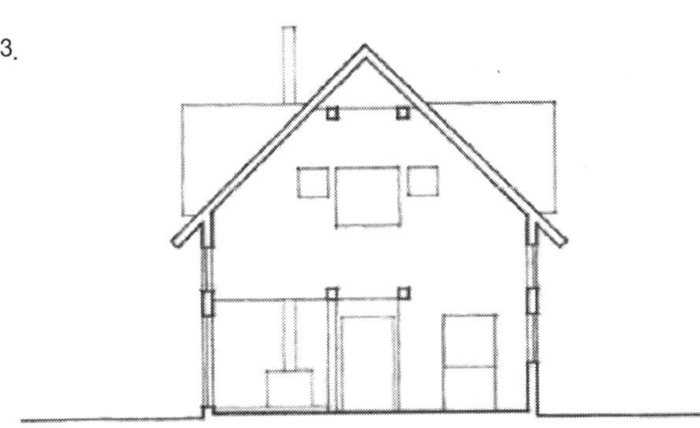

▲ 1번과 2번의 그림은 가는 선으로 그리고 2번의 그림에서 단면적인 형태가 나오면 선의 무게를 더하여 절단된 부분에 굵은 선으로 표현을 해준다.
선의 굵기가 달라지면서 거리감이 생긴다. 3번의 그림으로 사실상 단면의 표현은 마무리된 것이지만 좀 더 활성화된 표현을 하기 위해 다음 그림처럼 표현을 더해본다.

4.

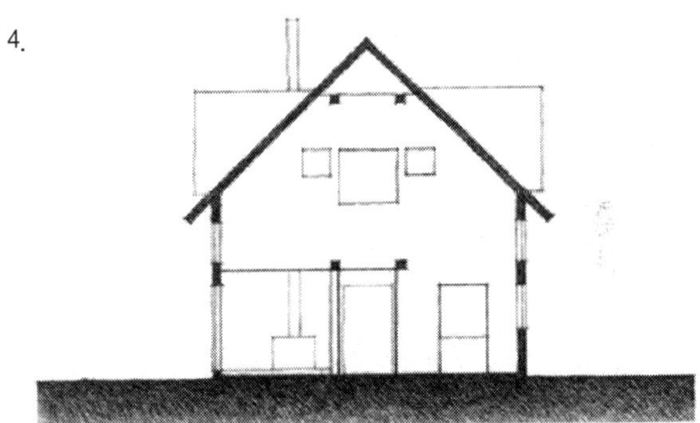

▲ 이 그림은 앞의 평면도처럼 절단된 곳에 검은색을 채워 구조체의 표현을 강조하였다. 단면은 기초부분까지 표현하는 것이 원칙이기에 지반도 표현해주었다.

5.

▲ 이것은 내부와 외부의 구분을 명암을 넣어서 표현하여 깊숙한 곳을 가장 어둡게 하고 돌출된 부분을 밝게 하였다. 절단된 부분은 외곽선으로만 처리하였다. 그리고 건물의 가까운 곳을 어둡게 하는 주변의 표현도 사용하였다.

6.

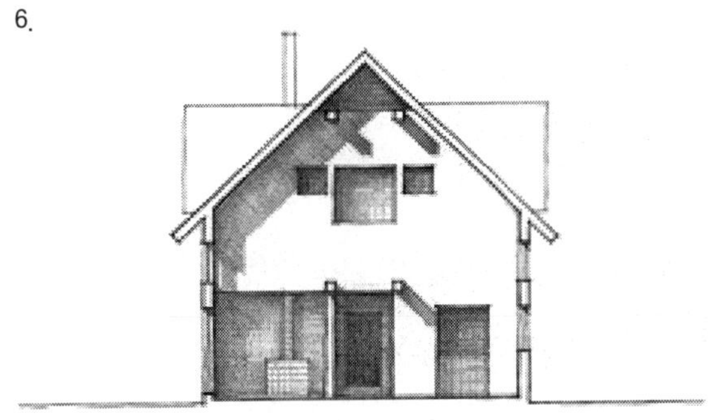

▲ 이것은 빛의 방향을 잡아 구조체의 길이를 그림자를 통하여 느끼게 하고 앞의 표현보다는 훨씬 공간적인 느낌이 있다.

평면은 공간을 위에서 아래로 내려다 본 수평적인 것이므로 수직적인 요소는 볼 수 없다. 그러므로 수직적인 요소를 표현하기 위해서는 단면도를 사용해야 한다. 평면도는 위에서 아래로 전체적으로 보게 되지만 단면도는 어느 곳을 보는가에 따라 다르게 보인다. 그러므로 사전에 보는 방향과 위치를 정해주어야 하는데 이를 평면도 내에 있는 단면 절단선이라 한다(위의 평면도 참조).

❸ 평면도에서의 단면선 표현하기

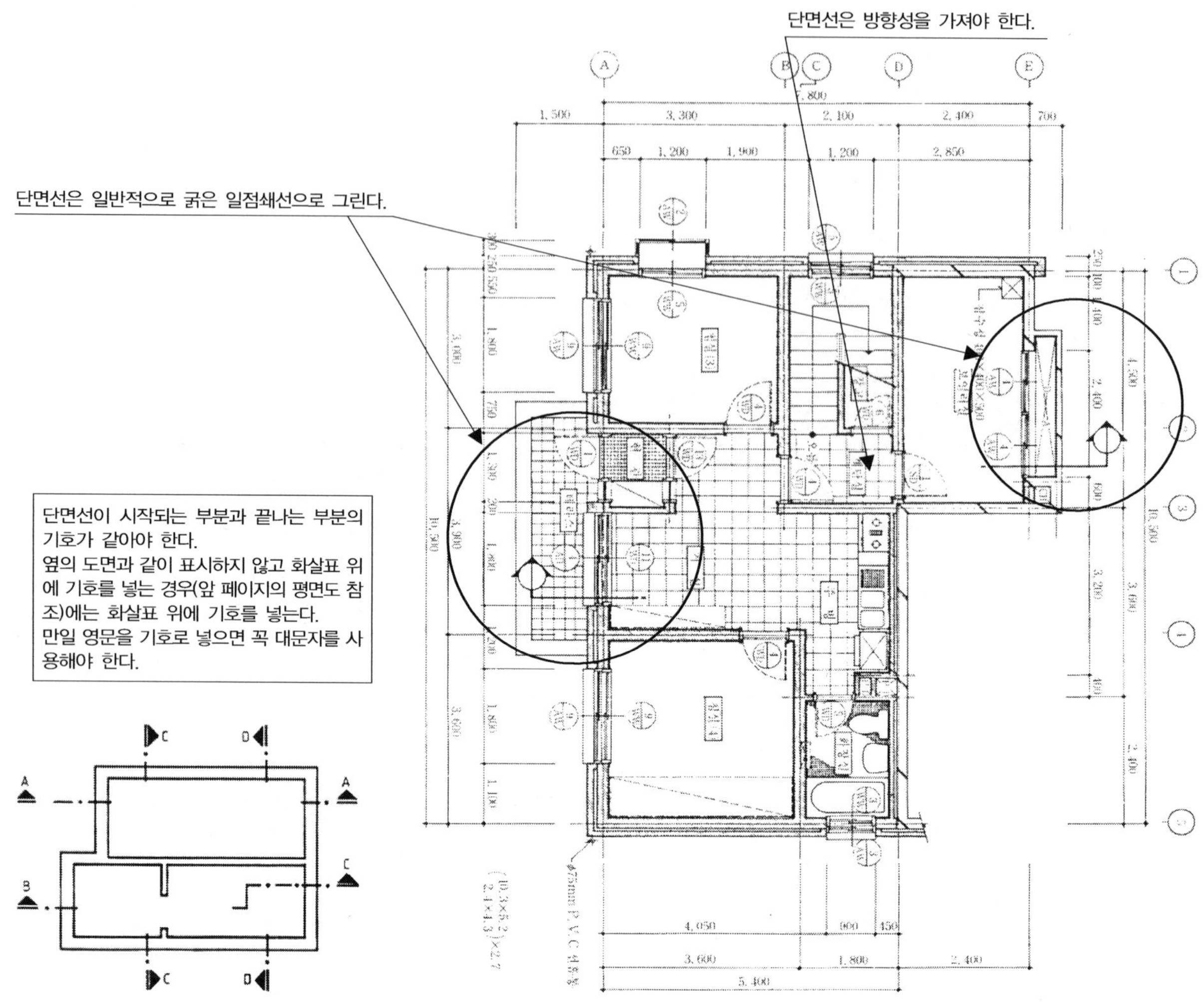

일반적으로 공사 측에서는 주단면도(긴 방향)와 폭의 길이를 취하게 되는 것을 기억하고 작업한다.

벽면과 평행하게 수직으로 자른다는 의미는 설계자가 잊어버리고 빠뜨린 치수를 다시 넣을 수 있는 기회가 생기는 것이다. 이렇게 평행하게 자르는 것을 우리는 주단면도 또는 횡단면도라 부른다.

주단면도는 건축물의 긴 방향을 따라 자른 것이고, 횡단면도는 짧은 쪽을 평행으로 자른 것이다. 이렇게 자를 경우 잘려나간 부분의 경계선은 굵은 실선으로 한다는 것을 앞에서 언급하였다. 그리고 뒤에 숨겨져서 보이지 않는 것은 파선으로, 떠 절단 부분의 앞에 놓인 것들, 즉 개구부나 계단 등은 점선으로 표시한다.

단면도는 모든 구조적으로 중요한 역할을 하는 요소들이 표현되어야 한다. 즉 , 지붕, 계단, 벽, 천정, 그리고 개구부 등이 나타나야 한다. 이러한 요소들이 나타나지 않는 경우가 있기 때문에 부득이 주 단면도 또는 횡단면도를 의도적으로 그려야 하는 경우가 생긴다. 그렇지 않은 경우에는 단면 절단선이 꺾이거나 의도적으로 방향을 잡는 경우도 있다(위의 그림에서 단면선 C 참조).

❹ 계획설계의 단면도

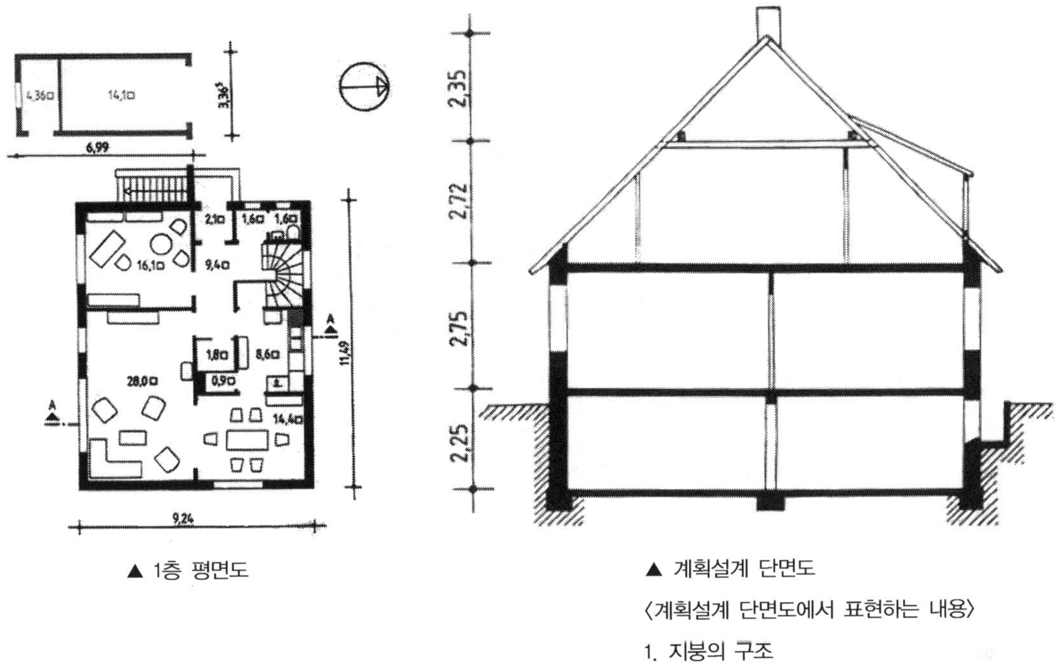

▲ 1층 평면도

▲ 계획설계 단면도

〈계획설계 단면도에서 표현하는 내용〉

1. 지붕의 구조
2. 천장, 벽, 그리고 기초
3. 계단
4. 층의 높이

❺ 기본설계 단면도

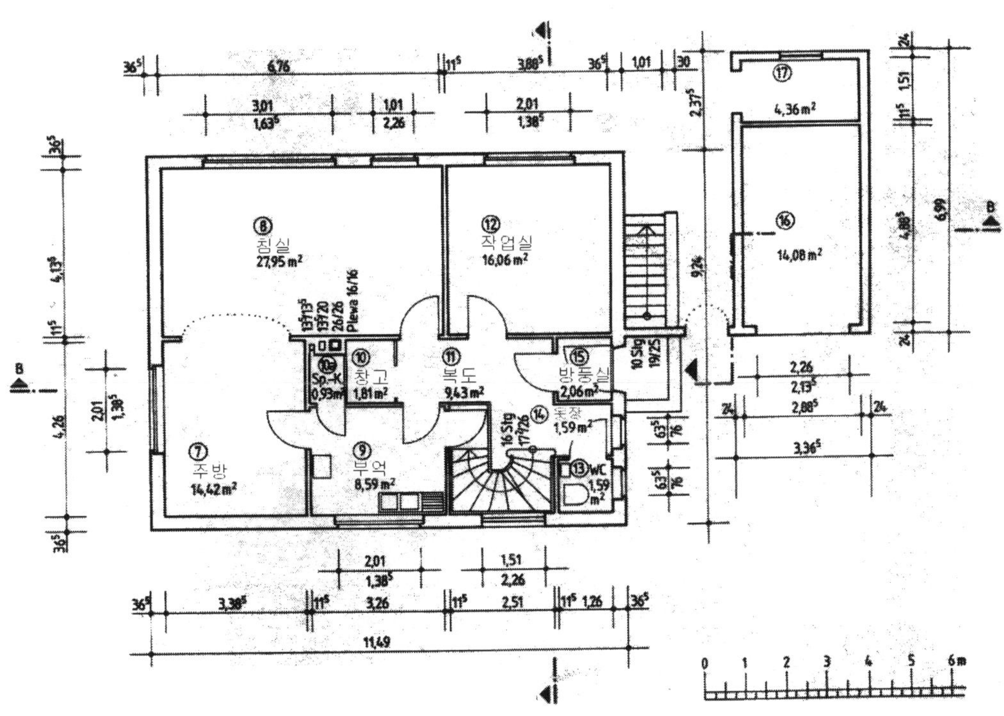

▲ 기본설계의 1층 평면도

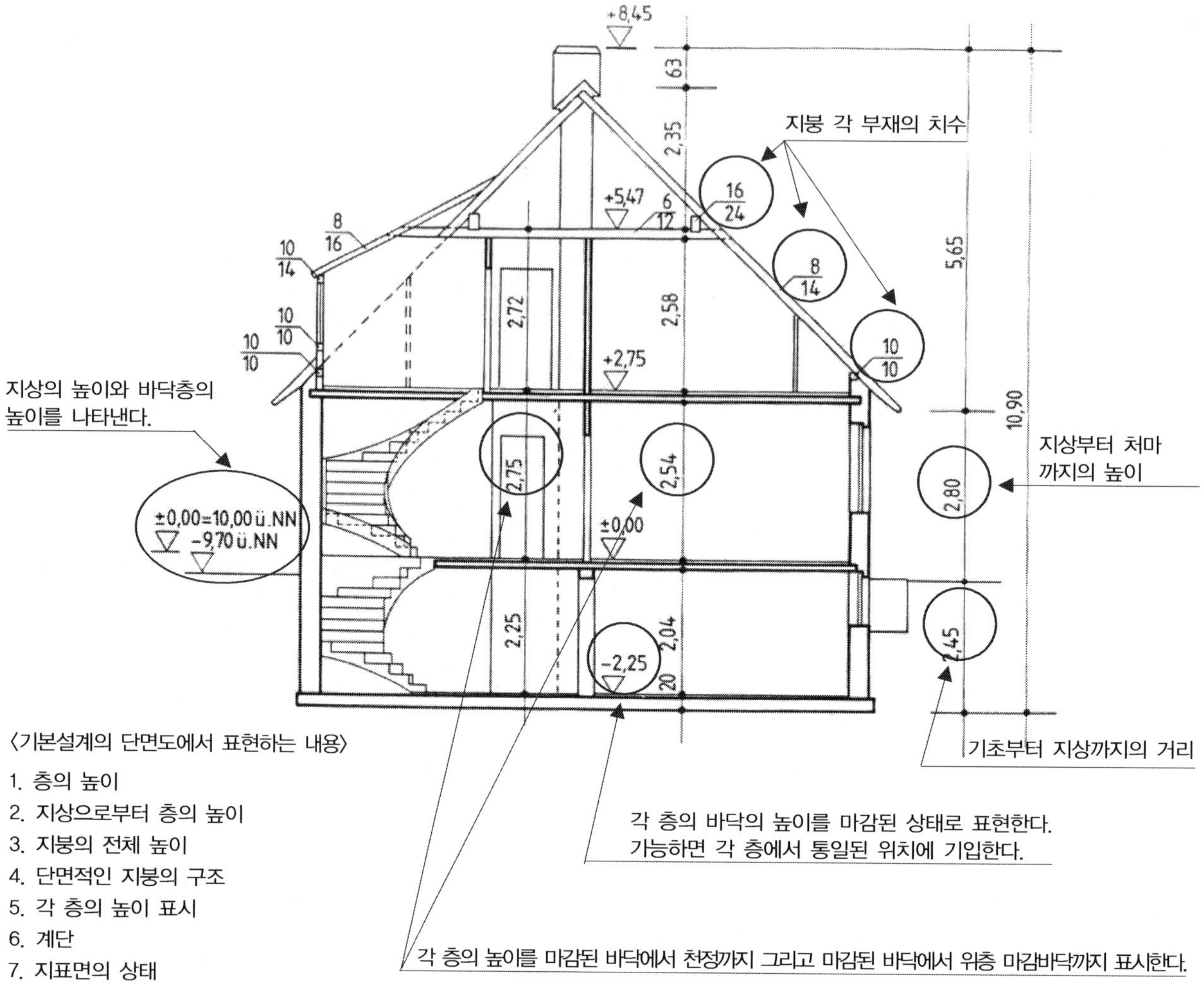

+8,45
지붕 각 부재의 치수
+5,47
+2,75
±0,00
-2,25
지상의 높이와 바닥층의 높이를 나타낸다.
±0,00=10,00 ü.NN
-9,70 ü.NN
지상부터 처마까지의 높이
기초부터 지상까지의 거리
각 층의 바닥의 높이를 마감된 상태로 표현한다. 가능하면 각 층에서 통일된 위치에 기입한다.
각 층의 높이를 마감된 바닥에서 천정까지 그리고 마감된 바닥에서 위층 마감바닥까지 표시한다.

〈기본설계의 단면도에서 표현하는 내용〉

1. 층의 높이
2. 지상으로부터 층의 높이
3. 지붕의 전체 높이
4. 단면적인 지붕의 구조
5. 각 층의 높이 표시
6. 계단
7. 지표면의 상태

❻ 실시설계의 단면도

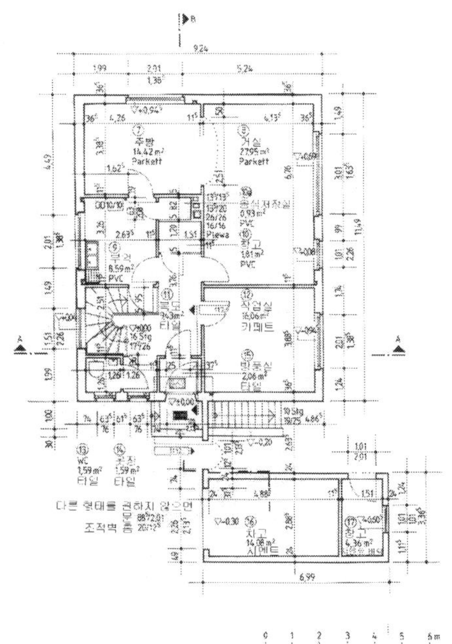

〈실시설계의 단면도에서 표현하는 것〉

1. 천정, 구조, 재료의 치수
2. 각 부재의 완성된 형태
3. 내부계단의 구조와 위치
4. 그 외의 계단
5. 창문과 그 형태, 설비, 단열재 등 마감재의 위치
6. 바닥마감의 상태
7. 현관문의 종류와 연결 관계, 계단의 단위치수
8. 마감된 상태와 마감 전 층의 높이치수
9. 지붕 위의 상태: 굴뚝이나 또는 그 외의 상황을 표현.
10. 지하가 있는 경우 그 내용(종류나 방수 또는 마감재)
11. 가스, 수도, 전기, 또는 전화를 위한 진입로나 치수 등의 상황
12. 중요 마감재의 정확한 위치와 상황
13. 중요 마감재의 표현
14. 배수의 내용

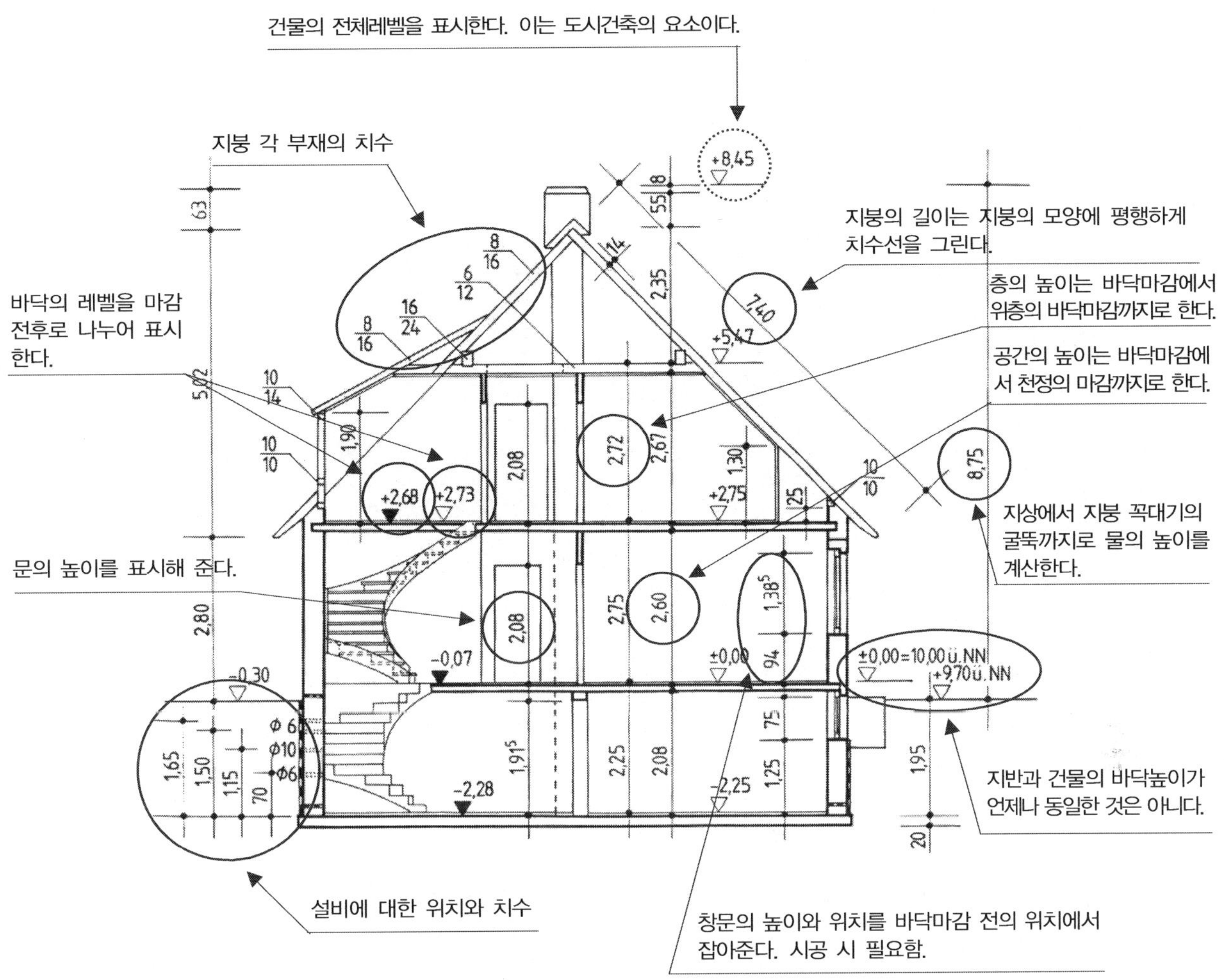

일반적으로 단면도에는 수직적인 요소의 치수가 대부분인데 이는 평면도에서 수평적인 부분을 표현해 주었기 때문이다. 그러나 단면도에서 수평적인 치수가 필요한 경우에는 표현해주는 것도 좋다.

평면도와 단면도는 대체적으로 내부적인 요소를 표현해준 것으로 건축물의 형태에 대한 이미지는 사실상 결정되었다. 그러나 건축물의 전체적인 외관을 표현한다면 설계도를 그리는 취지를 더욱 더 명확하게 하여 건축물에 관여한 사람들의 이해를 돕는 데 도움을 주어야 한다. 이러한 목적으로 건축물의 외관을 그리는 것을 우리는 입면도라 한다. 입면도는 대지 위에 서있는 건축물의 외관을 한 눈에 볼 수 있는 표현이다.

입면도 또한 계획단계, 기본설계단계, 그리고 실시설계단계에서 표현하는 내용이 다르다.

1.3 계획설계의 입면도

❶ 입면도 만들기

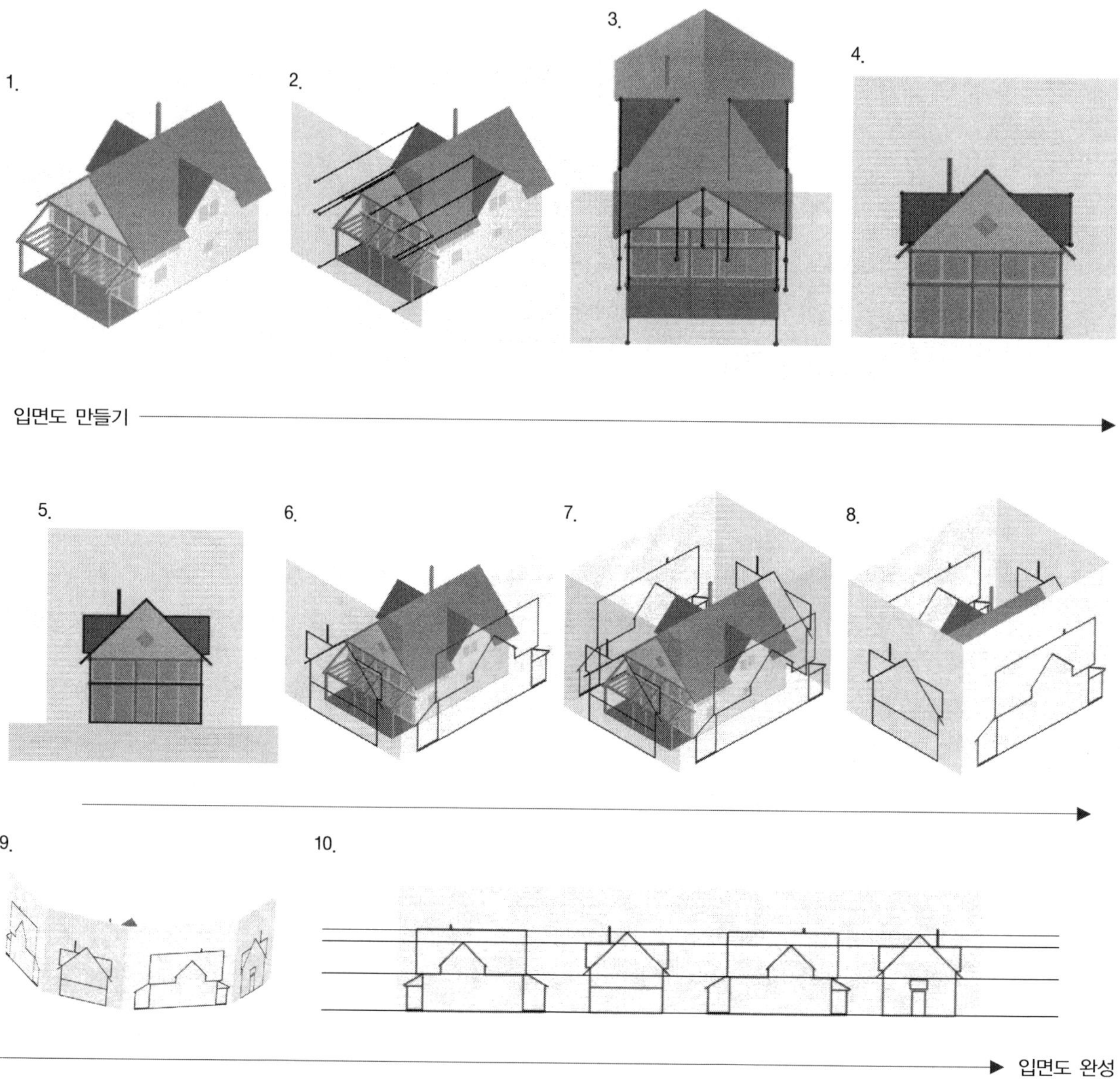

❷ 앞의 그림을 FREEHAND 또는 자를 대고 입면도 표현하기

1.

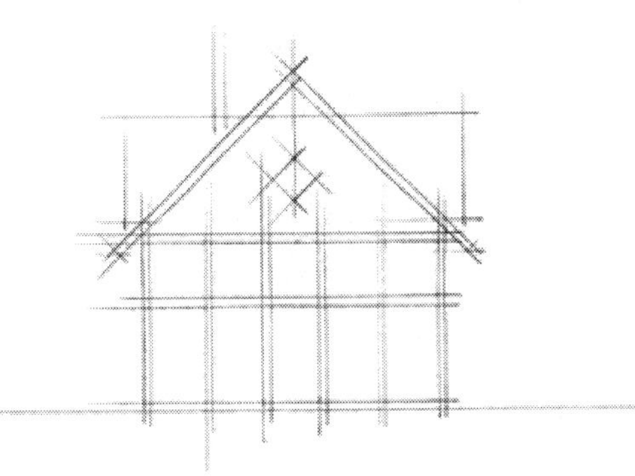

▲ 입면도를 그릴 경우 우선적으로 축척에 맞추어 위치를 정하고 그에 따라서 계획한 형태에 따라 외곽선을 그린다.

2.

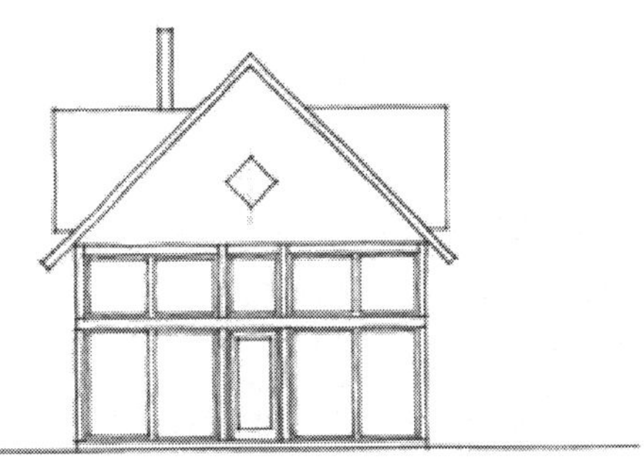

▲ 1번에서 형태의 대략적인 선의 작업을 마치고 필요한 부분을 제외하고 선을 지운다. 입면도 또한 축척에 의한 것이므로 가능한 전체적인 두께와 크기를 적용하는데 특히 창이나 문의 프레임을 스케일에 맞게 그리도록 한다.

3.

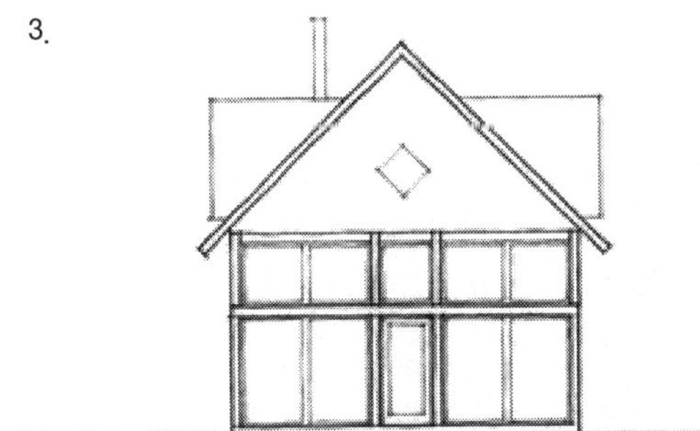

▲ 2번의 그림에서 구체적인 형태가 선택되면 거리감에 맞추어 선의 굵기를 표현하는데 관찰자와 가까운 것은 굵게 그리고 먼 것은 가느다란 선으로 표현하여 선의 무게를 다르게 해준다. 선의 굵기를 시도할 할 경우 대지선의 무게를 먼저 주어 기본적인 선을 표현한다.

4.

▲ 건축물은 또한 주변공간과 대지위에 있으므로 주변의 요소를 첨가하여 입체감을 주고 대지의 요소에 무게를 주어 안정감이 들도록 표현을 해준다. 주변을 표현할 경우 건축물에 가까운 것은 어둡게 먼 것은 흐리게 하여 건축물의 형태가 뚜렷하게 표현해준다.

❸ 계획설계의 입면도

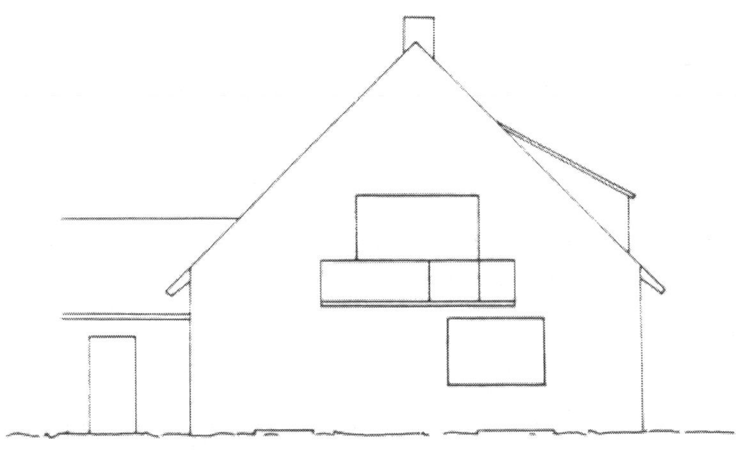

▲ 동측 입면도 Scale 1 : 200

❹ 기본설계의 입면도

▲ 서측 입면도 Scale 1 : 100

〈기본설계도의 입면도에서 표현하는 것〉

1. 건물의 전체적인 형태
2. 모든 개구부의 형태를 프레임을 넣어 표현
3. 문이나 창문의 특징.
4. 지붕의 완성된 형태(계획입면도와 비교)
5. 지붕의 특징
6. 처마나 홈통의 형태
7. 설계된 주변의 상황
8. 지상, 발코니, 처마, 지붕의 레벨

❺ 실시설계의 입면도

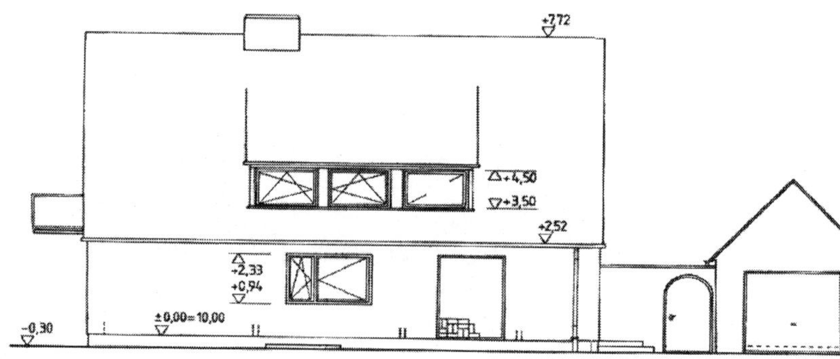

▲ 북측 입면도 Scale 1 : 50

〈실시 입면도에 표현하는 것〉

1. 지붕의 형태
2. 발코니, 주변의 울타리 같은 상황
3. 홈통이나 모든 유사한 내용들
4. 창문의 프레임과 창의 개폐 방향
5. 돌출된 모든 부분
6. 정면에 대하여 숨겨진 벽이나 천정 등을 점선으로 위치를 지정
7. 외부의 계단
8. 각 부분의 레벨 위치

❻ 입면도의 명칭 붙이기

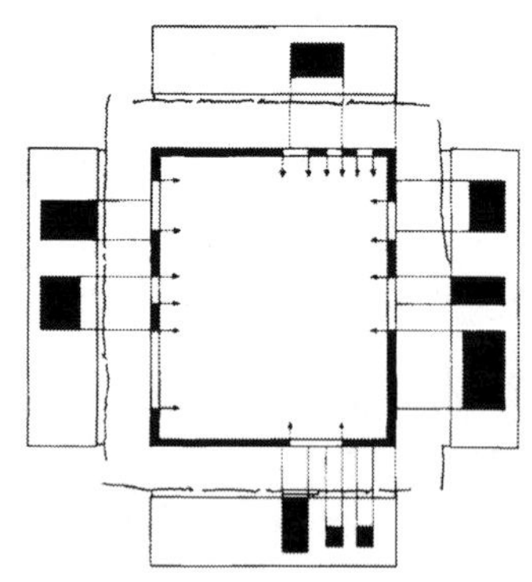

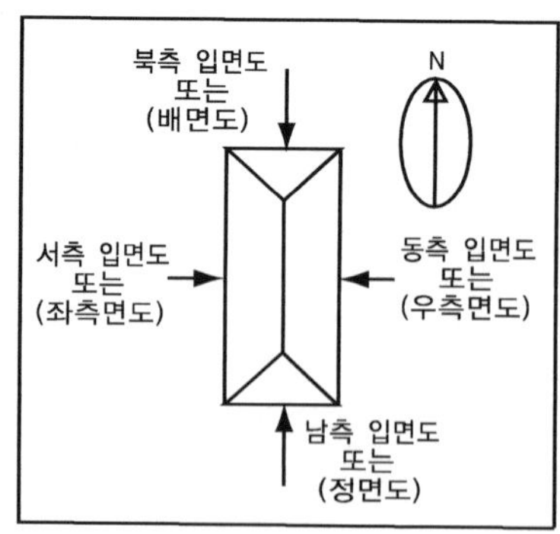

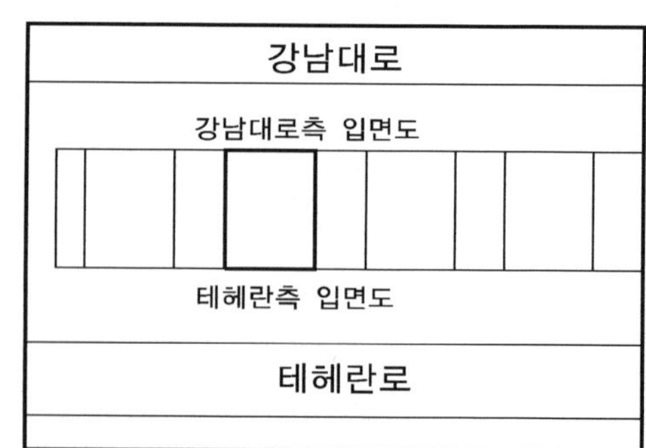

입면도는 건물의 한 곳을 기준으로 그 방향에서 본 모습이 나타나는 것을 표현한 것으로 일반적으로 4개의 방향으로 나타낸다. 입면도를 표현할 경우 어느 방향에서 바라 본 모습인가를 입면도 밑에 기입하는데, 일반적

으로 도면에 방위 표시를 해서 동, 서, 남, 북을 표시해주거나 또는 건물의 주출입구가 있는 방향을 정면으로 정하여 그 곳을 기준으로 정면도, 정면도의 왼편을 좌측면도, 오른쪽을 우측면도, 정면도의 반대방향을 배면도라고 기입한다.

이 외에 위의 오른쪽 그림처럼 길이나 배치도에서 기준이 되는 지역을 정하여 예를 들어 테헤란로 측면도라고 표현하기도 한다.

2 그 외의 도면

위에서 열거한 평면도, 단면도, 입면도는 설계의 기본적인 작업이다. 그러나 효율적인 공사나 건축물의 이해를 위하여 이 세 개의 도면으로는 충분하다고 볼 수 없다. 여기에 배치도와 마감도면 그리고 상세도를 첨가한다면 건축물에 대한 대체적인 정보를 얻을 수 있다.

2.1 배치도

배치도는 도시 건축적인 차원에서 전체적인 구조를 읽는 데 도움이 된다. 일반적으로 배치도는 세 가지로 볼 수 있다. 정확하게 배치도의 최고영역을 규정한 것은 아니지만 건축물이 들어서는 대지의 도시적 성격을 갖고 있는 배치도, 지역적인 배치도, 그리고 대지적인 배치도 등으로 구분을 해준다.

많은 사람 들이 건축물과 도시건축을 구분하는 것을 보았는데 이는 옳지 않다. 추상적인 공간으로서 도로와 건물에 쌓여있는 도시공간에 구체적인 건축공간이 들어서면서 도시적인 연관관계가 성립되기에 이들의 전체적인 구조를 읽을 수 있는 배치도가 있어야 함은 당연하다. 이는 생물학적인 도시를 구성하는 것과 도시의 흐름을 한 번에 볼 수 있는 좋은 자료가 된다. 즉, 도시의 전체적인 흐름 속에서 새로운 건물을 해석하는 것이다. 그리고 새로운 건축물이 들어서면서 그 대지의 주변에 주는 변화를 예상할 수 있는 배치도가 또한 필요하며 대지의 주출입구와 건축물과 대지와의 관계를 보여주는 건물배치도도 필요하다. 일반적으로 판넬에 배치도를 넣을 경우 모델의 그림이나 근처에 두는 것이 이해를 하는 데 좋다.

건물이 들어서는 대지 배치도에는 반드시 방위를 표현해주어야 하고 스케일을 표시해주는 것이 좋다. 배치도 또한 계획적인 배치도, 기본 배치도, 그리고 실시배치도가 있으며, 그 용도는 위에서 열거한 설명과 크게 다르지 않다.

배치도를 보고 건축작품 엿보기

A. 서비스센터 계획안

이래의 지적도는 대지에 대한 배치도로 도시에서의 위치를 보이면서 어떠한 영역에 그 대지가 있고 이곳에 임의의 건축물이 지어질 경우 도시적인 관계를 읽을 수 있도록 한다.

계획된 건물이 상업적일 경우 상권의 구조를 볼 수 있으며, 주택일 경우 주변지역의 영향을 예상할 수 있다. 또 산업지역일 경우 어떻게 영향을 끼치게 되는가 볼 수 있다. 그리고 교통의 전반적인 흐름을 예상하고 지역적인 특성을 고려하는 자료가 된다.

설계자는 계획되는 건축물의 단독적인 존재만을 의도하면 안 되고 언제나 도시의 일원으로서 발생될 영향을 고려해야 한다.

다음은 그림에서 동그랗게 테두리를 한 곳의 대지의 위치를 나타낸 것이다.

❶ 서비스센터 배치도 - 데이비드 치퍼필드(David Chipperfield)의 작품, 영국

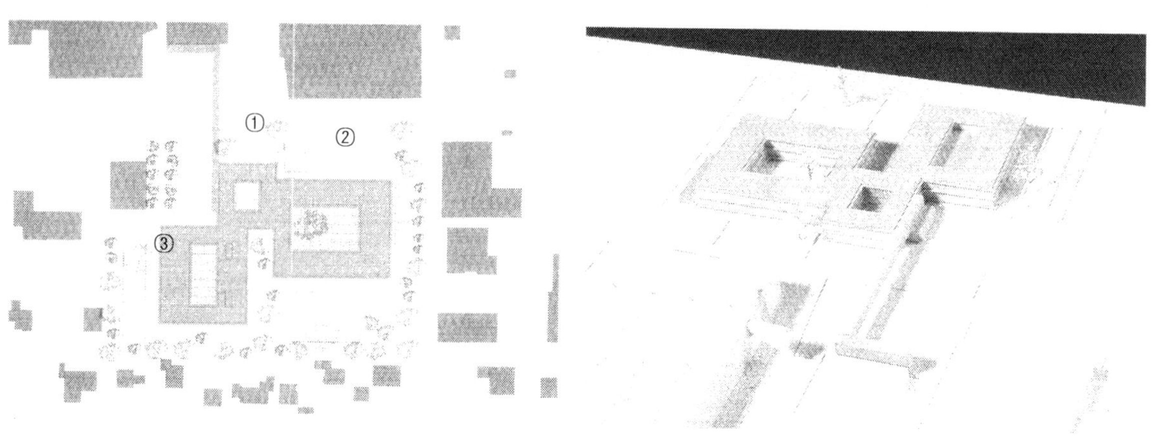

이 작품의 설계자는 세 개의 건물을 주차용도와 연관시키고 파빌론 형태로 연결하였다. 건축물의 외부는 대지와 건축물의 스케일에 상응되게 이끌었다. 가운데 작은 건물과 물건을 하차할 수 있는 거리가 긍정적으로 해결되었고 계단과 육교를 통하여 통과하는 정원의 공간적인 요약이 잘 처리되었다. 그러나 작업장으로 향하는 입구의 위치에 대한 상태는 별로 좋지 않다. 개개의 건물은 각기 다른 유형 속에서 각자의 내부공간을 형성하고 있다.

입구와 연결된 파빌론(위에서 1번 건물)은 떡갈나무와 대조되어 개방된 갤러리를 소유한 2층 구조의 홀을 형성하고 있다. 두 번째 파빌론(위에서 2번 건물)은 대기실, 식당, 그리고 교육실에 속한 중정식 정원을 형성하고 있다. 세 번째 건물(3번 건물)은 이 건물의 본 작업을 수행할 수 있는 공간을 형성하고 있다.

뚜렷한 명확성과 간단하며 소박한 형태를 갖는 건축물의 형태는 내적인 변화를 보이고 공간의 경험을 기대하게 한다. 분명하며 통과하는 구조와 논리적으로 구성된 모양은 클래식한 인상을 전달한다. 층의 높이와 건축물의 외부형태 요소가 서로 좋은 스케일을 갖고 있다.

❷ 서비스센터 계획설계 배치도 - 독일의 힐레브란트(Hillebrandt) + 슐츠(Schulz) 작품

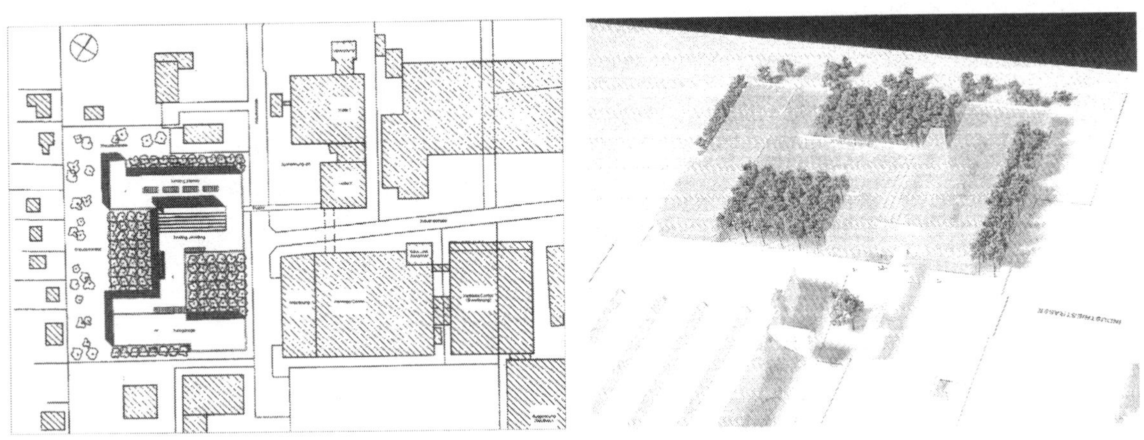

이 건물의 설계자는 전체적으로 많은 긴장감과 명확한 컨셉을 제시하였다. 그리고 조경이 대지에서 반응을 하도록 시도하였다. 아주 명확하고 간단한 요소를 사용하여 문제해결을 하려고 노력하였다. 도시 건축적인 컨셉은 건물의 상황과 비교하여 적용된 녹지를 아주 강하게 포함하고 있다. 식당과 입구를 연결한 것은 좋은 시도이다. 그 부분에 상부로부터 끌어들인 빛 또한 좋은 시도이다. 그러나 물이 흐르게 설치한 벽이 꼭 필요한 것은 아니다. 그리고 식당이 좁게 들어가는 것이 긍정적이지 못하다. 건물의 중앙 안에서 동선이 인도되는 것은 좋다. 그러나 회계부서와 상점이 있는 지역의 네 번째 계단은 정확하게 이해가 되지 않는다. 1층의 내부로 빛을 끌어들이는 시도는 좋으나 다른 방법으로 하는 것이 더 좋을 것 같다.

B. 정보센터 계획안

❶ 정보센터 배치도 계획안 1 - 독일 Daniel Goessler 작품

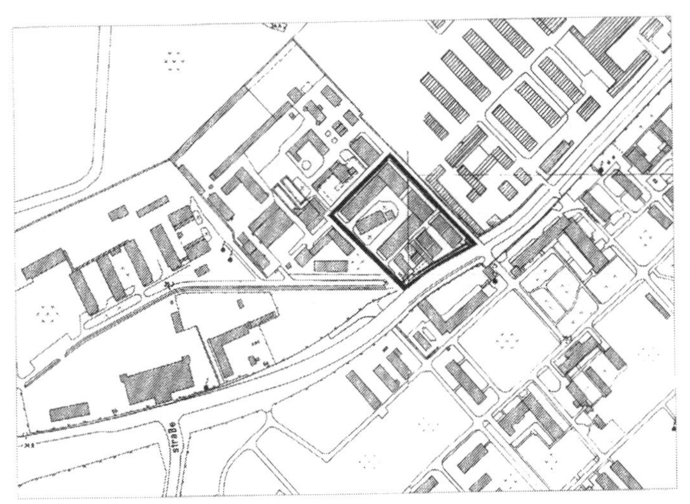

이 정보센터는 베를린 대학을 위하여 계획된 것이지만 시내에 있는 대학의 부지 내에는 증축의 가능성이 없으므로 다른 지역에 이 건물의 계획을 설계하였다. 이 지역은 베를린의 남동쪽에 위치해 있는 곳으로 이미 20세기 초부터 베를린 시내와의 도시적인 축이 형성된 곳이다. 이미 베를린 도시는 초기부터 이공계와 문과의 지역적인 구분을 계획하여 왔으므로 이 건축의 대지계획도 이곳으로 결정을 한 것이다. 이 배치도는 이러한 개념 속에서 전체적인 흐름을 가능하게 해주고 있다.

❷ 정보센터 배치도 계획안2 - 베를린 대학 Klaus Theo Brnner 교수 작품

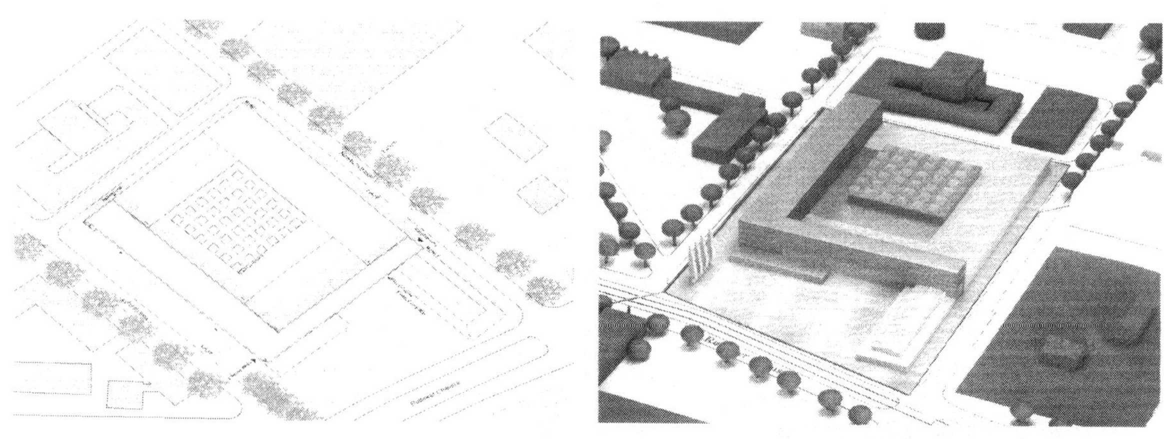

이 건물의 디자인이 도시 공간적인 상황의 가치를 높였다. 이 장소를 위한 흔하지 않은 주제가 이 지역의 특성을 살렸고 이러한 것이 미래지향적으로 명확하게 표현된 것이 이 설계의 커다란 업적이다. 이 업적은 구 건물과의 연관과 건축적인 실체의 연관 속에서 새로운 적용 컨셉을 발전시켰다. 또 주변과 비교하여 그 형태의 변화가 크게 없고 현존하는 건물과의 조화를 꾀하였다. 입구를 건물의 사이공간에 배치하였고 커다란 건물의 형태를 ㄴ자 형태로 거리를 향하게 한 것이 전체적인 시각적 동선의 흐름이 거리의 존재를 분명하게 해주었다.

아주 현명한 콘셉트로는 전체적인 건물의 이미지를 읽는데 건물을 직각의 형태로 만들고 가운데 하나의 조형물처럼 공간을 두어 자체적인 영역을 표현한 것이다. 이 건물은 전체적인 건물의 비례를 도왔으며 빛이 필요한 공간을 가운데에 둠으로써 에너지 절약적인 시도를 한 것이 좋았다.

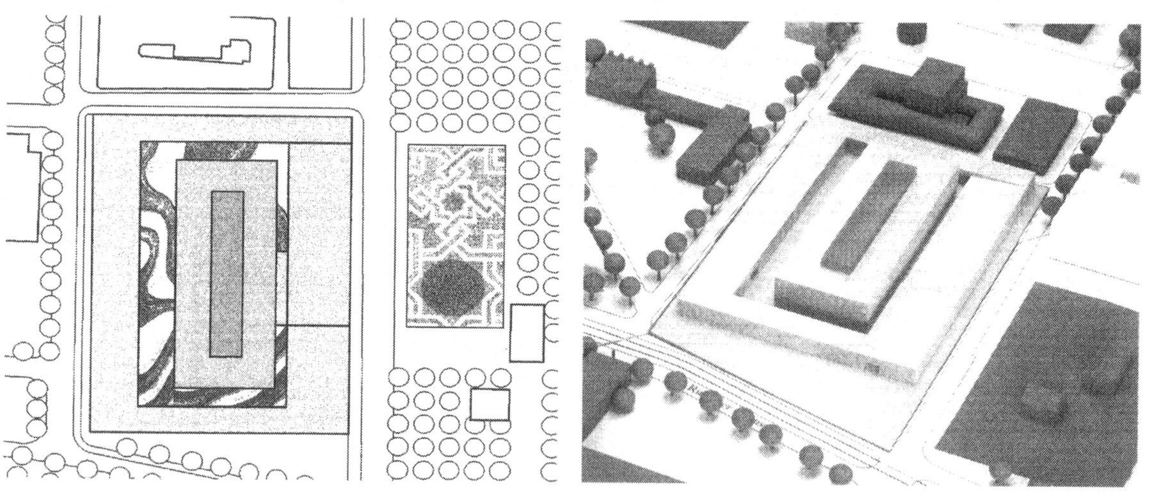

마치 벽돌을 얹어 놓은 것 같은 명확한 표현과 마치 전체의 형태가 옛날 공장의 형태처럼 되어 있는 중전식 디자인을 갖고 있다. 구조가 명확하고 깔끔한 설계이다. 이 건물도 가운데 놓여 있는 건물의 지붕을 통하여 빛을 들어오게 하여 전체적인 채광을 꾀하였다. 배치도 내에서 건물의 비례는 상당히 지배적이며 가운데 건물의 높이를 보았을 때 주 동선은 수직적임을 알 수 있다. 배치도 내의 다른 건물과의 이미지를 비교했을 때 폐쇄적인 공간의 구성이 주변과의 융합보다는 이질감을 보여주고 있다.

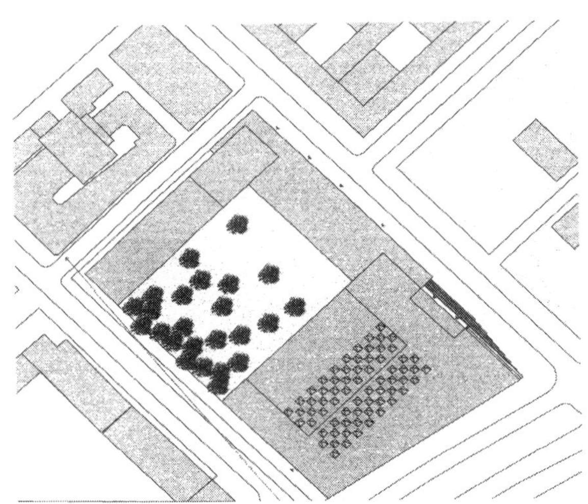

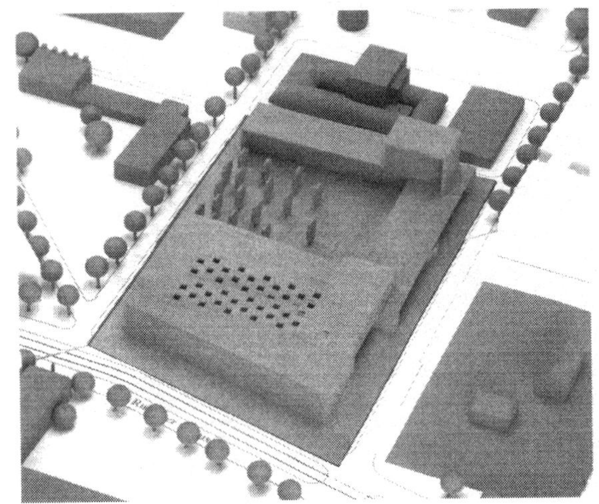

전체적인 건물의 형태는 구건물의 방향으로 잡아 동적, 시각적인 동선을 연결하려고 시도하였다. 이것은 건축언어로 서로 의미적으로 연관되는 것은 사실이다. 그러나 거리와 직각으로 놓여 있는 건물의 양끝이 놓이게 함으로써 공간이 엄격하게 분리되어 부담이 되고 있다.

배치도의 규모는 도시건축적인 성격을 갖는, 예를 들어 사람의 이동을 많이 발생시키는 것이나 도시의 규모를 바꿀 수 있으며 주변과 밀접한 관계를 갖고 있는 특수한 성격을 갖고 있는 상황 그리고 대단지 등은 반드시 그 대지의 주변상황을 읽을 수 있는 규모로 배치도를 우선적으로 표현해야 한다. 그리고 최소한의 주변을 갖고 있는 배치도와 마지막으로 건축물이 들어서는 배치도를 표현하여 주어야 한다. 위와 같이 계획적인 배치도에는 주요 포인트만 들어 있다. 예를 들어 공모전이나 그와 상응하는 것은 계속적인 수정작업을 요구하기에 우선적으로 최소한의 것을 표현하지만 공사용으로 만드는 배치도는 반드시 대지와 건축물의 치수를 최소한 한 점에서는 잡아줘야 정확한 위치를 잡아서 공사를 실시할 수 있다. 그 외에도 배치도에는 최소한 표현해주어야 하는 요소가 있는데 다음의 그림에서 예를 들어 보겠다.

C. 기타 배치도면 실례

옆의 배치도(예1)는 비교적 자세한 표현을 해주었다. 반복되는 전체 치수가 있으나 표현하지 않은 것보다는 낫다. 배치도에는 주출입구의 위치가 들어가야 한다. 이 도면에서는 위치가 정확하지 않다. 대지의 주변에 도로상황을 표시하는데 이 배치도의 왼편에 있는 6m 도로 표시가 정확하지 않다. 일반적으로 홈통의 위치를 표시하는데 이 건물에서는 홈통을 양쪽으로 두었다. 이 경우 한쪽으로 기울여야 물이 흐르는데 10m가 되지 않은 거리에서 양편으로 있을 경우에는 많은 편이

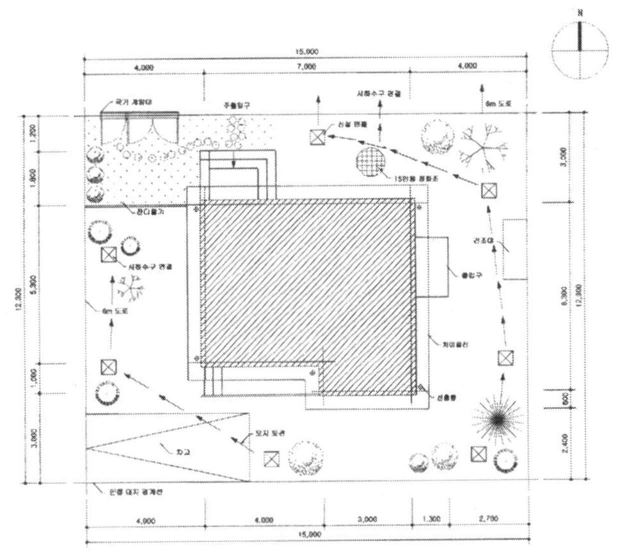

▲ 예1

다. 배치도는 새가 날아가면서 위에서 보는 것과 같은 이치로 처마가 외벽보다 나온 경우에는 외벽을 그리고 처마선을 따라 그려준다. 이러한 경우에 선 굵기는 외벽을 굵게, 처마선은 가는 선으로 해주면 좋다.

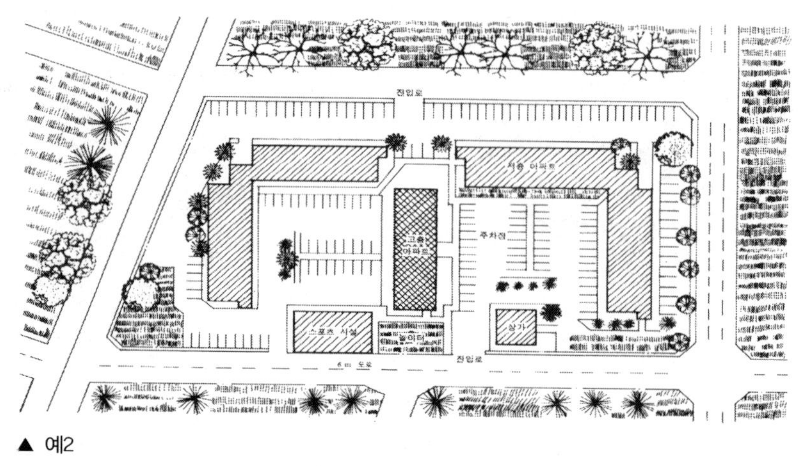

▲ 예2

예2의 배치도는 아파트가 들어서는 단지를 표현한 것으로 주변의 상황을 같이 표현해주었다. 이 배치도를 보았을 때 아파트 단지는 도시와는 떨어져 있거나 전원에 있음을 알 수 있다. 대지의 주출입구 또는 진입로를 나타내어 명확하게 나타내었다. 주차장의 구획을 나누어 주었으므로 주차장에 대한 관찰이 시작되는데 도면상으로는 오른편의 주차장 동선이 명확히 해결되지 않았다. 이 도면에서 고층아파트와 저층아파트에 해치를 넣어 차이가 나게 표현한 것은 좋다. 배치도에는 방위가 표시되어야 하는데 만일 표시되지 않으면 도면의 윗부분을 북쪽으로 간주한다.

예3의 배치도가 예1의 배치도와 다른 점은 배수관의 사이즈를 기입한 것이다. 이는 긍정적이다. 그리고 배수관의 표시를 화살표로 해준 것은 경사를 어디로 해야 하는가에 대한 중요한 포인트가 되므로 좋다. 물론 공사를 하는 사람들은 알고는 있지만 도면이 공사를 하는 사람들에게만 필요한 것은 아니다. 왼쪽 두 개의 치수선 중 전체 치수선에 치수가 없이 있다. 이는 좋은 것은 아니다. 그리고 왼쪽과 위의 배수관이 지나는 자리에 나무가 표시되어 있는데 이는 이해할 수 없는 것이다. 좌우의 치수가 주출입구만이 표시되어 있는데 한쪽에 건물 외벽선을 표시해주었으면 더 정확했을 것이다. 이 배치도도 반복되는 치수가 많다. 이렇게 좌우 대칭인 건물은 가능한 치수의 표현을 다양하게 해주는 것이 좋다. 그리고 배수관의 치수를 표시해주듯 맨홀의 표시도 해주었으면 더 좋았을 것이다.

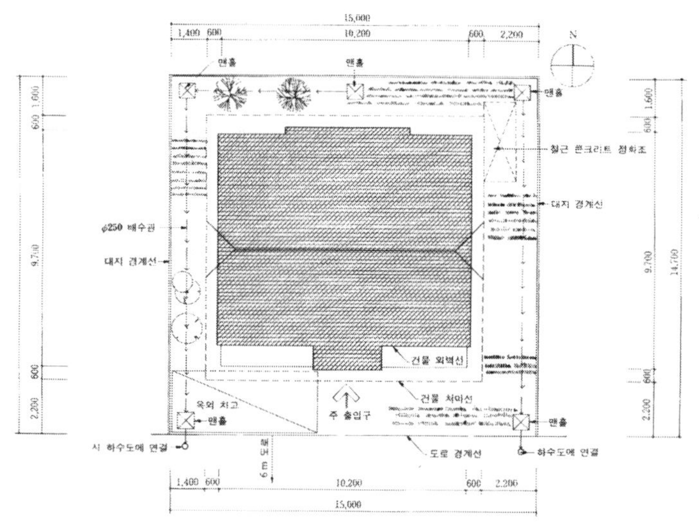

▲ 예3

배치도에도 불필요한 표현을 하여 오히려 혼란스러운 도면을 만들게 되는 경우도 있다. 그러나 간단하고 깔끔한 표현을 위하여 도면을 디자인 위주로 그리거나, 표현하지 않아도 공사작업에 종사하는 사람들이 이미 알고 있을 거라는 생각으로 몇 가지 요소를 생략하는 경우도 있다. 그러나 도면은 일반적으로 공사가 끝난 후에도 보관하여 건축물 정보 자료로 사용되므로 가능한 자세한 내용을 나중을 위해서라도 표현해주는 것이 좋다.

다음의 그림은 정확하고 깔끔하게 표현한 배치도의 예이다.

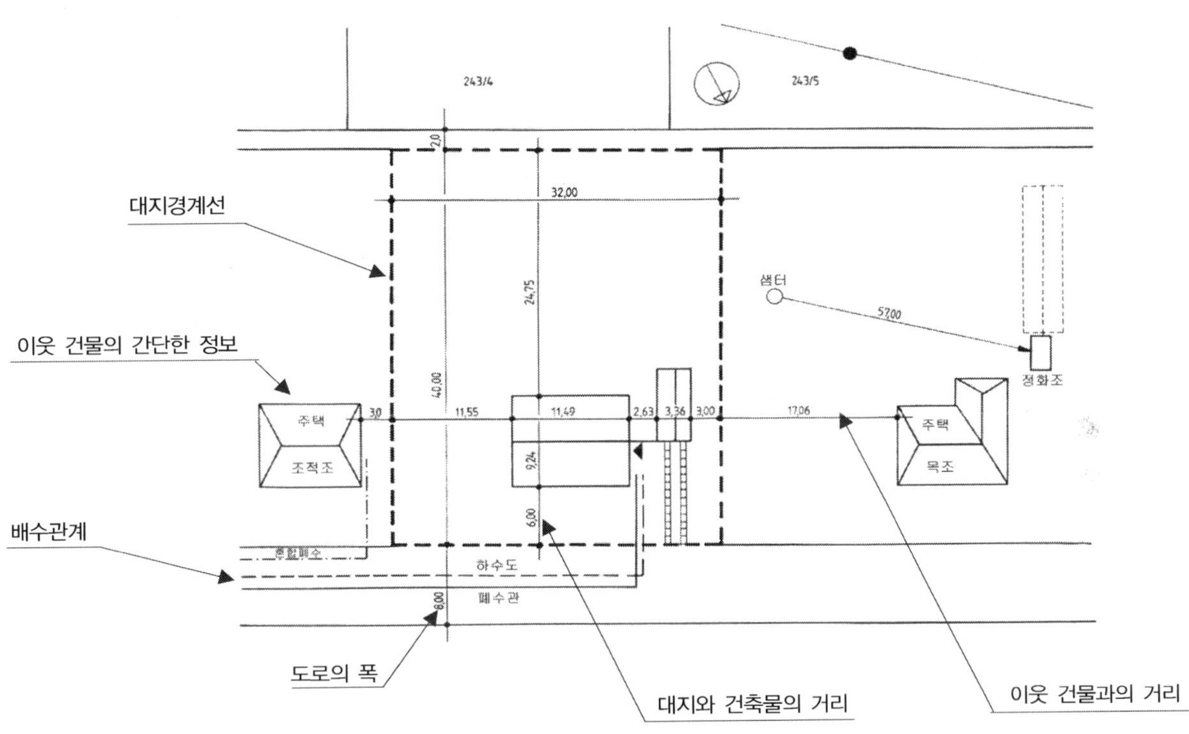

2.2 건축대지와 건물형태의 연결

형상과 형태에는 차이점이 있다. 형상은 입체적이지 않고 2차원적이며 기하학처럼 도형의 형태를 취하고 있다. 그러나 형태는 3차원이며 입체적인 모양을 하고 있다. 입체적인 모양은 공간을 형성한다는 의미이다. 공간을 형성하려면 기본적으로 영역을 제한하는 요소가 있어야 하는데 우리는 이를 수평적 요소 그리고 수직적 요소라고 부른다. 공간을 형성하는 수평적 요소에는 바닥, 천정, 그리고 지붕을 들 수 있으며 수직적 요소에는 벽을 들 수 있다. 건축의 주 과제는 이렇게 공간을 만들기 위한 작업이라고 해도 과언이 아니다. 건축에서 말하는 공간은, 즉 인간을 위한 공간을 의미한다. 공간에 대한 인간의 1차적인 욕구는 자연으로부터의 보호지만 2차적인 심리적 욕구 또한 1차적인 욕구에 못지않게 중요하다. 설계자가 이를 감안하여 작업에 임한다면 사용자에게 심리적으로 편안한 공간을 제공할 것이 분명하다.

공간의 형성은 건물 내에만 있는 것이 아니라 대지 자체에서 개인 공간이 시작된다. 시내 도로는 도시공간이 되고 심지어 강은 양쪽 강둑에 의한 사이공간이 되며 하나의 도시는 다른 도시에 대한 도시공간을 형성하고 한 국가는 다른 국가에 반하여 국가공간을 형성하는 등 공간의 종류는 다양하다.

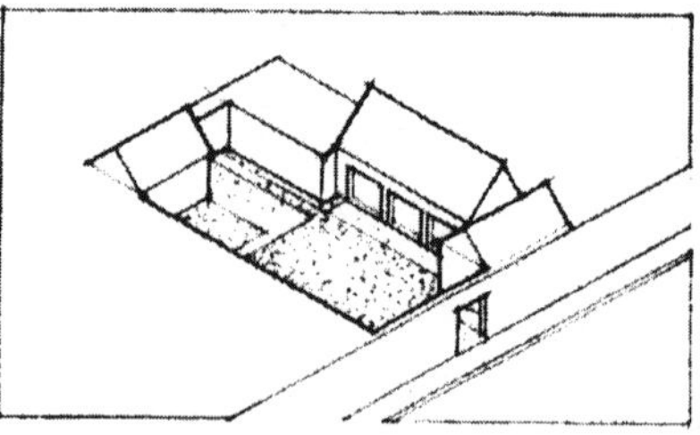

▲ 대지 경계선을 따라 있는 벽이 대지와 외부공간의 경계를 명확히 구분해준다. 예를 들어 개인공간 영역이나 시각적인 제한을 요구할 경우 이러한 컨셉을 이용할 수 있다.

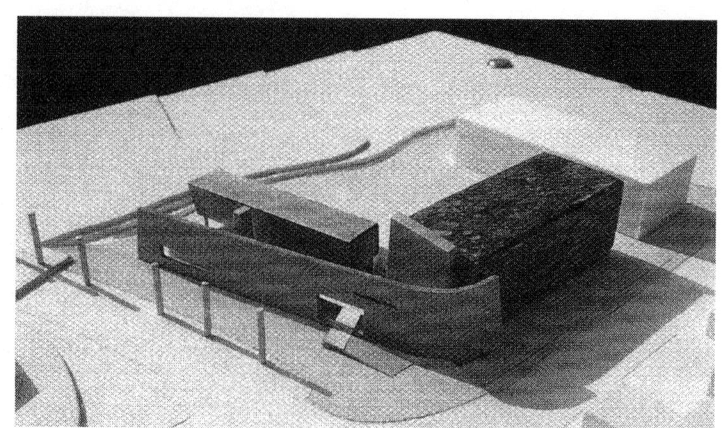

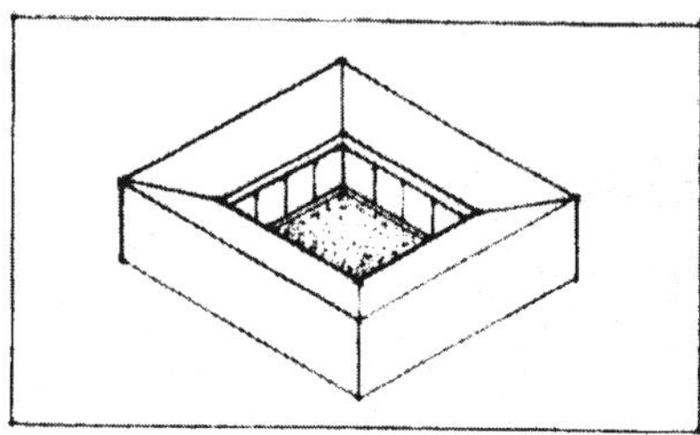

▲ 건물의 마당이나 중정을 둘러싼다. 이러한 형태는 중세에 많이 생겼는데 현대에도 자체영역을 만들어야 하는 경우 이러한 형태를 사용하기도 한다. 이 경우는 벽으로 둘러싸인 것이 아니고 공간 자체로 대지를 두른 것이다.

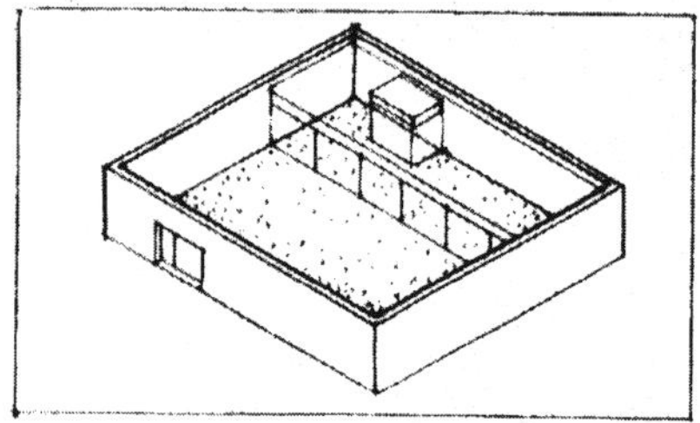

▲ 이 경우는 대지 자체가 한 지붕 아래의 공간이 된다. 즉, 벽으로 대지 경계선을 모두 둘러쌓아 내부공간 안에 정원이 있게 하는 경우이다.

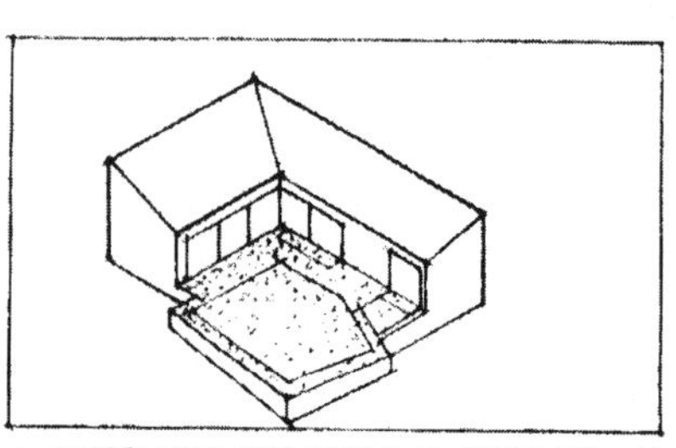

▲ 공간을 대지 선을 따라 놓고 한쪽으로는 시각적으로 개방하여 외부공간으로 사용할 수 있다. 이러한 경우의 전망은 각 방위에서 다른 조경을 볼 수 있고 내부와 외부가 명확히 구분된 대지공간을 형성할 수 있다.

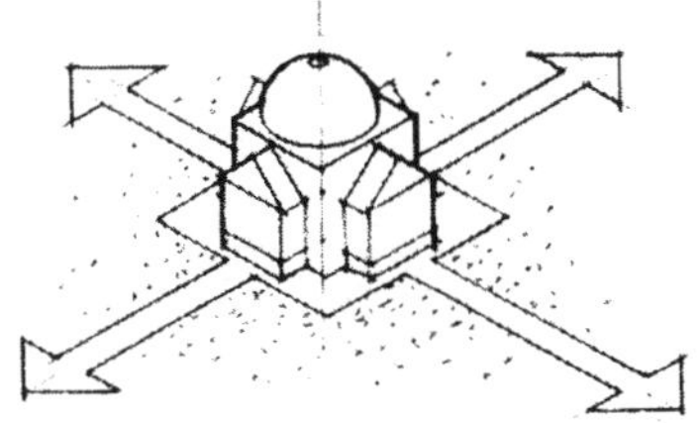

▲ 대지에서 이러한 위치를 점유하게 되면 네 방향의 시각적인 우위를 차지하게 되고 대지를 지배하는 형태로 이미지가 형성된다. 일반적으로 신전이 대지에서 이러한 위치를 많이 점유한다. 유럽의 구도시를 보면 성당이나 지배적인 건축물에 많이 보이는 위치다. 각 방위에 좋은 전망이 있는 경우, 이러한 컨셉을 사용하는 것도 좋다.

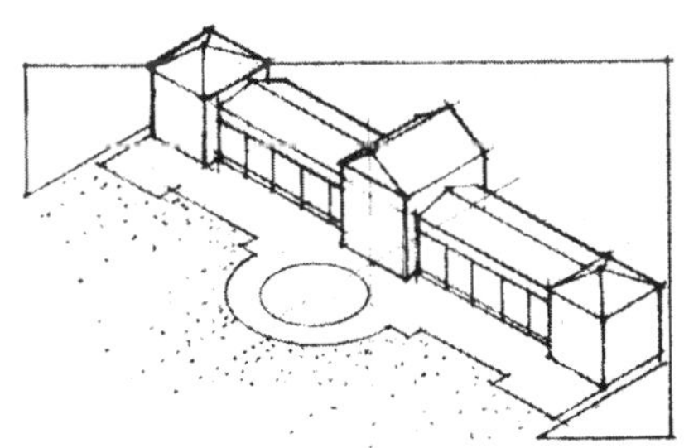

▲ 이러한 배치는 대지와의 대치상태를 나타낸다. 마치 좌우로 하인이 나열해 있는 이미지를 주면서 대지의 축을 끊어 버리는 형상이다. 과거 유럽의 성이 이러한 배치를 한 것이 많다. 유럽의 배치는 이러한 형태를 많이 취한 반면 동양의 배치는 대지의 축을 따라 놓인 배치가 지배적이다.

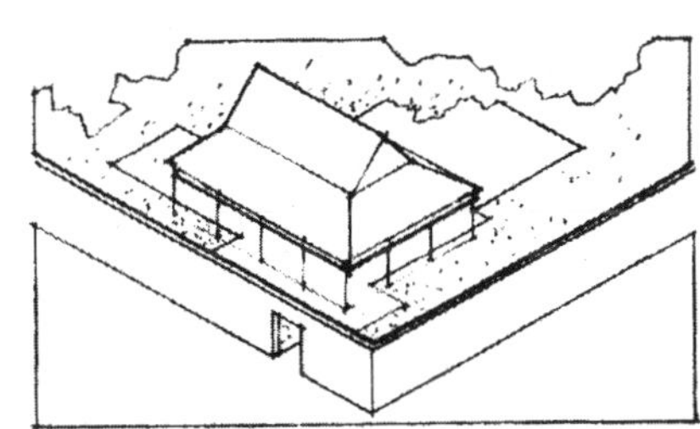

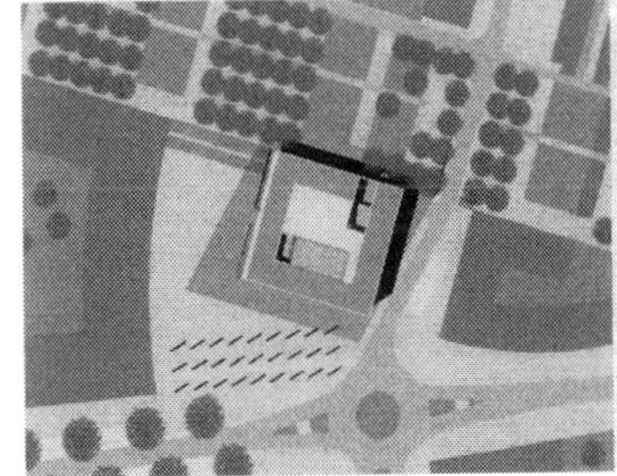

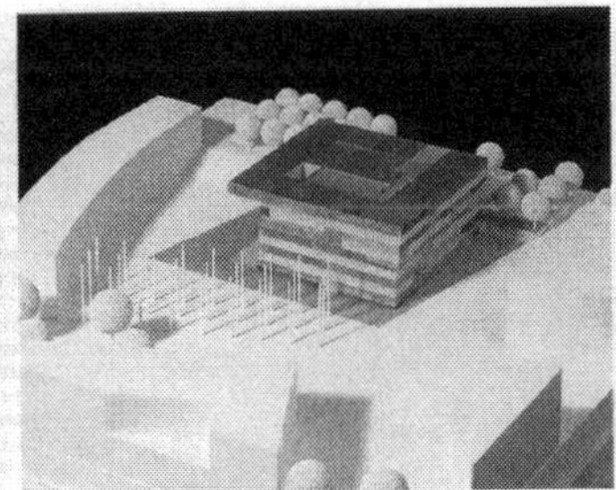

▲ 앞의 그림들은 대지 경계선과 관계가 있으나, 이 배치는 경계선과 무관하게 건물의 공간이 자리를 잡아 대지 내에서의 공간 확장이 자유롭게 된다. 이러한 위치는 건축주나 나중을 위한 확장에 장점을 갖고 있다.

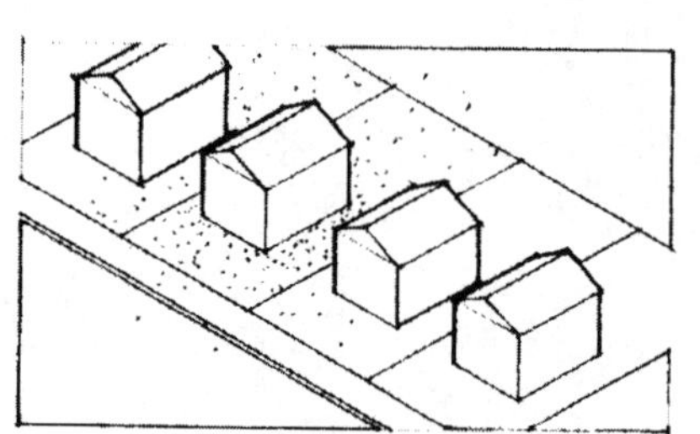

▲ 이러한 구성은 연속된 공간의 배열로 개체의 역할보다 공동체 형태로 작용하는 이미지를 주지만 자체의 대지에 주장이 강하고 적극적이다.

A. 기본배치도와 실시배치도에 표현하는 내용

1. 대지의 위치와 축척 그리고 방위 표시
2. 도로에 인접한 건축대지의 표현과 이웃의 대지, 집 번지수, 부동산 정보에 의한 토지대장
3. 토지대장에 나온 대지경계선, 대지치수, 위도
4. 도로의 치수
5. 대지 위에서 계획된 건축물의 형태와 경계선
6. 대지 위에서 계획된 건축물과 이웃 건축물의 지붕형태, 층의 수
7. 건축대지와 이웃 건축물에 있는 숲이나 늪과 같은 자연상태, 나무나 비석 등의 기념물
8. 계획 건축물의 외부치수, 1층의 바닥높이, 대지 내의 다른 요소의 상태, 주출입구
9. 건축대지와 공공도로, 녹지대, 숲, 호수, 늪 등과의 거리
10. 소방도로 표시, 대지 내의 놀이터나 쓰레기 수거장소
11. 건축대지 면적
12. 건축에 유입되는 전화선, 전기, 가스, 수도관
13. 건축에 유입되지 않는 대지 내의 유해적이며 발화성이 있는 물질과 건축물과의 관계(거리 등)
14. 소방용 기구(물통이나 그에 상응하는 것)

B. 마감도면

건축물의 구조적인 형태가 마무리되면 다음 단계는 그 구조체에 옷을 입히는 작업이 시작된다. 우리는 이 작업을 위하여 그리는 도면을 마감도면(finishing drawing)이라 부른다.

마감에는 수평적인 구조체로 바닥, 천정, 지붕을 위한 작업과 수직적인 요소인 벽 등의 마감, 그리고 창과 문, 그 외에 개구부를 정리하는 작업이 시작된다. 마감도면은 이 작업의 방법과 종류를 제시하는 작업으로서 이 과정에서도 일반화된 재료의 크기나 종류의 정보를 생략하는 경우가 있는데 이는 도면이 장기적으로 보관이 되는 특성을 무시한 처사로 옳지 않다.

마감이 어떻게 되는가에 따라 건축물의 형태 이미지가 달라지는데 이는 한 사람이 여러 옷을 갈아입었을 경우 보이는 상황과 비교하면 이해가 빠르다. 그리고 마감의 방법은 건축물의 생명과 질을 결정하는 중요 요소로 그 역할이 아주 중요하며 에너지 보존 등 완공 이후의 유지비에 상당히 중요한 역할을 한다.

이 마감도면에는 일반적인 용어인 Shop Drawing이 포함이 된다. 건축재료는 특정한 목적에 맞게 생산이 되고 그 본래의 특성에 적절하게 사용해야 가장 훌륭한 가치를 얻을 수 있다. 이러한 이유로 생산자가 제시하는 순서나 방법에 따라 건축재료 적용설명서를 도면에 나타내는데 이를 Shop Drawing이라 한다.

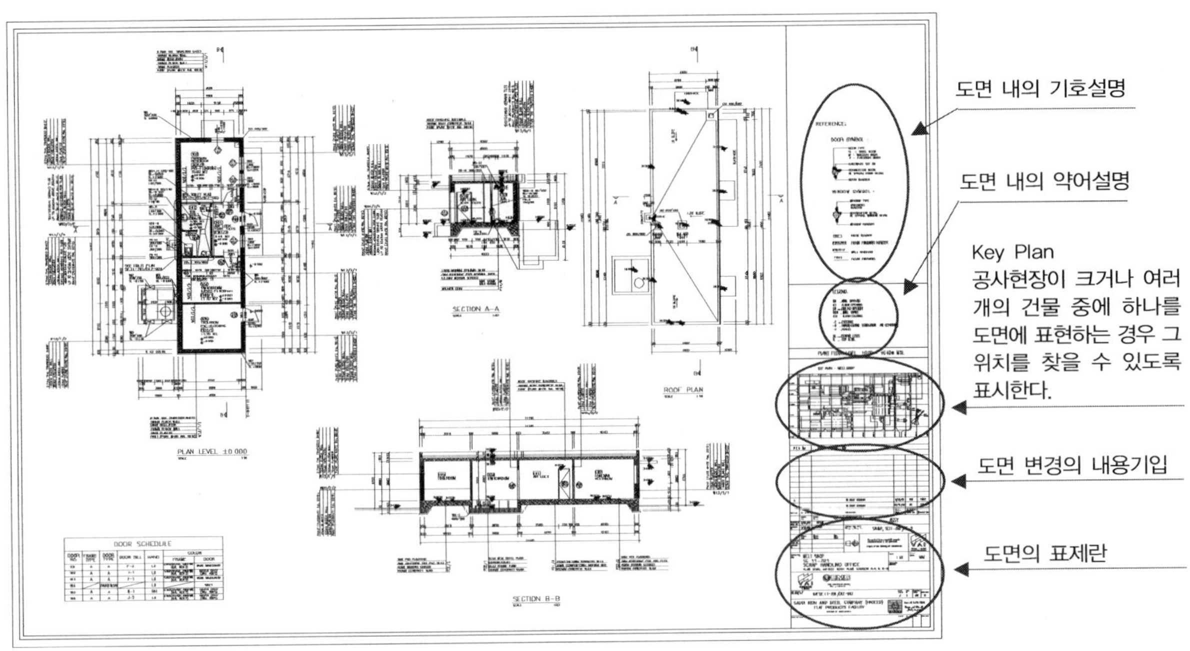

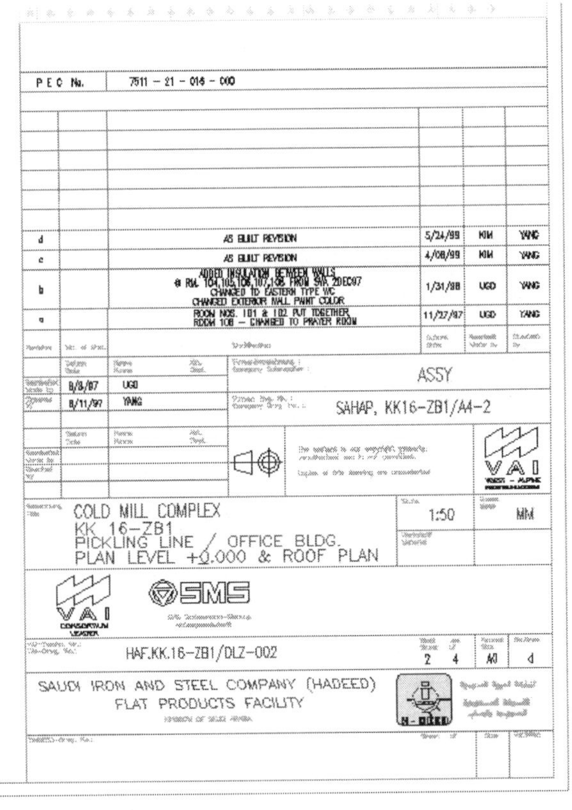

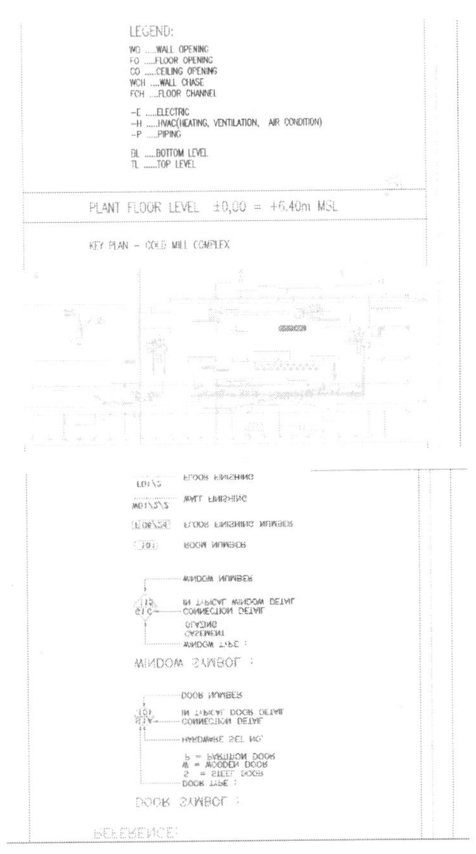

▲ 마감도면의 예

앞의 도면과 같이 모든 공간에 내부와 외부를 구분하여 마감재료를 도면 내에 기입을 하는 것도 하나의 방법이다. 그리고 하나의 틀을 만들어 일괄적으로 볼 수 있도록 하나의 표를 작성하는데 이것을 Room Book이라고 한다.

ROOM BOOK	건물명 :	S V A
HADEED FLAT PRODUCTS FACILITY	방이름 :	
	방번호:	바닥면적 M

□ 지 하 □ 1 층 □ 2 층 □ 3 층

바닥의 상층레벨 .... 천정의 하부레벨 .... 실링의 하부레벨............

	재료의 성격		색	비 고
바 닥				
걸레받이				
북. 벽				
동. 벽				
남. 벽				
서. 벽				
실링				
서스펜스실링				
문		특수형태		
		특수형태		
		특수형태		
창 문				
그 외의 상황 주방 화장실				
Fan Coils				
조명 스위치 Socket Cable Duct				

서류명 :	이 름 :	날 자:	
		번 호	

Bldg. I.D. & Name : WB15-ZB1 SUBSTATION FURNACE

Room No.:_______ Room Name:

□ BASEMENT □ GROUND FLOOR □ 1st FLOOR □ 2nd FLOOR

	MATERIAL DESCRIPTION	COLOR (RAL)
CEILING		
N. WALL		
E. WALL		
S. WALL		
W. WALL		
FLOOR		
SKIRTING		
DOOR		
WINDOW (FIXED)		
TOILETS		
FAN COILS		

▲ Room Book의 예

Room Book에는 한 공간에 대한 모든 정보가 들어 있다. 위의 것은 단지 하나의 예를 든 것으로 일반적으로 이 표를 만들 경우에 간단하고 포인트되는 단어를 기입한다. 그러나 생략된 포인트 단어보다는 차라리 많이 기입을 하여 표현하는 것이 더 낫다. 이 리스트는 물량을 계산하고 현재 진행되고 있는 작업의 상황을 한 눈에 알 수 있는 검토의 자료로도 사용되므로 정확하게 기입하는 것이 좋으며 그 내용의 근원은 도면에 기입되어 있는 것을 기본으로 한다.

다음 그림은 마감도면에서 평면도 부분을 따로 떼어 갖고 온 것이다. 일반적으로 마감 표시를 벽체와 평행하게 기록하면 복잡한 도면에서는 그 순서를 알 수 있는 이점이 있다.

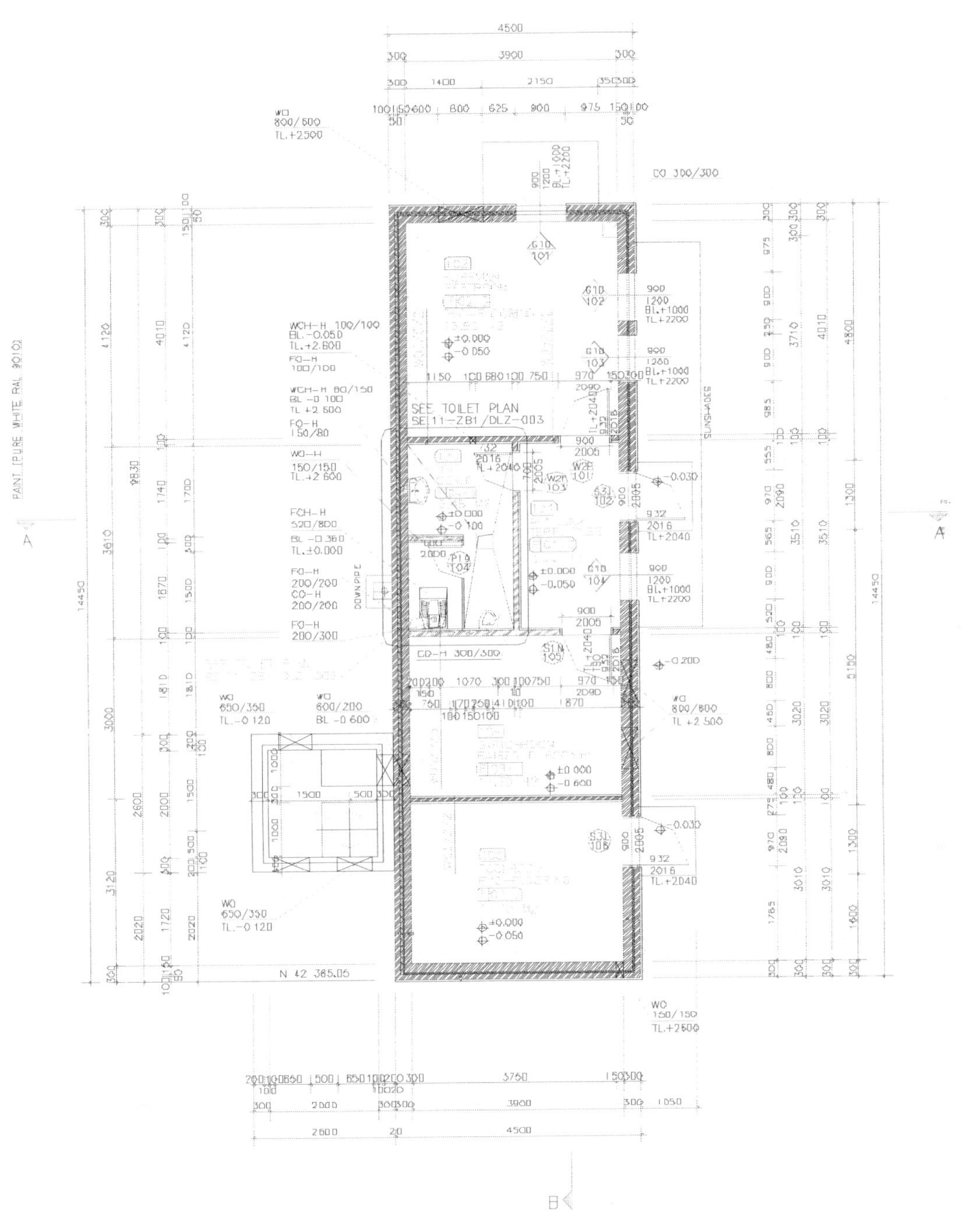

PLAN LEVEL ±0.000

SCALE 1:50

▲ 실시도면

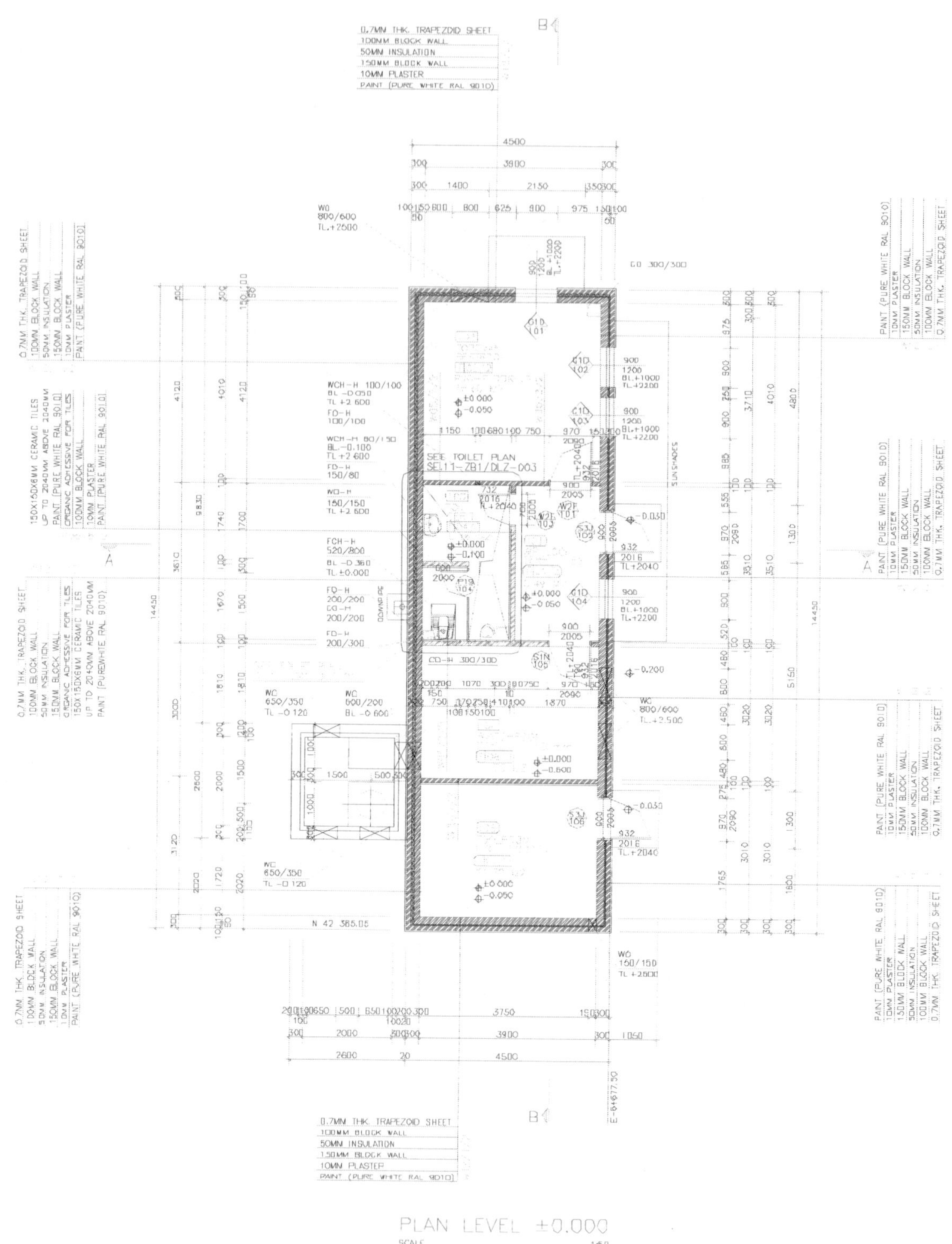

▲ 마감도면

마감도면은 실시도면에 마감의 종류를 추가한 것으로 크게 다르지는 않다. 간단한 건물의 경우에는 실시도면을 마감도면으로 활용할 수도 있으나 건물의 종류가 많고 복잡한 경우에는 마감도면을 따로 만들어 사용하는 것이 좋다. 건축공사는 많은 비용을 들여 하는 작업이고 여러 사람이 모여 완성을 해야 하는 과정이므로 한 번의 실수는 공사비에 손해를 입힐 수 있다.

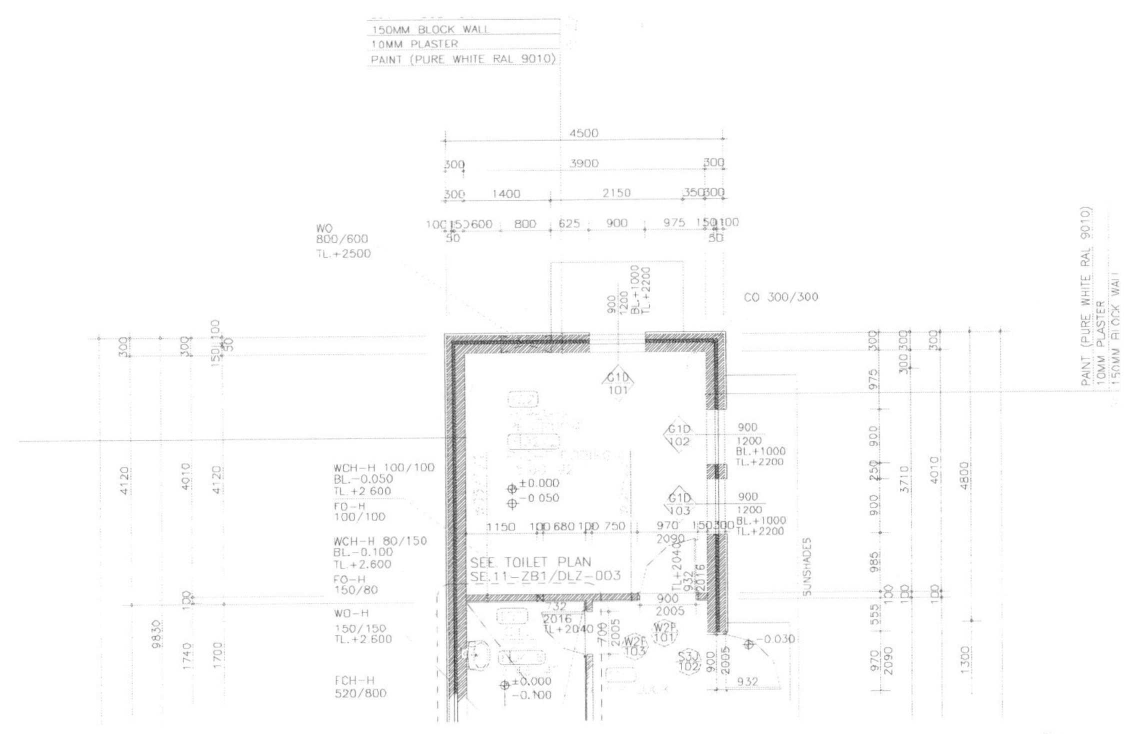

이 건물은 제철공장의 일부이다. 이 방은 공장의 상급담당자를 위한 휴식공간으로, 위치는 1층에 놓여 있다. 도면에 방의 번호를 붙일 경우 이 번호가 준공 후에도 계속 쓰이는 것이 일반적이므로 층의 위치를 고려하여 1층의 2번째 방인 102번을 붙였다. 그리고 방의 용도는 마감재료에 중요한 결정을 내리므로 이름을 상급자의 휴식공간(FORE MAN RESTROOM)이라고 넣었으며 "F 02/2"라는 기호는 바닥(FLOOR)의 마감을 위한 번호를 기입한 것인데, 이는 반복적인 상세도의 경우 전형적인 상세도면(TYPICAL DRAWING)을 만들어 놓으면 작업이 수월하다. 이 전형적인 상세도면에는 재료의 표시가 종류에 따라 구분하여 기입이 되어 있다. 그러나 마감도면에서는 최종적인 마감재료 명을 도면에 적어 빠른 이해를 돕는다. 이 방의 바닥은 PVC로 바닥마감을 하였다. 이 건물은 이중 조적조로 외부는 트라페조이드로 벽으로 마감하고, 조적벽 사이에 단열재를 넣었으며, 내부 벽은 두께 10mm 모르타르로 조적 위에 마감하여 평평한 면을 잡고 그 위에 흰 페인트로 최종 마감하였다. 창문과 벽도 각자 고유의 번호를 갖는데 이는 방의 위치를 암시하며 또한 물량을 계산하는 데도 도움이 된다.

이러한 정보를 도면에 기입할 경우 가능하면 한 곳에 모아 적어 놓는 것이 좋다. 그리고 마감을 하기 전의 바닥높이와 작업 후의 바닥높이를 기입한다. 이는 평면 내에서 바닥마감의 두께가 얼마나 되는지 알 수 있으며 이웃 공간과의 바닥높이 관계를 알 수 있어 좋다.

평면도의 단점은 수평적인 요소만을 표현한다는 것이다. 그렇기 때문에 수직적인 요소도 같이 평면도에 표현한다면 단면도나 입면도를 찾아가야 하는 수고를 좀 더 덜 수 있다. 예를 들어 위의 도면에서 창문의 치수를 마감 전의 크기 900/1200으로 써 놓았다. 평면이기에 수평적인 치수를 먼저 기입한다. 그리고 수직적인 치수 1200을 넣었지만 이것은 단지 창의 크기일 뿐 위치적인 정보는 없다. 그래서 BL+1000(창문 바닥높이는 바닥에서 1000mm 위로)과 TL+2200(창문의 상부높이는 바닥에서 2200mm 위로 있음)을 기입하여 주었다. 이는 창의 위치를 마감바닥에서 얼마인가 알려주는 역할도 하지만 또한 창문의 사이즈를 다시 한 번 검토할 수 있는 자료가 된다.

문의 사이즈를 살펴보면 개구부는 폭 970mm에 높이 2090mm이며, 문의 사이즈는 폭 900mm에 높이 2005mm이다. 이것이 의미하는 것은 문틀(문프레임)의 두께가 왼쪽, 오른쪽 각각 35mm라는 뜻이다.

2.3 상세도면

A. 화장실

일반적으로 우리가 건물에 상주를 하는 경우 기본적으로 필요한 공간이 있다. 이를 나누는 기준은 기능적으로 구분을 하는데 상주를 하는 공간 외에 화장실, 수직적으로 연결해 주는 계단, 거실, 로비 등으로 나뉘는데 이를 필요에 따라서 각 공간별로 도면을 상세하게 표현해야 하는 경우가 있다.

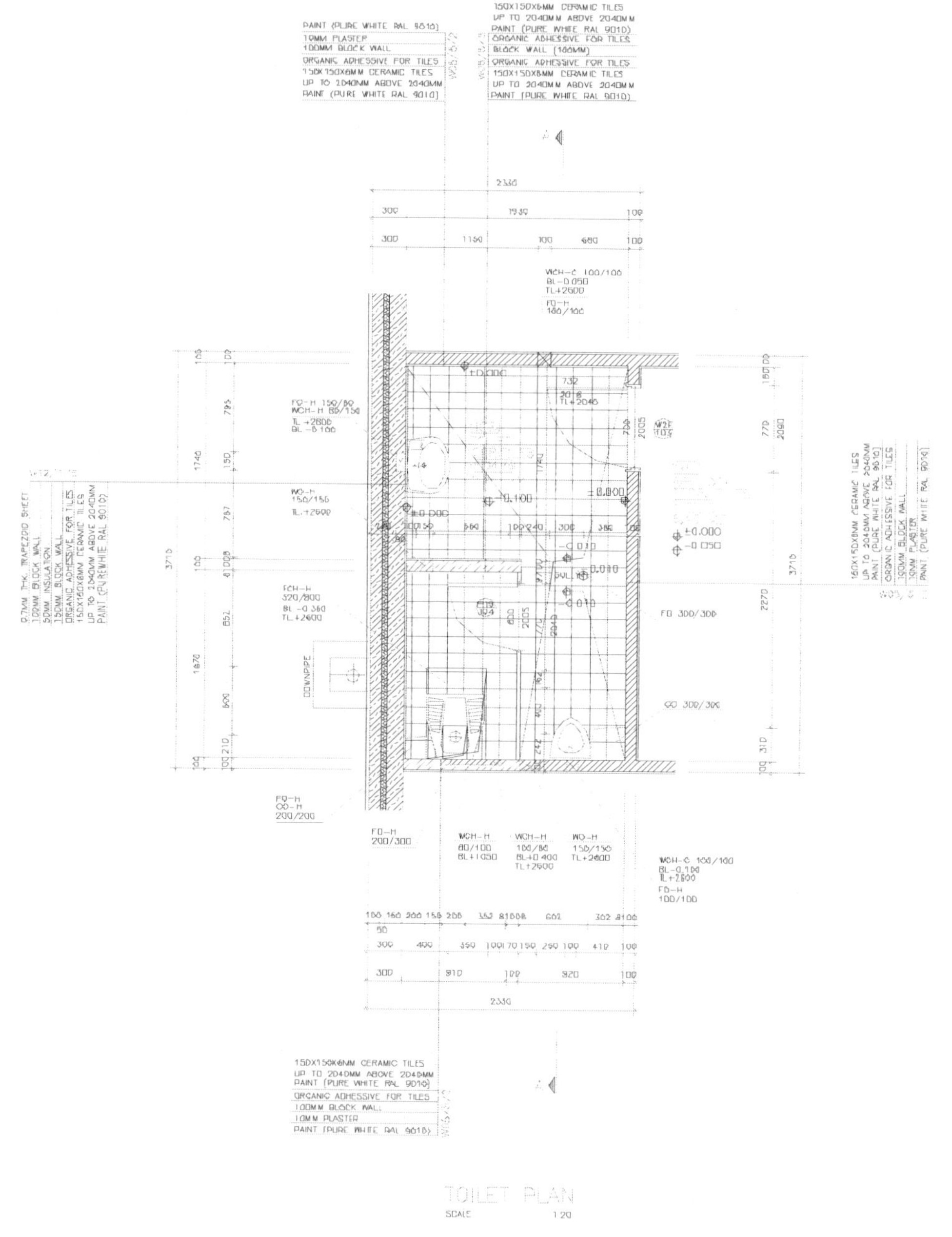

▲ 화장실 평면 상세도

이 외에도 지붕도면과 실링도면 그리고 타일의 도면을 따로 그려주는 경우도 있다. 서스펜스 실링이나 타일의 도면을 상세히 그려주는 경우에는 어느 지점부터 시작해야 하는가를 분명하게 해주어야 한다.

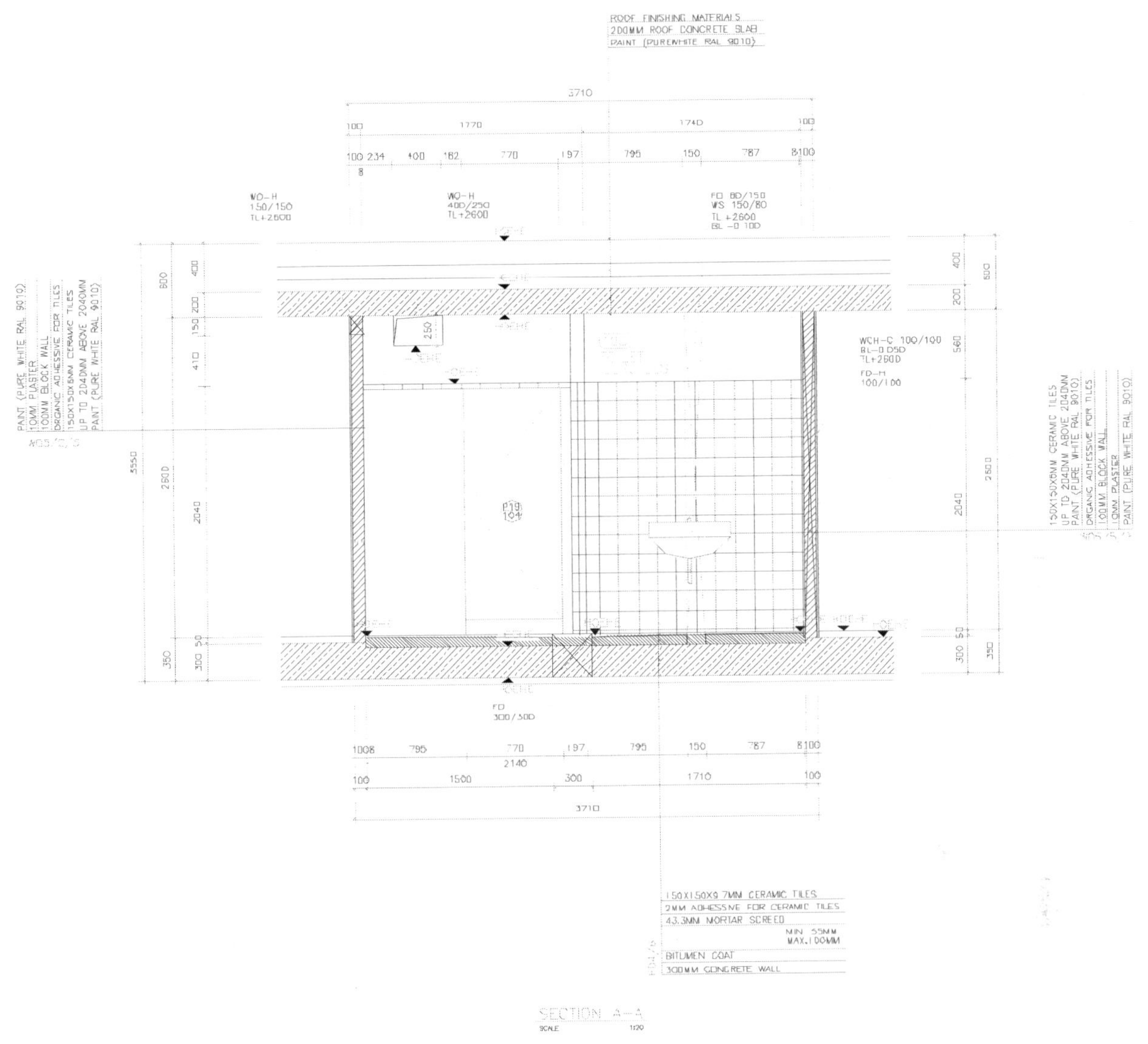

▲ 화장실 단면 상세도

이 화장실 도면은 앞의 마감도면에 있는 평면에서 갖고 온 것이고 오른편의 단면은 왼편의 화장실 평면에서 A-A′ 절단하여 갖고 온 것이다. 일반적으로 이렇게 물이 사용되는 공간은 마감을 타일로 많이 하는데 단면을 보면 벽의 타일을 높이 2,040mm까지만 쌓고 그 위는 페인트로 마감하였다. 이는 경제성과 타일로 뒤덮인 공간에서 오는 단조로움을 감안한 것이다.

B. 지붕도면

이 지붕도면은 앞의 평면에서 갖고 온 것이다. 지붕은 밀폐되지 않은 건축공간이다. 일반적으로 보이지 않는 부분을 소홀히 하는 경우가 있는데 직접적으로 내부공간에 영향을 주는 곳이 지붕이다. 그리고 건축물의 지배적인 이미지 또한 지붕이다.

지붕은 마치 사람이 헤어스타일을 바꾸거나 모자를 쓰면 그 이미지가 달라지듯이 건축물의 중요한 디자인 요소가 된다. 다음 그림과 같이 평지붕인 경우에는 배수와 단열상태가 아주 중요하기 때문에 지붕도면은 지붕평면의 경사나 홈통의 위치를 보여주는 데 아주 중요한 역할을 한다.

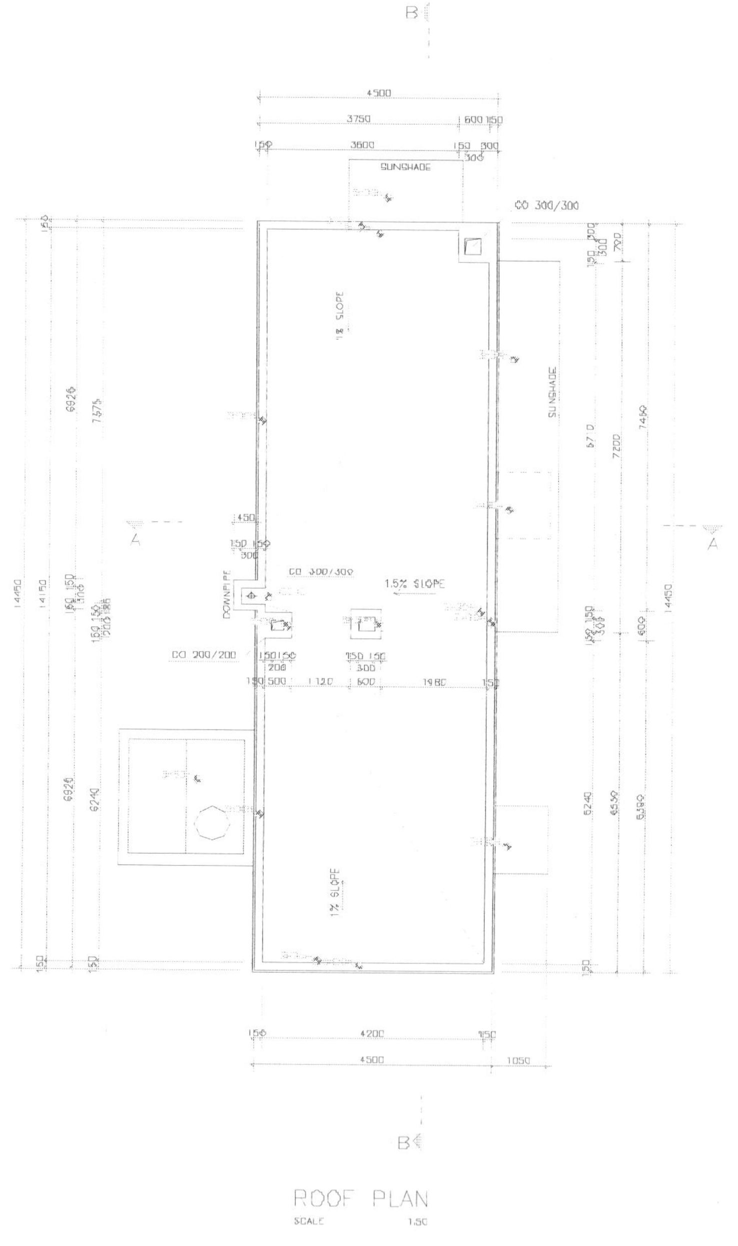

C. 실링도면

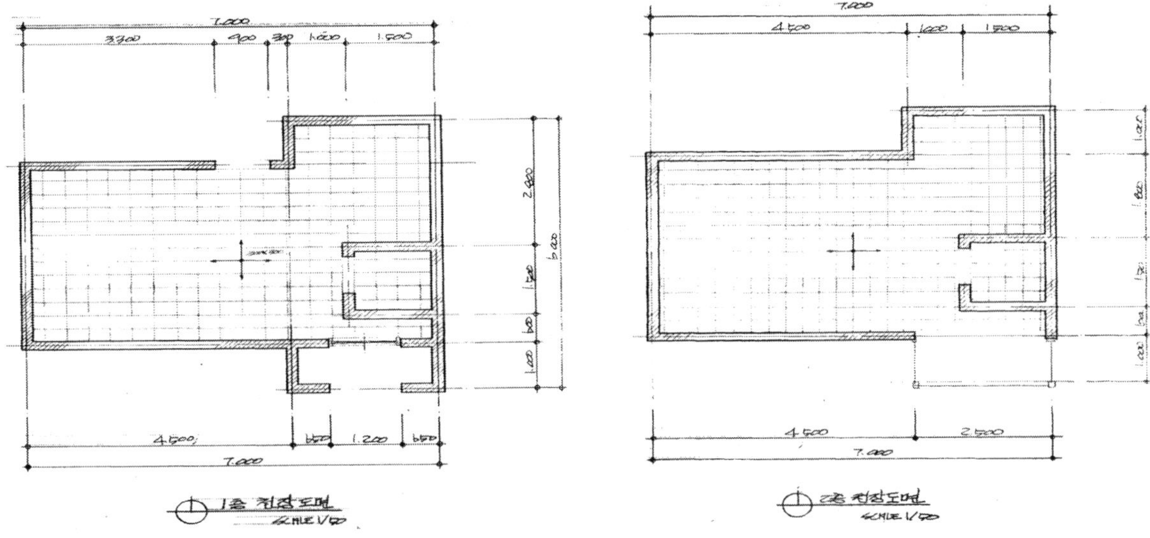

3 상세 디테일

건축물은 열려진 대지에 일정한 영역을 만들면서 일정한 공간을 만드는 작업이다. 일반적으로 건축작업(설계를 포함한 모든 건축 관련 작업)에 들어가기 전에 어떠한 것을 만들 것인가 하는 동기가 발생하여야 한다. 이 과정을 동기부여라고 하는데 이러한 동기부여를 통해 건축물 자체에는 기능이 주어지게 된다. 이 기능이 결정되는 방법에는 여러 가지가 있지만 건축이 자연으로부터 인간을 보호하는 기본적인 기능이 일차적으로 발생하여야 한다. 이 일차적인 기능을 만족시키기 위하여 검토되는 부분이 각 부분에 대한 상세도이다. 구조적으로 형태를 이루었다 하여도 이는 단지 틀에 지나지 않을 뿐 기능을 만족시키기에는 부족한 부분이 많다.

공간을 이루기 위해서는 우선적으로 수직적인 요소(벽, 기둥 등) 그리고 수평적인 요소(바닥, 지붕)가 구성되어야 한다. 이는 구조적인 요소일 뿐 위에서 언급한 건축이 인간에게 주는 일차적인 기능을 만족하기에는 충분하지 않다. 위에서 언급한 두 가지 요소는 개별적으로 존재하는 것이 아니며 서로가 영향을 주며 최소한 한 점에서 접촉한다. 이 부분의 마무리는 건축물에 중요한 영향을 준다. 그리고 두 요소는 마치 옷을 입지 않은 사람과 같은 상태이므로 그 지역의 기후에 적절한 옷을 입혀 주어야 한다.

수직적인 것과 수평적인 요소를 이루는 재료 또한 다양하므로 그 재료에 맞는 상태를 만들어주는 것이 좋다. 구조를 이루는 재료를 구분해 보면 크게 조적조, 목조, 철근 콘크리트조, 그리고 철골조의 네 가지로 구분해 볼 수 있다. 이 네 가지 재료는 각기 다른 재료적 성질을 갖고 있으므로 또한 작업도 다르다. 이 외에도 수직적인 요소로 공간과 공간을 연결하는 계단이 있으며 공간의 특수성에 따라 설계에서 상세하게 다루어야 하는 부분이 많이 있다.

공간을 형성하기 위하여 필요한 것이 기초, 바닥, 벽, 지붕, 계단, 문, 창문 등 여러 요소가 합쳐져서 비로소 기능을 하는 공간이 생성되는 것이다.

이 장에서는 위에서 언급한 네 가지의 주조적 재료를 다루기 전에 공간을 이루는 각 요소를 우선적으로 다루어 보기로 한다.

3.1 계단

계단은 공간을 수직적으로 연결해주는 기능을 하고 또한 건축물의 이미지를 이루는 중요한 요소이다. 설계 초보자들은 설계를 하는 과정에서 계단 부분을 소홀히 다루는 경우가 있는데 이는 상당히 중요한 부분이다. 특히 요즘처럼 CAD를 사용하여 작업을 하는 경우 계단의 구성을 쉽게 생각하는 사람도 있다.

계단은 기본적으로 높이와 폭을 갖고 있다. 계단 폭의 치수를 모두 더하면 계단의 전체 길이를 얻게 되고 높이를 모두 더하면 층의 높이를 얻게 된다. 즉 층고를 알고 싶으면 계단의 한 계단의 높이에 계단의 개수를 곱하면 된다.

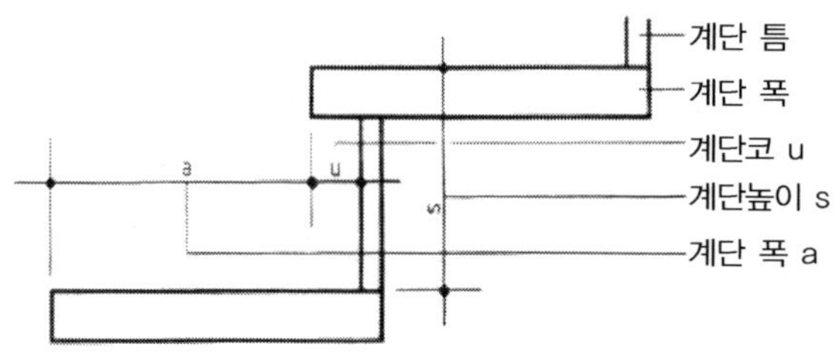

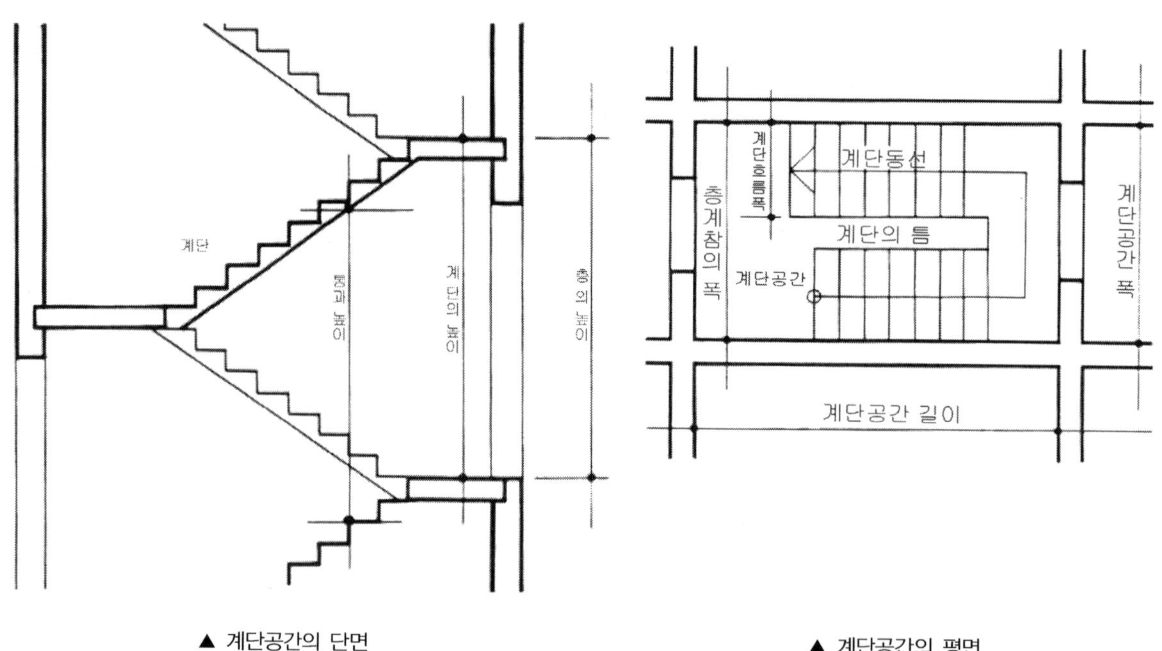

▲ 계단공간의 단면

▲ 계단공간의 평면

위의 그림을 살펴보면 단면에서 계단 통과높이, 계단의 높이 그리고 층의 높이가 나타난다. 통과 높이는 각 층의 계단이 갖는 각도가 다를 경우 나타나는데 보통 층의 높이가 일정하고 각 계단의 치수를 같게 한다면 통과 높이도 같다. 위의 단면을 보면 계단의 높이와 층의 높이 치수가 같은데 이것은 계단 시작점의 마감과 마지막의 마감의 높이가 바닥의 마감 높이와 동일해야 함을 의미한다. 그리고 단일 계단의 높이를 모두 더한 것이 층의 높이와 같음을 나타낸다.

위 그림의 오른편 평면 그림에는 계단공간의 폭, 계단공간의 길이, 계단동선, 계단흐름의 폭, 층계참의 폭, 계단의 틈, 그리고 계단공간이 표현되어 있다.

계단공간의 폭은 건물의 용도에 따라 그 치수가 다른데 사용자의 수가 많은 건물은 그 폭이 넓게 만드는 것을 이해할 수 있어야 한다. 계단공간의 길이는 계단이 차지하는 공간의 면적에 영향을 준다. 이는 계단이 갖게 되는 각도와 관계가 있어 계단 폭이 길면 계단의 길이도 길어진다. 계단동선은 일반적으로 계단의 시작과 끝을 표현해주며 도면상에서 계단이 시작되는 지점과 끝나는 지점까지만 화살표로 방향을 그려주는 것이 좋다. 동선의 위치는 계단의 중앙에 위치하는 것이 보기가 좋다.

층계의 참은 계단을 올라가던 중에 동선의 방향이 바뀌는 곳으로 충분한 영역을 확보하지 않으면 어려움이 생길 수 있는 곳이다. 이곳의 폭은 계단의 폭과 관계가 있으며 참의 길이는 사용자의 수에 따라 기준의 치수를 적용한다.

A. 계단의 기본적인 이해

방향성을 갖고 있거나 경사를 이루는 형태에는 반드시 화살표와 같은 표시를 하여 방향에 대한 표시를 명확히 해주어야 한다.

- 계　　단 : 공간을 수직적으로 연결하는 건축요소
- 계단동선 : 중단 없이 최소한 3개의 계단이 이어지는 곳에 나타낸다.
- 계단볼륨 : 계단의 기둥으로서 건축요소와 동선을 위한 주변의 제한영역
- 계단 기울기 : 계단의 높이와 폭의 관계. 예를 들어 170/280mm
- 일반적인 경사에서 사람의 걸음 폭 길이의 관계는 2 × 높이 + 1 × 너비 = 590~630mm일 때 가장 편안함을 느낀다.
- 계단의 길이 : 계단의 평면에서 얻을 수 있으며 첫 번째 계단이 시작하는 선에서 마지막 계단이 끝나는 선까지 계산하고 계단참이 있는 경우 이도 포함한다.

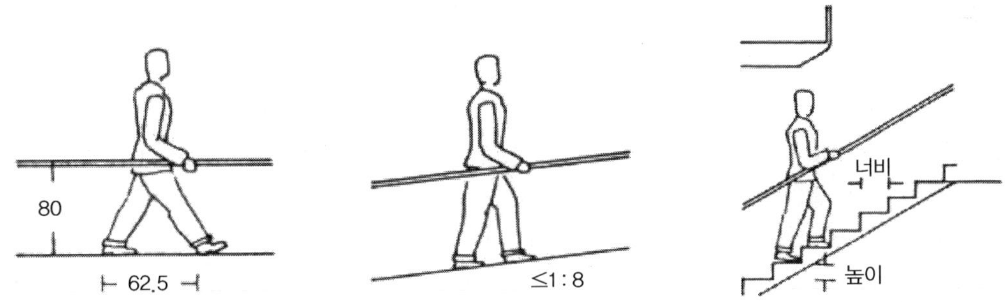

* 계단의 치수 얻기

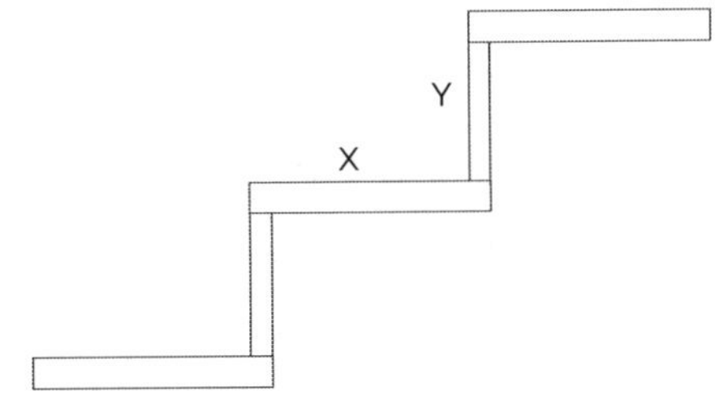

계단의 높이를 Y, 너비를 X라고 가정했을 경우 2Y + X = 610~640mm으로 공식을 만들자. 여기에서 610~640mm은 위의 그림처럼 성인이 무리 없이 걷는 보폭의 치수이다. 계산을 하기 쉽게 610~640mm의 치수에서 630을 하나 선택하여 보자. 그러면 다시 2Y + X = 630mm라는 공식을 얻는다. 예를 들어 보폭

의 치수에 관계되는 신발의 치수가 260mm라고 가정하고 위의 공식 X에 260을 대입하면 2Y + 260 = 630이 된다. 이것을 계산하면 계단의 높이 Y에 해당하는 값 185를 얻는다. 계단의 높이와 폭을 얻었으나 계단의 개수가 필요하므로 계단의 높이 Y로 공간의 높이를 나누면 개수가 나온다. 공간의 높이를 3m로 가정하고 Y로 나누면 16.21개의 개수를 얻는데 개수는 소수점이 될 수 없으므로 소수점 이하를 제외한 16을 다시 3m로 나누면 187.5mm의 Y값을 다시 얻는다. 즉 이 계단은 모두 16개로 높이가 187.5mm이고 너비가 260mm인 계단이 된다. 이 계단을 일렬로 놓을 경우 계단공간의 길이는 260 × 16 = 4160mm이 된다.

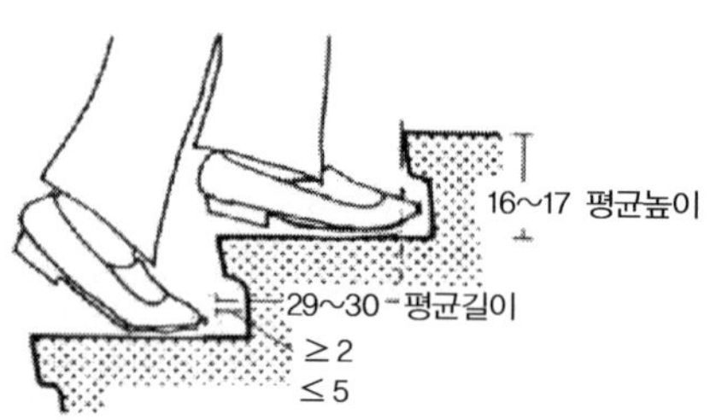

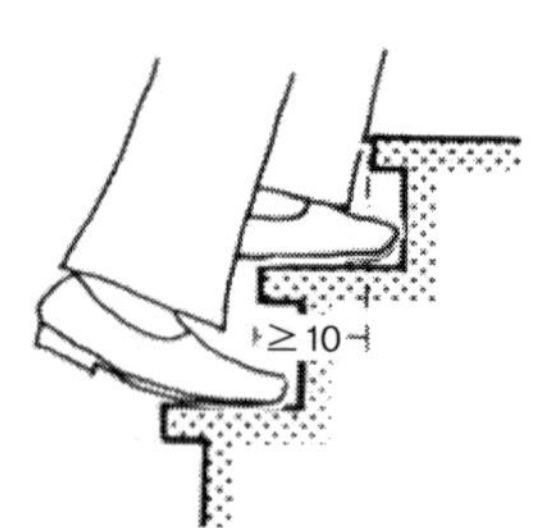

▲ 계단의 평균높이와 평균길이

B. 계단의 종류

❶ 기능에 따른 계단의 종류

기능에 따른 계단의 종류는 크게 네 가지로 구분할 수 있다.

- 층 계단 : 하나의 층에서 다른 층으로 이동하는 계단
- 지하계단 : 건물의 입구에 있는 계단이나 지하로 내려가는 계단
- 바닥계단 : 가장 위층에서 옥상으로 올라가는 계단
- 동일 층 계단 : 같은 층에서 바닥의 높낮이가 다를 경우 생기는 계단

옆의 그림은 계단의 모양에 따라 구분해 놓은 것이다.

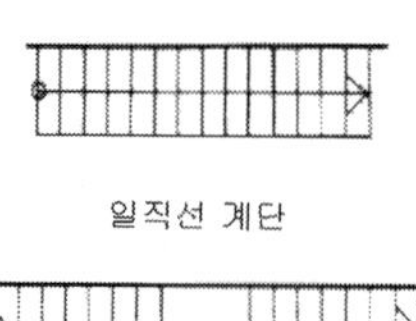

일직선 계단 / 일직선 꺾은 오른쪽 계단

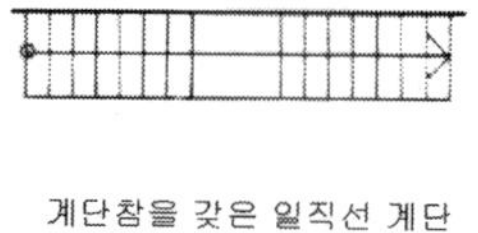

계단참을 갖은 일직선 계단

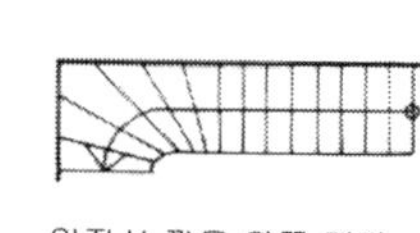

일직선 꺾은 왼쪽 계단

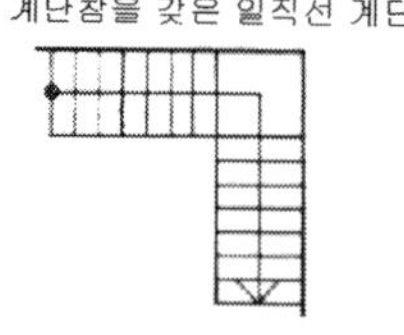

계단참을 갖은 L형 계단

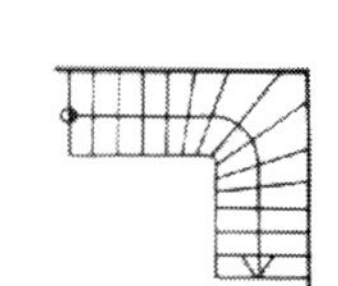

계단참이 없는 L형 계단

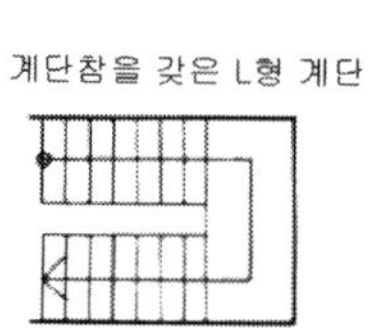

계단참이 있는 ㄷ자 계단 / ㄷ자 계단

원형계단

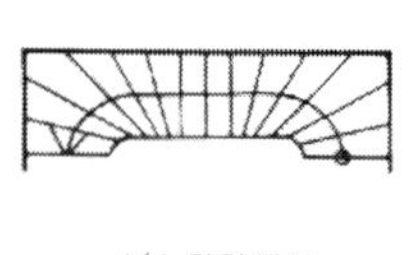

1/4 원형계단

❷ 형태에 따른 계단의 종류

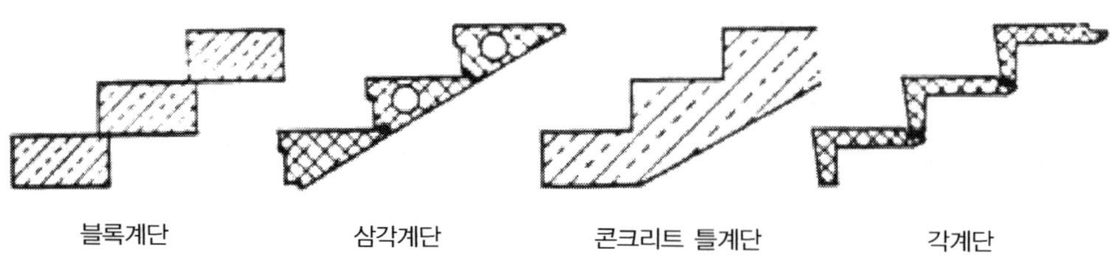

블록계단 / 삼각계단 / 콘크리트 틀계단 / 각계단

❸ 방향에 따른 계단의 종류

계단 위에서 어느 방향으로 몸을 움직여 위로 향하는가에 따라서 오른 계단 또는 왼 계단으로 구분한다. 일반적으로 계단의 동선방향을 아래에서 위로 정확하게 표현해야 한다. 화살표의 시작이 하단이며 끝이 상단임을 언제나 상기하고 표현해야 한다. 화살표의 위치는 그 부위에서 정 중앙에 나타내야 한다.

오른 방향 계단

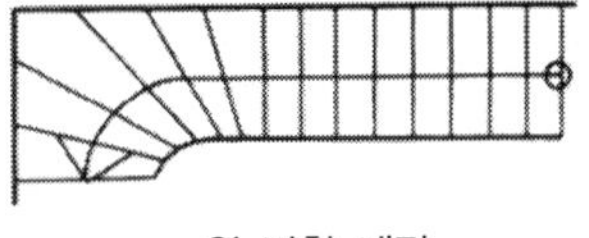
왼 방향 계단

C. 계단의 치수

❶ 주택의 경우 필요한 계단의 치수 예 (단위 cm)

도면의 크기	접는 방법	세로 접기	가로 접기
지하실, 바닥계단	80	≤ 21	≥ 21
2개 또는 그보다 적은 주거를 갖는 건물의 층 계단	80 (14에서 20까지)	17.2 (23에서 37까지)	28
2개 또는 그보다 많은 주거를 갖는 건물의 층 계단	100	17.2 (14에서 19까지)	28 (26에서 37까지)

❷ 계단을 위한 치수의 일반적인 예

층의 높이(m)	계단의 수(개)	계단높이(cm)	계단너비(cm)	계단공간길이(m)
2.25	12	18.9	25	2.75
			26	2.86
	13	17.3	25	3.00
			26	3.12
2.50	14	17.9	26	3.25
			26	3.38
			28	3.64
			29	3.77
2.75	15	18.3	25	3.50
			26	3.64
	16	17.2	25	3.75
			26	3.90
			28	4.20
			29	4.35
3.00	17	17.6	28	4.48
			29	4.64
	18	16.7	28	4.76
			29	4.93

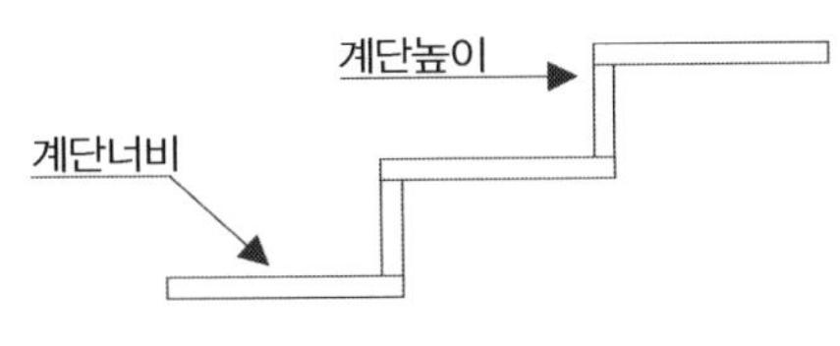

이 도표는 건물의 층 높이가 정해진 경우 효율적인 계단의 치수와 그 치수에 따른 계단의 수 그리고 계단의 공간이 차지하는 총 계단의 길이를 예로 들어서 작업 시 계산하는 시간을 절약하도록 하였다. 예를 들어 층의 높이가 3m인 경우 계단의 수는 두 가지로 나타나고, 두 가지의 계단높이에 따라 네 가지의 계단너비를 가질 수 있으며, 그에 따라 계단의 총 길이는 네 가지로 나타난다. 이는 계단의 총 길이가 계단의 너비에 좌우된 다는 것을 보여주는 것이다.

다음의 그림은 계단의 종류에 따라 필요한 계단공간을 보여준다(단위 m).

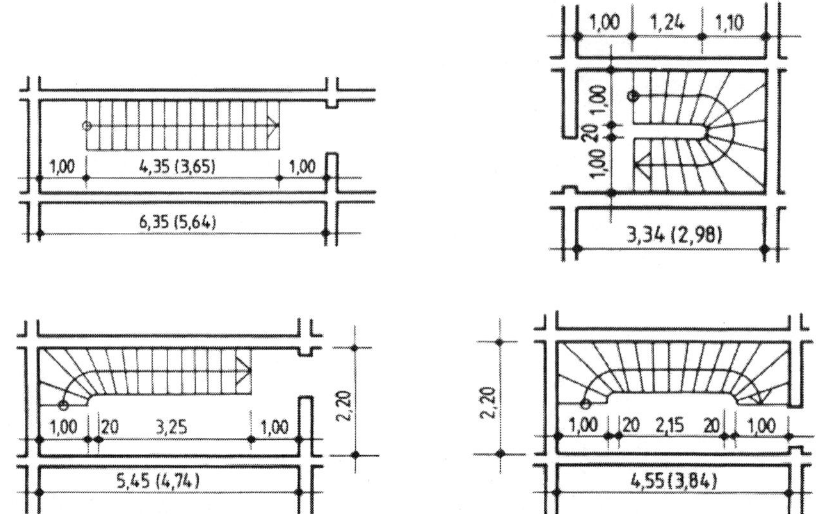

❸ 휘어지는 계단의 표시방법

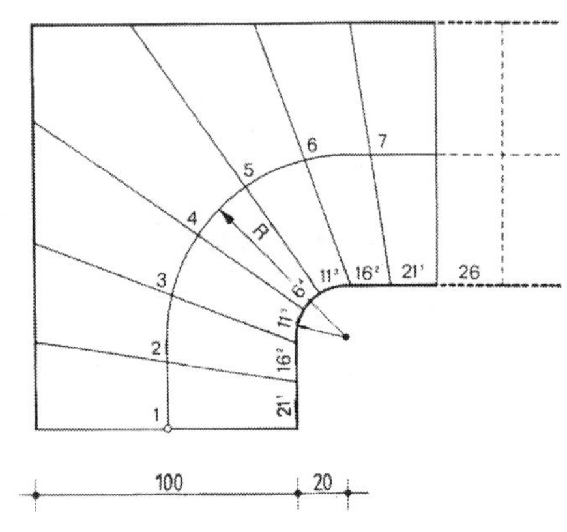

위 그림 4번째를 확대해서 보면 왼쪽과 같은 형태가 나온다. 계단의 통로가 1m인 경우 계단통로의 중간까지를 반지름으로 잡으면 중심에서 20cm되는 지점이 통로 1m를 만족시킨다. 작은 계단의 경우는 이러한 방법을 사용할 수 있고 스케일이 큰 경우에는 직접 계산을 하여 얻는 방법이 있다.

도면에 계단을 그릴 경우 또한 주의를 해야 하는 부분이 계단공간에서 사람의 머리가 윗부분에 충분한 간격을 갖는가 하는 문제이다. 일반적으로 머리의 위치 또는 통과공간의 높이는 다음과 같이 측정한다.

계단실을 통과하는 경우 머리의 높이 = 층의 높이 − (천정의 두께 + 계단 두 개의 높이)

예 = 2.75m − (0.24m + 2 × 0.17m) = 2.17m

다음의 그림은 계단을 만들 경우에 계단공간이 가져야 하는 최소한의 높이를 나타낸 것이다. 이러한 문제는 공간을 최대한으로 절약하기 위하여 시도할 경우 발생한다.

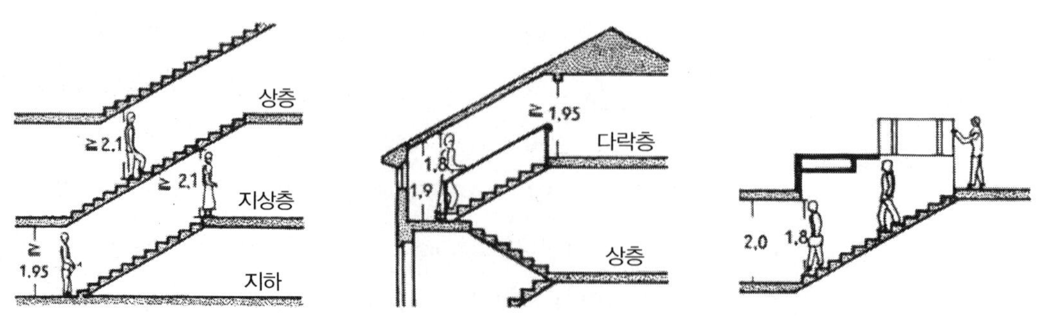

D. 평면도에서 계단표현

평면도에 하나의 계단을 표현할 경우 각 층의 위치에 따라 다르게 나타나야 하는데 이는 평면도가 일정한 위치에서 절단된 특성도 있지만 그 계단이 어느 층에 있는가 위치를 나타내려는 의도 또한 포함되어 있다. 예를 들어 3층의 건물에 두 개의 계단이 있을 경우를 생각해 본다.

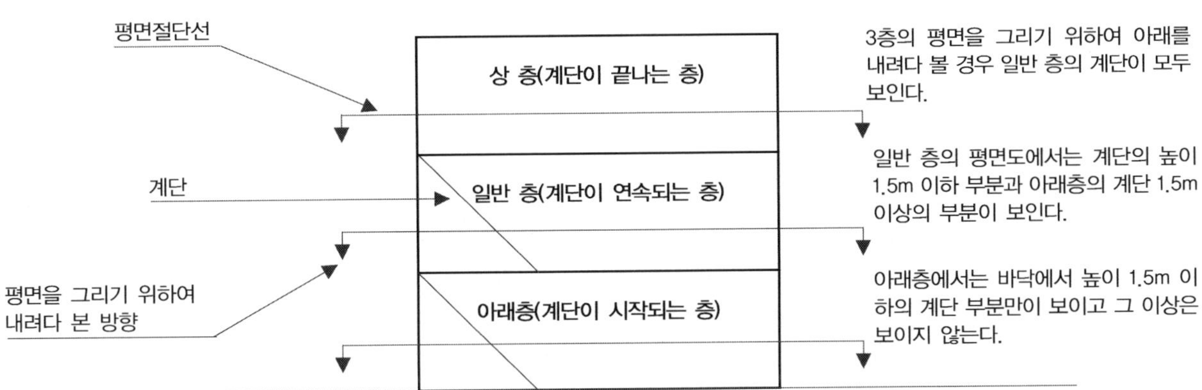

▲ 평면도를 그리기 위해 각 층 바닥의 높이 1.5m에서 잘라 아래로 내려다 본 건물

위와 같은 방법으로 평면에 계단을 표현하는 경우 보이는 부분은 실선으로 나타내고 보이지 않는 부분은 점선으로 나타내 전체적인 계단을 그린다.

다음의 그림들은 평면에 나타나는 계단의 모습을 그린 것이다.

❶ 평면도에서의 계단 표현

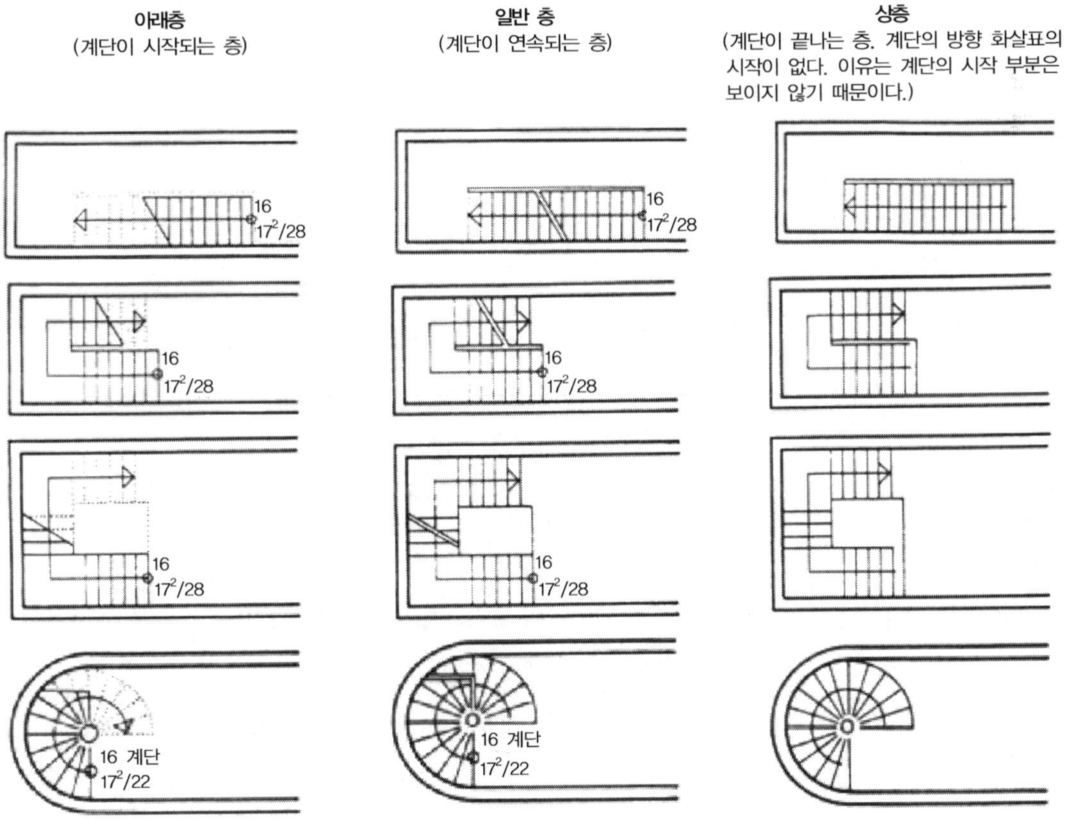

아래층 (계단이 시작되는 층)	일반 층 (계단이 연속되는 층)	상층 (계단이 끝나는 층. 계단의 방향 화살표의 시작이 없다. 이유는 계단의 시작 부분은 보이지 않기 때문이다.)
16 $17^2/28$	16 $17^2/28$	
16 $17^2/28$	16 $17^2/28$	
16 $17^2/28$	16 $17^2/28$	
16 계단 $17^2/22$	16 계단 $17^2/22$	

❷ 실시 평도면에서 계단표현(앞의 것과 비교)

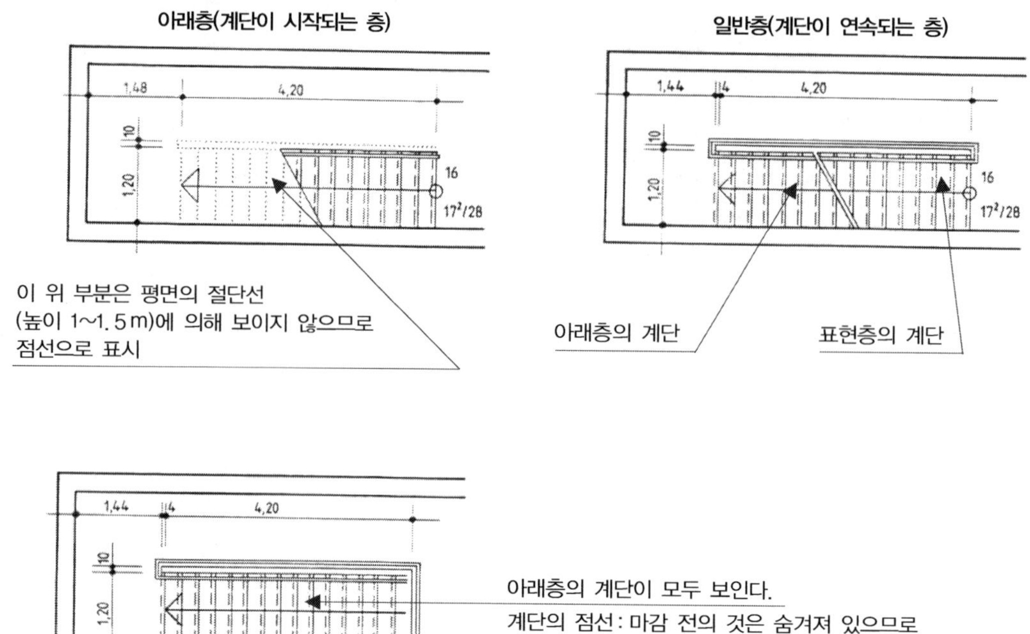

위의 그림에서 계단 부분에 숫자 16과 17과 28의 의미는 계단의 개수가 16개이고, 계단의 높이가 17, 너비가 28cm라는 것이다. 그런데 상층 부분에 있는 계단의 그림에는 그 숫자가 기록되어 있지 않다. 이는 그 계단이 그 층에 있지 않다는 것을 의미한다. 이렇게 계단의 정보를 기입하여 놓으면 작업 시 한 번에 계단에 대한 모든 것을 확인할 수 있어 좋다.

※ 계단작업 시의 유의할 점

1. 계단의 높이와 너비의 치수는 가능한 정해진 규격을 따르도록 한다.
2. 계단이 있는 공간을 표현하거나 공간 내의 벽을 결정하기 전 먼저 계단공간이 필요로 하는 면적을 계산하는 것이 좋다.
3. 계단의 너비를 결정할 경우 최소한의 치수를 염두 하는 것이 좋다.
4. 각 층의 평면을 그릴 경우 계단이 어떻게 보이는가를 고려해야 한다.
5. 계단참이 있는 경우 그것도 하나의 계단으로 계산하여야 한다.

E. 계단의 공간

계단으로 인하여 공간의 낭비 또는 좁은 공간에서 생기는 문제점을 방지하기 위하여 계단공간에 대한 규격이 있다. 또 계단 위를 걸을 경우 개방된 부분에는 계단 손잡이(hand rail)가 일반적으로 필요하다. 수평에서는 보통 손잡이의 높이가 80cm이면 가능하지만 계단에서는 최소한 90cm 높이를 갖는 것이 좋다.

다음 그림은 계단의 최소 너비를 보여준다.

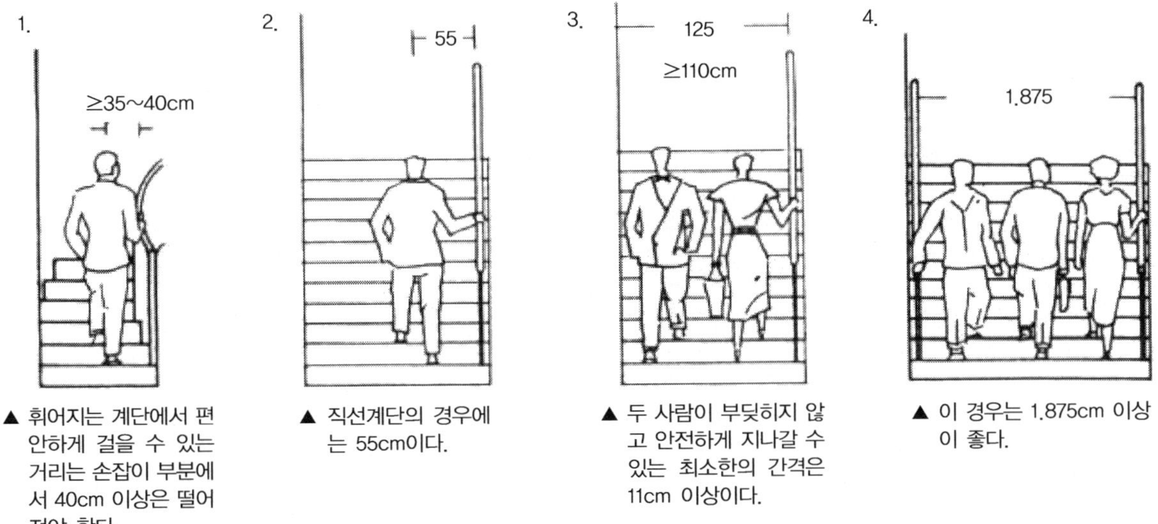

▲ 휘어지는 계단에서 편안하게 걸을 수 있는 거리는 손잡이 부분에서 40cm 이상은 떨어져야 한다.

▲ 직선계단의 경우에는 55cm이다.

▲ 두 사람이 부딪히지 않고 안전하게 지나갈 수 있는 최소한의 간격은 11cm 이상이다.

▲ 이 경우는 1,875cm 이상이 좋다.

3.2 창호

공간에서 수평적으로 동선을 연결하는 것이 문이다. 문은 또한 닫으면 벽의 일부가 되고 열어 놓으면 공간을 연결하는 역할을 하기에 그 기능은 개폐기능 이상이다. 공간의 성격에 따라 문의 종류를 결정하고 문의 동선도 정해지는 것이다.

주거의 성격을 갖은 문은 대체적으로 사유공간의 성격이 강하여 시각적으로 폐쇄된 공간을 유지하기 위하여 밀폐된 공간을 제공해야 하며, 빛과 시각적인 동선을 필요로 하는 공간에는 투명한 재료로 문을 만든다. 문의 동선 또한 중요한 요인으로 공간의 활용과 안전을 감안하여 어느 방향으로 열 것인가 분석한 후에 결정하여야 한다. 예를 들어 실험실이나 그와 유사하게 위험한 물건을 운반하는 통로에는 언제나 시각적으로 자유롭게 하기 위하여 문에도 창을 달아 제공하고, 시각적으로 밀폐되었어도 환기를 필요로 하는 공간에는 문에 환기창을 제공한다.

설계를 처음 시작하는 사람들은 공간의 계획에 시간을 많이 투자하는 것에 비하여 이러한 기능을 소홀하게 다루는 경우가 있는데 설계자는 어느 것 하나도 우연이나 무계획적으로 표현하는 경우가 없다. 이는 마치 신체의 일부 중 어느 하나도 우리에게 영향을 미치지 않는 것과 동일하다. 디자인과 기능은 서로가 상호관계에 있다.

창문도 건축에서는 중요한 역할을 한다. 중세 때 창의 역할은 최소한의 빛과 공기를 유입하는 기능만 하였지만 현대의 창은 건축물 전체에 영향을 미친다. 창은 사용자의 심리에 영향을 미치며 공간이 동적인가 정적인가 하는 성격을 부여할 수도 있고, 현대가 직면한 에너지 문제에 영향을 주기도 한다. 창은 또한 건축물의 디자인에도 지대한 영향을 주며, 낮과 밤에 건축물을 다르게 나타나게 표현하는 역할도 한다.

A. 문

문의 종류는 용도에 따라 나무, 철, 경량금속, 유리, 또는 플라스틱의 종류로 나뉜다. 문을 도면에 나타낼 경우 문이 들어갈 개구부의 일반적인 치수를 알아두면 도면상에서 문의 크기를 검토하는 데 도움이 된다. 일반적으로 마감이 되지 않은 상태에서 문을 위한 개구부의 높이가 187.5cm에서 212.5cm 사이에서는 개구부의 너비가 67cm에서 112.5cm를 벗어나지 않는다. 문의 너비가 175cm에서 200cm의 치수를 갖는 문은 대체적으로 문이 두 개인 것으로 생각하면 된다.

문을 위한 개구부를 도면에 나타낼 경우 염두에 두어야 하는 것은 문의 크기와 개구부의 크기가 일치하지 않는다는 것이다. 이를 계산하지 않고 문의 크기에 맞추어 개구부의 사이즈를 동일하게 도면에 표현한다면 현장에서 문제가 발생하는 것은 자명하다.

위에서도 설명을 하였듯이 문은 생산자의 카탈로그에 나와 있는 사이즈를 보고 주문을 하는데, 이를 계산하지 않고 도면에 개구부의 크기를 나타낸다면 후에 현장에서 문이 맞지 않는 일이 벌어진다. 그러므로 바닥의 마감재료에 의한 마감두께 등을 고려하여 도면에 개구부를 표시해 주어야 한다.

일반적으로 문의 사이즈가 87.5 × 200cm의 치수에서는 개구부를 88.5 × 201cm의 사이즈 같이 계산된 개구부의 치수가 도면에 표기된다. 이것은 한 예로서 실시도면에서는 반드시 창호를 주문하기 전에 검토되어야 하는 부분이다.

아래의 그림은 두 개의 공간 사이에 있는 문의 바닥 높이가 다른 경우를 보여 주는 예이다. 이러한 경우에는 공간의 종류가 다른 경우에 많이 나타나는데, 예를 들어 화장실이나 외부와 직접적으로 접해있는 경우 또는 바닥의 높이를 다르게 해야 하는 조건에 이러한 상황이 벌어진다. 그런데 이러한 높낮이의 차이를 고려하지 않고 개구부의 치수를 도면에 나타낼 경우 상황이 나빠진다. 훌륭한 건축물은 1cm의 차이도 소홀히 하지 않고 검토되기에 후에 훌륭한 건축물의 조건이 되는 것이다. 일반적으로 공사는 스케줄에 따라 움직이기 때문에 건축물이 완성되기 전에 창호의 주문이 들어가기 때문에 대량일 경우에는 손실이 크다.

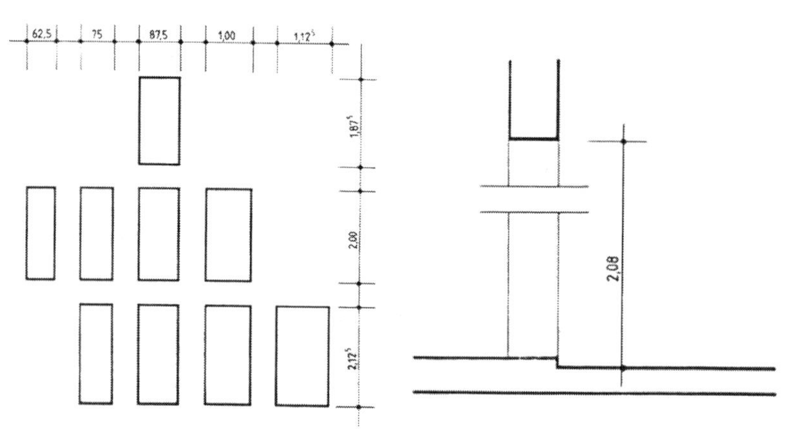

B. 개구부와 문의 치수를 위한 문과 벽의 접합부분 상세도

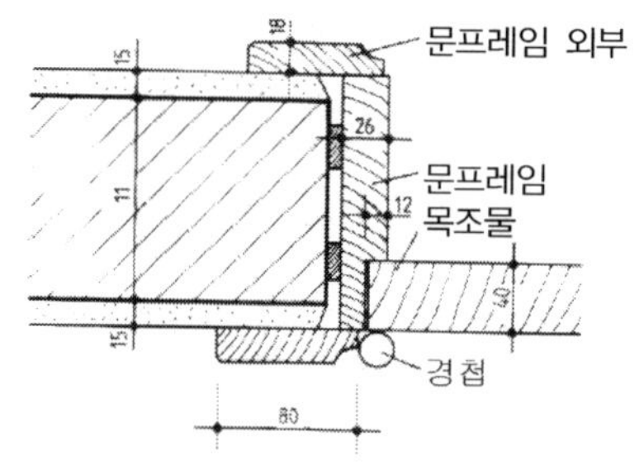

▲ 이 그림은 문틀의 뒷부분을 마감하지 않고 받침을 대었다. 이 받침의 두께는 문과 개구부의 틈을 맞추어 주지만 벽의 두께는 15mm 마감이 생기면서 더 두꺼워 진 것을 초기에 계산하여야 한다.

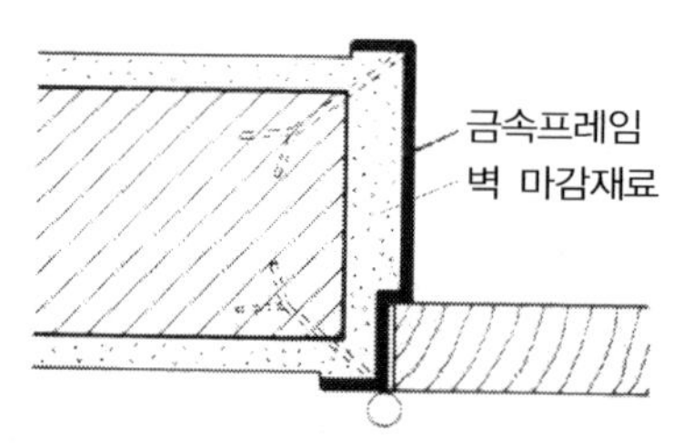

▲ 이 그림은 개구부가 벽의 마감으로 인하여 더 좁아지므로 금속 문틀이 벽의 마감을 포함하여 감싸든가 초기에 계산하여야 한다. 그렇지 않으면 완공 후에 이 부분이 흉하게 보일 것이다.

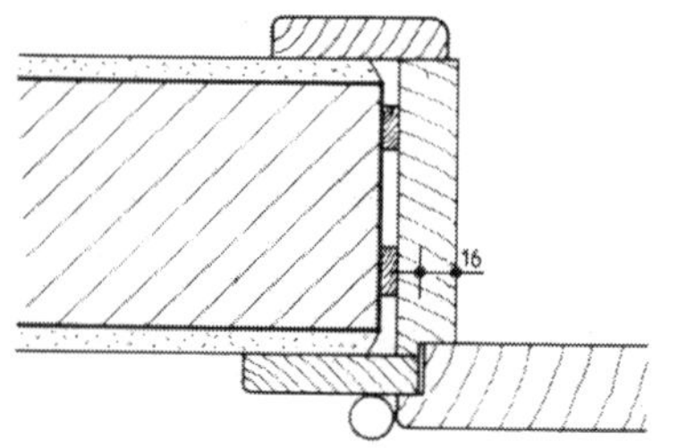

▲ 이것은 문의 위치가 벽의 선보다 밖으로 나온 경우로 마감이 어디까지 되어야 하며 문틀 폭의 치수를 정확히 상세도에서 표현해야 한다. 훌륭한 설계자는 숨겨진 부분도 정확히 표현할 수 있어야 한다.

C. 평면도에 문 표시하기

도면에 문의 표현을 위하여 먼저 문의 종류에 따른 형태를 알고 있으면 좋다. 문을 도면에 표현할 경우 평면도에는 문의 동선을(문이 열리는 방향) 따라서 나타내고 입면도와 단면도에는 문의 모양을 그대로 나타내 준다. 입면도와 단면도에는 문의 모양을 그대로 나타내 주지만 설계는 축척을 사용한 작업이라서 미세한 부분을 나타내기는 힘들다. 그러나 기본설계와 실시설계에서도 표현의 차이는 있고 특히 문의 종류에 따라 그 문틀의 모양을 다르게 나타내 준다.

평면에서도 문의 최소한의 모양을 나타내지만 기본설계와 실시설계 또한 차이가 있다.

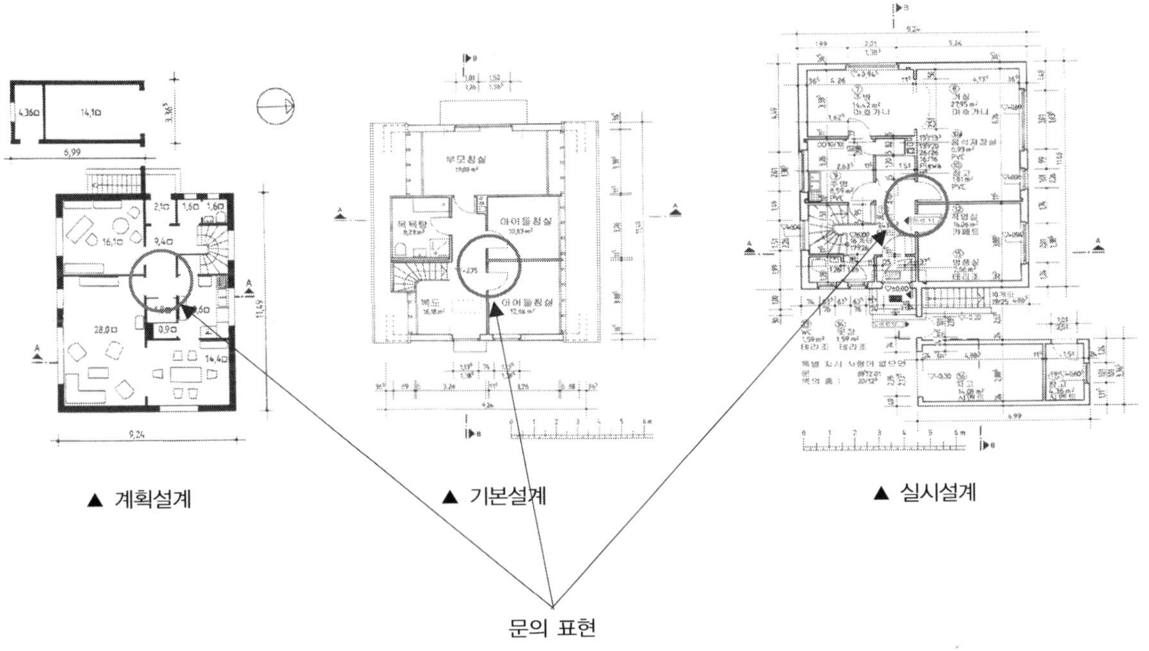

▲ 계획설계 ▲ 기본설계 ▲ 실시설계

문의 표현

위의 세 도면에서 한 가지 요소에 대한 각 표현이 틀린 이유는 계획설계에서 실시설계로 갈수록 도면의 축척이 틀려진다(일반적으로 계획설계는 1 : 200, 기본설계는 1 : 100, 그리고 실시설계는 1 : 50으로 표현한다). 이 외에도 여러 축척이 있으나 가능한 계산이 용이한 이 축척을 사용한다. 축척이 달라지는 의미는 곧 표현이 상세해진다는 뜻이다. 즉 돋보기를 들고 도면 가까이 다가간다고 생각하면 된다.

계획설계는 실시설계에 비하면 아직 정해진 요소보다는 변경의 가능성이 더 많은 도면을 의미한다. 그러므로 계획의 차원에 있으므로 이름이 계획설계이다.

실시설계는 거의 모든 부분이 결정된 것으로 이제는 공사를 실시해도 된다는 허가도면으로 생각하면 된다. 현장과 그 지역에서 구할 수 없는 재료의 상황 등에 따르는 부득이한 경우를 제외하고는 변경이 불가피한 상황이다. 그러므로 이 상황에서 변경이 발생되면 도면변경에 대한 추가비용이 생길 만큼 복잡한 상황에 왔다는 의미이다. 즉 평면 하나를 변경하면 모든 도면과 그에 따르는 전 작업이 변경될 수 있다는 뜻이다.

많은 사람과 자재를 필요로 하는 상황에서 한 번의 변경은 이렇게 복잡하므로 초기에 가능한 모든 부분을 검토해야 한다.

D. 평면도에 표현되는 문의 종류

우리가 사용하는 다양한 문의 종류를 평면도에 표현하기 위해 규칙을 정해 놓았다.

옆의 그림은 일반적으로 많이 쓰이는 문을 나타낸 것이며 이 외에도 더 많은 종류의 문이 있다. 문을 도면에 표현할 경우 구조체인 벽과 구분을 하기 위해 문이 두께를 갖고 있어도 하나의 실선으로 나타낸다.

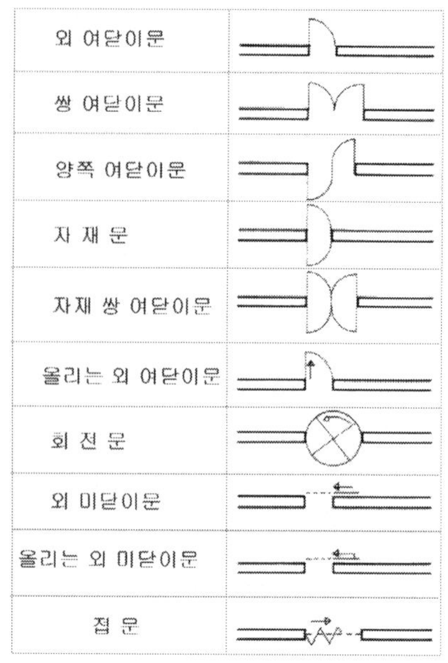

축척의 크기에 의해 경우에 따라서는 문의 두께를 두 개의 선으로 나타내기도 하지만 선 굵기로 구분해준다. 문의 동선은 문의 길이를 원의 반지름으로 잡아서 1/4인 원을 그리는 방법으로 나타낸다. 문에 대한 더 자세한 정보는 상세도나 창호도를 사용하여 나타낼 수가 있다. 방향을 갖는 문은 반드시 화살표로 방향을 표시해주고 그 문의 특수한 성격은 곁에 같이 나타내주는 것이 작업 중에 담당자가 잊지 않도록 배려하는 것이다.

E. 평면도 종류에 따른 문의 표현

문은 크게 공간을 외부와 직접 연결하는 외부 문과 내부공간을 연결하는 내부 문으로 구분한다. 이는 공간에 대한 특성으로 차이가 있다. 외부와 직접 연결되는 외부 문은 바람이 불면 외부의 것이 흘러 들어오는 것을 막아주고, 비가 오면 물이 들어오는 것을 방지하며, 내부의 온도가 외부로 나가는 것을 차단시키는 등의 기능을 하여야 하므로 내부 문과는 그 기능이 달라야 한다. 따라서 도면에 표현하는 것도 다르다.

내부의 바닥은 대체적으로 바닥 마감의 높이를 갖게 하고 문지방이 생겨 무의식중에 발에 걸리는 것을 방지하는 기능이 첨가될 수 있다. 이러한 것을 감안하면 내부와 외부의 원초적인 기능을 생각하여 도면에 나타내야 한다.

❶ 평면도에서 외부 문의 표시

[표 2.3] 외부 문의 종류에 따른 표기방법

외부 문의 종류	기본설계	실시설계
문턱이 있고 하단 프레임이 없는 경우	외부 내부	내부
문턱이 있고 하단 프레임도 있는 경우		
문턱이 있고 하단 프레임이 없으며 창을 갖는 경우		
문턱이 없고 하단 프레임이 있으며 창을 갖는 경우		

❷ 평면도에 외부 문 표현

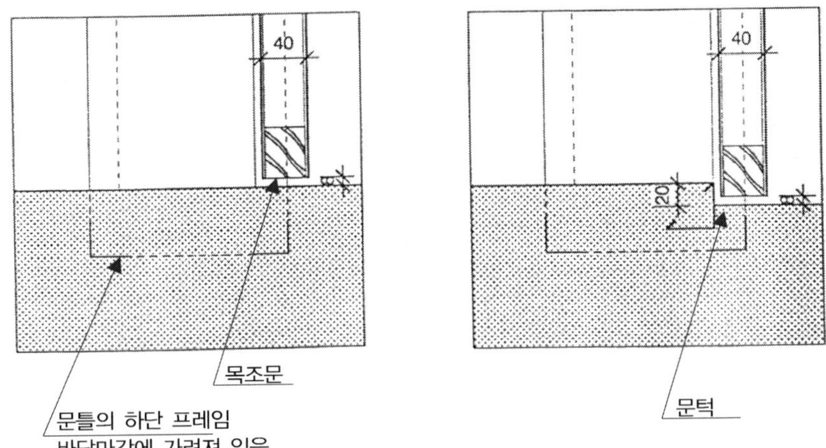

위의 그림과 같이 일반적으로 기본설계에서는 형태의 대체적인 모양을 나타내고 실시설계는 기본설계보다 축척이 커지므로 구체적인 모양을 표현하는 것이 상례이다. 이렇게 형태가 구체적으로 되면 전체적인 치수도 실시설계에서는 나타나야 한다.

문틀의 하단 프레임은 일반적으로 바닥 마감에 덮이므로 공사가 끝난 후에는 눈으로 인식되지 않는다. 그래서 도면에서 가려진 부분을 점선으로 표시한 것이다.

❸ 평면도에 내부 문 표시

[표 2.4] 내부 문의 종류에 따른 표기방법

내부 문의 종류	기본설계	실시설계
문턱과 하단 프레임이 없는 문	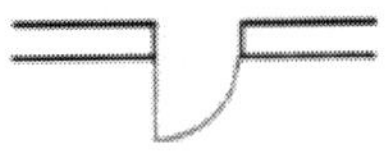	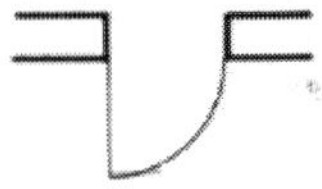
문턱이 없고 하단 프레임도 있는 문	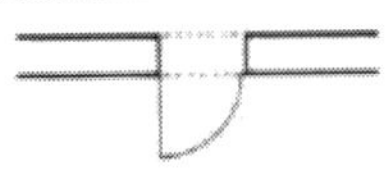	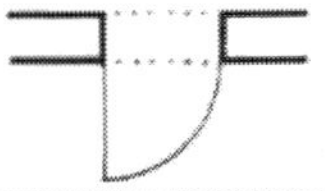
문턱이 있고 하단 프레임이 없는 문	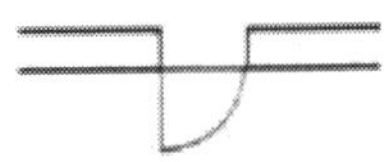	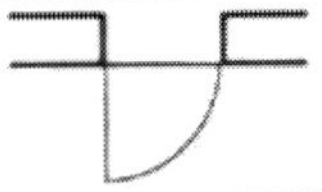
문턱과 하단 프레임이 있는 문	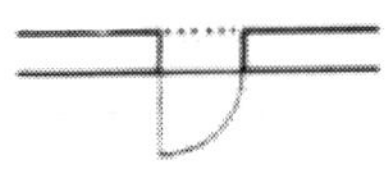	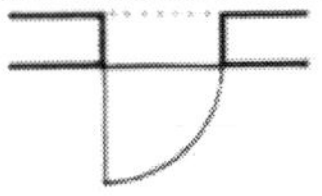
문턱과 하단 프레임이 없으며 문에 창이 있는 경우	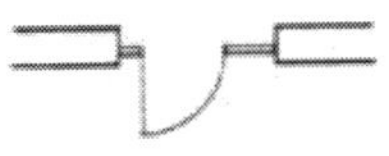	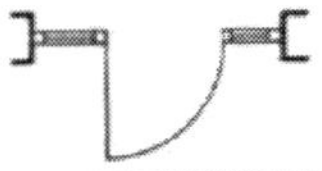
문턱이 없고 하단 프레임이 있으며 문에 창이 있는 경우	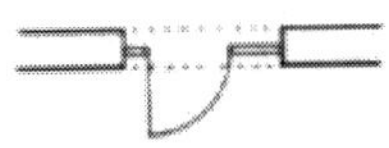	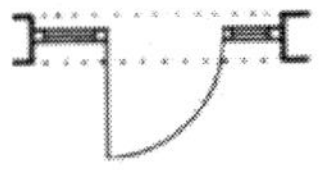
문턱이 있고 하단 프레임이 없으며 문에 창이 있는 경우	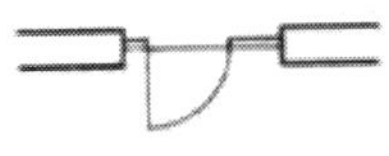	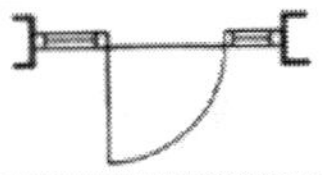
문턱과 하단 프레임이 있으며 문에 창이 있는 경우	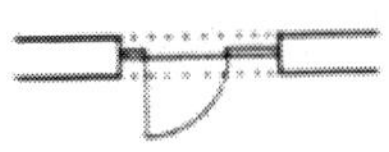	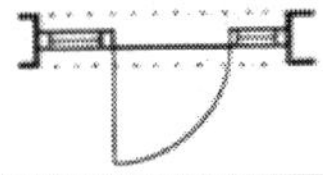

앞의 그림을 외부 문과 비교를 하면 대체적으로 문턱이 없는 편이다. 이는 일반적으로 건물의 내부 바닥마감이 동일한 높이를 갖기 때문이다. 여기서도 점선은 바닥마감에 프레임의 하단 부분이 감추어져 있는 것을 의미하며 문지방이 있는가 하는 것을 검토하고 도면을 나타내면 된다.

❹ 문의 방향 나타내기

문의 종류에 따라서 같은 종류와 외부 또는 내부 문이라도 방향이 다를 수 있다. 이를 도면에서 정확히 명시하지 않으면 생산자와 사용자 그리고 현장에서도 정확한 문이 적합한 장소에 있는가 검토하는 데 혼란을 줄 수 있으므로 설계자는 도면과 창호도에 표기해주어야 한다. 이를 결정하는 기준은 어느 위치(내부)에서 어느 손으로 여는가 하는 것이다.

위의 그림 왼쪽 방향문을 살펴보면 이 문을 활짝 열수 있는 방법은 왼손을 사용해야 한다. 그리고 방향은 사용자의 뒤이다. 그러므로 정확히 왼뒤 방향문(LHBD)이다. 오른쪽 방향문도 마찬가지로 정확히 오른뒤 방향문(RHBD)이다. 반대는 왼앞 방향(LHFD) 또는 오른앞 방향문(RHFD)이다.

설계자는 이렇게 문 하나를 도면에 표기하여도 규칙과 합당한 원리를 생각하여 표현해야만 건물의 기능이 원활하게 작용할 수 있다. 이 외에도 방화문이 있으며, 장애자를 위한 문 그리고 자동문이 있다. 이는 특수한 경우이므로 여기서는 다루지 않기로 한다.

다음은 문의 재료, 바닥의 상태, 그리고 벽체의 마감에 따라 문의 상세가 어떻게 보이는지 그 상세도의 예를 들어 보겠다.

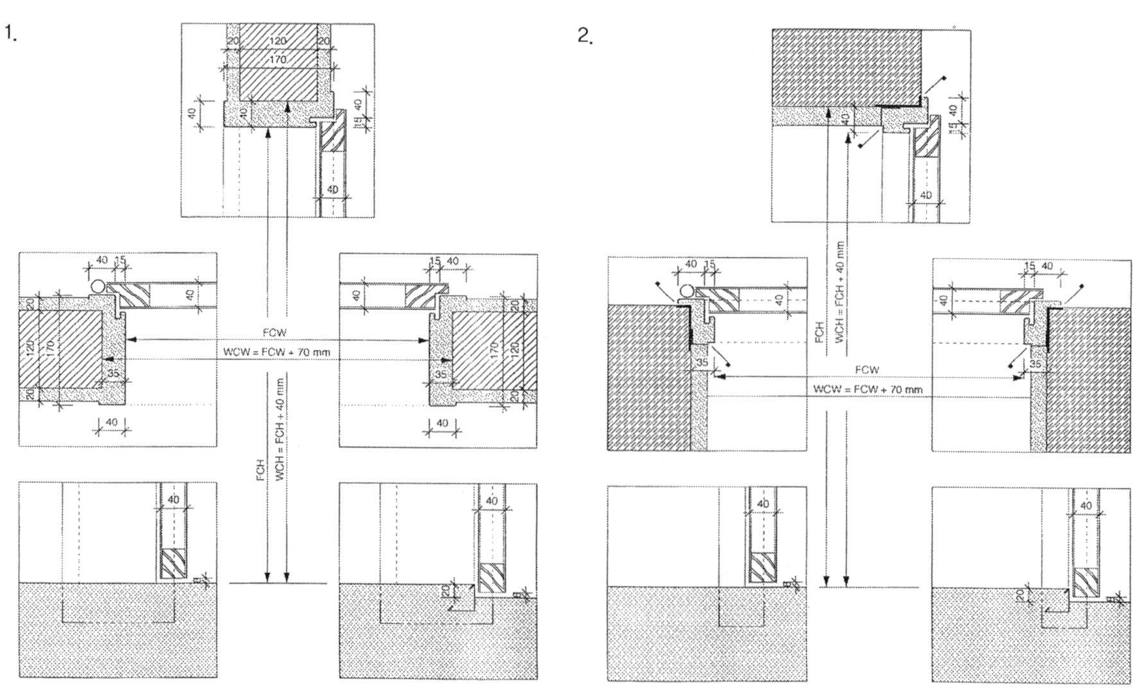

3.

4.

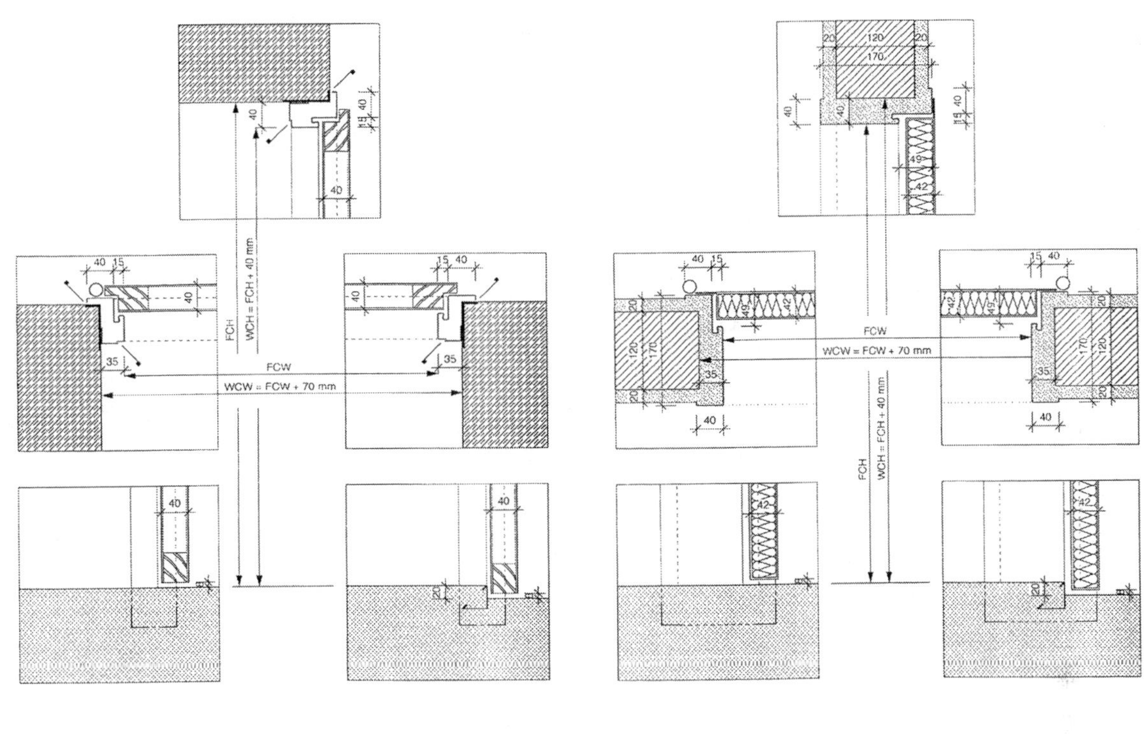
FCW
WCW = FCW + 70 mm
FCH
WCH = FCH + 40 mm

5.

6.

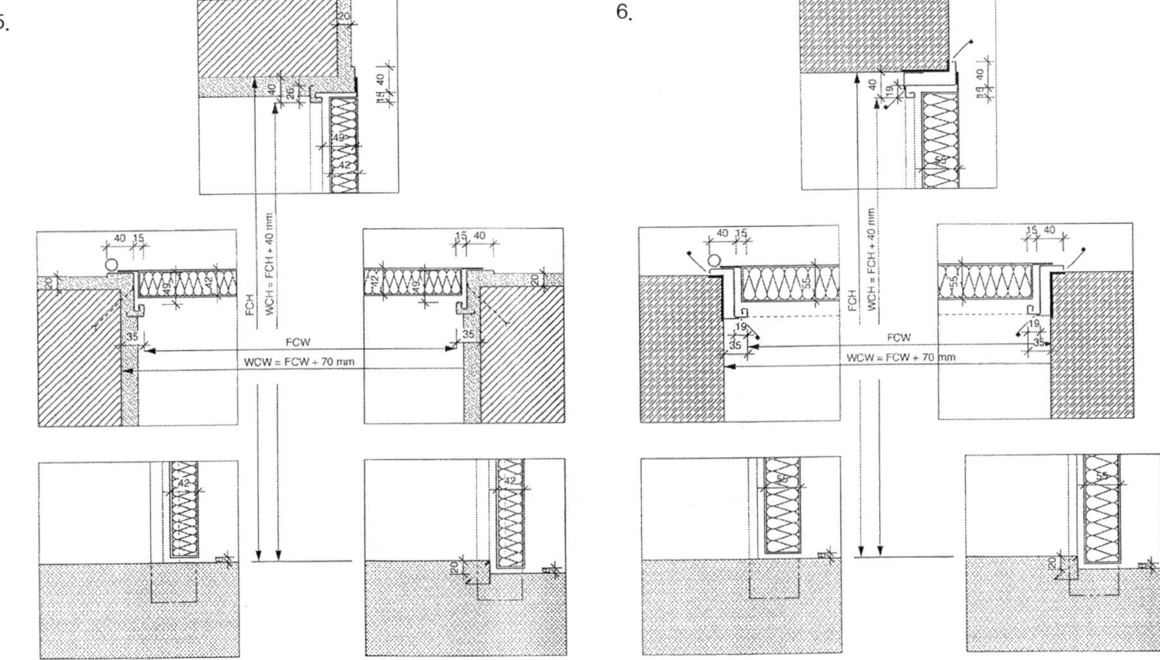
FCW
WCW = FCW + 70 mm
FCH
WCH = FCH + 40 mm

7.

8.

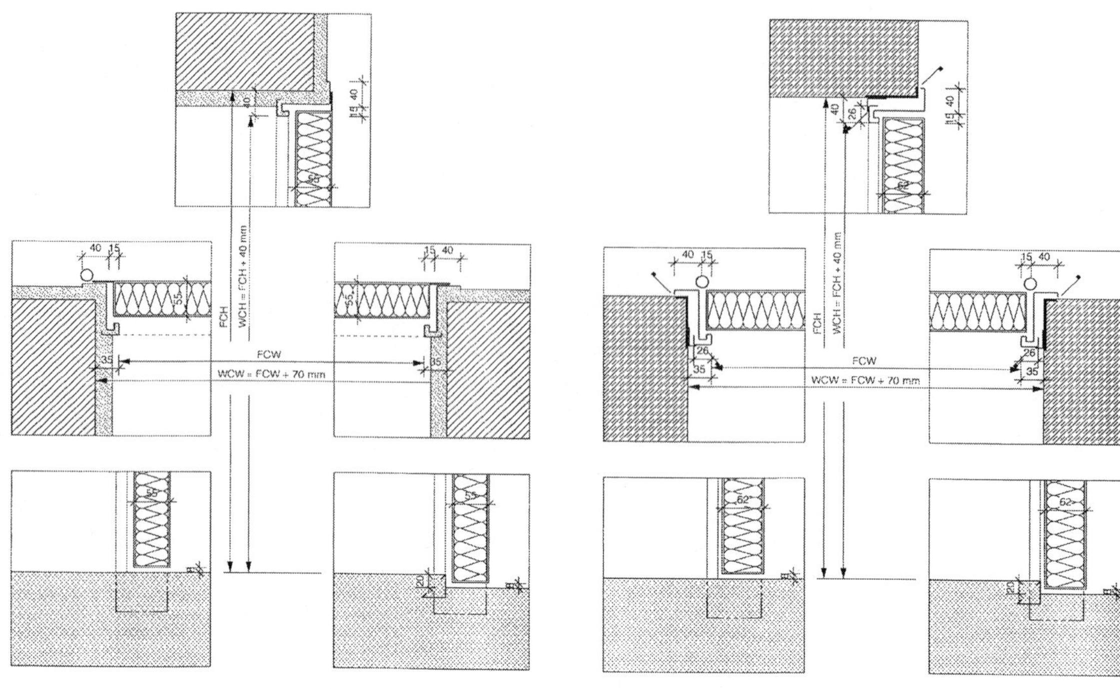

FCH
WCH = FCH + 40 mm
FCW
WCW = FCW + 70 mm

9.

10.

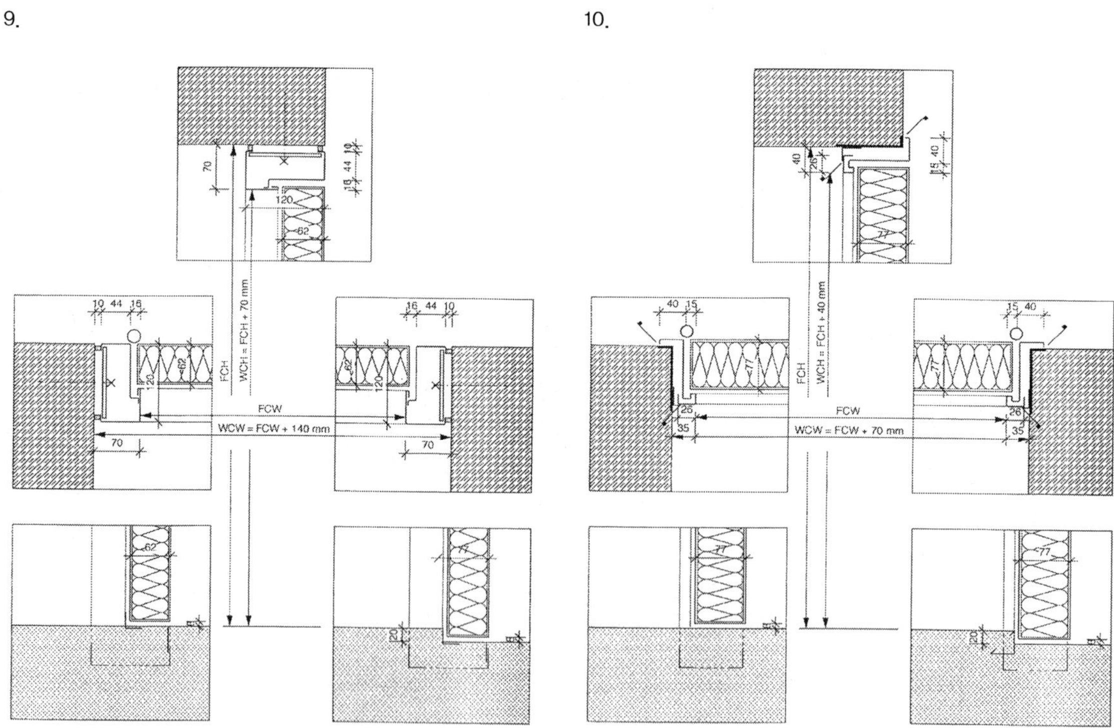

FCH
WCH = FCH + 70 mm
WCW = FCW + 140 mm
WCH = FCH + 40 mm
FCW
WCW = FCW + 70 mm

11. 12.

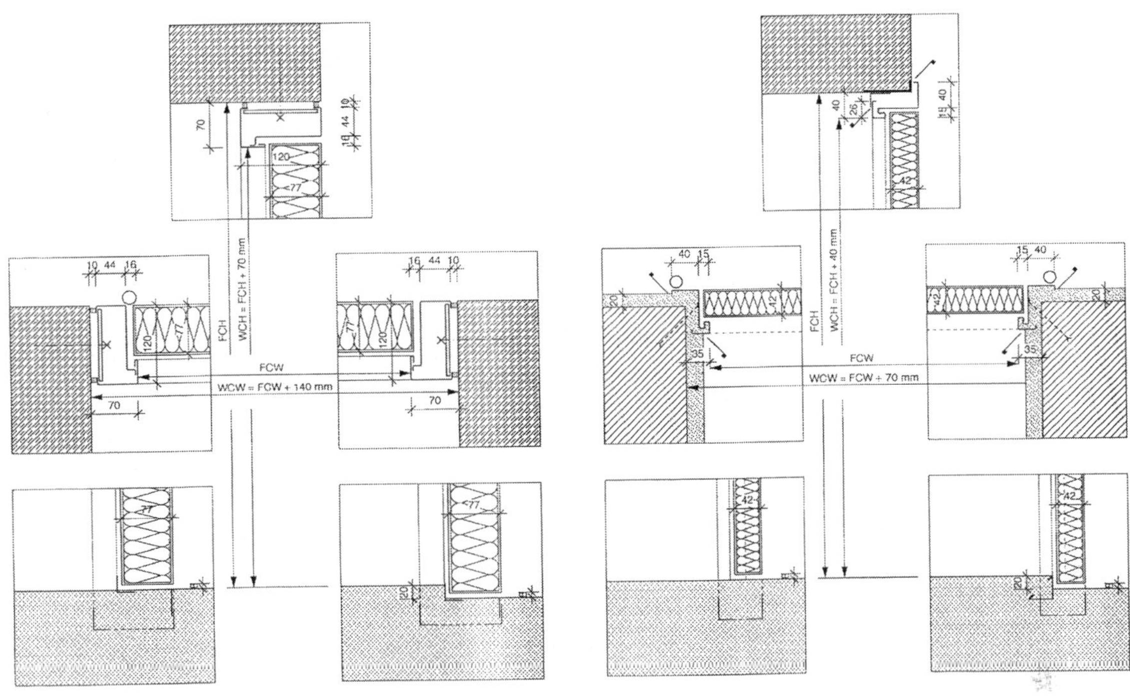

▲ 문의 상세 표현하기

3.3 창

창의 주목적은 공간을 밝히고 환기시키는 것이다. 창의 크기는 공간의 크기와 목적에 따라 정해진다. 일반적으로 사람이 상주하는 공간의 창의 면적은 공간 바닥면적의 1/6에서 1/10(방향에 따라서 결정) 정도로 잡아주는 것이 좋다. 만일 창이 채광과 환기 두 가지 기능을 다 만족시키고자 한다면 최소한의 크기 1 × 1m보다 작은 것은 옳지 않다. 주거건물의 창호 개구부에 대한 치수를 도면에 기입하는 경우에는 마감 전의 치수인가 아닌가를 계산해야 한다. 그렇지 않으면 창호의 치수가 현장에서 다르게 나타날 수도 있기 때문이다. 일반적으로 창호는 생산자에게서 직접 카탈로그를 받아서 적합한 사항을 정하여 설계에 반영하는데, 이 경우 창호제품은 이미 완성된 치수를 갖고 있고 생산자는 마감 전의 치수를 반영하는 경우가 많다. 그 외의 경우에는 수공업자가 개구부의 치수에 따라 창호의 규격을 만드는데, 조적조의 경우에는 벽돌의 치수를 감안하여 만들어야 한다.

창문 또한 평면도와 입면도에서 표현의 방법이 다르며 기본설계와 실시설계에서 차이를 나타난다. 일반적으로 창을 표현하는 데 최소한 두 개의 실선이 필요하다.

A. 입면도에서 창의 일반적인 표현

열리지 않고 고정되어 있는 창		창의 가운데에 수직 프레임이 없는 쌍여닫이창	
창과 틀의 프레임이 있는 한쪽 여닫이창		창의 가운데에 수직 프레임은 없고 수평이 있는 위아래 쌍여닫이창	

입면도에서 창을 표현할 경우 창의 외곽선이 두 개인 경우와 세 개인 경우로 나뉘는데 이는 고정되어 있는 창은 프레임만 있고 열리는 창이 아니므로 창 자체의 프레임이 없기 때문에 프레임에 대한 선을 두 개

창의 가운데에 수직 프레임이 있는 쌍여닫이창	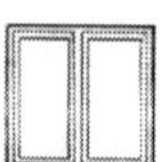	창과 틀의 프레임이 있고 한쪽 여닫이 창이며 유리로 구분됨	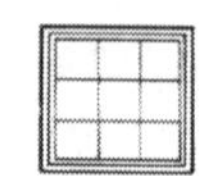

의 실선으로 나타낸다. 세 개의 실선이 필요한 것은 모두 창문이 열리는 경우로 창 프레임과 창문의 프레임을 나타내야 하기 때문이다. 만일 입면에 창을 표시하는 데 외곽선을 하나만 사용하였다면 이는 창틀 없이 그대로 벽체에 창을 고정시킨 경우이다. 그러므로 입면에 창을 표현하게 되면 자신이 설계한 창은 어느 구조를 갖고 있는가를 우선적으로 선택하는 것이 좋다.

B. 입면도에서 창이나 문의 개폐상태를 표현

고정창		내밀창	
		들창	
여닫이창		오름창	
여닫이내밀창		수평회전창	
들어여닫이창		수직회전창	
외미서기창		외들서미서기창	

입면도에 창호가 보일 경우 옆의 그림과 같은 표시를 하여 개폐의 방향을 나타낸다. 문이 열리면 고정된 부분은 그대로 있지만 원근법에 의하여 문이 도면의 관찰자가 보는 반대 방향으로 열리면 그림과 같이 표현하고 관찰자의 방향으로 열리면 옆의 그림의 반대로 표시하면 된다.

C. 기본도면과 실시도면에서 창의 형태표현하기

[표 2.5] 창문의 종류에 따른 표기방법

창문의 종류		기본설계	실시설계
위치에 따른 구분	창문의 위치가 벽의 외부선보다 더 나간 경우		
	창문의 위치가 벽의 외부선 안으로 들어온 경우		
	창문의 위치가 벽의 중앙의 위치에 있는 경우		
	창문의 위치가 벽의 내부선 안으로 들어온 경우		
외부의 공간을 갖는 경우			
창문의 공간을 갖는 경우			
외부로 창턱을 갖는 경우			
내부로 창턱을 갖는 경우			

공통적인 것은 창의 형태를 어느 도면에서든 두 개의 실선으로 표현한다는 것이다. 비록 평면에서 창문의 형태를 완전히 나타내지는 않지만 설계자가 도면에 창문의 형태와 그 위치를 정해준다면 훨씬 더 정확한 도면이 될 것이다. 창문도 문과 마찬가지로 생산업자의 카탈로그를 보고 도면에 맞추어 그리기 때문에 실시도면에 들어가기 전 미리 정보를 갖고 있다면 훨씬 좋을 것이다.

창문의 표현도 기본도면보다는 실시도면의 스케일이 더 크기 때문에 더 정확하고 기본도면에 나타나지 않은 창의 프레임이 표현이 된다. 그리고 더 자세한 벽과의 접합부위 등 더 정확한 상세는 따로 창호도나 창문 상세도를 그려 나타낸다.

다음의 상세도는 벽의 마감에 따라 벽과 함께 창문의 접합부위를 나타낸 것이다.

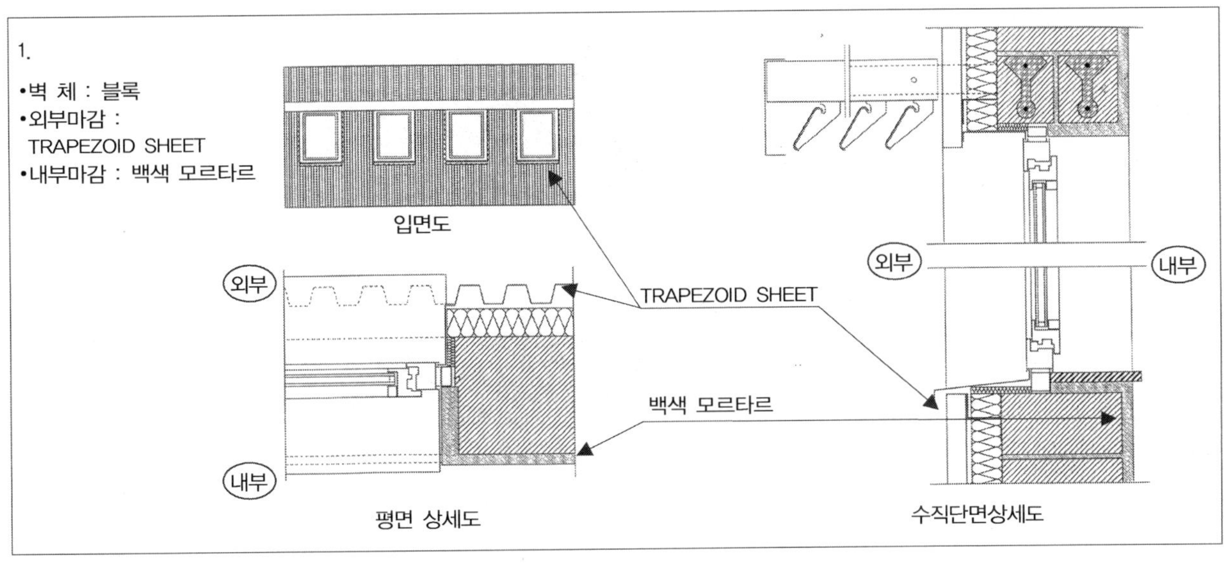

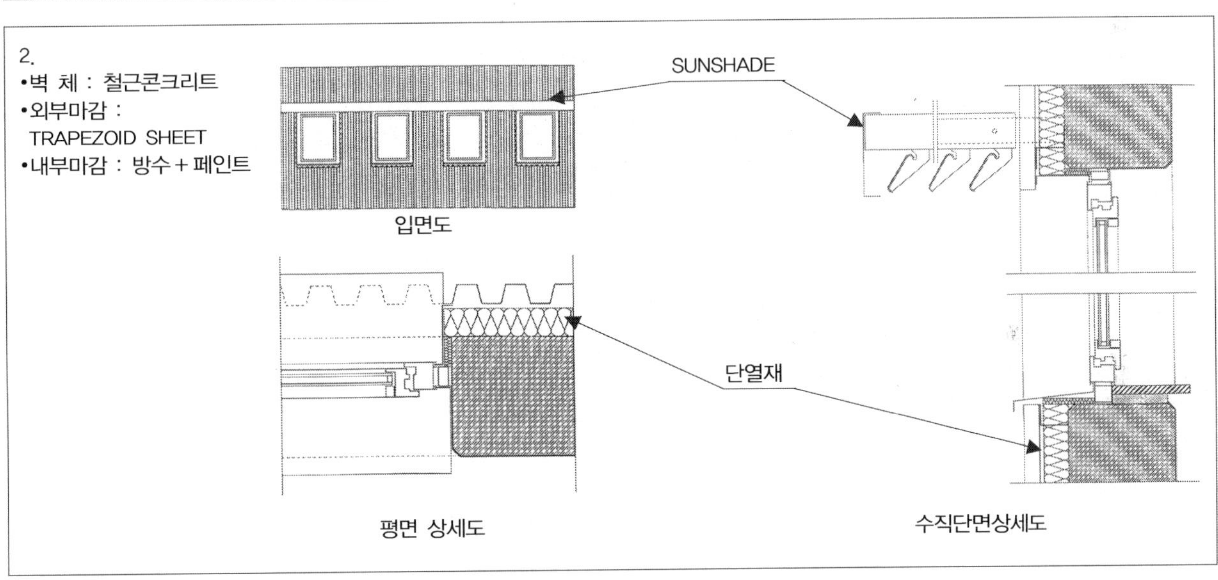

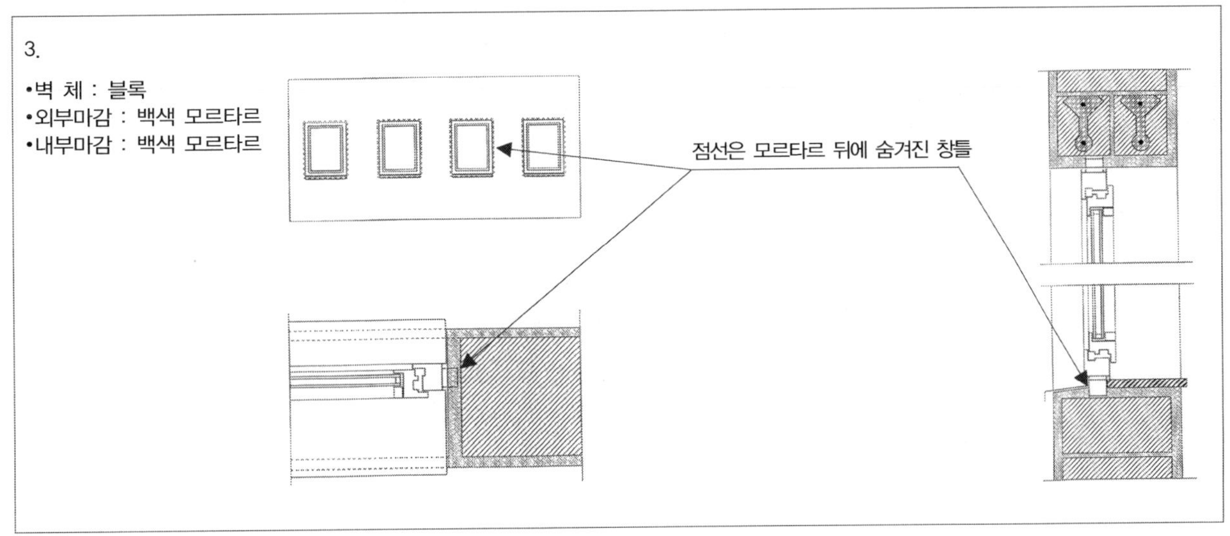

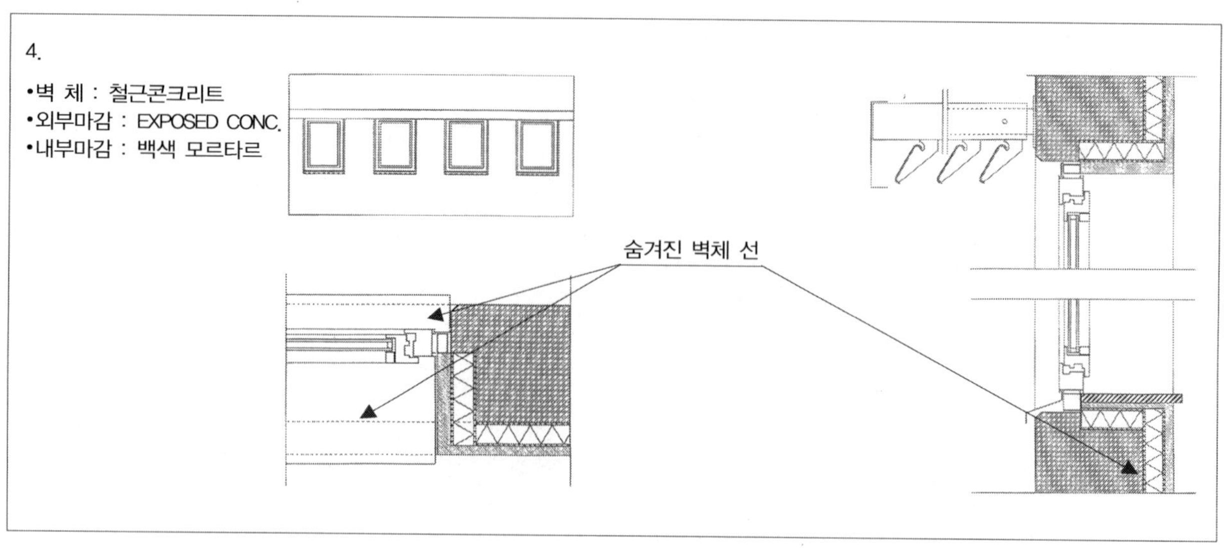

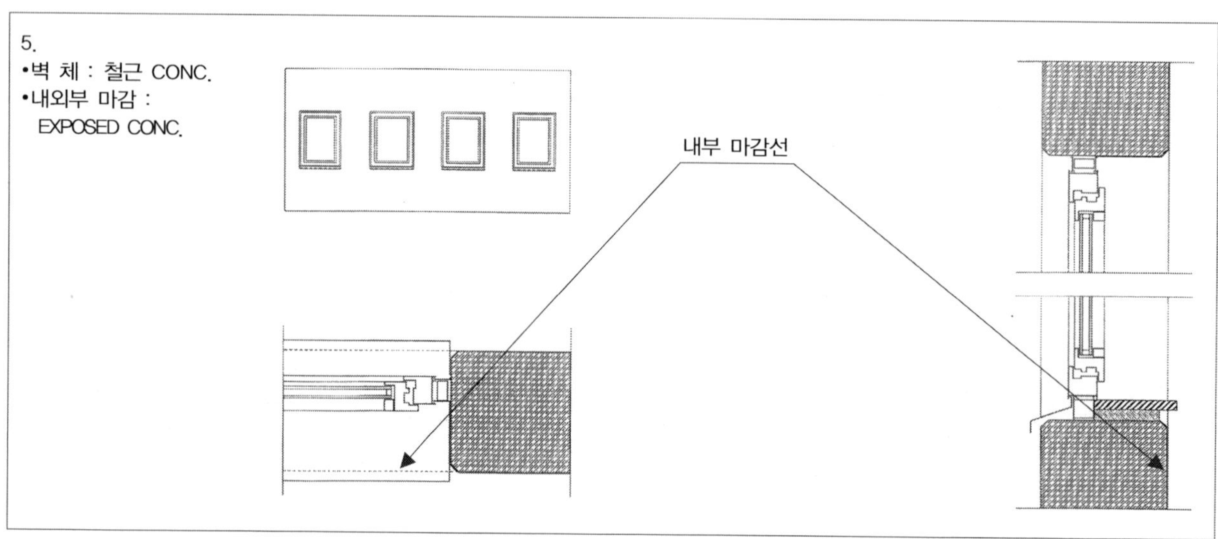

D. 기본도면에서 도면표현의 배열

지금까지 도면의 종류와 그에 따르는 표현을 설명했다. 일반적으로 각 설계사무소들은 나름대로 도면의 표현이 약간씩 다른데 이는 각기 편리한 방법을 선택하였기 때문이다. 그러나 전체적으로는 크게 차이가 없다. 상세도나 규모가 큰 건축물을 나타내는 실시설계의 표현도 각 개성에 따라서 편리한 표현대로 도면을 나타낸다. 이유는 나타내는 내용이 많고 같은 상세도라도 각 도면과의 연관 관계를 편리하게 하기 위해서다. 그러나 기본설계는 그에 반해 표현내용이 그렇게 많지 않기 때문에 가능한 한 눈에 들어오게 하는 것이 일반적이다.

도면내용의 양에 비하여 도면 수가 많은 것은 좋은 방법이 아니다. 그래서 기본설계에서는 가능한 많은 내용을 한 도면에 표현하려고 노력한다.

다음의 그림처럼 가장 아랫줄에는 건물에서 가장 아래층에 위치하는 기초도면을 놓고, 도면의 아랫줄 왼쪽부터 지하실, 1층, 상층, 지붕도면 순서로 평면도를 배열한다. 그 윗줄에는 주단면, 횡단면 등의 단면도와 발코니 도면과 배치도 또는 필요한 상세도를 놓는다. 단면도 위에는 일반적으로 입면도를 배열한다.

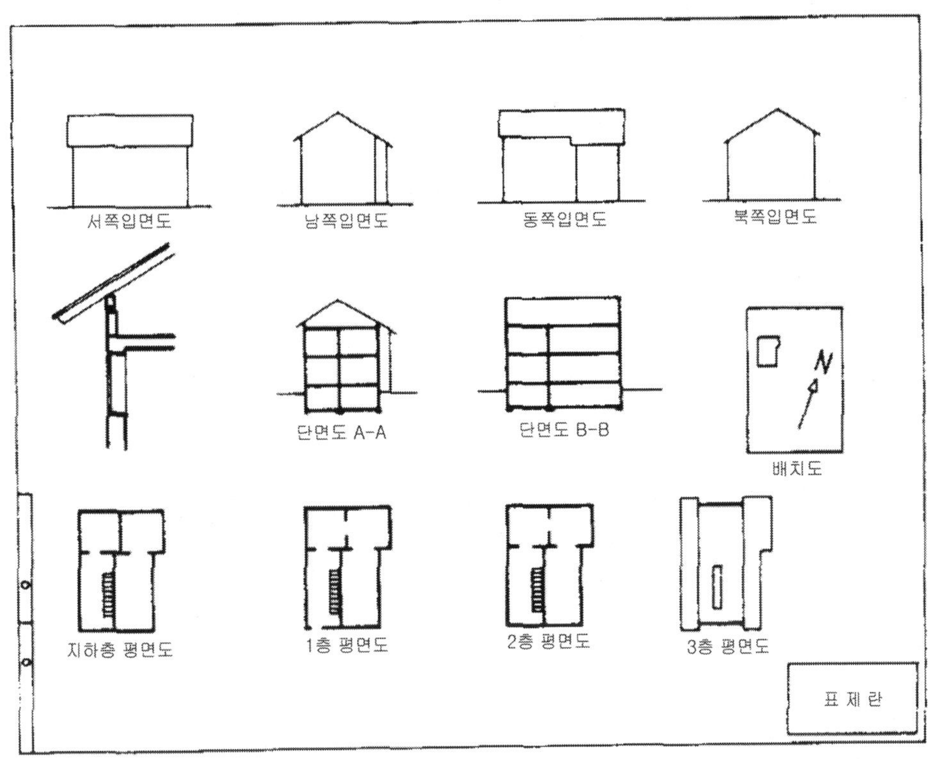

▲ 전체 도면에서 각 도면의 위치

한 줄에서 옆으로 나란히 배열하는 경우에는 가능하면 같은 높이로 놓아서 정렬된 이미지를 만든다. 만일 평면도, 단면도, 입면도를 한 도면에 모두 함께 표현하는 경우라면 가능한 다수의 치수와 선이 위로 향할 수 있도록 입면도와 단면을 정렬한다. 그리고 글씨는 가능한 각 도면의 아래에 위치하도록 배열한다. 도면은 전체 모습보다 표현하는 내용이 많은 관계로 도면 내의 정렬이 깔끔하지 않으면 좋은 도면표현이라 할 수 없다.

설계자는 작업을 시작하기 전에 도면의 외곽선과 표제란을 위한 자리를 먼저 만들고 나머지 부분을 살핀 후에 표현하고자 하는 요소의 배열을 도면 내에 어떻게 배열할 것인가를 반드시 확인해야 한다. 이를 위하여 작은 종이에 먼저 배열을 위한 스케치를 해보는 것도 도움이 된다. 이를 먼저 하지 않을 경우에 도면의 면적을 적절하게 활용하지 못하거나 작업한 것의 위치를 옮겨야 하는 일이 발생한다. 또 자리 배치를 잘못하여 치수선이나 그 외에 표현이 외곽선 밖으로 나가게 될 경우 모두 지워야 하는 일이 발생할 수도 있다. 이는 손으로 도면을 표현하는 경우에 적용되는 것이다. CAD로 작업하는 경우에는 이러한 일이 수월하게 변경되지만 CAD를 익히지 못한 사람은 이를 명심해야 한다.

중요한 것은 도면 내에서 평면도의 높이와 폭이 외곽선과 어떻게 만나는가 하는 것이다. 1층이나 2층 건물의 평면도를 그릴 경우 작업자는 긴 부분을 외곽선과 평행하게 수평방향으로 먼저 그려 본다. 그러나 2층보다 많은 건물의 경우에는 반대로 도면의 높이에 맞추어서 작업을 하는 것이 낫다. 왜냐하면 평면도를 그려보면 일반적으로 수직과 수평 두 개의 선에 의하여 결정된다는 것을 알게 될 것이다. 이 위치를 잡아 놓으면 도면의 긴 쪽으로 건물의 긴 방향을, 그리고 짧은 쪽으로 건물의 짧은 방향을 잡아 그린다. 이러한 방법으로 도면 내에 자리를 잡았을 경우 만일 두 개의 평면을 그릴 경우 평면과 평면의 간격 등 각 도면의 간격은 수직이나 수평으로 약 5cm 간격을 유지하도록 하면 깔끔해 보인다.

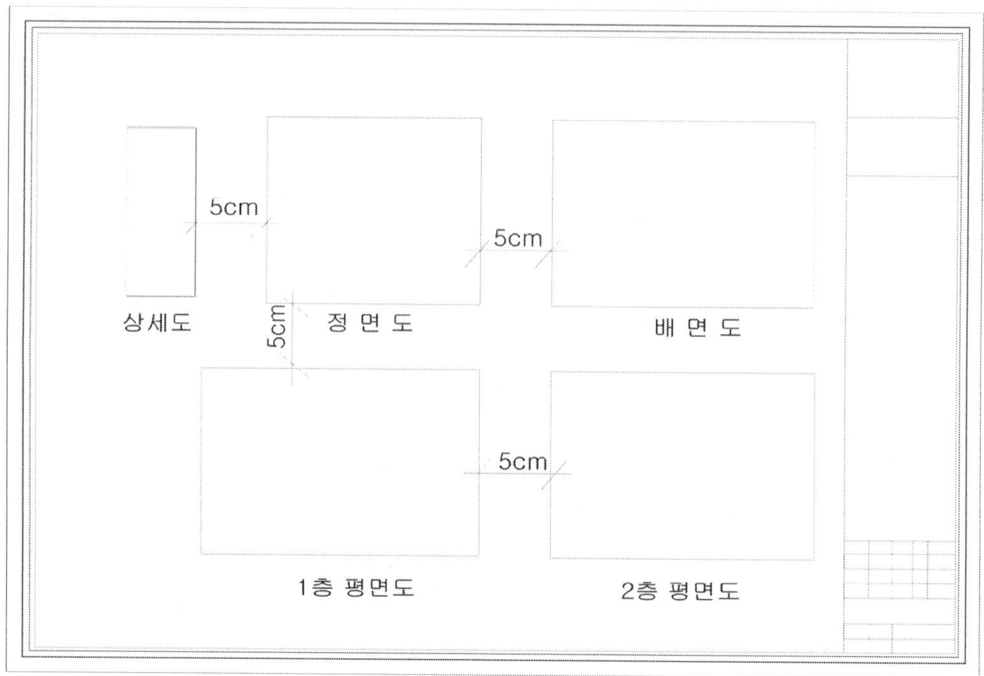

▲ 도면의 외곽선과 표제란

도면을 그리는 것은 기본적인 것을 익혀 이것을 반복하여 사용하는 것이기 때문에 후에는 큰 문제가 없다. 그렇기에 설계와 제도가 구분되어 불리는 것이다. 위에서 설명한 내용들은 모두 규격과 방법을 알아두면 설계에 임할 경우 편리하다. 물론 경우에 따라 필요한 정보가 있겠지만 이는 설계자가 그에 합당한 것을 찾아서 해야 한다.

이렇게 기본적인 것을 익히고 나면 본격적인 설계에 임하게 되는데, 건축설계작업은 존재하지 않는 것을 만들어내는 작업이라 그리 쉽지 않다. 그러나 모든 작업이 언제나 틀린 것은 아니고 건축설계에도 공통적인 부분은 항상 있다. 이 공통적인 것이 바로 어떠한 건축재료를 구조체로 사용하는가 하는 문제이다. 위에서도 잠깐 예로 들었듯이 건축물이 대체적으로 조적조, 목조, 철근 conc., 그리고 철골조의 네 가지로 크게 구분할 수 있다. 이것도 어떻게 디자인하는가에 따라 다르게 나타나겠지만 이 중에도 기본적으로 설계표현에 중복되는 것이 있으므로 익혀 둔다면 편할 것이다.

다음 장에서는 위의 네 가지 구조체를 표현하는 기본적인 것을 다루도록 하겠다.

Chapter 3
건축구조의 이해와 표현

1 벽돌구조

1.1 구조적인 형태분류

벽돌구조는 다른 재료와 다르게 재료의 단일크기가 작다는 것이다. 이는 형태의 용이함도 있지만 구조적으로 재료의 접합부위가 많다는 단점도 있다. 벽돌구조는 치수를 표현하는 방법도 다른 건축물에 비하여 개구부 부분을 신경 써야 한다. 같은 디자인의 건축물이라도 어느 재료를 사용하는가에 따라 그 이미지가 완전히 틀리게 나타난다. 벽돌은 수평력에 약하다는 단점 때문에 큰 빌딩에는 적합하지 않지만 구조를 이루지 않고 외장이나 내장의 한 소재로 사용하여 우아한 분위기를 낼 때는 큰 빌딩에 유도하는 건축가도 있다.

일반적으로 벽돌을 이용하여 건축물의 구조체를 이루는 경우 구조적인 지식이 해박하지 않더라도 안정성을 고려하여 설계를 하는 것이 옳다. 구조는 하중을 발생시키는 것과 이를 전달하는 것으로 나뉜다. 이를 전달하는 구조체는 형태적으로 보면 점의 형태, 선의 형태, 면의 형태, 그리고 덩어리 형태로 구분한다. 벽돌조는 하중을 주는 지붕이나 바닥 등 수평적인 구성요소가 대체적으로 콘크리트가 많고 수직요소인 벽은 그 하중을 지지해 주어야 하기 때문이다. 이로 인해 벽의 종류를 크게 내력벽과 비 내력벽으로 나눈다.

벽돌로 건축물의 공간을 형성할 경우 취하는 기본적인 네 가지의 구조가 있다. 그 종류는 상자형 구조, 칸막이 구조, 판구조, 그리고 복합형 구조로 나눈다.

※ 벽돌로 지은 건물의 예

Robie House in Chicago(F. L. Wright 1908~1909)
라이트 : 나는 집의 solid한 벽돌에서 불타오르는 불을 보는 것이 기분 좋다.

상점 Best 건물(site)
현대의 재료적인 문제를 풍자한 것으로 마치 차고의 문이 올라가다 멈춘 모양이다. 옆의 벽은 벽지를 바른 듯한 모양이다.

상점 Best 건물(site)
몰탈이나 벽지 뒤에 숨어 있는 모든 것을 밝혀내듯 한 꺼풀 풀어버린 인상이다.

A. 상자형 구조

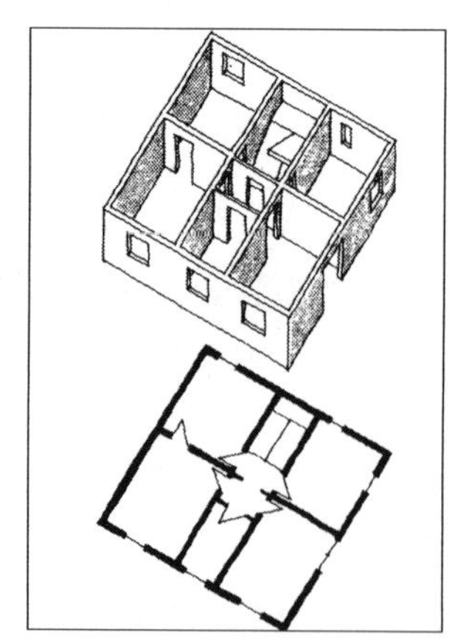

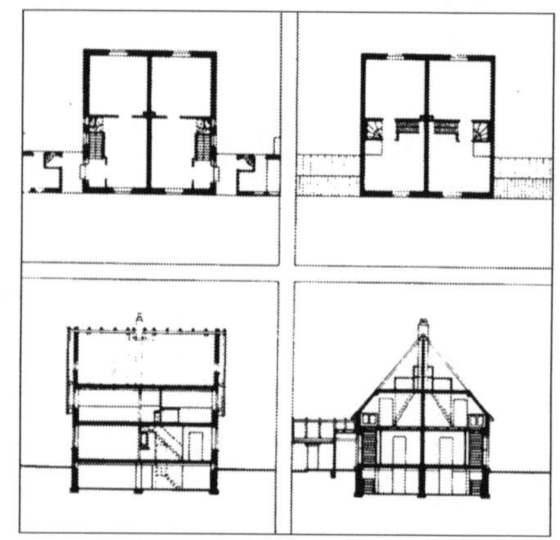

▲ 상자형 구조를 이용한 연립주택 입면도, 평면도, 단면도

이 구조는 공간이 전체적으로 상자형으로 되어 있다. 벽돌조의 전형적인 형태로 이는 건축의 역사 속에 많이 등장한 모양이다. 이 구조는 공간이 서로 채워지며 건물의 전체형태가 폐쇄적인 모양이며 단지 문과 창문만이 공간으로 유입되는 유일한 수단이다. 4면의 벽이 박스의 형태로 균등하게 하중을 받는다. 이러한 형태에서 검토되어야 하는 요소는 다음과 같다.

1. 평면의 폭과 정렬이 제한되어야 한다. 즉 질서가 있어야 한다.
2. 1과 같은 제한으로 수평적인 요소(보와 같은 요소)에 의존하며, 예를 들어 가능한 한 방향으로 배근도가 있어야 한다. 목조보는 4.5m 정도의 폭을 갖는다.
3. 이로 인하여 상층의 면적과 공간의 프로그램이 제한을 받는다.
4. 내력벽 안에 있는 개구부는 임의적으로 만들 수 없으며 제한적이며 내력의 원리를 검토하여 만든다.

이와 같은 조건이 현대에 와서는 재료의 다양함으로 많이 해소가 되었으나 아직도 이 요소를 검토해 주는 것이 좋다.

B. 칸막이 구조

칸막이 구조는 내력벽이 서로 평행하게 서서 수평적인 요소의 하중을 분할하는 구조이다. 벽의 간격이 서로 일정하며 공간이나 건물이 연속되어 있다. 이러한 구조는 태양의 방향을 모든 건물에 만족시키고, 하나의 풍경을 바라보게 하며, 가장 기본적인 기술을 만족시키면서 건물의 미와 생태적인 조건을 만들어 낼 수 있다. 또한 비율과 조화를 일정하게 하고 대지의 이용도를 높일 수 있다는 장점이 있다. 이러한 구조는 수평적 요소가 가질 수 있는 최대의 폭을 이용한다(처짐이 일어나지 않는 폭).

이 구조에서도 다음의 요소를 검토해 본다.

1. 재료의 성격과 힘의 방향에 따라서 방이나 건물의 폭이 정해진다.
2. 이 경우 하중을 받는 내부 벽이 방음이 잘 되지 않으면 이웃에 문제를 줄 수 있다.

3. 평면이 직사각형의 모양이므로 빛의 유입이 충분해야 한다. 이 경우 외벽(전면이나 후면에 위치한 벽)은 구조적인 문제에서 자유롭다.

※ 칸막이식 평면의 예

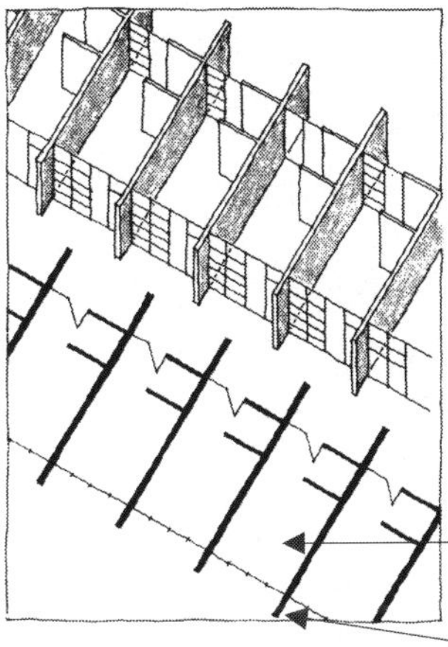

공간에 빛을 유입하기 위하여 외벽을 최대한 사용하려고 한 면을 전부 유리로 만들었다.

▲ 칸막이식 평면

내력벽

▲ 칸막이식 평면의 예

▲ 칸막이식 구조를 사용한 건물

C. 판 구조

▲ 판 구조의 예

Ludwig Mies Van der Rohe

Ludwig Mies Van der Rohe

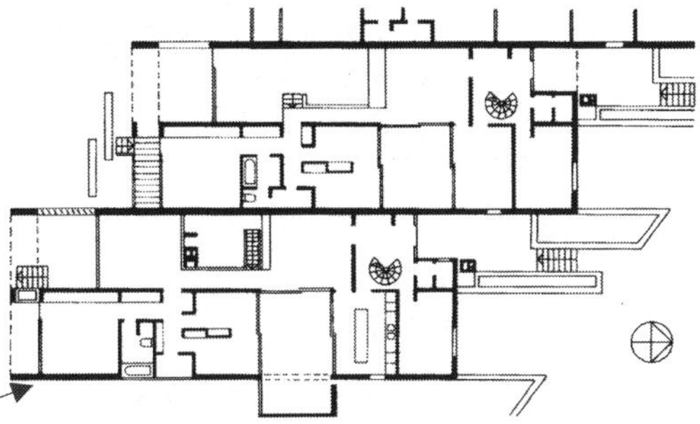

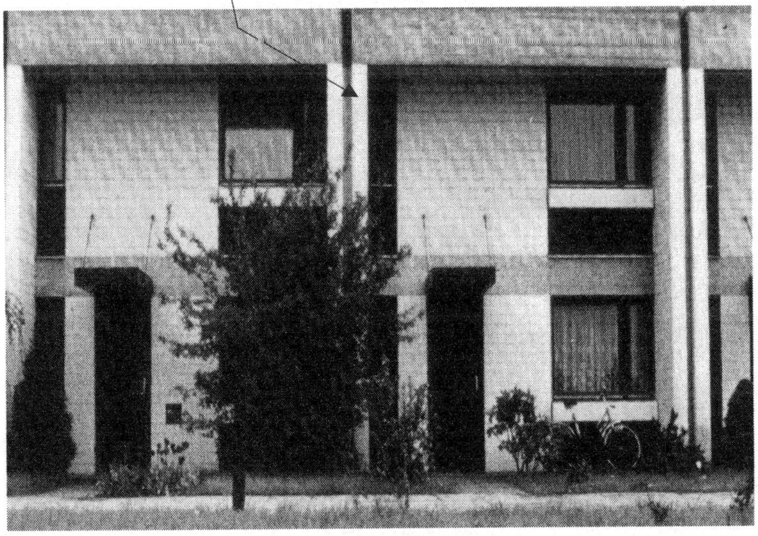

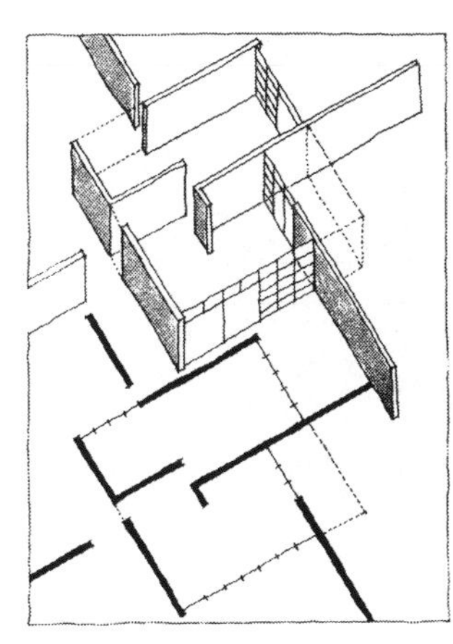

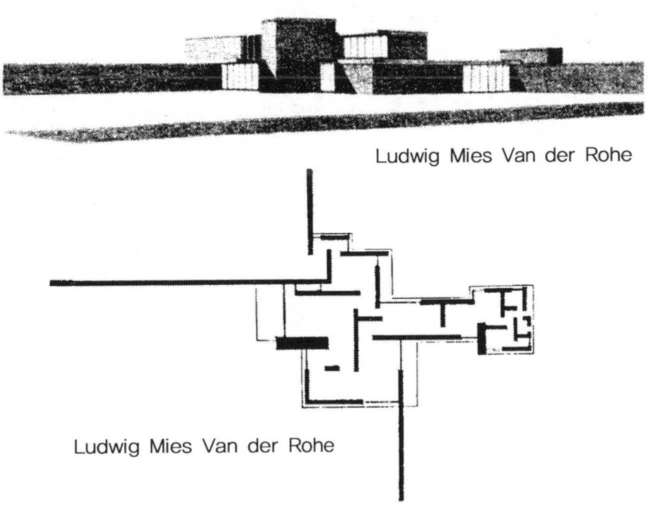

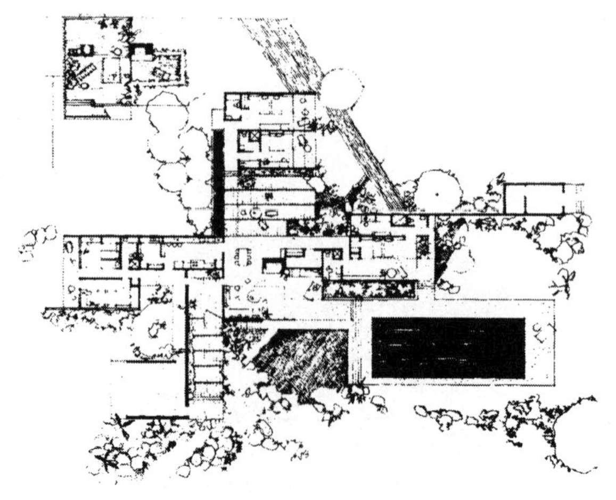

판 구조는 칸막이 형과 비교하면 벽의 배치가 훨씬 더 자유롭게 표현이 된다. 상자형 구조가 내력이냐 비내력이냐 하는 문제와 폐쇄된 공간을 형성하는가 하는 벽의 특성이 있다면, 판 구조는 단지 내력벽(판 구조, 굵은선)과 비내력벽(유리벽)이 확실하게 구분되고 비내력벽이 상자형에 비하여 훨씬 자유롭게 사용되었다. 위의 그림에서 미스는 공간에 자유를 주려는 그의 특성이 이러한 구조를 사용하여 잘 표현되었다. 이때 하중과 수평요소가 보내는 힘의 전달관계를 명확히 고려해야 한다.

이 구조는 다음과 같은 특징을 갖는다.

1. 칸막이 구조와 상자형 구조에서 할 수 없는 공간의 흐름과 개구부의 제한 등이 자유롭다.
2. 이 구조는 홀로 서 있는 벽 구조가 있고 또한 그러한 벽과 만나는 내부 내력벽에 대한 접합을 유념하여야 한다.

D. 복합형 구조

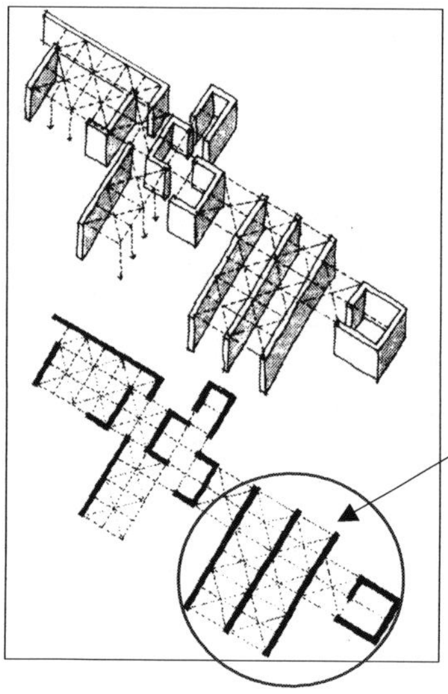

복합형 구조는 상자형, 칸막이형, 판 구조를 모두 복합적으로 사용한 것이다. 이 구조는 불안정한 구조를 안정적인 구조로 연결하는 특색이 있다. 각각의 요소를 보면 불안전한 구조를 갖고 있지만 이 구조를 모두 하나로 묶어 준다면 안정적인 구조를 만들어낼 수 있는 특징이 있다.

이것은 칸막이 구조와 유사하지만 다른 방향으로 잡아주는 수직적인 벽이 없으므로 불안정하다. 그러나 다른 구조와 수평적인 요소인 지붕을 얹어 묶어 버리면 네 방향으로 잡아주기에 안정적이다.

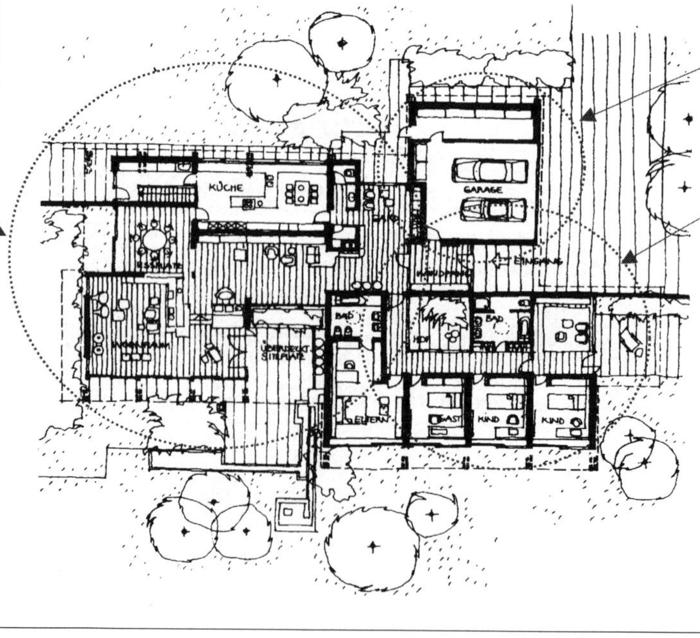

상자형 구조

칸막이구조

판 구조

복합형 벽돌 구조의 예 ▶

1.2 접합부

앞의 설명은 벽돌 건물의 설계를 할 경우 하나의 구조적인 예가 될 수 있다. 이러한 것을 이해하였다면 이제는 상세적인 지식을 갖는 것이 좋다. 설계의 목적은 계획을 세워 새로운 건축물을 구상하고 그것을 구체적으로 표현하여 이해시키는 것이다. 방법의 차이는 있지만 궁극적으로 하나의 완성된 건강한 건축물을 만들어 내는 것이다. 초기에 모든 자료를 준비하여 작업을 시작하는 사람도 있고 차근차근히 자료를 모은 후에 작업을 시작하는 사람도 있겠지만 공통적인 것은 어느 시점에선가 모든 것이 명확하게 해결되어야 하며 그것을 위하여 구체적인 지식이 뒤 받침 되어야 한다. 일반적인 건물이 바닥 그리고 벽 또는 기둥 그리고 지붕으로 되어 있는 것은 명확하다. 이것이 의미하는 것은 이 모든 부분이 각자의 기능이 있고 이것을 위하여 정확히 설계자가 설계도에 명시해야 한다는 것이다. 그렇지 않다면 시공자는 이미 오랜 시간의 노하우를 거쳐 이를 의문시 할 것이며 특히나 사용자는 자신의 건물에 대한 기쁨을 누릴 수 없을 것이다.

어느 사물을 보고 그 사물의 보이지 않는 점을 떠올릴 수 있는 지성을 전문성이라고도 한다. 전문가는 일반인인 보지 못하는 가려진 부분도 떠올릴 수 있는데 이는 그 부분에 대한 지식이 있기 때문이다. 건축을 하는 사람도 건물을 보고 기본적인 전문분야를 떠올릴 수 있다면 이는 건축작업을 하는 데 편안하다.

건물은 본질적인 기능을 완수하기 위하여 건축가에 의하여 구조체에 또 다른 건축재료를 갖게 되는데 일반인들은 그저 보이는 입면 그대로를 보게 되지만 전문인은 마치 투시경을 사용하듯이 그 내부를 떠올리게 된다. 그러나 이에 대한 지식이 없다면 어려운 일이다.

A. 벽돌조 건물의 입면도에 나타나는 전형적인 표현

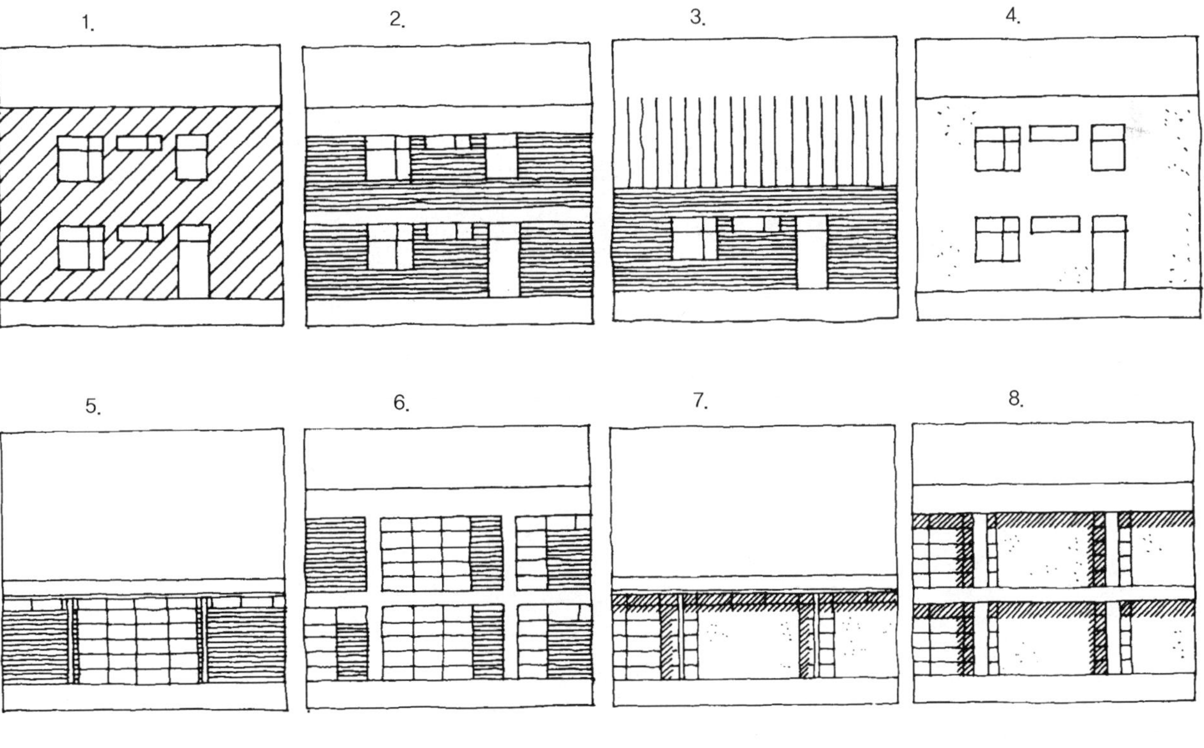

외벽으로서 건물의 표면은 동시에 건물단위의 내력벽을 의미한다. 이렇게 외벽을 보면 지붕이 평지붕인지(그림 1) 또는 지붕에 테두리가 있거나 2층 바닥이 벽돌벽 사이에 있는지(그림 2의 중간에 흰 범위)를 알게 된다. 외벽이 벽돌을 보이게 했는지(그림 2와 3) 아니면 겉에 회칠 같은 것으로 마감하였는지(그림 1과 4) 구분된다. 그림에서 개구부의 형태가 모두 같지만 겉 마무리에 따라서 그 성격이 다르게 나타난다.

내력벽과 겉모양이 외부에 나타나지만 구조적 원리는 나뉘어 있다. 골격적인가 또는 공간구분이 되어 있는가(그림 1은 철골 또는 목조이고 그림 2는 단위공간과 벽면이 하나의 평면인 것을 보면 철근콘크리트로 되어 있다)를 보고 그림 3과 4처럼 골격적인 것과 내력벽 뒤로 있는가를 알 수 있으며 여기서도 외부 마감을 하였는가 벽돌 그대로 인가를 알 수 있다. 또 개구부의 크기가 제일 또는 제이의 격자를 따르는가를 분석할 수 있다.

앞의 그림들 같이 건물의 외벽이 의미하는 구조적 언어는 그대로 표현된다. 천정(또는 상층의 바닥)이 벽과 어떻게 접합되었는지는 마감하지 않은 외벽에서 그대로 표현된다. 다음은 벽과 각 부위의 접합형태를 보기로 한다.

B. 벽과 천정의 이음부분 예 – 그림 안에서 왼쪽은 입면에 나타나는 표현이고 오른쪽은 그 단면이다.

1.

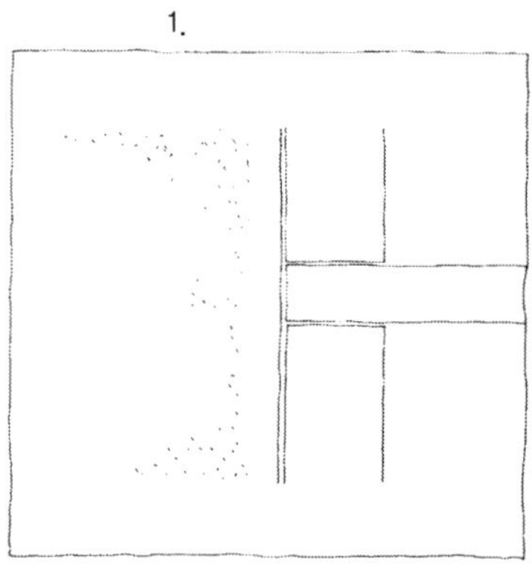

▲ 외벽을 회반죽으로 마감하여서 벽과 천정의 이음 부분을 볼 수가 없다. 물리적인 이유로 오늘날에는 현실적으로 사용하지 않는 것이 일반적이다.

2.

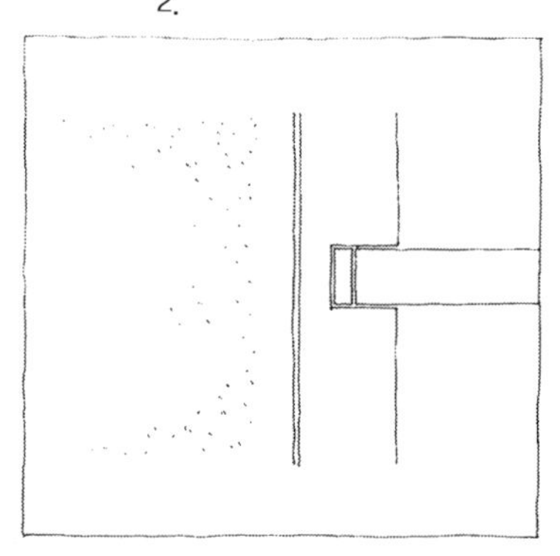

▲ 그림 1이 갖고 있는 문제를 해결한 것이 이 방법이다. 외부마감은 그림 1과 동일하고 외부와 내부 간에 일어나는 열손실의 문제를 막았다. 벽이 끊어지지 않고 계속하여 위로 올라간다.

3.

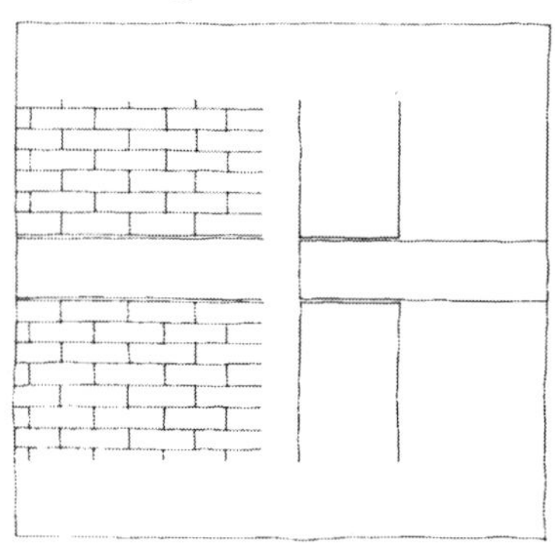

▲ 그림 1과 같은 경우지만 외부마감을 하지 않고 벽돌이 그대로 보이는 상태이다. 이 또한 오늘날에는 사용하지 않는다.

4.

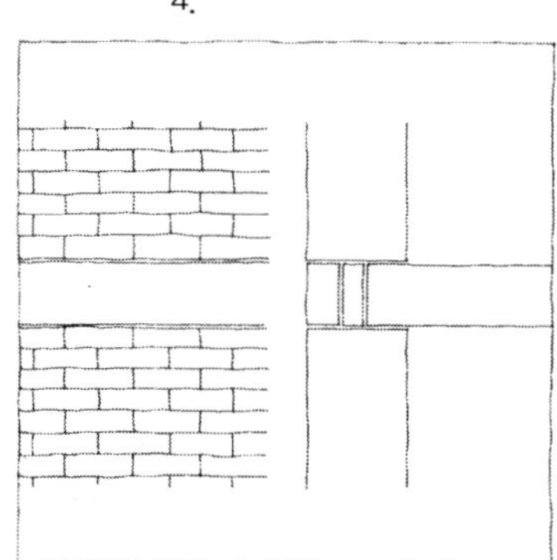

▲ 그림 3을 해결한 방법으로 천정부재를 외부와 직접적으로 접촉하지 않게 단절시키는 방법으로 틈에는 콘크리트 틀이나 주문 부재를 사용한다.

5.

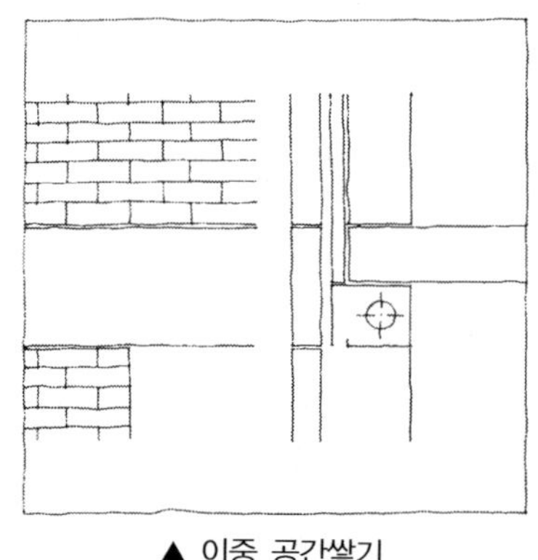

▲ 이중 공간쌓기

과거에는 외부에서 구조적인 것을 대부분 읽을 수 있었는데 오늘날에는 그림 5와 6 같이 외부의 다른 부재가 첨가되면서 개구부의 문제를 해결한다.

6.

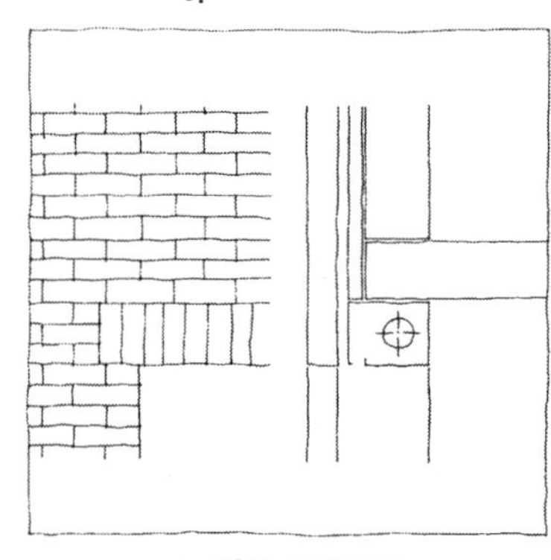

▲ 이중 공간쌓기

창문 위에 마치 벽돌을 수직 길이쌓기 한 것처럼 보이지만 실질적으로 이곳은 하중을 받지 않으며 개구부를 해결하는 하나의 방법이다.

C. 벽과 창문 개구부의 접합 예 – 그림 안에서 왼쪽은 입면에 나타나는 표현이고 오른쪽은 그 단면이다.

1.

▲ 벽은 마감되었고 창문은 벽두께의 중간에 있으며 내부 창대는 휘어진 형태이고 외부 물흐름은 함석 같은 얇은 재료로 되어 있다.

2.

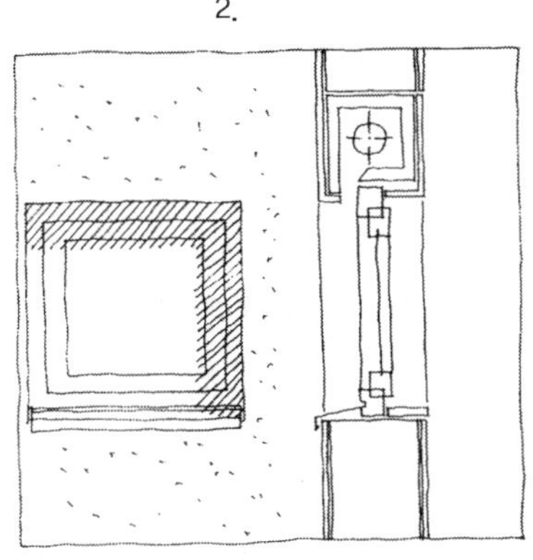

▲ 벽은 마감되었고 창문은 벽두께의 중간에 있으며 내부 창대가 있고 창문 블라인드 박스가 있다.

3.

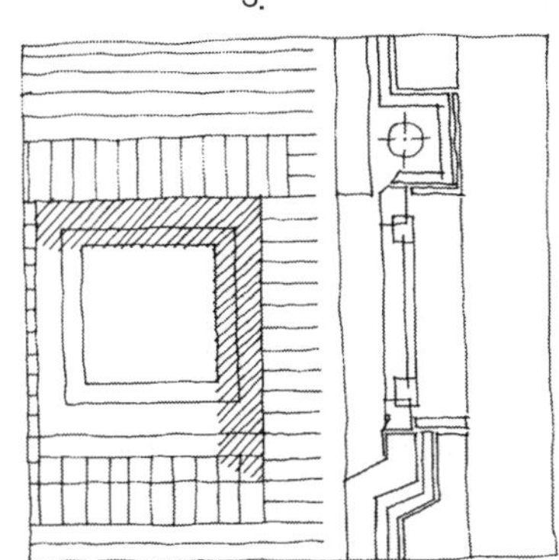

▲ 이중 공간쌓기고 창문은 바깥벽에 놓여 있으며 바깥벽은 마감을 하지 않았다. 내부에는 창대가 있고 바깥의 물흐름은 벽돌 자체를 기울여 놓았다.

4.

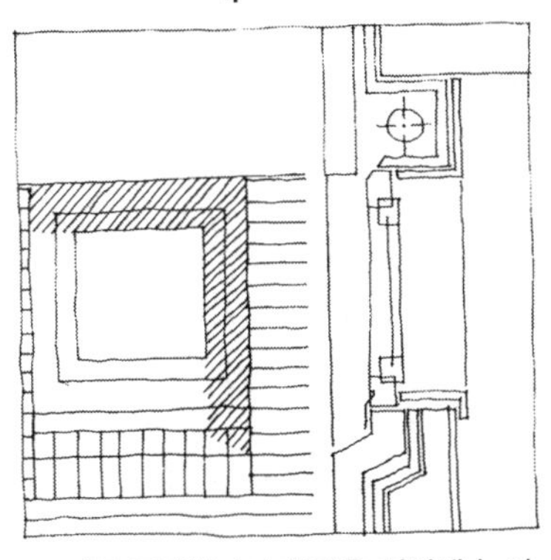

▲ 이중 공간쌓기며 창문은 외벽에 놓여 있고 내부 창대는 1번과 같이 휘어진 형태다. 물흐름은 3번과 같으며 역시 외부는 마감 없고 3번과 같이 아래 창틀과 벽 사이의 공간을 얇은 재료로 물의 흡수를 방지하기 위하여 가렸다.

5.

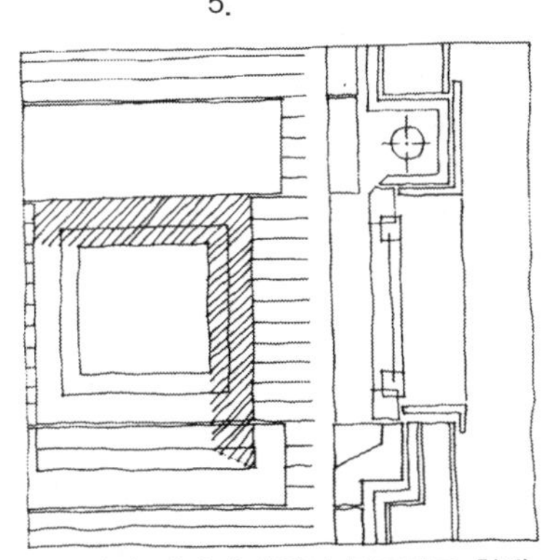

▲ 4번과 거의 흡사하나 콘크리트 창대를 대었으며, 이 또한 이중 공간쌓기이다.

입면도와 단면도를 그릴 경우 위와 같은 구조를 자세히 표현해주는 것이 좋다. 각각의 구조에 따라 입면도와 단면에 나타나는 모양이 분명히 다르며, 또한 다른 표현은 관찰자로 하여금 주의 깊게 보도록 유도한다. 일반적으로 설계의 경험이 적은 사람들은 구체적인 표현에 익숙하지 않아 구분이 가지 않게 나타내지만 정확히 나타내는 습관은 설계표현의 정확성뿐만 아니라 건축물을 구체적으로 경험하는데도 많은 도움이 된다.

D. 벽과 지붕

지붕은 건축물에서 디자인이나 구조적으로 아주 중요한 부분을 차지한다. 이는 건축물의 수명을 결정하는 중요한 요인이 되며 건물의 전체적인 디자인을 좌우하는 요소이다. 일반적으로 건물의 디자인은 개구부나 벽의 모습 등이 역할을 많이 하지만 천정이나 지붕접합부의 구조적이고 기하학적인 선택에서 나타나는 모습에서도 좌우가 된다. 따라서 이 부분을 간단하게 요약하면 모서리, 외피, 그리고 천정과 같은 두건이다. 이 부분이 건물의 형태에 대한 이미지를 다르게 한다.

1.

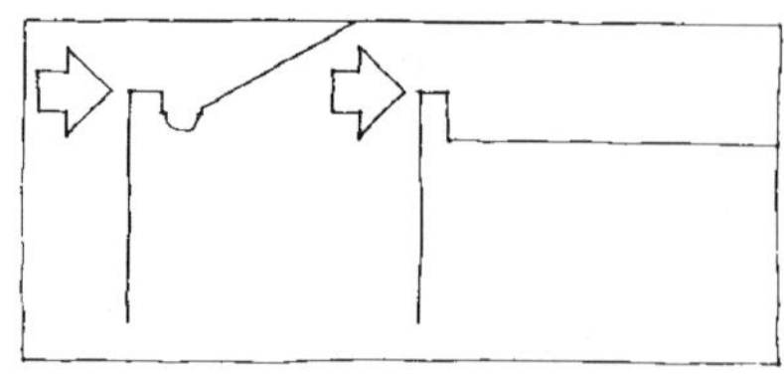

▲ 모서리식

모서리란 벽돌이 홈통이나 그 외의 지붕이 마무리 되는 부분이다. 평지붕의 경우에는 모서리가 위로 더 올라간 모양도 있을 수 있다. 외형적인 모서리가 어떻게 마무리 되는가에 따라 다르게 보인다.

2.

▲ 외피식

외피란 지붕에 전체적인 구조적 디멘지온에서 낙수 홈통과 각 지점이 나타내는 것이다. 즉 일직선이냐 또는 튀어 올랐는가 하는 것이다.

3.

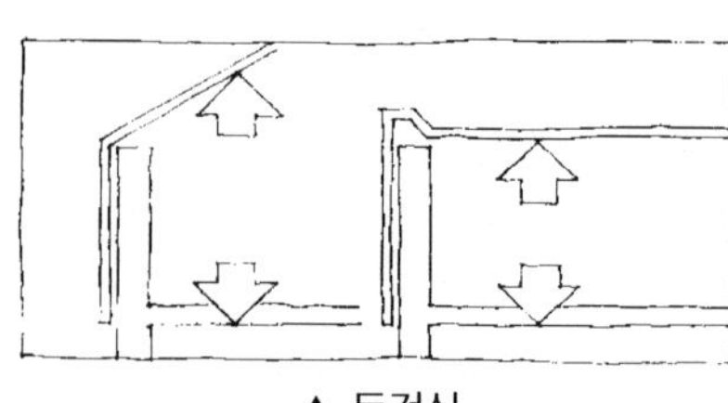

▲ 두건식

머리에 어떤 것을 썼는가 하는 것이다. 벽 위에 감싸는 의미의 지붕의 재료가 주는 이미지이다. 이 두건이 한 층을 가리는가 또는 건물 전체를 타고 내려오는가 하는 것이다.

❶ 벽과 평지붕의 접합 – 그림 안에서 왼편은 입면에 나타나는 표현이고 오른쪽은 그 단면이다.

1.

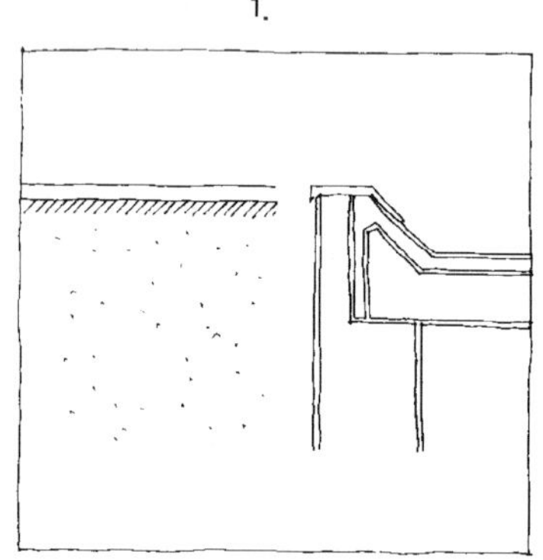

▲ 모서리식 지붕

벽을 마감하여서 벽돌을 볼 수 없다. 지붕은 철근코크리트로 되어 있다. 평지붕도 입면에서 볼 수 없다.

2.

▲ 이중 공간쌓기, 모서리식 지붕

외부는 마감이 되어 있지 않아 벽돌을 그대로 볼 수 있다. 그러나 철근콘크리트로 된 평지붕은 입면에서 가려져 있다.

3.

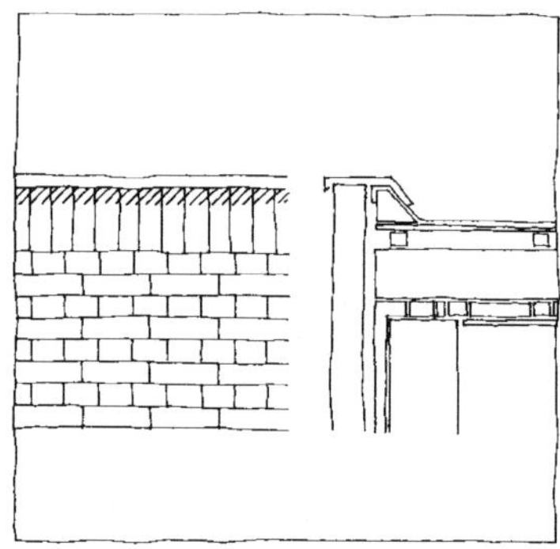

▲ 이중 공간쌓기

벽돌을 볼 수 있고 평지붕은 목조로 되어 있으며 입면에서 가려져 있다.

4.

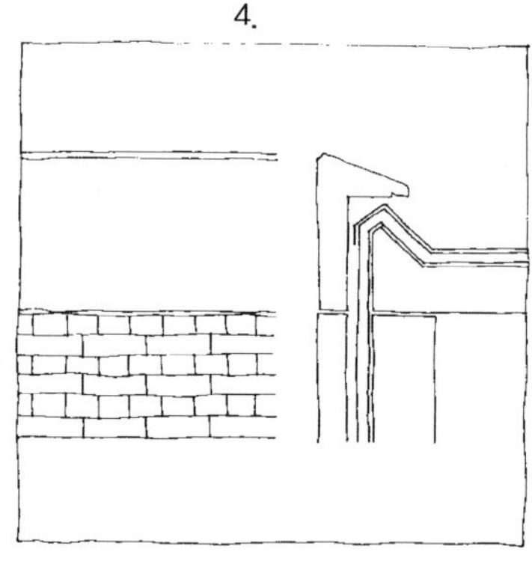

▲ 이중 공간쌓기, 외피식 지붕

벽돌이 보이고 철근콘크리트 평지붕이다. 지붕 앞에는 다시 다른 재료를 사용하여 지붕의 형태를 반복

5.

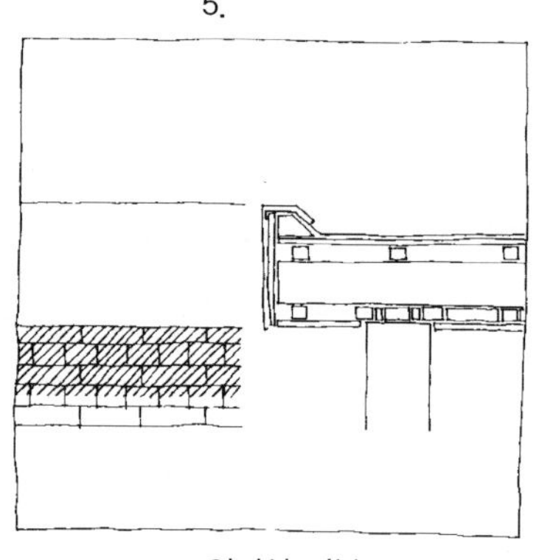

▲ 외피식 지붕

벽은 한중이나 이중 쌓기이며 벽돌을 보이게 떠는 마감을 하며 평지붕은 나무로 되어 있고 벽보다 앞으로 더 나왔다.

❷ 벽과 경사지붕의 접합-그림 안에서 왼편은 입면에 나타나는 표현이고 오른쪽은 그 단면이다.

1.

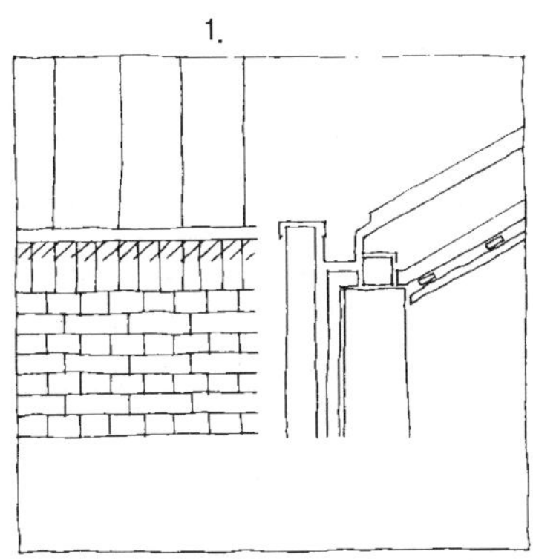

▲ 이중 공간쌓기, 모서리식 지붕

외부에 마감이 없으며 경사지붕을 하고 있다. 지붕이 끝나는 부분의 앞에 홈통이 있으며 벽이 모서리를 가리고 있다.

2.

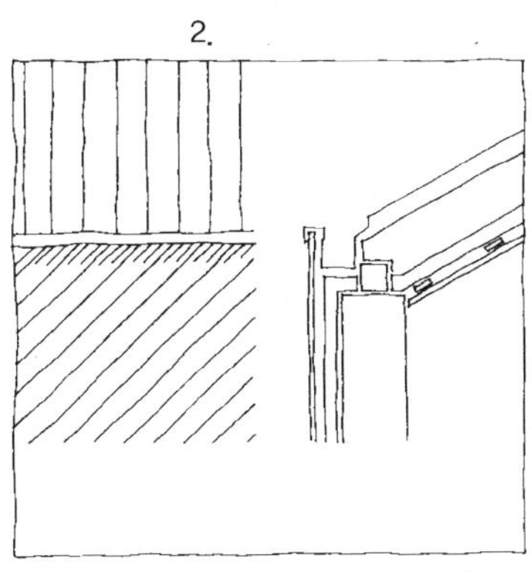

▲ 여러 공간쌓기, 두건식 지붕

벽은 예를 들어 지붕을 덮고 있는 재료 같은 것으로 덮여 있다.

3.

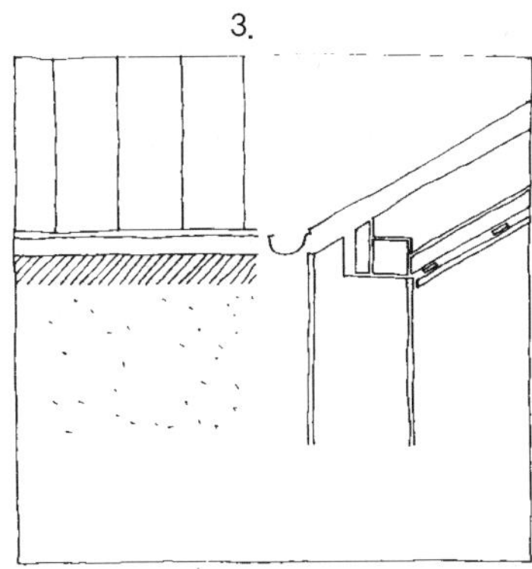

▲ 한줄 쌓기, 절충식 지붕

한줄 쌓기이며 벽이 마감되어 있다. 약하게 외피적인 지붕이면서 거의 모서리적인 지붕이다.

4.

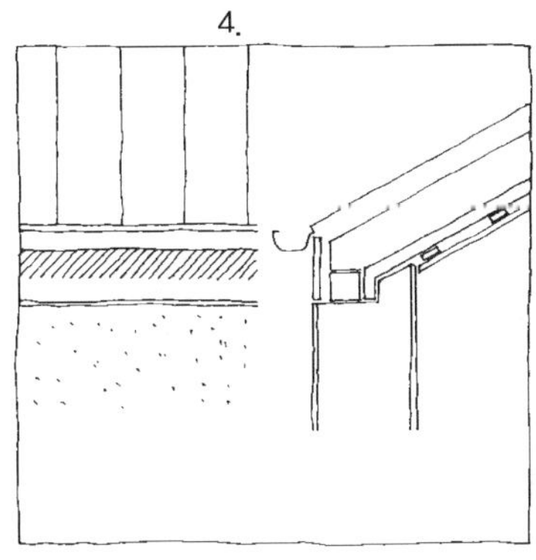

▲ 한줄 쌓기, 외피식 지붕

한줄 쌓기 이며 벽이 마감되어 있다. 외피가 일직선으로 놓여 있다.

5.

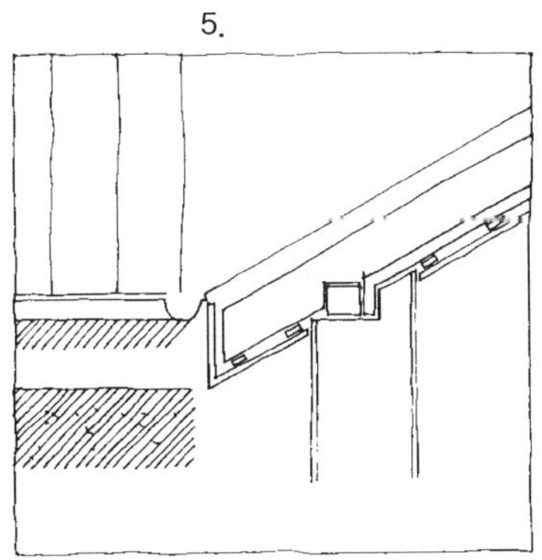

▲ 한줄 쌓기, 외피식 지붕

한줄 쌓기이며 벽이 마감되어 있다. 외피적이며 처마가 앞으로 나와 있다.

6.

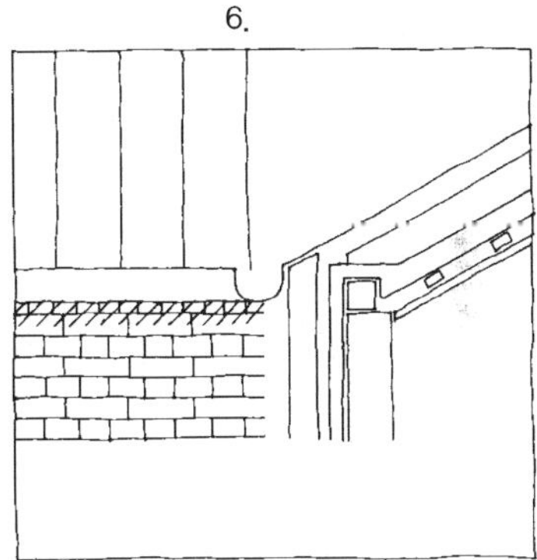

▲ 이중 공간쌓기, 모서리식 지붕

낙수 홈통이 벽보다 앞으로 나와 있으며 지붕은 미비한 외피지만 거의 모서리적인 지붕의 형태이다.

❸ 전체적인 이미지

1.

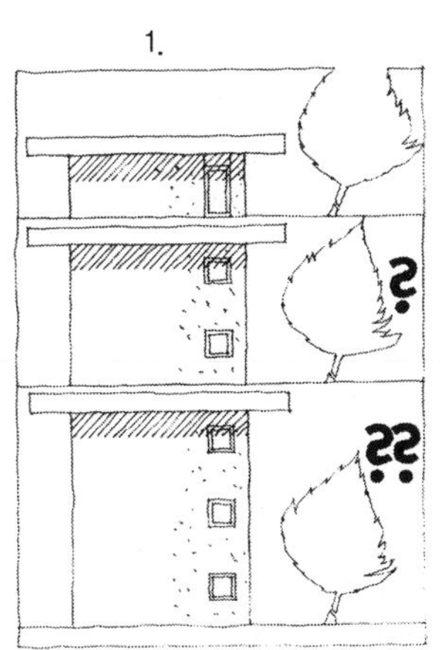

▲ 벽과 지붕의 전체적인 모습은 지붕이 앞으로 나와 있는 모습이다. 맨 위 그림은 전체적으로 단층의 형태로 어울린다. 그런데 건물의 높이가 커지면서 형태는 점차로 의미가 없어지고 있다.

2.

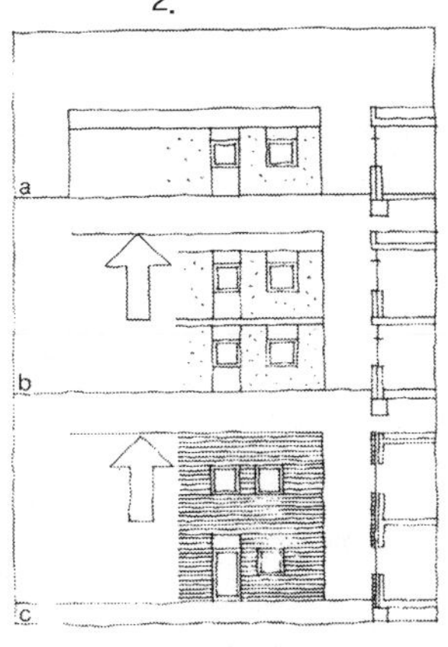

▲ 그림 a와 b를 보면 수평적인 층에서 개구부가 천장에 걸려있거나 바닥에서 천정까지 긴장감이 있다. 그림 c에서는 천정과 지붕 앞의 새로이 있는 벽으로 인하여 개구부가 벽 안에 있는 구멍과 같은 이미지가 되었다.

3.

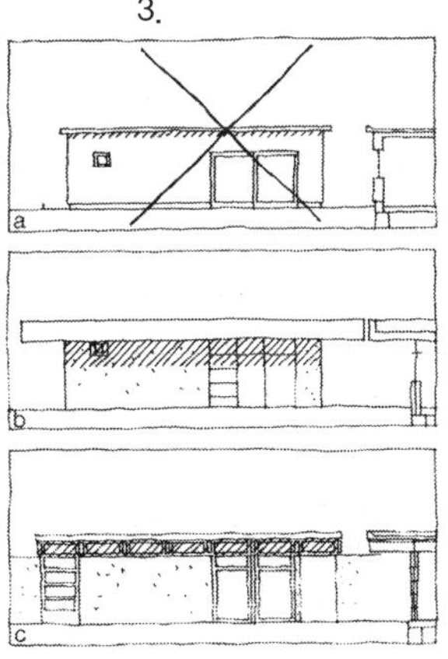

▲ 식물도 동물도 아닌 것이라는 말이 있다. 바로 이러한 모양을 두고 하는 말이다. 그림 3a와 4a를 보면 넓은 개구부 위에 가능하지도 않을 벽이 있다. 그림 b는 지붕의 주장이 강하다. 그림 c는 판구조적인 벽 위에 해결적인 지붕구조를 제시하였다.

4.

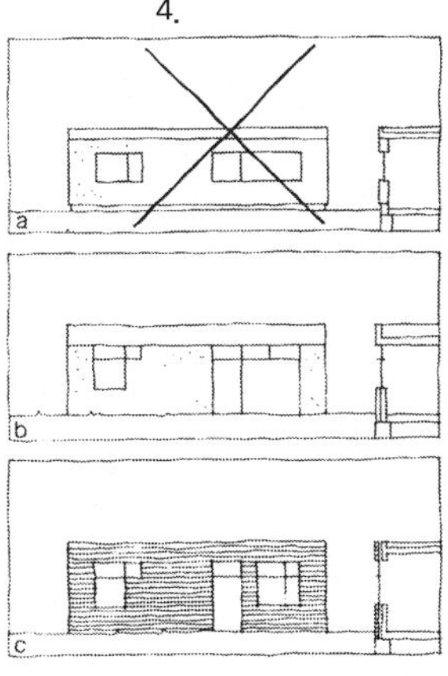

▲ 그림 b는 벽의 분명한 표현을 해주었다. 그림 c는 지붕 앞에 벽을 쌓아 기본적이고 형태적인 해결책을 보여주었다.

1.3 벽

아리스토텔레스는 공간을 "무엇인가 채우기 위하여 있는 것"이라 하였다. 이렇게 채우기 위하여 공간을 형성하는 요소를 나눈다면 수직적인 것과 수평적인 것으로 구분할 수 있다.

수직적인 요소로서 벽은 공간을 수평적으로 제한하는 영역을 만든다. 벽은 건물의 하중을 아래로 전달하는 기능뿐 아니라 공간의 성격을 제시한다. 벽은 구조적으로 아주 중요한 역할을 한다. 내부와 외부를 구분해주는 경계이자 외부로부터 내부를 보호하는 일차적인 기능을 한다.

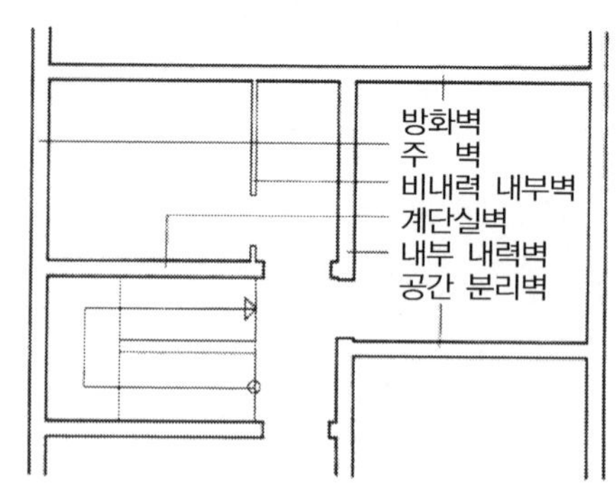

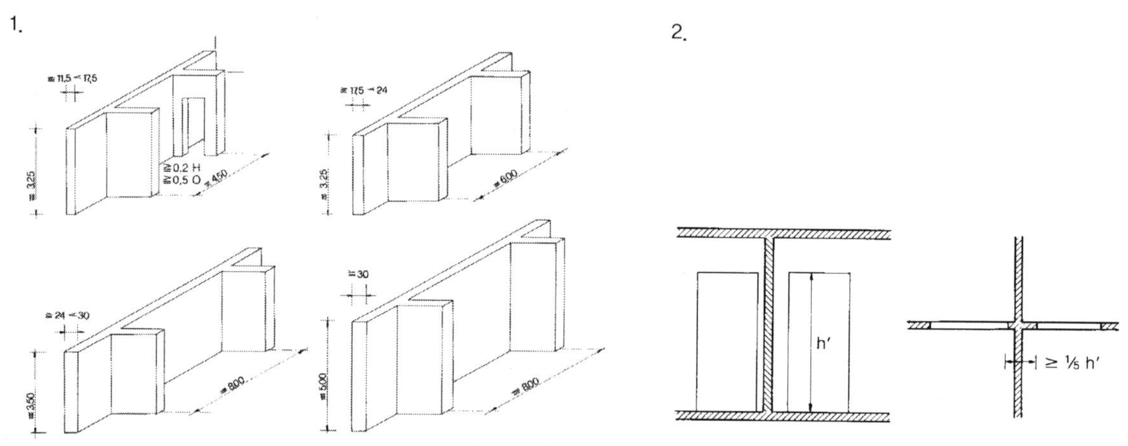

▲ 문과 문 사이의 벽 간격 최소 치수에 대한 단면과 평면

설계를 하는 과정에서 공간을 나누는 경우 벽의 위치를 임의로 나눌 수는 없다. 이유는 벽 사이의 거리가 먼 경우 천정의 처짐이 생길 수 있으며 벽 자체에 무리한 하중이 전달될 수 있기 때문이다. 위의 그림 1번을 보면 높이 3.25m에 벽두께가 11.5cm보다 작고 17.5cm보다는 큰 경우 직교하는 벽의 간격을 최고 4.5m 간격으로 잡았다. 이러한 경우와 같이 벽의 높이와 두께에 따라 직교하는 벽의 간격이 다르게 나타남을 알 수 있다. 이 그림에 있는 벽은 모두 내력벽을 표현한 것이다.

B. 벽의 단열성능

• 외벽의 기능

외벽의 기본적인 기능은 보호·단열·보온이며, 그 외 다음과 같은 기능을 갖는다.

❶ 햇빛
❷ 비와 공기속의 습기
❸ 소음의 작용
❹ 풍압
❺ 여름의 열기 전달
❻ 액화되는 수압
❼ 수분의 전달

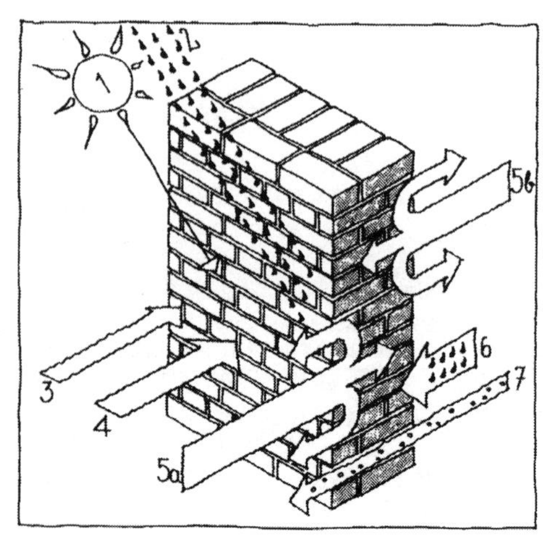

• 벽의 기능

벽의 내부 및 외부에서의 기능을 도식적으로 나타내면 다음 그림과 같다.

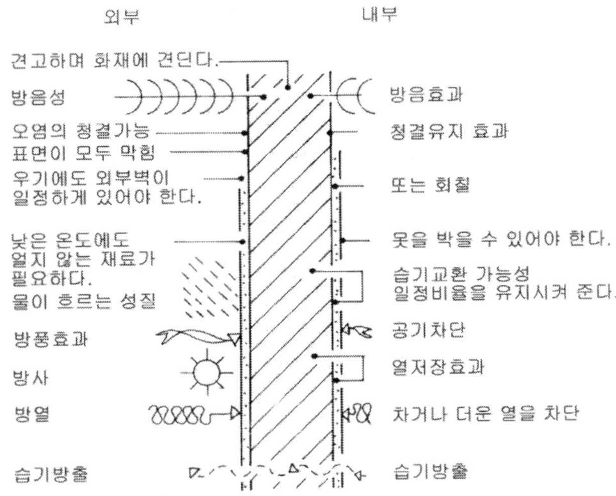

• 한줄쌓기

아래의 그림에서 벽 자체의 두께는 마감이 없는 경우는 31cm 이상이 되어야 하고 마감이 있는 경우는 벽돌 자체가 20cm 이상이 되어야 한다.

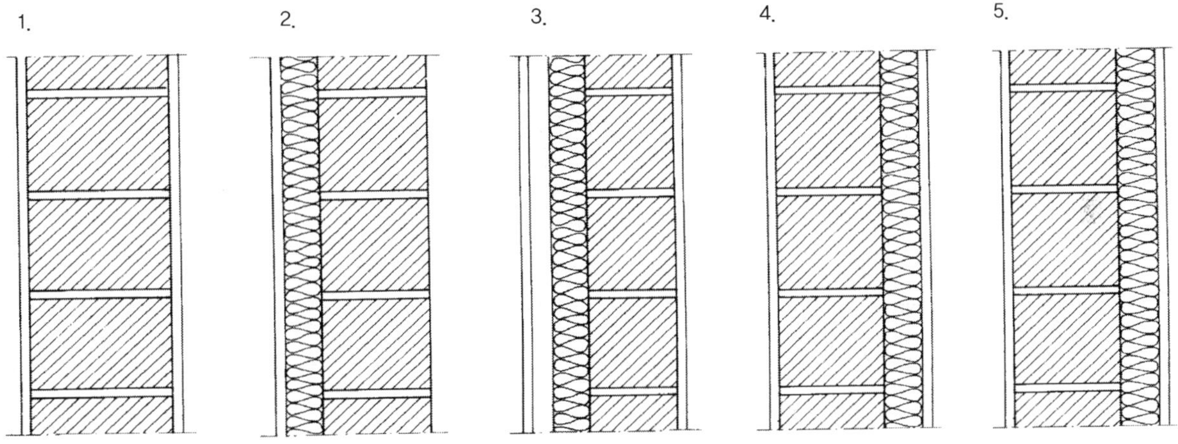

• 이중 공간쌓기(단위 mm)

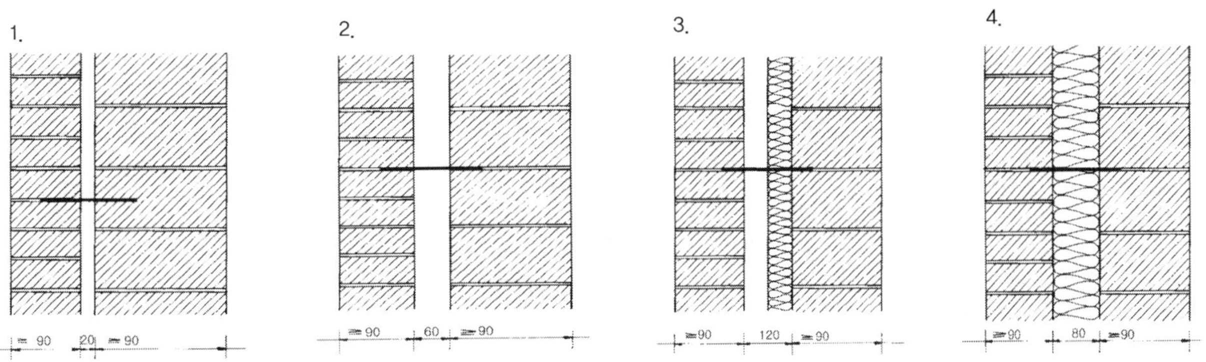

먼저 벽체를 한 줄로 쌓을 것인가 아니면 공간 쌓기로 할 것인가를 계획하고 자신의 설계도에 응용한다면 초기에 설계를 하는 학생에게는 좋은 경험이 될 것이다. 배우는 입장에서는 어떠한 것을 사용하는 것이 옳은가에 너무 집착하지 말고 여러 가지를 직접 시도해보면서 경험을 쌓는 것이 더 좋다.

• 벽체의 열전도율

일반적으로 위의 한줄쌓기와 공간쌓기를 선택하는 기준에는 위의 그림 벽의 기능을 만족시켜야 하는데 특히 열전도율(K-VALUE)은 아주 중요한 요소이다. 이는 에너지 보호 차원에서 권장되어야 하며 초기의 공사비와 건물의 장기적인 유지비를 계산해 볼 경우 어느 종류의 벽을 선택해야 옳은가 기준이 된다.

아래의 그림들은 단열재를 사용한 경우와 그렇지 않은 경우 열전도율을 비교한 것이다. 열전도율이 낮을수록 에너지 손실이 없음을 나타낸다.

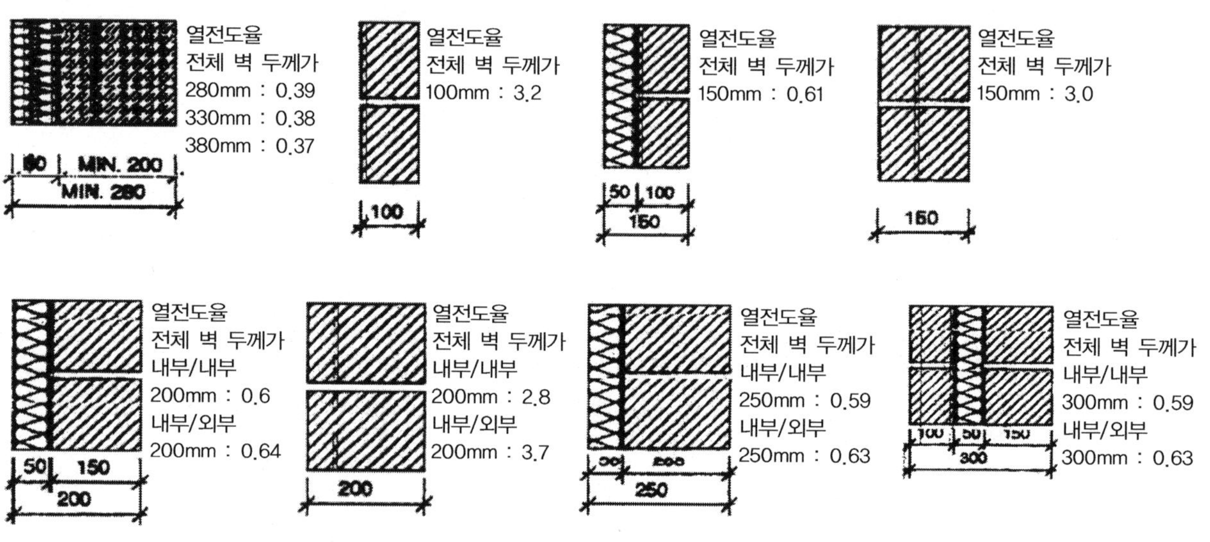

▲ 각 벽체에 대한 열전도율(단위 : W/m^2 K)

위의 그림을 살펴보면 단열재를 사용한 것과 그렇지 않은 것의 열 손실은 많은 차이가 있으며 같은 벽이라도 공간의 내부에 있는 경우와 외부에 한 쪽 면이 있는 경우도 차이가 있음을 알 수 있다. 설계의 경험이 없는 학생이 이러한 것을 응용하는 것이 쉽지는 않지만 이러한 벽을 사용한 경우를 보게 되고 이 원리를 떠올린다면 도움이 될 것이다.

설계를 한다는 의미는 단지 종이 위에 선을 그리는 것을 말하는 것이 아니다. 사진을 촬영하는 사람이 이미 존재하는 것을 사진에 담고, 또 그림 그리는 사람이 정물을 종이에 그리는 행위와 설계는 분명히 차이가 있다. 즉 설계는 무엇인가를 그리는 것이 아니라 하나의 사물이 정확히 그 기능을 할 수 있도록 창조하고 표현하는 것이다. 창조를 위해서 수반되는 것은 기존에 있는 것을 정확히 파악하고 그보다 나은 것을 만들어 내거나 최소한 현존하는 것을 새로운 공간에 사용하는 것이다. 이를 위해서는 자신이 현재 작업하고 있는 것을 스스로 분석하고 검토할 수 있는 능력이 수반된다면 더 좋은 작품을 만들어 낼 수 있을 것이다. 창조가 아닌 것은 작품이 아니다. 모방과 창조는 분명하게 구분되어야 한다.

앞에서 보여준 벽의 기능은 설계를 하는 과정에서 스스로 검토해 볼 수 있는 부분이다. 인간을 위한 공간을 만드는 데 벽이 그 기능을 다하지 못한다면 이는 벽이 아니다. 많은 학생들이 기본 설계의 평면을 그리는 과정에서는 크게 어려워하지 않지만 실시설계를 그리게 되면 힘들어 하는데, 이는 각 요소의 구체적인 기능을 먼저 파악하지 않았기 때문이다. 그러나 갖은 지식이 전문적이 되지 않더라도 설계하는 부분이 충분히 기능을 하는가 자신이 사는 집과 비교를 해 보거나 가능하지 않더라도 생활 속에 보아 온 재료를 적용해 본다면 우선적으로 연습이 될 것이다.

설계를 하는 학생들을 보면 간혹 건물의 요소요소를 다 파악하기도 전에 건물 디자인 문제에 부딪혀 당황해하기도 하는데 이는 옳지 않다. 디자인은 너무도 개인적인 판단이기에 좋은 디자인을 창작하거나 발견하는 것은 어느 정도 기본적인 바탕이 있어야 한다. 그 바탕을 습득하는 방법이 여러 가지 있겠지만 이렇게 공간을 형성하는 요소를 우선적으로 파악하면서 설계에 임한다면 초기에는 기능적인 설계가 될지 모르지만 우선적으로 자신의 설계도를 분석하는 눈이 생겨 훨씬 재미가 있을 것이다.

C. 벽체의 태양열 이용

• 건축에서 방위를 보는 이유

현대의 직면한 문제 중 하나가 에너지 문제이다. 또한 에너지를 소비하는 주체 중 하나가 주택이다. 특히 외부와의 온도차가 큰 여름과 겨울에는 주택이 자체적으로 빼앗기는 열량이 만만치 않기 때문에 이를 줄이기 위해 많은 건축가뿐 아니라 각 분야의 사람들이 노력한다. 설계를 배우는 학생들도 이러한 문제를 고려하면서 설계에 임한다면 후에 에너지 보존을 위한 건축물을 만드는 데 도움이 될 것이다.

건축물에서 에너지를 어떻게 절약할 수 있는가? 이 문제를 먼저 생각해 보고 자신이 생각한 것을 설계에 적용해 보자. 단열재 등의 재료를 사용하여 에너지 절약형 건물을 지을 수도 있지만 건물의 방위와 부재의 연결부분을 조금만 더 연구해보면 더 많은 에너지 절약 효과를 얻을 수도 있다.

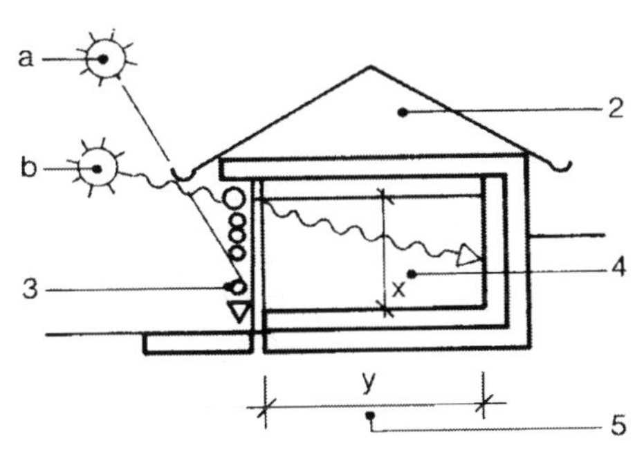

1. 남쪽의 태양 : a - 여름, b - 겨울
2. 지붕 완충공간
3. 유동적인 단열
4. 2.5에서 4x=y까지
5. 빛이 비추는 공간에서 절약공간의 깊이
   위의 단점들을 해결하기 위하여 사용한다.

에너지 절약형 건물들의 구조는 태양을 저장하거나 막으면서 에너지를 이용하고, 깊숙이 들어 간 공간에 빛을 제공하면서 인위적으로 에너지를 절약할 수 있게 시도한 시스템들이다. 이러한 설계는 장점만을 있는 것은 아니며 설계자가 끊임없이 시도하고 연구하면서 그 원리를 익힌다면 이 후에는 더 좋은 시스템을 개발하는 데 도움이 될 것이다.

이 구조의 장점과 단점을 열거해 본다면 다음과 같다.

장점은 복잡하지 않은 기술적인 부분이 가능하다는 것이다. 남쪽의 창문은 임의적인 열 및 고정적인 햇빛 차단과 함께 태양열 유입효과에 큰 영향을 미친다. 이 건물은 공간의 폭을 제한한 단일 주택과 같은 경우의 복합적인 남향 창(태양열 면적, 조명, 공간의 시각적 자유) 단면이다. 정확하게 남쪽으로 향하였고 동서 방향으로 길게 놓였으며 직접적인 수동적 솔라 시스템이다.

단점은 비용이 비교적 많이 든다는 것이다. 공기와 그늘을 위한 보조장치가 필요하다. 시간적으로 조명이 필요하다. 낮은 외부 온도에서 안락함에 대한 문제가 있다.

• 직접적인 수동 솔라 시스템을 적용한 예

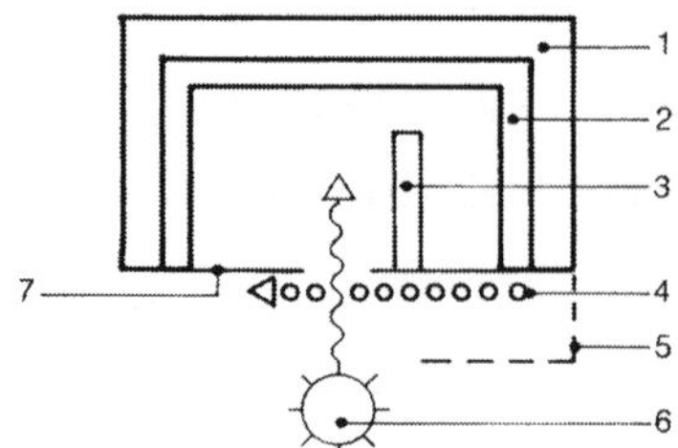

▲ 옆의 공간과 같은 방식의 공간 평면도

1. 개구부가 없고 단열재가 있는 북측 벽
2, 3. 에너지 저장소
(육중한 조적벽이나 기둥)
4. 햇빛차단 + 일시적인 단열기능
5. 바람보호
6. 남측 태양

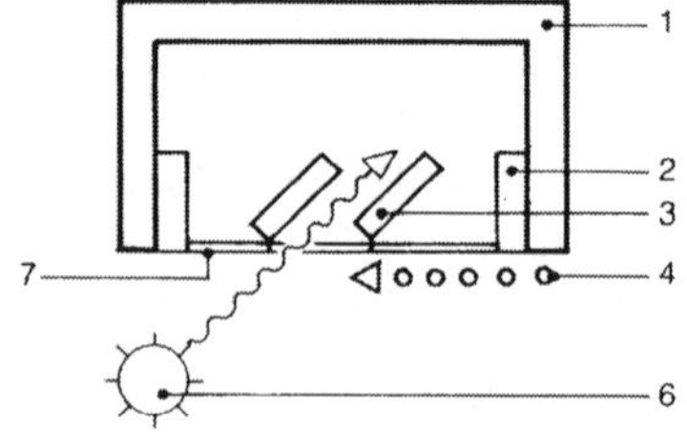

▲ 공간 깊숙이까지 저녁의 따뜻한 빛을 침투시키기 위하여 비스듬한 조적기둥에 의해 찬 공기와 빛이 오버랩되는 것을 방지하기 위한 공간

1, 2. 왼쪽 그림과 동일
3. 저장의 기능을 하는 조적기둥
4~7. 옆과 동일

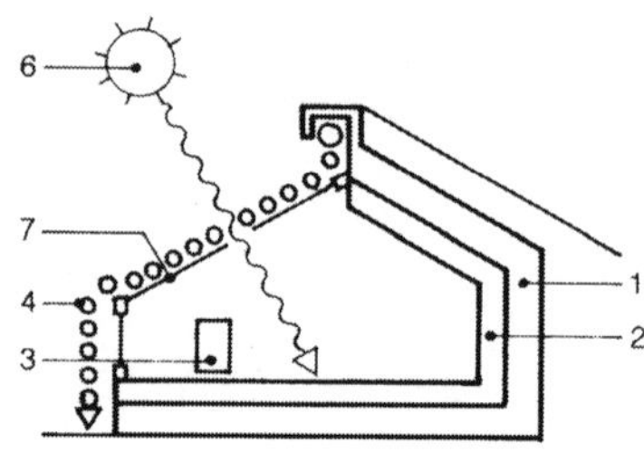

▲ 보호유리가 있는 combination속에 직접적인 수동적 태양열 사용 건물

1. 개구부가 없어 폐쇄적이고 단열재를 사용한 북측
2, 3. 조적조 열량 저장
4. 태양열 차단과 일시적인 열 차단기
6. 남향의 태양
7. (창문) 보호유리 하우스

▲ 조적조와 바닥 저장소, 수직 유리벽을 통한 햇빛 공간과 상주거주 공간을 나눔

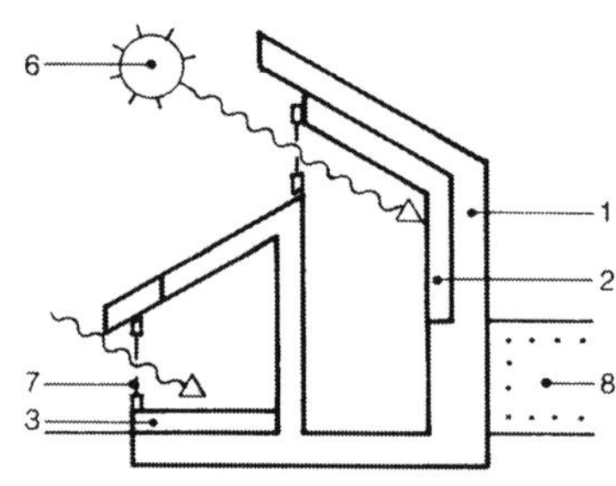

▲ 상부에 창을 내어 남북으로 상당히 길게 늘어진 건물에 적용하는 방법

8. 토담

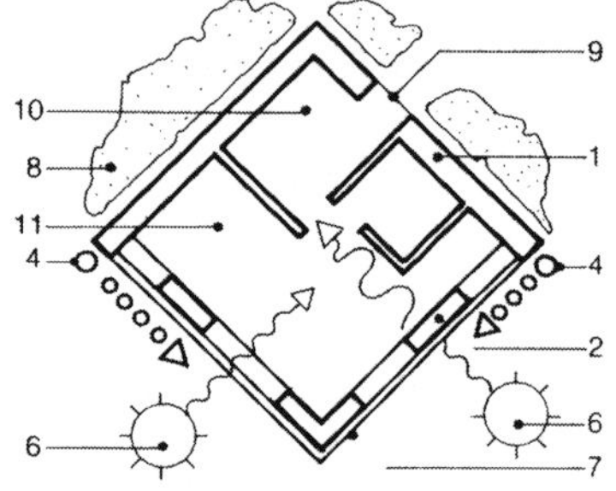

▲ 이 평면은 조적조에서 에너지 절약형의 집을 위한 공모전에 나온 작품이다. 직접적으로 태양열 사용을 위한 종합형으로 유리 뒤에 열을 저장하고 내보내는 예이다.

6. 태양(남동과 남서)
8. 흙 밭 또는 바람막이 등 9. 입구
10. 계단실 11. 거실, 주방, 부엌

• 간접적인 수동적 솔라 시스템을 사용한 예

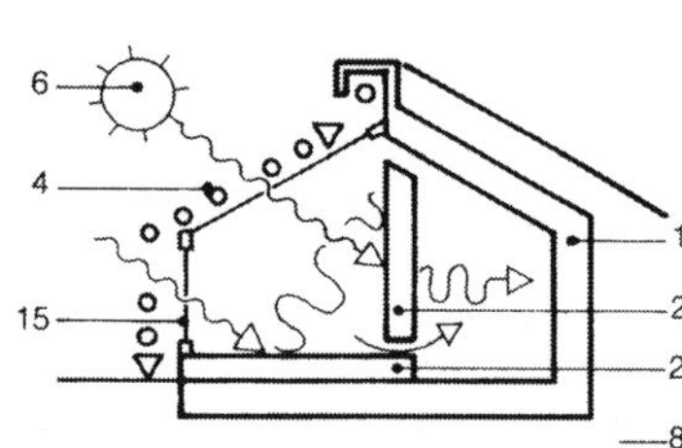

▲ 유리공간과 주거공간 사이의 분리벽으로 열저장 벽을 이용한 형태

북쪽을 막고 그늘지게 하며 유동적인 단열, 빛의 반사를 막고 더운 공기를 회전시키는 작용

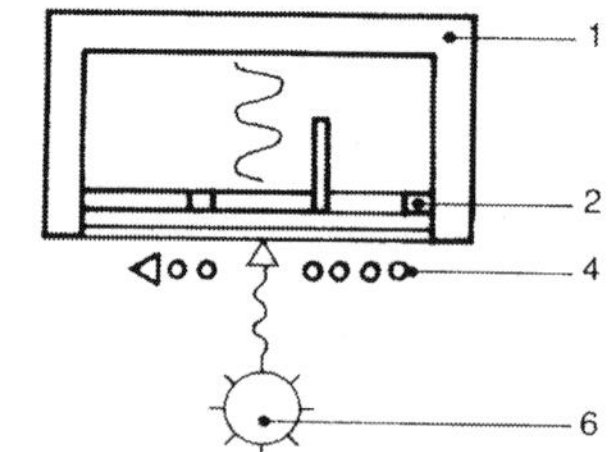

▲ 미세한 열에 따라 열저장 벽을 남쪽으로 놓은 평면도

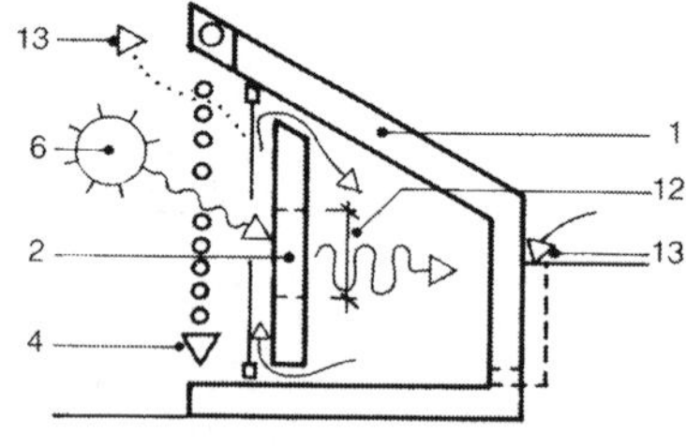

▲ 왼편의 건물을 단면으로 나타낸 것

12. 열저장 벽에 있는 창문
13. 여름 밤에 사용하는 화기구

• 에너지 절약형 하우스의 예(건축가 W. Hoffmann과 H. Eissler)

다음의 집은 여러 번 변경한 집이다. 그리고 정면은 경비를 절약하기 위하여 한 면을 구멍을 낸 것처럼 만들었다. 구조적인 형태는 평범한 박스 형태를 하고 있고 북동 방향으로는 바닥에 가깝게 작은 개구부를 만들

었다. 주 출입구는 남동으로 내었으며 북서 방향으로 벽의 완충공간을 두어 공간이 직접적으로 접촉되는 것을 방지하였다. 또 빛의 유입이 충분하도록 창을 크게 내었으며, 북서 방향으로 계단실을 두어 방향이 갖고 있는 단점을 상주공간이 아닌 다른 기능을 놓아 해결하였다. 또한 목욕탕을 두어 일시적인 사용공간의 기능을 충분히 활용하였다. 계단실 옆에는 옷 보관실을 두면서 상주공간은 전체적으로 남쪽과 동쪽으로 몰아넣으면서 공간에 빛의 유입을 최대한으로 활용하였으며 빛이 잘 들지 않는 공간을 에워싼 벽은 충분히 단열하였고, 창이 있는 곳에는 차양을 두어 조절하였다.

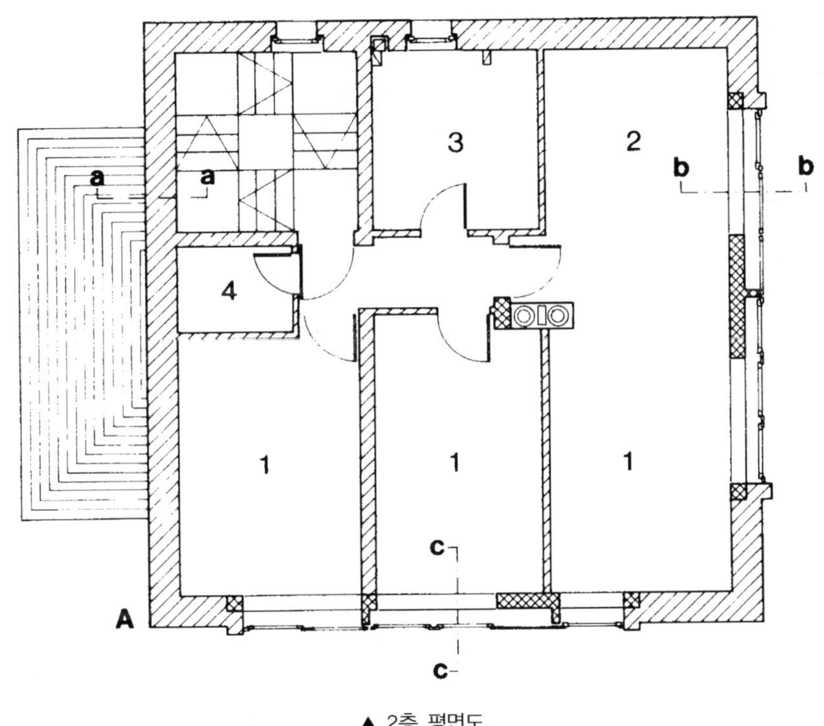

▲ 2층 평면도

1. 침실 2. 작업실 3. 목욕탕 4. 옷 보관실

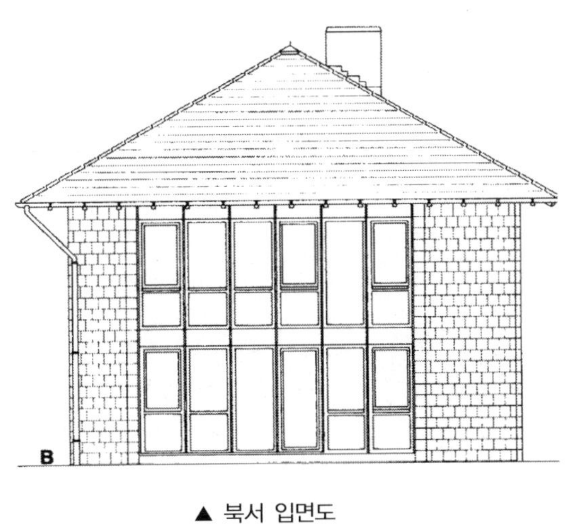

▲ 북서 입면도

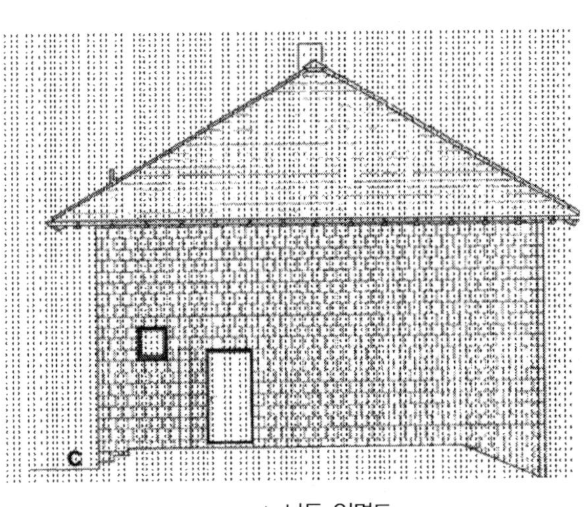

▲ 남동 입면도

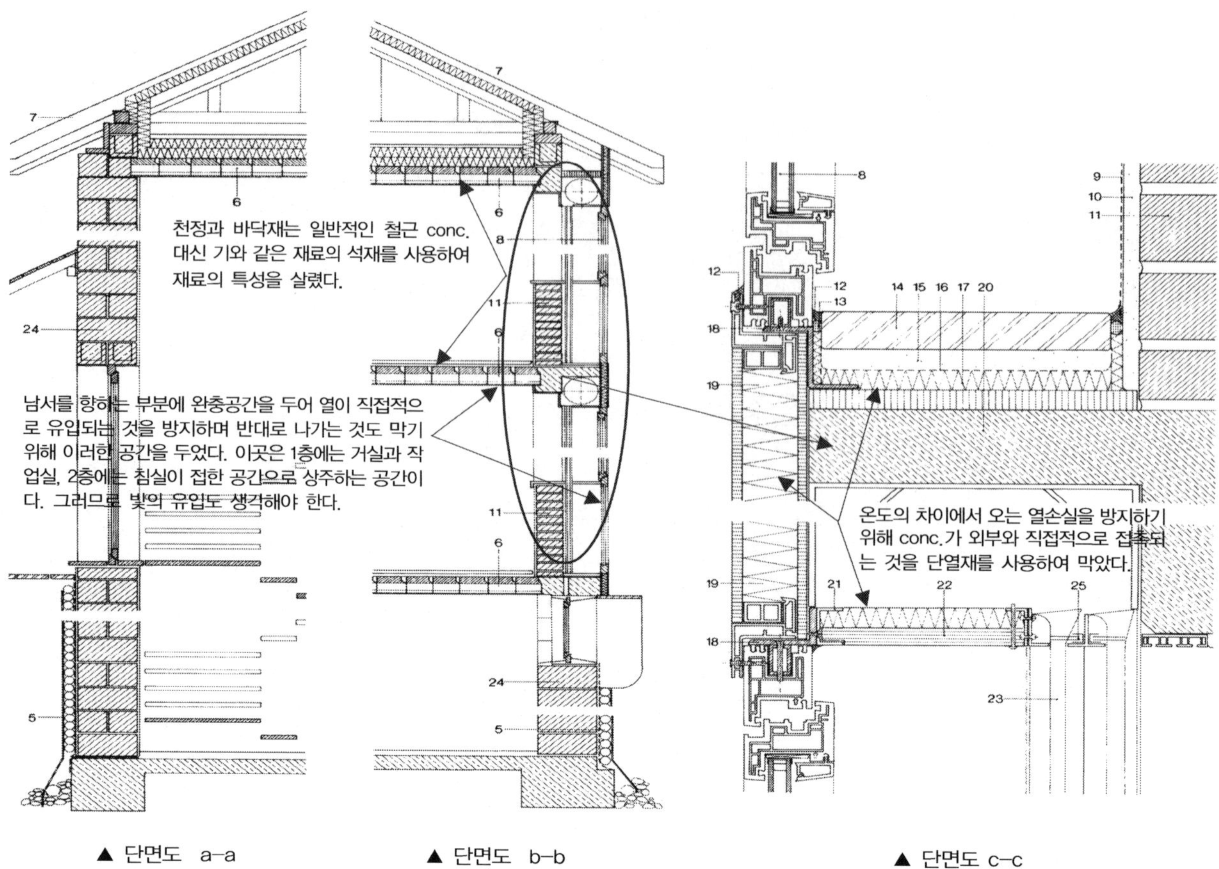

▲ 단면도 a–a

▲ 단면도 b–b

▲ 단면도 c–c

5. 지하실 마감
6. 조립식 바닥 콘크리트
7. 목조지붕(단열. 목조 30x 50mm. 평지붕 바닥)
8. 절연유리창(4/12/4mm)
9. 집열비닐
10. 미장마감(15mm)
11. 열저장용 석재
12. 밀폐
13. 고무 끼우기
14. 플라스틱판
15. 몰탈바닥
16. 비닐
17. 단열
18. 금속프로필(60/45/5mm)
19. 단열재료(플라스틱판 두께＝1cm. 폴리에스트롤 판 두께＝5cm)
20. 철근 conc.
21. 알루미늄
22. 창문차양박스
23. 차양 틀
24. 벽돌
25. 수평밀폐재료

1.4 벽돌 건물의 각 부위 상세보기

건물은 기본적으로 수평재인 바닥, 천정, 그리고 지붕으로 되어 있고 수직재인 벽 또는 기둥으로 되어있으며, 이들은 또한 다른 요소를 그 안에 포함하여 최대의 기능을 하려고 만들어진다. 최고의 건축재료라는 것은 존재하지 않는다. 건축재료라는 것은 어느 것을 사용하든 적합하게 기능을 최대한 발휘할 수 있는 것이 최고의 재료라고 할 수 있으나 아무리 좋은 조건의 재료라 하여도 정확하게 건축물에 부착되지 않는다면 그 가치를 충분히 나타내지 못한다.

여기서부터는 벽돌조의 바닥부터 지붕까지 각 부재의 연결과 요소를 살펴보기로 한다.

각 건축물은 지표면의 변화되는 구조 속에서 어떤 침해를 받는 인위적인 형성이다. 건물은 궁극적으로 자연에 저항하고, 인간에게 보이는 적대적인 환경을 막아주며, 인간을 위험에서 보호하는 의미를 갖고 있다. 즉 건물은 인간을 자연의 적인 추위, 열기, 바람, 땅의 습기 등으로부터 보호한다. 그러나 자연을 파괴한다는 의미는 아니다. 단지 자연 속에서 더불어 살면서 이러한 조건에서 우리 자신을 보호할 수 있는 건축물을 만들면 되는 것이다.

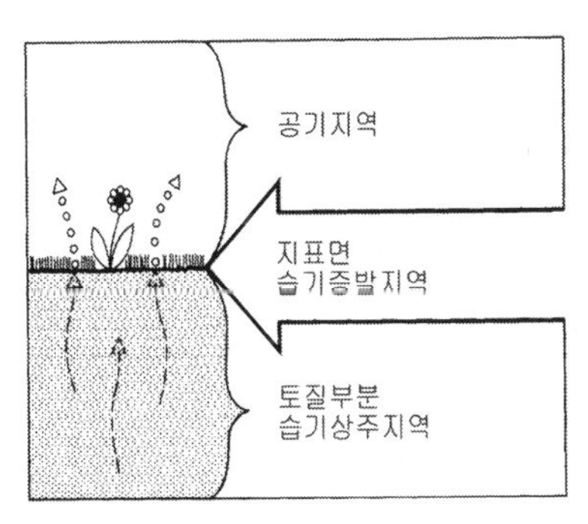

옆의 그림을 보듯이 건물이 접하는 환경은 크게 두 가지다. 즉 대지 위의 공기 지역과 토질 지역으로 나눌 수 있다. 이는 한 건축물이 이러한 상황을 모두 만족시켜야 한다는 것이다.

A. 지하층의 방수를 적용한 예

초기 작업에서 건축물을 계획할 경우와 실시설계에 임하게 될 경우 차이가 있다면 바로 이러한 구조적인 문제이다.

건축물의 디자인이 설계자의 손에서 나오지만 이러한 디테일한 부분도 설계자가 제시할 수 있어야 한다. 이러한 원리를 무시하고 설계를 한다는 것은 그저 계획안의 느낌이고 그 느낌을 사고로 끌어 들일 수 있는 과정이 바로 이러한 상세도이다.

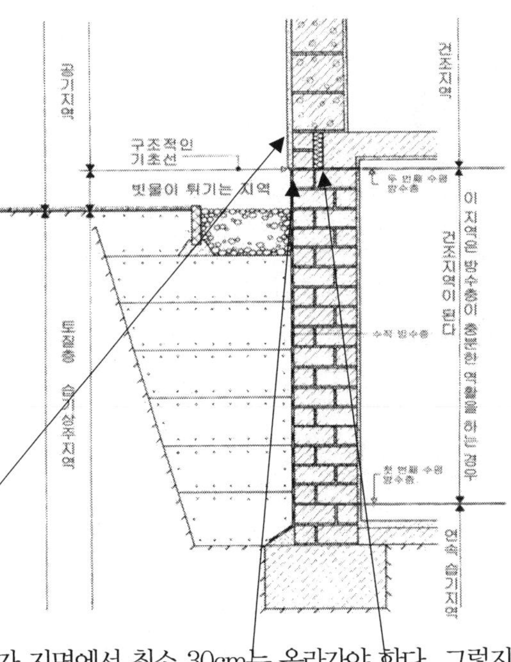

설계자들은 디테일은 설계의 꽃이라고 말한다. 옆의 그림을 보면 건축물의 상태가 우선적으로 지표면의 상하로 나뉘었다. 이러한 환경이 마감의 내부와 외부상태를 다르게 한다.

예를 들어 외부의 마감은 1층 바닥이 있는 곳까지도 최소한 덮어 주어야 한다. 그리고 빗물이 튀기는 지역은 방수가 지면에서 최소 30cm는 올라가야 한다. 그렇지 않으면 벽에 습기가 차서 곰팡이가 생기고 실내는 늘 습하게 된다.

1층 바닥은 외부에 직접 접하지 않고 단열재를 넣고 외부 벽돌을 놓으며 마감을 하는 것이 좋다(육교현상). 그림에서 두 번째 수평 방수층은 내부나 외부에서 볼 수가 있다.

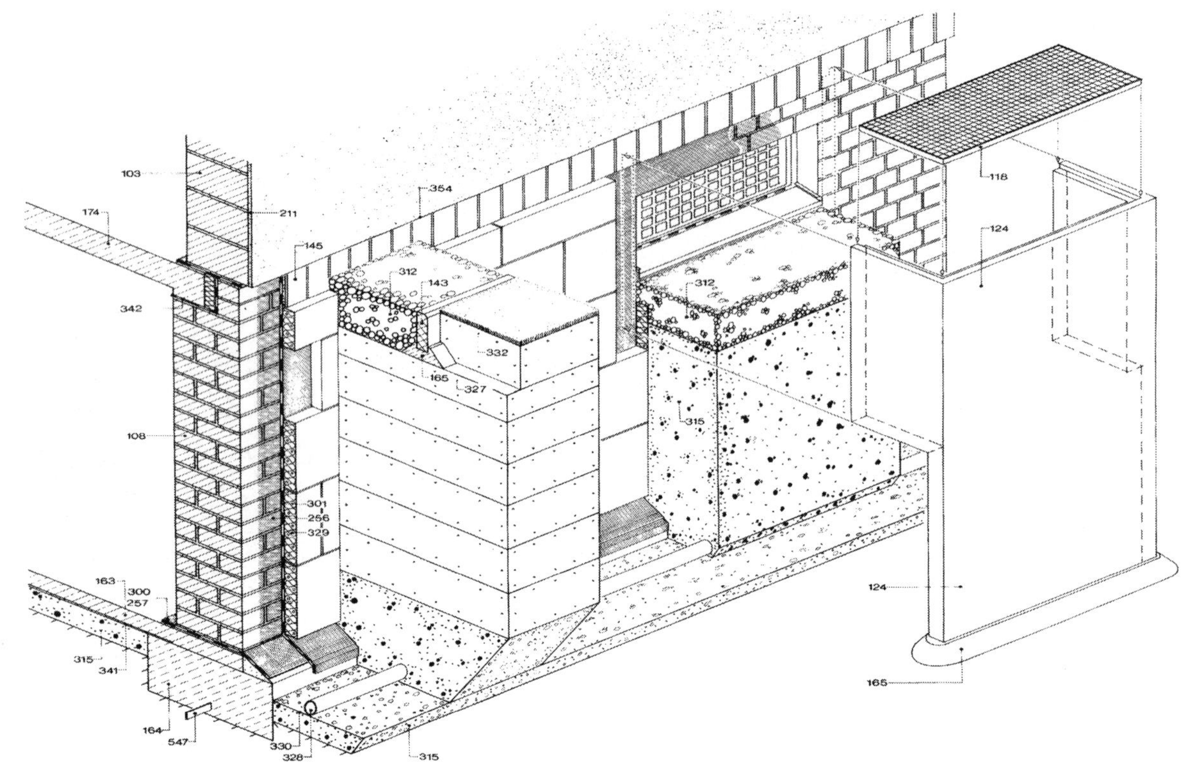

▲ 벽돌조 지하층이 있는 경우를 사용한 예

103 외부 벽돌 벽
108 안정된 구조에 따라 만든 지하 벽
124 지하층에 빛 유입창을 위한 케이스(주문생산)
143 잔디와 자갈 구분 돌
145 지하마감 보호 판
163 (철근)콘크리트 바닥
164 기초 콘크리트
174 철근 콘크리트 천정
211 외부 몰탈 마감
256 방수 초기 칠
257 방수용 비닐이나 그와 유사한 재료
300 수평 초기 방수층
301 수직 접착 방수층
312 자갈
315 중간크기 자갈 필터
328 침수 파이프
329 수직으로 면한 부분에 있는 물이 밑으로 흐르도록 돕는 층
330 침수 파이프 침대
332 일반 토질과 잔디가 있는 곳
341 시멘트가 자갈이 있는 밑으로 흐르지 않도록 나누는 비닐재료
342 번호 300은 초기이고 이곳은 두 번째 방수처리 하는 곳
354 지상층 외부 마감이 끝나는 선

이것은 지하층에 있는 공간으로 앞서 설명한 지상층과 환경이 틀리므로 그에 따른 처리도 또한 다르게 해주어야 한다. 예를 들어 번호 329 같은 경우는 물이 흘러들어 밑으로 내려가 번호 328인 파이프로 들어가게 해주는데 이러한 기능이 없다면 물이 계속하여 지하 벽과 맞닿는 부분에 물이 머물러 번호 256이나 301과 같은 기능이 있더라도 한계가 있다. 그리고 기초의 모양을 보면 사각이 지지 않고 경사지게 해 놓았는데 이도 물이 고이지 않고 흘러가게 작동을 시킨 것이다. 번호 300과 342를 보면 2번에 걸쳐서 작업을 하였는데 이는 바닥과 벽을 그리고 천정과 벽을 서로 분리하여 만약의 경우라고 서로 습기를 주고받지 않게 만들은 것이다.

번호 312와 332를 보면 서로 재료의 성격이 다르지만 이도 마찬가지이다. 번호 332가 만일 벽과 직접적으로 닿아 있으면 벽이 언젠가는 습기를 받게 될 것이다. 그러므로 사이에 자갈층을 두어 물의 밑이나 흙보다는 증발이 잘 되는 것을 이용한 것이며 사이에 구분하는 돌을 두어 이러한 기능을 유지하였다.

이 기능은 지하 창문 앞에도 마찬가지이다. 콘크리트 간이 벽이 지하 창 앞에 있는데 이곳은 거푸집을 대어 콘크리트를 붓기가 힘이 들므로 형태를 주문하여 그대로 사용하였으며 이 벽(번호 124) 또한 토질에서 오는 직접적인 습기를 막아 주는 역할을 한다.

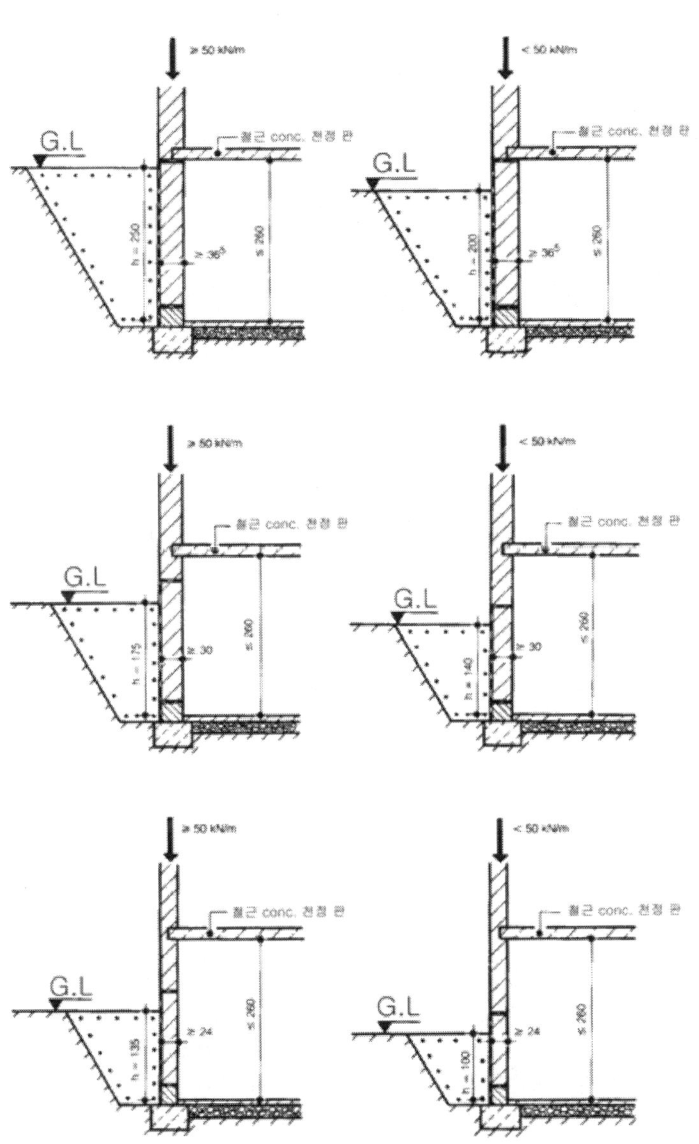

▲ 지하층 방수처리의 예

이 그림의 왼쪽 그림은 지하의 벽 두께가 상황에 따라서 다르게 나타나는 것을 보여주는 것이다.

오른쪽 그림들은 벽이 받는 하중이 최소한 50kN/m과 같거나 이상인 상황을 나타내고 왼편은 그 이하인 경우를 보여주는 것이다.

지하 층의 높이가 260m와 같거나 작은 경우를 공간의 조건으로 하였다.

각 그림이 보여 주는 다른 상황은 지하의 벽을 덮고 있는 흙의 높이가 기초로부터 어디까지 올리 왔는기에 따라서 벽의 두께가 영향을 받는다.

이 그림들에서 또한 살펴보아야 하는 포인트는 두 번째 방수층의 위치이다. 이 방수층은 전체적으로 지표면의 높이 보다는 위에 위치하고 있으며 천정부재의 아래에 위치하고 있다. 이 두 번째 방수층의 위치를 종합적으로 정한다면 지표면에서 30cm 이상의 위치에 놓아야 한다는 것이다. 이유는 비가 올 경우 튀겨서 오르는 위치가 이 범위 안에 있기 때문이다.

▲ 우수 압력으로부터의 방수층의 보호

옆의 그림은 비가 왔을 경우 지하 벽이 받는 수압을 나타낸 것이다. 만일 지하 벽에 단순히 방수층만 넣었다면 수압을 견디지 못하고 벽의 내부로 물이 스며들 것이다. 그렇기에 방수층 위에 다시 물의 압력이 직접적으로 벽에 전달되지 않도록 막아주면서 물을 아래로 흘려보내는 작용을 하는 층이 있다면 좋을 것이다.

위의 그림을 보면 물의 압력이 벽의 옆면만이 아니라 밑 부분에서도 올라오는 것을 볼 수가 있다. 이런 것을 감안한다면 바닥에도 압력에 의하여 올라오는 물을 막아주는 층이 필요하다.

B. 벽과 천정의 관계

옆의 그림은 지하를 갖지 않고 1 층의 바닥이 지상에 있는 경우이다. 일반적으로 1층의 바닥이 지표면 보다 아래로 내려가 있는 경우는 드물다. 이 건물에서 1층의 천정인 철근콘크리트의 두께를 살펴보자. 벽에 들어가 있는 부분은 천정을 이루는 부분보다 더 두껍다. 그러나 벽에 들어가 있는 부분의 두께를 보면 벽돌 두 장의 두께와 같다는 것을 알 수 있다. 이것이 의미하는 것은 이 벽돌의 사이즈가 어떤 것이든 그 벽돌의 치수로 나눌 수 있는 두께인 천정콘크리트인 것을 알 수 있다. 만일 조적도의 두께가 아니라면 벽의 어느 부분인가 조적의 치수를 맞추기 위하여 작업을 하여야 한다는 것이다. 그러나 천정 콘크리트의 두께는 그렇지 않다.

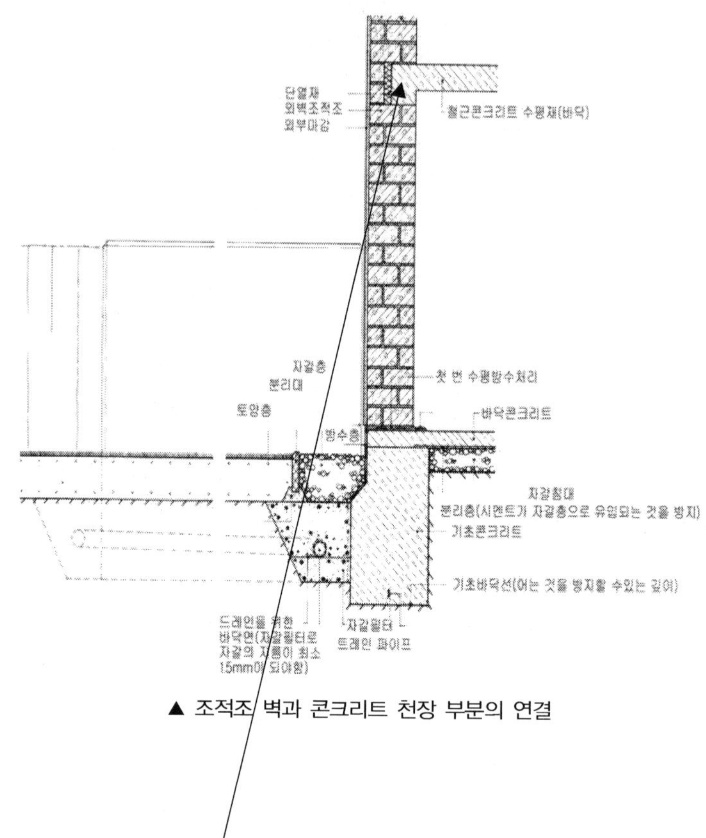

▲ 조적조 벽과 콘크리트 천장 부분의 연결

이 건물의 경우에는 더 두꺼운 부분이 아래로 내려와 있는데 간혹 위로 올라가 있거나 또는 두께가 천정의 두께와 일정한 경우도 있다. 한 건물에서 이렇게 벽에 들어간 부분은 모두 일정하게 표시를 해주어야 하는데 이유는 공간의 천정 높이에 영향을 주기 때문이다.

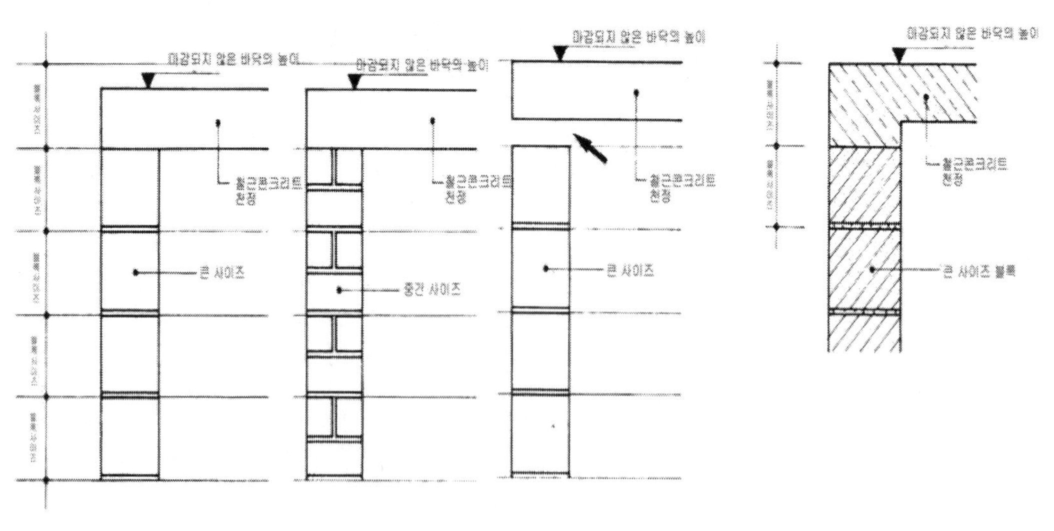

▲ 조적벽과 철근콘크리트 바닥의 연결

위의 그림을 보면 벽돌이나 다른 사이즈의 블록이라도 그 크기를 기준(모르타르의 두께도 포함)으로 하여 나누어 볼 수가 있다. 그리고 철근콘크리트 천정도 그 기준에 넣어서 위로 올리던 내리던 벽 내에 들어가는 두께의 한계를 결정할 수가 있다. 위에서 설명을 하였듯이 이는 공간의 높이를 맞추는데 좌우된다. 공간의 높이는 우선적으로 마감되지 않은 바닥의 높이로 결정을 하는 것이 옳다.

아래의 그림을 보면 모두 한 사이즈 안에 천정 콘크리트의 위치가 정해져 있다. 이 그림에서 공간의 높이를 모두 마감 전의 위치에서 아래층의 바닥에서 위층 바닥까지 2m 75cm로 잡은 경우 모두 같은 높이를 얻는다. 공통적인 것은 아래의 천정재가 밑으로 향해 있으면 모두 같은 형태로 있어야 하는 것이다.

그림의 4를 보면 이것은 천정재를 일직선으로 놓고 한 개의 블록 층을 절단하여 사용하였거나 그 치수에 맞는 벽돌이나 블록을 사용했다는 것이다. 이 그림의 모든 경우에 계산을 할 경우 벽돌 사이의 몰탈 두께를 같이 계산하여야 한다.

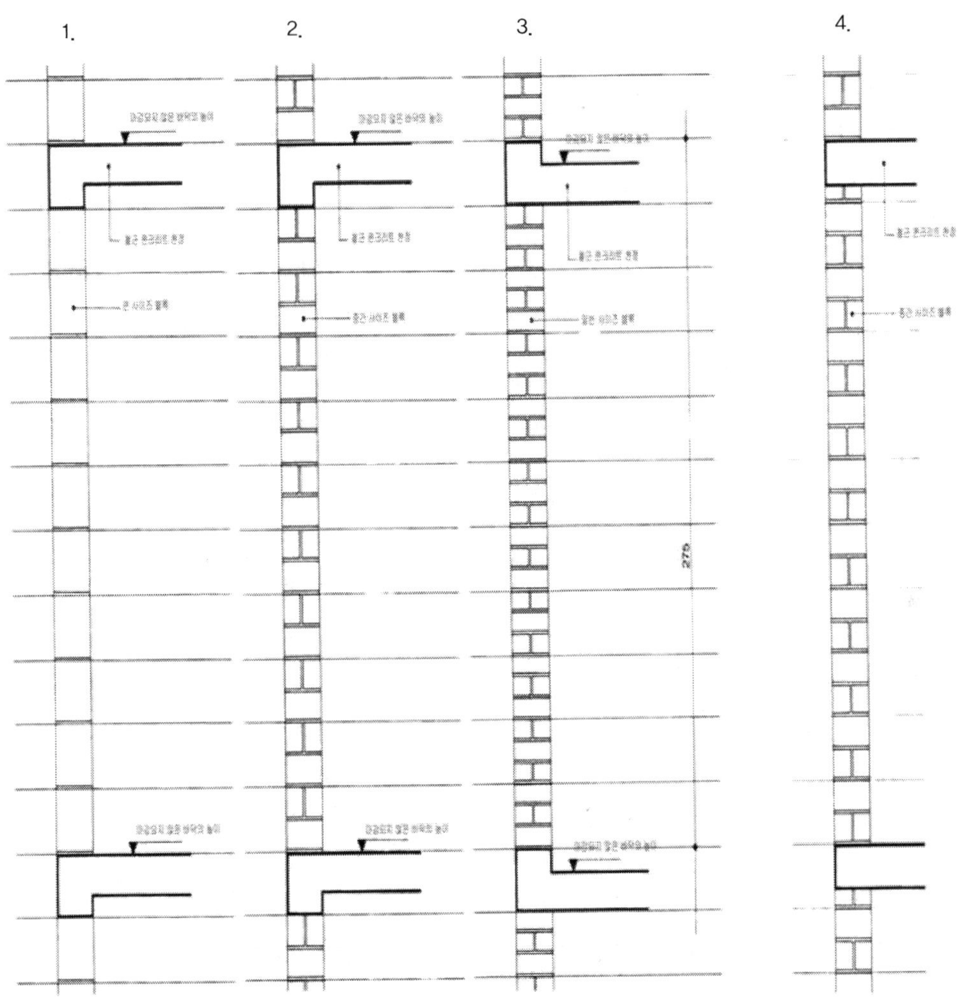

▲ 동일한 치수로 조적(블록) 계획

다음의 그림은 여러 벽과 천정의 형태로 적용한 경우를 보이며 어떻게 마감을 하였는가 보여준다. 일반적으로 조적이나 블록 위에 철근콘크리트 천정 부재를 얹어 놓는 경우 모르타르를 사용하지 않고 그대로 놓는 것을 상세도를 그릴 경우 항상 염두에 두어야 한다. 그리고 천정부재가 벽과 외부로 같은 면에서 끝나는 것은 열전달의 육교를 만들게 되므로 이는 좋지 않은 방법이다. 가능한 단열재나 보온재로 열손실을 막거나 단열재로 차단을 시키는 것이 좋다.

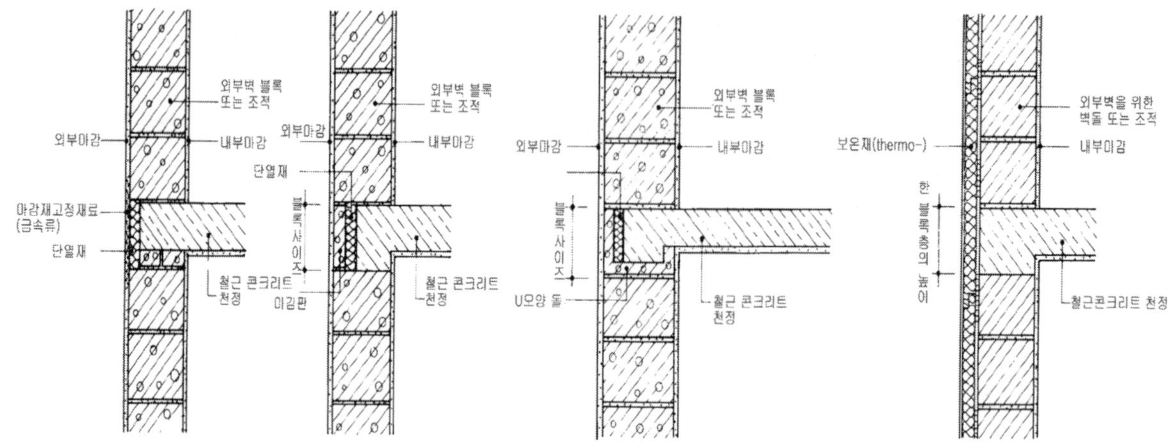

▲ 열교(thermal bridge) 현상을 방지하기 위한 대책

C. 벽의 다른 기능

❶ 열을 전달하는 육교

일반적으로 벽이라는 것은 공간을 수직적으로 구분하고 사생활을 보호하여 주며 자연환경으로부터 인간을 보호하는 역할을 하며 건축물의 전체적인 형태를 보여주기도 하고 하중을 기초로 전달해 주는 것이 일반적이다. 그런데 이외에도 벽은 수직적인 바닥재와 연결이 되면서 음향과 열을 전달하는 다리 역할도 한다. 음향은 개인의 공간에 침해를 줄 수 있으며 특히 열을 전달하는 다리 역할은 에너지 소비의 치명적인 원인이 될 수 있다.

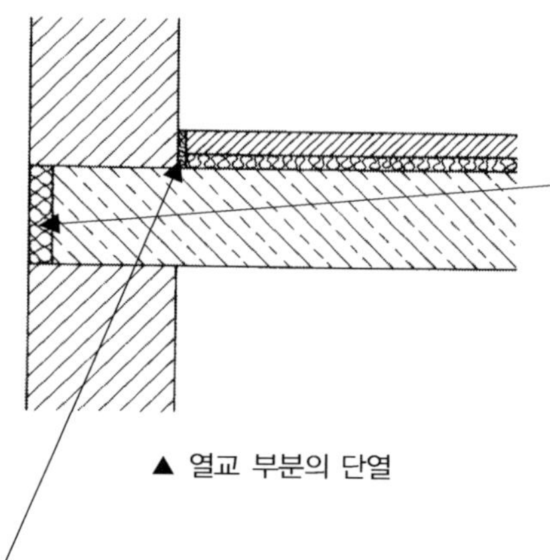

▲ 열교 부분의 단열

왼쪽 벽은 공간쌓기를 하지 않은 벽이다. 이러한 경우에 수평재인 철근콘크리트가 벽 사이에 놓이면서 외부에 직접적인 접촉을 할 수 있는데 이러한 경우 단열재로 외부와 차단을 시킨다. 수평재인 철근콘크리트에는 마감을 하는 경우 하단보다는 상부에 하는 것이 여러 면에서 유리한다. 만일 상부표면에 막을 하지 않는다면 소음이 직접적으로 다른 공간에 연결이 되며 또한 열손실에서 오는 영향도 상부공간이 받기 때문이다.

바닥 콘크리트에 마감을 하는 경우 유의해야 하는 점은 바로 바닥에 대는 콘크리트와 벽 사이에 또한 스티로폼 같은 것을 두어 차단시키는 것이다. 이것이 바닥에서 생기는 소음뿐 아니라 열을 전달하는 작용도 차단을 시킨다.

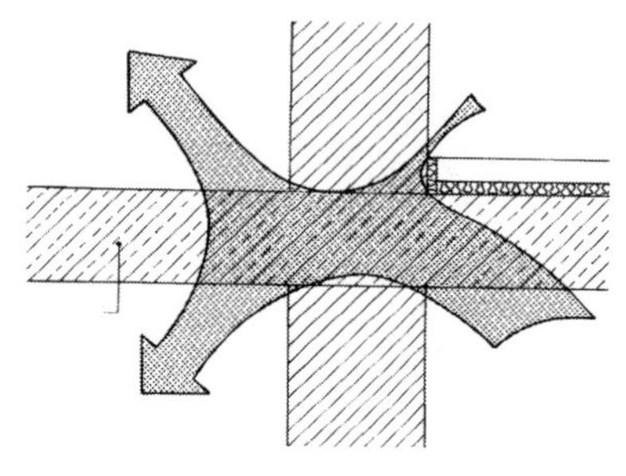

▲ 열교를 통한 열전달

옆의 그림은 열이 어떻게 전달되는가 그 경로를 나타내는 것이다. 예를 들어 벽을 사이에 두고 발코니의 바닥과 공간의 바닥이 연속된 경우 공간의 열은 그대로 외부에 빼앗긴다. 이러한 원리를 생각한다면 이 열손실의 육교를 차단하거나 이미 이러한 모양으로 공사가 된 경우에는 발코니 자체를 단열재로 감싸주는 해결이 나올 것이다.

아래 그림은 위의 경우를 해결해 본 것이다. 1의 그림은 공간의 바닥재와 발코니의 바닥을 분리하여 그 사이에 단열재를 넣어 열손실을 막은 것이다. 그림 2번의 경우는 발코니 자체를 단열재로 감싸서 온도의 차이를 줄여 본 것이다.

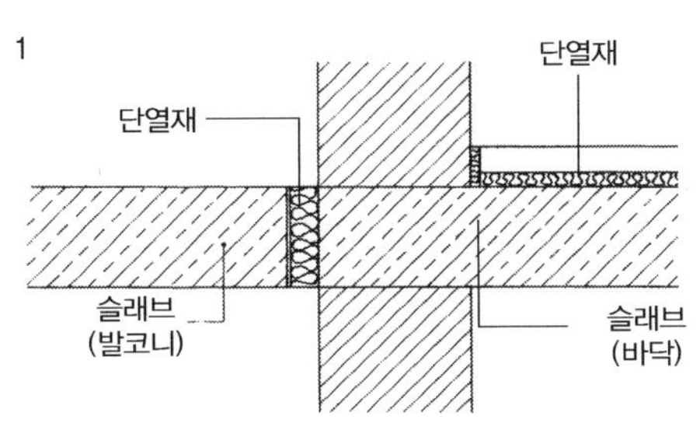

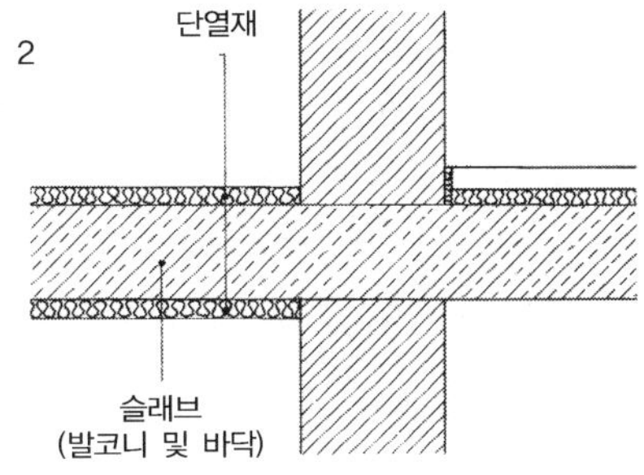

▲ 발코니 부분의 단열재 시공

❷ 소리를 전달하는 육교

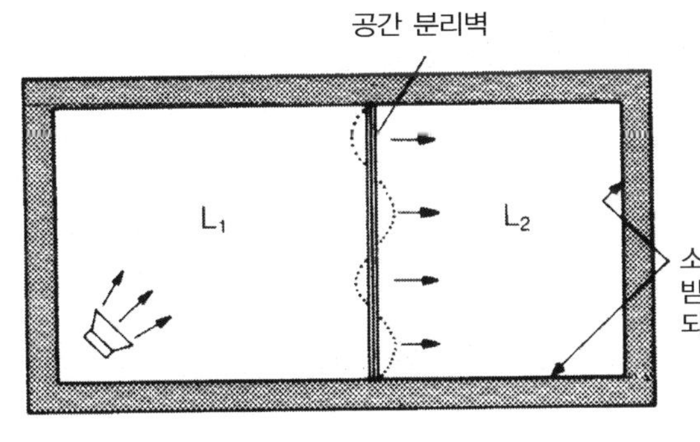

흡음재가 있지 않은 상황에서 소리를 옆의 그림과 같이 보낸다면 실1의 소음(L_1)은 인접한 공간 실2의 소음(L_2)에 영향을 줄 것이다. 공간 분리벽이 충분한 두께를 갖지 않은 상황에서는 그 파장은 적지 않다. 설계를 하는 과정에서 작업자는 이를 고려하여 시공업자에 도면상으로 방지책을 제시하여야 하며 이는 언제나 고려되어야 하는 점이다.

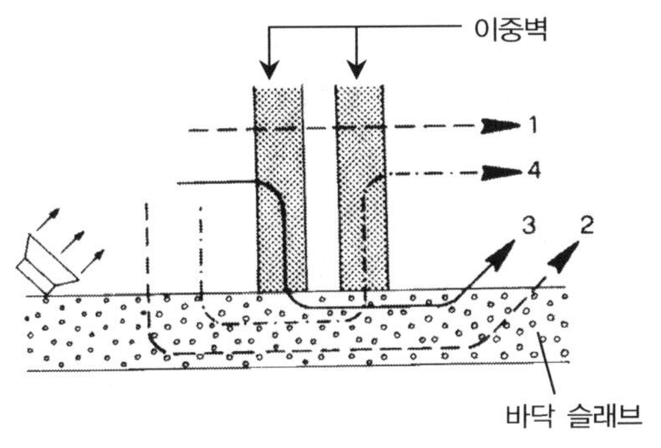

이것은 공간을 수직으로 자른 것으로 바닥을 통하여 전달되는 것(번호 2, 3, 4)과 이중벽을 통과하는 것(번호 1)으로 번호 2는 무시를 하여도 되나 바닥을 통한 것은 그 영향이 적지 않으므로 이점은 해결이 되어야 한다.

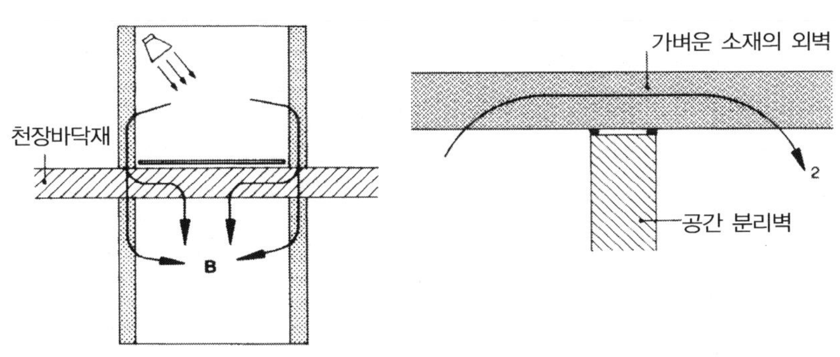

이것은 벽의 재료가 육중한가 아닌가에 따라 음향이 어디를 타고 흐르는가 보여주는 그림이다. 이 경우 분리벽은 외벽과 직접적으로 연결되어 있지 않으므로 분리벽에는 전달되지 않았다. 분리벽 자체에는 음향이 전달되지만 외벽으로부터는 전달되지 않는 하나의 해결을 제시한 그림이다.

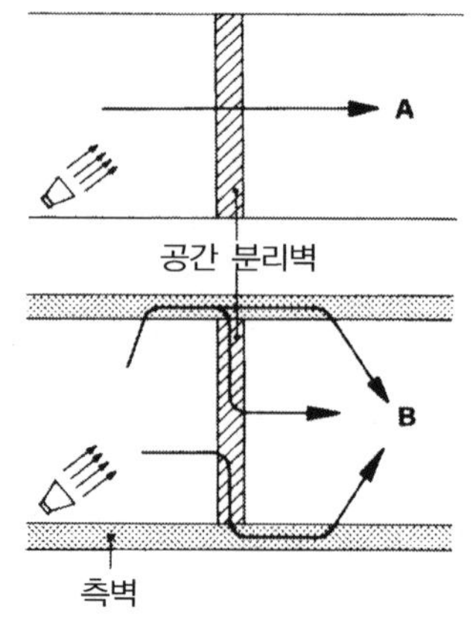

이 그림은 공간의 단면을 나타낸 것으로 공간 분리벽을 수직으로 표현한 것이다. 음향은 공간 분리벽을 통과하여 그대로 가벼운 소재의 외벽 인접한 공간으로 전달된다.

이것은 공간의 평면으로 음향이 분리벽과 공간 분리벽 측벽을 타고 전달되는 과정을 나타낸다. 음향은 측벽을 타고 그대로 이웃공간으로 전달되기도 하고, 또는 측벽에서 분리벽으로 그리고 분리벽에서 측벽으로 이동된다.

D. 창문 프레임과 창대

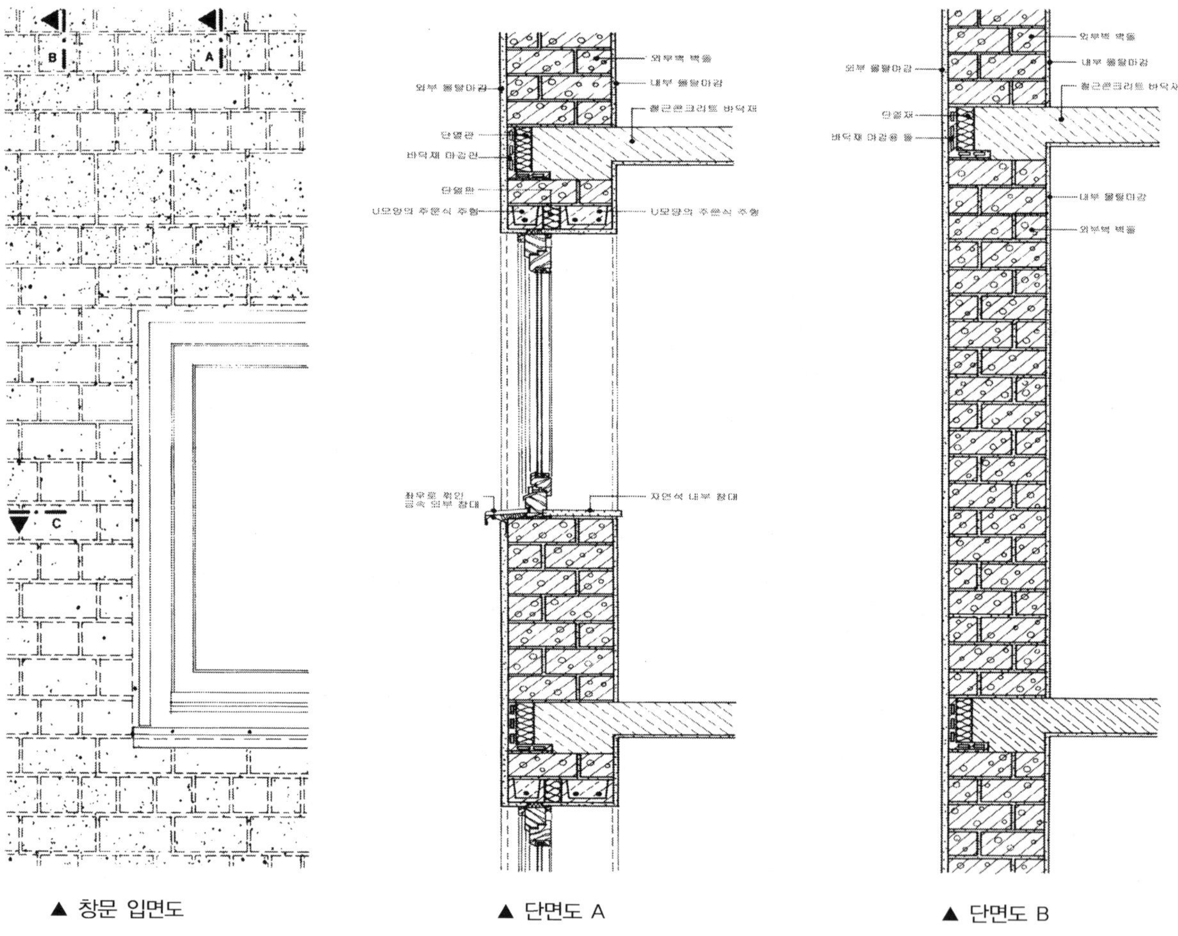

▲ 창문 입면도 ▲ 단면도 A ▲ 단면도 B

위 그림은 여닫이창이 내부로 열리게 되어 있으며 창의 프레임은 목조이다.

창문 입면도로부터 A, B, C 세 개의 단면도를 만들었다. A는 창을 포함하지 않았고, B는 창을 수직으로 잘랐으며, C는 수평으로 창을 자른 단면도이다.

내·외부는 모두 모르타르로 마감한 상황이고 창문의 외부와 내부는 창대를 갖고 있으며 외부의 창대는 물이 흘러내리는 기능에 맞추어 경사를 갖도록 만들었다.

창문 프레임과 창대가 만나는 아랫부분은 창대를 프레임의 아래에 위치하게 하였으며 금속재료인 창대의 밑에는 단열재를 넣었다. 창대의 양쪽은 구부려서 벽의 사이에 들어가게 하여 습기가 안으로 유입되는 것을 방지하였다.

비닥재인 철근콘크리트가 벽으로 들어간 부분은 우선적으로 단열재를 사용하여 차단하고 그 다음에 시멘트나 그에 상응하는 재료로 단열재의 손상을 막고 외부 마감재인 로 덮어 버렸다.

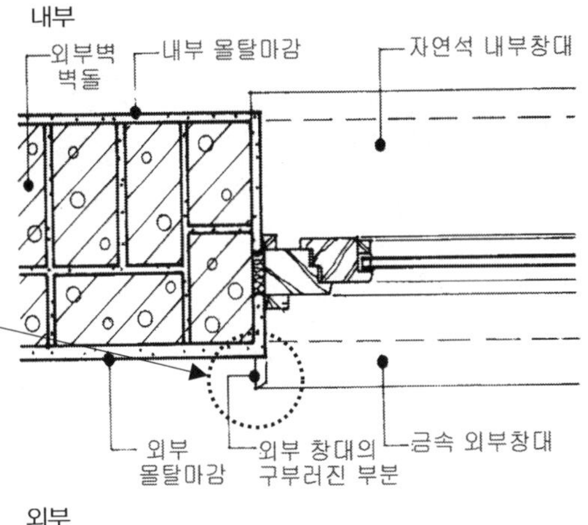

▲ 단면도 C

만일 창의 창대를 내부에도 설치하는 경우에는 내부창대의 내민 길이와 내부 마감이 어떻게 마무리 되는가도 상세도에서 표현을 해주어야 하므로 단면도에서도 표현을 주어야 한다. 일반적으로 마감을 해주는 경우 모르타르가 표면에 잘 달라붙지 않는 경우를 감안하여 초기에 벽에 거즈나 그에 상응하는 것을 먼저 부착하고 모르타르를 바르는 경우도 있다. 이를 생각한다면 상세도에서 나중에 이를 표현해 주는 것도 친절한 표현이다.

• 창대의 종류

▲ 외벽은 마감되지 않았다. 창대의 재료는 금속이므로 온도 변화에 민감하게 반응한다. 그렇기 때문에 좌우로 벽과 맞닿은 부분에 마감을 하거나 약간의 마감재료가 있어도 파손이 되기에 그러한 것을 피하는 것이 좋다.
창문에서 흘러내리는 물을 받아 그대로 내려보낼 수 있게 경사지고 영구적인 밀폐를 강구해야 한다. 벽과 접촉된 부분은 실리콘 같은 재료로 막아주고 정기적으로 검사하고 바꿔줘야 한다.

▲ 이것도 금속의 창대이며 왼편의 것과는 다르게 벽으로 들어갔다. 창문의 하단부와는 충분한 간격을 유지하고 있으며 벽안으로 들어간 부분은 고정되지 않고 자유롭다.
왼편의 그림과 비교했을 때 사이드의 면이 충분하여 비가 많이 와도 충분히 받을 수 있는 면적을 확보하고 있다.

▲ 이렇게 경사를 많이 가지면 갖을수록 빗물이 빠르게 흘러내려 이음 부분에 주어지는 물의 흡수에 대한 부담은 적어진다.
이 재료도 열에 의한 팽창이 있으나 위에 놓인 재료에 의하여 해결된다.

▲ 이것은 외벽의 재료인 벽돌로서 이 형태가 내부까지 들어간 경우에 만일 방수 비닐이나 그와 유사한 재료로 구분해 놓지 않았다면 습기가 안에까지 영향을 줄 수도 있다.
수평에 가깝거나 미세한 경사를 갖게 된다면 모르타르로 창대의 높이까지 완전히 채우는 것이 좋다. 그렇지 않으면 침수되는 현상이 발생한다.

▲ 이것은 콘크리트로 틀을 미리 만들어 안착시킨 것으로 좌우가 벽의 일부로 들어갔다. 이것은 이중 공간쌓기에 적용한 것으로 그림에서 흰색 화살표는 장기적인 안목에서 밀폐시킨 부분을 표시한 것이다. 다른 창대가 갖고 있는 좌우의 물 흐름 대신에 홈(검은색 화살표)을 만들었다.

▲ 이것도 석재로 된 창대로 사이드의 올라간 부분이 숨겨진 벽에서 외부 연속되어 나와 있다.

• 창대가 있는 창문 아이소메트릭

이것은 창문의 프레임이 목조이며 벽은 이중 공간쌓기로 하였고 내부는 모르타르로 마감하였으며 외부는 마감이 없는 상태이다. 벽 사이의 공간에는 통풍을 유도하는 공간과 단열재를 넣었으며, 창대의 밑에는 건조를 위해 벽돌 사이에 모르타르를 하지 않았다.

창대는 콘크리트로 되어 있고 사이드는 벽 안으로 들어갔으며 창대의 하부와 벽돌 사이에는 방수를 위한 비닐을 넣어서 내부로의 물 흡수를 방지하였다.

내부에 있는 창대판은 먼저 벽 내부 마감을 수직으로만 하고 창대판 밑에는 나무로 막고 그 뒤에 역시 단열재를 넣었으며 벽과 닿는 창문의 하단프레임에 내부 창대판을 끼웠다.

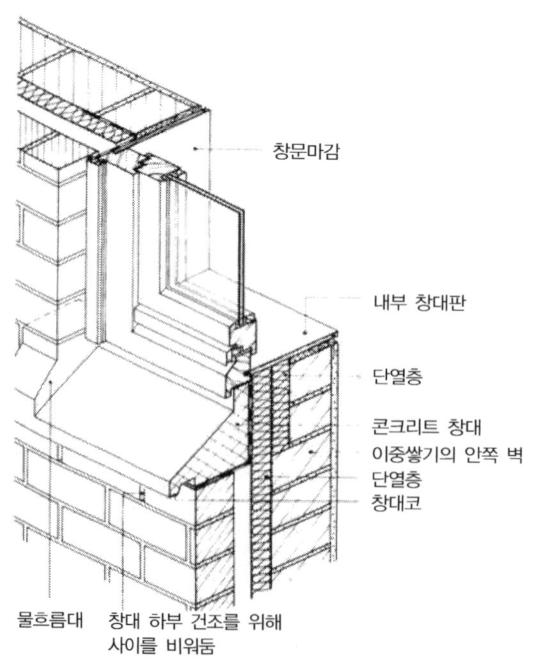

• 조적조의 지붕

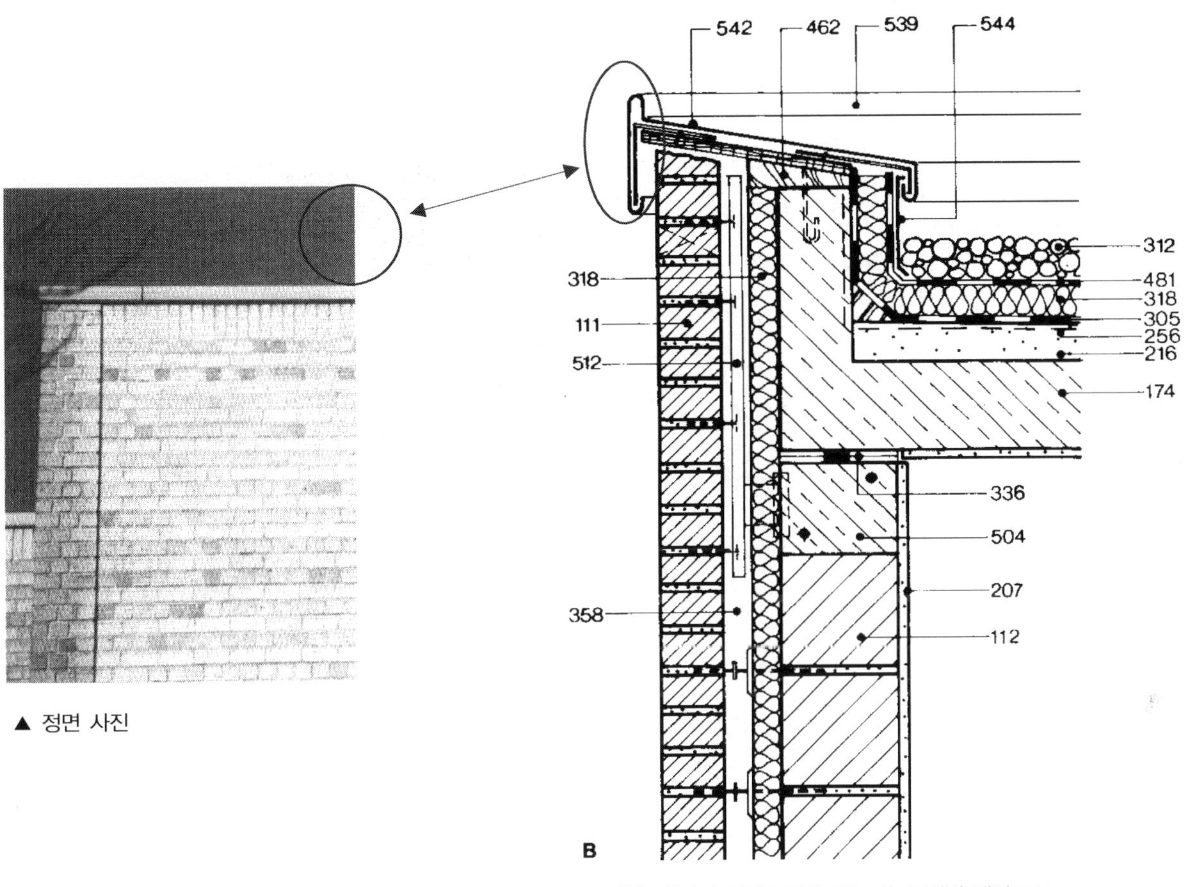

▲ 정면 사진

▲ 다음 페이지 입면도에서 갖고 온 조적벽 단면도 B

설계를 하는 학생들이 소홀히 하는 부분 중에 하나가 지붕 부분이다. 그러나 지붕은 계절과 방위에 상관없이 건물에 영향을 주는 중요한 부분 중에 하나다. 특히 건물에 하자가 생기는 주요인 중에서 지붕으로부터 발생되는 원인이 많은 퍼센트를 차지한다. 그리고 건물의 디자인에 있어서도 지붕은 거의 전체적인 이미지를 좌우할 만큼 중요한 요소이다.

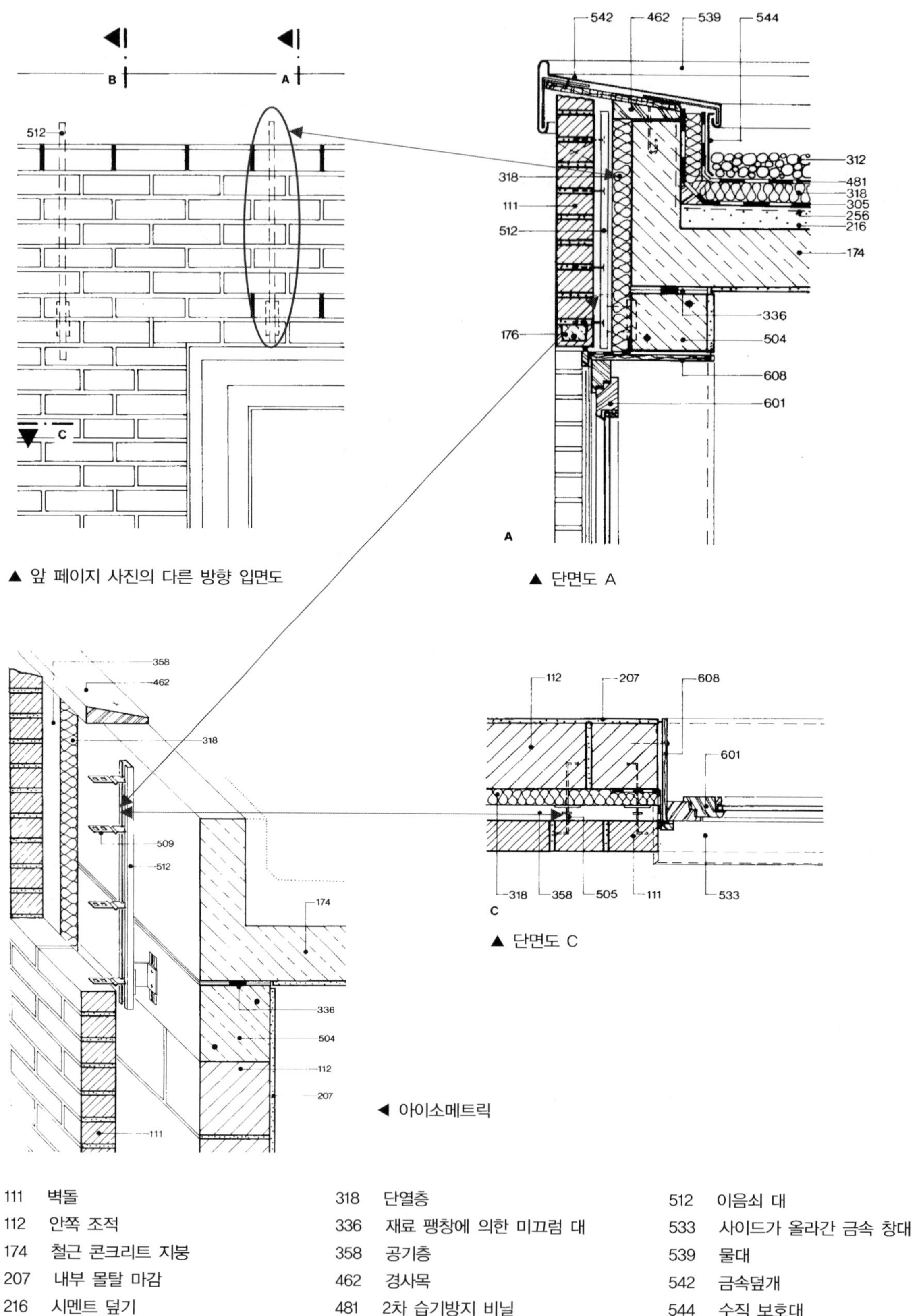

▲ 앞 페이지 사진의 다른 방향 입면도

▲ 단면도 A

▲ 단면도 C

◀ 아이소메트릭

111 벽돌
112 안쪽 조적
174 철근 콘크리트 지붕
207 내부 몰탈 마감
216 시멘트 덮기
256 초기 방수처리
305 습기 방지와 수평잡기
312 자갈층
318 단열층
336 재료 팽창에 의한 미끄럼 대
358 공기층
462 경사목
481 2차 습기방지 비닐
504 링 앵커
505 이음쇠
509 벽돌이음쇠
512 이음쇠 대
533 사이드가 올라간 금속 창대
539 물대
542 금속덮개
544 수직 보호대
601 창문 프레임
608 창문 마감대

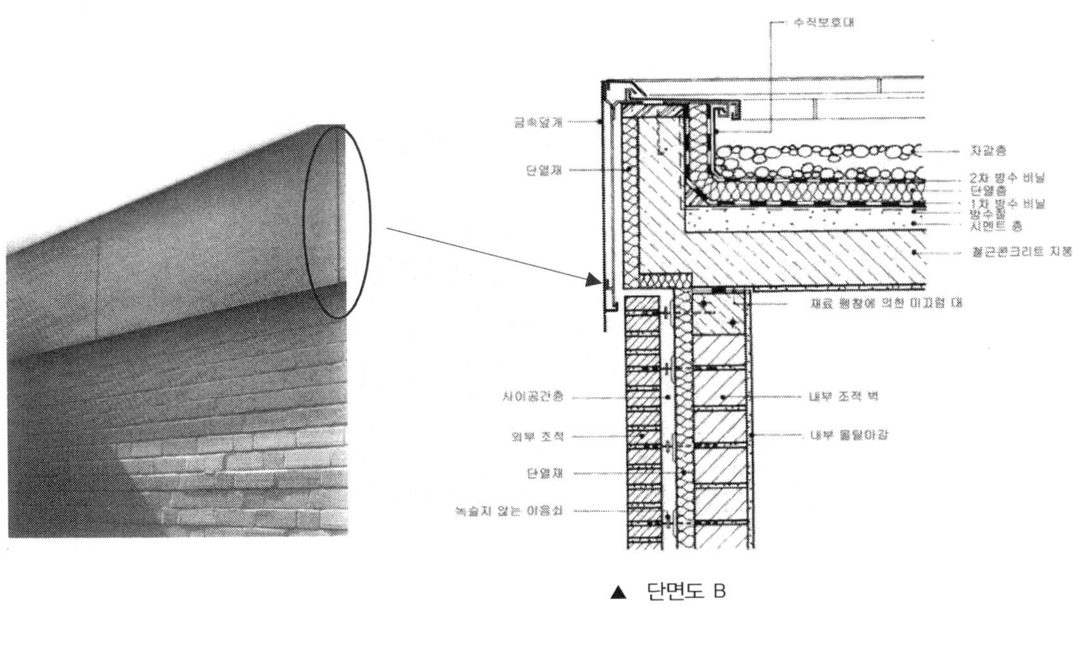

▲ 단면도 B

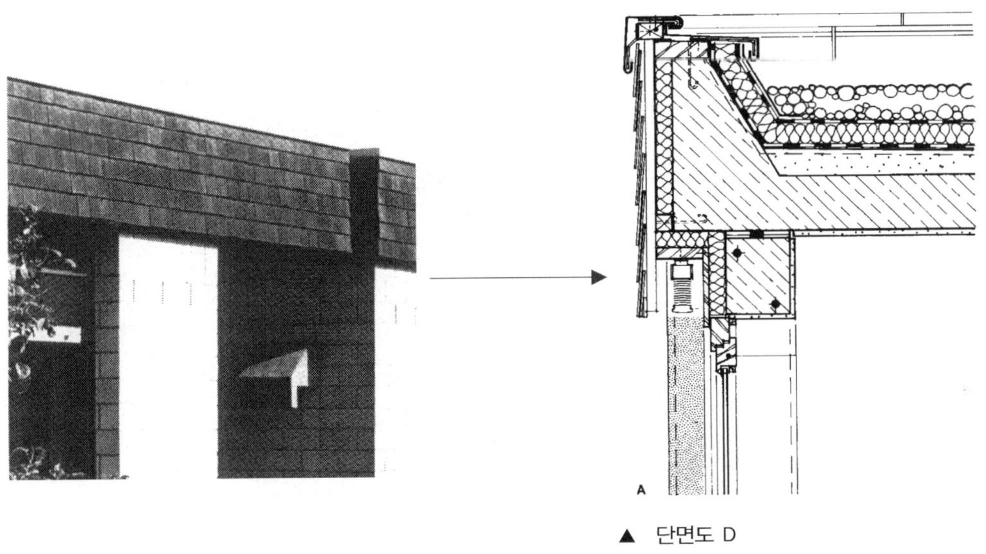

▲ 단면도 D

1.5 벽돌을 사용한 건물의 예

옆의 건물은 개인소유의 갤러리로 벽돌의 질감을 그대로 살리려는 설계자의 의도를 한 번에 볼 수 있다. 다른 방향의 벽이 만나는 모퉁이의 안쪽으로 수직으로 길게 창을 내어 내부에 빛을 유입시키고 벽에는 개구부를 따로 두지 않았다. 단층의 건물임에도 높이를 두고 입구를 길게 두어 은은한 분위기를 만들어내며 안으로 들어가 갑자기 넓어지는 공간 분위기를 만들어 낸다. 주변의 환경에 적합하게 디자인 형태를 만들고 조적조에서 보는 박스 형태를 갖고 있으며 전체적으로 정사각형의 형상에서 제거하는 평면원리를 사용하였다.

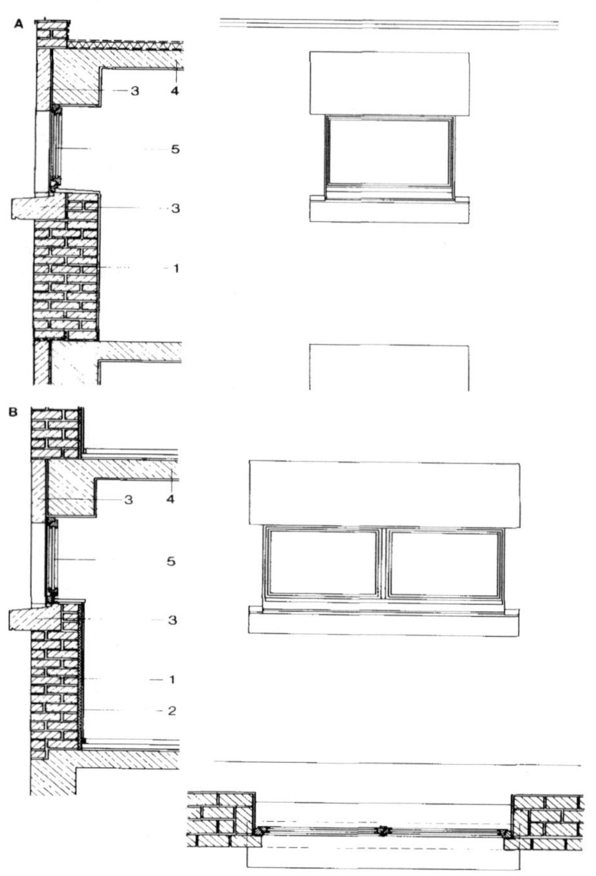

▲ 창호부분 상세도

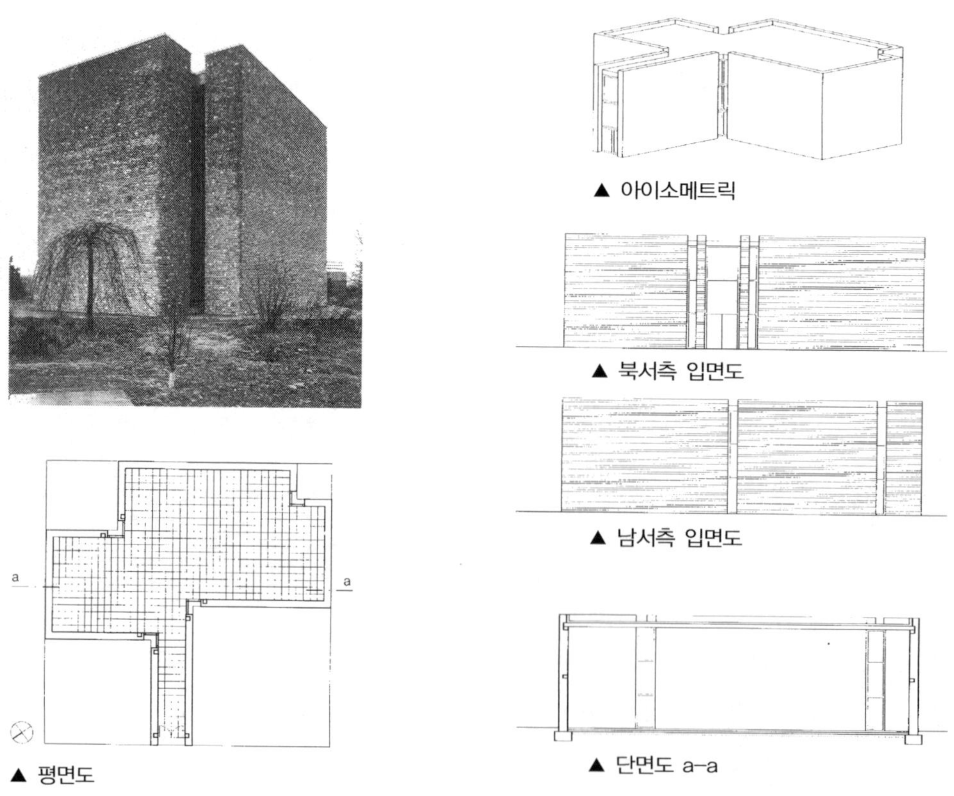

▲ 아이소메트릭

▲ 북서측 입면도

▲ 남서측 입면도

▲ 평면도

▲ 단면도 a–a

2 목조건축

목조건축은 석조나 조적조와 함께 건축의 역사에서 오랜 기간 사용되어 온 건축재료 중 하나이다. 목조의 특징을 보면 다음과 같다.

1. 나무는 비교적 다른 재료와 상관관계가 좋은 건축재료이다.
2. 나무는 재재소나 건축현장에서 간단하고 깔끔하게 작업할 수 있다.
3. 목조 건축재료는 다양한 방법으로 서로 연결할 수 있다.
4. 목조는 다른 건축공법에서 할 수 없거나 어렵게 작업해야 하는 공간 또는 건축형태를 가능하게 한다.
5. 나무는 건축물에서 좋은 단열재 역할을 한다.

설계를 배우는 학생이 충분히 지식을 익혀야 하는 구조 중에서 목조는 상당히 중요하다. 나무는 생태건축이나 자연적인 삶을 선물하는 데 중요한 재료이며 자연 친화적인 재료이기 때문이다. 많은 학생들이 이 목조를 충분히 습득하지 못했기 때문에 실제 현장에서 이를 적용하는 데 망설이고 어려운 작업으로 생각하지만 목조는 다른 건축재료와 비교해 볼 때 아주 흥미로운 재료이다. 나무의 성질을 알고 이를 설계에 응용하는 것이 이상적이지만 건축재료에서 이에 대한 내용은 충분히 다룬다고 믿기에 이 책에서는 설계를 하는 데 필요한 내용만을 다루도록 하겠다.

목조도 다른 건축재료와 마찬가지로 건축물이 해야 하는 기능을 충분히 만족시켜야 하며 인간을 보호하고 경제적인 면에서 에너지 절약이 가능한 건축물이 되도록 해야 한다. 건축의 기본적인 기능이 자연으로부터 인간을 보호하는 것이므로 건축물에서 사실 제일 중요한 포인트는 외부와 내부를 구분짓는 외벽의 마무리다. 이 부분이 정확하게 된다면 우선적으로 건축물은 제1의 기능을 하게 되는 것이다.

2.1 목조건축에서 외벽을 이루는 기본적인 구조

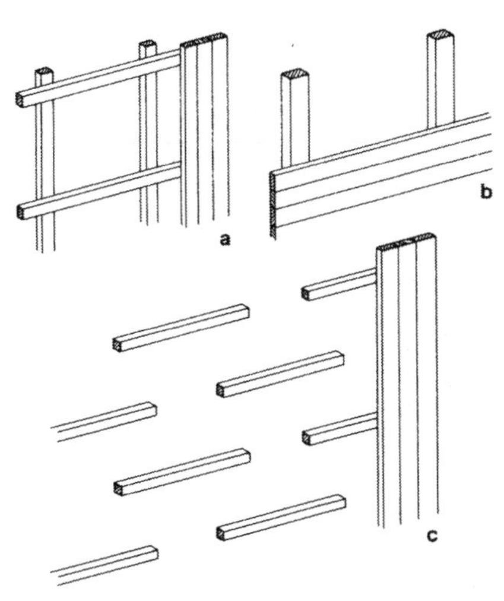

이것은 가장 간단한 형태이면서 많이 사용되는 외벽보호 구조이다. 다른 재료에 비하여 목조는 골조구조의 형식을 취하고 있으므로 기후에서 오는 환경조건에 노출되어 있는 상태이다. 그러므로 이러한 단점을 해소하기 위하여 구조체는 빗물 같은 외부환경에 직접적으로 노출되지 않게 보호를 해주어야 한다.

a. 수직적인 구조체에 수평재를 받침으로 사용하여 수직 외부목조를 외피로 입혀서 보호를 한 형태
b. 수직적인 구조체에 수평재를 사용하여 외부 옷을 입혔다.
c. 수직구조체에 수평받침을 엇갈리게 대어서 수직외피를 입힌 형태이다.

이들의 공통점은 모두 수직 구조체가 그대로 외부에 노출되지 않고 외피에 보호를 받는다는 것이다.

건축물의 기본적인 기능이 인간을 외부환경으로부터 보호하는 것이라면 가장 밀접하게 외부와 접촉하는 곳이 외부마감이다. 이곳을 정확하게 처리하지 않으면 내부는 공격을 받고 공간자체가 제 기능을 하지 못하기 때문에 우선적으로 살펴보아야 한다. 나무로 외부를 마감한다면 어떤 경우에도 고려해야 하는 것이 습기가 없고 건조한 환경을 만드는 것이다. 이를 위하여 구조체와 외부마감 나무 사이에 공기가 흐르는 공간이 있어야 한다. 공기는 밑에서 위로 흐르게 해주는 것이 좋다. 이를 만족하기 위해 외부마감은 수직으로 놓는 것이 일반적이나 특수한 경우에는 수평으로 놓기도 한다.

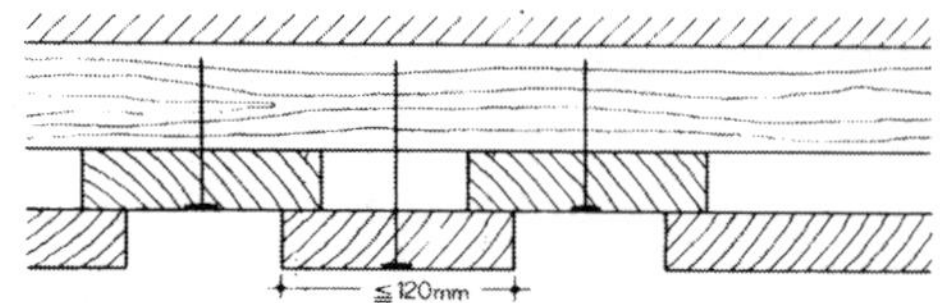

▲ 수직재를 사용한 외부마감의 일반적인 형태로 서로 엇갈리게 놓았는데 공기가 흐르는 공간이 있으며 수직재의 최소치수는 120mm로 한다. 서로 겹치는 면을 고려할 경우 공기가 흐르는 공간을 고려한 치수이다.

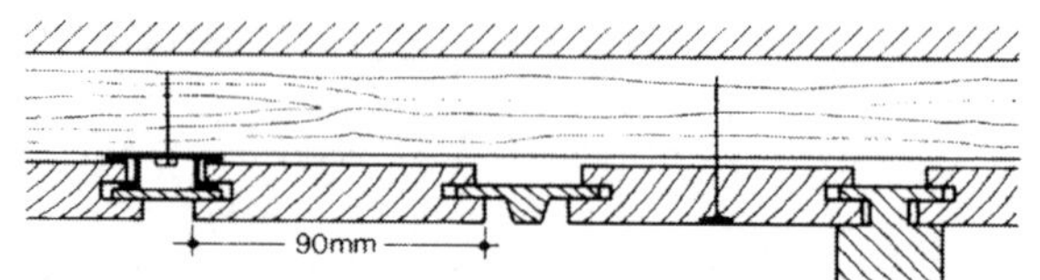

▲ 이것은 수직재를 다른 재료를 사용하여 연결하는 예를 여 러 가지로 나타낸 것인데 그림을 자세히 살펴보면 수직재와 마감재의 사이에 간격이 있는 것을 볼 수 있다. 이는 방음의 역할도 해주면서 공기가 흐르는 공간이 주어진다. 이 경우에 사용되는 수직재는 이미 홈이 가공된 재료이다. 최소한의 폭은 90mm를 갖는다.

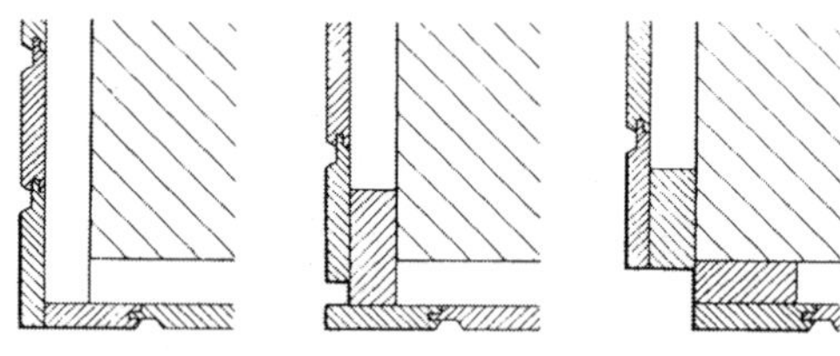

▲ 이것은 모서리 부분을 처리한 경우로 어떤 경우에도 모서리는 막혀있어야 한다. 처음 것은 수평재를 사이에 두고 그 위에 마감재를 댄 것이고 가운데는 모서리 부분에 받침을 댄 후에 외부나무를 댄 것이다.

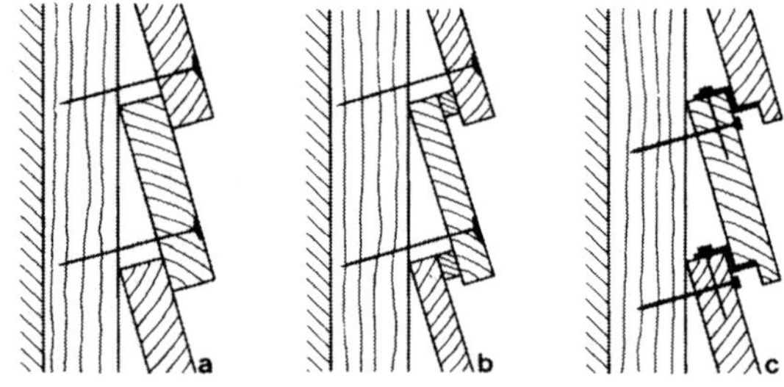

▲ 이것은 수평재를 사용한 경우에 일반적으로 사용하는 형태로 물의 흐름이 있고 유입되는 것을 방지하기 위하여 겹치게 놓았다. a와 b는 정면에서 볼 경우 못이 보이게 되고 c는 가려진다.

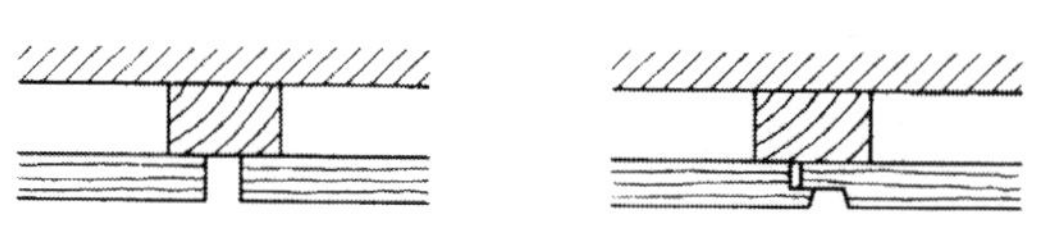

▲ 이것은 수직대를 사이에 대고 수평마감재를 사용한 경우로 마감재가 만나는 부분은 수직대가 있는 곳이 되어야 사이 공간을 습기로부터 보호할 수 있다.

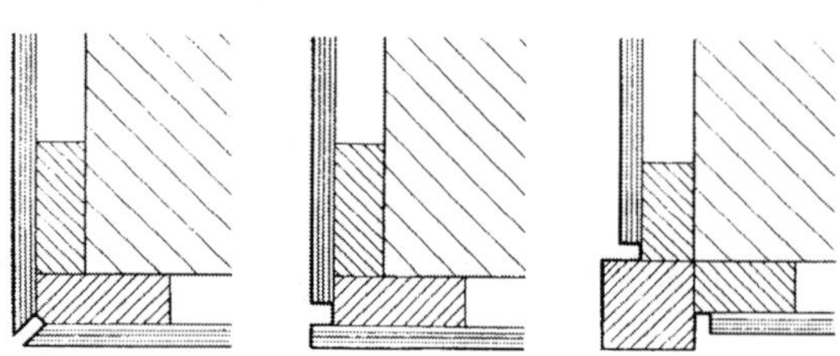

▲ 이것은 모서리에서 만나는 경우로 사이를 약 3mm 정도 간격을 둔다.

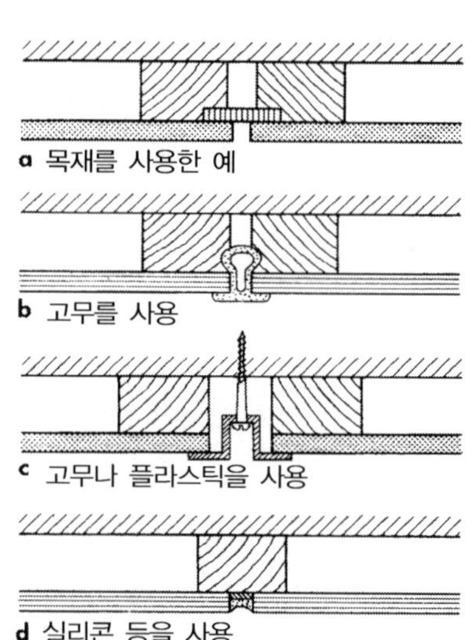

▲ 습기가 많은 공간이나 젖은 영역에는 마감재가 만나는 부분을 신경 써야 하는데, 이 그림들은 그 예를 보여주는 상세도이다.

• 습한 공간의 내부 목조마감

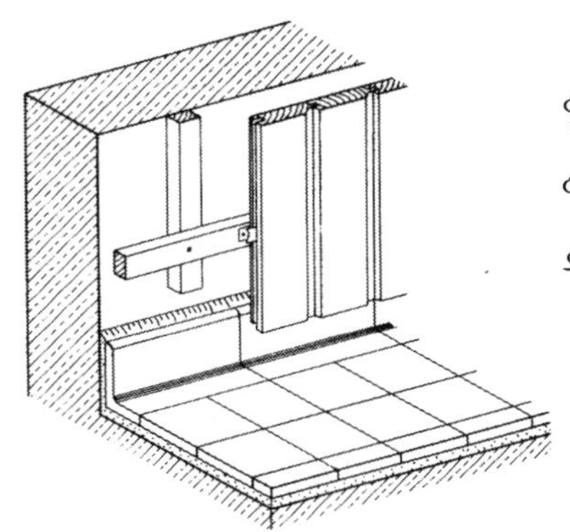

이것은 철근콘크리트조의 내부 벽을 목재로 마감한 경우이다. 바닥은 타일로 마감하였고, 타일의 높이는 최소한 30cm 정도를 바닥에서 올린 후 벽에 나무 마감재를 고정시킬 수 있는 틀을 만든 다음 벽으로 올라 간 타일 위로 나무마감을 덮는다. 이 경우에도 수직으로 마감을 하는 것이 좋다.

2.1 목조구조의 형태분류

목조의 건축물을 설계하는 경우 다른 구조와 다른 점은 철골구조처럼 골조구조라는 것이다. 이러한 구조는 상세도를 그릴 경우 각 부재의 접합상태를 정확히 알지 못하면 안정적인 구조를 만들어 낼 수 없다. 아래에 있는 것 들은 한 점에서 3차원적으로 만나는 경우 어떻게 안정된 접합구조를 만드는가에 대한 일반적인 예를 들어 본 것이다.

A. 접합구조의 종류

1. 격자구조　2. 수직재와 수평재가 하나씩 있는 경우　3. 수직재와 수평재가 여러 개 있는 경우　4. 나무 판을 사용한 예

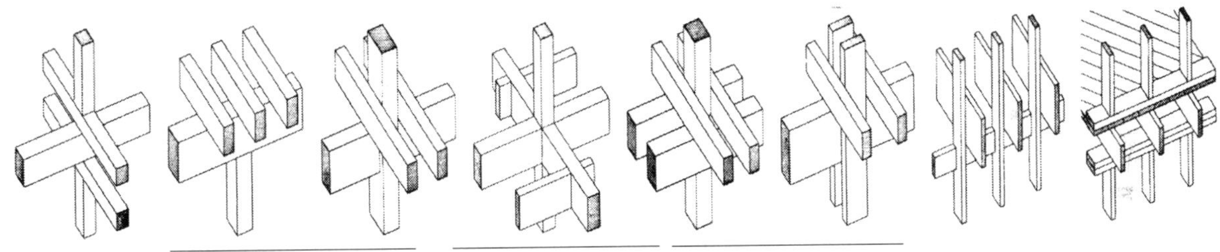

수평재가 통과하는 경우　수직재가 통과하는 경우　수평재와 수직재가 통과하는 경우

수직재위에 수평재가 놓인 경우

단층의 경우　2층 형식의 경우

❶ 격자구조

이것은 위의 그림 1번에 해당하는 것으로 기둥의 간격이 좁고 기둥을 세우고 그 위에 수평구조가 지나간다. 간격이 좁아서 상대적으로 목재의 두께가 다른 구조에 비하여 작다.

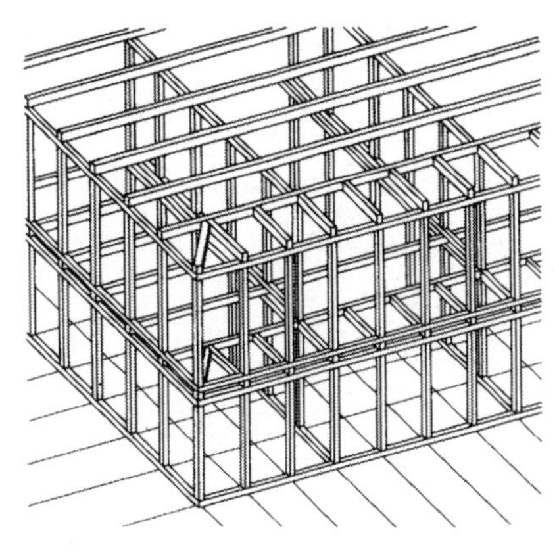

❷ 기둥 위의 수평재. 단층의 경우

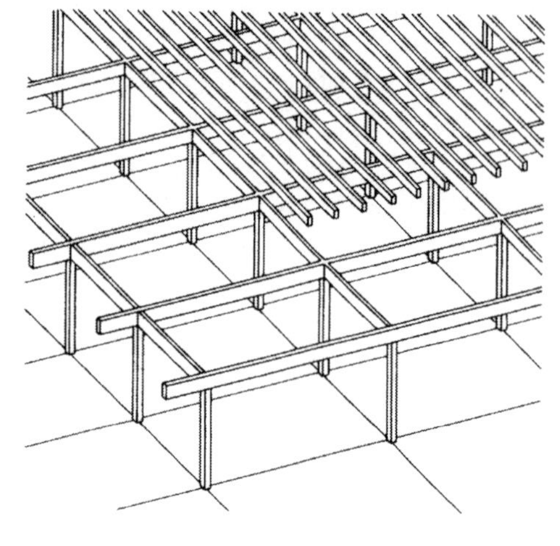

위의 그림 2번에서 수직재 위에 수평애가 놓인 단층의 경우로 수직과 수평구조를 놓고 그 위에 바닥구조를 놓은 경우이다. 바닥재를 지지하는 메인 수평재를 한 방향으로 놓고 바닥재는 다른 방향으로 향하게 하였다.

이 경우는 바닥재를 지지하는 수평재가 관통하는 형식임을 인지하여야 한다. 이 경우에 참고해야 하는 상황이 압축력이지만 이는 구조를 담당하는 전문가에게 의뢰하는 것이 좋다. 모든 나무는 자체적인 등급이 있으므로 이를 참고하면 된다. 이 구조의 장점은 골조구조에 비하여 기둥의 간격이 여유가 있다.

❸ 기둥 위의 수평재. 2층 형식의 경우

이 구조의 경우에는 메인 수평재가 관통하므로 수직기둥이 끊어지는 형식을 취하고 있다. 즉 기둥이 놓이고 그 다음에 메인 수평재가 놓이며 계속하여 기둥이 놓이는 방식을 취하고 있다.

이 경우에 위의 기둥에서 내려오는 하중이 일반적으로 바닥 수평재에는 전달되지 않는다(위의 단층의 경우를 참조).

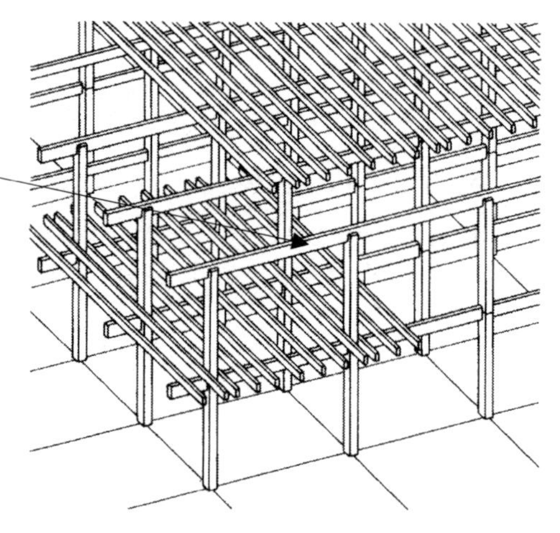

❹ 횡목구조

메인 수평재가 횡 방향으로 있으며 기둥은 관통하여 지나가는 구조로 바닥재는 서로 다른 방향을 취하면서 모두 4방향으로 나아간다. 이렇게 되면 내부나 외부의 벽이 모두 동일한 접합높이를 갖게 된다.

이러한 시스템은 산업지역의 연속되어 놓이는 건축구조에 적합하다. 그림을 자세히 살펴보면 바닥수평재의 하중을 전달하는 메인 수평재는 한 방향으로만 놓여 있다.

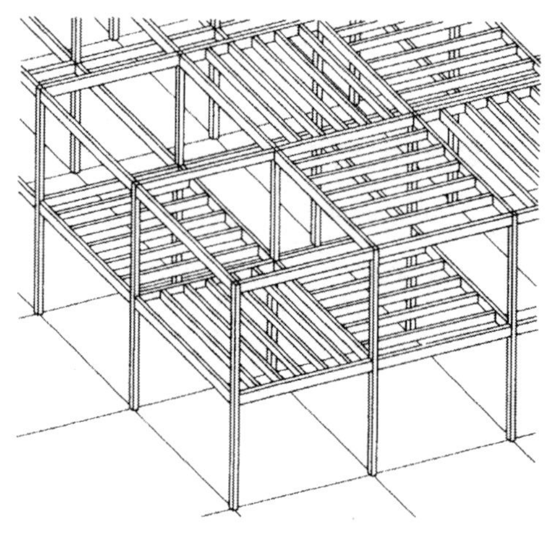

❺ 겸자 또는 집게구조

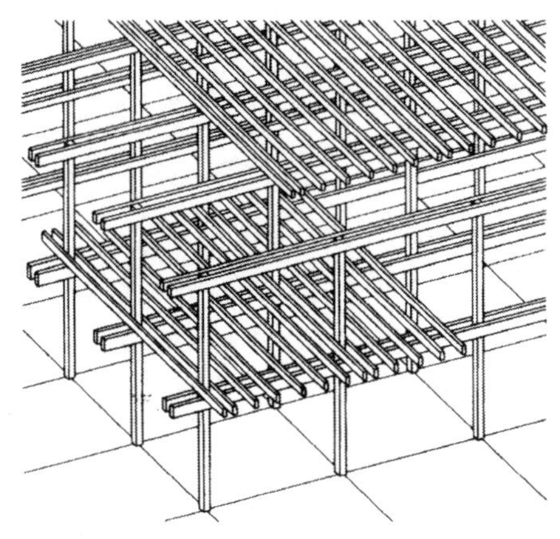

기둥은 수직으로 관통하고 메인 수평구조가 기둥을 집게처럼 두 개로 되어 감싸며 바닥을 이루는 구조도 기둥을 좌우에서 감싼 형태이다. 바닥재는 메인 수평재와 서로 방향을 다르게 한다.

이 구조의 장점은 각 부재가 끊어지지 않고 연속해서 놓인다는 것이다.

❻ 분리된 기둥 수직재 구조

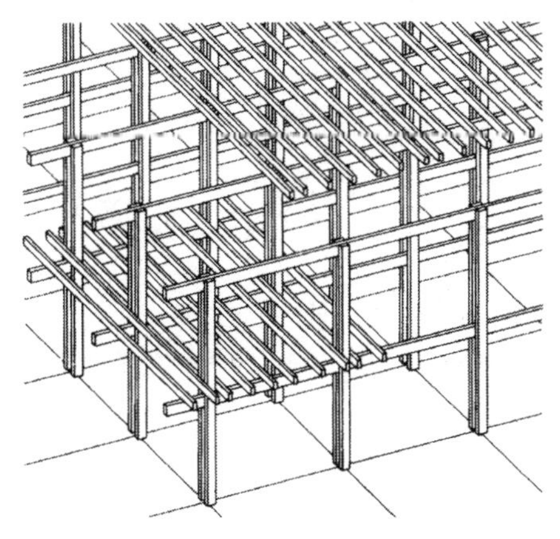

메인 수평재는 연속되어 있고 기둥이 되는 수직재는 집게구조와는 반대로 메인 수평재를 감싸면서 올라간다.

이 구조를 넓은 규모의 건축에 사용할 경우에는 반드시 최대 길이에 대한 제한을 고려해야 한다.

❼ 늑골구조

이 구조는 북아메리카에서 주거에 풍선(Baloon) 구조 또는 평형태 구조로 많이 사용하는 예이다.

일반적으로 벽을 형성하는 구조는 촘촘하게 되어 있고 하중을 받는 목재의 치수는 5×10cm이며 지붕을 이루는 구조재는 60cm의 치수를 갖는다. 수평재와 수직재를 연결하는 방법은 못이나 못을 사용한 재료를 주로 사용한다.

B. 목조구조의 이음부위

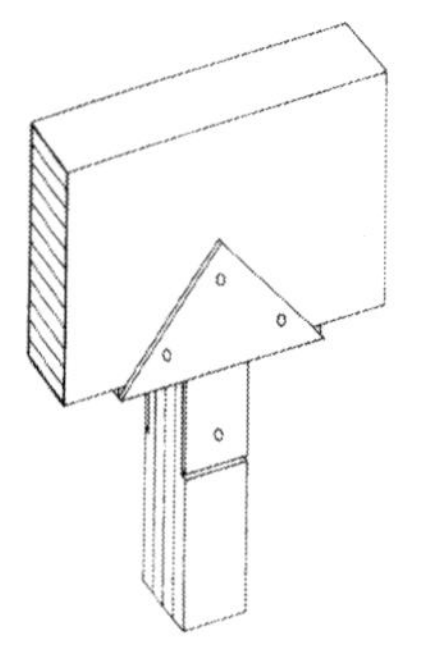

▲ 이음쇠를 사용한 기둥 위의 메인 수평재

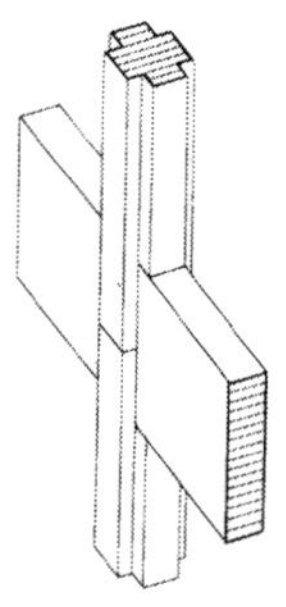

▲ 기둥이 절단되고 메인 수평재가 연속으로 관통하는 이음

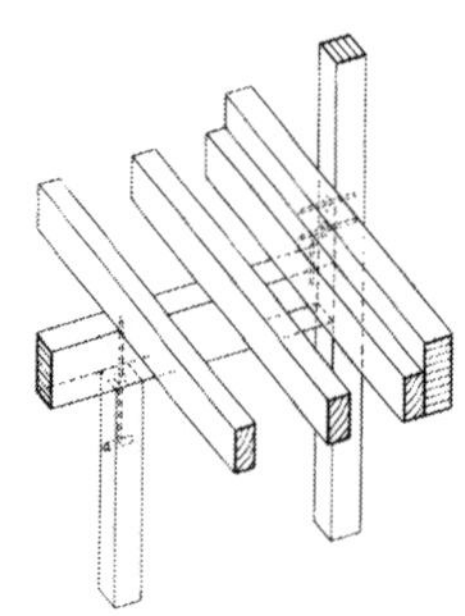

▲ 기둥이 층 바닥과 지붕에서 다르고 연속으로 관통되니 않음

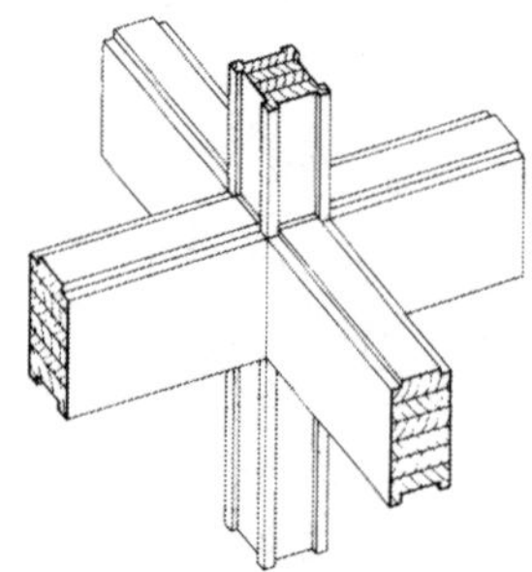

▲ 기둥은 연속적으로 위로 관통하고 메인 수평재는 모양이 각이 졌으며 직각 방향으로 나아간다.

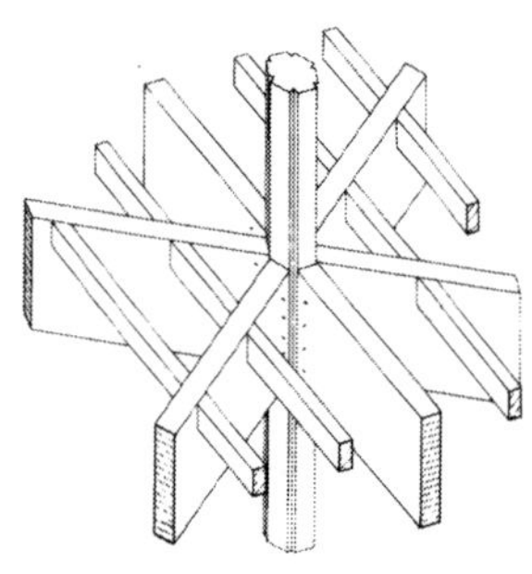

▲ 기둥은 각진 형태이고 수직으로 관통하며 메인 수평재는 60° 의 방향으로 나아간다.

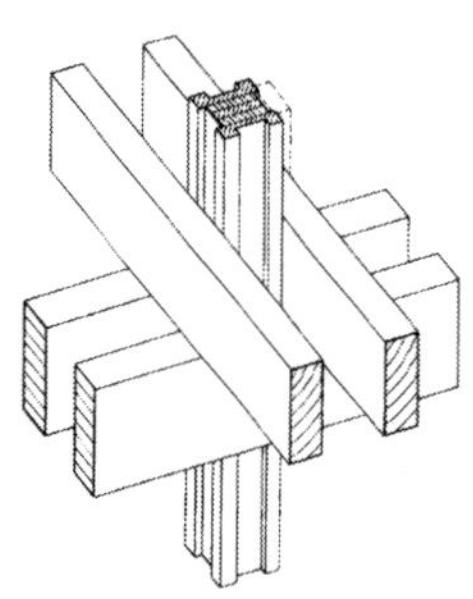

▲ 기둥은 수직으로 관통되고 메인 수평재와 바닥재가 기둥을 집게식으로 감싸고 있다.

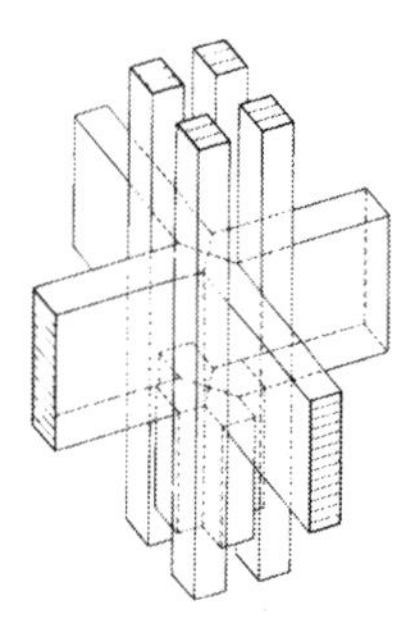

▲ 나누어진 연속기둥 사이에서 메인 수평재가 아래 지지대를 갖고 있다.

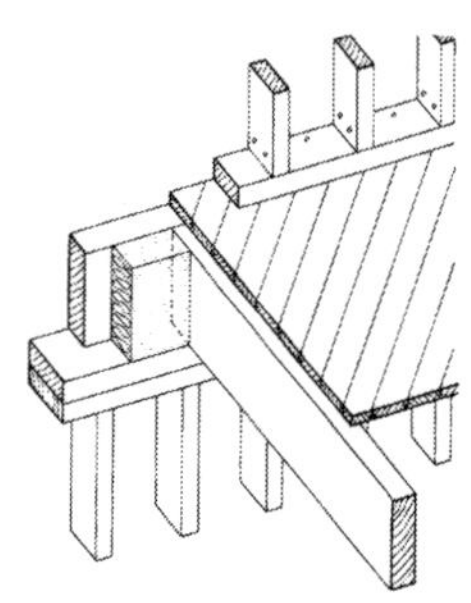

▲ 천장지지 부재와 기둥이 좁은 간격을 갖고 있다.

• 평면의 수평재 구조도

철근 콘크리트의 스팬과 같은 힘의 흐름을 나타낸 것

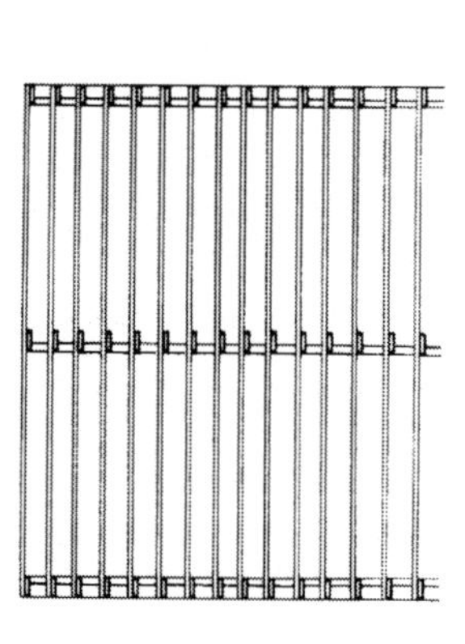

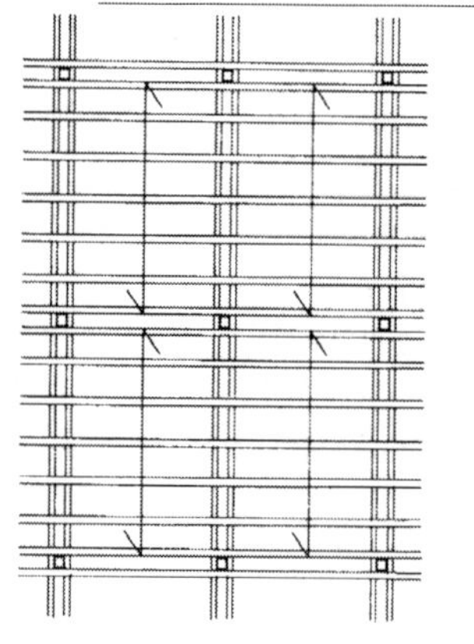

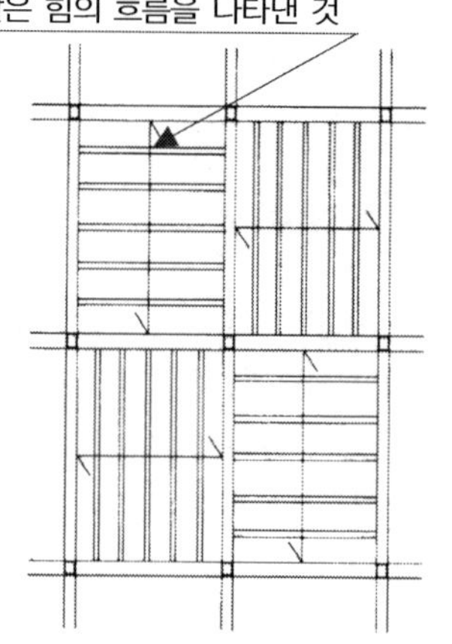

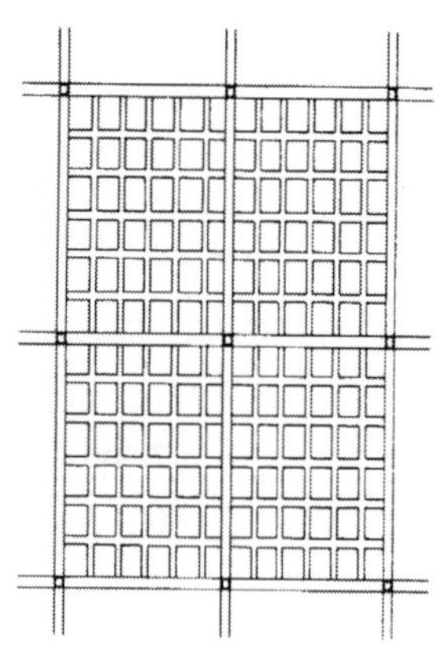

C. 목조의 구조적인 예

[표 3.1] 목조구조의 형태분류에 따른 이음부 상세 및 특성

구조 종류	격자구조	단일기둥과 수평재		연속되는 기둥
		연속되는 수평재		
아이소매트릭	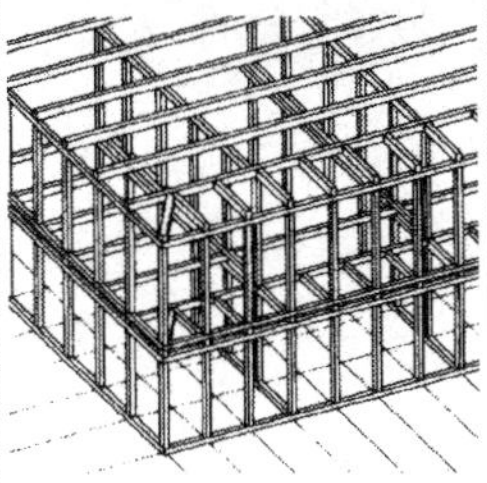	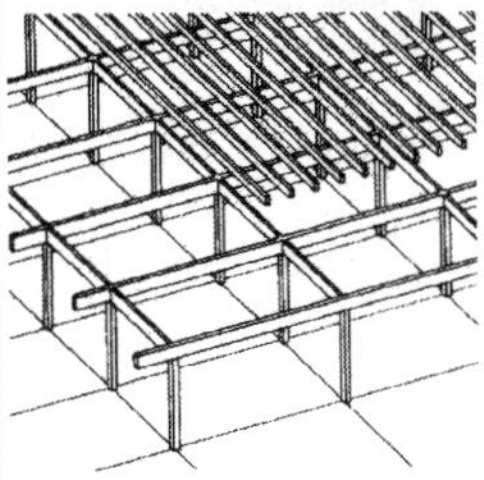	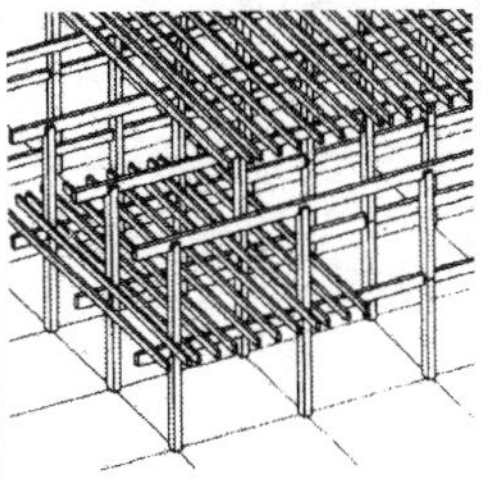	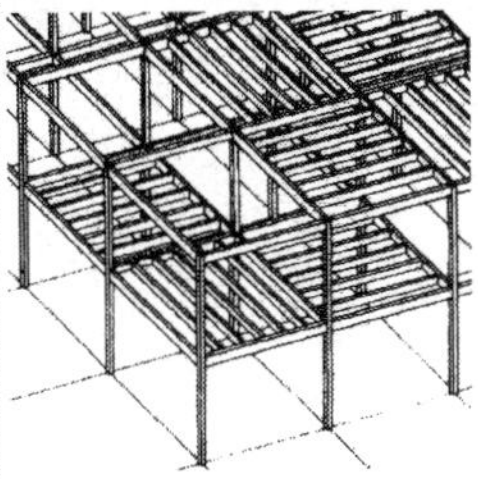
특징	격자구조	기둥 위의 수평재, 단층의 경우	기둥 위의 수평재, 2층 이상	횡목구조
단면도 평면도	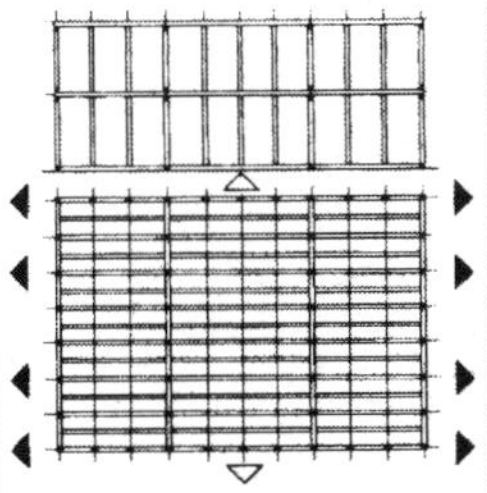	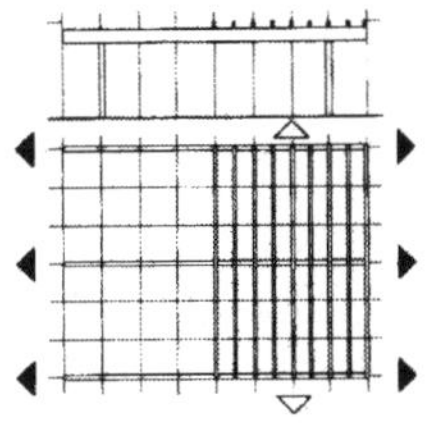	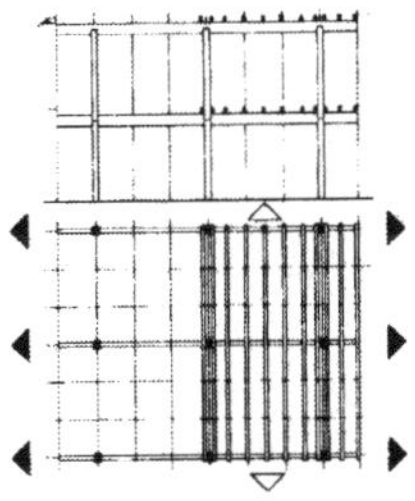	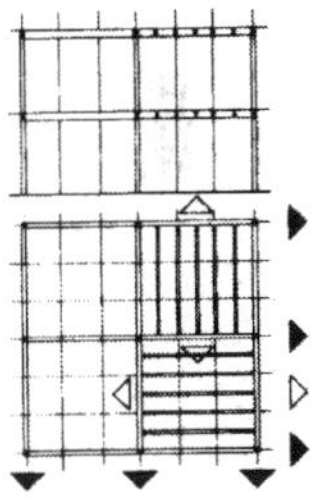
이음부 아이소매트릭	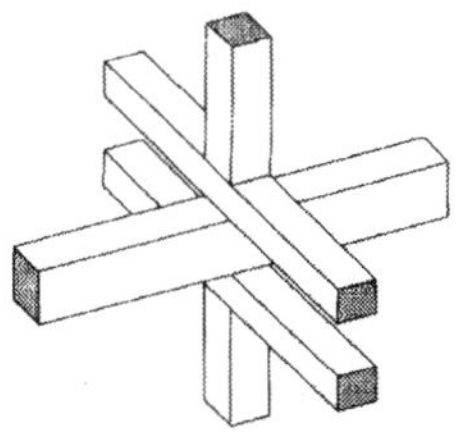	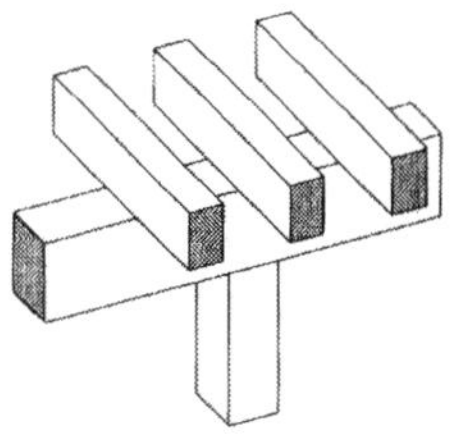	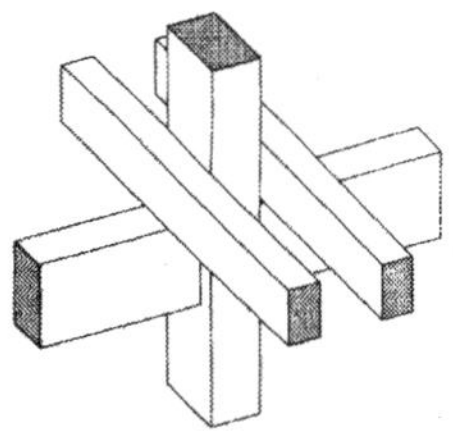	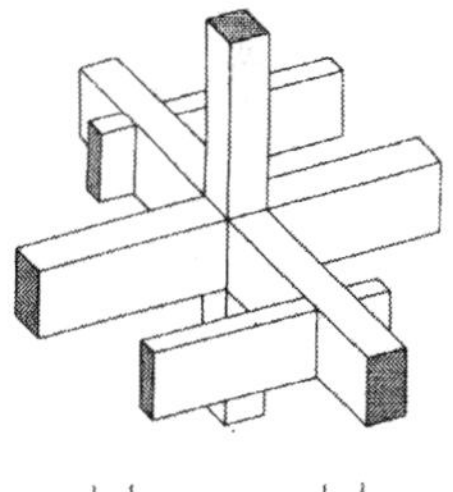
단면도	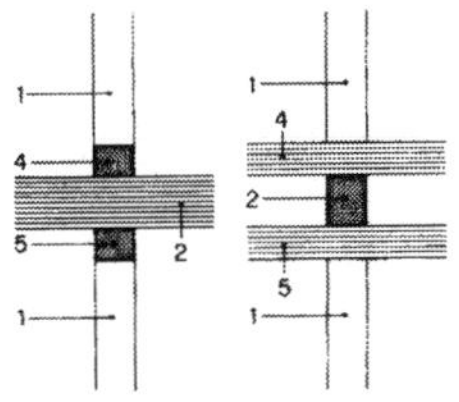	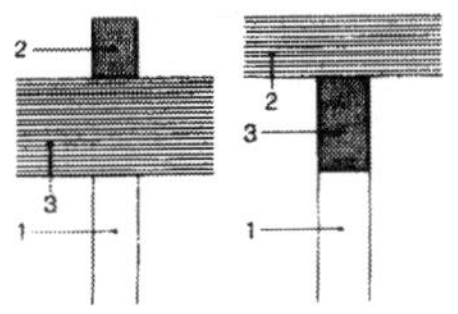	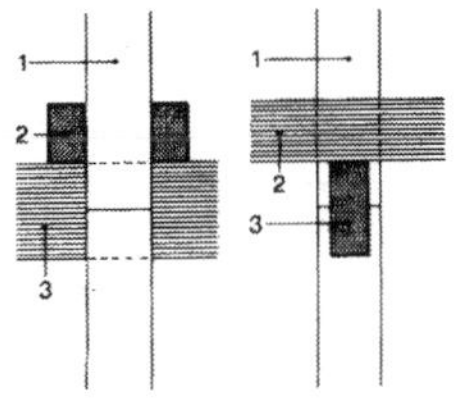	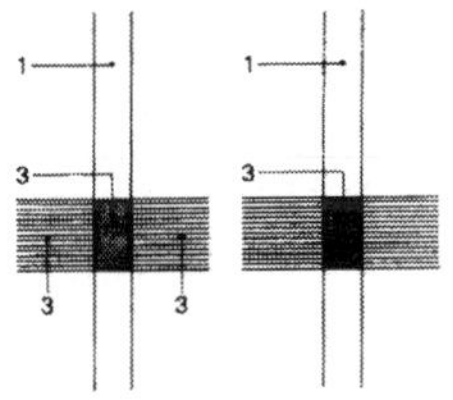
평면도	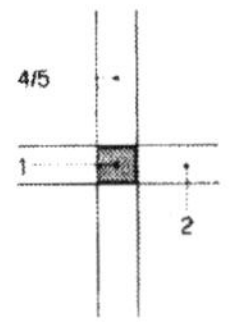 1. 기둥 2. 바닥수평재 3. 메인 수평재 4. 침목 5. 들보	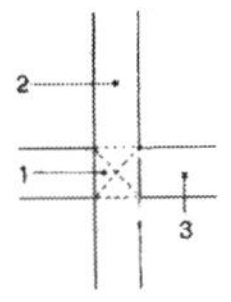	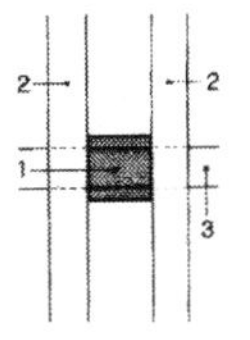	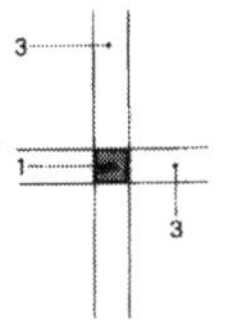

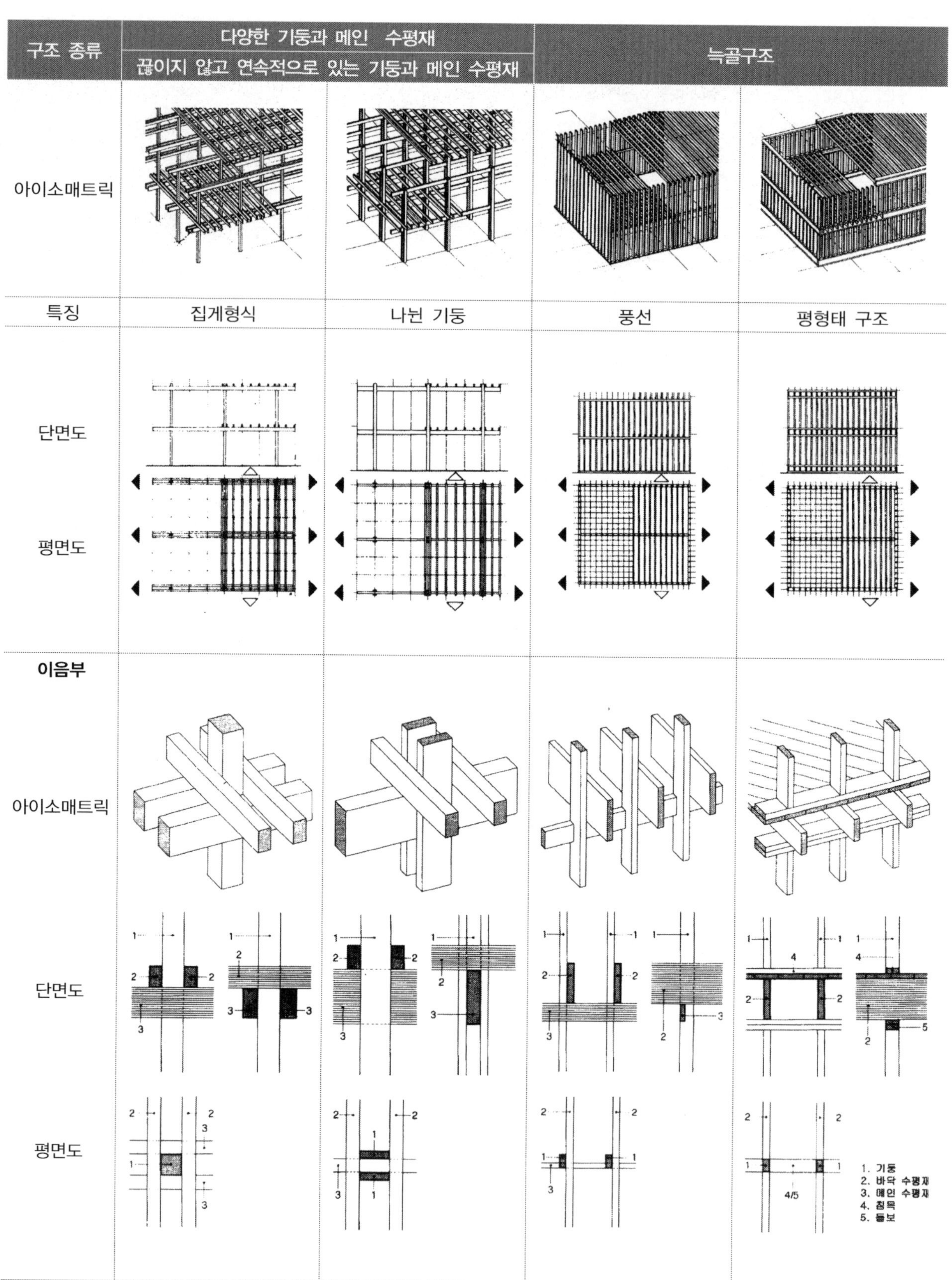
구조 종류
다양한 기둥과 메인 수평재
끊이지 않고 연속적으로 있는 기둥과 메인 수평재
늑골구조
아이소매트릭
특징
집게형식
나뉜 기둥
풍선
평형태 구조
단면도
평면도
이음부
아이소매트릭
단면도
평면도
1. 기둥
2. 바닥 수평재
3. 메인 수평재
4. 침목
5. 들보

2.3 목조의 상세부분 엿보기

A. 비내력벽의 구조

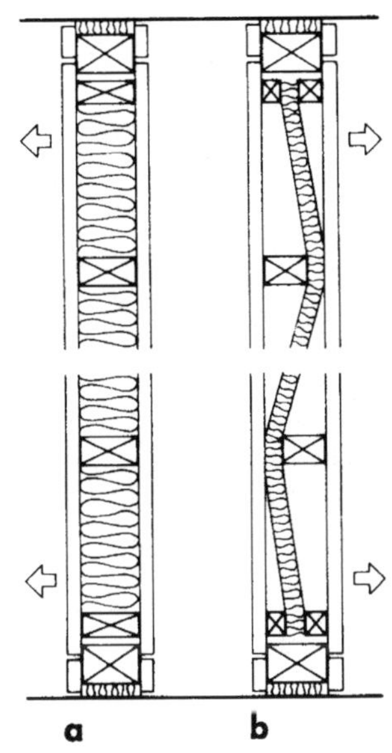

❶ 단면

목조로 설계를 하기 전에 설계자는 어느 벽을 내력벽과 비내력벽으로 할 것인가 결정해야 하며 표면의 처리를 어떻게 마감할 것인가 미리 계획을 세우는 것이 좋다. 벽 구조 요소에 대한 위치는 전체적인 목조건물의 시스템을 결정하면서 정해진다. 내력벽과 비내력벽이 만나는 부분은 두께가 같은 것이 일반적이다.

옆의 그림은 두 가지 경우의 내벽인 비내력벽의 구조이다. 그림 a는 벽을 이루는 재료가 가운데 구조체인 나무에 의하여 서로 연결되어 있고, 그림 b는 벽 사이의 구조체가 서로 분리되어 양 편의 벽판이 서로 분리된 상태이다. 이렇게 내벽을 설치할 경우 천정과 바닥이 만나는 부분에도 흡음재를 넣어서 소음을 분리시키는 것을 잊지 말아야 한다.

❷ 평면

이것은 위의 그림을 평면으로 자른 것이다.

그림 a는 기둥의 목조를 기준으로 벽판을 붙일 보강재를 기둥에 연결하고 보강재를 벽의 형태로 먼저 틀을 만든 후에 그 사이에 흡음재를 넣었다.

그림 b는 양편의 벽판이 서로 분리된 형태로 흡음재를 각 부재의 사이에 넣은 것이다. 좀 더 흡음효과를 내는 형태는 b가 갖고 있다.

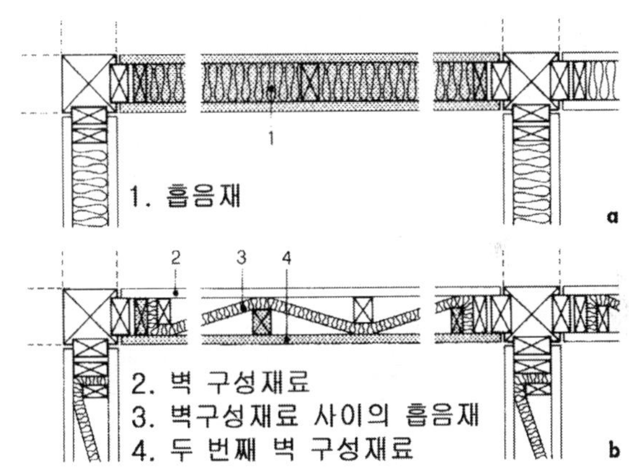

B. 벽의 구성

목조로 벽을 구성하면 다음 그림의 1, 2, 3, 4와 같이 먼저 뼈대를 만들고 벽면을 구성하는 재료를 여기에 부착한다. 이 그림에서는 1, 2, 3번이 수직재 4번과 어떤 방법으로 연결되는가를 보여준다.

그림 a는 못을 사용했고, 그림 b는 연결 부위를 장부이음으로 처리한 것이며, 그림 c는 금속 이음쇠를 사용한 경우이다.

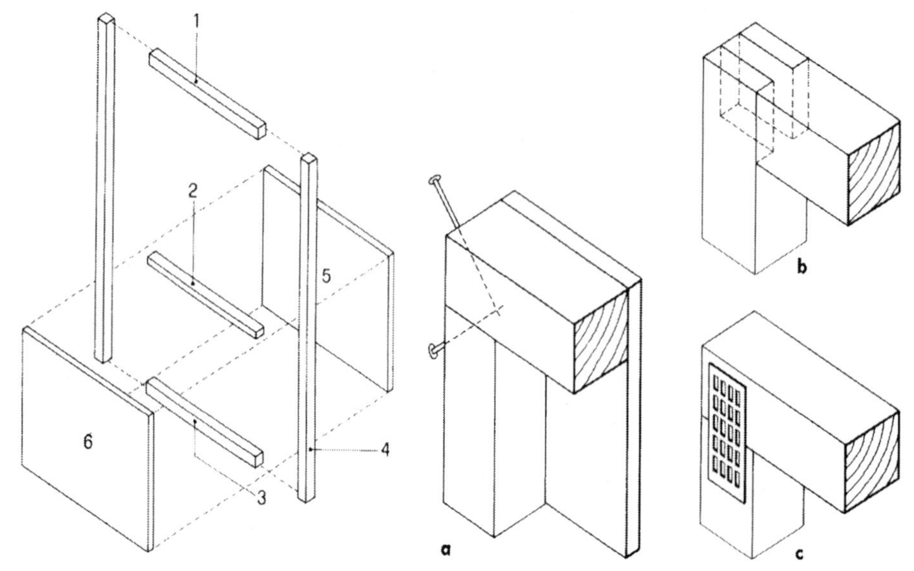

1,2,3 수평재　4 수직재　5 내부 벽 구성재료　6 외벽 구성재료

• 창문이 있는 부분의 벽 처리 예

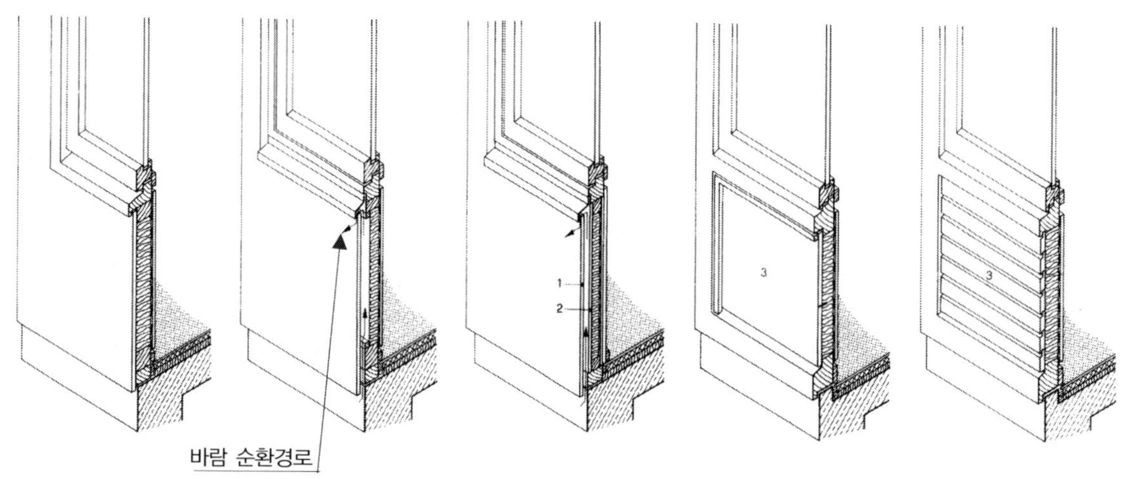

1. 외부 벽 패널　2. 사이 벽 패널　3. 외부마감

1번 그림은 외부 바람 순환통로가 없다. 2번과 3번은 바람이 통하게 공기 순환경로를 설치하였고 외부 벽 패널과 단열재 사이에 또 하나의 패널을 두었다. 4번과 5번은 패널식으로 외부를 마감하지 않았다.

• 패널로 외부를 마감하고 내벽과 외벽 사이에 공기순환 공간을 두지 않은 벽 구조

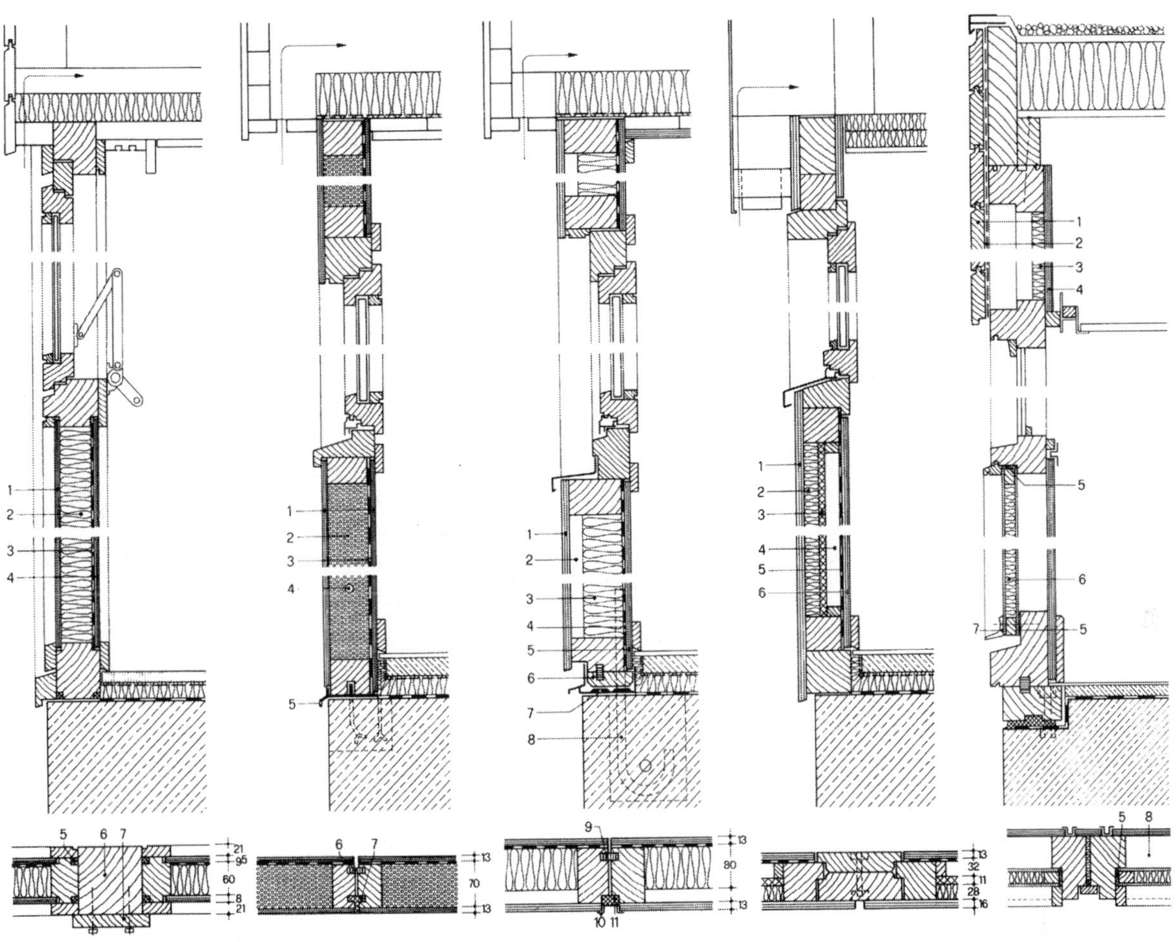

1. 시멘트 종류의 패널
2. 60mm 석류섬유
3. 방습층
4. 9.5mm 패널판
5. 밴드
6. 12/12mm 나무기둥
7. 덮개 나무판

1. 시멘트 종류 패널
2. 지름 0.6~2mm의 거품을 갖는 7.5cm 거품
3. 방습층
4. 지름 2.1cm의 PVC관
5. T형 금속프로필
6. 돌기
7. 이음쇠 고리

1. 비닐이 덮인 13mm 두께 패널
2. 밀폐 공기 공간
3. 80mm 미네랄 섬유
4. 방습층
5. 칠을 한 13mm 나무판
6. 문턱 하단
7. 고무판
8. 앵커

1. 층이 있는 16mm 두께 패널
2. 유리섬유
3. 스티로폼
4. 밀폐 공기 공간
5. 방습층
6. 13mm 나무판

1. 끼워 넣는 나무판
2. 골판지
3. 단열재
4. 10mm 나무판
5. 접합제
6. 단열섬유가 있는 박스
7. 알루미늄대
8. 밀폐공기층

• 외벽 사이에 공기 순환공간을 갖는 구조

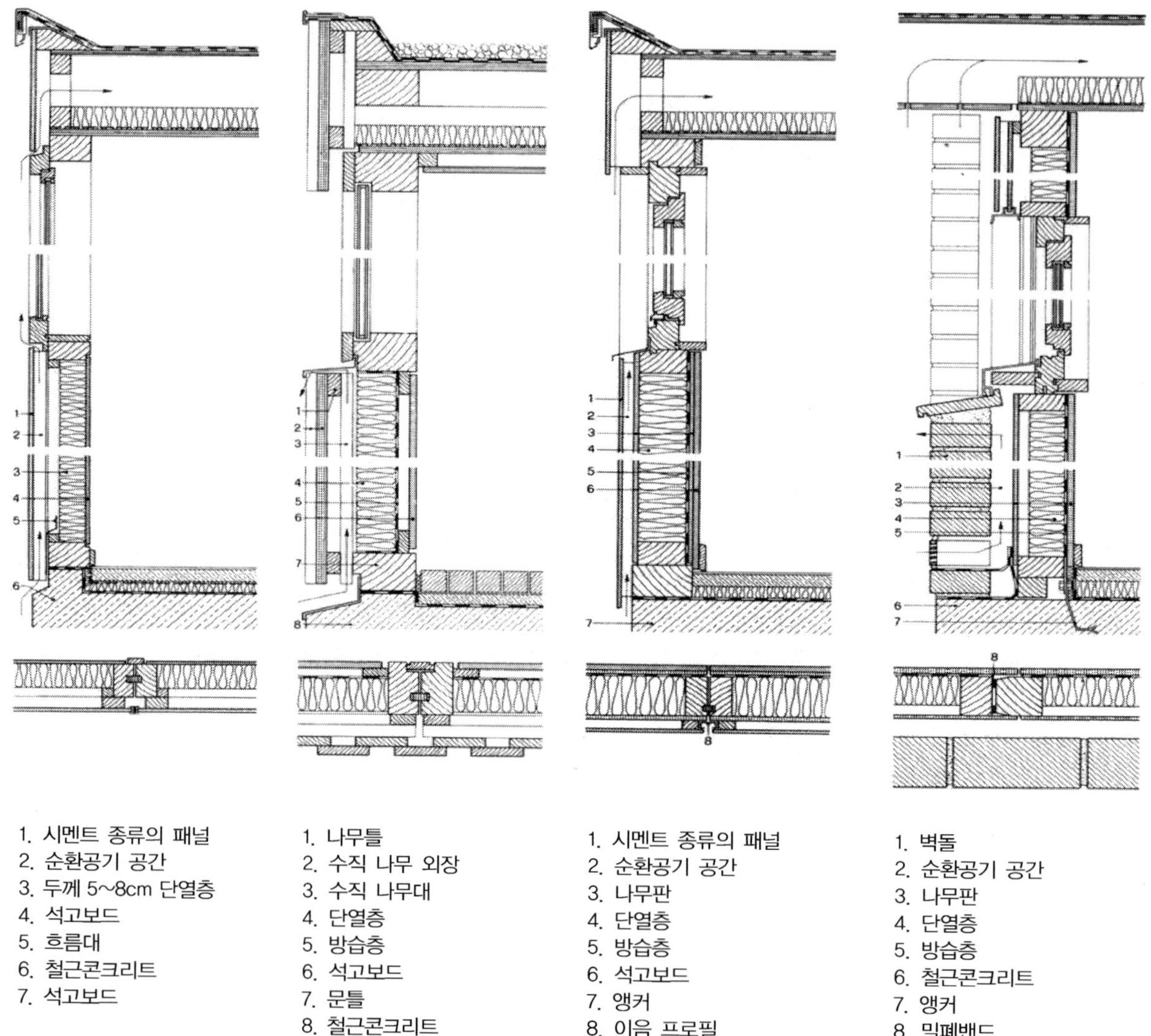

1. 시멘트 종류의 패널
2. 순환공기 공간
3. 두께 5~8cm 단열층
4. 석고보드
5. 흐름대
6. 철근콘크리트
7. 석고보드

1. 나무틀
2. 수직 나무 외장
3. 수직 나무대
4. 단열층
5. 방습층
6. 석고보드
7. 문틀
8. 철근콘크리트

1. 시멘트 종류의 패널
2. 순환공기 공간
3. 나무판
4. 단열층
5. 방습층
6. 석고보드
7. 앵커
8. 이음 프로필

1. 벽돌
2. 순환공기 공간
3. 나무판
4. 단열층
5. 방습층
6. 철근콘크리트
7. 앵커
8. 밀폐밴드

일반적으로 외벽의 뒤에는 공기가 순환되게 공간을 두는 것이 좋다. 이는 목조가 갖는 단점을 보완하려는 방법으로 쓰인다. 즉, 외벽 뒤에 공기층을 두는 이유는 내부와 외부의 온도차에 의해 생기는 습기가 목재에 나쁜 영향을 끼치므로 공기를 순환시켜 목재를 건조시키기 위함이다.

C. 바닥과 연결부분

다음은 각 부위에 따라서 목조가 갖는 상세도를 보면서 정확한 설계를 하는 데 참고하고자 한다.

• 목조를 위한 기초와 바닥구조

아래의 오른편의 그림은 건물의 단면도이고, 왼쪽은 상세도를 확대한 것이다.

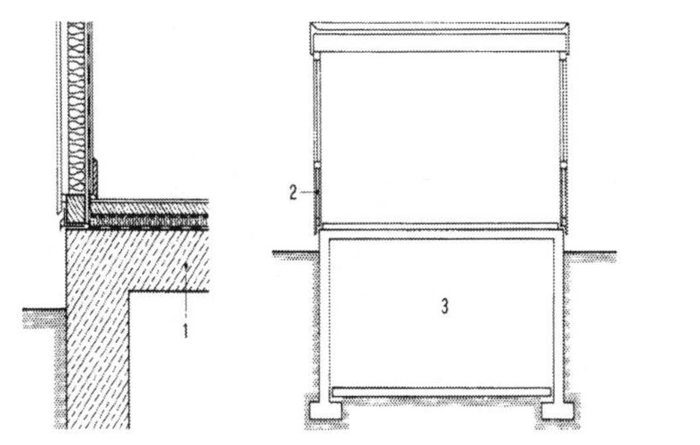

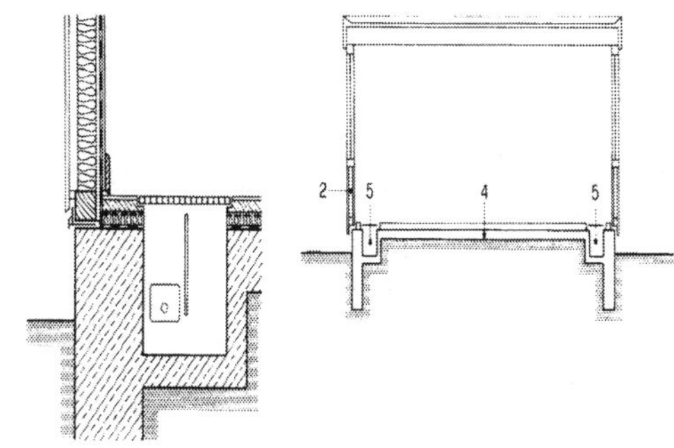

1. 지하실 천정 2. 목재구조 3. 지하실 4. 철근콘크리트 바닥 5. 설비가 지나가는 공간

▲ 아래층에 지하실이 있고 그 위에 목조건축을 만들어 놓은 경우이다.

▲ 지하실이 없거나 바닥에 다른 구조를 만들 수 없는 상황에서는 철근콘크리트 바닥을 만들고 그 안에 설비가 지나갈 수 있는 홈을 만들어 놓아 위로 연결한다.

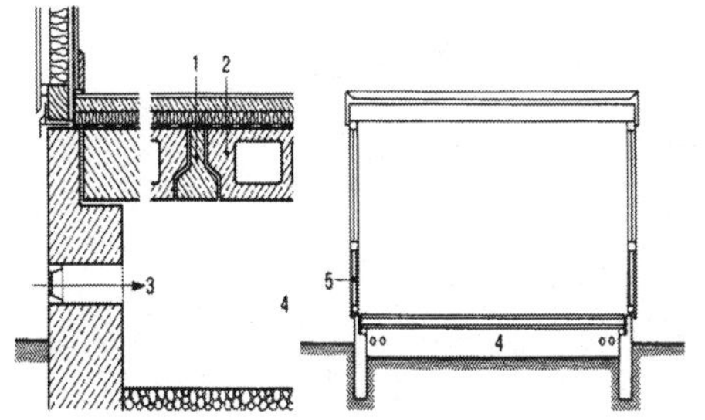

1. 콘크리트 바닥을 지지하는 수평재
2. 주문 생산 콘크리트
4. 지하공간
5. 목재 외장재

▲ 이 경우는 주문 생산하는 콘크리트를 바닥재로 사용하는 경우이다. 설비는 바닥 아래로 지나가게 하고 바닥 아래에는 충분히 공기가 순환될 수 있는 공간의 여유가 있어야 한다. 콘크리트 바닥의 위에 목조로 공간을 만든다.

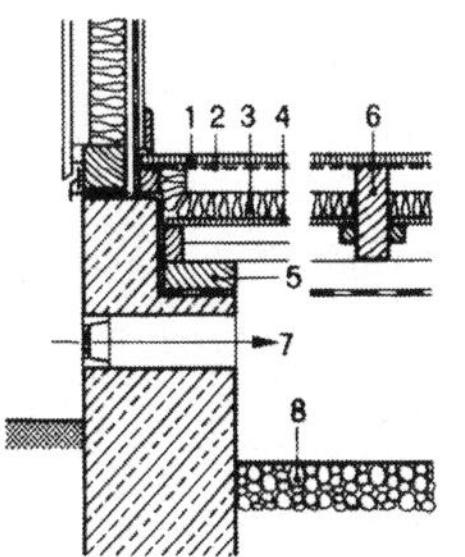

1. 목재 바닥재와 마감재
2. 분리층
3. 단열층
4. 넓은 바닥목재
5. 수평조정 재료
6. 메인 수평목재
7. 공기 출입구
8. 자갈 바닥

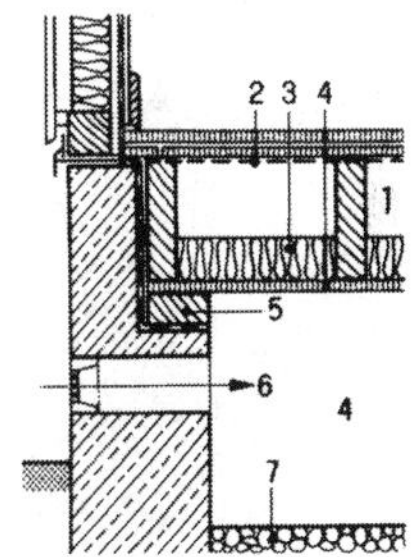

1. 주문생산 목재
2. 분리층
3. 단열층
4. 바닥목재
5. 수평 조정재료
6. 공기 출입구
7. 자갈바닥

▲ 바닥재를 목재로 사용한 경우로 옆의 그림과 같은 순환공기 공간을 두었다. 이 경우에도 잊지 말아야 하는 것은 바닥에 있는 단열재이다.

줄기초와 점기초의 경우에는 다음의 예를 들었는데, 이 외에도 바닥이나 기초와 기둥의 이음을 다른 형식으로 해도 무방하다.

• 줄기초

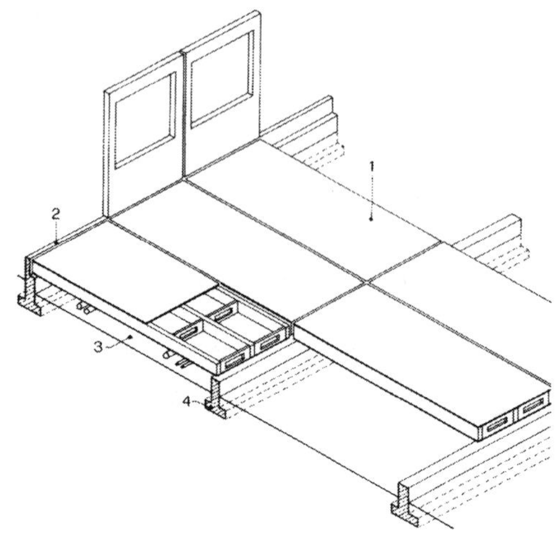

1. 단열재나 분리층을 따로 두지 않고 한 곳에 설치하기 위해 제작한 바닥판
2. 콘크리트와 만나는 부분의 사이에 놓는 ㄴ자 쇠
3. 설비가 지나가는 공간
4. 줄기초

• 점기초

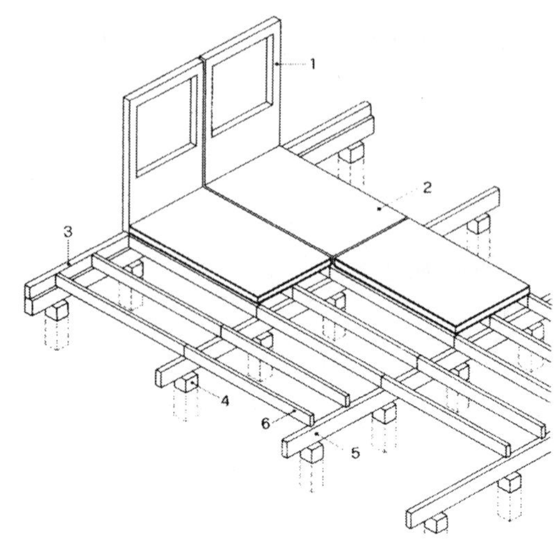

1. 외벽용 패널
2. 바닥판
3. 이음부에 놓는 프로필
4. 점기초
5. 메인 수평재
6. 보조 수평재

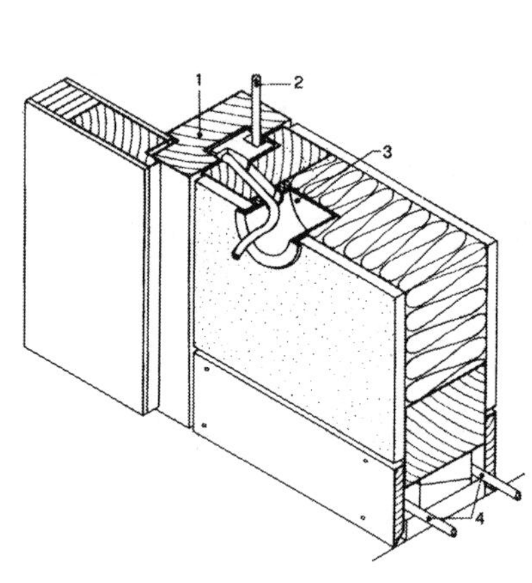

▲ 이것은 전기나 그와 유사한 설비의 경우 어떻게 연결을 하는가의 한 예를 보여 주는 상세도이다.

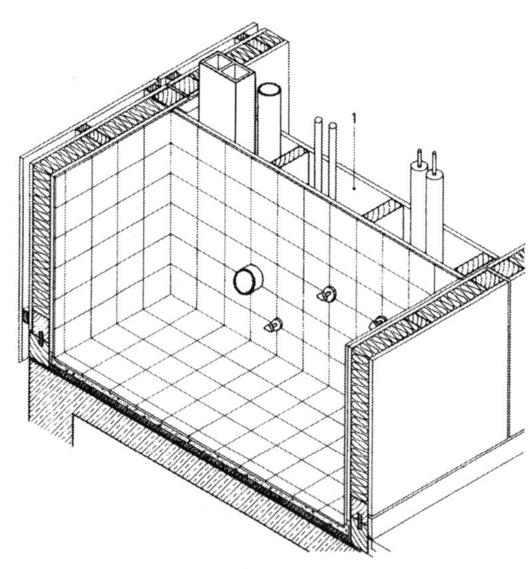

▲ 이것은 화장실이나 목욕탕 같은 습기가 있는 공간을 만들 경우에 쓰이는 것으로, 설비가 어디로 지나가는지를 나타내고, 이를 붙이기 위한 초기 작업의 모양을 알려 주는 아이소메트릭이다.

목조건축에서도 각 요소는 다른 건축물과 다르지 않게 그 기능을 만족시켜야 한다. 건축물이 갖는 고유의 기능 중에 단열, 방음, 방화의 기능이 있는데 이러한 기능은 각 건축물이 갖추어야 하는 중요한 임무이다.

특히 현대의 건축물은 에너지 소비의 가장 큰 주체가 되었기에 에너지 절약형 건축물이 되지 않고서는 건축의 사회적 역할을 하지 않는 공간이 될 것이다. 여기서 다루는 목조 건축도 단열, 방음, 그리고 방화의 기능뿐 아니라 에너지를 절약하는 기능을 만족시키는 예를 선보인다.

D. 지붕구조

▶ 지붕 지지목을 볼 수 없는 경우 / 차가운 경사지붕

1. 기와
2. 기와걸이 30/50mm
3. 아스팔트 펠트 또는 비닐
4. 지붕 지지목 6/16cm
5. 석면 100mm
6. 방습층
7. 나무판 16mm
8. 나무 마감재 13mm

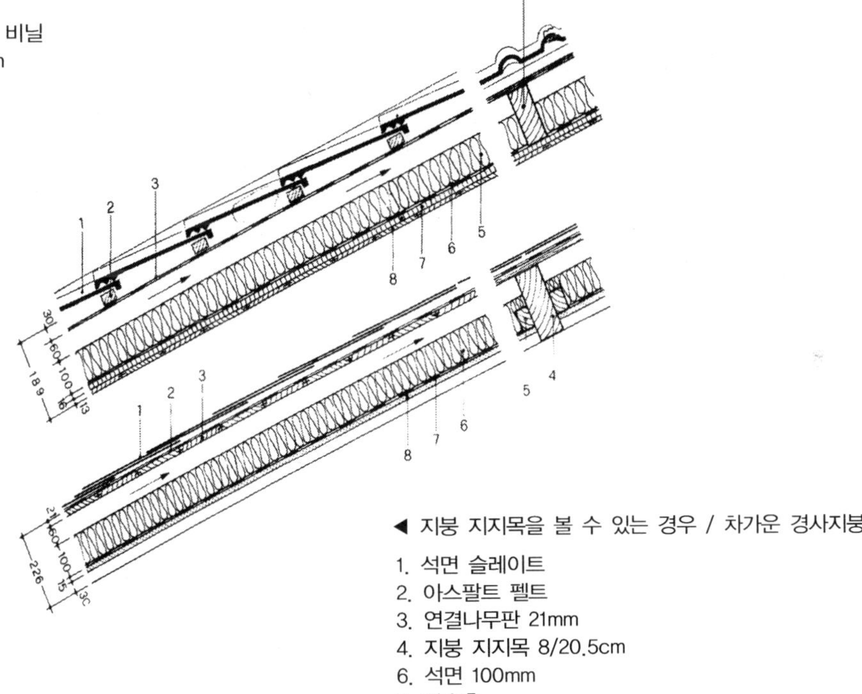

◀ 지붕 지지목을 볼 수 있는 경우 / 차가운 경사지붕

1. 석면 슬레이트
2. 아스팔트 펠트
3. 연결나무판 21mm
4. 지붕 지지목 8/20.5cm
6. 석면 100mm
7. 방습층
8. 석고보드 15mm

▶ 지붕 지지목을 볼 수 있는 경우 / 차가운 경사지붕

1. 기와
2. 기와걸이 2x30/50mm
3. 기름종이
4. 지붕 목조판 19mm
5. 지붕 지지목 8/15cm
6. 보조목 40/60mm
7. 석면 100mm
8. 방습층
9. 목판 13mm
10. 석고보드 12.5mm

▶ 지붕 지지목을 볼 수 있는 경우 / 따듯한 경사지붕

1. 콘크리트기와
2. 두 방향으로 놓인 기와걸이 2x30/50mm
3. 기름종이
4. 지붕외부 목판
5. 지붕 지지목 9/16cm
6. 보조목 40/60mm
7. 석면 100mm
8. 방습층
9. 목판 16mm
10. 목재 지붕마감 14mm

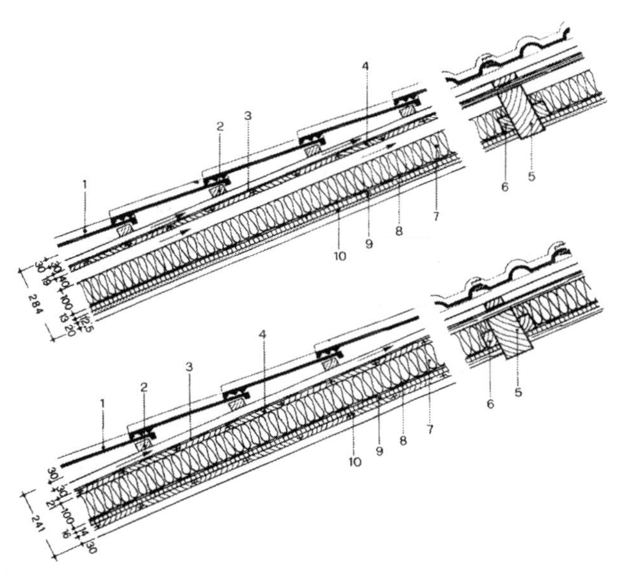

▶ 지붕 지지목을 볼 수 있는 경우 / 따듯한 경사지붕

1. 콘크리트 기와
2. 교차되어 있는 기와걸이 2x30/50mm
3. 기름종이
4. 목판 13mm
5. 지붕 지지목 8/15cm
6. 보조목 40/60mm
7. 석면 100mm
8. 방습층
9. 목판 16mm
10. 목재 지붕마감 14mm

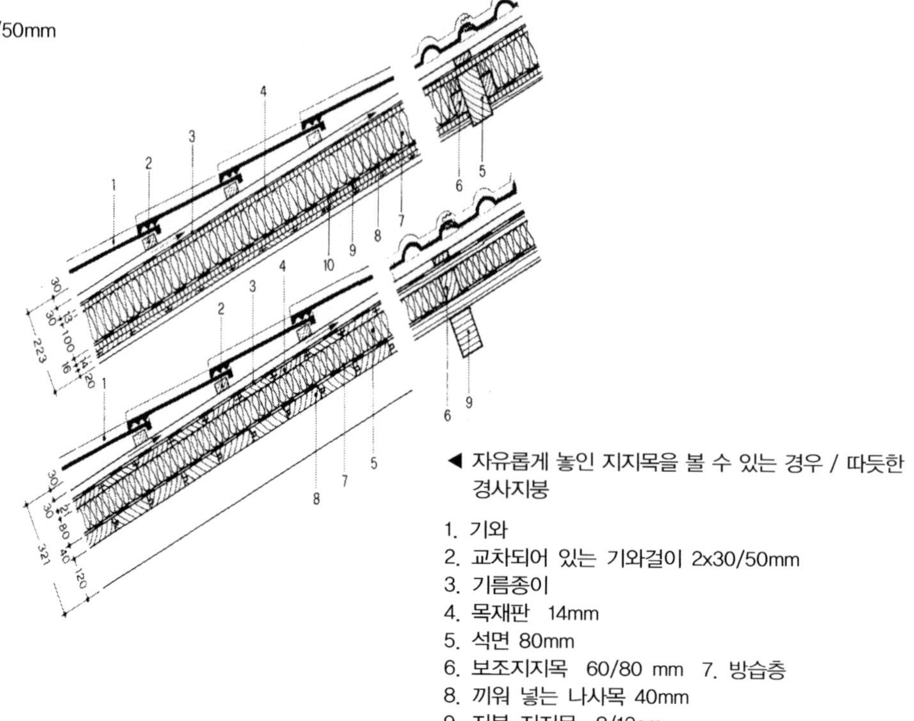

◀ 자유롭게 놓인 지지목을 볼 수 있는 경우 / 따듯한 경사지붕

1. 기와
2. 교차되어 있는 기와걸이 2x30/50mm
3. 기름종이
4. 목재판 14mm
5. 석면 80mm
6. 보조지지목 60/80 mm 7. 방습층
8. 끼워 넣는 나사목 40mm
9. 지붕 지지목 8/12cm

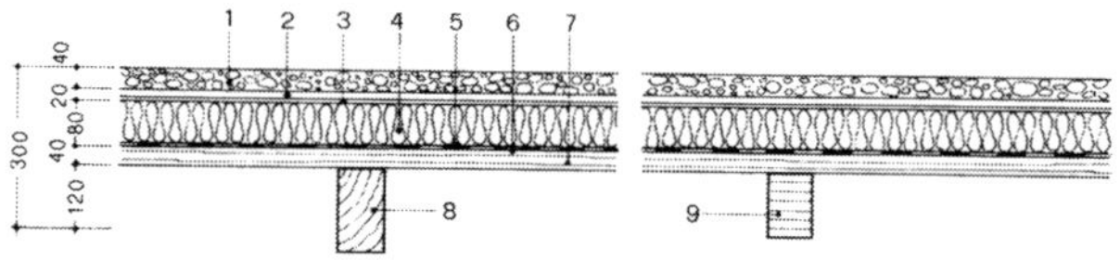

◀ 지붕지지목이 자유롭게 놓인 따듯한 평지붕

1. 공자갈 8~32mm 2. 지붕 밀폐층 3. 수평층 4. 석면 80mm 5. 방습층 6. 방습층 7. 지붕내부마감 40mm 8. 지붕 지지목 8/14cm 9. 나무를 겹쳐서 만든 지붕 지지목 8/12cm

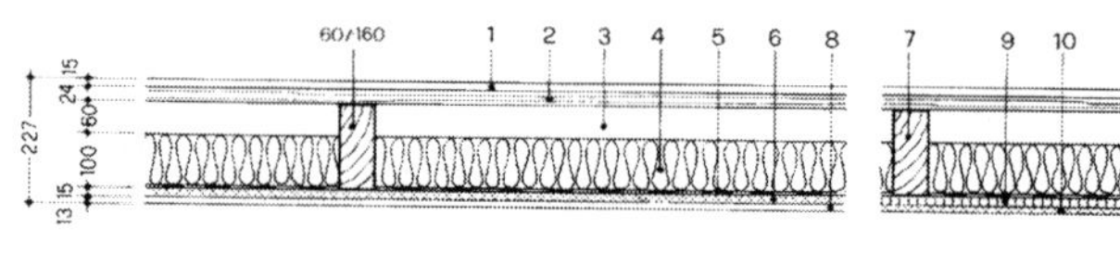

◀ 숨겨진 지지목이 있는 경우 / 차가운 평지붕

1. 압축 목재 2. 껄끄러운 목판 24mm 3. 순환되는 공기층 4. 석면 100mm 5. 방습층 6. 석고보드 15mm 7. 지붕지지목 6/16cm 8. 끼우는 목판 13mm 9. 목판 16mm 10. 석고보드 12.5mm

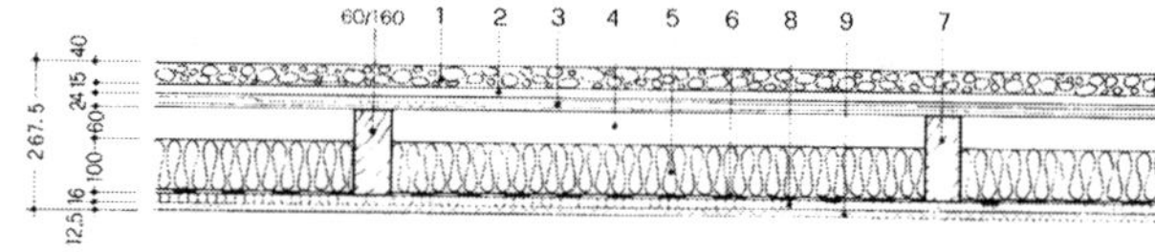

◀ 숨겨진 지지목이 있는 경우 / 차가운 평지붕

1. 공자갈 8~32mm 2. 압축목판 3. 목판 24mm 4. 순환 공기층 5. 석면 100mm 6. 방습층 7. 지붕 지지목 6/16cm 8. 지붕 목판 16mm 9. 석고보드 12.5mm

여기서 예를 든 상세도는 일반적인 예로 이 외에도 수많은 지붕의 형태가 있다. 이러한 일반적인 형태를 이해하고 사용할 수 있다면 후에 더 좋은 지붕의 구조를 개발하고 나아가 사회의 문제에 동참하는 진정한 건축의 구조를 창조할 수 있을 것이다.

다음은 목조 외벽의 구조를 살펴보기로 한다. 외벽 또한 단열, 방음, 방화의 문제를 해결하고 나아가 에너지 보존적인 기능을 갖추어야 한다. 특히 방화는 건축법규에 명시한 대로 따라 이를 준수해야 한다.

2.4 목조건축의 외벽구조

목조건축의 외벽도 다른 요소가 갖고 있는 기본적인 기능인 단열, 방음, 방화의 기능과 에너지의 보존을 위한 구조를 갖추어야 한다. 일반적으로 건물의 이미지를 나타내는 중요 요소에는 건물의 지붕, 정면, 외벽을 들 수 있는데, 이 중에서 외벽의 요소는 그 역할이 강하다. 설계자는 작업을 하는 과정에서 이미 기본적인 윤곽을 갖고 하는 것이 일반적인 상황이다. 자신이 계획한 것을 도면에 옮기면서 수시로 변경을 하는 부분이 바로 이 외벽이다. 이는 외벽이 건물의 공간을 형성하는 일차적인 요소이면서 건물의 구조적인 문제를 해결하는 수직적 부분이기 때문이다. 외벽의 기능이 정확하지 못할 경우 공간은 불완전하며 구조적으로도 불확실하다. 여기서 말하는 기능은 기능주의자나 또는 형태주의자들이 말하는 의미와는 다르다. 이것은 건물이 갖고 있는 일차적이고 가장 기본적인 기능이며 어느 시대에도 요구되는 상황이다. 이를 만족시켜야 하는 것이 설계자의 의무이며 목적이다. 이를 만족하는 경우 형태라는 의미가 성립되고 비로소 올바른 디자인을 논할 수 있다.

형태라는 것은 의미적인 것이 추가되어야 성립되는 것이며, 사용자의 의도가 잘 반영이 되어야 한다. 외벽을 형성하는 과정에서 작업자는 이를 감안하여 올바른 작동을 하는 내부와 외부의 경계선을 명확히 해야 할 것이다. 여기에 예를 든 외벽의 상세도는 수많은 종류 중에 일반적인 것으로 위에서 설명한 네 가지의 만족을 충족시키는 예이다. 이를 잘 이해하고 사용한다면 후에 창의적인 상세도를 만드는 데 도움이 될 것이다.

A. 목조건축의 외벽 상세도

❶ 순환공기층이 없는 외벽

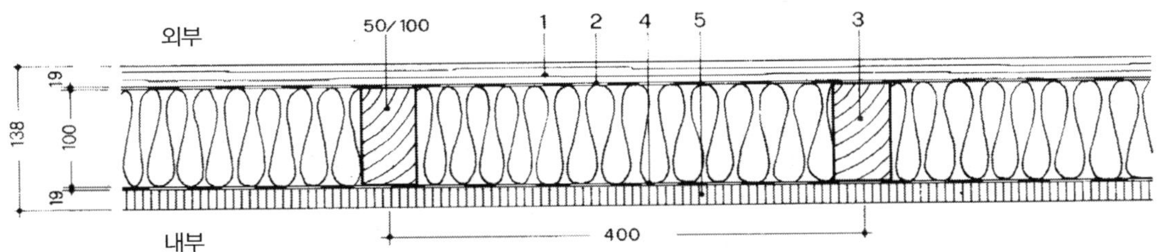

1. 외벽 목재패널 19mm 수평으로 흐름　2. 습기를 통과시키는 비닐이나 펠트
3. 기둥 50/100mm(단열재 100mm)　4. 방습층　5. 내부목재판 19mm

❷ 순환공기층이 없는 외벽

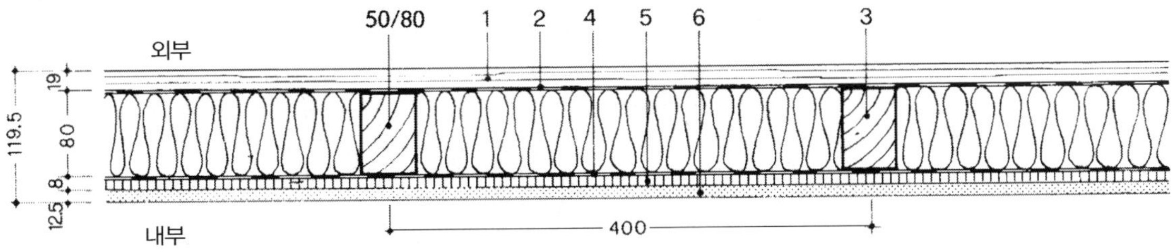

1. 외벽 목재패널 19mm 수평으로 흐름　2. 습기를 통과시키는 비닐이나 펠트　3. 기둥 50/100mm(단열재 100mm)
4. 방습층　5. 내부목재판 8mm　6. 석고보드 12.5mm

❸ 순환공기층이 없는 외벽

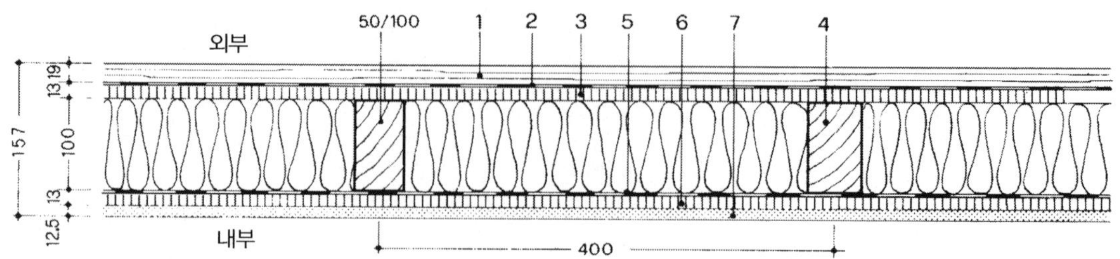

1. 외벽 목재패널 19mm 수평으로 흐름 2. 습기를 통과시키는 비닐이나 펠트 3. 1차 목조 패널 13mm
4. 기둥 50/100mm(단열재 100mm) 5. 방습층 6. 내부목재판 8mm 7. 석고보드 12.5mm

❹ 순환공기층이 없는 외벽

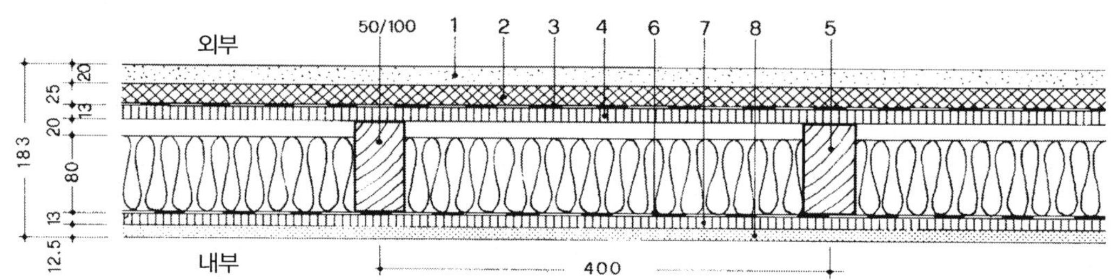

1. 외부 모르타르 20mm 2. 연한 목재패널 25mm 3. 습기를 통과시키는 비닐이나 펠트 4. 목조패널 13mm
5. 기둥 50/100mm(단열재 100mm) 6. 방습층 7. 목조패널 13mm 8. 석고보드 12.5mm

❺ 순환 공기층이 있는 외벽

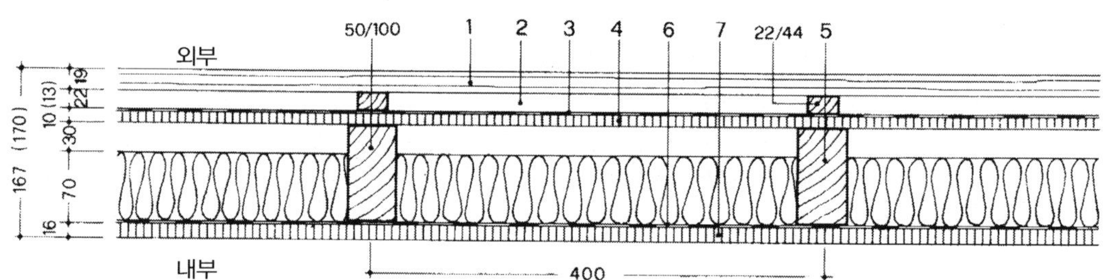

1. 외부 목조판 19mm(뒷부분에 수직 보조목재가 있음) 2. 순환공기층 3. 습기를 통과시키는 비닐이나 펠트
4. 목조패널 10 또는 13mm 5. 기둥 50/100mm(단열재 70mm) 6. 방습층 7. 목조패널 16mm

❻ 순환 공기층이 있는 외벽

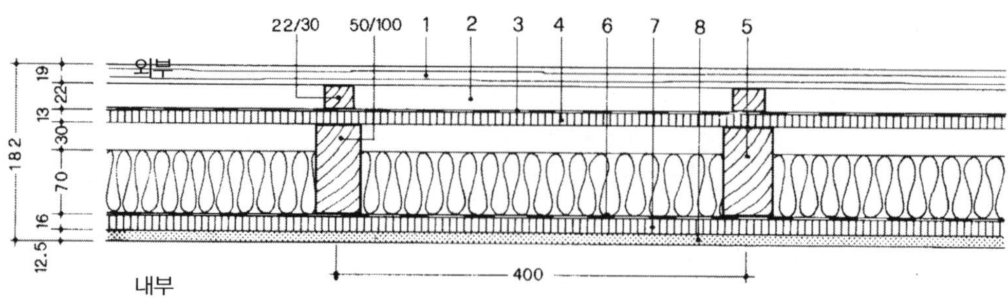

1. 외부 목조판 19mm(뒷부분에 수직 보조목재가 있음) 2. 순환공기층 3. 습기를 통과시키는 비닐이나 펠트
4. 목조패널 13mm 5. 기둥 50/100mm(단열재 70mm) 6. 방습층 7. 목조패널 16mm 8. 석고보드 12.5mm

❼ 순환 공기층이 있는 외벽

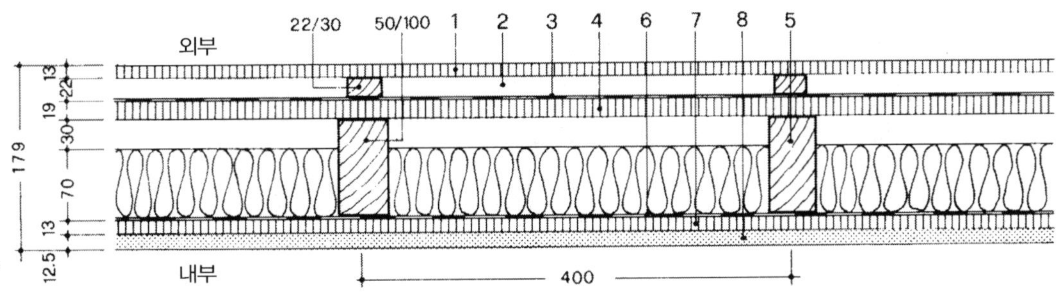

1. 외부 목조판 13mm 2. 순환공기층(22/30mm 수직 보조목재가 있음) 3. 습기를 통과시키는 비닐이나 펠트
4. 목조패널 19mm 5. 기둥 50/100mm(단열재 70mm, 공기층 30mm) 6. 방습층 7. 목조패널 13mm
8. 석고보드 12.5mm

❽ 순환 공기층이 있는 외벽

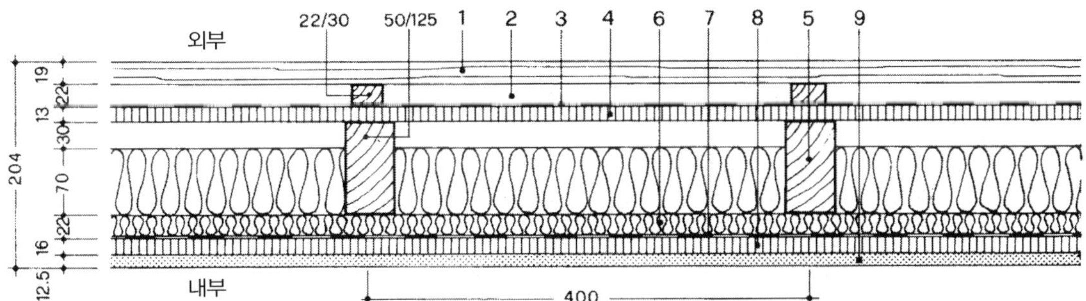

1. 외부 목조판 13mm 2. 순환공기층(22/30mm 수직 보조목재가 있음) 3. 습기를 통과시키는 비닐이나 펠트
4. 목조 패널 19mm 5. 기둥 50/100mm(단열재 70mm, 공기층 30mm) 6. 단단한 석면 22mm(30mm), 사이에 22/30mm 보조수직재가 있음 7. 방습층 8. 목조패널 16mm 9. 석고보드 12.5mm

B. 목조건축의 천정 및 바닥 상세도

목조건축의 천정 및 바닥의 구조 같은 구조에서 발생하는 다른 예를 좌우로 나누어 만들어 보았다.

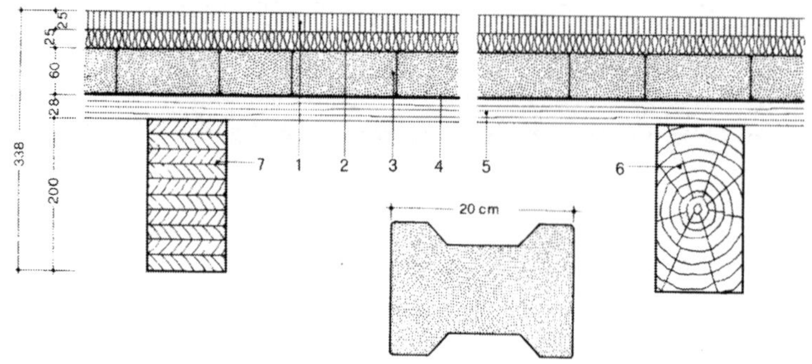

1. 목재패널 25mm
2. 석면판 30/25mm
3. 보조 보
4. 모래 30mm
5. 단열층
6. 천정 목재판 40mm
7. 간격이 60cm 간격으로 놓인 보 12/20cm
8. 층이 있는 60cm 간격으로 놓인 보 12/20cm

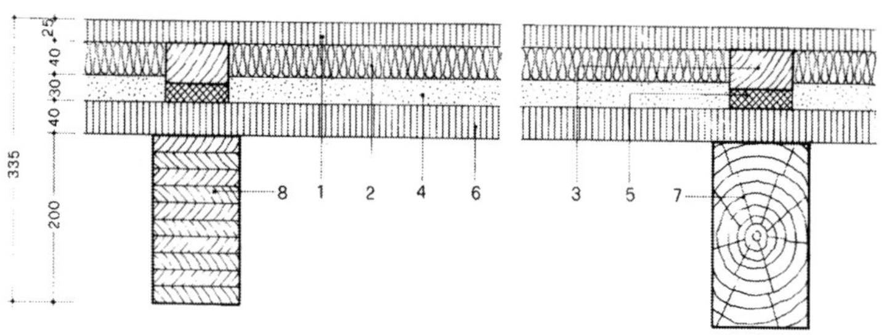

1. 목재패널 25mm
2. 석면판 30/25mm
3. 콘크리트판 50mm 30x30cm
4. 비닐
5. 너트 목재판 35mm
6. 간격이 60cm 간격으로 놓인 보 12/20cm
7. 층이 있는 60cm 간격으로 놓인 보 12/20cm

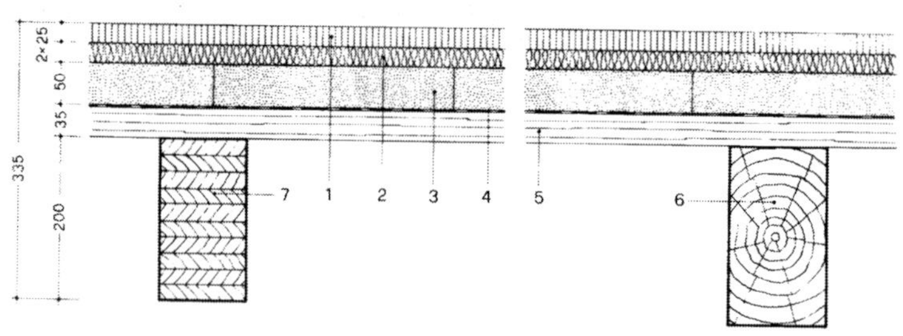

1. 너트 목조판 25mm
2. 보행 방음층 30mm 또는 25mm
3. 콘크리트 바닥돌 40mm 30x30cm
4. 방습층 5. 목재패널 38mm
6. 석면 60mm 7. 보조 목재 30/50mm
8. 석고보드 12.5mm 9. 목재 외장재 13mm
10. 간격이 60cm 간격으로 놓인 보 12/20cm
11. 층이 있는 60cm 간격으로 놓인 보 12/20cm

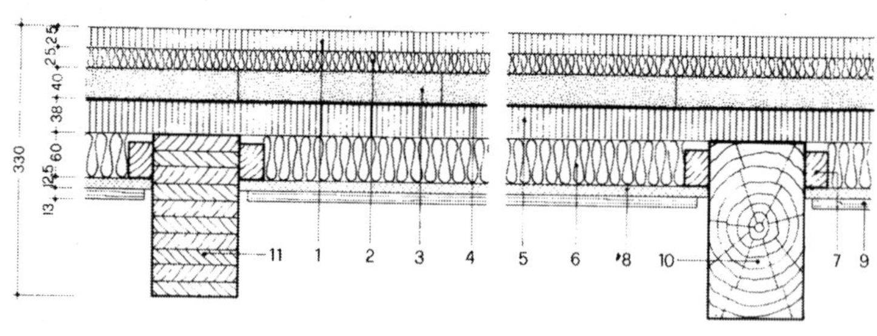

1. 기와 판 19mm
2. 바닥 온돌관 30mm
3. 보행 방음층 30 mm
4. 목재패널 16mm
5. 석면 50mm
6. 보 8/18mm
7. 장방형 목재 20mm
8. 석고보드 12.5mm

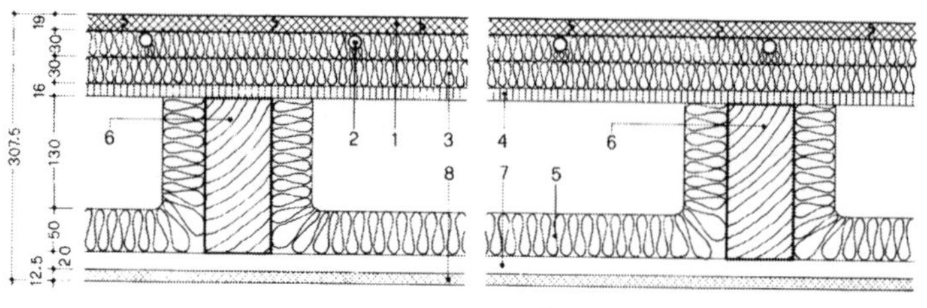

1. 너트 목조판 25mm
2. 보행 방음층 30 또는 25mm
3. 콘크리트 바닥돌 60mm(옆의 그림 참조)
4. 방습층
5. 목재패널 28mm
6. 간격이 60cm 간격으로 놓인 보 12/20cm
7. 겹쳐서 만든 보(조건은 6번과 동일)

2.5 목조건축의 내벽구조

A. 목조건축의 내벽 상세도

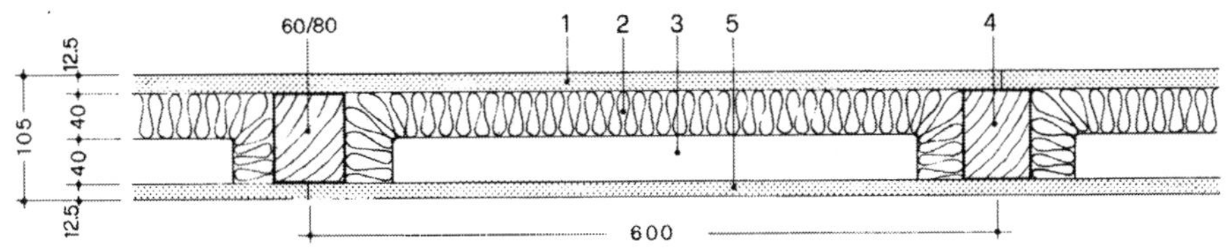

1. 석고보드 12.5mm 2. 석면 40mm 3. 순환공기층 40mm 4. 기둥 80/60mm 5. 석고보드 12.5mm

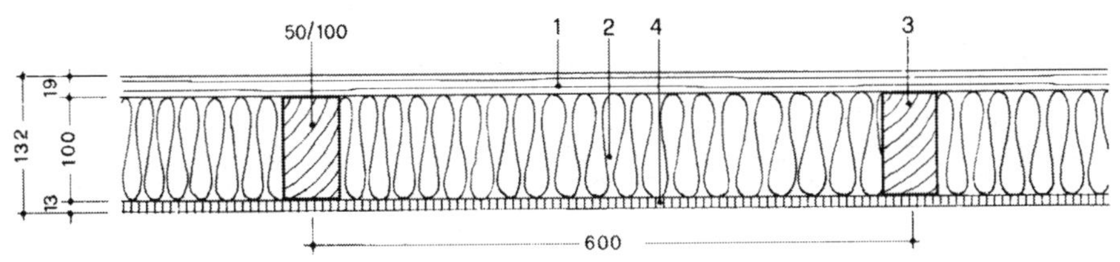

1. 제작된 목재판 19mm 2. 석면 100mm 3. 기둥 100/50mm 4. 목재 내부 마감재 13mm

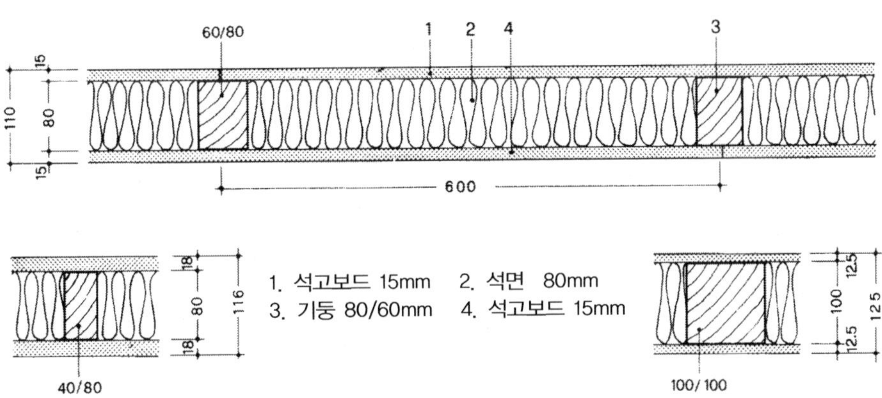

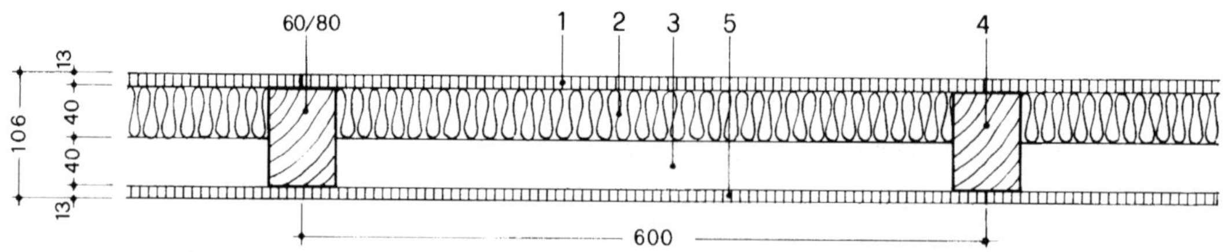

1. 목재 패널 13mm 2. 석면 40mm 3. 공기층 40mm 4. 기둥 80/60mm 5. 목재패널 13mm

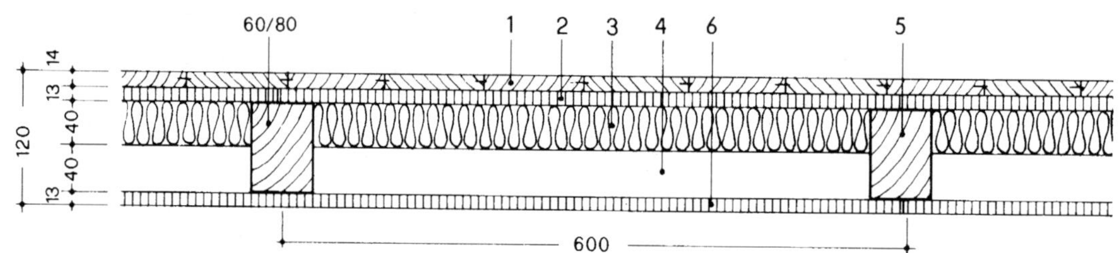

1. 목재 내장마감재 14mm 2. 목재패널 13mm 3. 석면 40mm 4. 공기층 40mm 5. 기둥 80/60mm 6. 목재패널 13mm

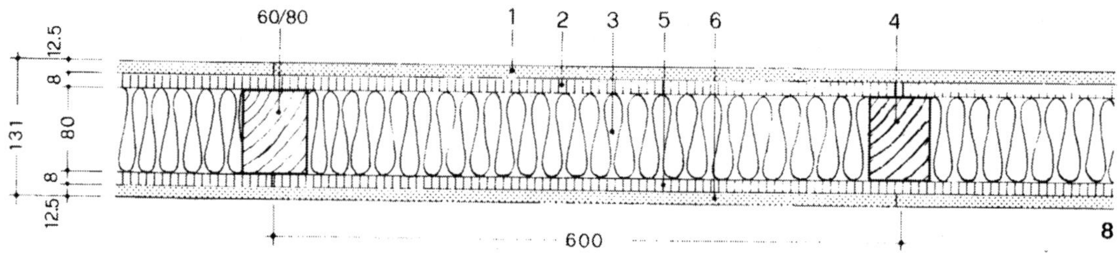

1. 석고보드 12.5mm 2. 목조패널 8mm 3. 석면 80mm 4. 기둥 80/60mm 5. 목재판 8mm 6. 석고보드 12.5mm

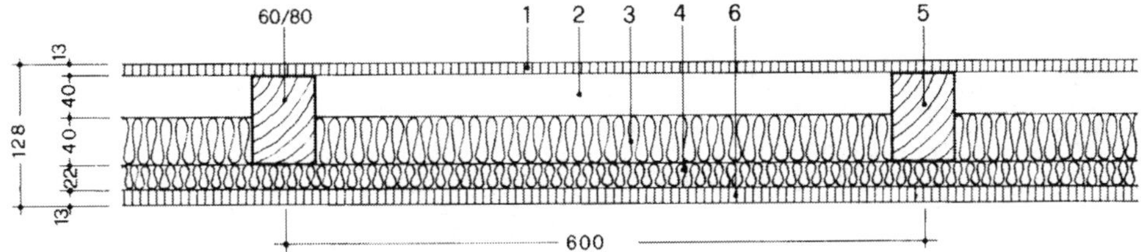

1. 목재패널 13mm 2. 공기층 40mm 3. 석면 40mm 4. 22/30mm의 보조기둥이 공간에 있는 석면 22mm 5. 기둥 80/60mm
6. 목재패널 13mm

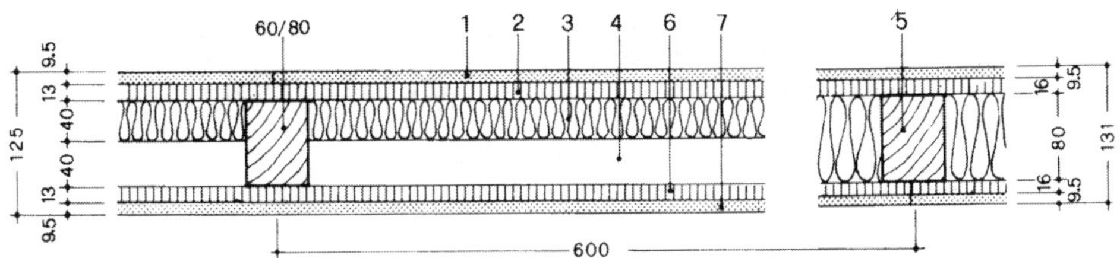

1. 석고보드 9.5mm 2. 목조패널 13mm 3. 석면 40mm 4. 공기층 40mm 5. 기둥 80/60mm 6. 목조패널 13mm
7. 석고보드 9.6mm

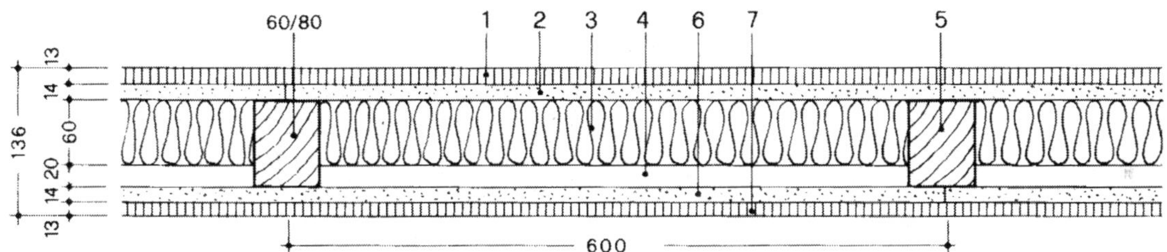

1. 목재패널 13mm 2. 구멍이 있는 목판 14mm 3. 석면 60mm 4. 공기층 20mm 5. 기둥 80/60mm
6. 구멍이 있는 목판 14mm 7. 목재패널 13mm

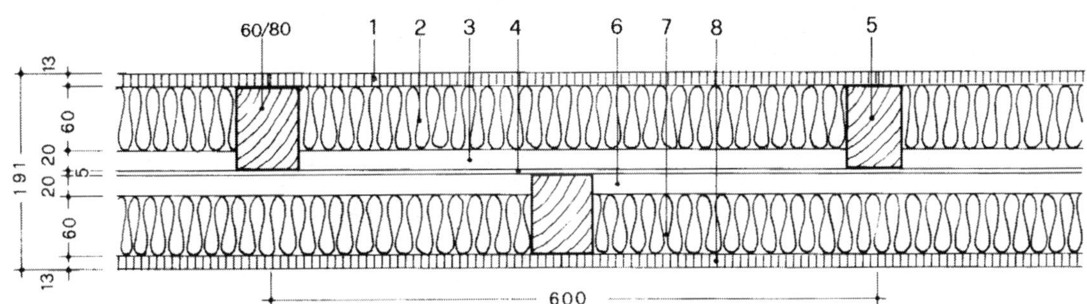

1. 목재패널 13mm 2. 석면 60mm 3. 공기층 20mm 4. 분리공간 5mm 5. 기둥 80/60mm 6. 공기층 20mm
7. 석면 60mm 8. 목재패널 13mm

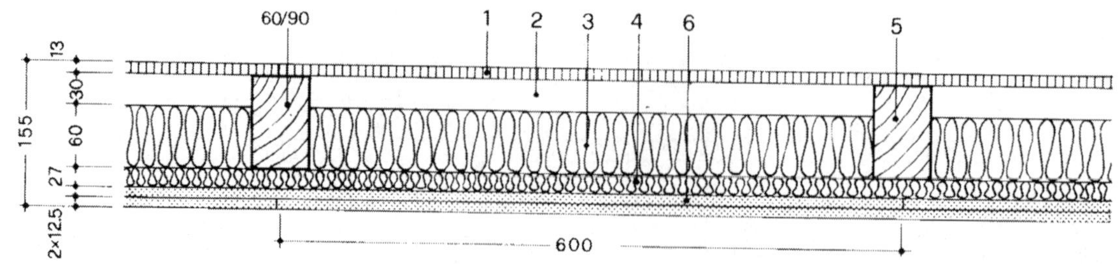

1. 목재패널 13mm 2. 공기층 30mm 3. 석면 60mm 4. 석면 27mm 5. 기둥 90/60mm 6. 석고보드 2x12.5mm

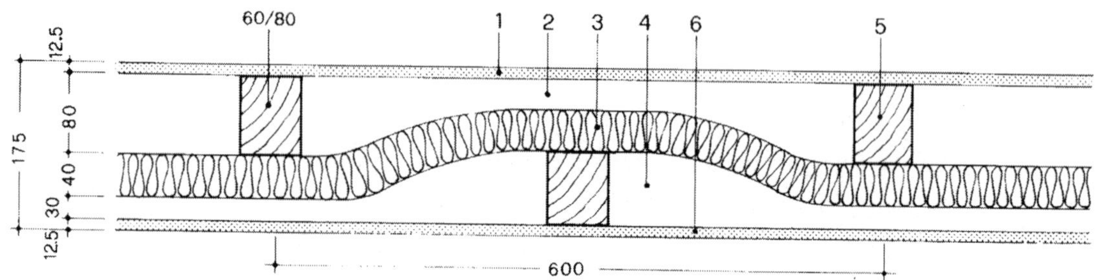

1. 석고보드 12.5mm 2. 공기층 30~80mm 3. 석면 40mm 4. 공기층 30~80mm 5. 기둥 80/60mm 6. 석고보드 12.5mm

B. 목조건축에서 사용하는 다른 예

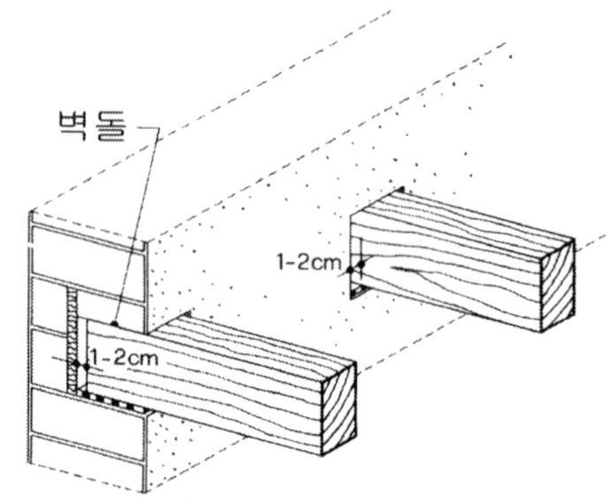

▲ 이 경우는 벽돌과 목조의 보를 연결하는 것으로 이음부에 약간의 공간을 두는데 이는 열에 의한 재료 간의 팽창계수가 틀리기 때문이다.

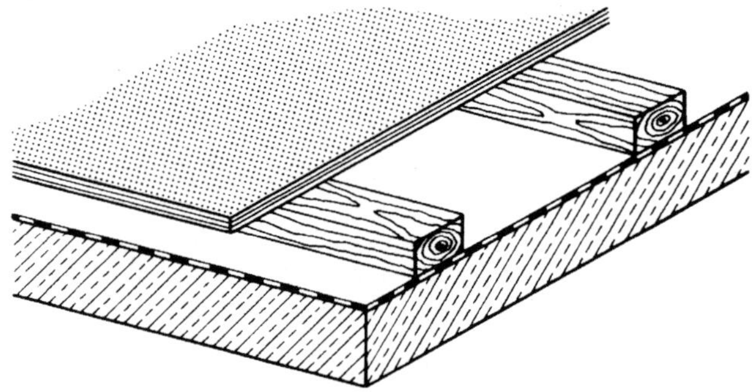

▲ 이 경우는 콘크리트 바닥에 목조의 마루형식을 놓는 경우로 바닥판이 직접적으로 접촉하지 않고 순환되는 공간층을 두어야 하는 경우를 보여준다.

2.6 목조건축의 지붕형태 살펴보기

아래의 사진은 스위스에 있는 수영장 건물이다. 평면은 원의 1/4의 형태를 갖고 있으며 크기가 22/175cm나 되는 보가 공간을 가로 질러 지붕의 형태를 취하고 있다.

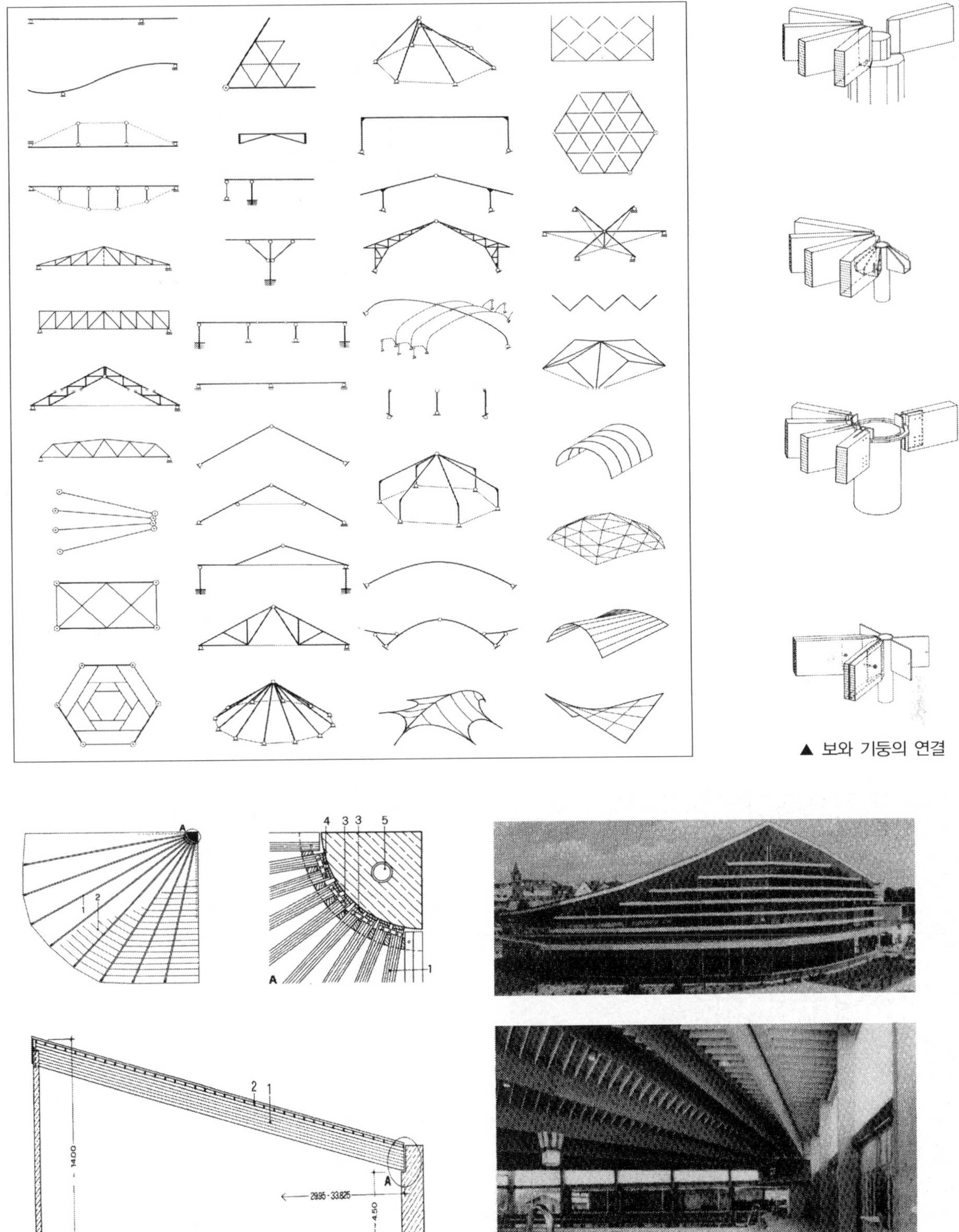

▲ 보와 기둥의 연결

2.7 목조건축을 적용해 본 예

❶ 2층 형식의 구조시스템

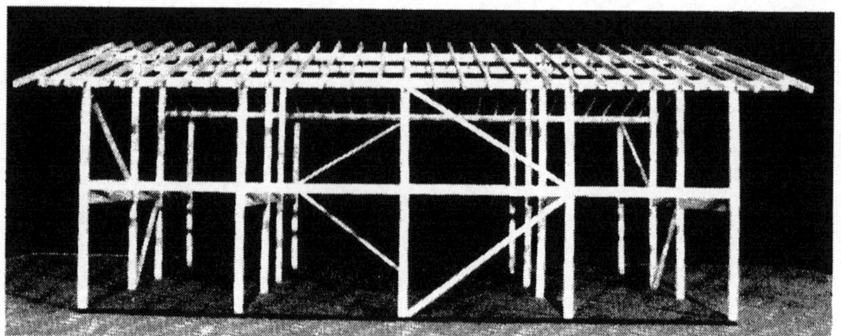

• 콘셉트

어느 특정한 벽체나 바닥패널을 사용하지 않고 자유로운 형태를 구성하는 틀을 만들려고 하였다. 이러한 형태에서는 공간의 사용이 다양하고 크기, 평면, 그리고 지붕의 형태를 가능한 여러 가지로 시도해보려 하였다.

• 구조

바닥 수평재는 연속되고 기둥은 분절되어 나가는 형식이다. 길이 방향으로는 3.6m씩 기둥의 간격을 구분하였고 단방향으로는 밖으로 3.6m 그리고 가운데는 2.4m를 잡아 안정적인 구조를 만들었다.

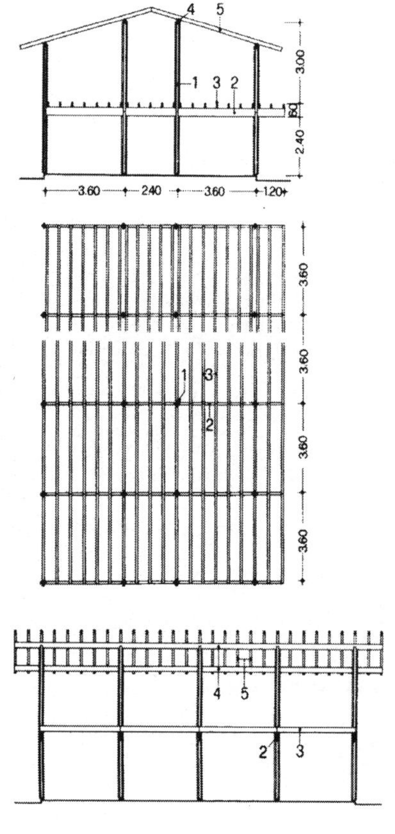

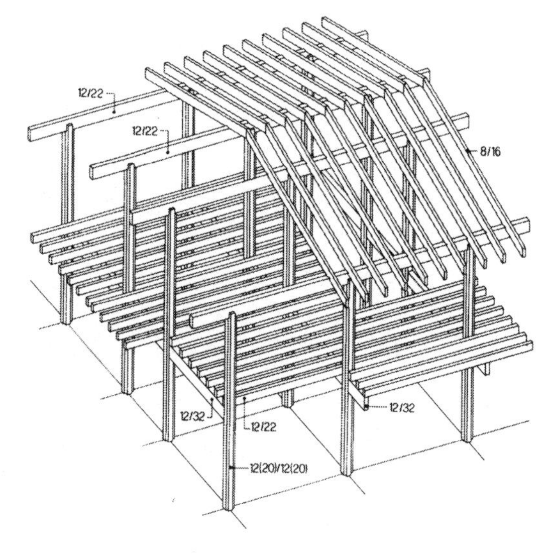

1. 기둥 12/12cm(20/20cm)
2. 보조 보 12/32cm
3. 메인 보 12/22cm

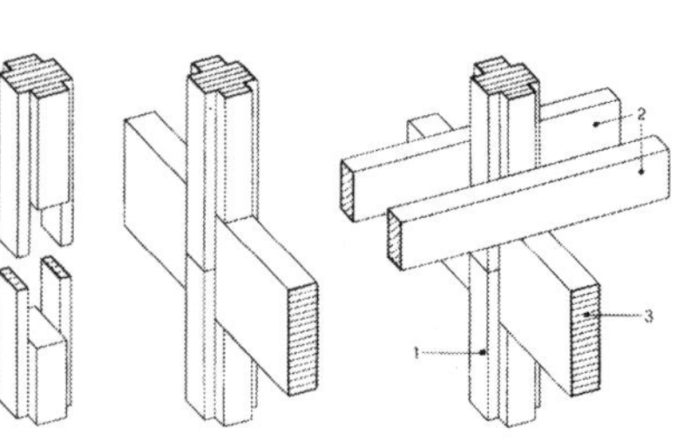

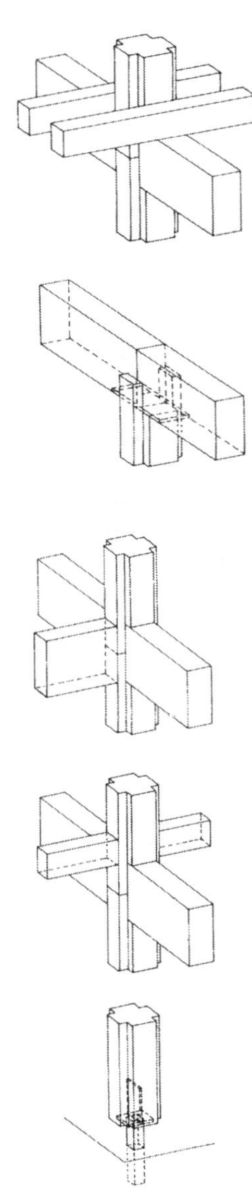

Auswechselung Hauptträger

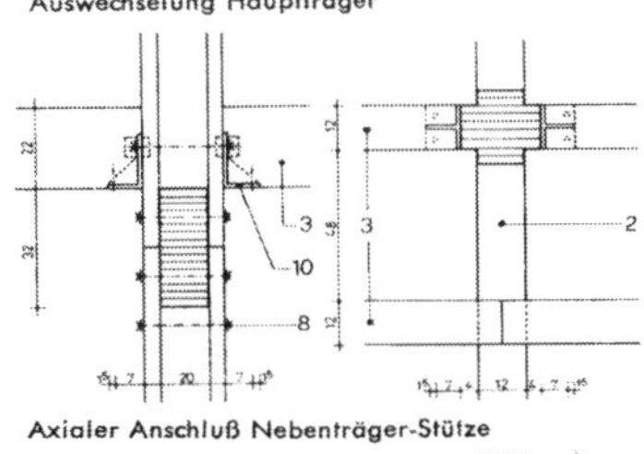

Axialer Anschluß Nebenträger-Stütze

1. 교차되는 기둥 12(20)/12(20)cm
2. 메인 보 12/32cm
3. 보조 보 12/22cm
4. 지붕 보 12/22cm
5. 서까래 12/22cm
6. 기둥의 중심 12/20cm
7. 기둥외부 2x4/12cm
8. 안전볼트
9. 철판
10. 기둥과 나사를 연결하는 각쇠판
11. 바닥판과 기둥을 연결하는 철판

▲ 보와 기둥의 연결

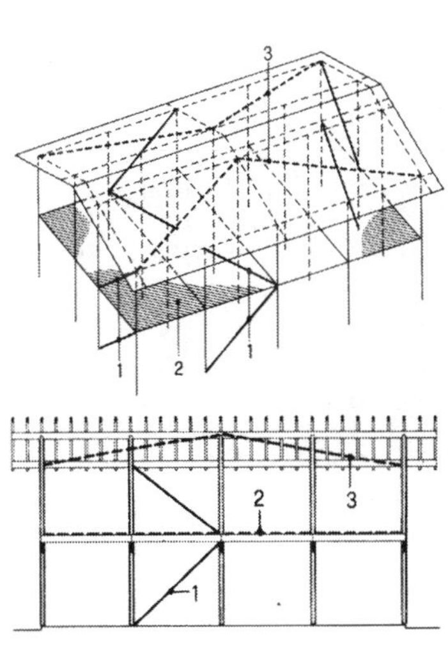

1. 기둥을 연결하는 수직 안전대
2. 수평 바닥판 목재
3. 지붕을 이어주는 수평 안전대

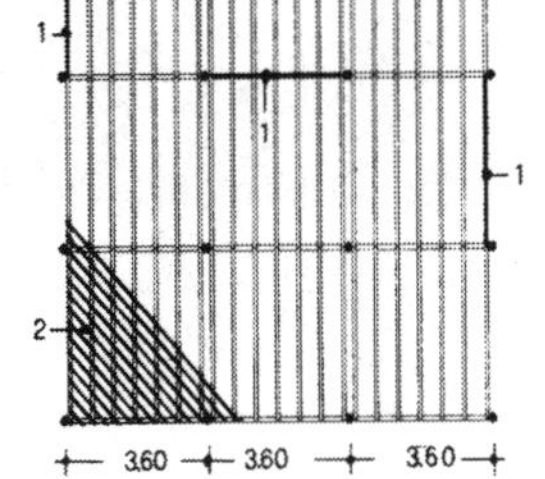

▲ 지붕구조

❷ 2층 형식의 구조시스템 구조물 조립순서

용도 : 이 건물은 면적이 212m^{2}인 연립주택이다. 손님용 방, 사무실, 부엌, 주방, 그리고 거실이 1층에 있고, 2층에는 두 개의 아이들 방과 부모님 침실 그리고 목욕실이 있다.

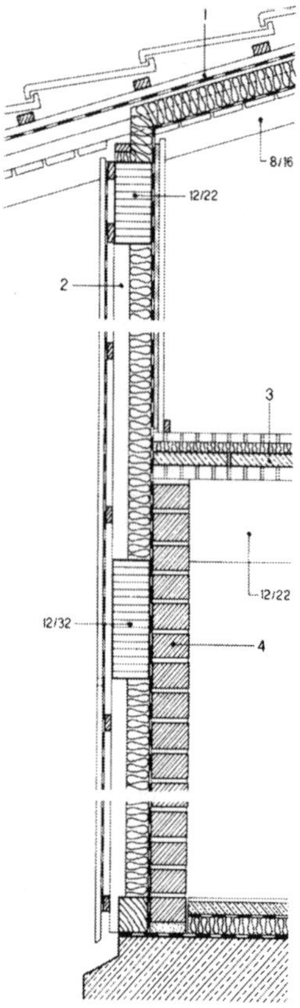

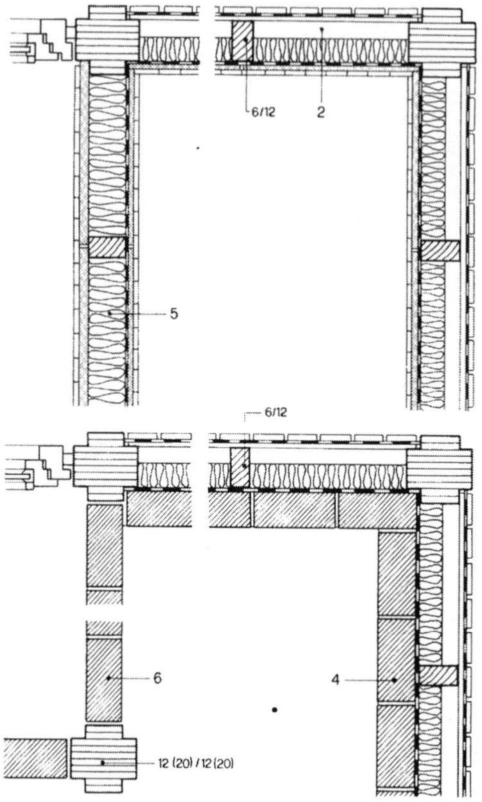

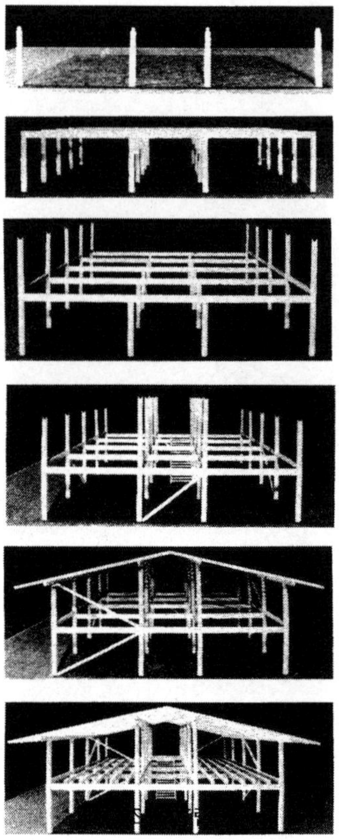

1. 지붕 요소
   단열재
   기와
2. 2층 외벽 요소
   목재패널
   비닐
   단열재
   순환공기층
   석고보드
3. 천정 요소
   목재판
   단열재
   콘크리트판
4. 1층 외벽 요소
   1층과 동일
   내부는 조적조
5. 2층 내벽
   석고박스
   단열재
6. 1층 내벽
   조적조

▲ 단면

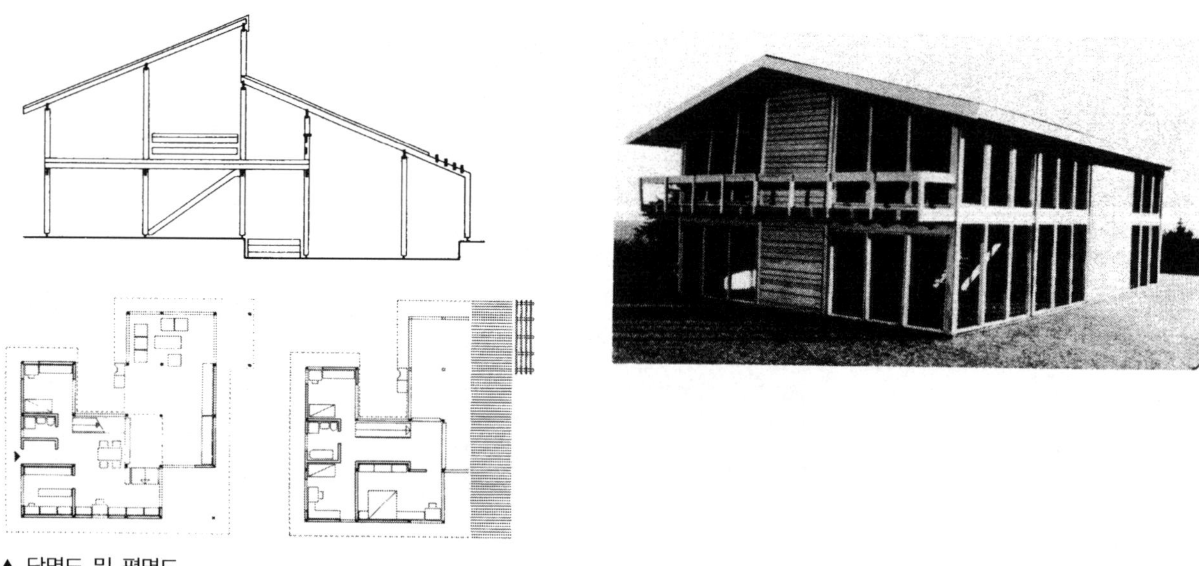

▲ 단면도 및 평면도

❸ 2층 구조 시스템

• 콘셉트

보와 기둥이 끊이지 않고 연속하여 올라가며 각 부재가 서로 엇갈리게 놓이는 구조를 만들었다.

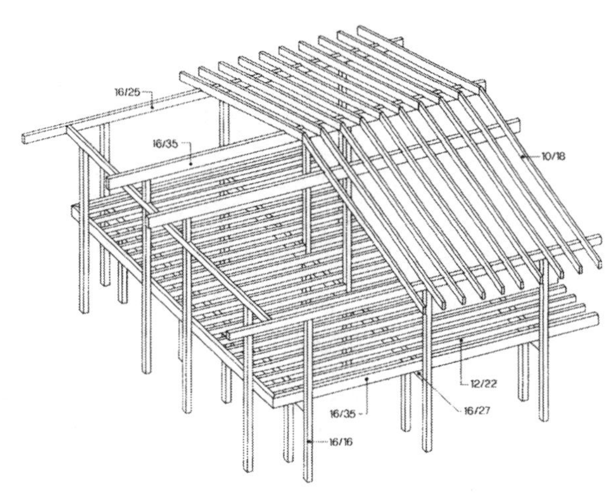

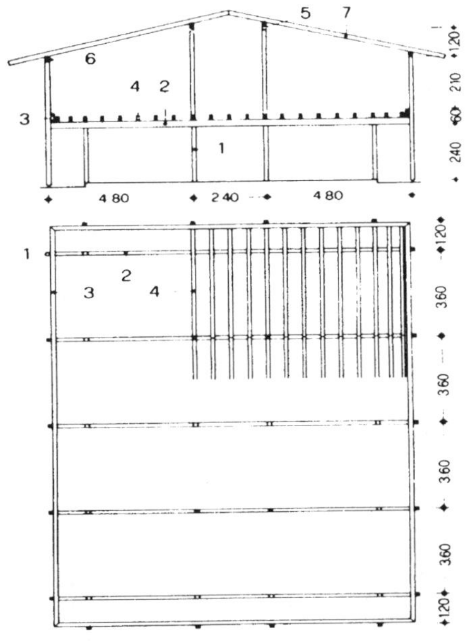

1. 기둥 16/16
2. 메인 보 16/27
3. 경계 보 16/35
4. 보조 보 12/22
5. 지붕 보 16/35
6. 처마도리 16/25
7. 서까래 10/18

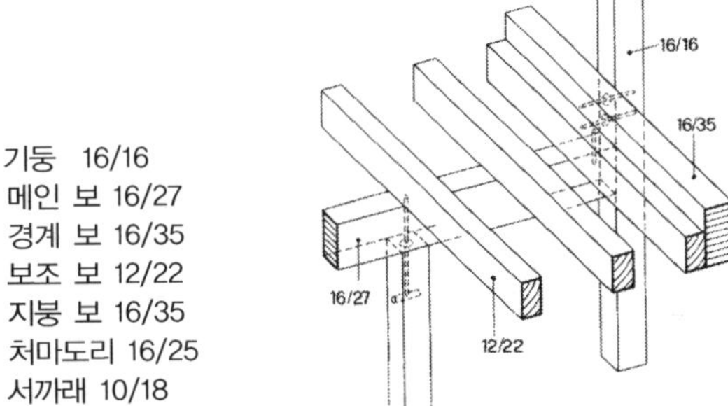

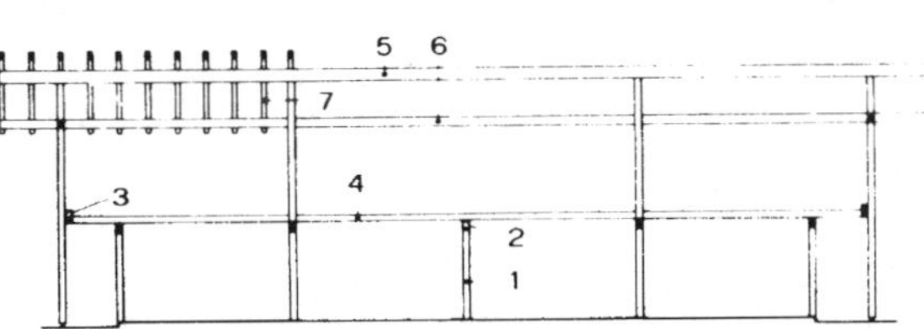

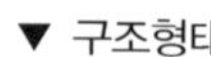
▼ 구조형태

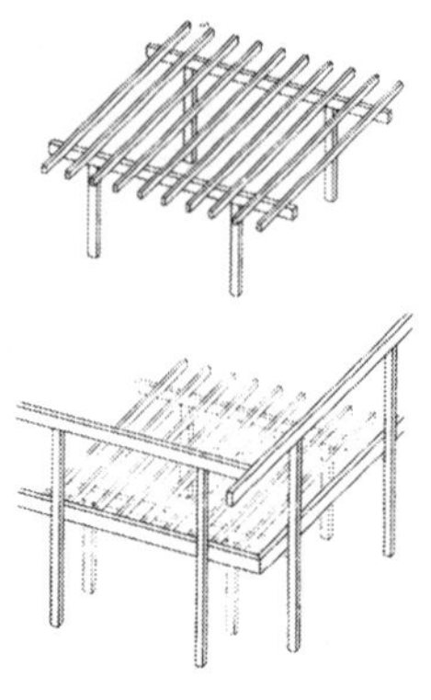

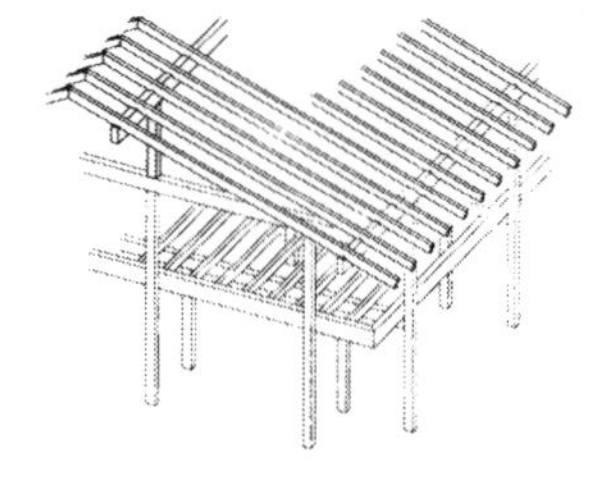

▼ 구조물 조립순서

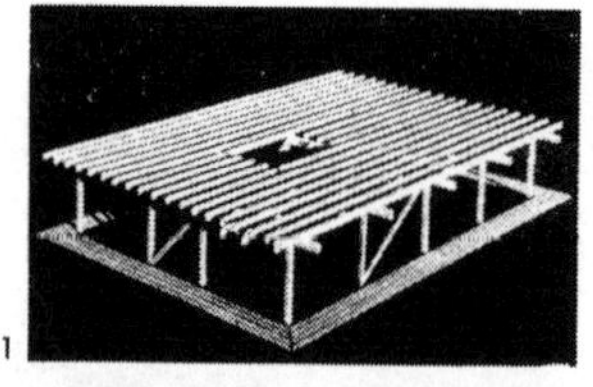
1

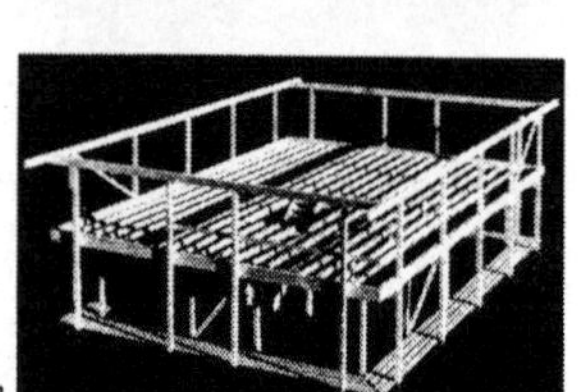
2

3

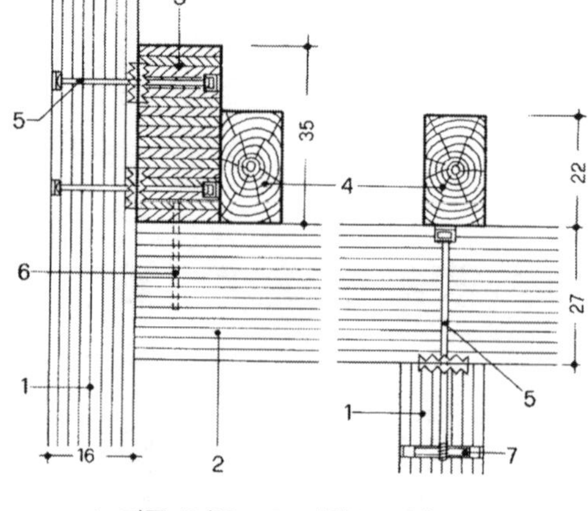

1. 기둥 16/16 2. 메인 보 16/27
3. 처마도리 16/35 4. 보조 보 12/22
5. 볼트와 듀벨 6. 막대듀벨
7. 암나사 파이프 8. 볼트
9. 원형 쇠 10. 높이조절 나사 11. 암나사
12. 기초와 연결되는 쇠기둥뿌리
13. 12번 재료에 있는 지름 12의 구멍

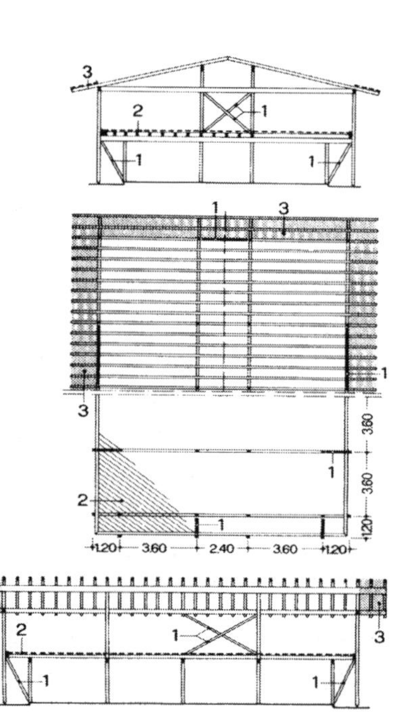

1. 수직 연결대
2. 수평 연결대
3. 지붕 연결대

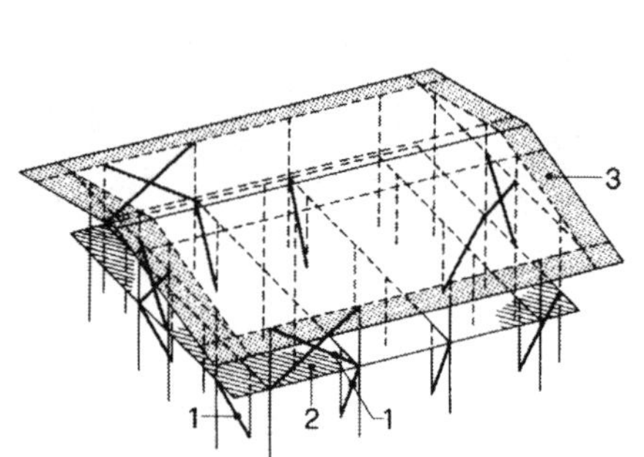

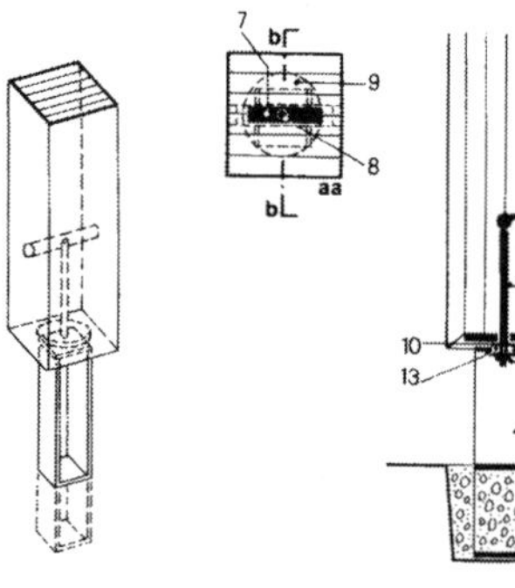

❹ 필란드의 시스템

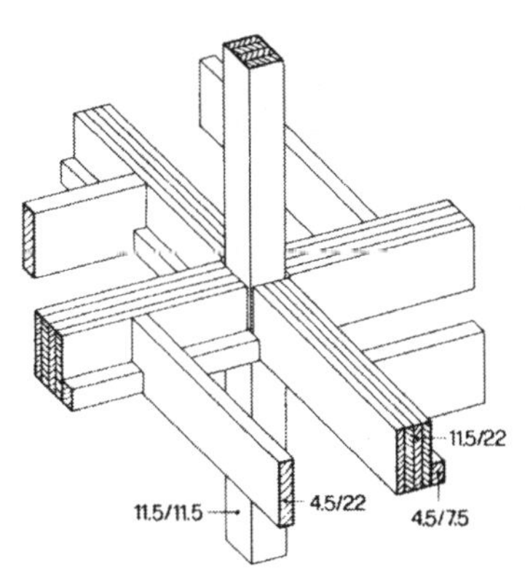
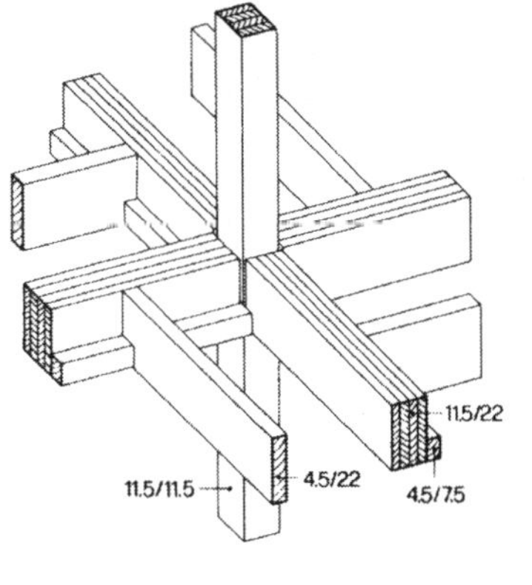

▲ 이음부 구조

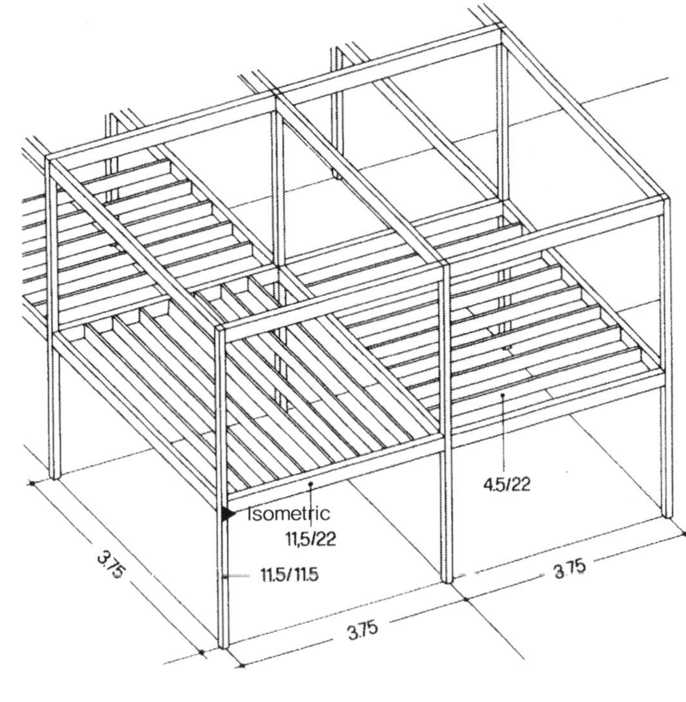

▶ 평면도와 단면도

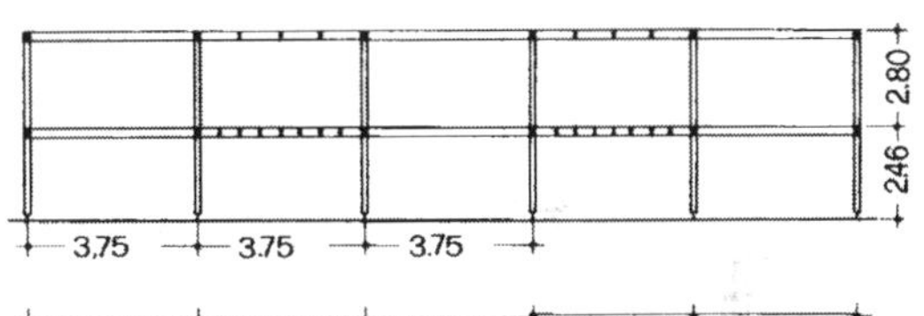

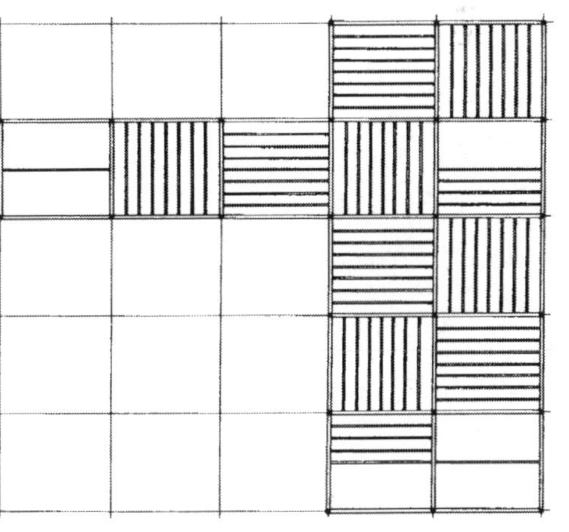

3 철골조

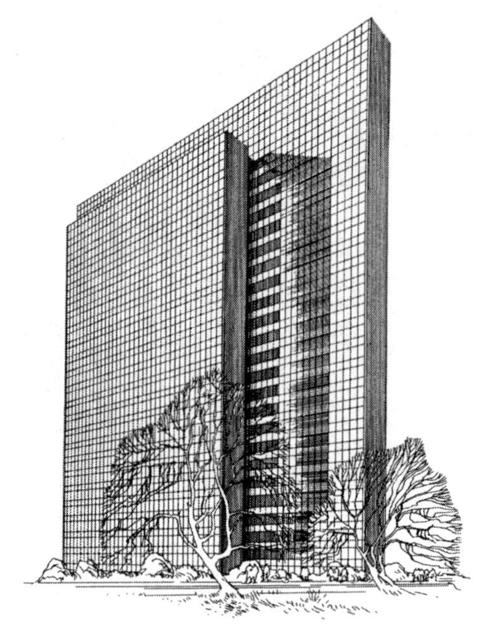

왼쪽의 건물은 독일 뒤셀도르프에 있는 건물로 과거에는 Phoenix-Rheinrohr 건물이었으나 지금은 Thyssen-Haus로 쓰이고 있다. 밑에 있는 평면을 살펴보면 세 개의 판이 붙어 있는 형태를 취하고 있고 벽면이 개방되어 있다.

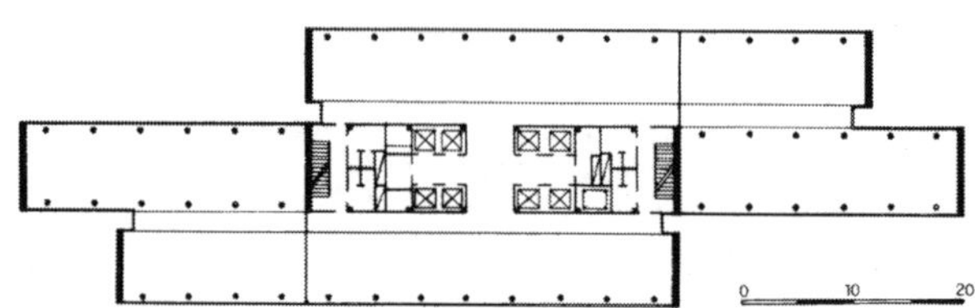

벽구조에서 골조구조로 변화가 될 경우 가장 큰 변화는 공간의 개방이고 벽의 기능이 완전히 달라지는 것이다. 이 건물은 코어를 중앙에 두어 세 공간의 안정성을 꾀하였다. 철골구조는 목구조와 함께 골조구조의 대표적인 예로, 이러한 골조구조는 내부의 변경이 자유로워 언제나 새로운 내부로 변경이 가능하다.

과거에 석조로 건물을 지을 경우, 설계자가 가장 고민하는 부분은 바로 벽구조와 골조구조였다. 근대건축에 들어와 많은 건축가는 공간의 자유를 추구하였으나 구조적인 자유로움을 갖지 못하여 많은 건축공간이 최소한의 개구부만을 확보하였다. 그러나 미스와 같은 건축가는 그의 계획안(Glas tower)에서 공간의 자유를 과감히 시도하였고 이는 철근콘크리트와 철골조에 빠른 발전을 가져 왔다.

철골조는 다른 철근콘크리트 구조와는 다르게 수직부재와 수평부재가 명확하게 구분이 되며, 이 두 부재의 접합은 안전에 중요한 요소로 작용한다. 다른 구조에 비하여 구조부재로 쓰이는 종류가 다양하며 디테일이 명확하지 않으면 하자의 문제를 발생시킬 수 있다. 그러나 현장이나 생산지에서 사전에 작업할 수 있으며 다양한 공법이 사용된다는 것이 장점이기도 하다.

이 건물은 수평 부재에 트러스 형식으로 사용하였고 건물형태의 단조로움을 파사드의

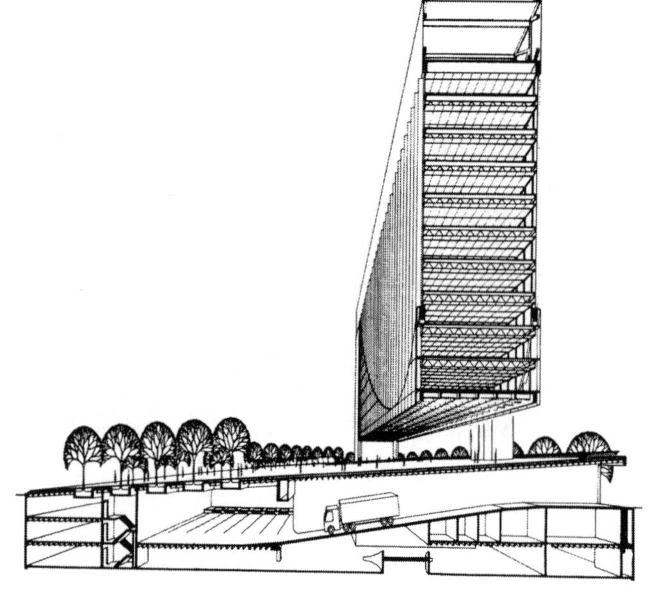

▲ Federal Reserve Bank

디자인으로 웅장한 이미지를 만들었다. 설비의 공간은 모두 천정의 단일공간으로 사용하고 횡축으로 수직공간을 나누었다.

3.1 철골구조의 기본적인 시스템

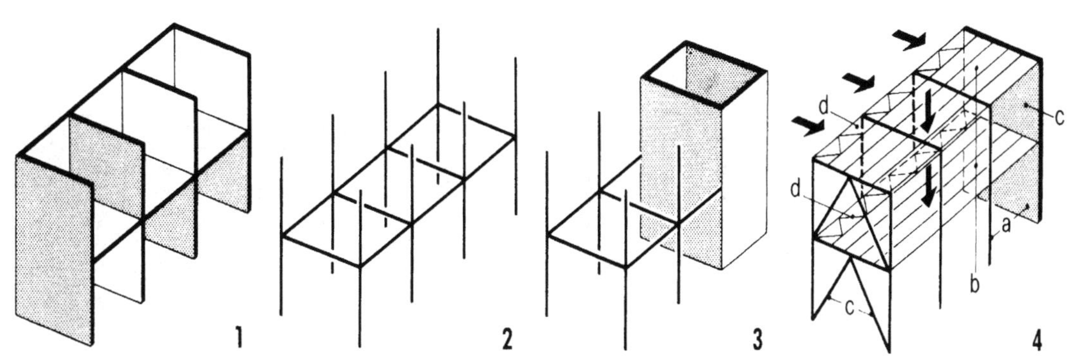

골격구조가 건물의 형태를 만드는 것이 이 철골구조이다. 과거에는 제한된 재료(자연석, 벽돌, 나무)에 건축의 형태가 좌우되었지만 현대적인 재료인 콘크리트, 철, 유리는 더 이상의 형태적 제한을 두지 않게 되었다.

구조를 크게 나누어 보면 위의 그림처럼 1 벽체구조. 2 골조구조. 3. 혼합구조, 4 골격구조로 나누어 볼 수 있다. 각각의 구조는 다음과 같은 특징이 있다.

1. 벽체구조는 두 가지 기능을 갖고 있는데 하중을 전달하는 기능과 공간을 구분하는 기능이 있다.
2. 골조구조는 기둥이 하중을 전달하고 외벽은 하중을 받지 않는 비내력 구조이며 공간을 구분하는 것은 내벽의 역할이다.
3. 혼합구조는 일반적으로 많이 쓰이는 구조로 건물의 층이 높을수록 공간이 수직적으로 연결되어 있으면 코어 같은 공간을 두어 공간을 연결하고 하중을 전달한다.
4. 골격구조는 철골구조에 쓰이는 구조로 위의 그림에서 a는 건물의 수직적인 하중을 받아 기초로 전달하고, b는 면적에 전달되는 하중을 수직적 요소로 전달하는 기능을 한다. c는 수직적인 연결구조로 일정한 지점에서 전달되는 하중을 모아 수직적 요소로 전달한다. d는 c와는 반대로 수평적인 안전대로 각 지점에서 발생하는 하중을 모아 수직적인 요소로 전달한다.

다음은 철골구조에서 볼 수 있는 구조적인 시스템에 대한 예를 보기로 한다.

1.1
1
2.1
2.2
2
3.1
3.2
3
4.1
4.2
4
5.1
5.2
5
6.1
6.2
6.3
6
7.1
7.2
7.3
7
10.1
10.2
10
9.1
9.2
9.3
9
11.1
11.2
11
12.1
12

이러한 구조를 사용한 건축물의 예를 살펴보기로 하자.

❶ 지주구조

기둥의 하중이 연속적으로 기초에 전해진다. 힘의 흐름이 중단되고 다른 곳으로 방향을 바꾸는 경우는 예외적으로 작용한다.

1. 만일 땅에서 상승된 건물이 기둥을 어느 정도 안으로 옮겨 놓은 기둥을 만드는 설계를 한다면 이와 같은 건축 콘셉트가 좋을 것이다.

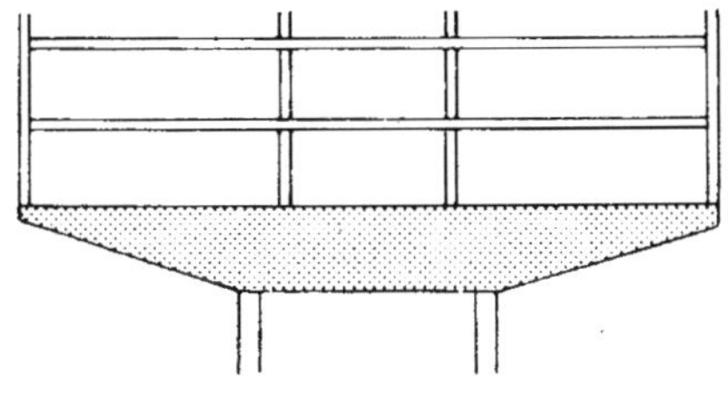

2. 경량의 지붕하중이 하부에 전달되면 하중을 전달하는 부분을 만들어 하부에 기둥을 없애는 콘셉트를 사용할 수 있다.

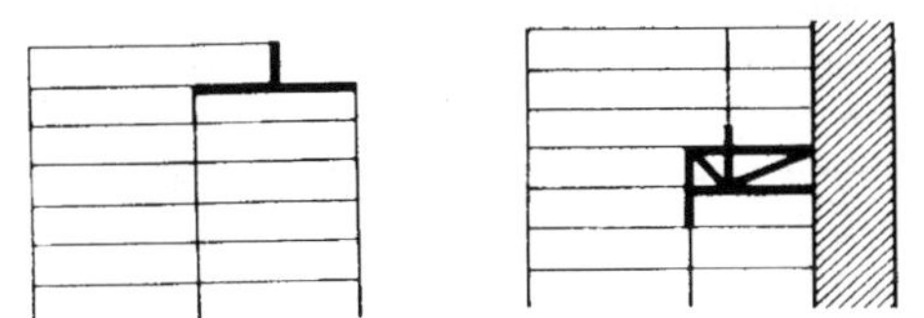

3. 지상층에 기둥의 자유를 시도하고 상부에서 무거운 하중이 내부 기둥에 전달되는 경우 두꺼운 지주판이 필요하게 된다. 이 경우 트러스 형식을 취하고 이곳에 설비실 같은 공간을 놓을 수도 있다.

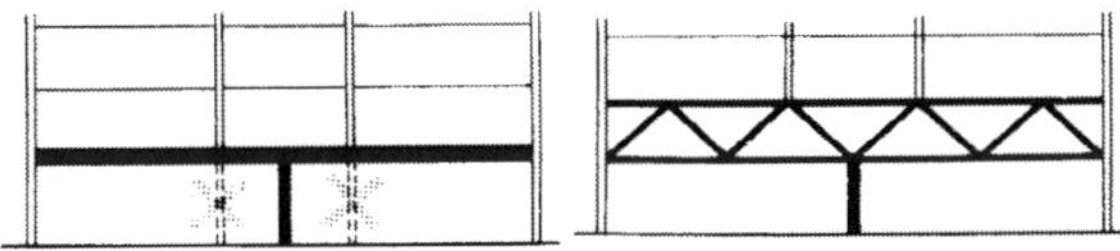

4. 안쪽으로 들어간 기둥으로 상층의 기둥은 외벽의 내부에 있다. 지상층의 외부는 안쪽으로 들어간 형상이다. 큰 보를 갖고 있는 지상층에 지상층의 하중이 전달된다.

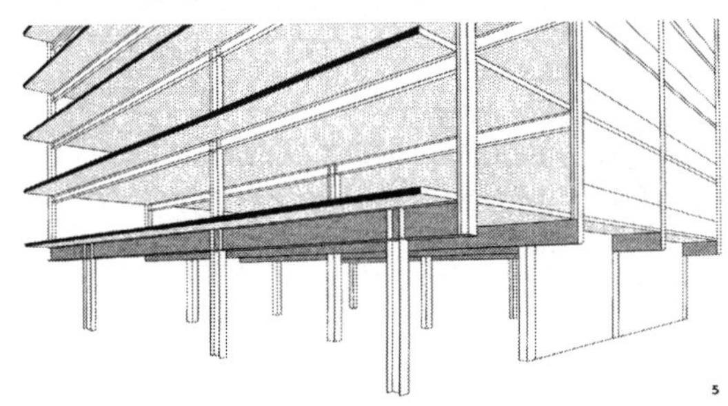

5

5. 지상층의 넓은 간격을 갖고 있는 기둥으로 상층의 기둥은 외부로 나와 있다. 지상층의 넓은 기둥 간격이 필요하게 되고 상층의 기둥은 큰 보에 전달된다. 이것은 상층의 기둥이 불안전하게 보이는 인상을 건물의 전면에서 사라지게 한다.

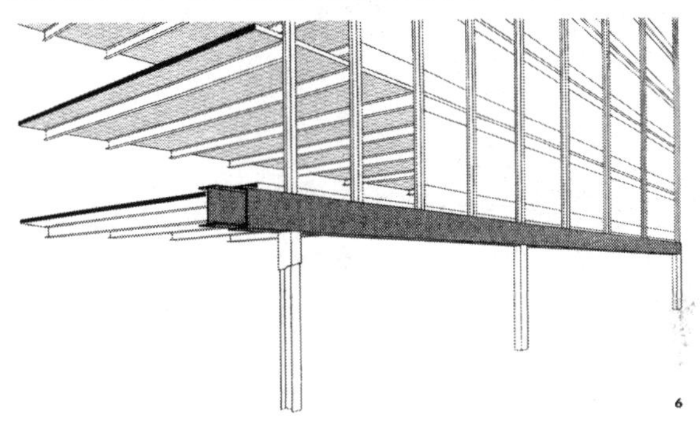

6

6. 지주구조가 한 층의 높이로 트러스구조(설비층)를 사용하였다. 경제적이고 기둥의 간격을 넓게 할 수 있다.

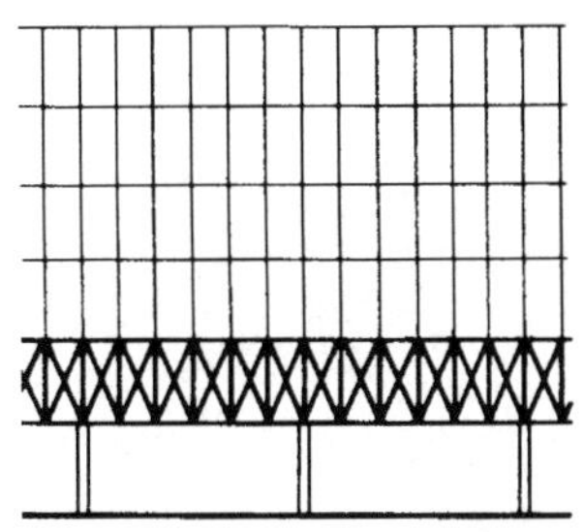

7. 만일 지주구조를 위층으로 올리면 사이기둥은 매달린 모양이고 지상까지 모든 메인기둥의 하중은 상부로 이동한다.

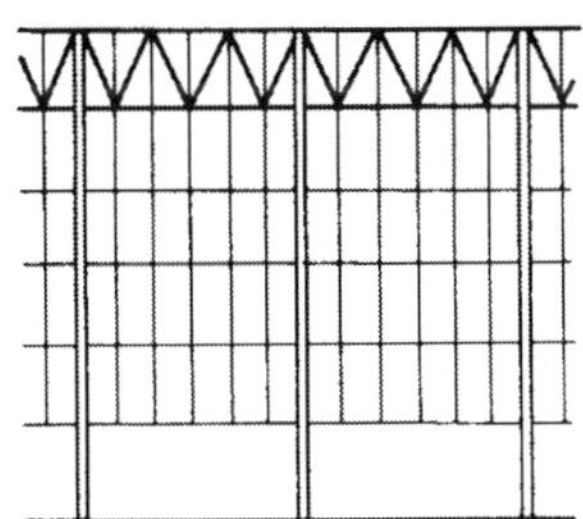

❷ 돌출된 천정

천정구조에서 외부기둥이 명확한 거리를 갖고 외부 벽 뒤에 있으면 돌출된 형식을 갖고 있다.

1. 돌출된 부분에서 천정판이 홀로 서있는 것을 볼 수 있다. 정면은 기둥에 달려 있거나 천정판에 붙어 있다.

2. 만일 기둥이 더 들어가면 하부지지 천정보는 돌출되어 있다. 정면구조는 천정 위에 놓여 있다.

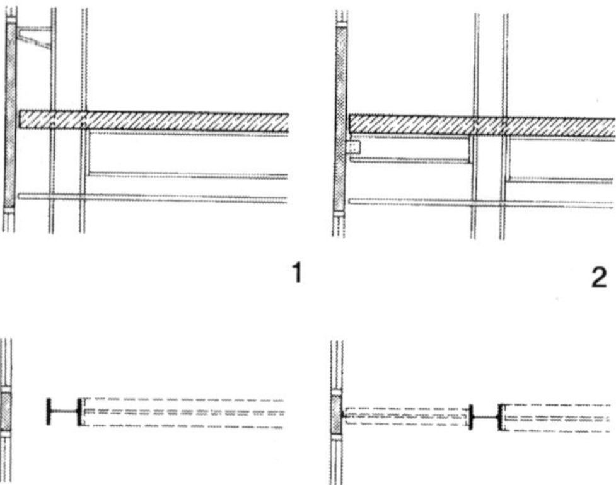

1 2

3. 기둥이 내부로 들어가 있는 건물과 그 층의 천정은 돌출구조를 갖고 있다. 즉, 정면의 형태를 형성하고 내벽의 정열에 자유롭다. 요즘의 아파트가 내부를 주문식으로 가능하게 할 수 있는 것이 철골조이기 때문이다. 그러나 이러한 구조를 선택하게 되면 층 바닥의 역학과 외벽과 천정 사이에 발생하는 움직임을 고려해야 한다.

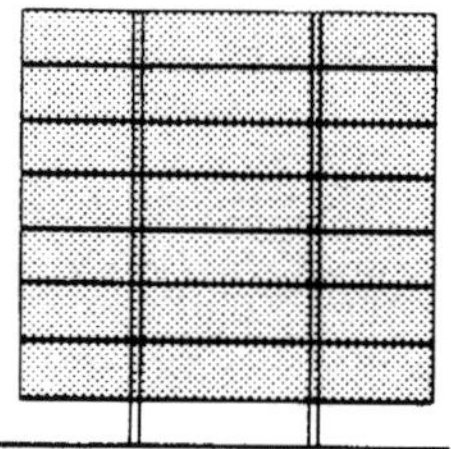

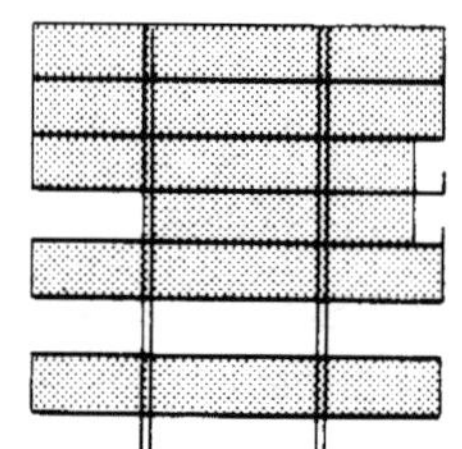

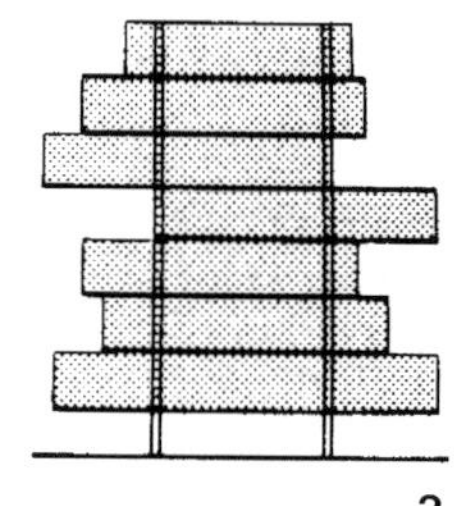

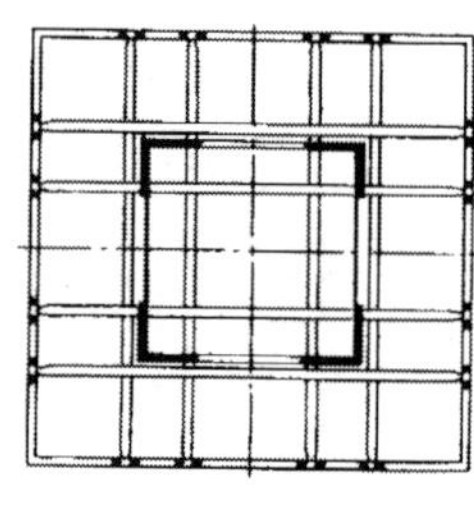

3

4

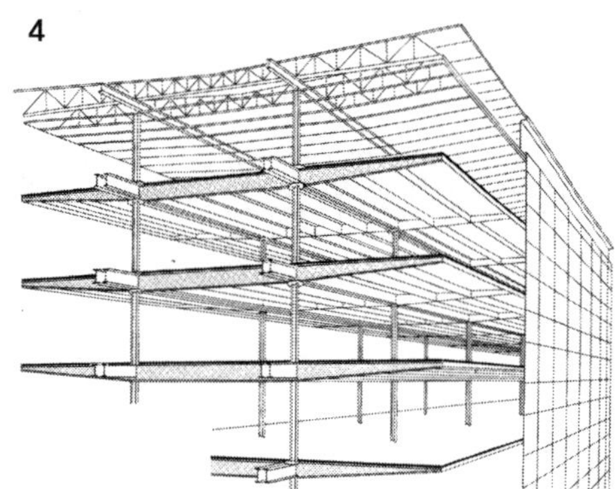

5. 이것은 건물의 코어가 중심에 놓여 있어 안정적이고 네 곳의 기둥구조를 갖고 있는 형태이다. 2방향으로 보가 교차되는 구조를 갖고 있으며 이를 통하여 두 개의 층이 콤팩트되어 단일화를 이루고 있다.

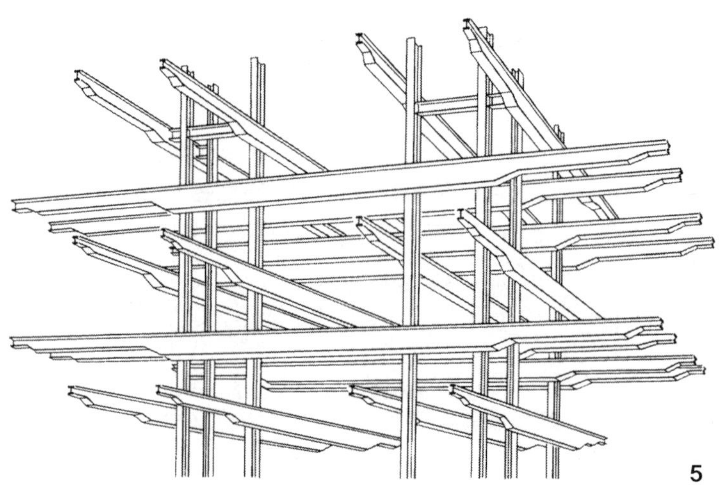

5

❸ 매달린 형식

매달린 형식에서는 모든 하중이 건물 코어에 전달된다. 코어는 철골조이거나 철근콘크리트조이다. 외부로 나온 바닥재의 하중은 끌어 올리는 구조에서 위로 전달이 되고 중하중은 코어 내로 연결된다. 지상층에는 외부 방향으로 기둥이 없다. 가느다란 끌어 올리는 구조재는 외부벽 구조 내에 숨겨지게 된다.

1. 기둥이 정사각형을 이루고 있고, 각 층을 지지하는 메인 보도 사각형의 라멘구조를 이루고 있다.

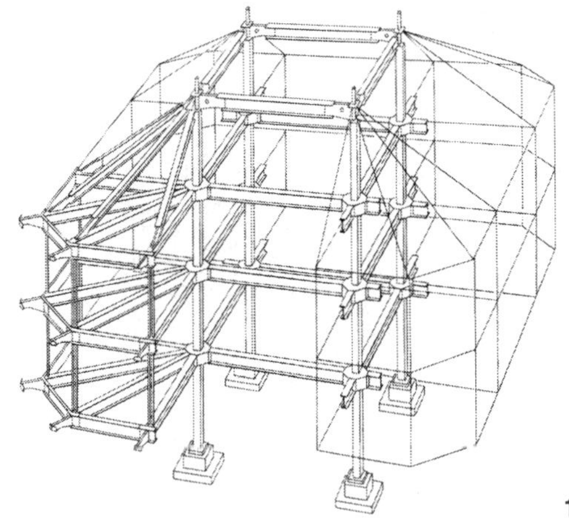

1

2. 정사각형의 평면. 메인 철골 기둥은 코어에 있다.

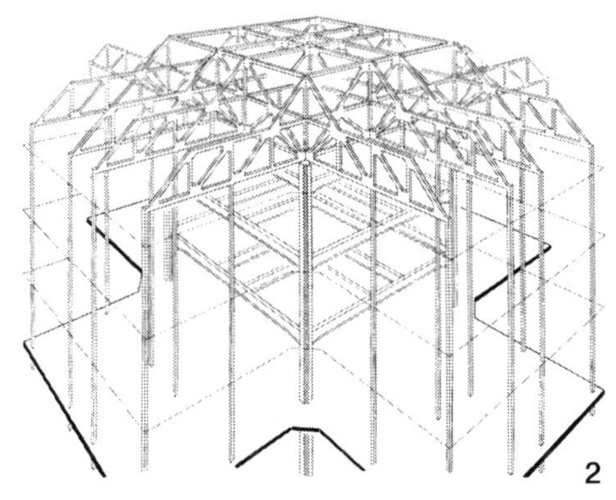

2

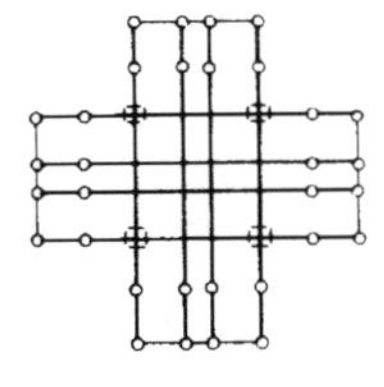

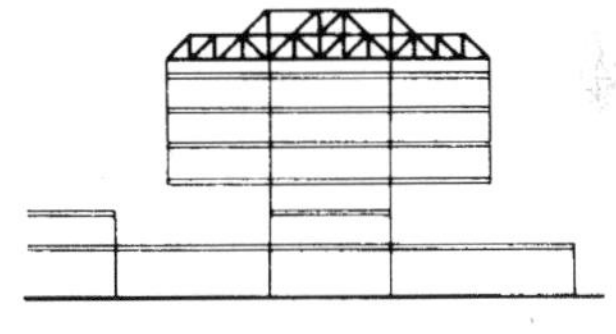

3. 정사각형의 평면과 철근콘크리트 코어. 코어는 각 층을 통과하여 지나간다. 매다는 구조체는 케이블로 되어 있다.

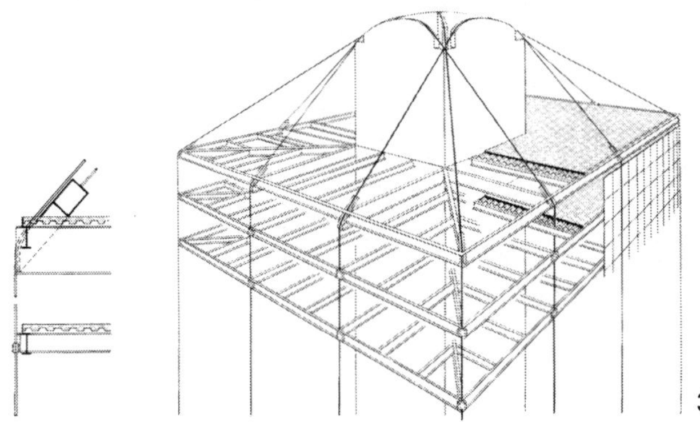

3

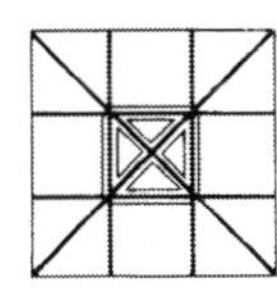

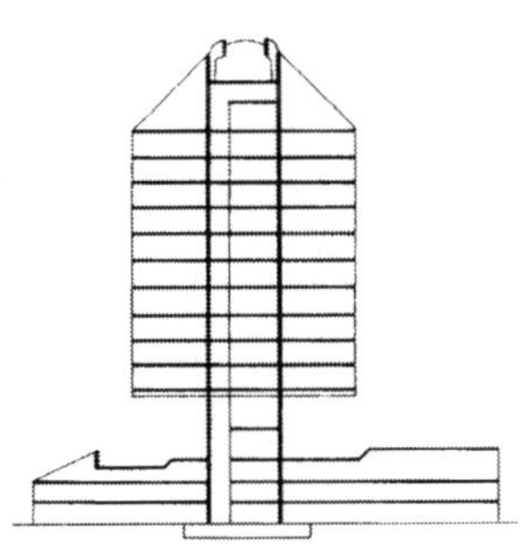

❹ 라멘구조

라멘구조는 내부 기둥이 없다. 모든 하중은 규모가 큰 메인 기둥으로 전달이 된다.

1. 이 건물은 파리에 있는 이란 파빌론이다. 세 개의 라멘이 박스 형태를 취하고 있다. 옆의 건물을 보면 두 개의 박스가 형태가 걸려 있고 횡 방향으로 세 개의 라멘이 보를 걸쳐서 각 네 개의 층을 지지하고 있다.

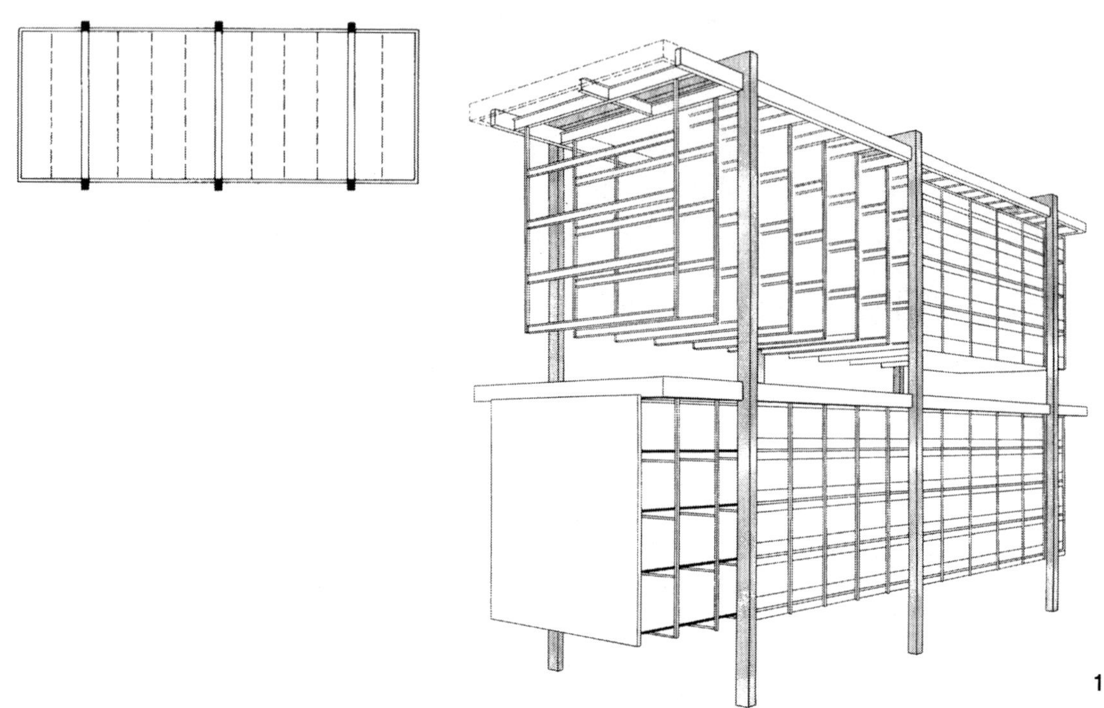

1

2. 좌우 연결 탑 사이에 쌓아놓은 듯한 각 층은 단지 외부 기둥만을 갖고 있다. 그 사이에 16.25m 간격으로 있는 바닥재를 지지하는 보가 트러스 형식으로 되어 있어 각 층을 연결하고 있다. 트러스는 각 기둥과 연결되어 있지 않고 두 번째 기둥 간격으로 되어 있으며 층에서도 한 층씩 걸러서 연결하고 있다. 트러스는 수직적인 형태로 각 층과 탑에도 연결을 하고 있다.

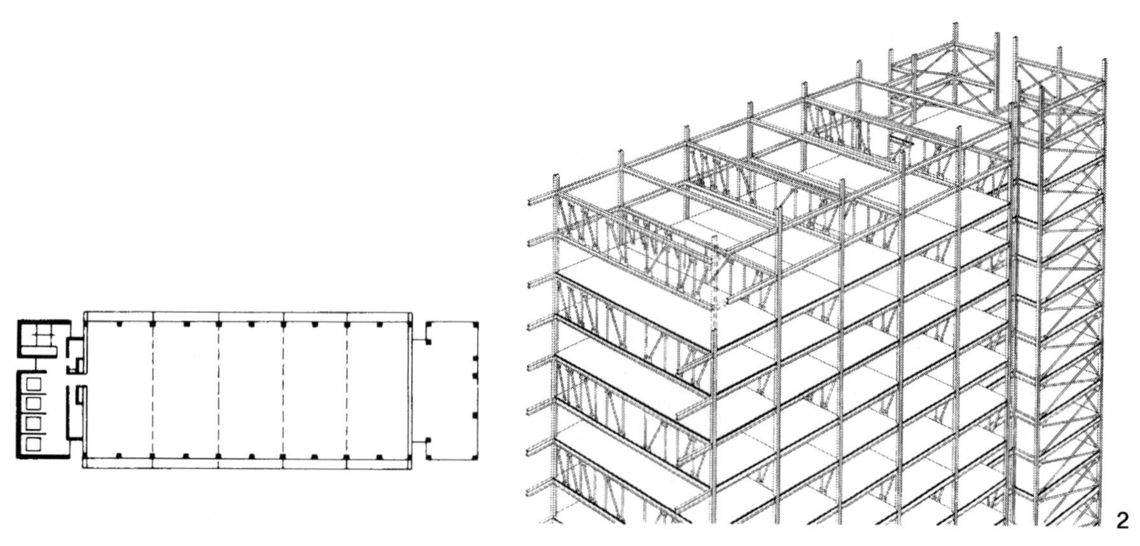

2

❺ 교량구조

1. 아래의 건물은 미국 파사데나(Pasadena)에 있는 예술 학교이다. 이 건물은 길이 263m에 폭이 58m인 건물로 계곡 위에 지어진 건물이다.

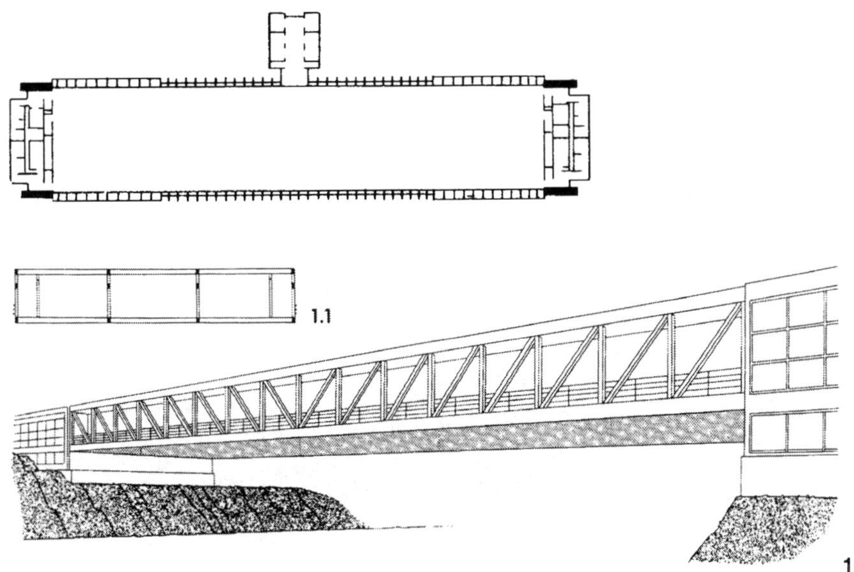

2. 이 건물은 84m의 길이를 갖는 교량형 건물이다. 이 건물은 12층으로 그 하중은 상층부에 있는 높이 8.50m의 트러스와 앞뒤로 있는 두 개의 H-형강이 지지하고 있다. 트러스는 H-형강에 전해지는 수평하중을 지지한다. 만일 후에 증축을 하게 되면 옆의 건물의 점선으로 되어 있는 것과 같이 H-형강을 놓아 발생하는 수평하중을 감소시킬 것이다.

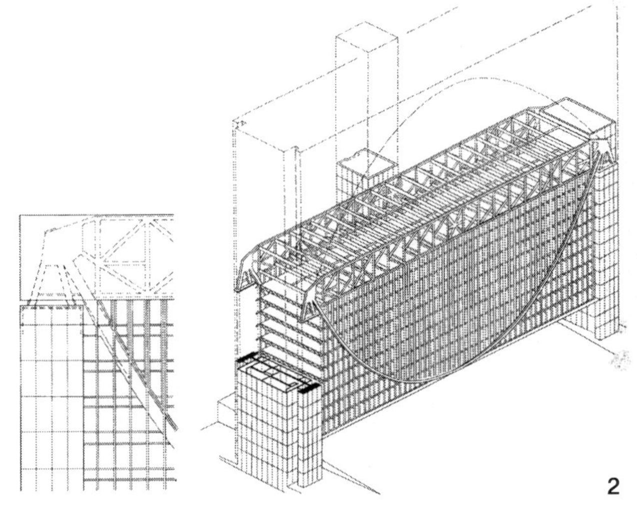

3. 기존에 있는 건물 위에 2층 구조로 증축한 건물로 네 개의 기둥이 지지를 하고 있다. 건물의 구조는 마감을 하지 않고 두 개의 층을 지지하는 철골이 그대로 보이는 형태로 있다. 지지보는 직접적으로 양쪽 두 개의 기둥에 고정되지 않은 상태로 얹혀져 있다(그림에서 a). 그리고 외부의 보는 가느다란 규격이고(그림 b), 이 두 개의 보는 장방향의 보에 연결되어 있다(그림 c). 그리고 내부의 가는 보는 횡 방향으로 연결되어 있다.

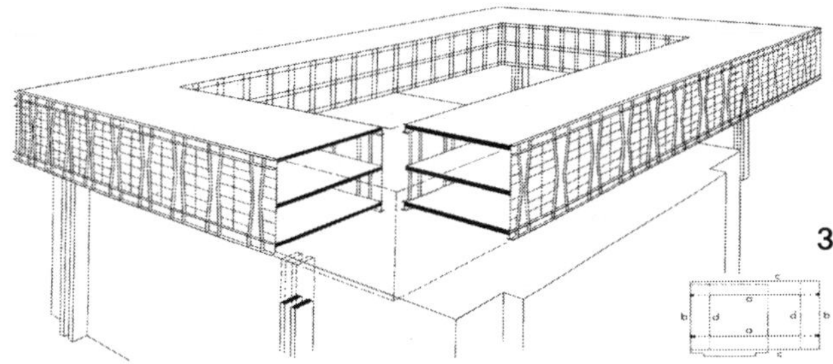

3.3 철골조의 기둥

일반적으로 기둥을 건물에서 보이지 않게 하는 경우가 많지만 골조 구조에서는 대체적으로 기둥이 그 위치를 상세히 나타낸다. 그리고 기둥은 건물의 전체적인 디자인을 형성하는 주요소로서 벽의 형성을 이루는 중요한 재료이다. 일반적으로 기둥이 외벽과 같은 위치인가 또는 전진이나 후진해 있는가 하는 것이 그 포인트이다.

작은 공간에서 기둥은 대체적으로 창문에 가까이 놓여 있고 큰 공간에서는 기둥이 내부에 있는 것이 일반적이다. 아래의 있는 건물 들은 모두 기둥이 외부에 보이는 경우이다.

1.

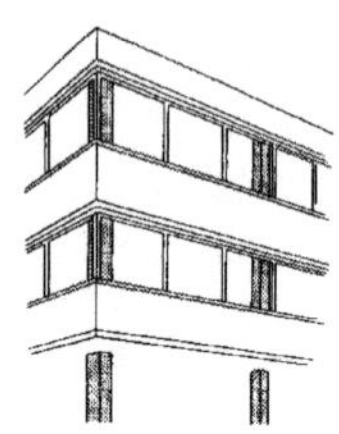

이 기둥은 안쪽으로 있고 유리가 투명할 경우에 보이며, 만일 지상층이 뒤로 물러나 있으면 직접적으로 볼 수가 있다.

2.

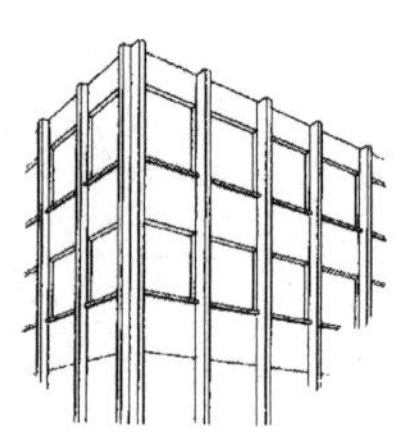

이 기둥은 외벽을 설치할 경우에 역할을 하며 외관의 이미지 요소로 있으며 외관의 수직적 요소를 강하게 한다.

3.

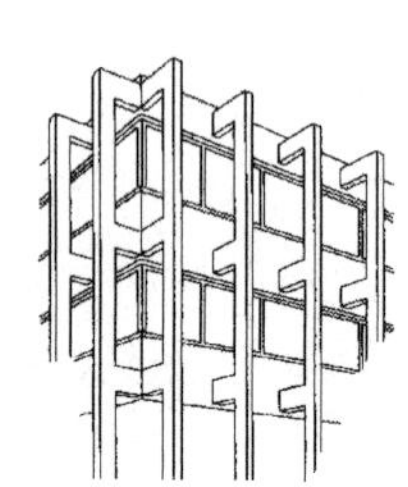

라멘구조의 일종으로 건물이 안쪽으로 물러난 형상을 하고 있다.

4.

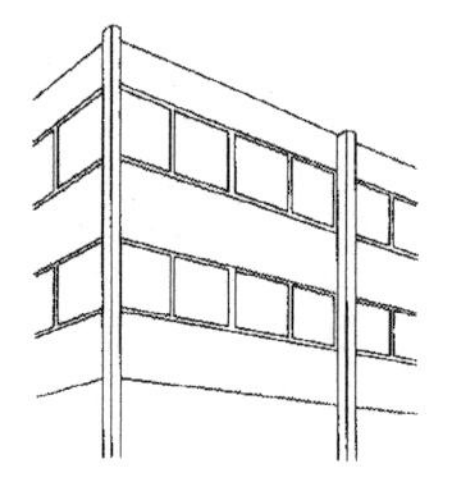

많은 하중을 지지하는 이미지를 준다.

5.

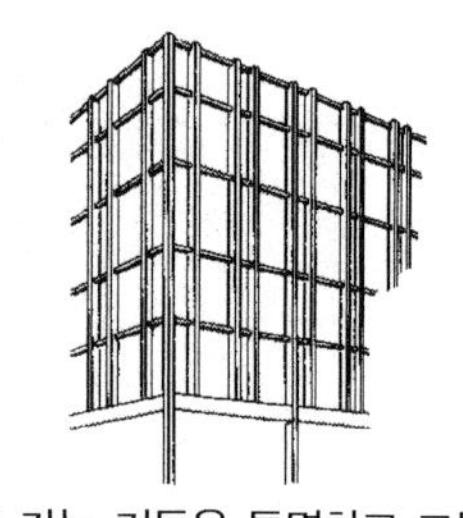

좁고 가는 기둥은 투명하고 그물모양의 이미지를 정면에 준다.

6.

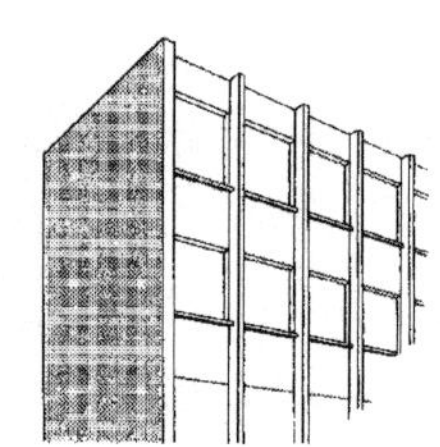

철공 건물에서 때로 천정의 구조상 형태를 만드는 데 문제가 생길 수 있다. 이러한 경우 다른 요소로 외관을 구성하기도 한다.

❶ 기둥의 위치

건물의 기둥은 일반적으로 정열시스템을 따라 놓는다. 어느 구조형태를 갖는가에 따라 기둥의 위치는 달라지고 보에 얹혀지는 바닥재료의 성격에 따라 또 달라진다.

1. 사각판을 올려놓게 되면 그 크기에 맞게 보가 지나가야 한다.
2. 바닥판의 무게는 가능하면 가벼운 것이 좋다 이 경우 폭이 좁기에 기둥의 간격은 밀집해 있다. 전형적인 모양은 바닥판이 길고 좁게 하는 것이다. 특이한 경우가 아니면 보가 지나는 방향은 6~20m 그리고 폭은 1.5~3m로 잡는다.

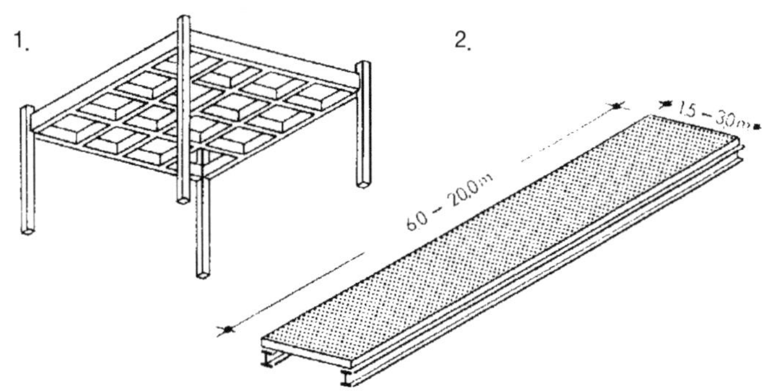

3. 기둥이 Raster형으로 놓이는 것은 바닥재도 같은 형태로 놓인다. 이 경우에는 6~7.2m 정도의 기둥 간격이 있다.
4. 이 경우에는 보가 균등하게 놓이고 바닥재를 위의 그림 2번과 같이 놓게 되는데 기둥의 간격은 그림 3과 같은 방식이다.
5, 6. 이 경우는 기둥의 간격이 넓은 경우이다.

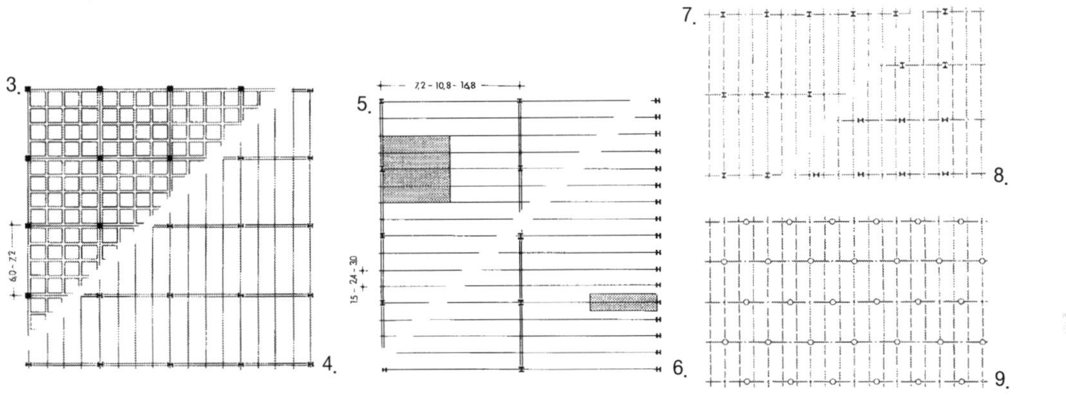

❷ 내부 기둥의 위치

1. 두 개의 영역(주 영역, 복도, 주 영역)으로 나뉜 건물은 건물의 폭이 10~12m에서 기둥이 없이 지지될 수 있다.

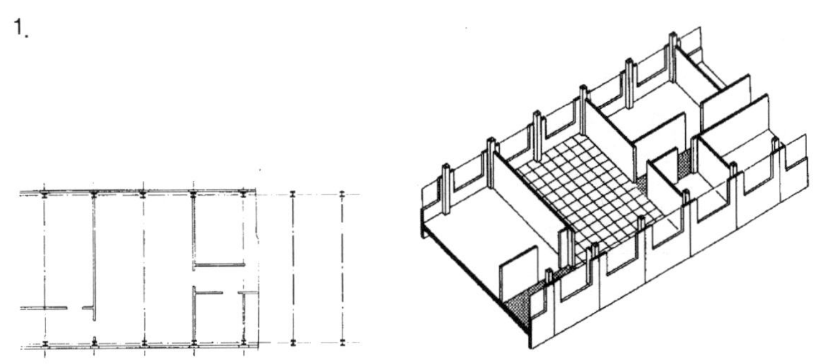

2. 넓은 공간을 갖는 건물에서는 복도의 양편에 내부 기둥을 둘 필요 없이 복도의 한편에만 내부 기둥을 둔다.

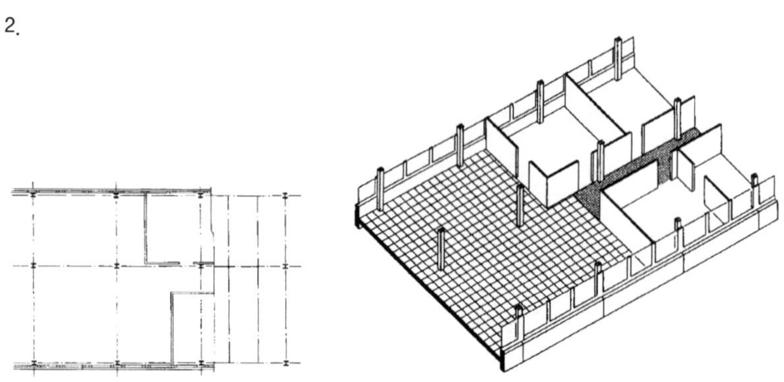
2.

3. 공간이 넓고 복도가 양편으로 있는 경우에는 공간의 가운데에 두는 것보다 복도의 양 옆으로 내부기둥을 둘 수 있다.

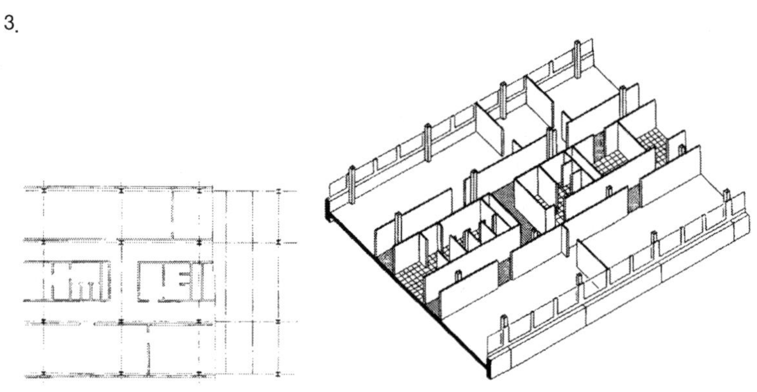
3.

4. 건물의 가운데에 코어가 있는 경우에는 코어와 외벽 사이에 내부 기둥이 필요하지 않다. 이러한 경우에는 공간을 미세하게 나누고 각 공간의 동선연결을 코어와 통하도록 두는 것이 좋다.

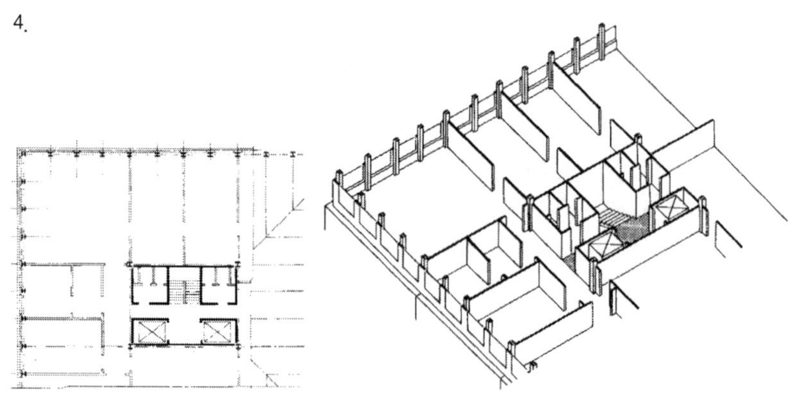
4.

3.4 코어의 종류

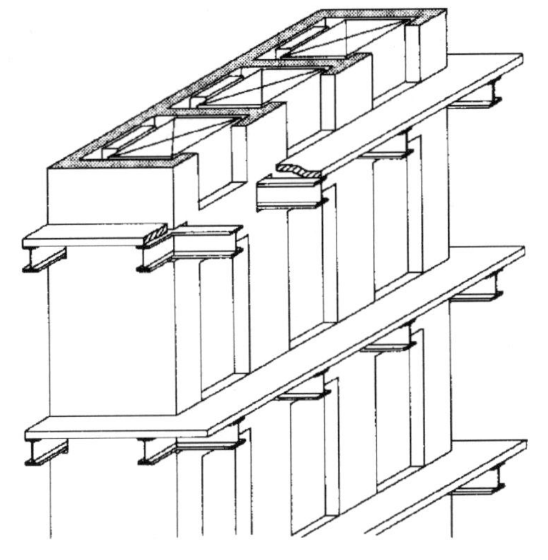

코어는 대체적으로 철근 콘크리트조로 하고 건물 내에서 공간을 수직적으로 연결하는 기능을 한다. 코어에는 계단, 엘리베이터 또는 설비통로가 일반적으로 들어 있으며, 건물을 구조적으로 잡아주는 공간형의 기둥이라고 말할 수 있다.

코어(core)라는 의미는 핵심이라는 뜻인데, 건축에서 그 단어의 뜻과 위치가 반드시 일치하는 것은 아니다. 철골조에서 코어가 반드시 철근콘크리트로 될 필요는 없다. 미국이나 일본에서는 이미 철골조 자체로 코어를 만든 것도 많다. 그러나 두 구조의 성격상 철골조에 철근콘크리트조로 코어를 만드는 것이 역학적으로 유리하다.

❶ 코어의 배치가 나타나는 예

• 중심코어

1. 코어의 중신적인 위치는 긴 건물, 원형, 삼각형, 그리고 사각형에서 일반적인 해결방법이다. 아이어만의 Olivettihause 설계에서 코어는 하중을 지지하는 구조로 응용되었다.
2. 이 건물은 코어의 콘술에 서 있는 형태가 되었다.
3. 이 건물은 코어에 매달려 있는 형태이다.

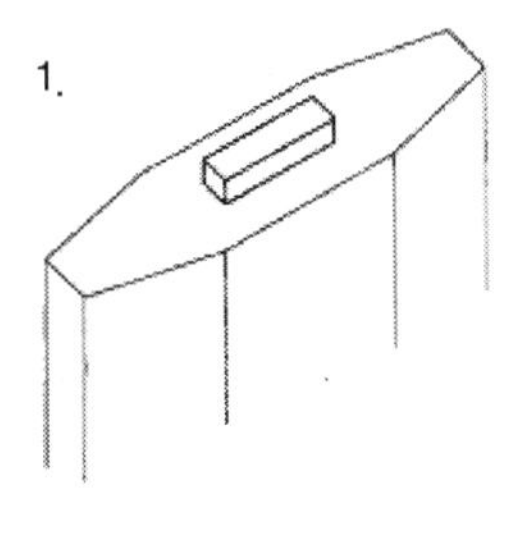

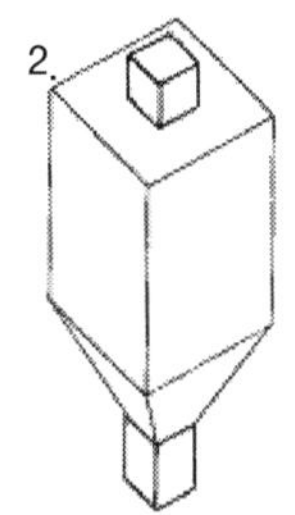

• 사이드 코어

작은 규모의 평면에는 주로 코어를 사이드에 배치한다.

4. 좁은 평면에서 긴 방향에 코어를 설치하였다.
5. 땅딸막한 건물에서 좁은 면에 코어를 설치하였다.

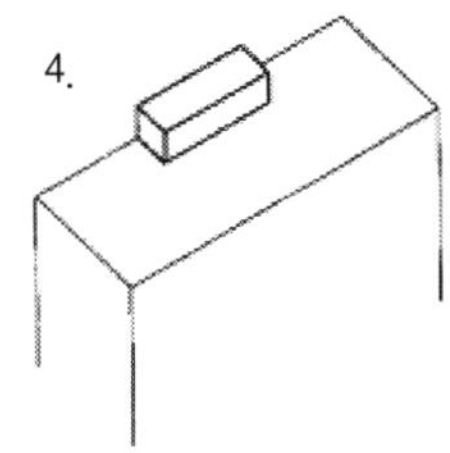

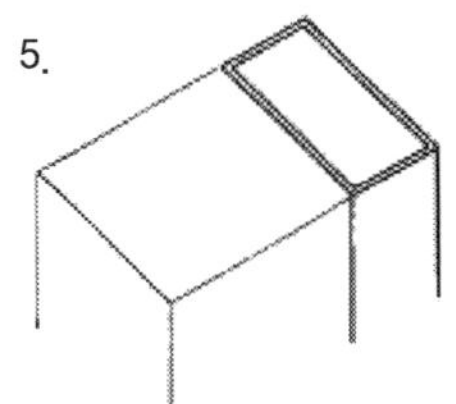

• 두 개의 코어를 갖고 있는 건물

층의 바닥재에서 발생하는 길이변화의 문제 때문에 두 개의 코어를 서로 연결하는 것은 좋지 않다.

6, 7. 코어가 건물의 내부나 외부에 나뉘어 있어 이를 통하여 층면이 서로 분리되는 것이 가능하다.

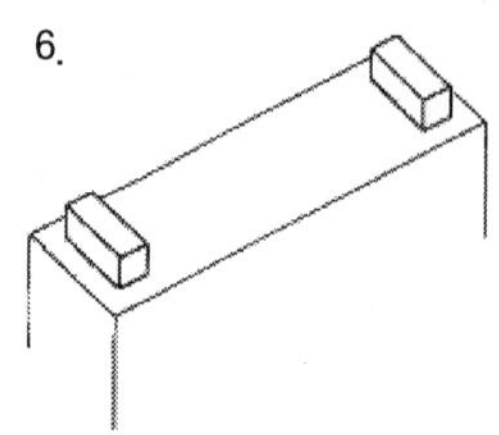

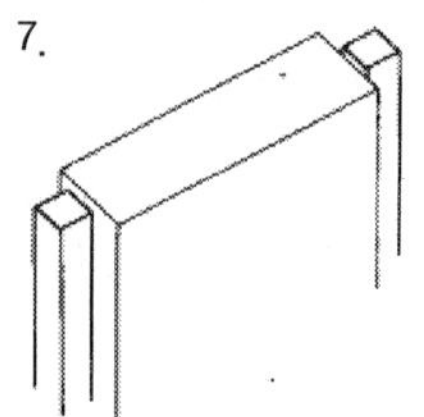

• 여러 개의 코어를 갖고 있는 건물

8. 연속적인 바닥을 갖고 있는 큰 규모의 건물에서 여러 개의 코어를 설치하고 외부에 위치한 코어는 점진적인 힘만을 받을 수 있도록 설치한다.

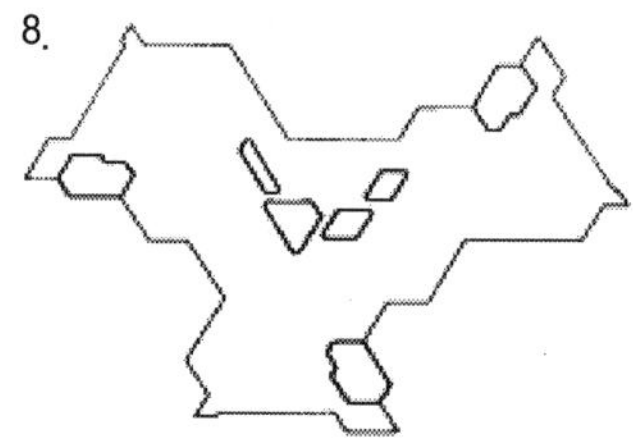

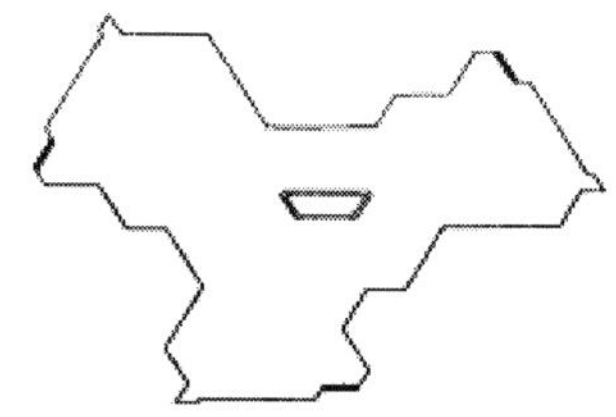

• 코어와 면

길게 뻗은 건물이나 연결된 건물에서는 여러 개의 접점이 요구된다.

9. 수직적인 철골의 연결구조를 갖고 있는 건물과 외부에 있는 코어. 이 코어는 건물에서 발생되는 장축의 수평적인 하중과 대각선으로 발생하는 하중의 반을 전달하게 된다.

10. 코어에 의하여 두 개의 건물이 서로 접하고 외부에 있는 계단코어는 점진적으로 발생하는 하중을 받게 된다.

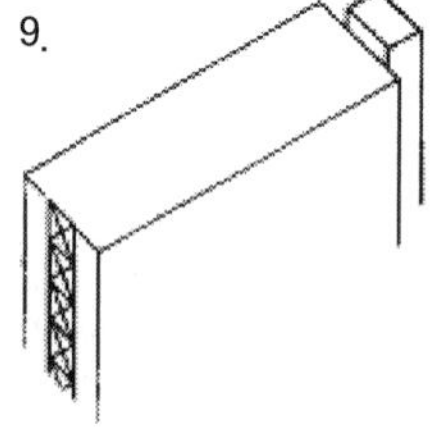

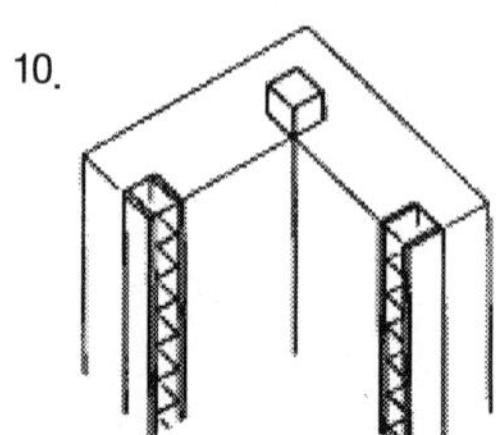

• 코어와 라멘구조

고층건물에는 여러 개의 안정적인 구조를 필요로 한다.

11. 긴 건물의 가는 코어는 건물의 장축을 따라 안정적인 구조를 제공한다.

12. 홀의 형태로 전면의 라멘과 코어는 고층건물의 안정성을 서로 함께 작용시킨다.

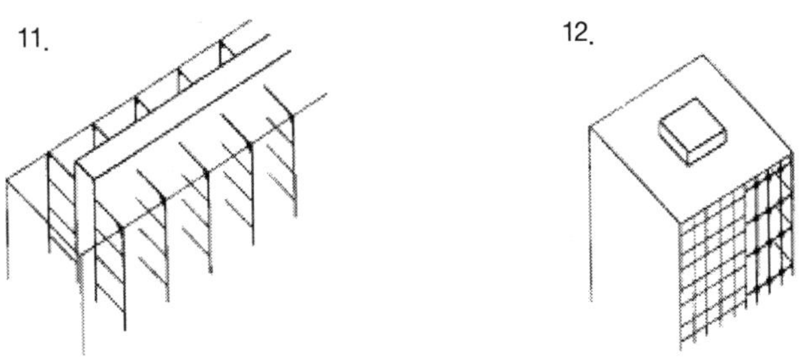

❷ 코어가 있는 건물의 예

1.

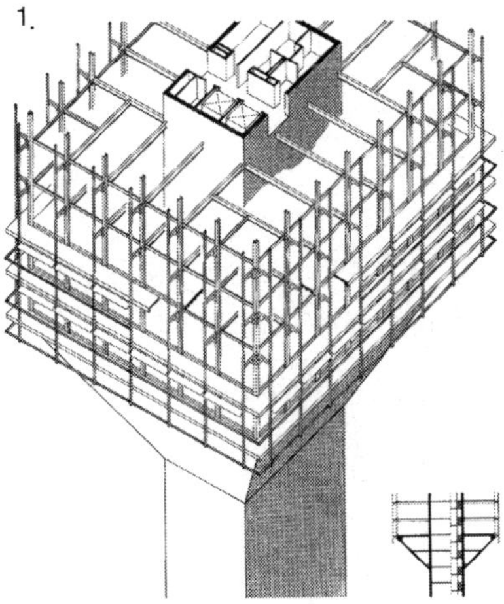

2.

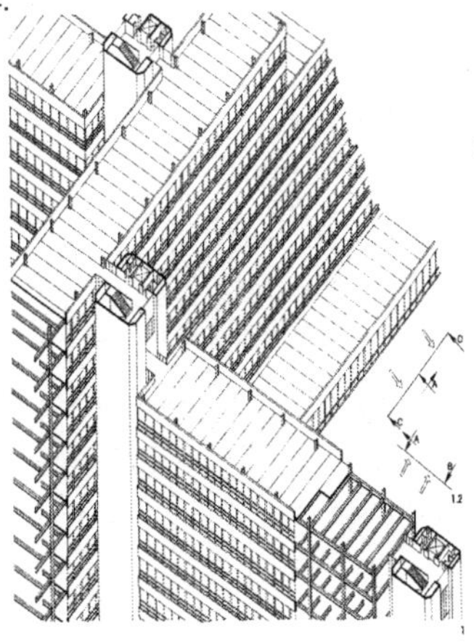

3.

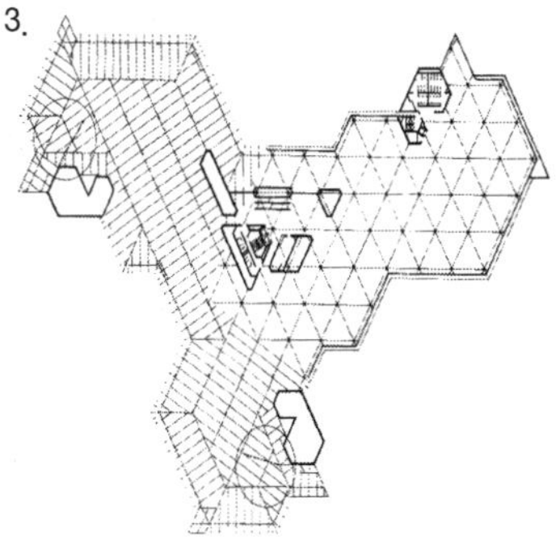

4.

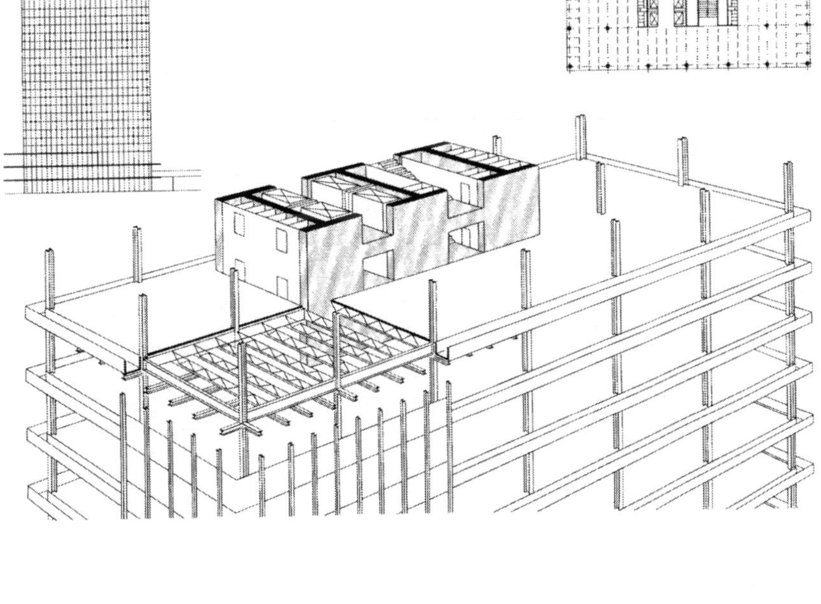

3.5 바닥과 천정

❶ 바닥과 천정의 기본적인 재료요소

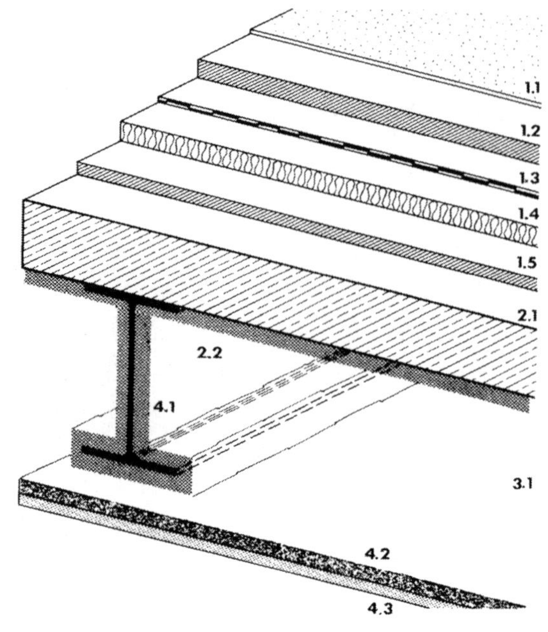

• 바닥재료

1.1 마감재료 : 방음효과, 습기방지, 이물질 방지
1.2 시멘트 마감 : 방음효과
1.3 분리층 : 습기방지, 이물질 방지
1.4 절연층 : 단열, 방음효과
1.5 수평층 : 이물질 방지, 방음효과

• 바닥구조

2.1 바닥판 : 하중전달, 내화구조, 습기방지, 이물질 방지, 방음효과
2.2 보 : 하중전달

• 천정과 바닥의 사이 공간

3.1 빈 공간 또는 설비를 위한 공간 : 방음효과

• 하부구조

4.1 보의 보호층 : 내화구조, 방음효과, 내화, 단열
4.2 하부재의 상층 : 방음효과, 단열
4.3 매달려 있는 하부재료 : 내화구조, 습기방지, 이물질 방지, 방음효과

❷ 천정의 기능

• 내화적인 형태

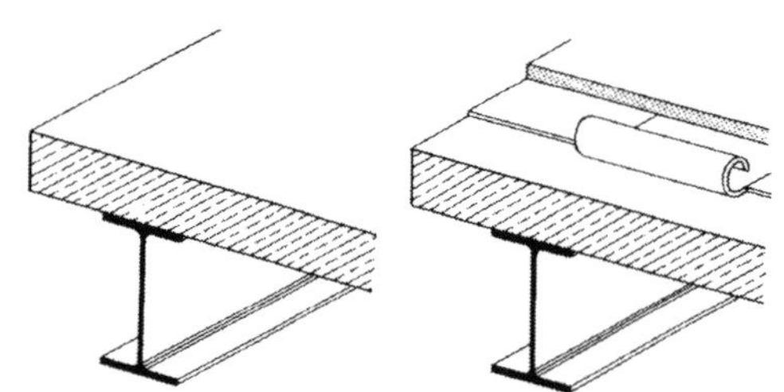

• 단열적인 형태

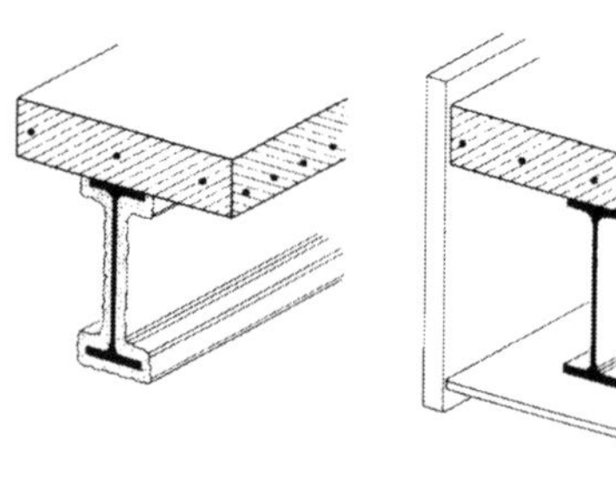

• 방음적인 형태

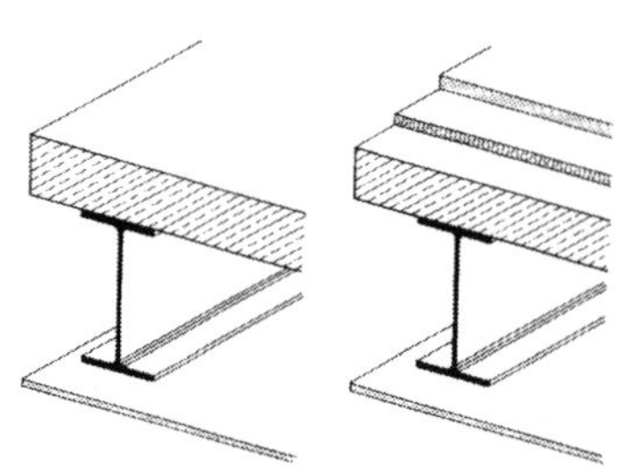

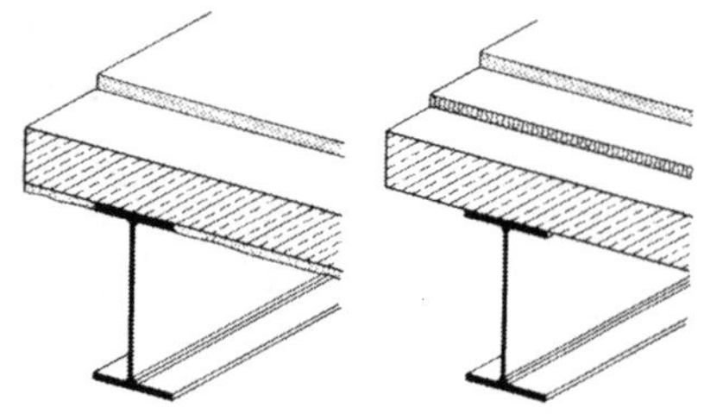

• 방습적인 효과

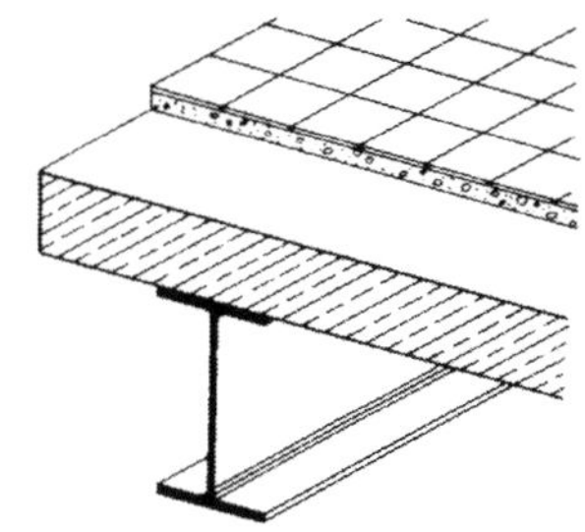

❸ 천정의 두께

천정의 두께는 천정의 사이 공간이 어떻게 활용되는가에 좌우되거나 다음의 사항에 영향을 받는다.

1. 기둥의 길이

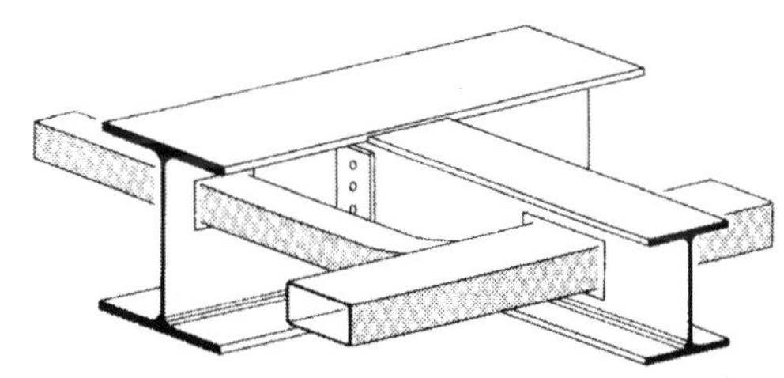

2. 계단의 높이

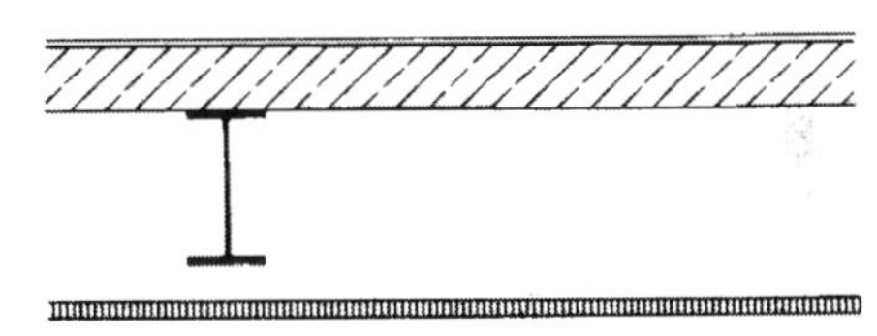

• 이것은 바닥부재, 보, 그리고 하부부재만이 있는 경우이다.

3. 외벽의 면적

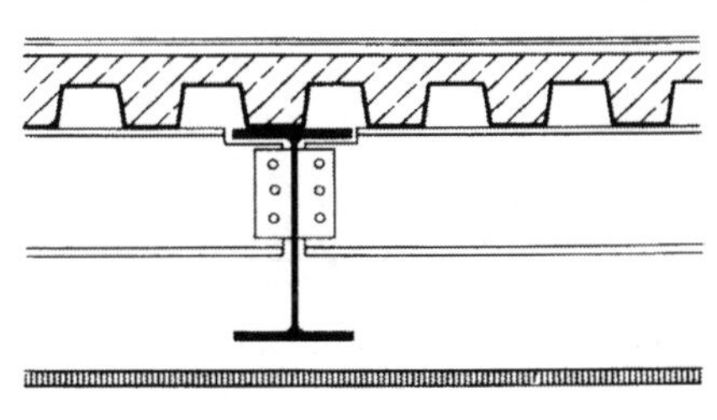

• 두 개의 보가 겹쳐있는 상태

4. 내벽의 면적

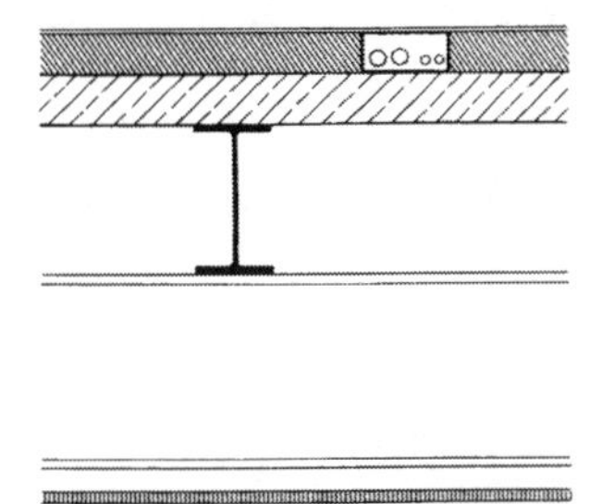

• 두 개의 보가 위 아래로 얹혀진 상태

그리고 다음의 사항에도 좌우된다.

1. 층고 2. 천정의 구조적인 높이

❹ 실링의 구조

실링은 공간의 천정을 이루는 요소로 상층의 바닥재 밑으로 지나가는 보를 가리거나 설비를 감추고 또는 공간의 분위기를 새롭게 하는 데 사용된다.

마감도면을 그리는 경우 실링도면을 그리기도 하는데 이러한 경우 타일 도면을 만들 때 시작포인트를 도면 내에 화살표로 지시하는 것처럼 실링도면에도 시작포인트와 방향을 지시한다. 그 이유는 실링의 종류 중에 대부분이 타일처럼 나뉘어 있기 때문이다. 그리고 상세도를 그리는 경우 실링의 접합부분도 지시를 하는데 대부분이 생산자로부터 Shop DWG를 받아서 작업하지만 우선적으로 작업자가 이해를 하는 것이 유리하다.

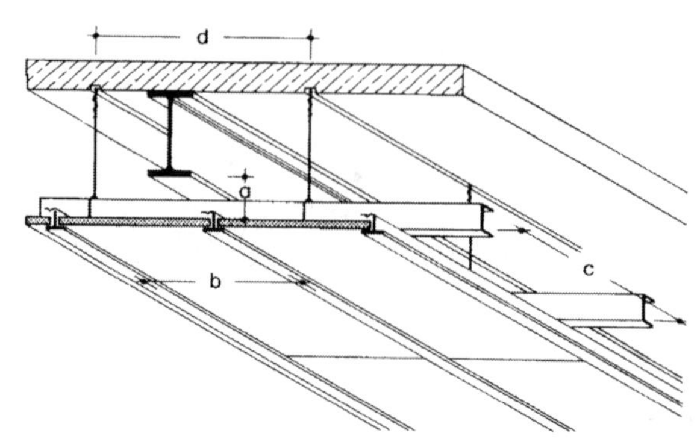

• 실링판을 지지하는 구조

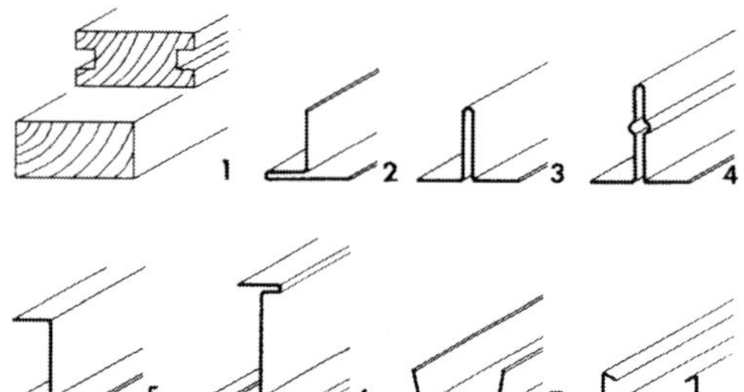

• 실링을 고정하는 수직대

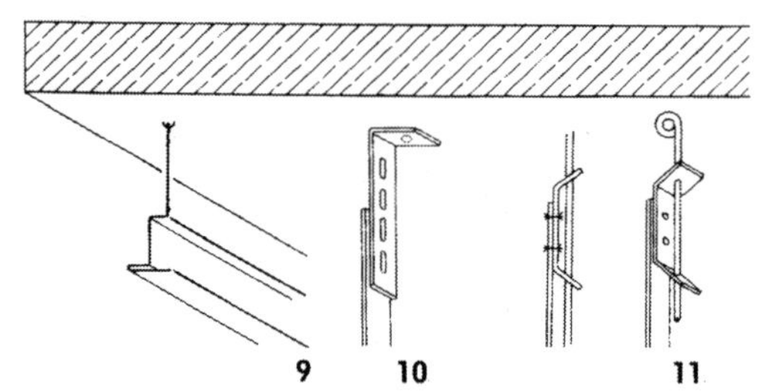

• 실링이 어떻게 상부에 고정하는 가를 보여 주는 예

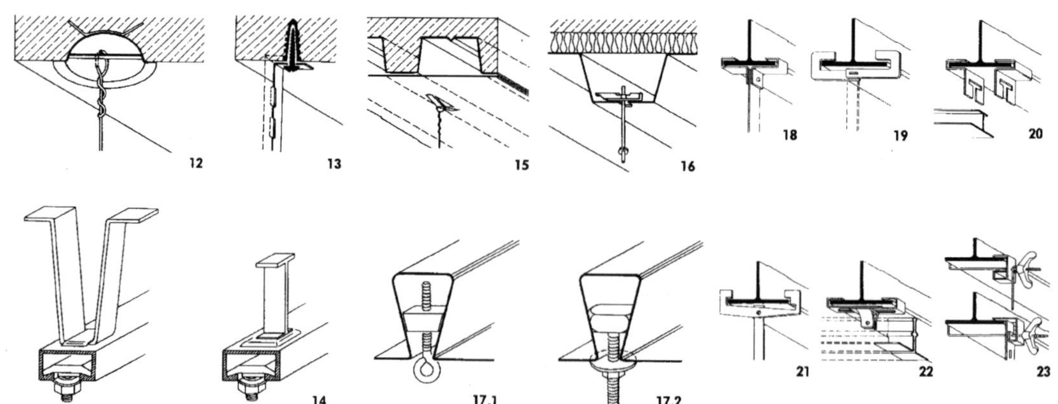

3.6 계단

이것은 계단 부분에 어떻게 하중이 전달되는가를 비교해 놓은 것이다. 벽체구조는 전면에 하중을 전달하지만 철골구조에서는 수평과 수직부재로 나누어 하중을 지지하게 된다.

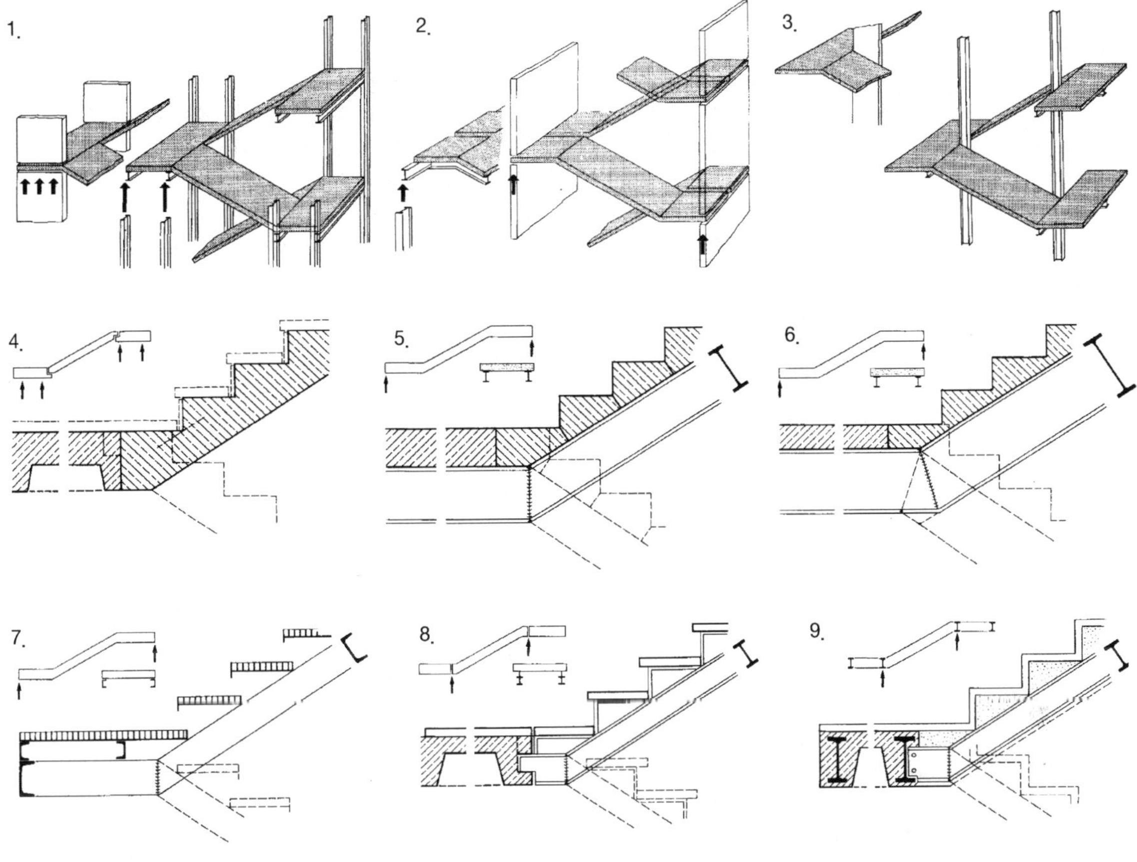

3.7 철골조를 사용한 건물의 예

❶ 노르웨이의 스타벙거(Stavanger)에 있는 철골조 주택

평면의 크기는 7.2×18m이고 기둥의 간격은 3.6×3.6m이다. 건물의 높이는 지상에서 3.1m이며 지상층의 높이는 2.8m이고 천정까지는 2.4m이다. 지하는 높이가 2.50m이며 천정의 높이는 2.35m이다.

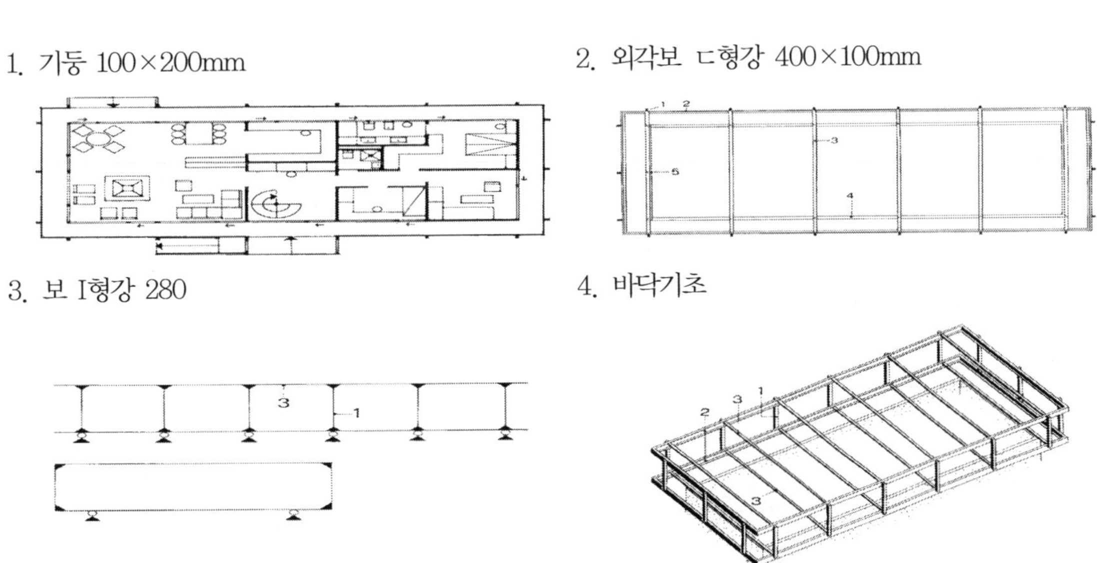

1. 기둥 100×200mm
2. 외각보 ㄷ형강 400×100mm
3. 보 I형강 280
4. 바닥기초

5. 전면 기둥 80×80mm

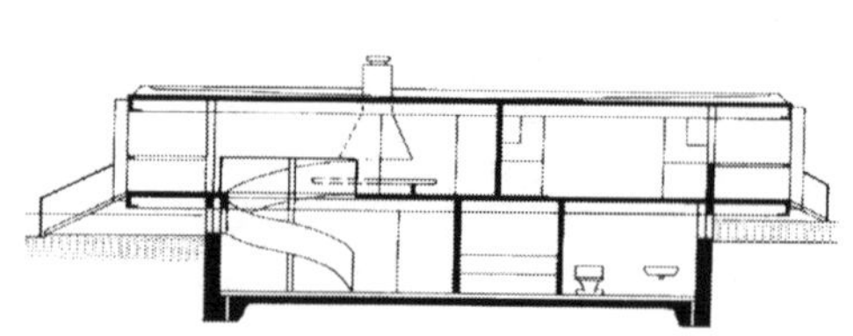

6. 트라페즈(trapez) 쇠판 위에 단열재

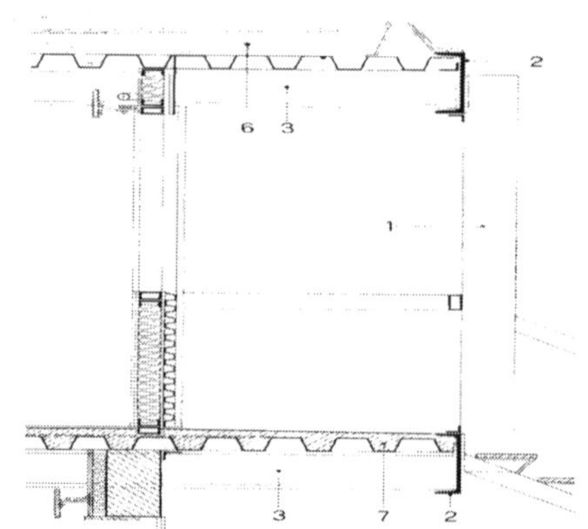

7. 트라페즈 쇠판 위에 콘크리트 판

❷ 오스트렐리아의 챗스우드(Chatswood)에 있는 주택

평면은 크기가 12.1×9.7m이고 기둥의 간격은 2.4m이다. 지상층은 높이가 2.5/4.1/2.1m이고, 상층은 2.5/2.1m이다.

1. 입구	2. 목욕탕	3. 아이들 방	4. 부모침실	5. 부엌	6. 거실	7. 발코니
8. 차고	9. 각형강관	10. 수평재	11. 외부수평재	12. 고정쇠 지름 12mm	13. 순환배기구	14. 트라페즈 양철판

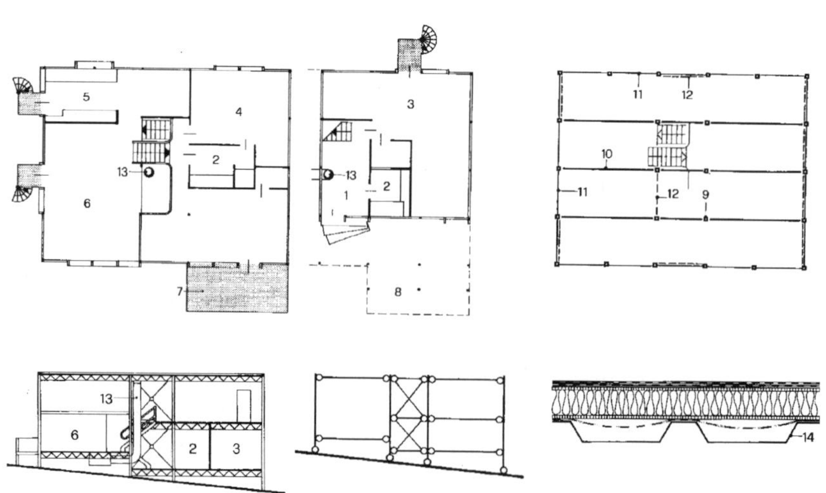

4 철근(conc)

다음 그림들은 초창기 철근콘크리트에 대한 배근도이다. 이전에는 대체적으로 건축재료가 자연석이나 조적이 대부분이었다. 당시의 건축가들에게 콘크리트는 미래를 예견하는 건축재료였으며 형태에 대한 도전이었다. 최초의 콘크리트는 1852년에 프랑스와 영국에서 만들어졌고 철근콘크리트는 1854년에 영국의 윌리엄(William)에 의해 만들어져 바닥재로 사용되었다. 당시의 잡지는 이를 다음과 같이 기록하였다.

"콘크리트 중앙 축의 아래에 철사줄과 쇠막대기로 보강한 콘크리트 바닥을 갖는 내화성에 강한 건물이 생겨났다."

콘크리트는 내구력이 있고 압축에는 강하나 인장이 약하므로 인장에 강한 철근을 복합하여 장단점을 보완한 것이 철근콘크리트이다. 이 두 개의 재료는 서로 열팽창률도 거의 같아 구조체로서 일체성을 갖는다.

이 재료의 발견은 건축에서 대사건이기도 했다. 만일 건축가들이 형태에 대한 제한된 문제를 재료에 두지 않았거나 추구하는 건축의 이미지를 구조적인 관점과 지식을 겸비하지 않았다면 콘크리트의 발견은 더 늦어졌을 지도 모른다.

많은 사람들이 건축 설계자를 구조와는 거리를 둔 디자이너로 국한 하는 경우가 많은데 이는 상당히 잘못된 생각이다. 구조 전문가만큼은 그 지식이 깊지 않더라도 구조에 대한 욕구는 위대한 건축가들을 보아도 알 수 있다.

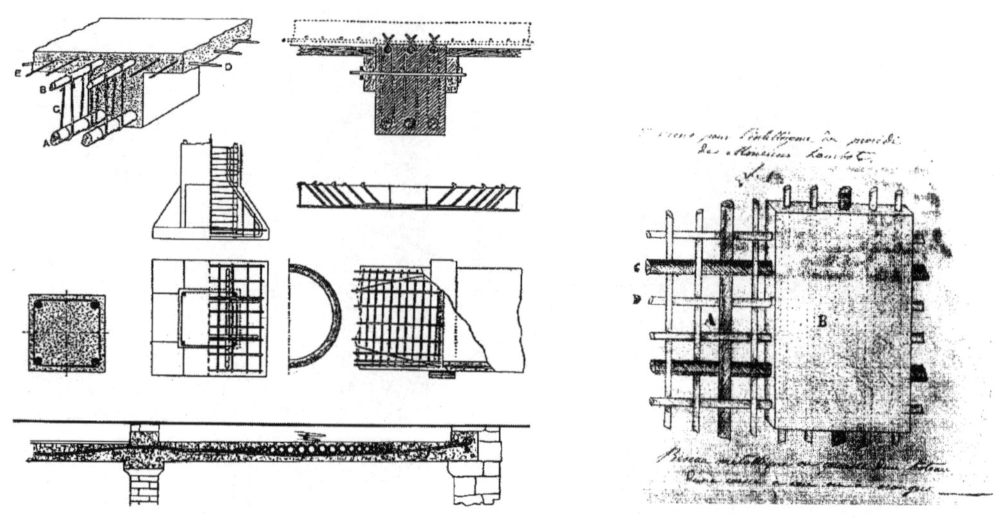

중세의 건축물을 보면 벽의 두께가 6m가 되는 것도 있다. 이 벽의 두께가 단지 신과 인간의 세계에 대한 영역을 나누려고 생긴 것은 아닐 것이다. 또한 그 당시의 건축물을 보면 창이 크게 난 것이 없다. 이는 그들이 개구부에 대한 자신감이 없었기 때문이기도 한데 이는 그들의 욕구나 기술을 만족시켜 줄 만한 건축재료가 없었기 때문이었다.

다음은 르 코르뷔지에(Le corbusier)가 1914년에 만든 프로젝트 시스템 도미노(System Domino)이다.

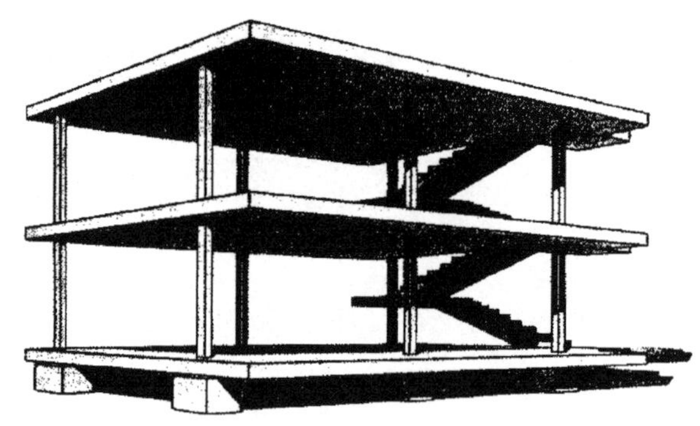

우리는 이것으로부터 어떤 것을 느끼는가?

지금의 건축형태로 보면 이는 단순하고 특징이 없다. 그러나 갇혀 버린 공간에 자유를 주고픈 건축가의 욕구는 이 프로젝트를 통하여 마치 자신의 답답한 가슴이 풀어 헤치는 듯한 해방을 표현했다. 이는 지금까지 의존해 오던 벽체구조에서 골조구조로 전환하는 자신감을 갖게 되었으며, 마침내 주변환경과 공간을 일치시키는 작업을 수행할 수 있게 된 것이다.

이 프로젝트를 살펴보면 벽이 있어야 할 부분에 기둥 두 개만이 남겨두었다. 건축가는 이제 새로운 고민에 빠진 것이다. 이 빈 자리를 무엇으로 채울 것인가? 더욱이 앞에 캔틸레버식으로 나온 바닥은 기둥과 외벽이 분리될 수 있는 가능성을 제시하였으며 계단이 사이드로 위치하면서 생기는 공간의 허전함은 오히려 당시의 건축가들을 바쁘게 만드는 원동력이 된 것이다.

이러한 시도는 미스의 글라스 타워(Glas Tower)에 와서 고층건물도 기둥과 외벽이 분리되고 전 건물의 외관을 유리로 덮을 수 있다는 시도가 생기면서 건축적 언어가 새로 생성되기 시작하였다. 이러한 시도와 도전을 가능하게 한 것이 바로 콘크리트의 등장이었다. 형태와 부재의 크기에 제약을 받지 않고 자유로이 설계할 수 있다는 철근콘크리트의 장점은 현대건축에 큰 획을 그었다.

중세의 건축은 부르주아의 건축이었다. 건축에서도 일반인의 주택은 구조적인 문제에서 제외되었고 건축의 대부분이 프롤레타리아를 외면하였다. 그러나 산업혁명 이후 콘크리트는 탈 부르주아를 외치는데 힘을 주어 모던 건축이 박차를 가하면서 중세에 시도하지 못한 일반인의 건축에도 기하학적인 형태가 나오기 시작했다. 그리고 이 또한 콘크리트의 도움이었다.

20세기에 들어와서 건축의 발전은 기술의 뒷받침으로 박차를 받기 시작하면서 새로운 것에 대한 욕구가 일어나기 시작했으며 이는 재료나 기술에서보다 디자인의 개념에서 앞서기 시작하였다. 또한 사상이나 양식의 변천은 그 이전보다 생명이 짧아지고 건축가는 싫증을 빠르게 느끼기 시작했다.

▲ 르 코르뷔지에의 롱샹교회(1954)

르 코르뷔지에의 철근콘크리트 구조물인 롱샹교회(1954)는 당시의 건축가들에게 새로운 건축물이었다. 이 교회가 비평가들에게 인정을 받는데 5년이나 걸렸다는 것은 놀라운 사실이다.

철근콘크리트는 건축가들이 즐겨 사용하는 재료가 되었으며 그 기술은 날로 발전하게 되어 이제는 이 재료로 표현하지 못하는 형태가 없을 정도가 되었다. 철근은 가공이 용이하고 콘크리트의 가소성이 철근콘크리트라는 재료에서 오는 이미지를 느끼지 못하게 할 만큼 디자인의 혁신은 가져왔다.

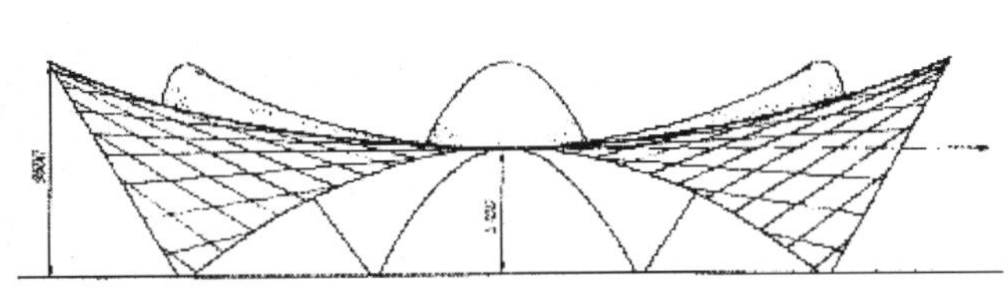

▲ 칸델라가 설계한 맨티엘즈 식당

칸델라(Felix Candela)가 1958년에 설계한 맨티엘즈(Mantiales) 식당은 철근콘크리트를 비웃기라도 하듯 그 선의 섬세함과 구조적인 골격이 금방이라도 바람이 불면 날아 갈 듯한 인상을 준다. 이는 형태의 무엇과 디자인의 어떻게라는 이론이 잘 나타난 작품이라고 할 수 있다.

4.2 철근 콘크리트의 지붕구조

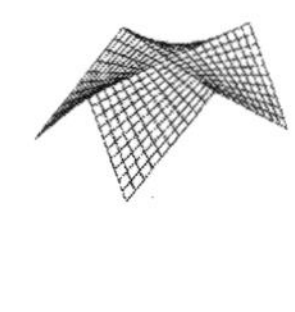
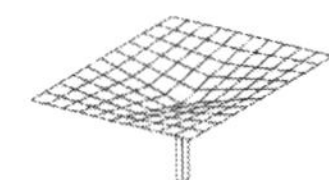
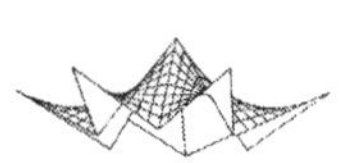
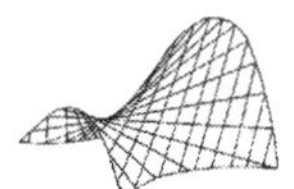
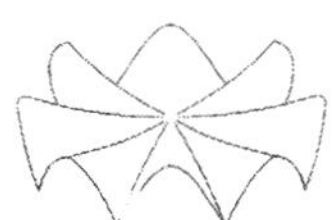
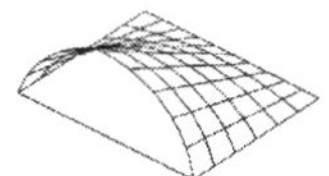
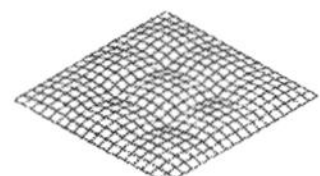

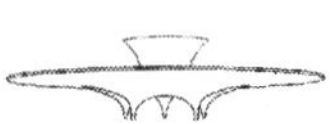
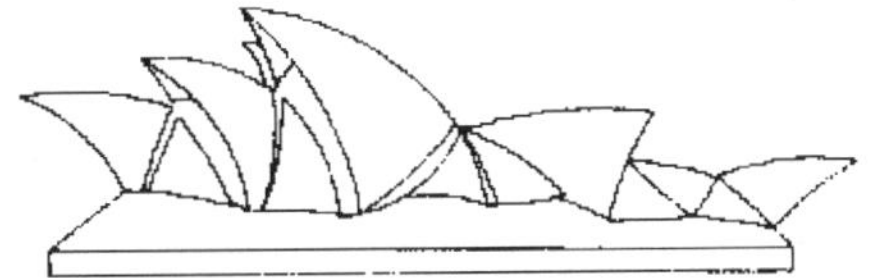

1. 창고(Heinz Isler, 1970+1983), 체코

2. 정원센터(Heinz Isler, 1962), 체코

3. 정원센터(Heinz Isler, 1971), 체코

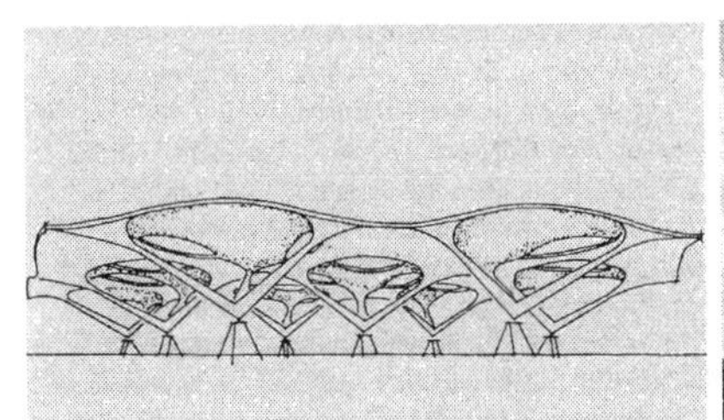
4. 역사 계획안(E. Castiglioni)

5. 교회(F. Schaller)

6. Dulles 공항(E. Saarinen)

7. 검은 숲 회관(E. Schelling)

8. 바스트플렌(Westfalen) 지방 회관 (IV W. Hoeltje)

9. 프리드리히 에버트홀(Friedrich–Ebert–Hall), (R. Rainer)

4.3 철근콘크리트의 일반적 구조

콘크리트는 단일형태로 사전에 미리 형태를 만들 수 있는 장점이 있으므로 조립형(PC)과 현장 타설형(RC) 두 가지로 구분을 한다. 이 두 가지의 큰 차이점은 조립형은 다른 곳에서 미리 만들어 와 각 부위를 연결하는 것이므로 연결 틈이 생기고 현장에서 타설하는 것은 틈이 없다는 것이다. 그러므로 상세도를 그리는 경우에는 이점을 유의해야 할 것이다.

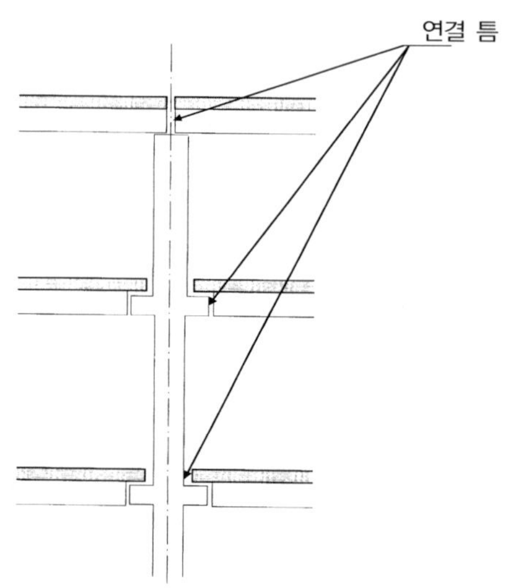

이것은 층이 계속 올라가는 경우 조립형 철근콘크리트 바닥을 기둥에 어떻게 얹어 놓는가 보여 주는 것이다.

	내력외벽 단일벽	내력외벽 이중벽	내력내벽
지붕의 연결부분			
설비 바닥연결 보			

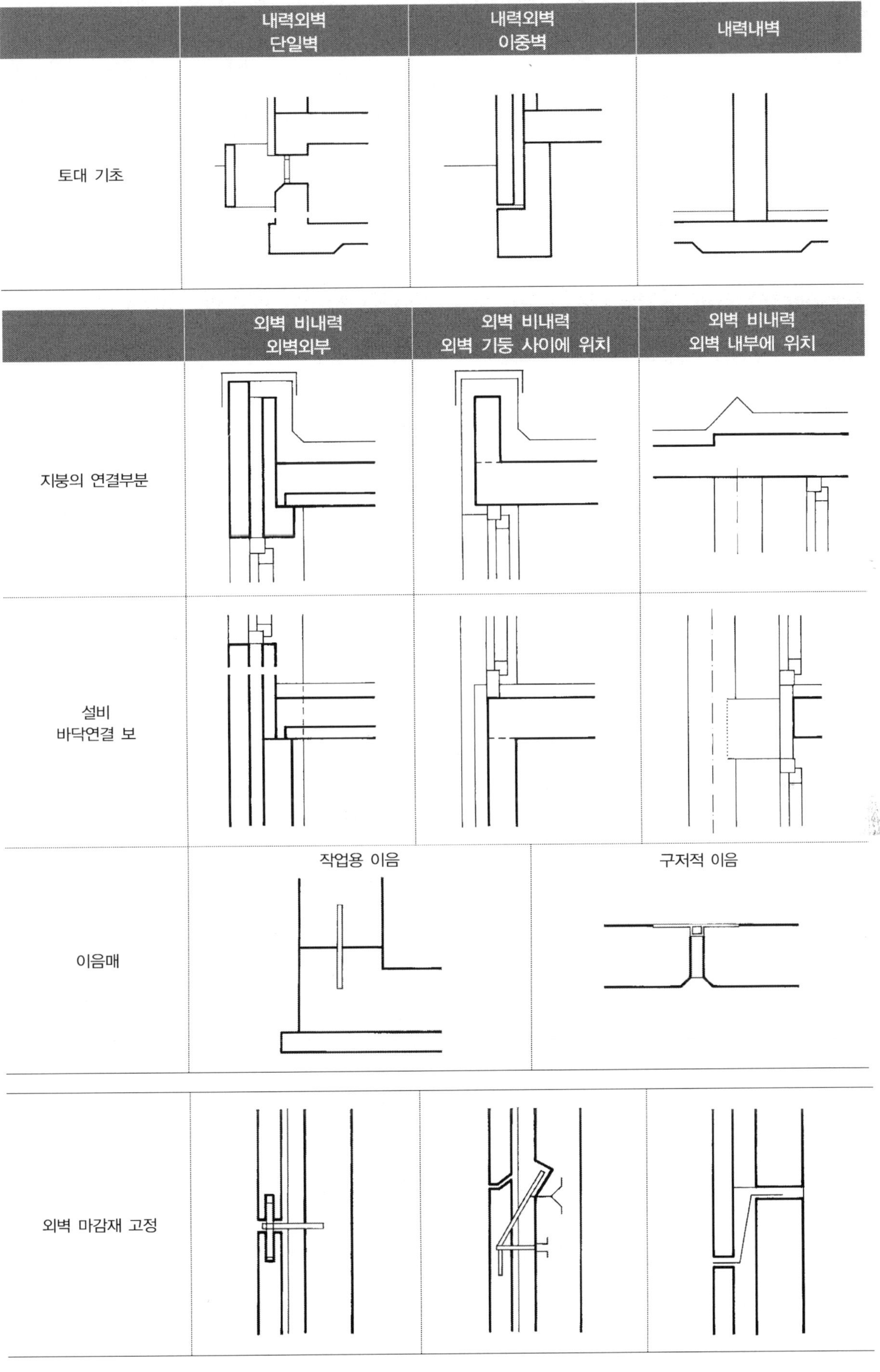
내력외벽 단일벽
내력외벽 이중벽
내력내벽
토대 기초
외벽 비내력 외벽외부
외벽 비내력 외벽 기둥 사이에 위치
외벽 비내력 외벽 내부에 위치
지붕의 연결부분
설비 바닥연결 보
작업용 이음
구저적 이음
이음매
외벽 마감재 고정

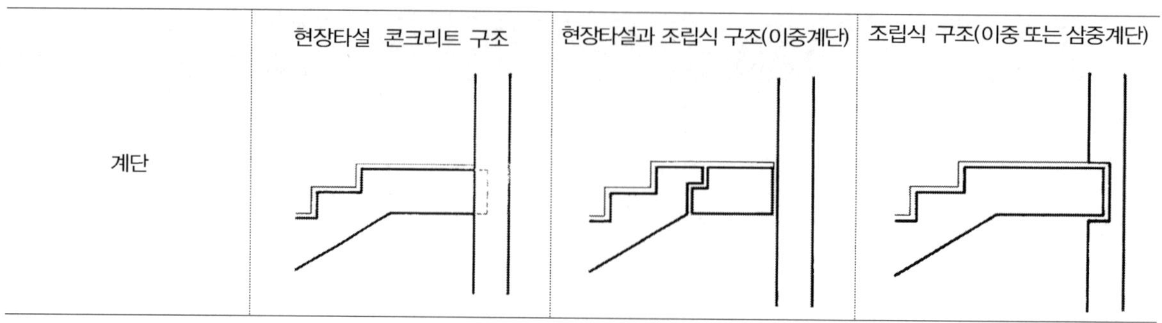

	현장타설 콘크리트 구조	현장타설과 조립식 구조(이중계단)	조립식 구조(이중 또는 삼중계단)
계단			

4.4 계단의 표현

• 현장타설 콘크리트 구조

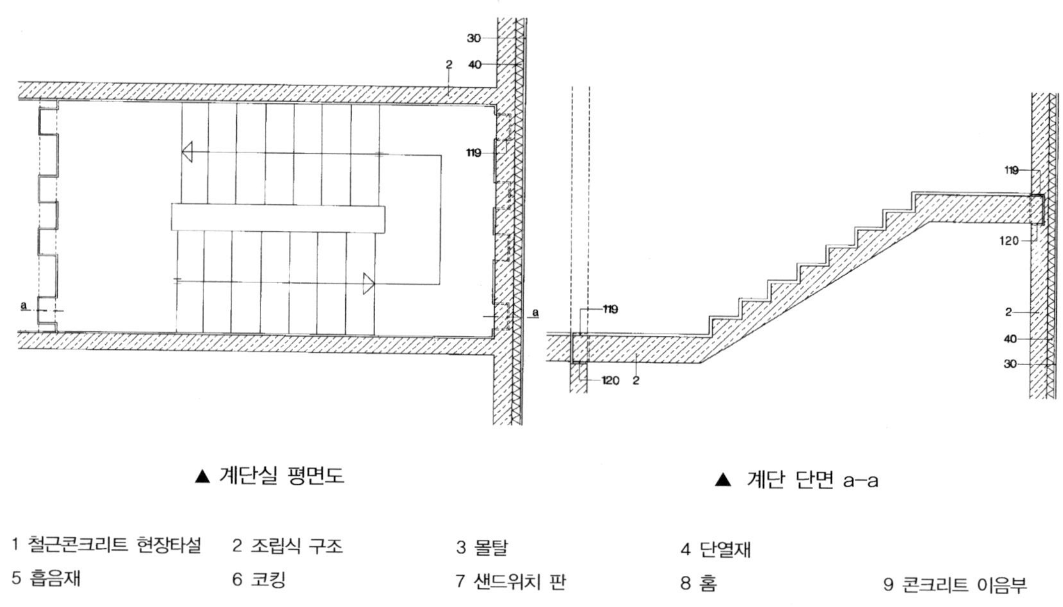

▲ 계단실 평면도

▲ 계단 단면 a–a

1 철근콘크리트 현장타설	2 조립식 구조	3 몰탈	4 단열재	
5 흡음재	6 코킹	7 샌드위치 판	8 홈	9 콘크리트 이음부

• 현장타설 콘크리트 구조

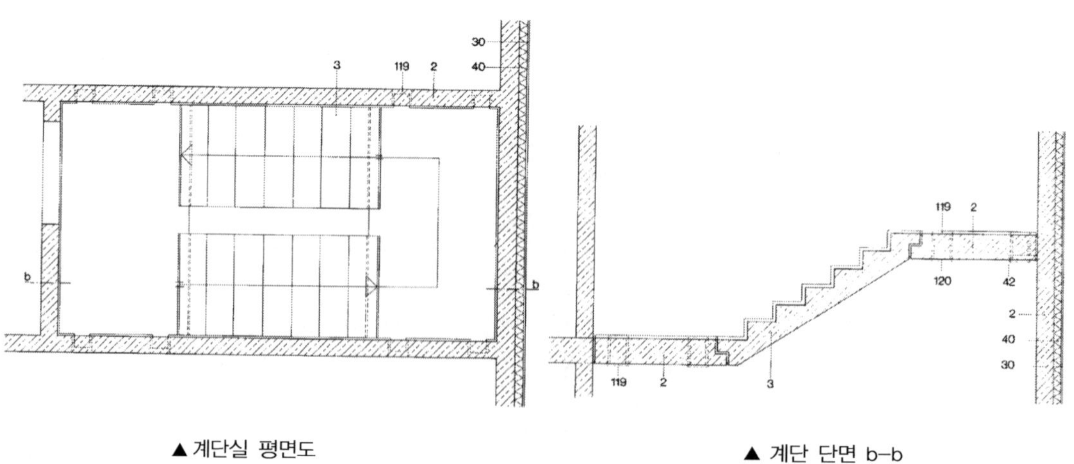

▲계단실 평면도

▲ 계단 단면 b–b

• 현장타설 콘크리트 구조

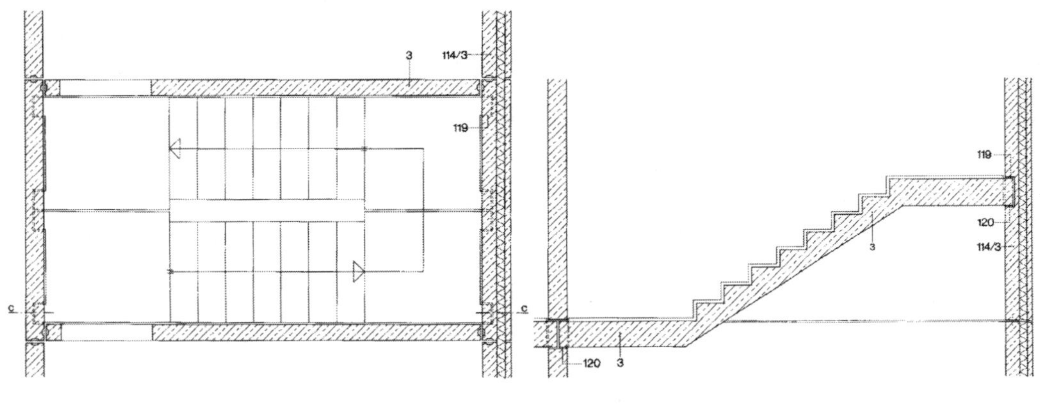

▲계단실 평면도 ▲ 계단 단면 b–b

• 현장타설 콘크리트 구조

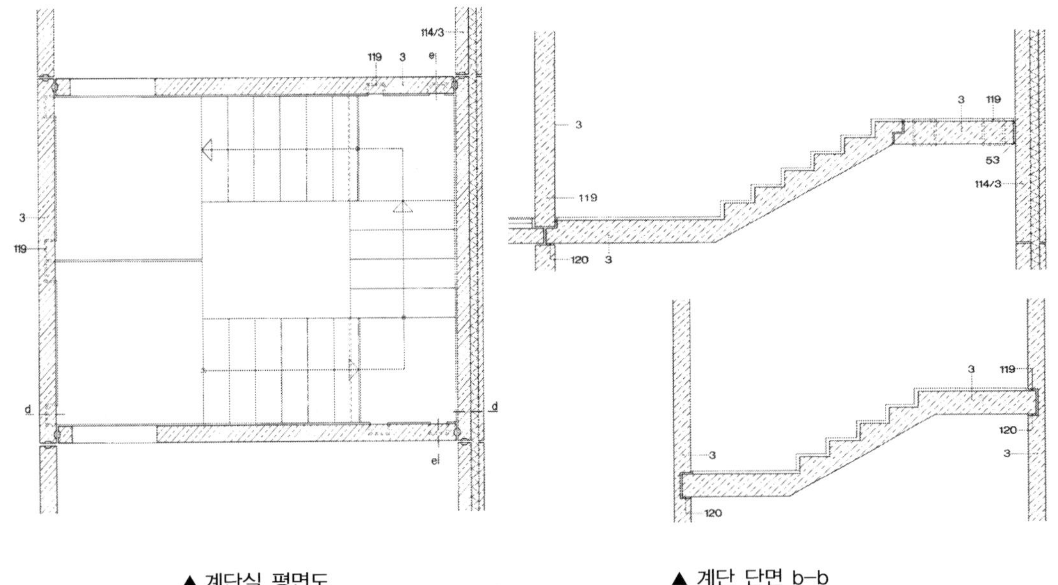

▲계단실 평면도 ▲ 계단 단면 b–b

Chapter 4
디자인

1. 루이스 칸의 디자인에 대한 정의

■ 루이스 칸의 디자인에 대한 정의를 인용해보자.

루이스 칸은 형태는 '무엇'이며 디자인은 '어떻게'를 의미한다고 정의했고, 또한 형태는 비개인적이며 디자인은 개인적(디자이너의 몫)이라고 언급하였다. 그가 이 비유를 명확히 하기 위하여 예를 들은 것을 여기에 인용해 보겠다.

"형태는 모습도 차원도 가지고 있지 않다. 예를 들면, 하나의 숟가락이 다른 것과 차이 나는 것은 그 특징적인 형태인 잡는 부분과 담는 부분이다. 하나의 숟가락은 은이나 금 혹은 나무, 크거나 작게, 그리고 깊거나 낮게 만든 특정한 디자인을 함축한다."

여기에서 그가 숟가락에 관하여 설명한 것을 살펴보기로 하자. 그가 숟가락의 형태로 예를 든 잡는 부분과 담는 부분은, 곧 숟가락의 기능을 말하는 것이다. 그리고 숟가락이 갖고 있는 재질에 은이나 금 그리고 나무, 또 크거나 작게 라는 표현은 만족된 기능이 전제된 후에 어떻게 그 숟가락만의 특징을 나타낼 것인가 하는 문제이다.

■ 이 설명을 건축설계에 응용해보자.

설계 작업에 들어가기 전에 우리는 어떠한 건축물을 설계할 것인가 먼저 결정해야 한다. 예를 들어 주택, 병원, 학교, 백화점 등 특수한 목적을 갖는 건축물에 대한 설정을 제일 먼저 해야 하는 것은 타당하다. 이러한 설정이 완료되면 그 목적에 합당한 자료와 공간에 대한 정보를 얻을 것이다. 그리고 이러한 작업이 완료되면 어떠한 구조물로 건축물을 구성할 것인가 결정해야 한다. 만일 이러한 작업이 먼저 수반되지 않고 건축물에 대한 설계를 한다는 것은 나중에 많은 문제를 갖게 될 것이 자명하다. 이 후에 우리는 스케치와 계획설계 그리고 기본설계를 시작하게 된다.

여기서 집고 넘어가야 할 것이 있다. 루이스 칸이 말한 형태와 디자인의 경계를 명확히 하자는 것이다. 그의 이론에 따르면 형태는 곧 기본적인 기능을 의미하고, 디자인은 그 형태를 구별 짓거나 돋보이게 하는 행위이다.

과거에 많은 건축가들은 기능주의(형태는 기능을 따른다)와 형태주의(기능은 형태를 따른다)를 놓고 논쟁하였다. 그러나 위에서 언급한 기능은 이러한 논리하고는 거리가 멀다. 곧 여기에서 의미하는 기능은 고유의 기능을 충족시키는 것을 말하는 것이다.

이 고유의 기능(형태)을 우선적으로 정하든 또는 루이스 칸이 말하는 디자인을 먼저 정하고 형태에 관한 결정을 하든 상관없다. 단지 설계에 있어서 이러한 요소가 결정되어야 한다는 것이다.

루이스 칸은 또한 형태는 비개인적이며, 디자인에서 발생하는 사용 가능한 돈과 장소와 고객과 지식 등과 같은 상황적 행위와는 무관하다고 말하였다. 그리고 그는 또한 형태는 사람이 어떤 활동을 하기에 좋은 공간들의 조화를 보여준다고 부연적으로 설명하였다.

그가 주장하는 의미를 다르게 한다면 형태는 각 건물이 갖고 있는 공통적인 요소이며 인위적으로 발생하는 것이 아니고 필수적인 것이다.

이러한 그의 논리에 비추어 볼 때 건축형태는 곧 건축물이 갖고 있는 각 요소의 조화이다. 그렇다면 개인적이지 않으면서 건축물에서 발생하는 상황에 무관한 필수적인 요소는 무엇인가?

이를 좀 더 살펴보기 위하여 그의 다른 이론을 살펴보자. 덕트와 인공조명시설, 공기조화시설, 단열재, 그리고 흡음재 등이 건물과 조화를 이루어야 하며, 이는 일반적으로 다른 사람들이 행한 것을 반복하게 된다고 그는 설명하였다. 아마도 그가 설명하고자 하는 형태가 이를 말하는 것이 아닌가 생각한다. 그는 이러한 것을 도면에 표현해야 한다고 말했다. 그는 학교에 있을 때 학생들에게 구조도면을 항상 먼저 그리도록 했다. 그리고 그 다음 건물외관을 어떻게 구성할 것인지를 표현하는 도면을 그리도록 했다고 한다.

다음의 글은 『깨달음과 형태(Realization and Form)』(1999년 8월, 시공문화사)에서 인용한 루이스 칸의 어록이다.

> 또한 학생들에게 구조도면을 먼저 그리도록 한다. 그 다음 건물외관을 어떻게 구성할 것인지를 표현하는 도면을 그리도록 한다. 건물은 단일체가 아니므로 모든 장비, 자재 등이 건물과 조화를 이루어야 한다. 그 중 하나는 기술적인 측면도 포함되며 그러한 분야에 대한 지식을 도면으로 표현할 수 있어야 한다. 그러나 일부는 도면으로 표현하기 어려운 것들이 있다. 나는 이러한 것에 가장 관심이 많다. 오늘날 건물 특징은 어떤 것이지 발견하려는 모든 책임을 타인에게, 즉 전문인이 아닌 사람들에게 전가하려고 한다. 공간의 본질은 우리가 알 수 없는 것이다. 우리는 타인의 창조적 결과물을 취하고 그것들을 어떤 전유물로 해석하여 쉽게 하나의 형태에 도달하는 경향이 있다.
>
> 그러나 읽혀질 공간에 대한 내적인 조사를 통해 도달해야 한다. 나는 건물에 대해서가 아니라 오늘날의 거장들이 우리를 위해 어떻게 '시작' 했는지를 알기 위해 건축가들에 대한 공부가 필요하다고 생각한다. 그들이 건물을 완성하기 위해 어떤 과정을 거쳤는지를 알아야 한다. 그들의 결론은 바로 그들의 것이다. 만약 다시 시작해야 한다는 자세를 취하는 사람들을 발견할 수 있다면 그 사람들에게서 아직 실험되지 않은 잠재력이 많음을 발견할 수 있을 것이다. 특히 엔지니어의 잠재력을 느끼기 위해서는 전체를 볼 수 있는 시각을 가져야 한다. 그 다음에야 비로소 '건축이란 건물'에 어울리는 피아노곡을 연주할 수 있을 것이다.

루이스 칸은 건물이 단일체가 아닌 여러 요소가 조화를 이루어 만들어진 하나의 형태라고 말하고 있다. 여기에서 여러 요소란 건축물을 완성하기 위하여 필요한 모든 부분을 말하는데, 루이스 칸은 디자인의 부분은 제외시킨 것이 분명하다. 특히 위의 인용문에서 엔지니어의 잠재력을 논하면서 건물 전체를 볼 수 있는 시각을 말하였다. 이것이 건축을 설계하는 사람이 갖추어야 할 자세이다. 그러면 어떻게 전체를 볼 수 있는 시각을 갖출 수 있는가?

우리가 한 건축물을 바라보면 우선적으로 마음에 드는지, 멋있는지 등의 개인적인 느낌을 갖게 된다. 그런데 그 느낌이라는 것이 다분히 개인적이기 때문에(디자인은 개인적이다) 설득력이 적다. 그러나 만일 그 형태의 구성 원리나 구조적인 면을 이해하고 있다면 그 건축물은 관찰자에게 훨씬 가깝게 다가 설 것이다. 예를 들어 골격적 형태의 건축물을 보면 많은 건축가가 힘을 느낀다고 한다. 이는 그 구조가 어떻게 작용하는가를 알기 때문이다.

2. 디자인이란 무엇인가?

누구나 디자인을 할 수 있다. 그러나 훌륭한 디자인에 대한 욕구가 우리를 힘들게 한다.

라이트는 "디자인을 가르치려 하지 말고, 그 원리들을 가르쳐라."라고 말하였다.

디자인은 다분히 개인적이라고 위에서 언급하였다. 이를 가르친다는 것은 무리다. 이는 개인의 능력이나 감각이 다르고 각 건물의 형태에 따라 그 디자인의 성격이 다르게 나타나기 때문이다.

"이곳을 멋있게 바꿔봐!"라고 교수가 학생에게 지시하는 것을 들은 적이 있다. 이것이 얼마나 어려운 말인가. 누구나 멋있게 하고 싶은 욕구가 있다. 그러나 '멋있다'는 단어의 범위가 한정되어 있지 않고 이는 루이스 칸의 말처럼 개인적이고 상황에 좌우되는 것이기에 그 학생은 점점 더 딜레마에 빠지게 될 것이다. 왜냐하면 그 학생은 자신의 수준에서 최고의 디자인을 해갖고 온 것이 분명하기 때문이다.

"이곳의 창문을 넓힌 다면 5 m 공간에 충분한 빛을 제공하겠지만 좁은 계단에 비하여 계단이 차지하는 공간이 너무 많으므로 원형 계단으로 바꾸는 것이 공간 확보에 도움이 될 것이다."라고 말한다면 학생은 창문이 넓은 공간을 이해할 것이고 언제 원형 계단이 필요한지 알게 될 것이다.

우리에게 디자인은 무엇인가?

디자인은 우연하게 생기는 것이 아니다. 디자인은 우선적으로 디자인을 할 대상이 존재해야 하며, 그 대상은 기본적인 형태를 갖추어야 한다. 여기서 기본적인 형태는 원리이며, 원리는 곧 구조적인 문제와 연결될 수 있다.

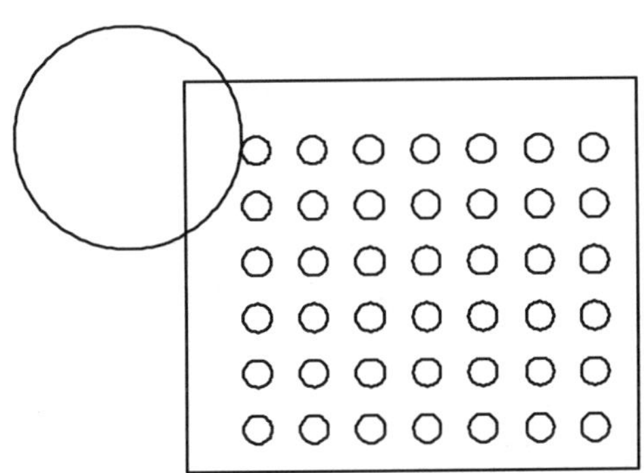

어느 학생이 철골조로 백화점을 설계하는데 사각형과 원이 상충된 평면을 만들었다. 그리고는 사각평면에 위의 그림과 같이 내부기둥을 만들었다. 이 건물은 교량구조를 한 건물로 바닥의 중앙이 다리처럼 지상에서 떨어져 있는데 구조적으로 안정감을 주기 위하여 내부기둥을 이렇게 많이 설치하였으며 내부기둥 간의 간격은 5m로 하였다. 나는 이 학생이 백화점에 이렇게 좁은 기둥 간격에 많은 기둥을 생각한 의도를 탓하지는 않았다.

이 학생은 건축물의 구조적 안정에 대한 고민을 하였고 그 고민을 해결한 결과가 이렇게 나타난 것이다. 이것이 그의 구조적인 지식에서 나온 디자인이다. 이 경우 이 학생에게 내부에 있는 기둥을 제거 할 수 있는 구조적인 문제를 제시한다면 그의 건축물은 내부적인 공간에 자유가 생길 것이다.

3. 디자인은 구조적인 것에서 시작한다

고딕이라는 용어는 15세기 르네상스 인문주의자들이 중세 후기 건축양식을 비하하기 위하여 만들어낸 말로 '반고전적인' 또는 '야만적인'이라는 부정적인 뜻을 내포한 용어이다. 그렇다면 반고전적이고 야만적이라는 기준은 어디에 두고 한 말인가?

이 용어의 의미는 르네상스파뿐 아니라 그 이후에도 고딕을 단지 로마네스크 이후에 완성된 결과로만 보았다. 이것은 고딕을 단지 구조적 관점에서만 집착한 실수였으며 그러한 구조적 발전을 수단으로 이룩한 미학적 표현의 풍부성과 공간적 성격의 변화를 깨닫지 못한 데서 기인했다. 어쨌든 고딕시대의 건축가들은 다른 시대의 건축가들보다 건축의 형태에 구조적인 면을 강조했고 그들은 그 구조를 뒷받침 해줄 디자인적 형태를 선택한 것이었다.

중세 건축을 보면 내부에 존재한다는 느낌, 즉 어딘가에 존재한다는 느낌을 받는데 현대 건축에 와서는 이런 느낌이 사라졌다. 즉 중세의 건축에는 울이라는 것이 존재하였다. 중세 이전의 건축물은 그 자신의 내부(교회) 환경이 존재하였다. 그러나 고딕 형태는 교회와 그 주변 환경 사이에 새로운 관계를 나타낸다.

초기 교회의 외부는 연속적으로 에워싸여 있었고, 로마네스크 교회는 요새였던 반면(성주와 주변 환경에 대한 첨탑을 세움), 시각적 혹은 상징적 비물질화는 고딕시대에 와서 벽체의 진정한 해체로 대체되었으며 교회는 투명해지고 환경과 상호작용했다.

고딕의 교회는 더 이상 은신처로 보이지 않고 더 큰 전체, 즉 주변 환경과 통하게 되었는데 이는 기독교의 진리인 신성한 이미지를 구체화했으며 그 개방된 구조를 통해 이 이미지는 전체 사회에 전해졌다. 많은 비평가들은 고딕 건축물을 보면서 '돌임에도 불구하다' 라고 공통적으로 표현한다. 여기에서 돌은 고딕건축의 형태를 어떻게 만들었는가에 대한 디자인 요소이다.

고딕 건축가들의 디자인은 여기에서 그치지 않았다. 고딕의 교회는 구조적인 투명성을 나타내기 시작하였는데 선택한 또 하나의 디자인은 빛에 대한 기독교적 상징주의에 새로운 해석을 제공한 것이었다. 그것이 스탠딩 글라스다. 성당에서 색유리는 인접한 신의 존재를 증명하는 듯한 매개체로 자연광을 변형시켰다. 이렇게 고딕 건축이 새로운 이미지를 전달할 수 있었던 것은 구조적인 시도가 있었기 때문이며 다른 건축에 대하여 고딕의 디자인이 개인적인 독창성을 지녔기 때문이다. 고딕 이외의 건축물은 필요 이상으로 두꺼운 벽체를 지녔으며 창의 기능이라는 것이 단지 최소한의 빛을 유입하는 것일 뿐 시각적인 요소는 배제한 것이었다. 이는 당시의 건축가들이 구조적인 문제에서 자유로움을 갖지 못했기 때문에 그들의 디자인에 대한 선택의 폭이 좁을 수밖에 없었기 때문이다. 이것은 시간이 흐르면서도 계속되었고 건축가들의 손에는 언제나 공간의 자유에 대한 욕구가 떠나지 않았다. 이것은 당시의 건축적인 형태를 종교적인 차원에서만 해석하지 않아도 나타나는 것이다.

미스의 창조적인 힘은 마침내 공간에 자유를 주고픈 욕구를 도면화하였고, 라이트의 콘크리트 건축물에 벽을 허물어 버리는 과감성이 많은 건축가에게 용기를 주었으며, 르 코르뷔지에의 시스템 도미노가 주는 교훈의 일부에는 이러한 내용을 내포하고 있다. 이를 실행할 수 있었던 바탕은 바로 구조적인 지식 때문이었으며 이는 디자인에 대한 용기를 갖게 하였다.

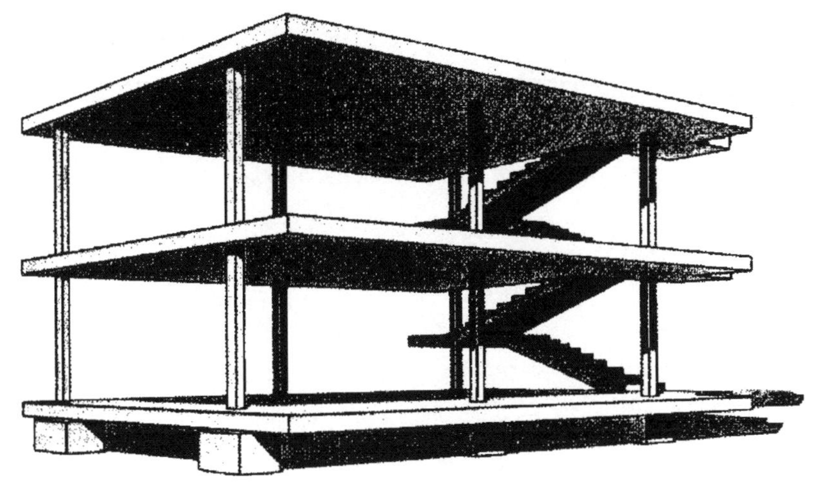

▲ 르 코르뷔지에의 시스템 도미노

아마도 루이스 칸은 디자인이라는 분야가 주는 막연함에 하나의 길을 제시하고, 이것을 우리에게 전달하고자 학생들에게 먼저 구조도면을 그리게 하고, 그 다음 건물외관을 어떻게 표현할 것인가를 나타내도록 했다고 말하는지도 모른다.

진정 디자인을 잘 하고 싶다면 구조적인 것에 대한 지식을 먼저 쌓으라고 말하고 싶다. 조적조, 목조, 철골조, 그리고 철근콘크리트의 바닥, 벽체, 천정, 그리고 지붕의 구성이 틀리며, 각 구조마다 나타나는 상세적인 부분이 다르다. 이러한 것에 대한 지식을 갖게 된다면 이제는 개인적인 디자인만 남는 것이다.

우리가 자신을 위한 책상을 설계한다고 가정해보자. 한 번도 책상을 설계해보지 않았던 사람이라도 건축물을 설계하는 것만큼은 어려워하지 않을 것이다. 그러나 건축물 설계와 책상 설계에 차이는 없다. 그런데 책상 설계를 더 간단하게 생각할 수 있는 용기는 어디에서 오는 것일까? 이는 우리가 늘 사용해왔고 또 그 구조적인 부분을 이해하기 때문이다. 기본적으로 어느 공간이 필요하며, 구조는 벽체구조로 할지 아니면 골조구조 또는 복합구조를 이용할 것인지 자신감을 갖고 결정해야 할 것이다.

많은 학생들이 건축과를 졸업한 후에 자신이 건축에 대한 자신감이 있는가 물으면 자신 없어 하는 이유가 바로 디자인에 대한 기준을 어렵게 생각하기 때문이다. 그러나 건축물을 바라볼 때 구조적인 부분이 보인다면 이는 이미 형태를 보기 시작한 것이며, 루이스 칸이 말하는 엔지니어로서 건축물의 전체적인 시야를 갖게 되는 것이다. 우리가 말하는 디자인의 영역은 너무도 그 범위가 넓다. 즉 훌륭한 디자인을 갖은 건물이란 각 개인적인 만족을 충족시켜주는 이미지를 내포하는 것인데 이를 짧은 학창시절에 습득하기란 쉽지 않다. 우리는 이를 위하여 연습하고 원리를 습득하면서 익히는 과정을 우선적으로 할 뿐이다. 그러나 구조적인 지식은 이미 그 원리가 많이 나와 있고 그것은 반복을 통하여 습득할 수 있다.

우리가 학교에서 주로 하는 설계는 계획단계의 설계이다. 그러나 사회에 진출하면 당장 해야 하는 작업이 실시설계에 있는 도면 검토나 상세적인 부분을 다루는 것이다. 그렇기에 사회에 나가면 다시 해야 한다는 말이 공공연하게 있는 것이 현실이다. 사실 계획단계의 설계는 쉬운 것 같으나 가장 어려운 단계이다. 이는 옷의 첫 단추와 같은 작업으로 이런 단계를 거치지 않고 실시설계를 한다는 것은 역 부족이다.

❶ 도면축 (raster)의 필요성

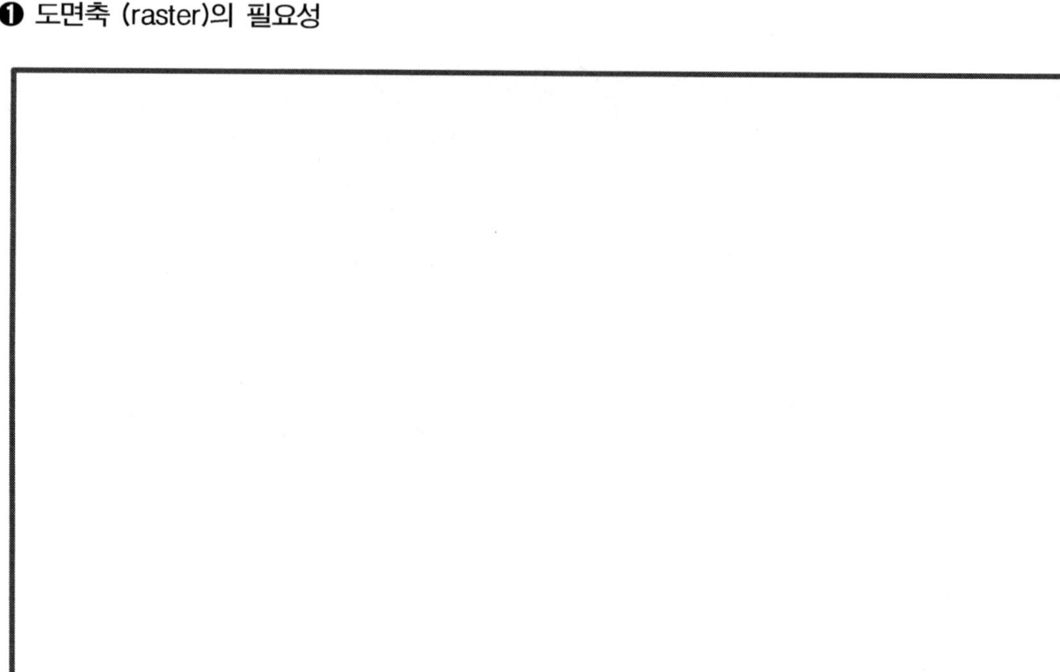

여기에 대지가 있다. 이 대지에 건물을 지으려 한다. 그 건물이 어떻게 생겼든 건물은 하나의 형태를 갖고 있다. 하지만 형태를 갖기 전에 하중이라는 무게를 갖고 있으므로 하중 전달이 잘 돼야 안전한 건물이 될 것이다. 그렇다면 하중이 흐르는 하중 도표를 어떻게 만들어야 하는가? 일단 그것을 하기 전에 알아야 할 것은 하중을 위에서 아래로 전달하는 것은 기둥이나 내력벽이라는 것을 인식해야 한다. 이 기둥과 내력벽의 위치를 어떻게 정할 수 있는가? 초보자들은 공간을 먼저 나누고 그 공간에 의해서 생겨난 벽으로 하중을 전달하게 한다. 심지어 하중이 어떻게 전달되는지 조차 모르고 공간을 나누고 벽을 설치한다. 그렇게 되면 구조가 아주 복잡해진다. 어쩌면 불가능한 건물이 될 수도 있다. 그래서 벽이나 기둥이 있는 위치에 대한 규칙을 만드는 것이다. 그것이 바로 도면축을 만드는 이유 중 하나이다. 도면축이라는 단어의 의미를 먼저 파악하고 시작하는 것이 이해가 더 빠를 것이다. 가장 단순한 도면축이 바로 가로세로 축이다. 즉, 가로세로 축을 일정한 간격으로 만드는 것이다. 예를 들면 축의 간격을 6m로 하는 것이다. 이것이 도면축의 시작이다. 그러나 모든 간격이 6m는 아니다. 때로 필요에 의해서 5m가 될 수도 있고 7m 또는 8m도 될 수 있다. 또 일정한 간격 사이에 다른 간격을 갖는 축의 만들어질 수도 있다. 그러나 시작은 정해야 한다. 6m가 7m 또는 8m가 된다는 것은 곧 보가 더 높아진다는 뜻이다. 거리가 멀어지니까 처짐이 생기지 않게 보가 두꺼워 져야 하는 것이다.

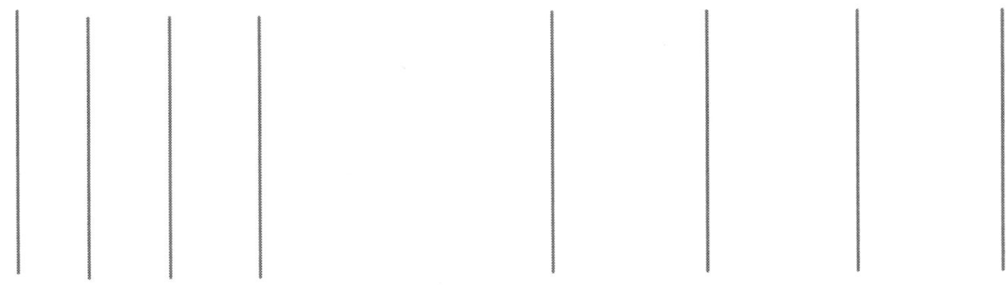

▲ 간격이 6m인 경우 ▲ 간격이 8m인 경우

❷ 도면축 만들기

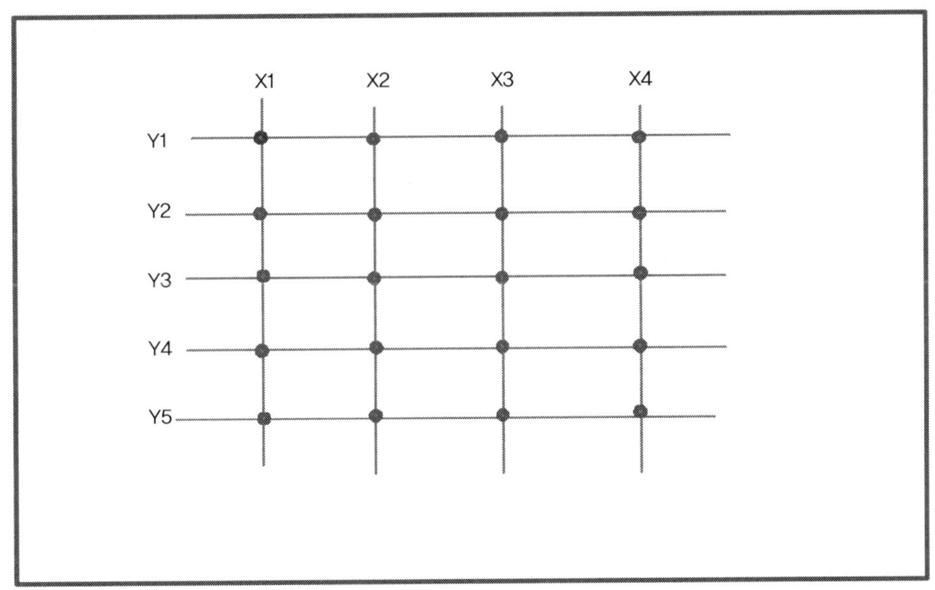

위의 그림 같이 축을 만들 수 있다. 이것을 도면축이라고 이름 붙였다. 이 축은 도면을 그릴 때 필수적으로 만들어야 한다. 이건 설계의 기본이다. 위의 축에서 두 개의 축이 만나는 지점이 바로 기둥이나 벽의 위치가 된다. 축에는 축의 기호 X1, X2, X3, X4 또는 다른 축 Y1, Y2, Y3, Y4를 기입하는 것이 좋다. 물론 이 기호는 다르게 표시할 수도 있다. 예를 들면 A1, A2 또는 B1, B2와 같이 표현할 수도 있다.

❸ 벽이나 기둥 만들기

벽은 축을 지나고 기둥은 두 개의 축이 만나는 지점에 놓여야 좋다. 아래의 도면을 보면 검정색으로 표시된 벽은 축을 지나는데 회색으로 표시된 벽은 축을 지나지 않는다. 그래서 X2축에 하중을 받아야 하는 기둥 세 개가 만들어지는 것이다. 그러나 이 세 개의 기둥이 X2 오른쪽 회색 벽에 너무 붙어있어서 공간활용도 안 좋고 많이 불편하다. 그래서 X2축을 오른쪽 회색 벽 방향으로 옮긴다면 기둥과 벽이 하나가 되어 공간활용을 시도할 수 있다.

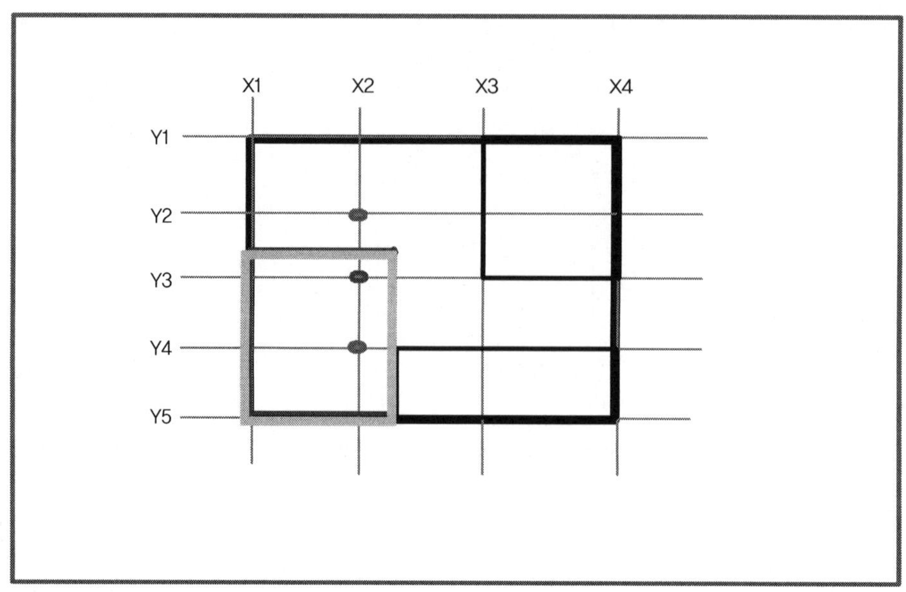

❹ 축 변경하기

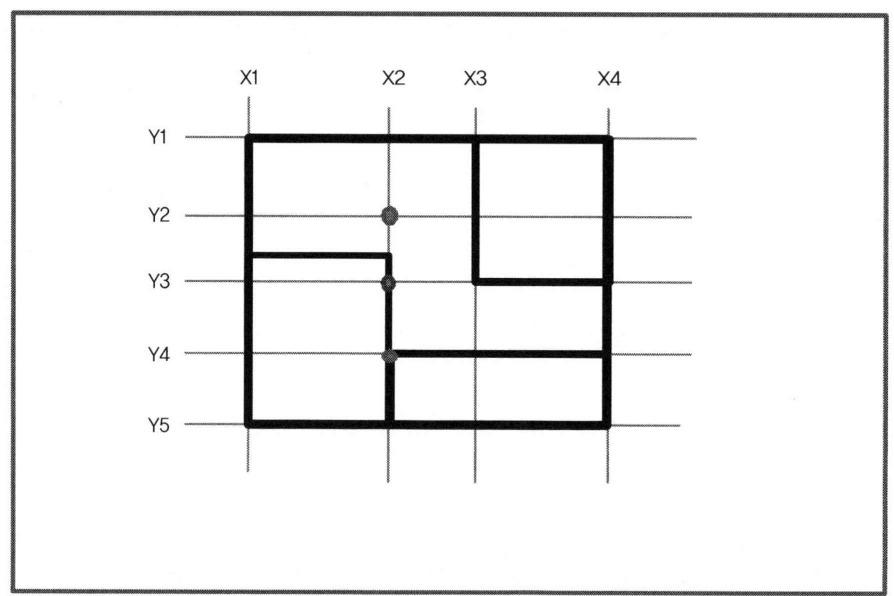

위의 도면에서 X2의 위치가 변경된 것을 볼 수 있다. 그리고 기둥이 벽 내부로 들어가면서 공간에 대한 활용도를 높였다. 이 도면은 곧 혼합구조, 즉 벽체구조와 골조구조(기둥)로 되어 있는 것이다. 하중을 대부분 벽으로 받고 하중을 받는 기둥은 X2축 하나라는 뜻이다. 이를 골조구조로 바꾸는 방법이 바로 각 축이 만나는 부분을 기둥으로 대치하는 것이다.

❺ 혼합구조를 골조구조로 변경하기

각 축이 만나는 부분에 기둥을 설치하면 이 건물은 골조구조, 즉 기둥으로 하중을 전달하는 것이다. 기둥으로 하중을 전달한다는 의미는 벽이 비내력벽이라는 뜻이다. 즉 벽을 허물어도 구조에 전혀 영향을 주지 않는다.

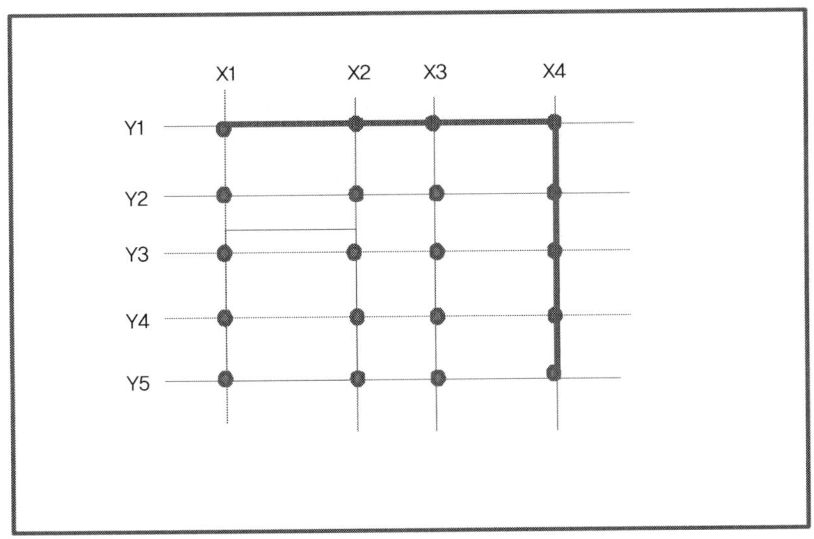

❻ 커튼월

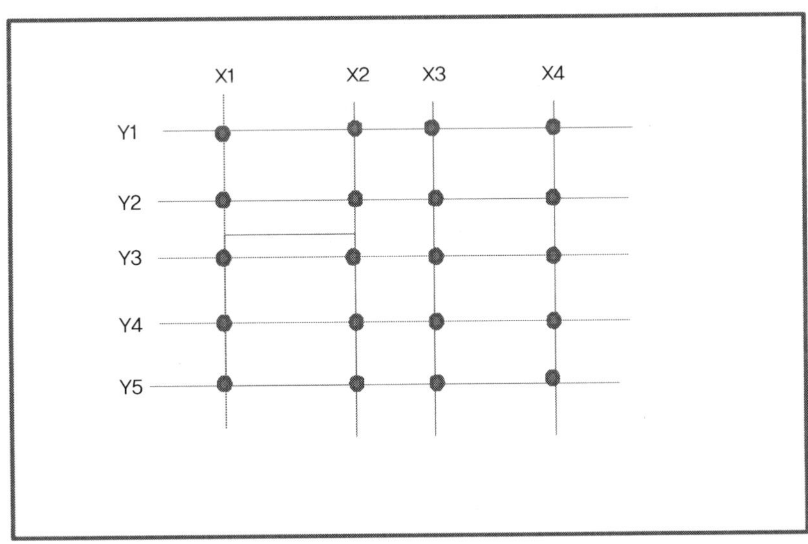

위의 그림은 말 그대로 기둥, 즉 위에서부터 내려오는 하중을 기초까지 전달하는 구조를 담당하는 뼈대를 보여준다. 이때 바닥 판의 가장자리에 외부 기둥이 어디까지 오느냐에 따라서 건물의 형태는 달라진다.

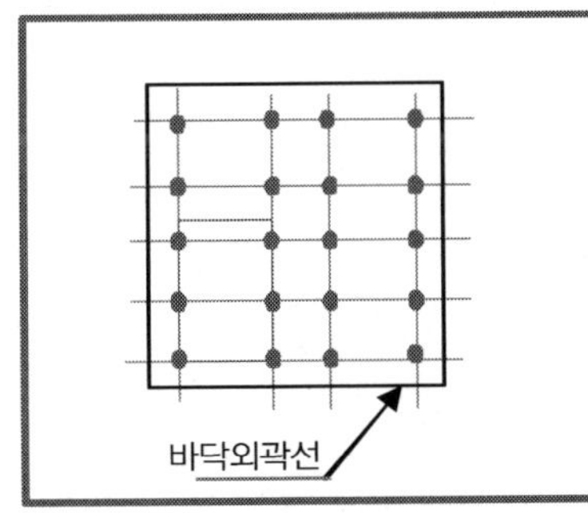

1. 바닥외곽선이 기중보다 더 외부로 돌출된 경우로 외부에서 기둥을 볼 수 없다.

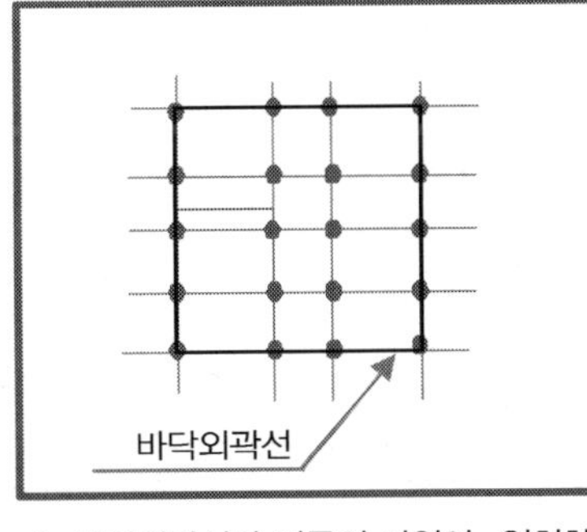

2. 바닥외곽선과 기둥의 라인이 일치하는 경우로 기둥이 외부에서 보인다.

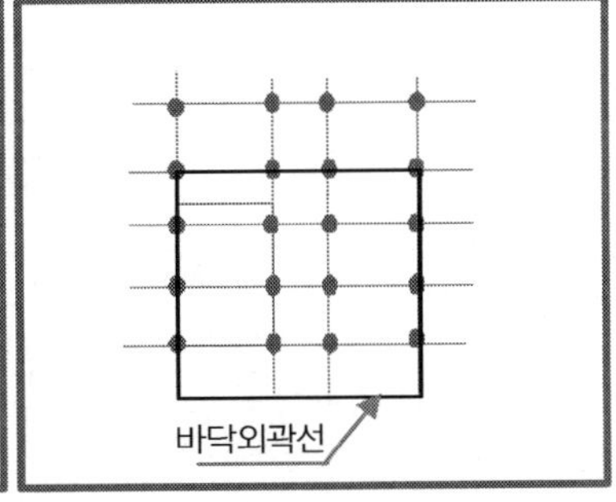

3. 드문 경우지만 바닥선이 기둥의 안으로 들어갔고 반대편은 바닥선이 돌출된 경우

❼ 도면축 간격 형성 시 감안해야 하는 사항

도면축을 형성하는 경우 구조적인 부분만 생각하면 안 되고 그 영역 안에서 발생되는 작업영역을 효율적으로 만들기 위해 효율적인 기둥 배치를 감안해야 한다. 기둥의 위치는 후에 주차장의 배분에 있어서도 중요한 영향을 미치며 이를 사전에 감안하지 않으면 나중에 손실 영역이 발생하게 된다. 이 기둥의 배치는 내부로 유입되는 빛의 작용과 효율적인 작업공간, 그리고 공기순환에도 중요한 영향을 준다는 것을 인식해야 한다.

- 면적 모듈

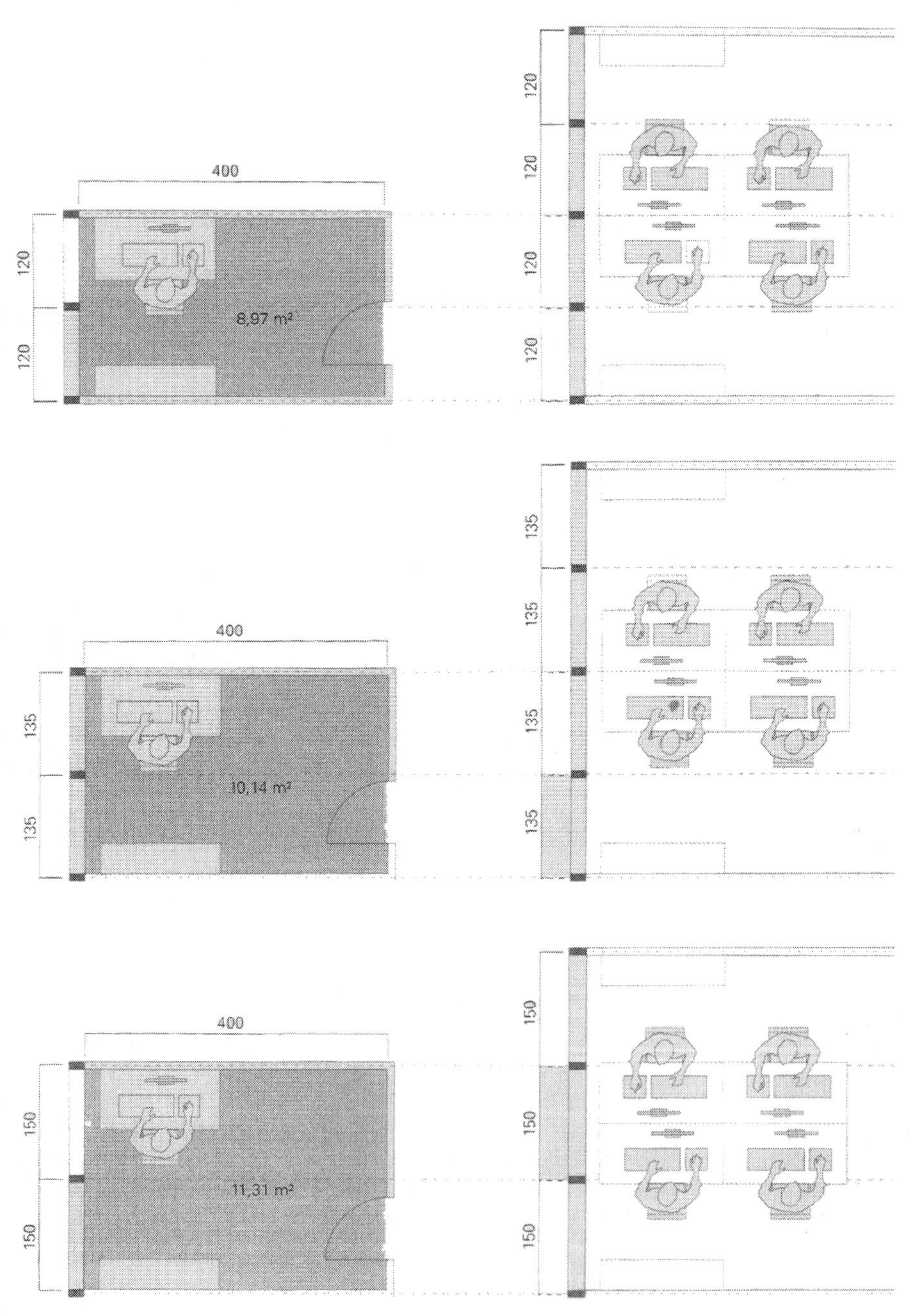

효율적인 작업영역을 만들기 위하여 축과 면적에 대한 계획이 사전에 있어야 한다.

- Raster 120

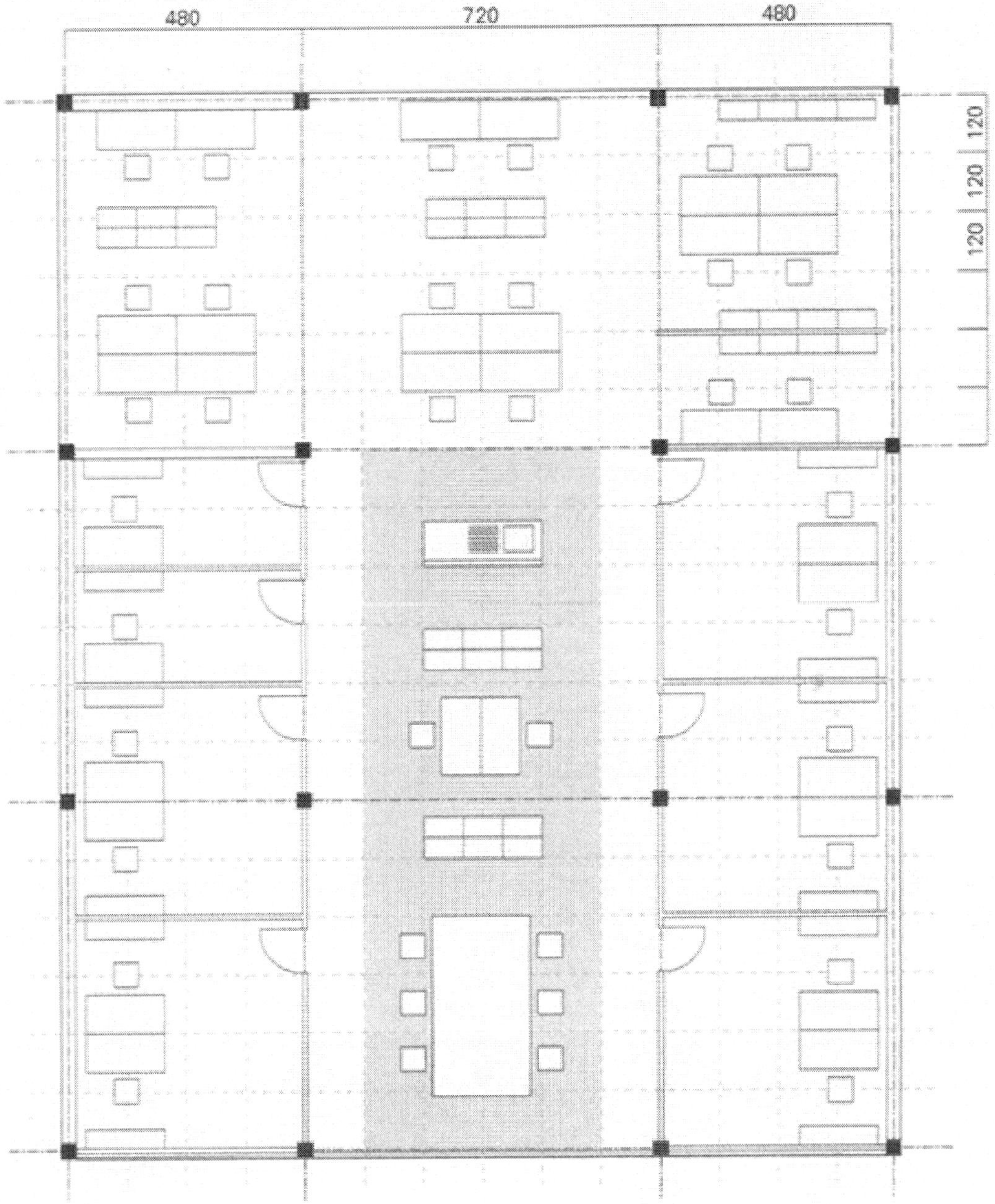

▲ 작업영역의 기본적인 평면 형태

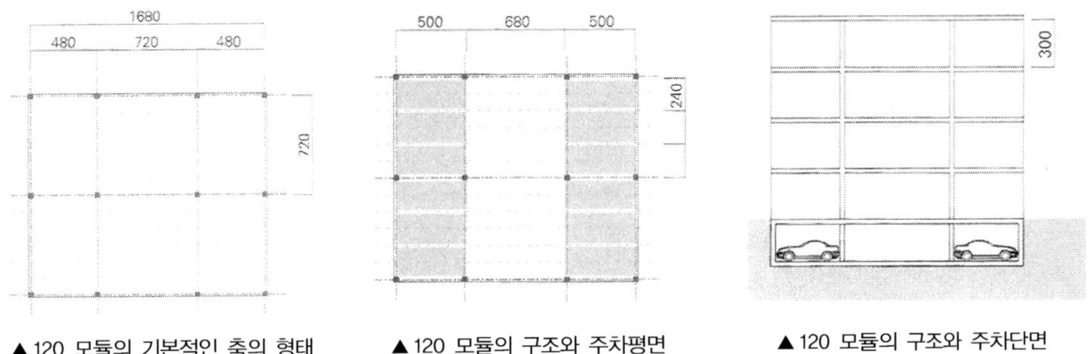

▲ 120 모듈의 기본적인 축의 형태

▲ 120 모듈의 구조와 주차평면

▲ 120 모듈의 구조와 주차단면

– Raster 135

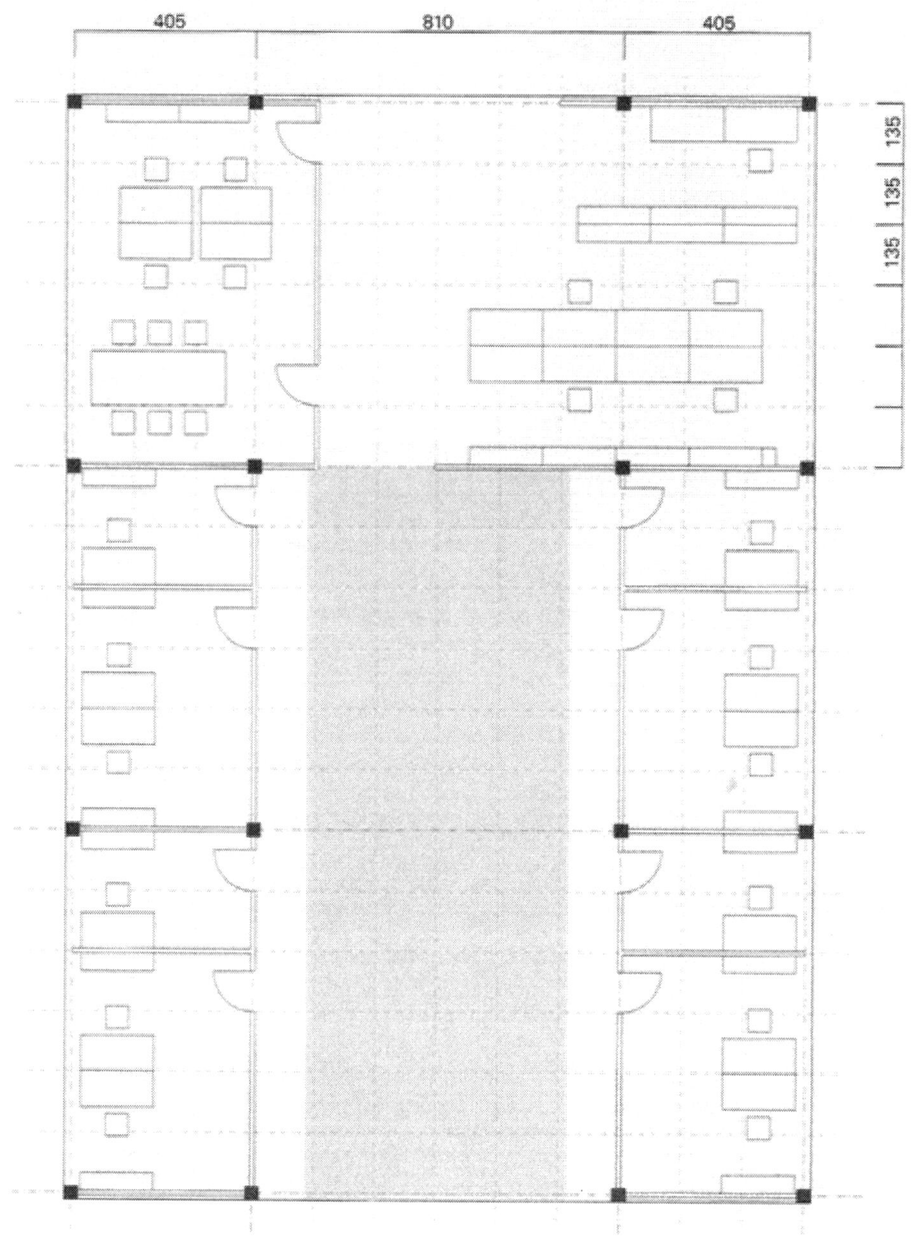

▲ 작업영역의 기본적인 평면 형태

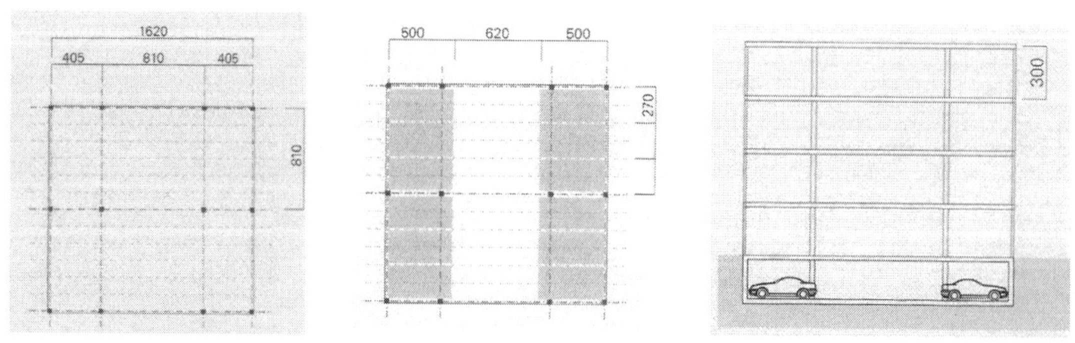

▲120 모듈의 기본적인 축의 형태

▲120 모듈의 구조와 주차평면

▲120 모듈의 구조와 주차단면

- Raster 150

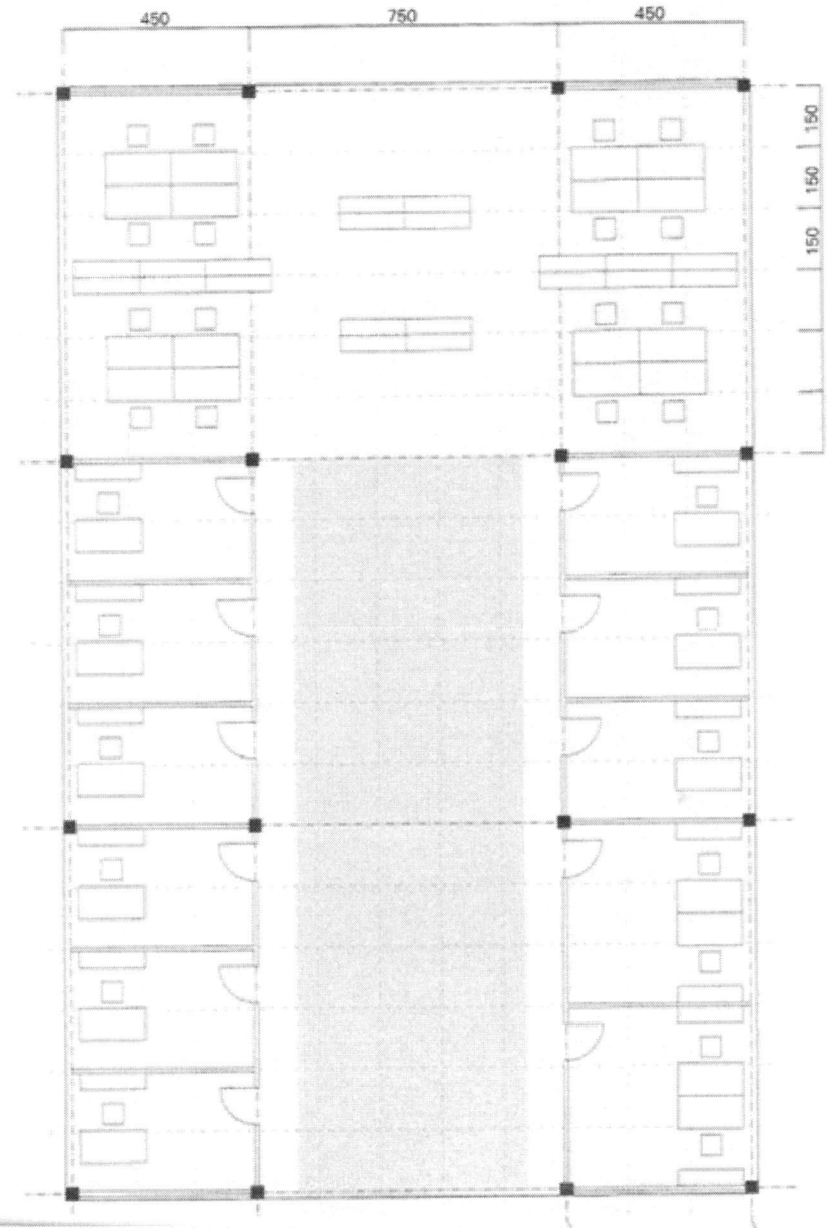

▲ 작업영역의기본적인평면형태

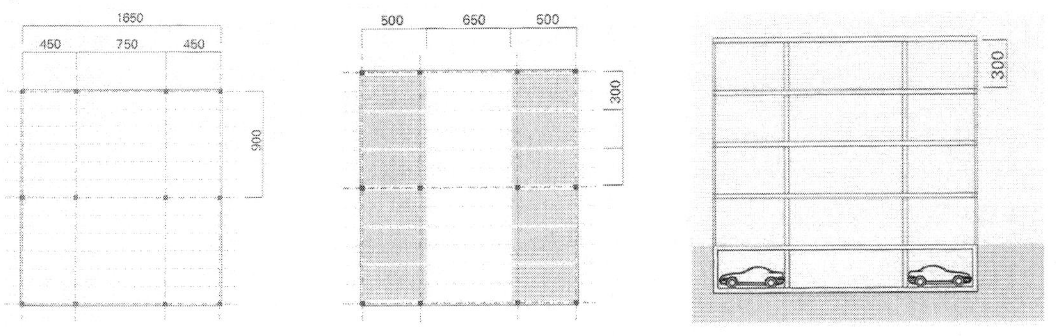

▲ 150 모듈의 기본적인 축의 형태 ▲ 150 모듈의 구조와 주차평면 ▲ 150 모듈의 구조와 주차단면

❽ 입면도 상상하기

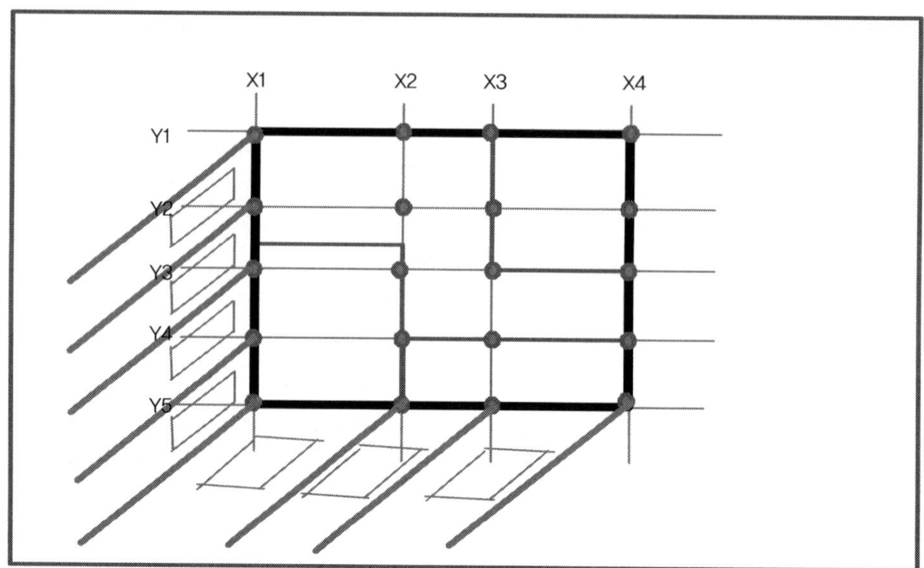

위의 도면을 보면 어디에 창과 문 등의 개구부를 낼 수 있는지 상상할 수 있다. 이 도면 축은 위층으로 동일하게 같은 위치에서 올라간다. 절대로 그 위치가 변경되면 안 된다. 그리고 창문도 마음대로 설치하면 안 된다. 위의 도면에서 도면축 Y3와 Y4 사이에 있는 창의 배치가 어색함을 알 수 있다. 왜냐면 그 내부에 벽이 있기 때문이다.

❾ 2층 도면 그리기

앞의 도면이 1층이면 아래의 도면은 2층이다. 1층에서의 도면축은 그대로 있으면서 만일 건물이 그대로 올라가지 않는다면 2층은 아래처럼 보일 것이다.

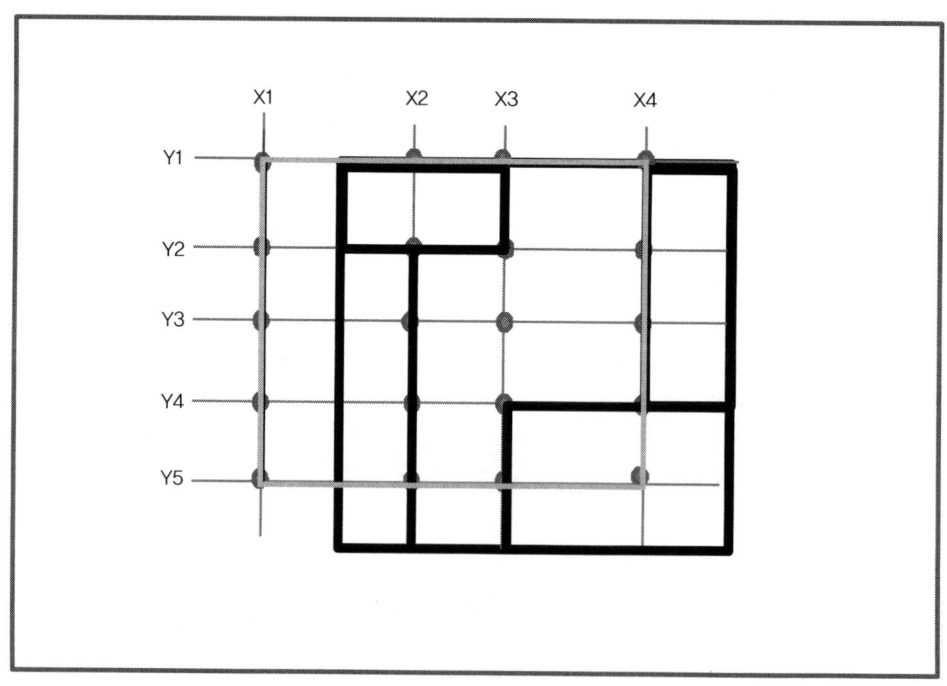

회색 선이 1층의 외곽선이고, 점선은 2층 바닥 아래로 보이지 않는 1층 외곽선이다.

모두를 설명할 수는 없지만 이렇게 도면축을 만드는 이유는 구조에 많은 영향을 준다. 그리고 이 구조에 맞추어서 개구부가 설치되어야 한다. 그것은 기둥의 위치를 보면 알 수 있다. 도면축 형태는 개구부가 일정한 형태로 나올 수 밖에 없다. 도면축은 구조뿐 아니라 커뮤니케이션에도 아주 중요하다. 예를 들면 가운데 기둥이라고 하면 헷갈리지만 Y3와 X3가 만나는 곳의 기둥이라고 하면 명확하게 알 수 있기 때문이다. 그래서 도면을 그릴 때는 도면축을 그리는 것은 기본이다.

4. 모방하는 훈련을 하지마라

많은 학생들에게 어떤 종류의 건축 책을 선호하는가 물은 적이 있다. 대부분의 학생들은 사진이 많은 책을 선호한다고 대답했다. 그런데 그렇게 사진이 많은 책을 보면서 그들은 어떤 것을 자신의 지식으로 삼는지 궁금하다. 아마도 모방의 방법을 배울 것이다.

많은 건축의 거장들은 모방에 대해 경고하였다. 루이스 칸은 "나는 단지 '원칙'을 모방하는 것에는 동의한다 …… 모방하는 사람만큼이나 신중하지 못했다 …… 그러나 그는 모방하지 않았다."라고 말했으며 라이트는 "모방하기보다는 오히려 경쟁할 것"을 권하였다.

형태를 구성하는 요소(구성 원리, 즉 공간계획과 구조적인 것)는 모방해도 무관하지만 디자인(개인의 몫)을 모방하는 것은 자신의 권리를 포기하는 것이라고 루이스 칸은 말하고 싶었을 것이라 생각한다.

학교는 창의적인 것을 훈련하는 장소다. 이 창의적인 힘을 키우기 위해서 이론 책을 많이 권하고 싶다. 처음에는 어렵고 접하기 힘들겠지만 나의 건축적인 지식에 대한 욕구를 채워줄 수 있는 것은 이론 책이다. 이론에 대한 바탕이 없는 상황에서 다른 건축가의 작품을 본다면 전혀 다른 것을 떠올릴 수 없는 오류를 범할 수 있기 때문이다.

우리에게는 훌륭한 건축물도 훌륭하지 않은 건축물도 없다. 단지 훌륭한 원리나 미숙한 원리가 그 건축물에 들어 있을 뿐이다. 그러나 그러한 것을 발견하기에 사진 책은 충분하지 않다.

우리가 주로 사용하는 말 중에 작품경향이라는 말이 있다. 이러한 단어가 내포하는 것은, 곧 그 건축가의 철학과 창조성이 그 작품에 들어 있기에 분류가 가능한 것이다. 남의 건축물을 옮긴 것 보다는 미숙하지만 자신의 철학이 들어 간 건축물이 더 훌륭하다.

5. 질서와 규칙을 먼저 배우자

처음에 글짓기를 배울 때 우리는 자신이 쓰고자 하는 내용을 구상한다. 그리고 구상이 끝나면 그것을 종이에 옮기게 되는데 첫 글자를 시작하는 순간 구상했던 내용과는 다르게 나타나는 경우를 경험한 사람이 있을 것이다.

"나는 어제 시리도록 파란 하늘을 보며 어머니의 눈물이 담고 있는 슬픔을 떠올렸다." 이러한 내용을 생각하고 쓴 글이 때로는 "어머니의 눈물 속에는 시리도록 파란 하늘이 담겨있다."라고 쓸 수도 있다. 그러면서 우리는 자신의 생각과 어딘가 다른 차이를 느끼지만 그 원인을 찾지 못하고 다시 시도하거나 또는 의도하지 않았던 내용을 끝까지 끌고 가면서 급기야는 돌이킬 수 없는 시간과 정열에 안타까워하는 경우도 있다.

건축에서도 마찬가지다. 처음 설계를 하기 전에 머리에 떠오르는 아름다운 영상들, 예를 들면 언덕 위의 하얀 집과 나무로 만들어진 울타리, 정원의 가운데에 서 있는 오동나무에 매달린 그네, 또는 지붕의 굴뚝에 매달린 구름조각 등의 풍경이 머리를 가득 채우고 그것을 표현하려 급히 연필을 들어 종이 위에 평면을 표현해 본다. 그러나 거실에 흔들의자를 그리기도 전에 언덕과 굴뚝에 달린 구름은 이미 어디론가 가버리고 평면에서 헤어나지를 못한다. 우리를 붙잡고 놓지 않는 것은 그 하얀 집을 아름답게 지탱해 줄 평면이 나오지 않는다는 것이다. 이유는 무엇일까?

이는 느낌과 사고가 다르기 때문이다. 여기에서 루이스 칸의 설명을 다시 빌려 본다. 그는 느낌에 의존하면 사고에서 멀어진다고 표현하였다. "우리가 창조하고 싶어 하는 모든 것은 느낌에서 비롯한다. …… 그러나 느낌에 의지하여 사고에서 멀어지면 그 어떤 것도 만들지 못한다는 사실을 말해두고 싶다." 그는 또한 사고는 감각이며 질서의 현존이라고 설명하기도 하였다.

그의 설명을 또 한 구절 빌려 보자. "그 젊은 건축가는 말했다. …… 꿈에는 이미 존재하려는 의지와 그 의지를 표현하려는 욕망이 있습니다. 사고는 느낌과 분리될 수 없습니다. 그렇다면 어떤 방법으로 사고가 창조 안으로 들어가 이러한 정신적 의지에 더 가깝게 표현할 수 있습니까?"

이 설명이 우리가 생각한 것을 그대로 표현하기 어려운 상황을 잘 나타내고 있다. 느낌은 곧 창조적인 행위의 시작이다. 그러나 그 느낌을 현실화하기 위하여 우리가 실행에 옮길 경우 제일 먼저 부딪히는 것이 정확한 표현에 대한 질서이다. 표현은 많은 해석을 발생할 수 있으며 그 해석이라는 것이 이미 사용되고 있는 표현의 질서를 따른다. 예를 들어 정사각형과 사각형의 표현이 다르듯이 그 도형에 대한 표현의 질서가 이미 존재하기 때문에 내가 삼각형에 대한 느낌을 나타내려 한다면 그 질서를 따라야 한다. 아마도 사고는 표현에 대한 질서와 규칙이 아닌가 생각된다.

그렇기 때문에 먼저 질서와 규칙을 익히라고 말하고 싶다. 이것을 익히면 우리의 느낌은 사고와 좀 더 가까워질 수 있고 느낌을 표현하는 언어가 좀 더 수월해지지 않을까 한다.

> 디자인은 질서 안에서 형태를 만드는 것이다.
> 형식은 구조체계에서도 나타난다.
> 성장은 일종의 구성방식이다.
> 질서 안에 창조적인 힘이 있다.
>
> -루이스 칸

표현에 대한 시작은 질서와 규칙이 먼저다. 이것을 숙달하고 나면 느낌으로부터 오는 사고에 대한 자유가 생긴다. 즉 나의 느낌을 어떻게 창조적으로 실현시킬 것인가에 대한 구체적인 계획을 세울 수 있다. 이것이 숙달되면 그 후는 응용에 대한 발전이 시작되는 것이다.

개인적인 느낌을 질서와 규칙 안에 가두라는 이야기는 아니다. 자신의 느낌은 꿈을 꾸는 젊은이와 같이 무한대로 펼쳐져 나간다. 그리고 질서와 규칙을 또한 숙달하면서 그 느낌을 창조적인 모습으로 실현하는 연습을 하는 것이다.

6. 기본적인 형태를 먼저 사용해보자

설계 디자인을 처음 하는 경우 먼저 기본적인 도형인 정삼각형, 정사각형, 원을 사용해보라고 권하고 싶다. 그리고 전체는 규칙과 질서 속에 디테일한 개성을 나타내보라고 권하고 싶다.

어느 건축 평면을 분석해보아도 기본적인 도형이 기준이 되지 않는 것은 없다. 처음에 설계를 배우는 사람들 중에는 불규칙적인 도형 안에서 공간을 나누다가 어려움에 부딪히는 경우가 종종 있는데 이는 당연하다. 우선적으로 기본적인 도형을 사용하여 공간을 나누고 불규칙적인 형태는 자연스러운 공간요구에 의하여 발생되게 하는 것이 좋다. 불규칙적인 평면은 숙달되지 않은 디자이너에게는 오히려 혼란스러운 이미지를 불러올 수도 있다.

깔끔하고 정교한 디자인은 기본적인 도형에서 생겨난다. 형태의 구성을 의도적으로 하지 말고 자연발생적으로 불러 오고 필요한 것과 불필요한 것을 제거한다면 훨씬 세련된 디자인을 만들 수 있을 것이다.

다음 그림은 롭 크리어(Rob Krier)의 평면의 구조적인 형태에서 인용한 것이다.

▲롭 크이어의 평면 구조

위의 그림은 기본적인 도형과 벽체구조, 골조구조, 그리고 혼합구조를 규칙적인 형태(그림에서 윗부분)와 불규칙적인 형태(그림에서 아랫부분) 속에서 나타낸 것으로 처음 설계를 하는 경우에는 이러한 원리를 응용하면서 자신의 설계에 적용해본다면 건축물을 이해하는 데 많은 도움이 될 것이다.

항상 학생시절 자신의 컨셉이 어디에서 응용될 것인가를 명확하게 하고 작업한다면, 그 컨셉은 후에 자신의 것이 될 것이다. 그러나 증명할 수 없는, 이론적으로 정립되지 않은 컨셉을 사용한다면 건축의 길은 더 어려울 것이다.

7. 환경적인 차원에서 해석하자

건축물 개개의 형태는 독자적이지만 그 위치는 자연이나 마을 또는 도시 공간 안에 있다. 그러므로 자신의 건물 자체만을 보는 습관을 버리고 항상 전체적으로 보는 습관을 갖자. 노베르그 슐츠(Norberg-Schulz)는 다음과 같은 말을 했다. "도시의 정수는 장소가 아니라 상호작용이다." 이는 사물 자체가 어떤 의미를 스스로 갖는 것이 아니라 다른 작용에 의하여 그 존재를 증명하는 것이다. 이는 곧 스스로를 나타내지 말라는 의미를 내포하기도 한다. 노베르그 슐츠는 도시 공간 속에 무분별한 건축물의 자기 장소에 대한 주장이 사회적 병리를 낳을 수 있으며, 정신적 장애의 만남들이 우연적이고 비규칙적일 때 일어난다고 서술하기도 하였다. 그리고 그는 공간은 우선권이 주어지지 않고 위치에 의해서만 주어진다고 주장하기도 하였다. 그러나 도시의 많은 건축물을 보라. 개개의 건축물이 공간의 존재를 부정하고 자신의 우선권만을 주장하려는 모습이 너무도 역역하다. 학생들이 학교에서 설계를 하는 경우 이를 느끼고 자신의 건물이 갖고 있는 주장을 억제하며 절제된 미를 학교에서 배우기를 희망한다.

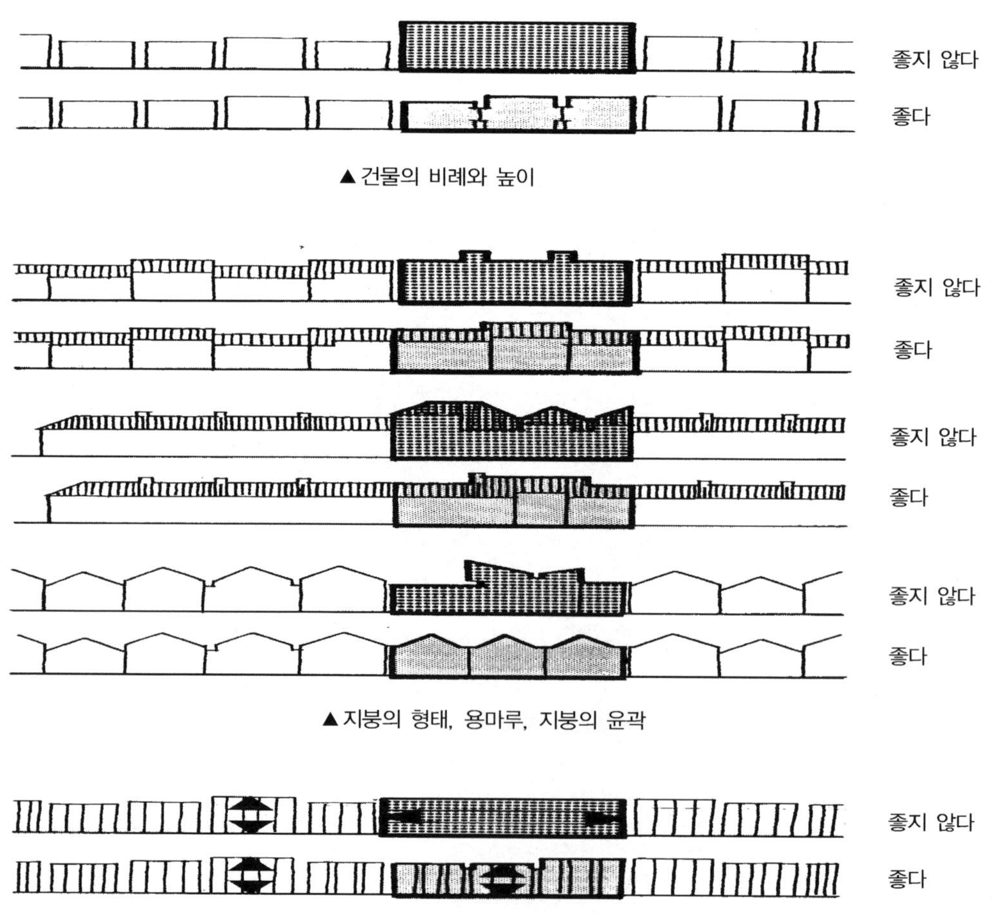

▲ 건물의 비례와 높이

▲ 지붕의 형태, 용마루, 지붕의 윤곽

▲ 건물 정면의 스케일과 재질, 색

건축대지가 건물의 높이, 정면의 경계, 그리고 형태가 다른 두 건물 사이에 위치해 있는 경우에 앞에 위치하여 높은 건물에 기준을 두는 것이 좋다.

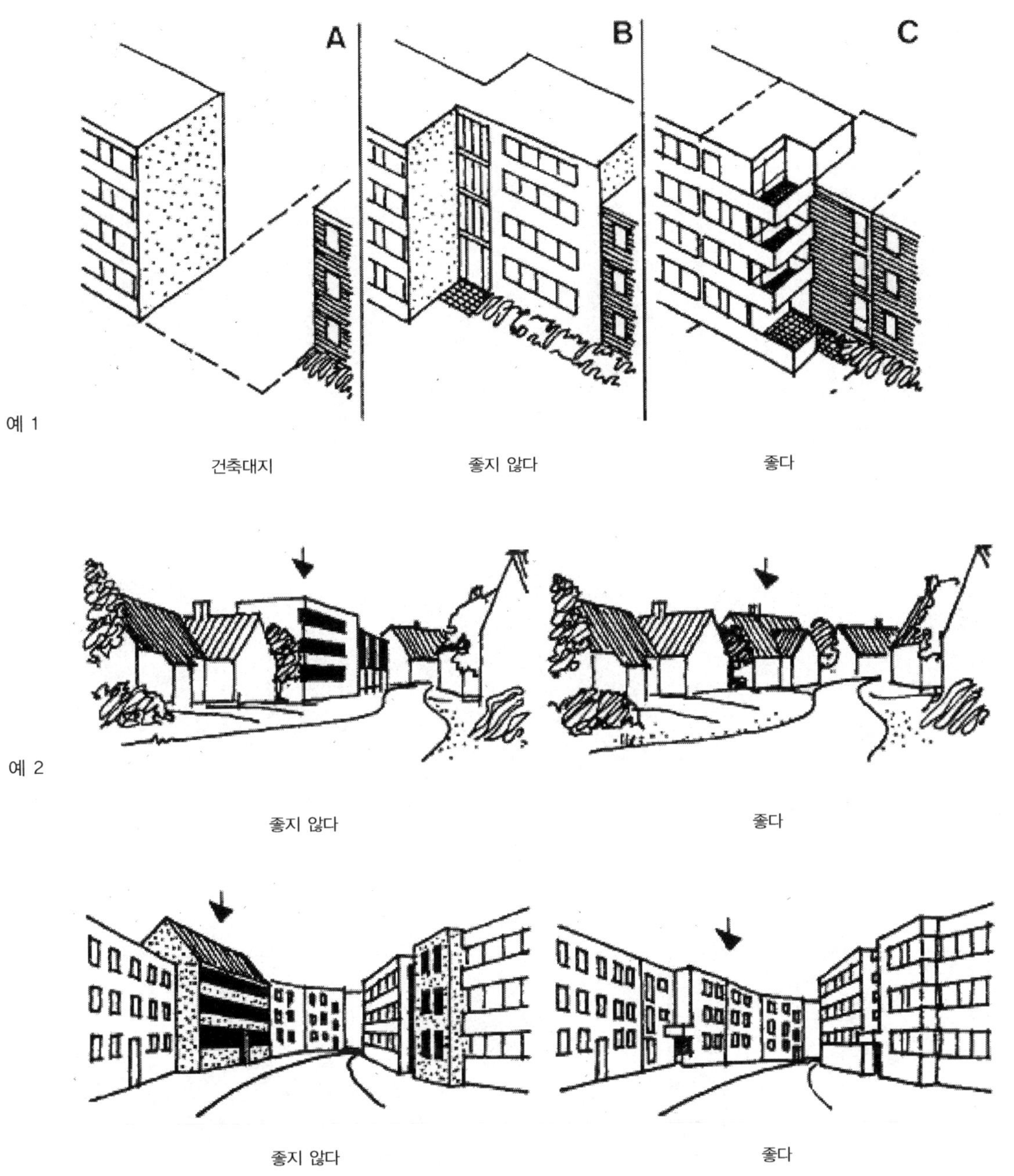

▲ 주변 건축물과 조화를 이루는 건축 입면 디자인

8. 건물에 모자를 씌워 주자

설계를 할 때 지붕을 소홀히 하는 경우가 많은데 건물의 디자인에 지배적인 역할을 하는 부분의 하나가 지붕이다. 훌륭한 건축물은 훌륭한 지붕을 갖고 있다는 것을 염두에 두자. 우리가 설계를 하면서 지붕도면을 그리고 투시도를 보는 것도 지붕의 모습이 건축물 전체에 어떻게 역할을 하는가를 보기 위해서다. 만일 건물의 디자인이 어딘가 어색한 경우에는 지붕의 형태를 한 번 바꾸어보는 것도 좋은 방법이다.

다음의 사진은 아파트의 위에서 내려다 본 두 건물이다. 하나는 경사지붕을 이루고 있고, 또 하나는 평지붕이다. 아마도 평지붕에 관계된 사람들은 건물을 올려 보기만 해서 지붕 부분이 어떻게 생겼는지 모르는 모양이다. 그래서 지붕을 마치 벗겨진 머리처럼 그대로 방치해 둔 것 같다.

이것은 설계자가 세련되지 못한 마무리를 한 것이다. 건축가는 작은 것에도 연연할 줄 알아야 한다. 아주 작은 것이 커다란 건축물에 큰 영향을 준다는 것을 잊지 말아야 한다.

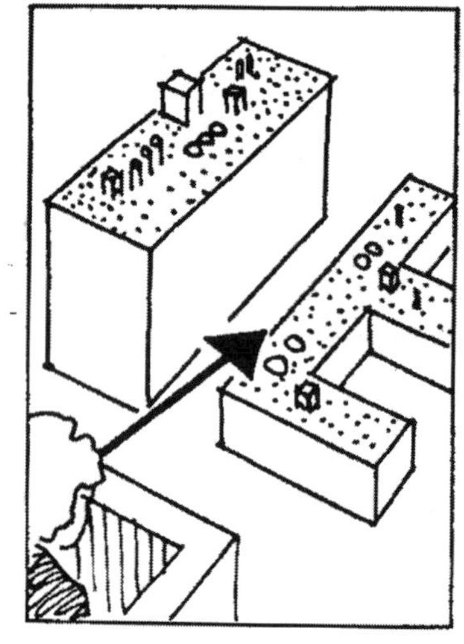

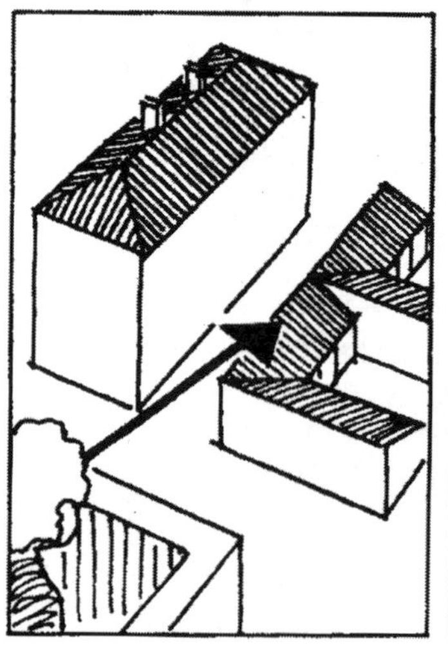

▲모자가 없는 건물과 모자를 씌운 건물

■ 건축설계 시 고려해야 하는 사항

❶ 동선의 흐름: 동선에 따라서 건물과 대지의 관계 그리고 건축물 내 공간구성

동선이 움직임만을 나타내는 선이라고 생각하는 사람이 많다. 이는 전공을 하지 않은 사람들의 일반적인 생각이다. 하지만 동선은 움직임도 포함하지만 구조가 될 수도 있고 공간배치가 될 수도 있다. 동선의 시작은 도시계획적인 차원에서 시작한다. 대지가 갖고 있는 주변 상황과 대지가 갖고 있는 주변과의 관계 등이 우선이고, 그 후에는 주변이 대지에 직접적으로 영향을 주는 것을 생각해야 한다. 동선은 물리적인 차원에서 사람과 차량의 동선과 같은 1차원적인 동선이 있고, 소음, 빛, 그리고 바람과 같은 동선을 설정할 수 있으며, 도시나 지역의 발전 진행 방향, 그리고 역사적인 흐름의 방향 등을 설정할 수 있다. 이 외에 시각적인 동선의 설정도 중요하다. 시각적인 동선은 심리적인 부분에 중요한 영향을 미칠 수 있기 때문에 상당히 중요한 요소로 설계 시 반드시 적용해야 한다.

❷ 콘셉트

콘셉트는 곧 설계 작업의 판단기준이다. 작업진행 시 결정해야 하는 상황에서 판단기준으로 잃지 말아야 하는 것이다. 그러나 초기 작업과 다르게 진행 중 콘셉트를 잃어버리고 매번 다른 방향으로 흘러가는 경우가 있다. 콘셉트를 잃어버린 작업은 결말에 가서 아무런 감흥도 주지 못한다.

❸ 레벨의 변화: 대지 및 각 층의 바닥

초보자의 경우 대부분의 바닥, 벽, 그리고 지붕의 레벨이 동일하게 가고 있는지 동일한지 조차 의식하지 못하고 작업을 하는 경우가 대부분이다. 설계 형태를 만드는 것은 창조적인 작업으로 현실이 그 기준이 된다. 모든 면이 레벨을 다르게 해야 하는 것은 아니지만, 선택할 것인가 고민 후 버릴 것인가 아니면 존재조차 모르고 시도하지 않은 것인가는 차원부터 다르다. 창조한다는 것은 새로운 의미와 같다. 이는 현실을 얼마나 의식하고 비교할 수 있는 능력을 갖고 있는가의 능력이다. 현실이 다르다는 것은 곧 새로운 환경을 갖고 있다는 것이다. 마감하지 않고 고유한 새로운 환경을 만드는 데는 면의 레벨은 아주 유용하다.

❹ 빛의 마술

빛은 모든 디자인에서 누구에게나 주어진 강제적인 요소이다. 그러데 이를 의식하지 못하고 작업하는 이들이 많다. 빛은 사람의 심리적인 상태를 변화시킬 수 있는 요소 중 하나이다. 빛은 형태를 왜곡시킬 수 있다. 빛은 공간을 4차원으로 변화시킬 수 있는 요소이다.

❺ 공간의 구성: 최적의 환경 제공

평면도에 공간을 배치하는 경우 기능적인 효율성을 우선으로 한다. 주출입구가 있는 평면도에 반드시 주출입구와 방위를 표시해야 하는 경우가 바로 이런 이유이다. 그러나 이는 가장 기본적인 생각이고 여기에 심리적, 추상적, 그리고 정신적인 상황을 고려하여 배치해야 하는 것이다. 예를 들어 노양원의 경우는 복도의 끝에 방이 배치되는 형태는 외로움을 극대화시킬 수 있기 때문에 좋은 배치가 아니다.

❻ 에너지: 자연의 에너지 최대한 이용

가장 훌륭한 에너지 절약형은 에너지를 쓰지 않는 것이다. 그리고 건물 내부의 온도변화를 일정하게 만드는 것이다. 내부 온도가 외부의 영향을 받아 변한다는 것은 문제가 있는 것이다. 자연 에너지로는 태양, 지열,

그리고 바람이 있다. 이를 위하여 방위를 고려하는 것이 아주 중요하다. 그리고 개구부의 설치도 이를 고려하여 만들어야 한다. 일반적으로 개구부 설치 시 이를 고려하지 않는 경우가 많은데 에너지 절약적인 건물에 개구부 위치도 중요함을 알아야 한다.

❼ 외장(Surface)

빈곤한 자는 빈티 나는 옷만 입는다. 부유한 자는 옷감의 디자인을 선택한다. 마감은 본질을 바꿀 수 있는 돌파구이다. 마감의 선택은 기능적인 요소뿐 아니라 인상적인 이미지를 만들어낼 수 있으며 분위기를 바꾸는 데 중요한 역할을 한다.

❽ 수직적 공간구성: 공간구성은 수평적인 전개 외에도 수직적인 관계도 있다

일반적으로 공간구성을 할 때는 각 층의 평면, 즉 수평적인 작업에서 끝나고 각 층에 대한 공간구성 작업을 층별로 구분해서 한다. 그러나 이러한 방법보다는 각 층을 동시에 구성하여 수평적인 공간 구성뿐 아니라 수직적인 관계를 동시에 생각하면서 작업을 하는 것이 좋다. 이는 각 평면의 구조적인 관계뿐 아니라 공간 구성에도 영향을 준다.

❾ 그린 공간, 수공간의 필요성

공간을 구성할 때 기능적인 주 공간이 필요하지만 이들을 더욱 빛나게 하는 주변 공간도 필요하다. 이들은 공간의 성격뿐 아니라 에너지와 최적의 공간구성에도 영향을 미치기 때문이다.

❿ 시각적인 집합과 흩어짐

동선을 만들 때 출발과 마침, 전진과 멈춤, 모임과 흩어짐 등을 생각하여 작업하듯이 시각적인 상황도 동일한 콘셉트를 갖고 만드는 것이 좋다. 이러한 상황은 자연스럽게 일어나기도 하지만 이를 의도적으로 연출하면 훨씬 다양한 공간을 얻을 수 있다.

⓫ 계단은 단지 수직적인 이동수단의 기능만 있는가

기능에는 고유기능이 있다. 이는 필수적인 상황으로 변경되어서는 안 된다. 이를 변경한다면 그 존재 자체가 무의미해지기 때문이다. 그러나 기능에는 고유기능만 존재하는 것이 아니라 여기에 부수적인 기능을 더할 때 훨씬 그 존재가 명확해진다. 예를 들면 벽은 공간과 공간을 나누는 고유기능이 있지만, 하중을 전달하는 구조적인 기능도 있고 시야가 더 전진하지 못하게 하는 기능도 있다. 또한 창문은 채광, 시야확보, 그리고 빛의 유입 등 고유적인 기능이 있지만, 공간에 대한 인식을 바꿔주는 역할도 하며 시각적으로 전진하는 기능도 있다. 문과 창은 개구부로써 영역 간의 연결기능이 있지만 환기를 원활하게 하는 기능도 있다. 계단은 수직적인 동선을 만들어주지만 공간의 장식으로 중요한 기능을 하며 공간 내 공기순환 등의 여러 기능을 더 갖고 있다. 이처럼 고유기능을 유지하면서 새로운 기능을 부여한다면 더 새로운 공간을 얻을 수 있다.

⓬ 로비는 공간 내에서 어떤 부가적인 기능을 하는가

로비는 건물에서 내부영역으로 첫 인상을 준다. 공간 내에서 첫 영역이지만 모이고 흩어지는 가장 목표가 없는 공간이면서 다목적의 기능으로 존재하는 기능이다. 이러한 기능을 잘 생각하여 다목적 공간으로 활용할 수 있게 만드는 것이 중요하다.

⓭ 공간은 내부와 외부 외에도 중간영역이 있다

영역은 내부와 외부만 있는 것은 아니다. 이 두 개의 영역 사이에는 무수히 많은 영역을 만들어낼 수 있다. 이는 작업자의 능력에 달려있다. 이를 찾아내고 만드는 것이 중요한데, 이것을 찾아내지 못하면 내부와 외부와의 거리는 너무 가까워질 것이다. 그러나 이 사이의 영역을 찾아낸다면 공간에 대한 경험이 다양해질 것이다.

⓮ 바닥면적은 각 층이 동일해야 하는가

일반적으로 초보자는 각 층의 면적이 동일하게 올라간다. 이것 또한 의도한 상황에서 이렇게 작업을 했다면 가능한 일이지만 각 층의 바닥이 동일하게 올라간다는 것을 의식하지 못하고 작업을 한다면 이는 공간에 대한 배려가 아니다. 왜 그래야 하는가? 이는 스스로에게 묻고 답해야 하는 것이다. 르 코르뷔지에는 자유로운 평면에 대하여 언급하였다. 우리는 이를 다시 한 번 생각해 보아야 한다. 자유로운 평면은 각 층에 대한 면적과 형태에 대한 독립을 말하는 것인지도 모른다.

⓯ 벽은 무엇인가: 우리에게 벽은 어느 위치에 있어야 하며 벽은 반드시 필요한가

벽은 무엇인가? 벽은 영역을 구분하고 하중을 전달하는 역할을 한다. 이것은 기본적인 기능이다. 여기에 벽의 기능을 하나 더 추가한다면 "시야가 더 이상 가지 못하게 하는 것이 벽이다." 이러한 생각은 설계 자체를 바꾸어 놓을 수 있는 생각이다. 앞에서 벽의 고유기능 중 하중을 전달하는 것을 언급했다. 그렇다면 하중을 전달하지 않는 벽은 없는가? 있다. 하중을 전달하지 않는다는 의미는 그 벽의 위치가 자유롭다는 것이다. 벽은 시각을 차단하는 것이라고 조금 더 발전시켜 보았다. 벽은 모두 천장까지 높아야 하는가? 벽의 종류는 크게 네 가지가 있다. 무릎 밑, 허리 밑, 눈높이, 그리고 눈 위 높이의 벽이 있다. 여기서 우리가 진정 벽이라고 부를 수 있는 것은 바로 눈보다 높은 것이다. 이러한 벽의 다양한 종류를 활용할 수 있어야 한다.

⓰ 건축물에 색이 왜 필요한가

색은 의미를 담고 있다. 색은 가장 빠른 정보수단이기도 하다. 색은 언어이다. 건축물은 도시에서 기능을 하는 형태이다. 도시는 여러 색으로 만들어진 집합체이다.

⓱ 건축물은 기억되기를 원한다: 공격적인 건축물의 형태는 기억되는 데도 공격적이다

루이스 칸이 건물에게 물었다.

"건물아 원하는 것이 뭐니?"

"기억되게 해 주세요."

⓲ 건축물 뼈대는 반드시 숨겨야 하는가

숨겨진 것을 드러내는 것도 하나의 콘셉트이다. 일반적인 것이 일반적이지 않을 때 일반적이 된다.

하이테크는 일반적인 것을 일반적이지 않게 하는 기술이다.

⓳ 형태는 보는 것이 아니라 느끼는 것이라는 것을 염두하고 설계한다

보이는 것은 틀이다. 보이지 않는 것은 구성하는 것이다. 건물은 인간과 관계가 있을 때 건축물이다. 그렇기에 개집은 건축물이 아니다. 인간은 심리적인 현상에 더 감동을 받는다. 인간을 위한 것은 심리적인 작업이 반드시 적용되어야 한다.

⓴ 1단계는 사용자로서 기능을 배웠다. 2단계는 사용자와 설계자로서 공간구성을 배웠다. 3단계는 설계자를 배운다.

1단계는 재료를 배웠다. 2단계는 재료가 쓰이는 것을 배웠다. 3단계는 재료의 적용과 작용을 배운다.
1단계는 보이는 것을 배운다. 2단계는 보이지 않는 것을 보는 법을 배운다. 3단계는 보이지 않는 것을 보이게 하는 법을 배운다.
1단계는 육체적인 것을 배운다. 2단계는 정신적인 것을 배운다. 3단계는 심리적인 것을 배운다.
1단계는 그리는 것을 배운다. 2단계는 나타내는 것을 배운다. 3단계는 창의적인 것을 배운다.
1단계는 공간이 어디 있는지 배운다. 2단계는 공간이 왜 필요한지를 배운다. 3단계는 필요한 공간을 만든다.
1단계는 하나의 사물에 하나의 기능이 있다는 것을 배운다. 2단계는 하나의 사물에 또 하나의 기능이 있다는 것을 배운다. 3단계는 하나의 사물에 또 하나의 기능을 부여하는 것을 배운다.
1단계는 보이는 것만 본다. 2단계는 보이지 않는 것을 보는 법을 배운다. 3단계는 보이지 않는 것을 느끼게 하는 법을 배운다.

■ 디테일한 디자인

❶ 의자 디자인

❷ 난간 디자인

❸ 창문 디자인: 프레임 돌출형태, 창문 돌출 또는 후퇴하기. 창문의 모양

❹ 선바이저와 층 바닥의 공통분모 건물외부 디자인

❺ 캔틸레버 디자인 : 연속성에 변화주기, 레벨 변화주기. 곡선으로 해보기(추미), 은은하게 만들어 보기

❻ 계단 디자인

❼ 로비 디자인

❽ 건물의 한 부분을 강조하기

❾ 건물내부 통로 부분 천창 또는 아케이드로 지붕 강조해보기

❿ 입구 출구 디자인

⓫ 공간의 형태적 개별화

⓬ 화단 또는 나무 주변 디자인

⓭ 형태의 이중화

⓮ 벽의 일부를 은은하게 수직 나무로 만들어 보기

⓯ 벽의 일부를 은은하게 수평 나무로 만들어 보기

⓰ 출입 벽 만들어 보기

도면 작업 시 고려할 사항

작업 콘셉트가 있는 표현은 없는 표현보다 영리해 보인다.

❶ 배치도 표현: 주변상황(녹지, 주거, view 등)과 배치도는 건축대지가 어떤 상황을 갖고 있는지 비교하고 표현되어야 하기에 이러한 내용들이 도면에 표기되어야 한다. 심지어는 법적인 기본적인 사항도 표기가 되어야 한다.

❷ 1층(2층, 3층) 평면도: 각 층의 평면도를 작성할 경우 표현이 동일하지 않다면, 이는 평면도가 무엇인지 그 정의를 정확히 안다면 분명해질 것이다. 그래서 1층 평면도의 경우 다른 평면도와는 다르게 주변상황이 표현되고 나무들도 다르게 나타난다.

❸ 창문과 문의 관계: 이 관계는 기본적인 상황으로 환기, 개구부는 일반적으로 공간과 공간을 연결해주는 역할이 기본이다. 개구부와 개구부의 관계 또한 중요한 기능을 한다. 특히 환기에 있어서 개구부의 위치는 중요한 영향을 미친다.

❹ 입면도에서 창문의 역할: 디자인의 중요한 요소(박자에 맞춘다)

❺ 지붕도면(레벨 표시)

❻ 입면과 단면 레벨 표시

❼ 도면에 들어가는 모든 것은 디자인이다: 글씨 크기, 선 굵기, 부호, 그리고 심볼의 크기 등 모든 것은 스케일에 맞춰야 한다.

❽ 과도한 표현은 문제가 되지 않는다. 부족한 표현이 문제가 될 뿐이다.

❾ 도면 작성은 내용을 전달하는 데 그 목적이 있다. 정리하는 것이 전달하는 데 가장 좋은 방법이다.

❿ 프로는 마무리다.

설계 시 암기하면 좋은 사항

❶ 주차면적

실내인 경우는 1대당 10평 정도/실외는 8.5평 정도
대향거리가 6 m이고 주차장 한 면의 크기는 2.3 m에서 5 m
장애자 주차장 한 면의 크기는 3.3 m에서 5 m

❷ 벽돌치수

표준 벽돌치수는 가로 90 mm × 세로 190 mm × 높이 57 mm이다. 벽돌의 두께는 모든 벽두께의 기준이 된다. 줄눈까지 더하면 실질적인 벽돌 두께는 100 mm × 200 mm × 60 mm이다. 여기서부터 벽의 두께가 시작되는 것이다. 예를 들면 비내력벽은 일반적으로 200 mm에서 시작하여 방음재 50 mm가 더해지면 250 mm가 되며, 여기에 공기층 50 mm가 더해지면 300 mm가 된다. 그래서 표준벽돌의 두께를 알아두는 것은 아주 중요하다.

Chapter 5
다양한 형태의 주택

1 건물

주택

사회적, 문화적, 도시적인 상태에서 좌우되는 주거형태의 열거는 20세기의 흐름 속에서 끝없이 개발되고 보충되고 조합되면서 그 형태에 변화를 이어왔다. 주거의 형태를 적용하는 경우에는 특히 도시 건축적이고 경제적인 조건과 요구에 의존해왔다. 주거의 질은 공간적인 컨셉에 강하게 의존한다. 근본적으로 도달할 수 있으며 받아들일 수 있는 주거계획의 밀도는 주거타입의 선택에 의존한다.

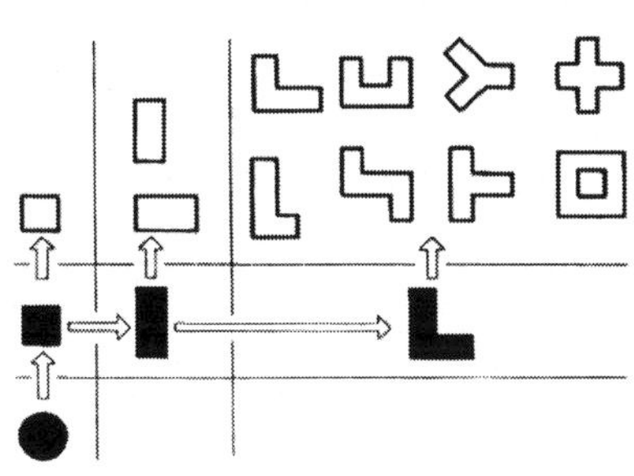

■ 다양한 형태의 주택

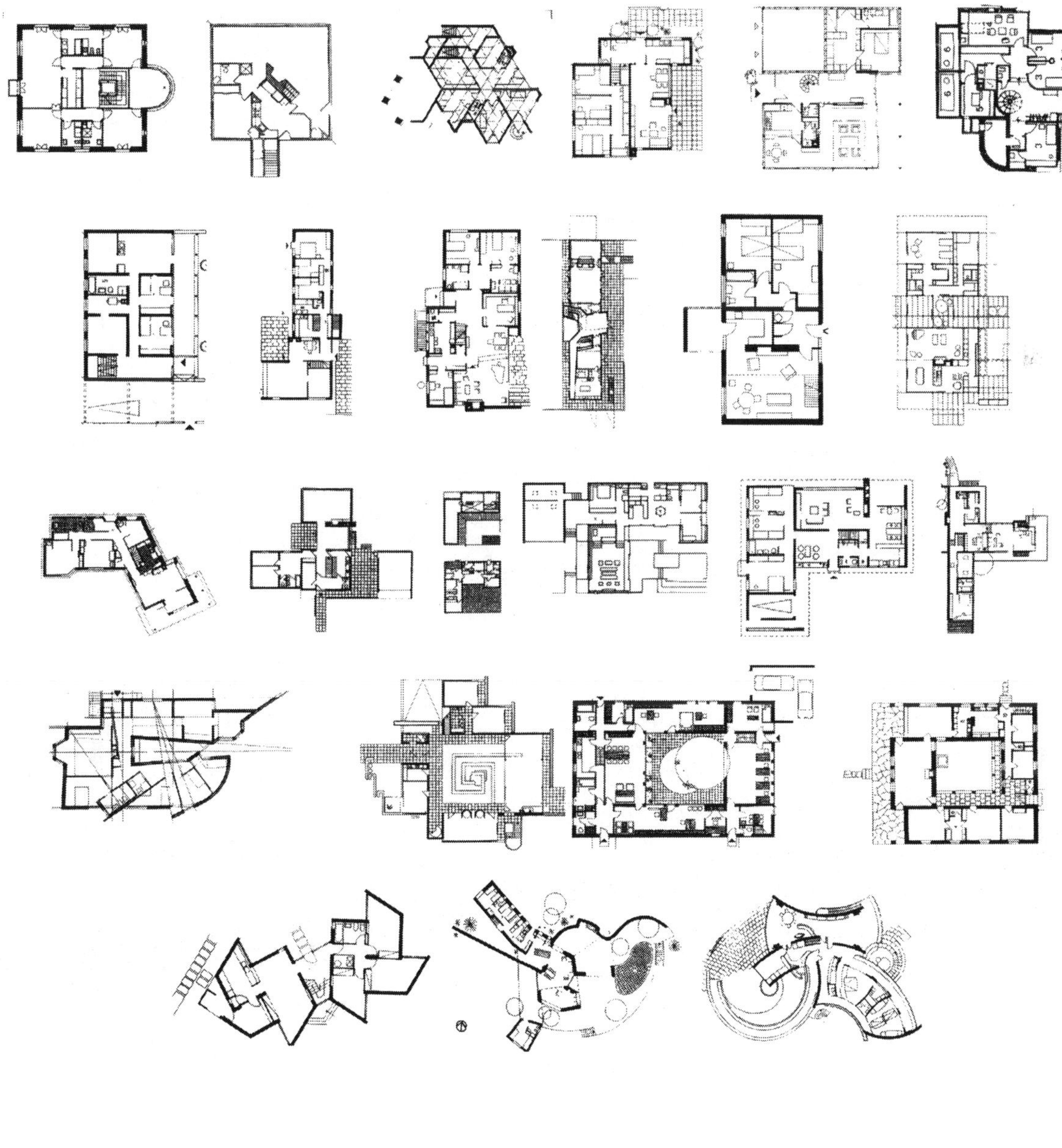

1. 개인주택

- 위치: 킬(Kiel)
- 건축가: Walter Meyer-Bohe
- 건축연도: 1978

단층 그리고 증축을 위한 예로 보여줄 수 있는 주택이다. 이 건물은 처음에 긴 형태로 건축되었다. 그리고 증축 시 각을 갖는 건물로 변경되었다. 두 개로 나누어진 건물은 지하층을 세를 놓을 수 있는 동선으로 만들었다.

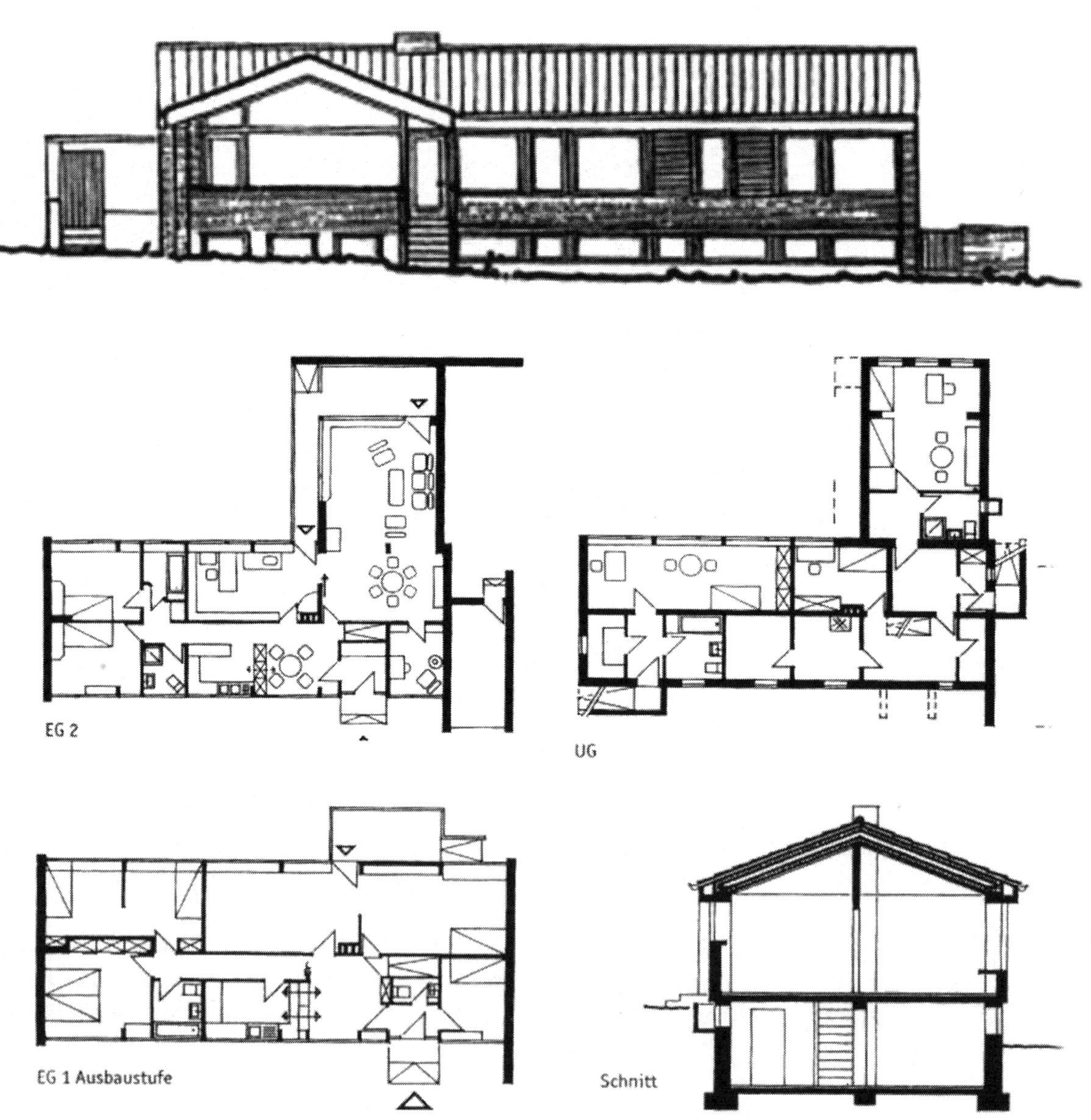

2. 개인주택

- 위치: 울름(Ulm)
- 건축가: Daniel P. Weiter und Robert Burri
- 건축연도: 1985

정사각형이고 큐빅 형태이며 평면의 중앙에 계단이 배치되어 있다. 최소한의 벽의 면적으로 보여주는 이 주택은 효율적인 건축적 기하학을 보여주고 있다. 벽 모서리에 창을 배치하여 가구배치에 대한 좋은 제안을 할 수 있다.

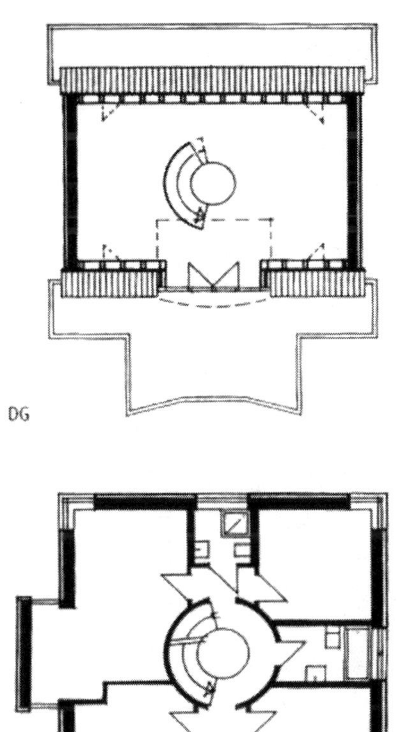

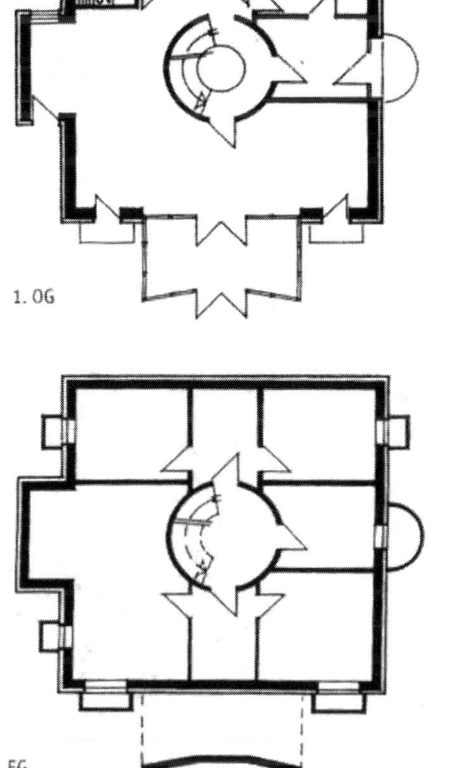

2.OG

3. 개인주택

- 위치: 브라이작(Breisach)
- 건축가: Prof. Thomas Spiegelhalter, Freiburg/Leipzig
- 건축연도: 1996

건축 조각적인 형태 속에서 강렬한 분리를 보여주는 이 건물은 8개의 면이 작용하고 있다. 유리면으로 되어 있는 남쪽 방향은 태양열에 능동적이면서 수동적인 에너지에 영향을 미치고 있다. 다양한 건축조형은 기술적이고 예술적인 조각품으로서의 명확한 형태를 보여주고 있다.

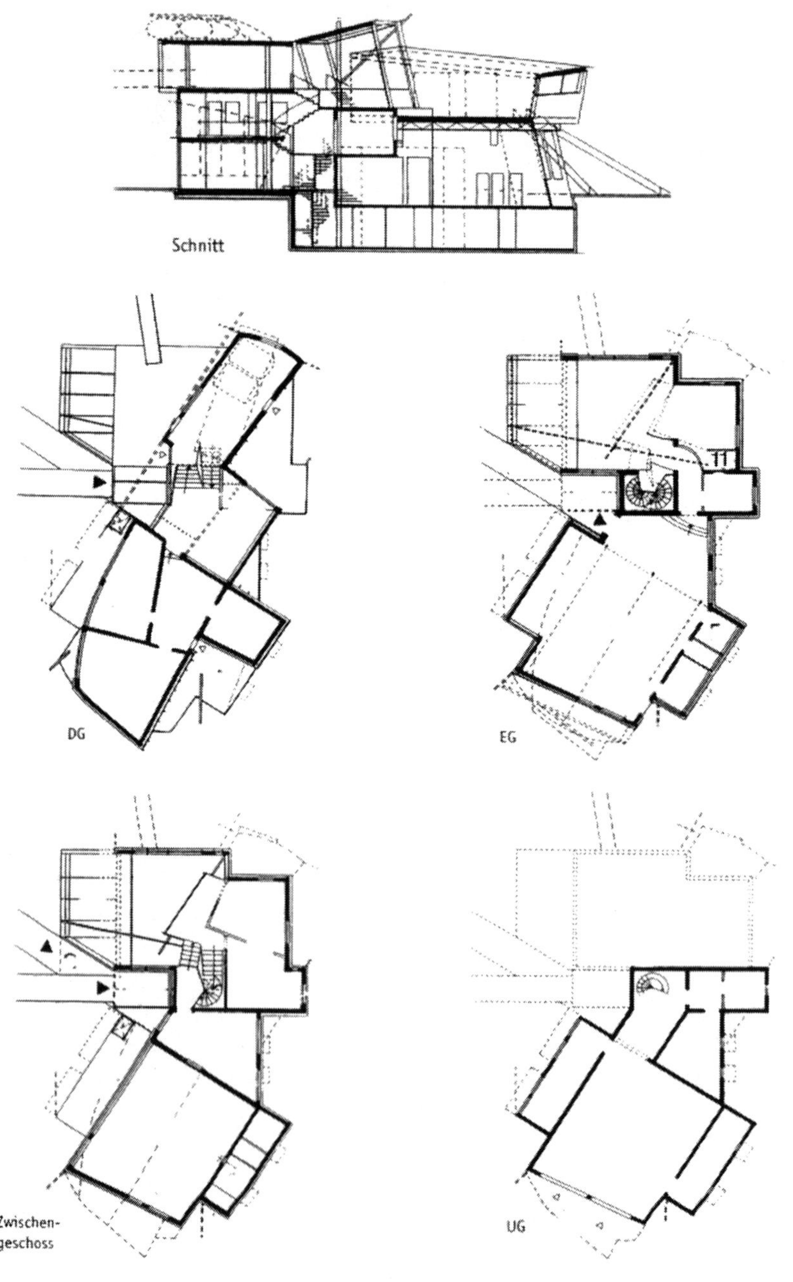

4. 개인주택

- 위치: 뒤셀도르프(Duesseldorf)
- 건축가: Prof. Wolfgang Doering
- 건축연도: 1980

평면적인 직선형의 이 주택은 부분적으로 윗부분이 겹치면서 건물의 특성을 보여주고 있다. 격자 형태를 통하여 명확하게 공간, 영역, 그리고 사용영역이 구분되어 있다.

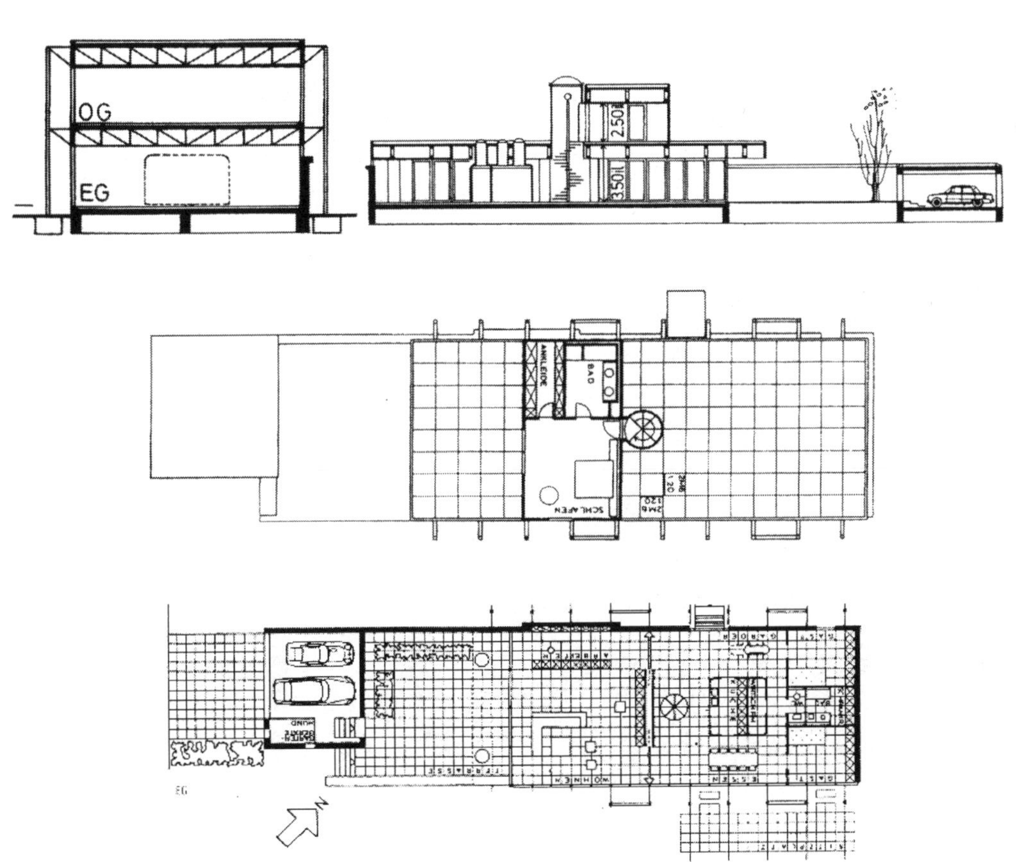

오늘날 도시주택은 점차 밀집되어 가는 주거 현상에 따른 대책에 따라서 지어지고 있다. 대지의 모서리에서 이러한 현상은 두드러지게 나타난다. 인구의 증가와 도시의 복잡성 그리고 심리적인 상태는 도시적인 건축의 흐름에 영향을 줄 수 있다. 여러 개 주택들의 연결은 도시의 형태를 바꿀 수 있어서 대지의 모서리에 위치하는 주택이나 연결 부위는 다른 위치보다 더 신경을 써야 한다.

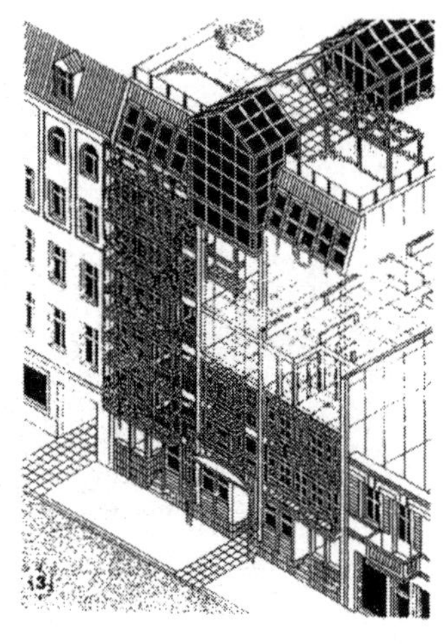

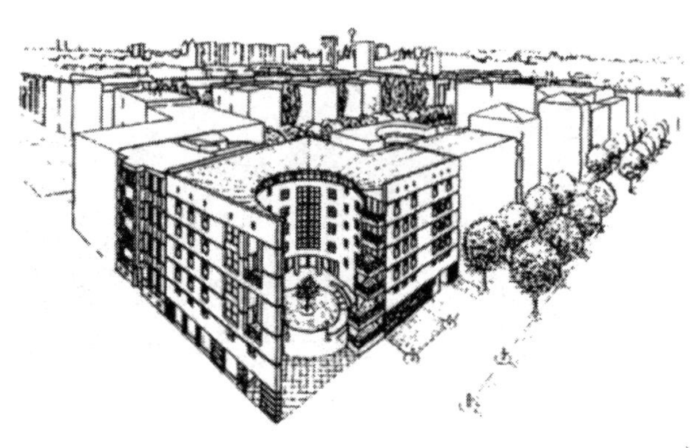

1. 베를린에 있는 도시 빌라

- 건축가: Antoine Grumbach(Pari)
- 건축연도: 1986

주택의 크기는 방 두 개에 71 m^2와 방 세 개에 142 m^2 규모를 갖는 3층 건물이다. 기하학적인 이미지가 강하며 충분하지 않은 대지의 조건으로 인하여 서로 원형으로 연결되도록 설계되어 에너지의 효율적인 기능을 도모하고 있다. 이 건물 내에 위치한 주거들은 중앙에 배치된 계단을 통하여 연결되고 있다.

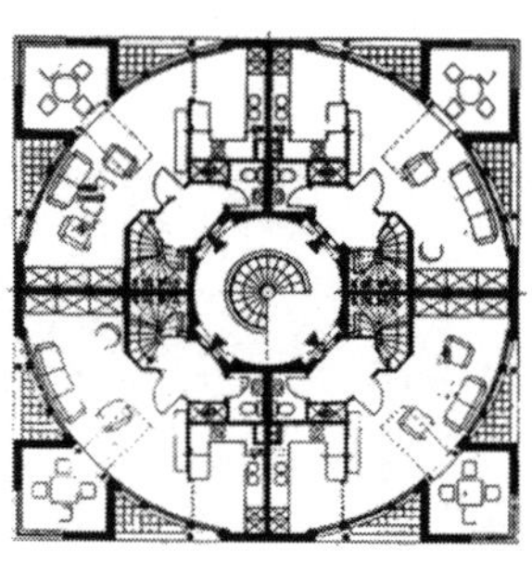

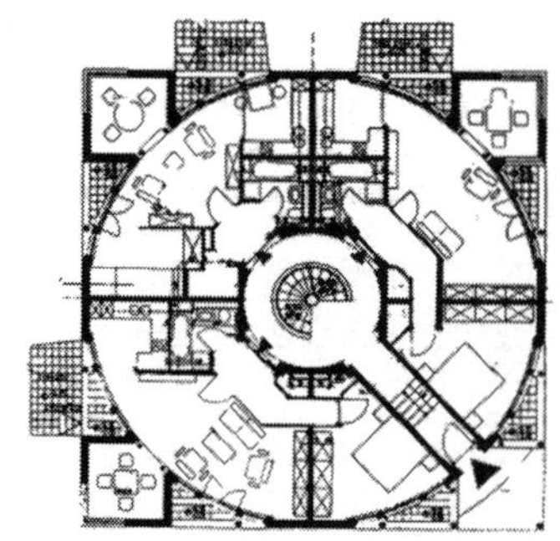

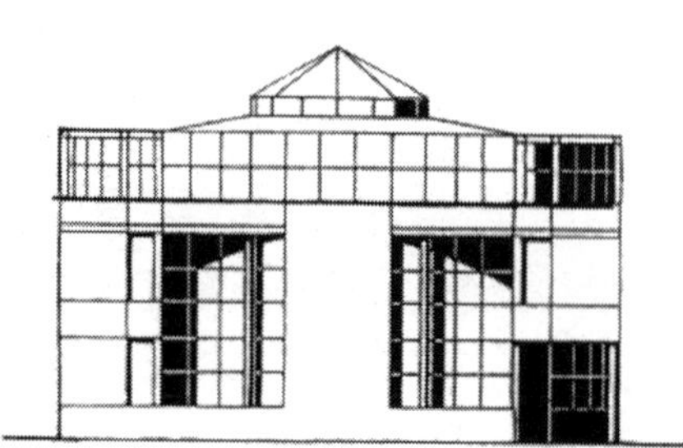

2. 쾰른에 있는 도시 하우스

- 건축가: Prof. Erich Schneider-Wessling
- 건축연도: 1988

테라스 형식으로 된 이 건물은 좌우대지 양쪽의 틈새에 놓인 대지 내에서 좁은 평면을 갖고 층층이 놓인 평면의 형태를 통하여 각 층마다 녹지를 형성하고 있다. 이 건물은 주상복합 건물이다.

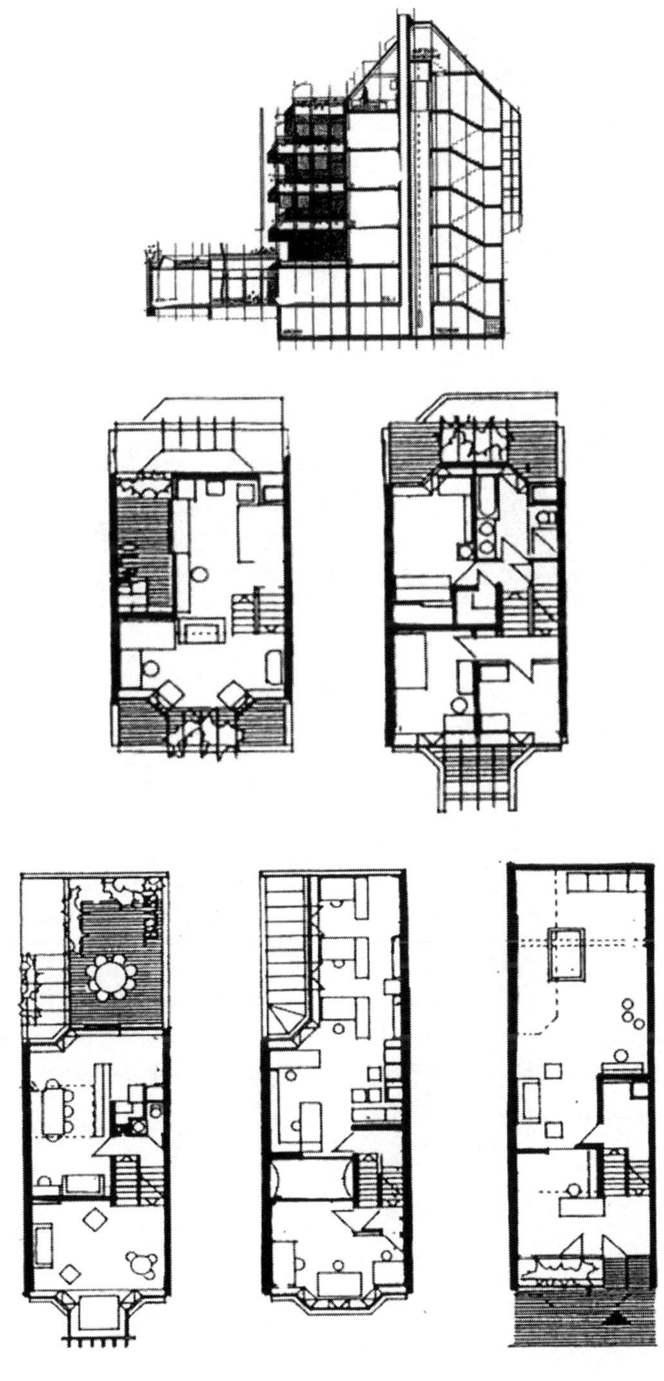

3. 베베룬겐(Beverungen)에 있는 주택 성곽

- 건축가: OFRA
- 건축연도: 1990

건물 모서리에 탑의 형식을 갖춘 사각형의 이 주거건물은 네 개의 주거형식을 갖추고 있으며 100 m^2 크기의 커다란 옥상정원을 갖고 있다. 네 개의 모서리 탑에는 원형계단이 배치되어 있다.

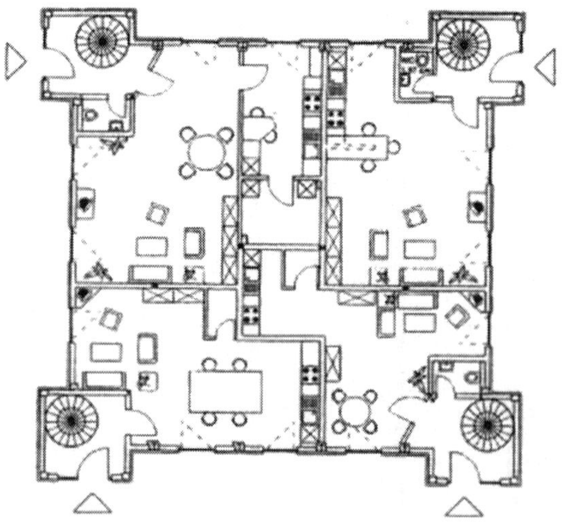

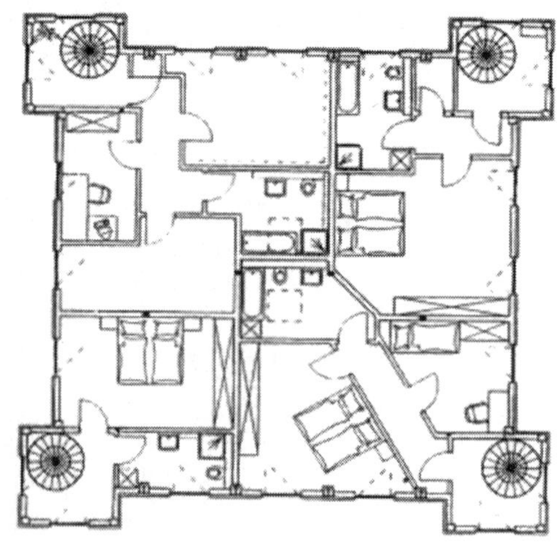

4. 키르히도른베르그(Kirchdornberg)에 있는 더블하우스

- 건축가: Crayen and Crayen BDA
- 건축연도: 1991

이 두 개의 주택 사이에는 두 개의 집을 연결하는 통로에 4 m 폭의 유리로 덮은 지붕을 갖고 있다. 이 영역은 두 집안의 이웃관계(communication area)가 발생하는 공동영역으로 사용되고 있다.

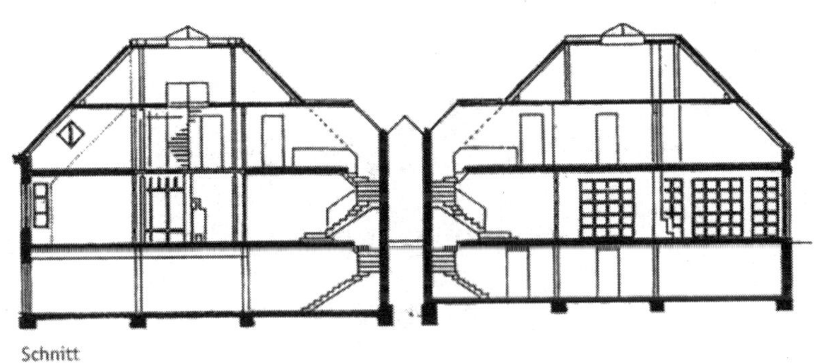

Schnitt

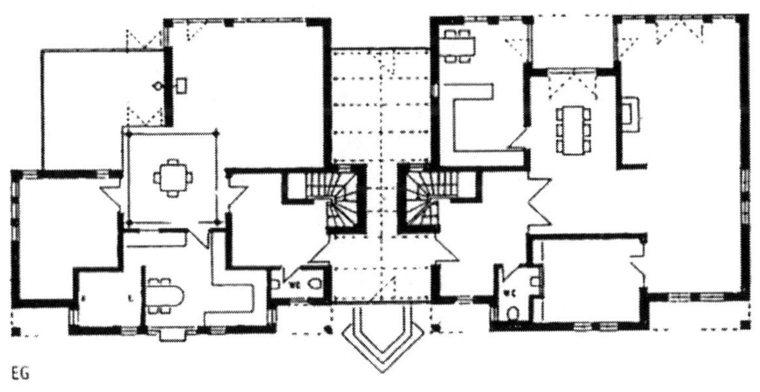

EG

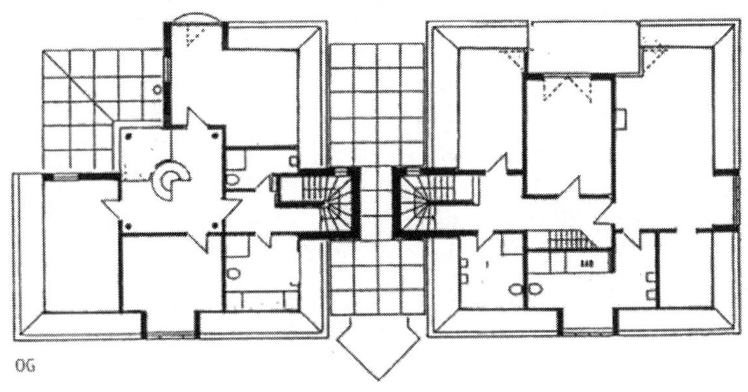

OG

5. 베를린(Berlin)에 있는 도시 빌라

- 건축가 : Prof. Gustavv Peich
- 건축연도 : 1985

이 건물은 평면상 대각선의 연결통로로 각 출입구를 연결하고 있으며, 4층 규모의 정사각형 형태로 구성되어 있다. 각 층에는 네 가구를 수용하게 계획되어 있으며, 각각의 주거형태는 모두 다양한 평면 형태로 설계되어 있다.

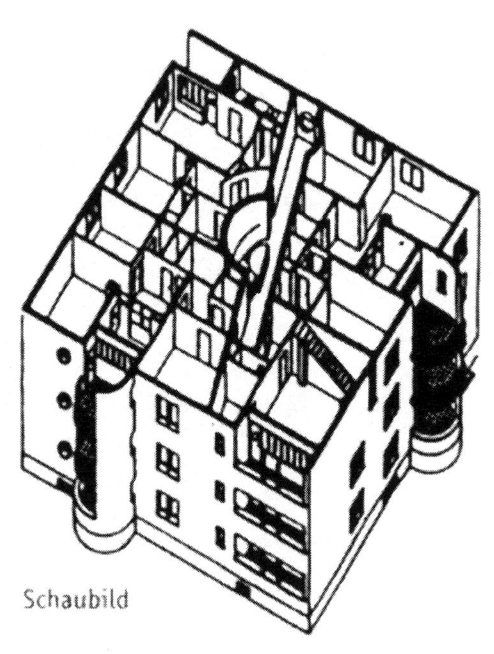

Schaubild

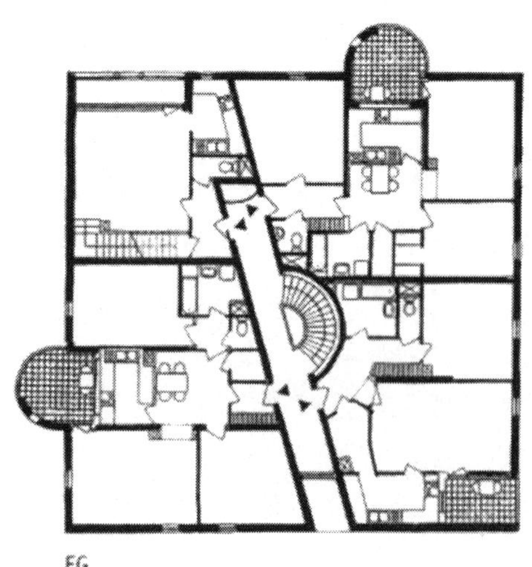

EG

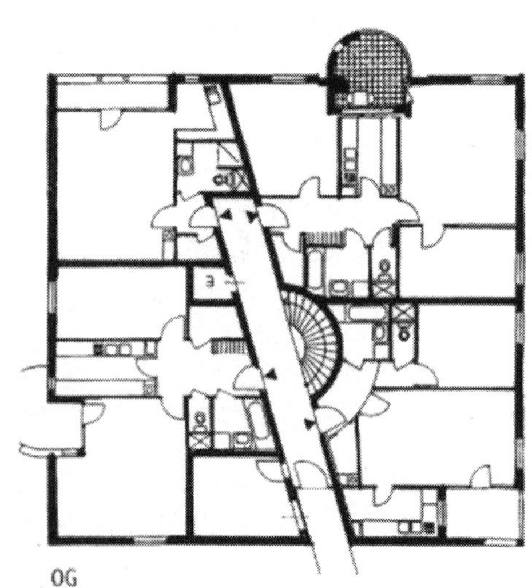

OG

에너지 절약형 주택

오일 쇼크가 있기 전까지는 건축에서 에너지에 대한 논의가 중요한 역할을 하지 못했다. 이전의 건축물에서 소비되는 에너지의 양은 심각하지 않은 상태였으며 단열재의 사용료가 오일의 이용료와 큰 차이를 보이지 않았다. 이 시기의 건축물 공간의 외부에 대한 공간격리는 벽의 두께에 의하여 주로 시도되었었다. 그러나 설비의 증가와 생활의 변화에 의하여 건축물에서 요구하는 에너지의 양이 급격하게 증가되었고, 이는 세계적인 문제로 급상하게 되었다. 평균 64 cm의 벽두께는 벽과 단열재의 두께로 대치되면서 외부의 온도에 영향을 받지 않고 내부에 일정한 온도를 유지하는 방법을 강구하게 된 것이다. 이 외에도 자연 에너지를 재생시키고 공간 배치에 의한 방법 그리고 자연과 인간의 관계 개선 등의 새로운 시도로 건축물이 수행해야 하는 의무를 부과하게 된 것이다.

1. 스페스아트(Spessart)에 있는 태양열 주택(Solarhaus)

- 건축가: Hans Juergen Stueber
- 건축연도: 1992

매스 덩어리의 건물에 투명한 유리막이 있다. 이 유리막이 온도에 대한 완충작용을 한다.

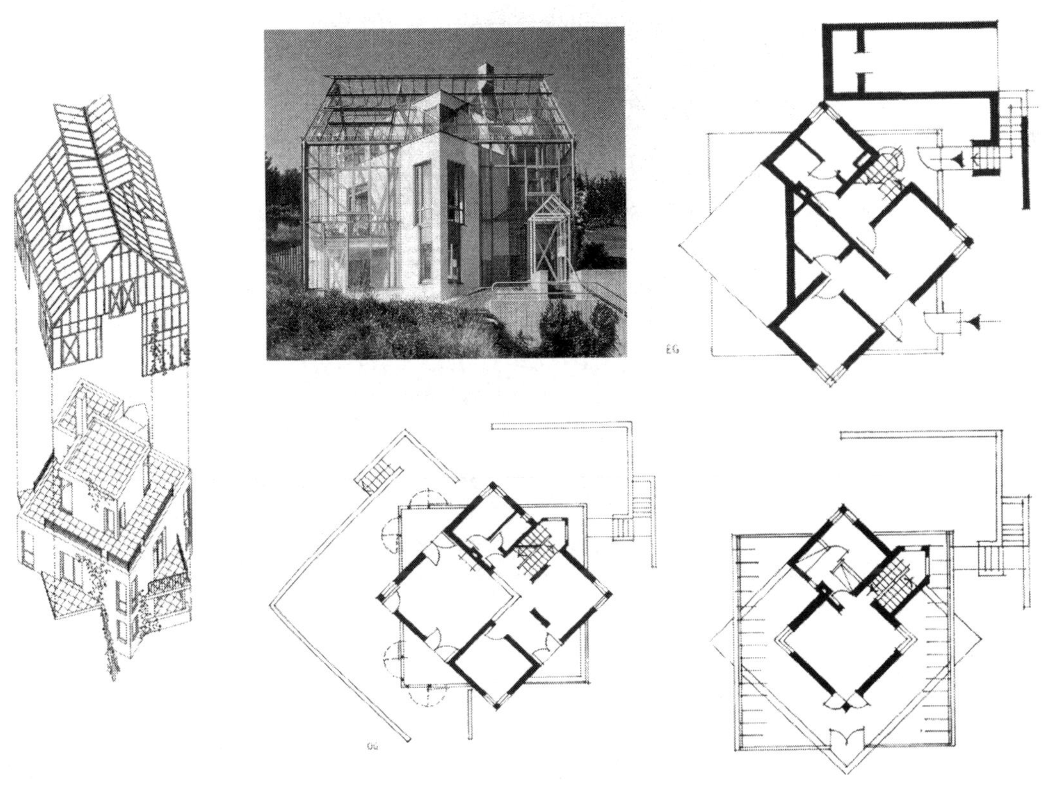

2. 라인자버른(Rheinzabern)에 있는 주택

- 건축가: Josef Gehrlein
- 건축연도: 1992

뚜렷한 구역을 형성하고 동선이 구분되는 간단한 직사각형 형태의 2층 건물로, 도면의 중앙에 설비 영역을 갖추고 있다. 주 영역으로의 빛의 침투는 박공지붕을 통하여 기능을 하고 있다.

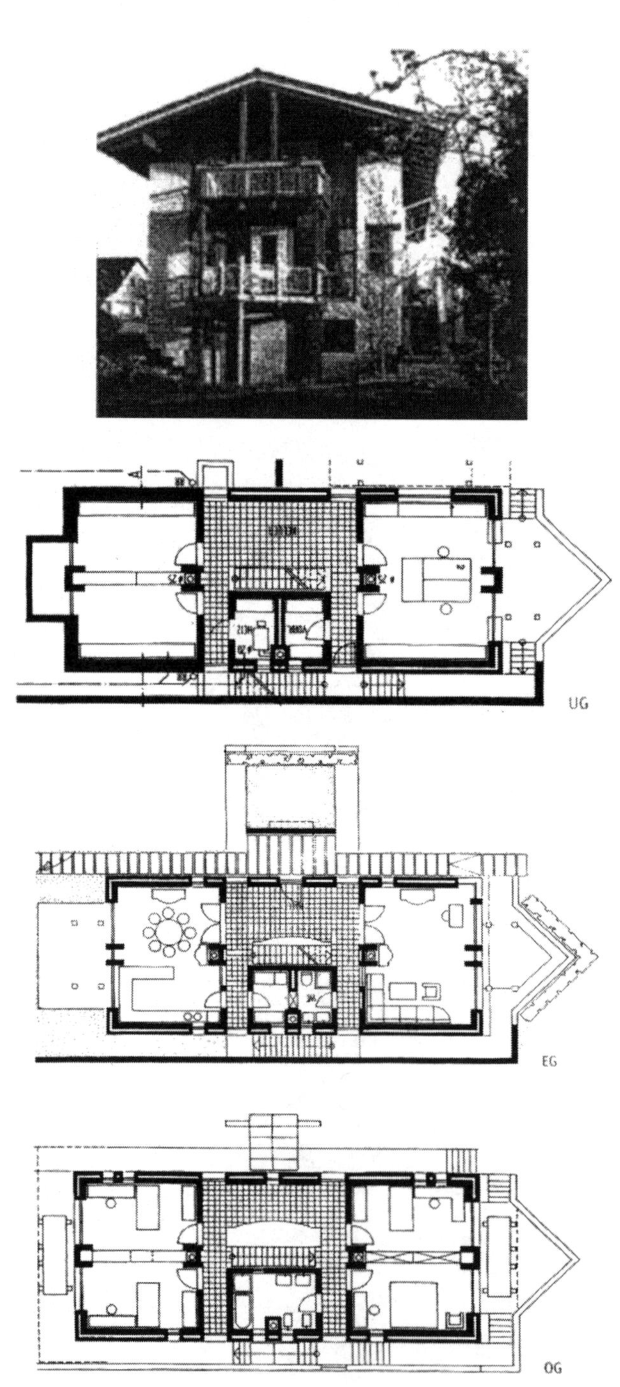

3. 유엘젠(Uelzen)에 있는 태양열 주택

- 건축가: Juergen Koechlin
- 건축연도: 1993

이러한 에너지 절약형 주택은 일렬로 놓인 주택형태에 연속적인 완충적 공간으로 주변을 형성하고 있다.

– 1층: 차고, 메인거실, 저장실, 손님방

– 2층: 침실영역, 거실

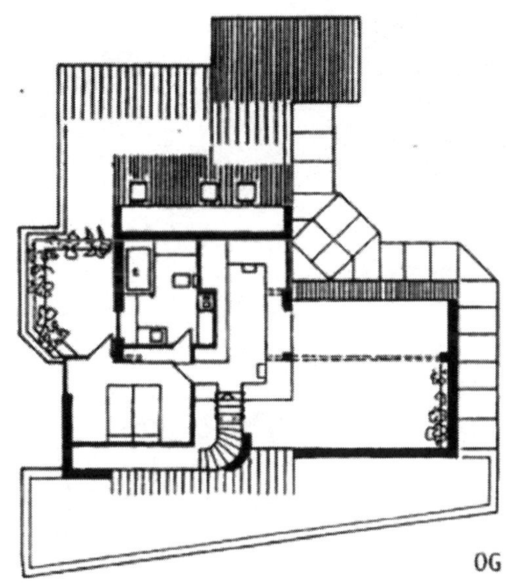

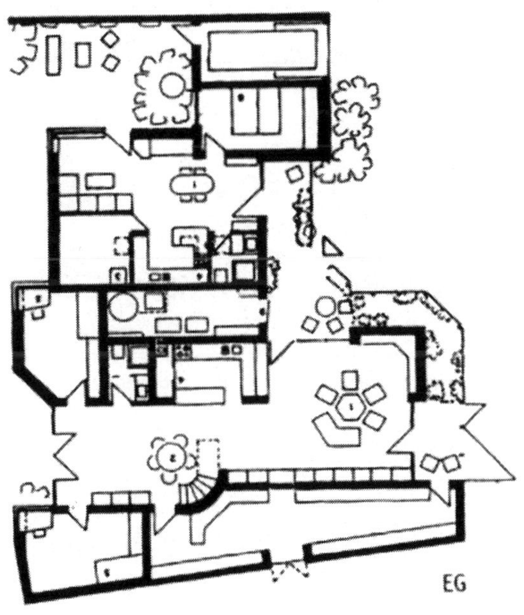

4. 슈투트가르트(Stuttgart) 아이지에이 실험(IGA Experimenteller) 집합주택

- 건축가: Szyszkowitz + Kowalski
- 건축연도: 1993

큰 원통 지붕을 갖고 있는 이 2층 규모의 집합주택은 하나의 샘플로 만든 것이다. 북쪽으로는 공간이 폐쇄되어 있고 남쪽으로 개방되어 있다. 열 기계를 포함하는 이러한 난방시스템은 최소한의 내부 에너지를 공급할 수 있도록 고안되어 있다.

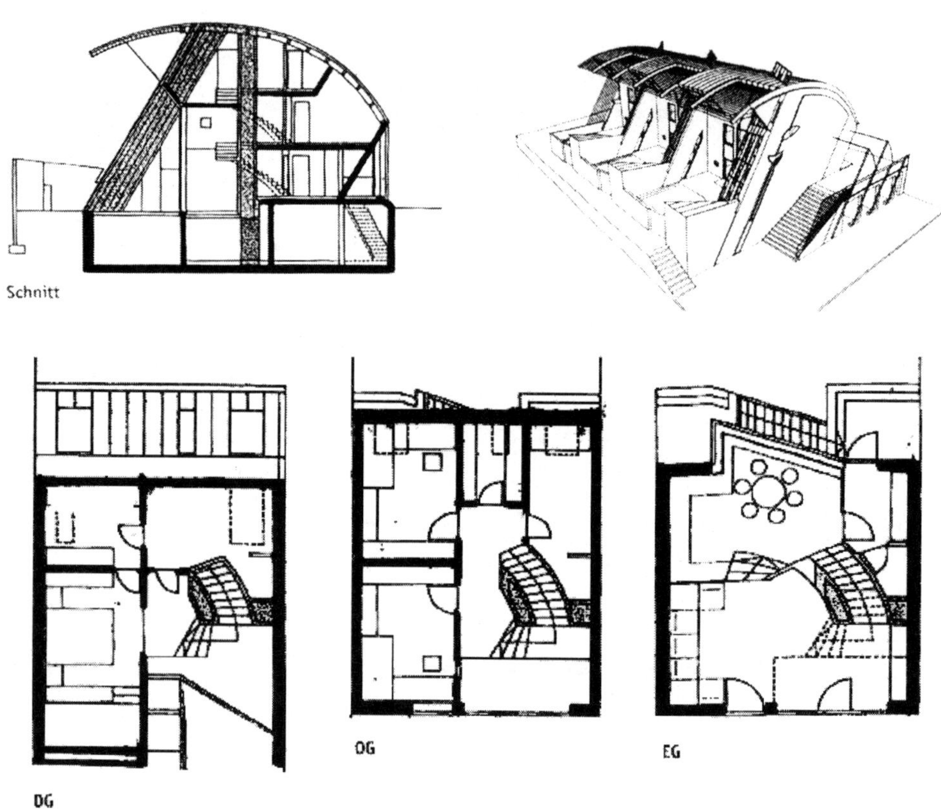

5. 쾰른-불루멘베르그(Koeln-Blumenberg)에 있는 자연친화적 주거단지

- 건축가: Reimund N. Steven
- 건축연도: 1992

이 집은 다섯 개의 유닛으로 구분되어 있다. 건물의 개방은 남쪽을 향하고 있고 북쪽으로 건물을 보호하고 있다. 지하는 완충공간으로 작용하고 건물 전체적으로는 열에 대해 충분히 반응할 수 있는 기능을 갖고 있다. 건물의 남쪽은 충분히 그림자에 대하여 자유롭게 설계되어 있다.

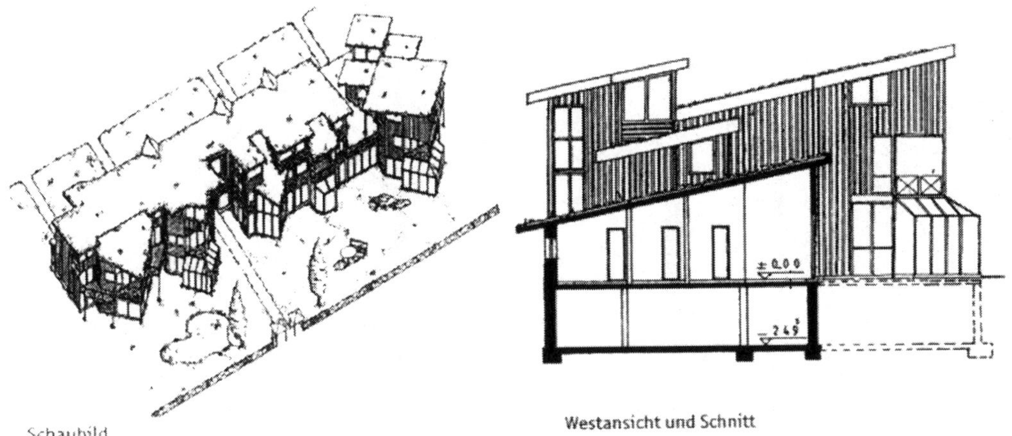

Schaubild

Westansicht und Schnitt

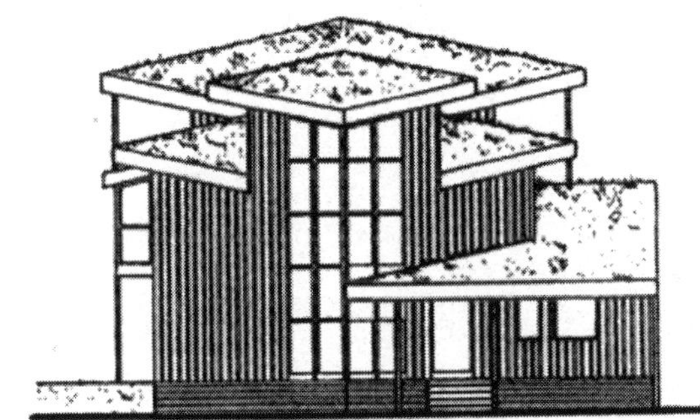

Haus 7 Südansicht

Südansicht

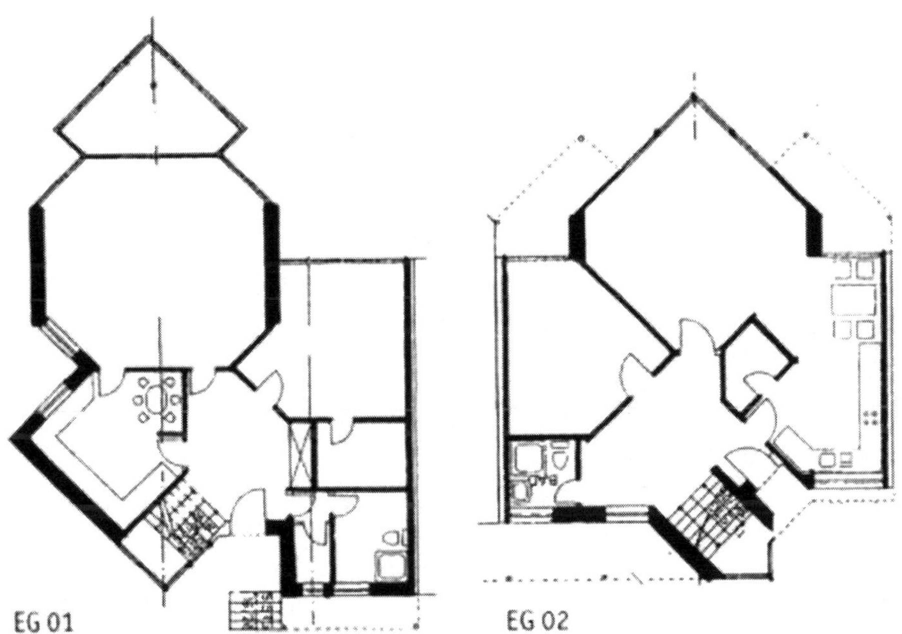

EG 01

EG 02

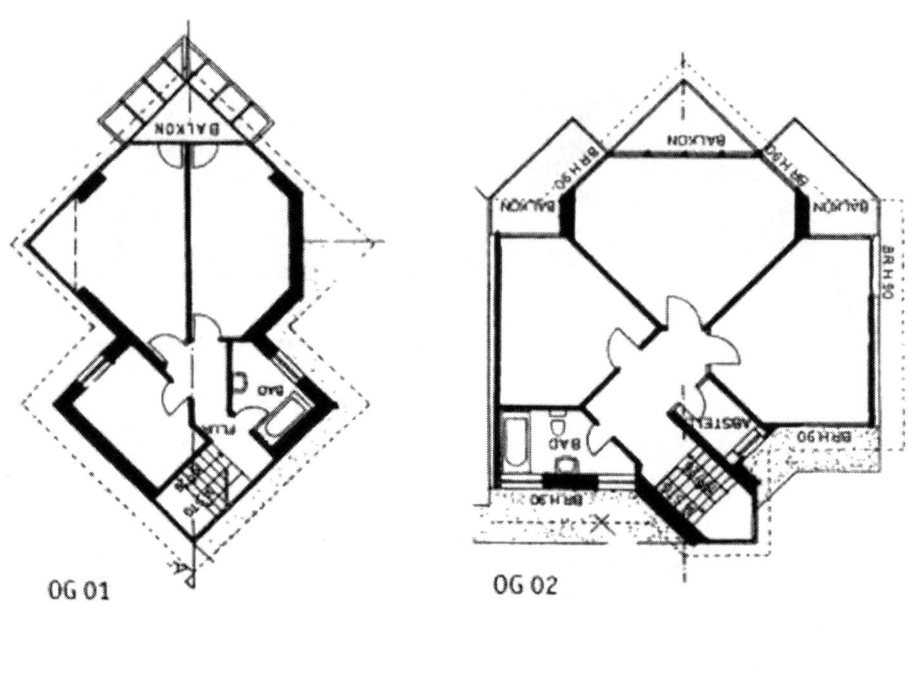

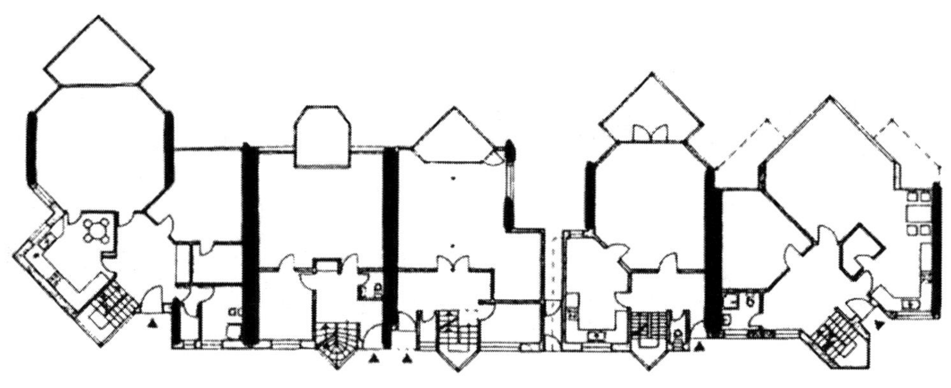

6. 모에센글라드바흐(Moechengladbach)에 있는 생태주택

- 건축가: Horst Schmitges
- 건축연도: 1996

- 남쪽: 겨울정원, 수동적 태양에너지
- 1층: 주거용 공간
- 2층: 침실 공간
- 구조: 주거와 침실영역(콘크리트, 조적, 단열재)
- 지붕: 목조(구조 볼 수 있음)
- 재료: 벽과 지붕 (Poren 조적 이중쌓기 + 석고마감)
  창문(목조프레임: 자연친화 재료)
  바닥(온돌 : 온도가 15℃ 이하의 경우 작동)

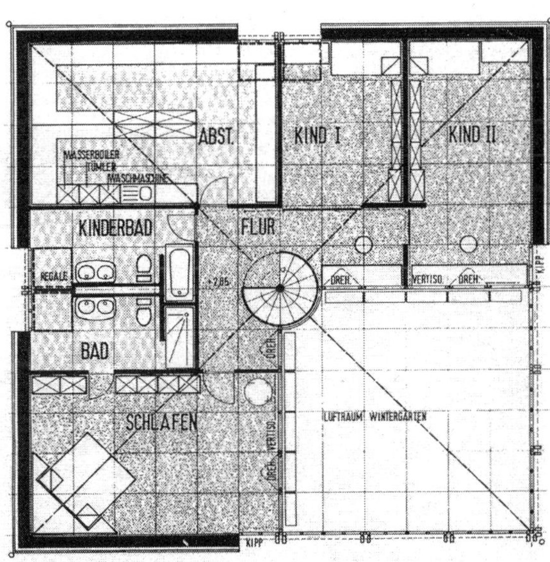
ABST.
KIND I
KIND II
KINDERBAD
FLUR
REGALE
+2,85
DREH
VERTISO
BAD
SCHLAFEN
LUFTRAUM WINTERGARTEN
KIPP

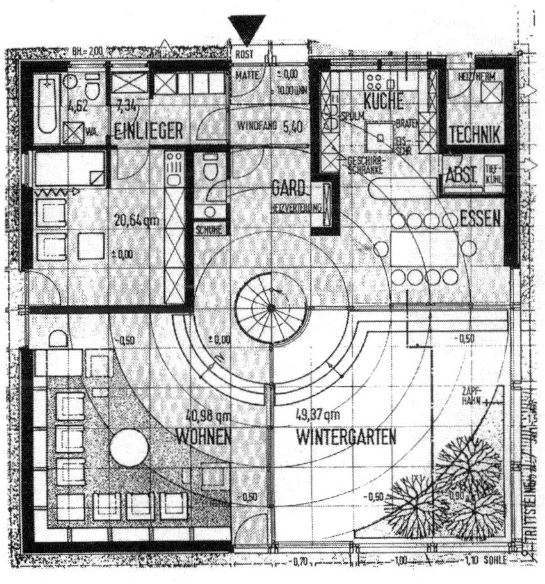
ROST
MATTE
±0,00
4,62
7,34
EINLIEGER
WINDFANG 5,40
KÜCHE
TECHNIK
ABST.
GARD.
ESSEN
20,64 qm
SCHUHE
-0,50
40,98 qm
WOHNEN
49,37 qm
WINTERGARTEN
SOHLE

면적이나 건축비용을 절약하고자 하는 건축물은 건축물 간의 큰 간격을 유지하는 단독 건물보다 밀집된 조건을 유지할 수밖에 없다. 이러한 목적을 달성하기 위하여 오늘날 가장 흔하게 사용하는 것이 연립이다. 2층 규모로 규칙적인 평면을 연속적으로 반복시키는 주택 형태로, 이러한 집합주거의 형태를 구성하는 다양한 방법이 있다.

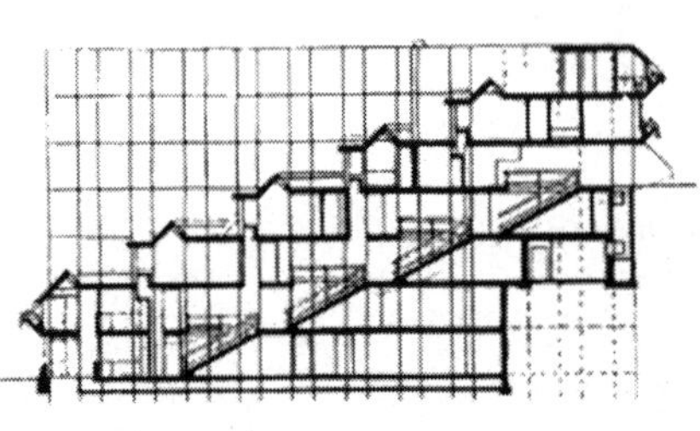

독립적으로 있는 형태

대지경계선에 인접

선의 형태로 열거

평행하게 배치

모서리를 갖고
인접한 형태

아트리움 형태

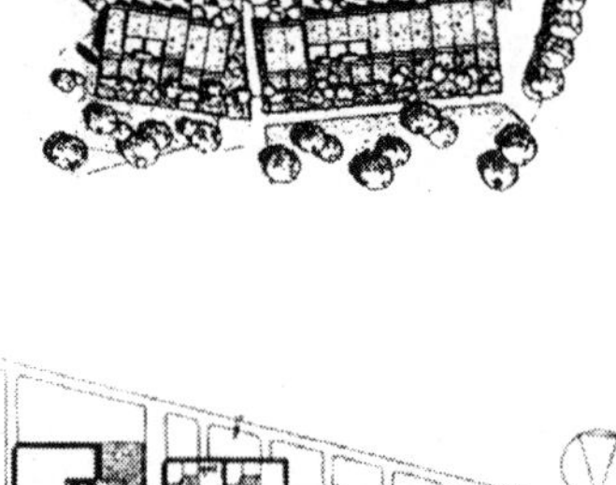

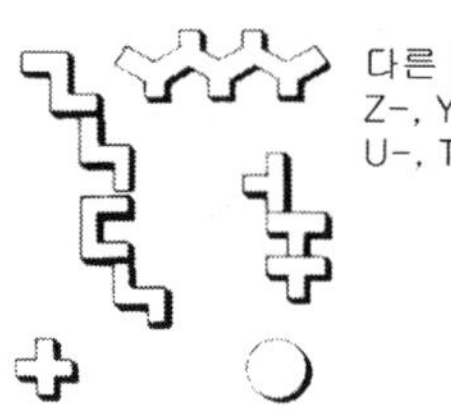

다른 형태
Z-, Y-, +-,
U-, T-, O-형태

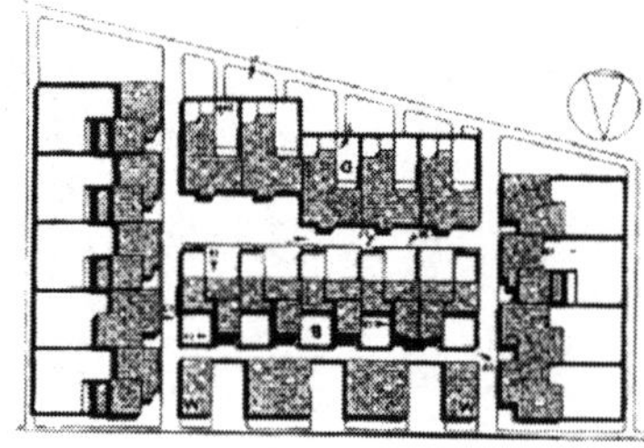

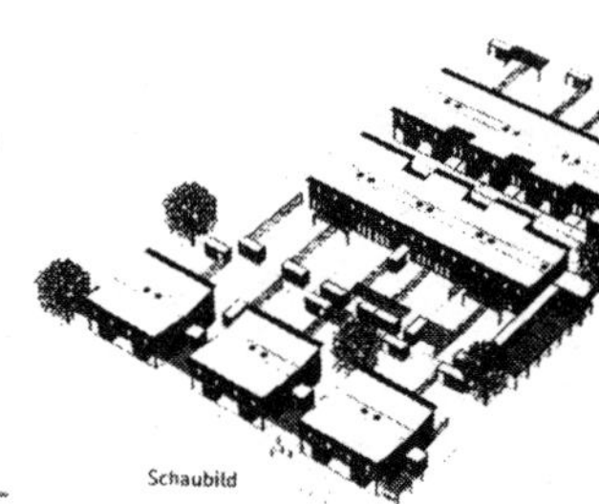

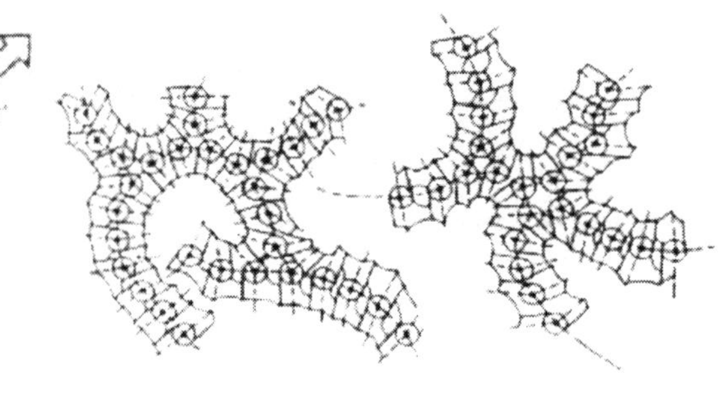

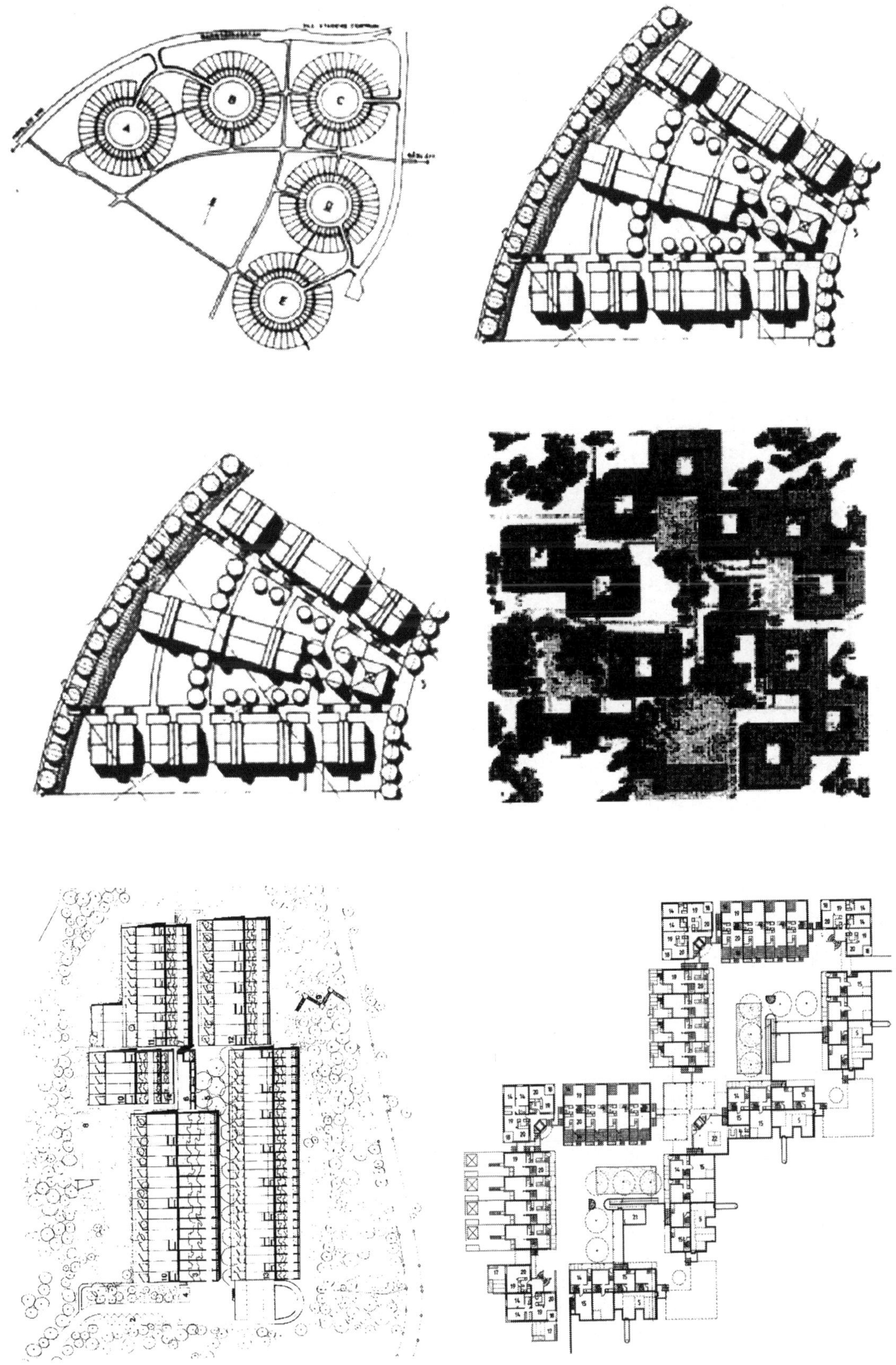

1. 킬-쉴크제(Kiel-Schilksee)에 있는 주택단지

- 건축가: Brockstedt and Discher
- 건축연도: 1976

칸막이 형식과 2층 구조의 주택군은 내부정원을 중심으로 원형의 형식으로 구성되어 있다. 이 주택군 내에는 수영장과 그 외의 다른 용도의 공간이 함께 설계되었다.

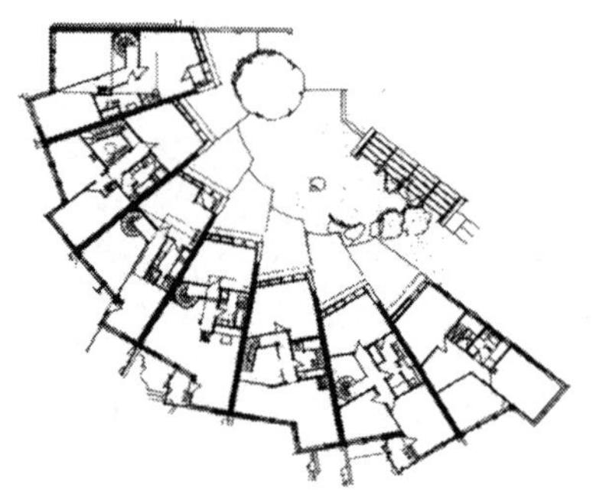

2. 가게나우(Gaggenau)에 있는 주택단지

- 건축가: Dr. Justus Dahinden
- 건축연도: 1992

이 모퉁이 하우스는 모서리 부분에 내부 탑을 만들어 이 공간에 계단실을 두었다. 이 건물에서 가장 큰 규모의 주택은 지붕 부분에 전망을 앉아서 바라볼 수 있는 영역을 첨부시켰다.

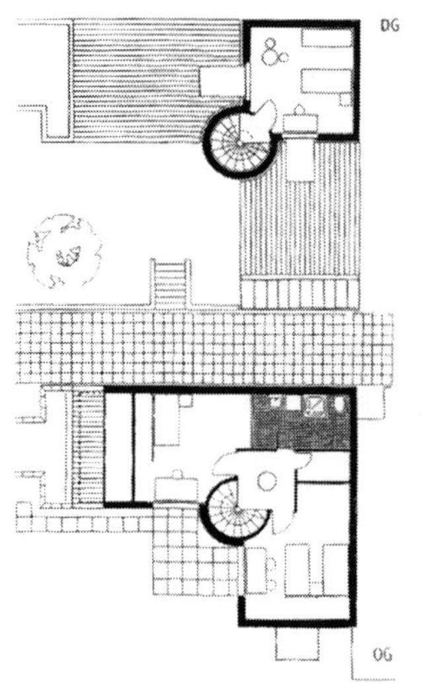

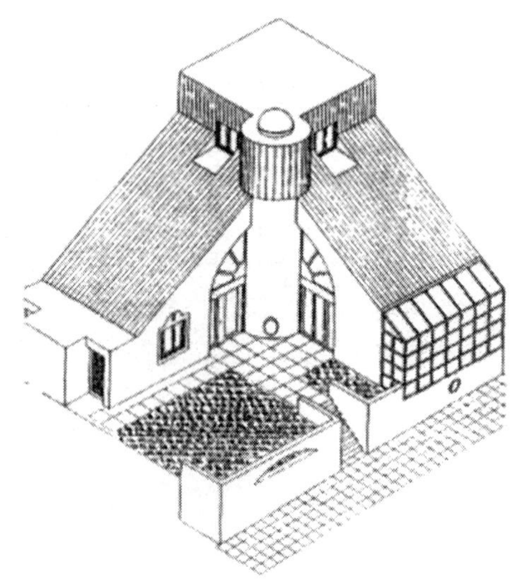

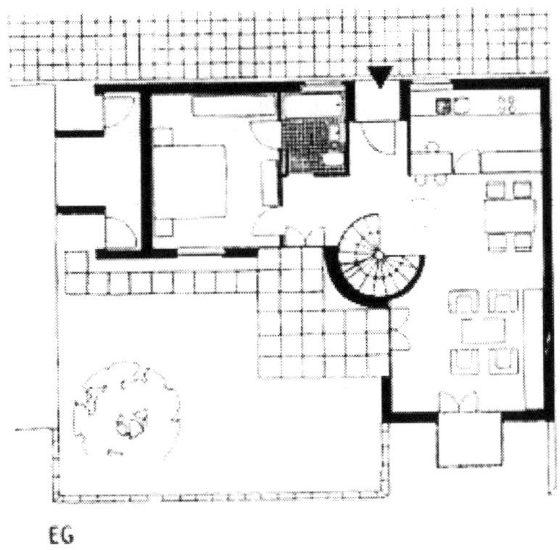

3. 베를린(Berlin)의 테겔에 있는 주택단지

- 건축가: Heike Landsberg, Prof. Stephan Pinkau
- 건축연도: 1998

대지의 남쪽으로 경사를 갖고 있는 이 주택은 14개의 주택으로 구성되어 있다. 이 주택들은 세 면이 폐쇄되고 한 면은 천정까지 유리로 되어 있는 평면을 갖고 있다. 목구조로 된 최상층은 45° 의 방향을 갖고 아래층과 틀어져 있다. 이 주택은 두 가지 타입으로 되어 있는데, 길이 형태의 건물과 각을 형성하는 주택으로 구분되며, 각을 형성하는 주택은 24 × 24 m의 대지 크기에 지어졌다.

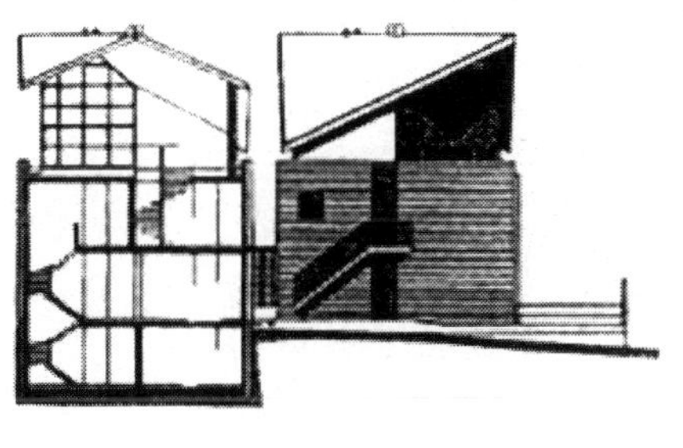

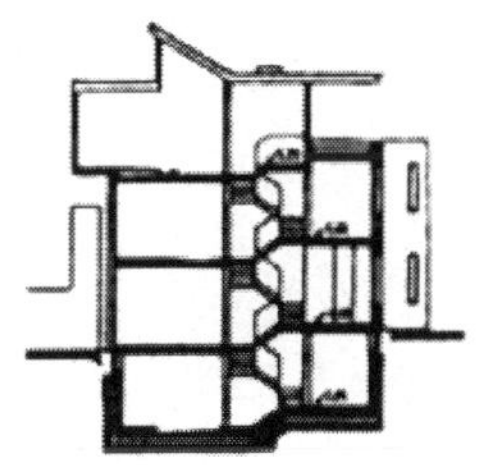

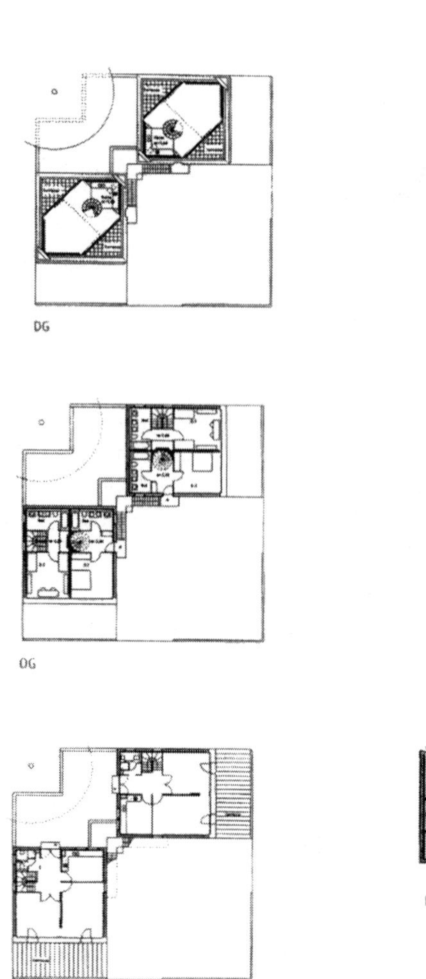

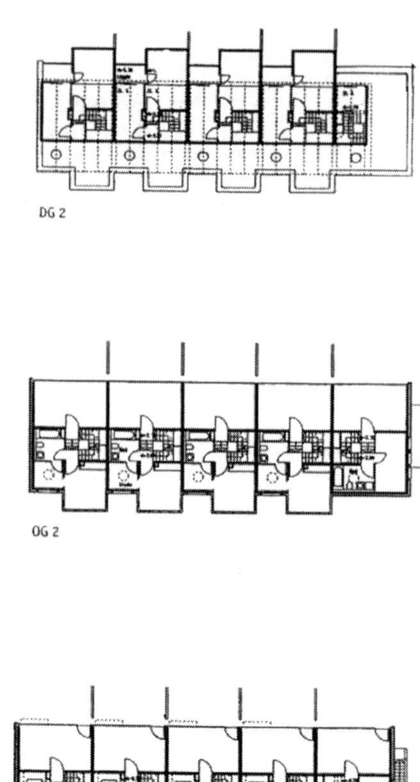

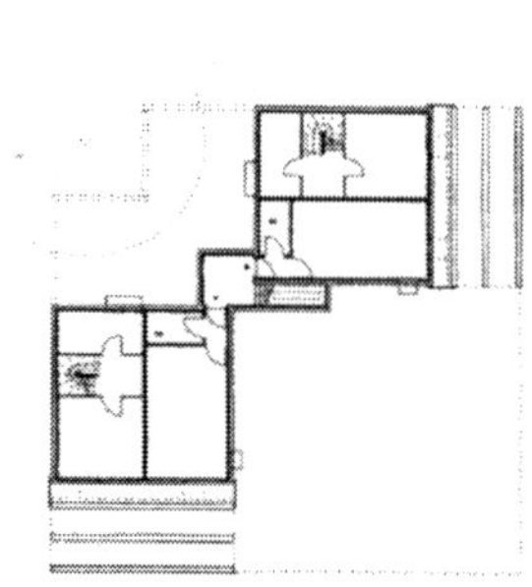

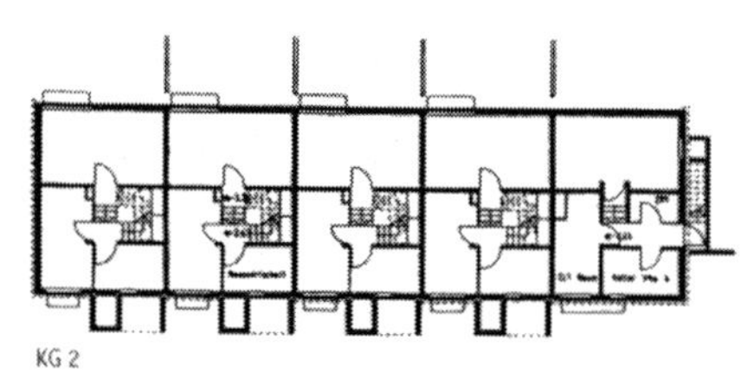

4. 런던에 있는 주택

- 건축가: Dr. Justus Dahinden
- 건축연도: 1992

이 건물은 밀집된 대지에 첨가하듯이 지어진 건물이다. 그러나 개인적인 영역을 잘 보호하였고 비록 폭이 4 m 정도의 좁은 영역이지만 개인영역을 보여주는 건물이다. 안으로 깊숙이 들어 간 형태지만 긴 방향의 양쪽으로 잘 정리되어 있다. 이 건축가들은 테라스를 만들어 이곳에 있는 대부분의 건물에 동일한 방법으로 대지를 사용하고 있다.

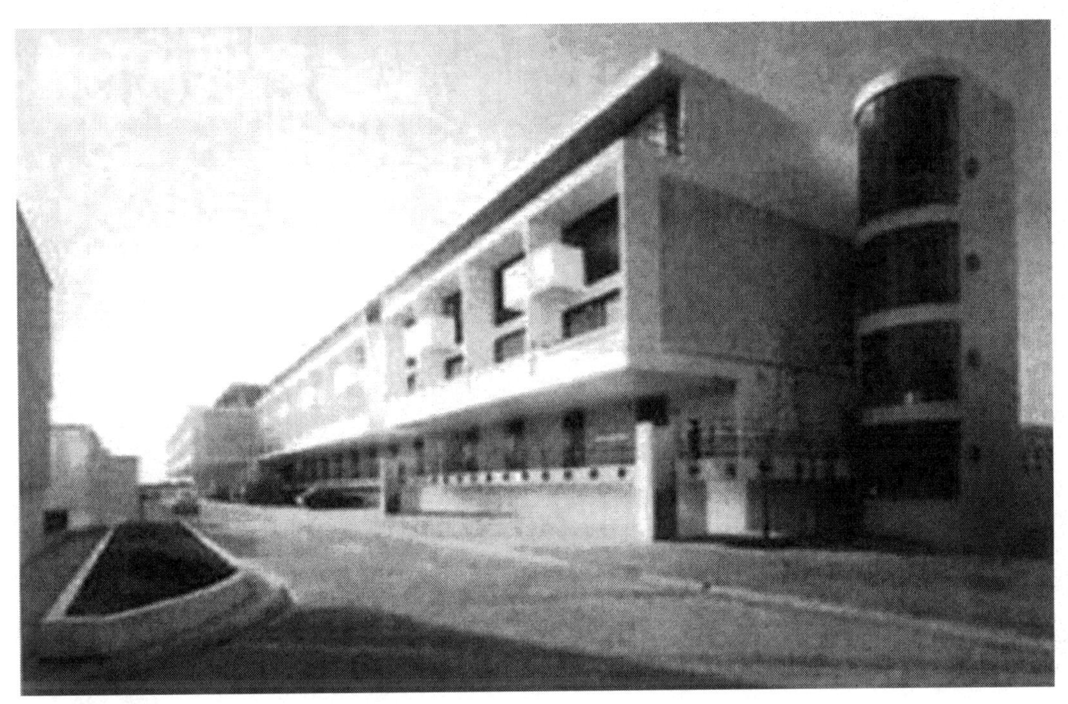

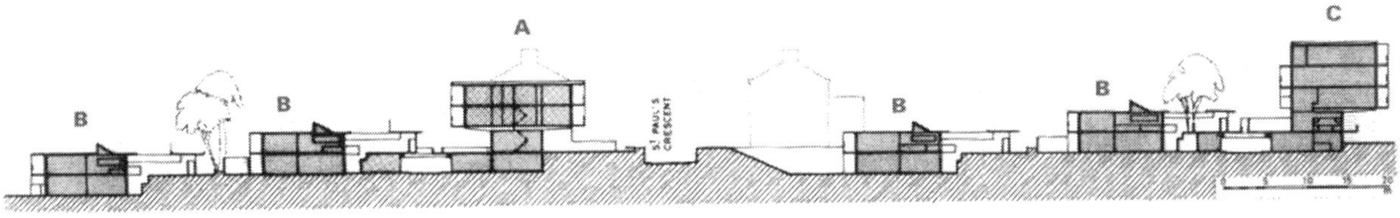
A
B
B
B
B
C
ST PAUL'S CRESCENT

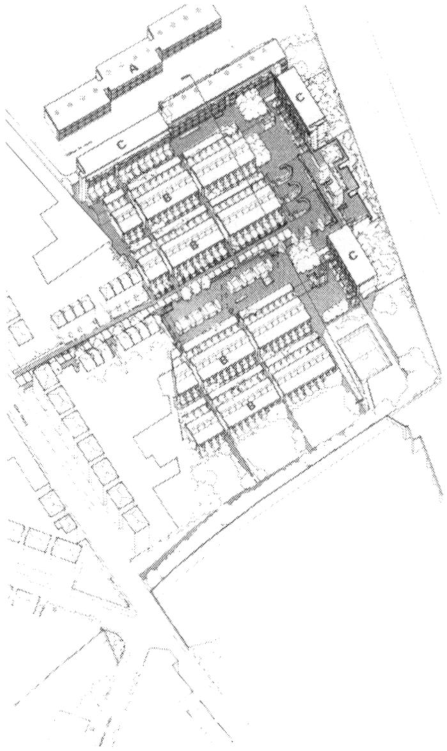

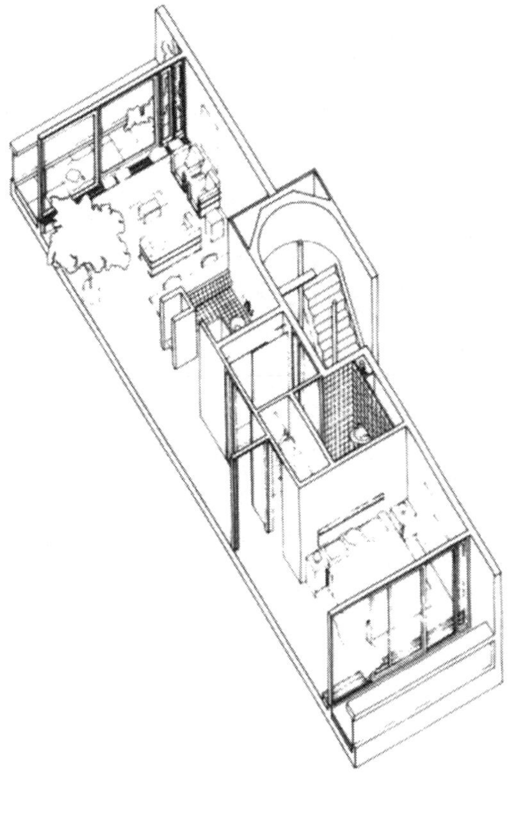

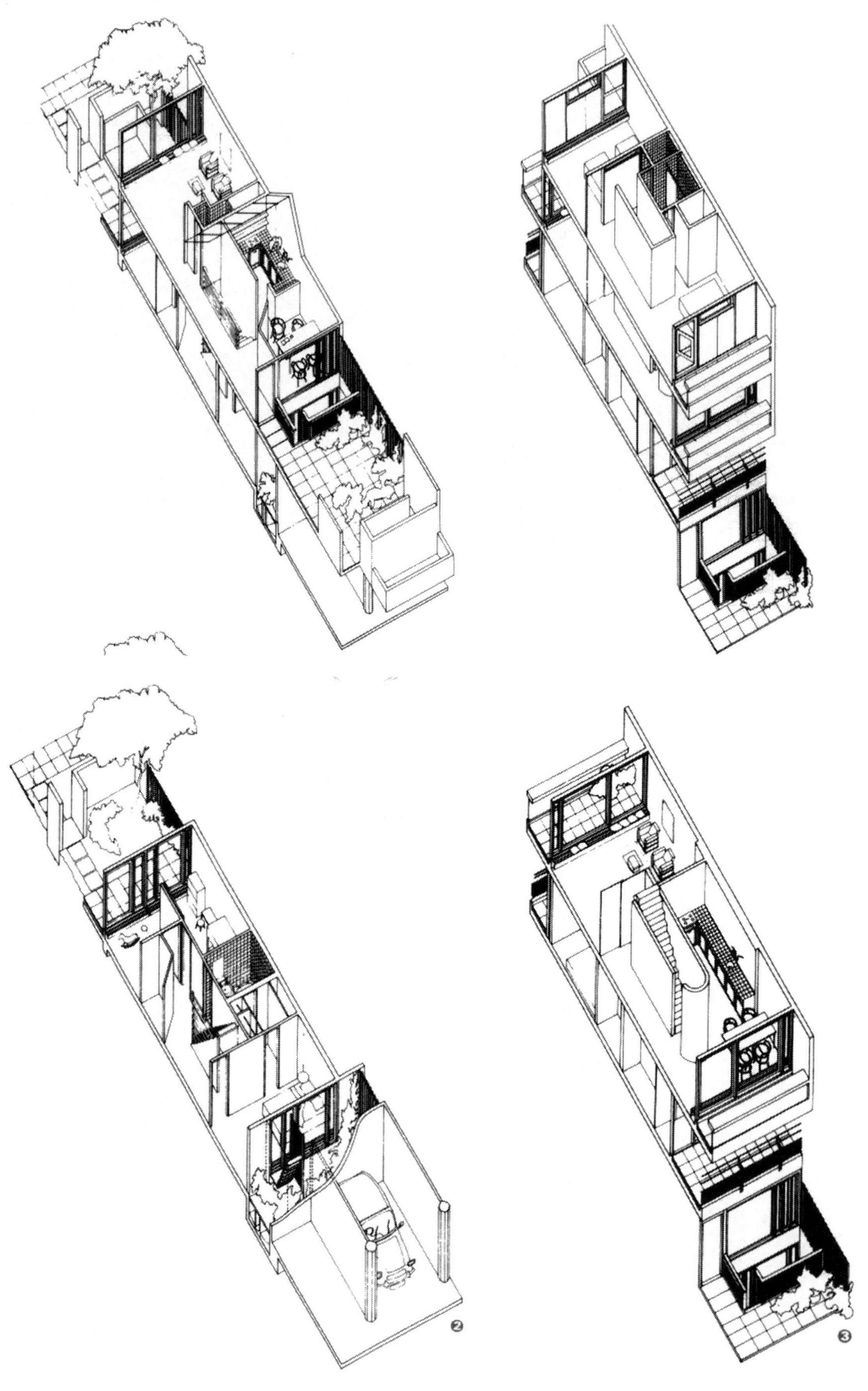
❷
❸

개발도상국뿐 아니라 아직도 지구상의 많은 사람들은 주거조건이 좋지 않은 상황 속에서 살아가고 있다. 지역적인 조건, 사회적인 평등, 그리고 증가하는 생활 속의 요구들로 인해 사람들은 도시나 위성도시에 사는 것이 낫다고 생각한다. 그 의미는 지역에 따른 주거의 압박이 있음을 말하는 것이다. 비엔나 출신 칸(Kahn)은 다음 20년 동안 세계의 주거 볼륨이 2배 가깝게 증가할 것이라고 예언하였다. 독일인당 주거 면적이 45 m^2를 차지하는 반면 중국의 경우는 14억 인구가 평균 5 m^2를 차지하고 있다고 한다. 유럽의 경우 주택의 끝없는 증가에도 불구하고 계속적으로 보급되고 있다. 왜냐하면 건축물의 수명을 고작 100년 정도로 보고 있기 때문이다. 모든 민족에게 있어서 사회적인 대인관계를 이어나가는 데 주택은 존재에 대한 최소한의 조건이 될 수 있다.

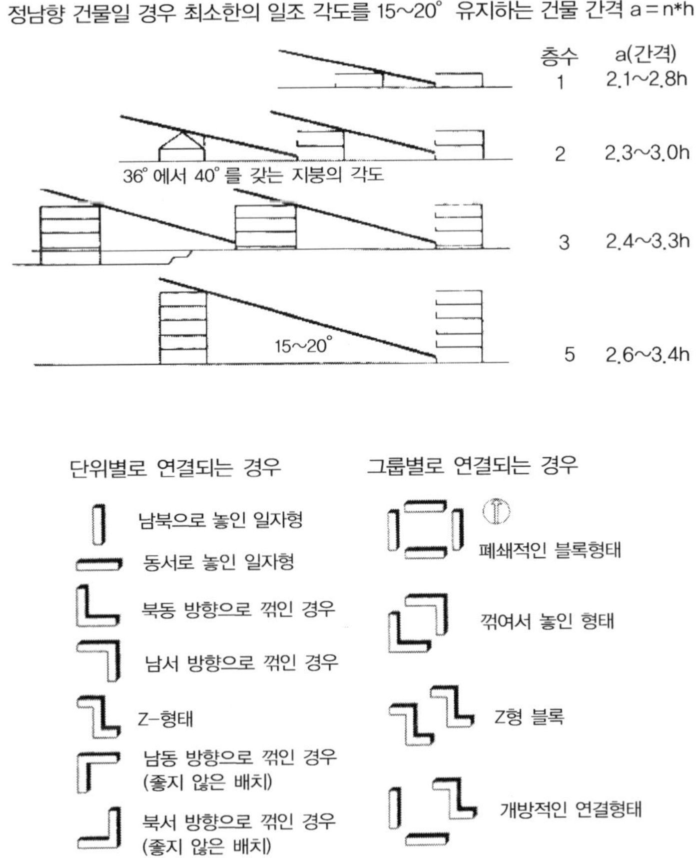

1. 함부르크(Hamburg)에 있는 주택단지

- 건축가: Czerner and Sudbrack
- 건축연도: 1998

이 건물은 서로 엇비슷하게 놓인 형태를 갖고 있다. 지붕을 덮은 내부정원을 갖고 있으며, 이 정원은 이웃 간에 관계를 유도하는 기능을 하고 있다. 각 건물은 3층과 4층의 규모로 되어 있다.

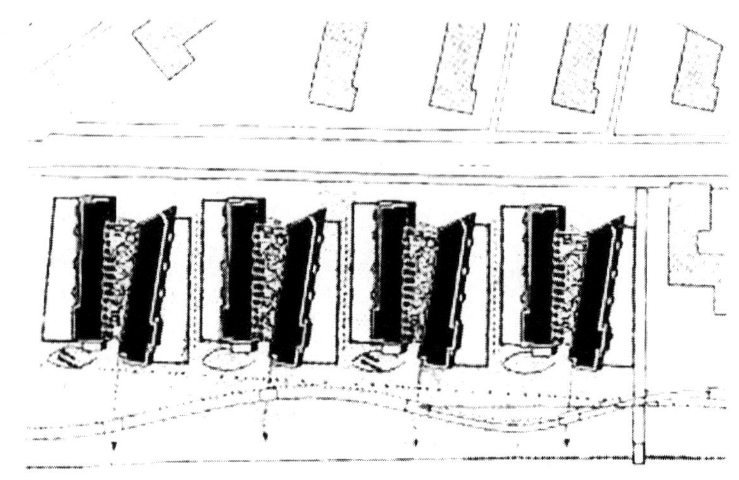

2. 켐텐(Kemten)에 있는 주택단지

- 건축가: 그룹 4 Plus
- 건축연도: 1994

이 거주단지는 6개의 건물을 감싸고 있다. 이 건물에 거주하는 사람들은 대부분이 노인, 장애자, 그리고 결손가족들이다. 각 건물은 난방(heating) 영역인 코어 건물과 연결되어 있고, 전면에는 냉방(colding) 영역으로 완충영역이 층층이 놓여 있다.

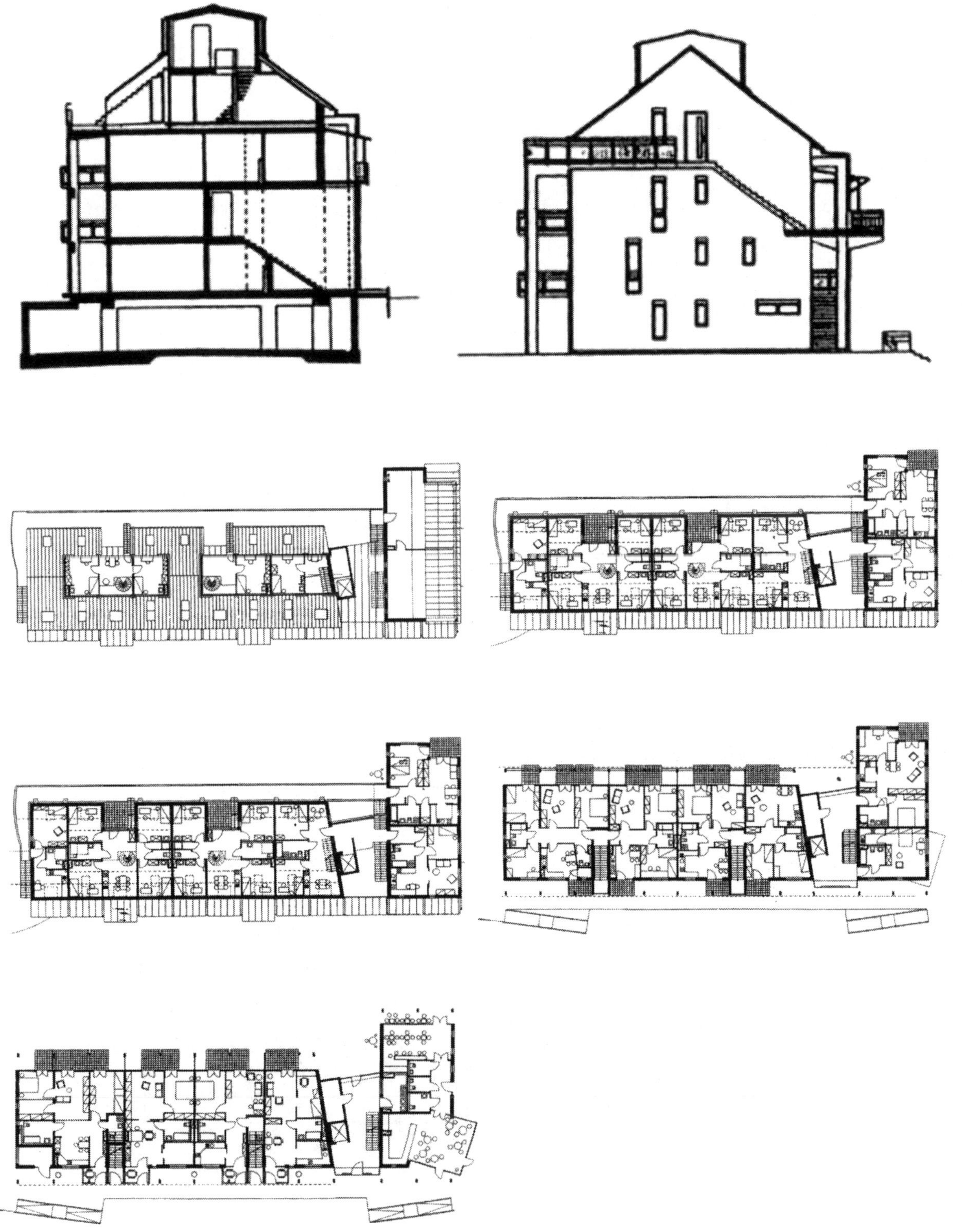

3. 바르셀로나(Barcelona)에 있는 주택단지

- 건축가: Josep Puig Torne
- 건축연도: 1991

이 건물은 6층 규모이며, 83주거단위이고, 컴팩트 형식으로 되어 있다. 계단실에 두 개의 일반주택의 형식으로 메인 주거를 두었다.

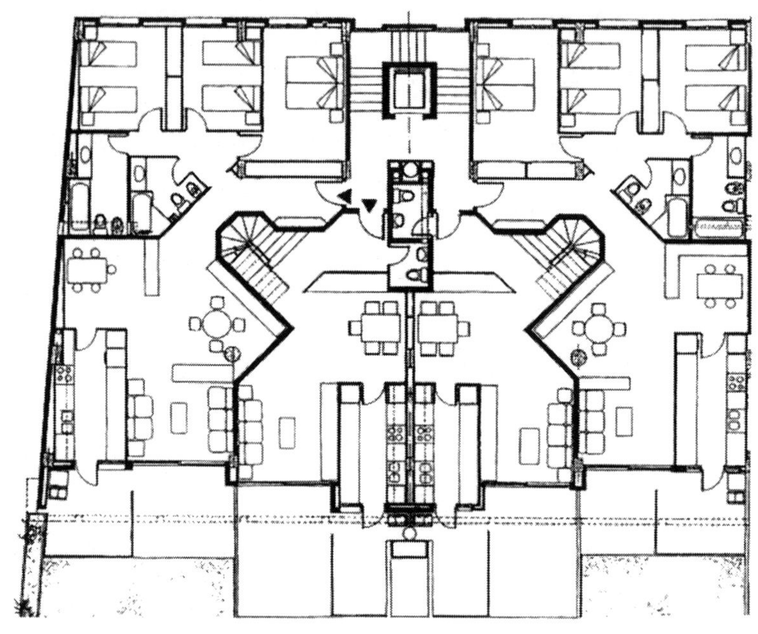

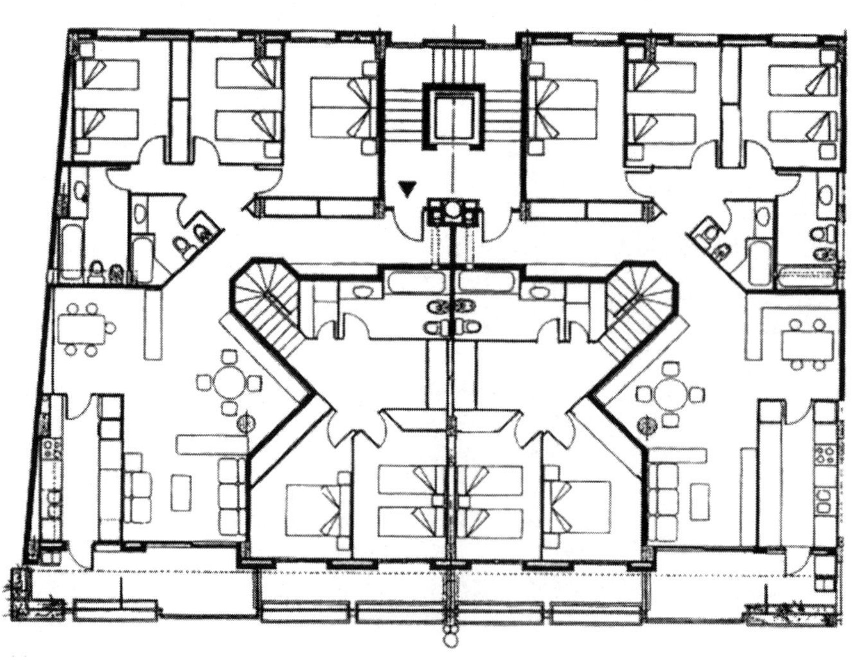

4. 마인츠(Mainz)에 있는 주택단지

- 건축가: HPP Hentrich
- 건축연도: 1991

과거의 산업지역이었던 이곳은 좋은 전망을 갖고 있는 좋은 조건의 대지이다. 450개의 주거단위로 구성이 되어 있으며, 80m^{2}에서 120m^{2}의 다양한 규모로 되어 있다. 주거시설 외에 수영장과 두 개의 가게 그리고 850대의 승용차를 수용할 수 있는 지하 주차시설이 있다.

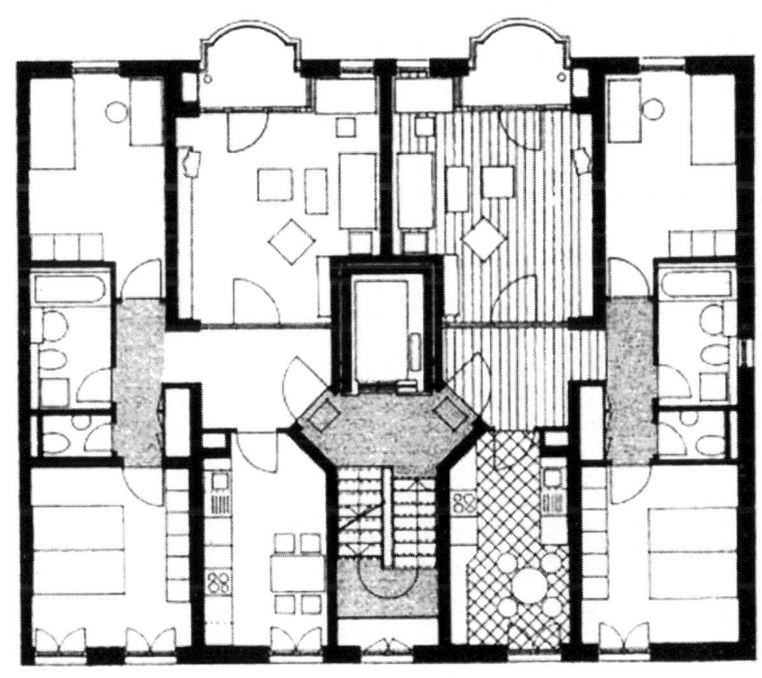

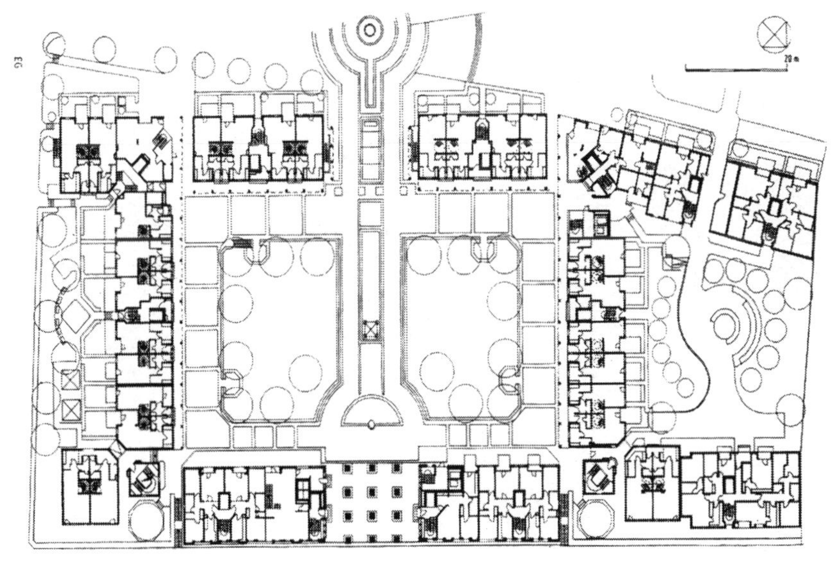

2 시설

학생 기숙사

학생 기숙사의 역사는 19세기의 중세 기숙사, 신학교 기숙사, 그리고 학교 건물 등 대학과 관계된 사람들을 위한 시설로 거슬러 올라간다. 교회 또한 이 시설과 관계된 사람들을 위하여 주거에 대한 뒷받침으로 이러한 시설을 갖고 있었다. 이후 유럽에서는 1900년도 중반에 주거의 문제가 대두되면서 대학들이 자체적으로 기숙사를 해결하기 시작하였고, 이 사안은 앵글로 색슨적인 대학캠퍼스라는 개념의 영향을 받게 된 것이다. 이렇게 기숙사의 전개는 곧 학생식당, 대회의실과 같은 장소의 계속적인 발전을 뒷받침하게 되었다. 이러한 시설들은 초빙교수, 교환학생 등 국제적인 장기 기숙자가 아닌 사람들을 위한 서비스 공간으로 발전하게 되었다. 이것들의 기능은 다시 학생회관 또는 internate(일정기간 투숙하는 시설) 등과 같은 시설로 전개되었다.

1. 에센 학생기숙사(Essen "Auf der Union" Student Housing)

- 위치: Auf der Union, Essen
- 발주처: Studentenwerk Essen, AoR
- 건축가: Hentrich-Petschnigg
- 건축연도: 1994

이 기숙사는 세 개의 건물이 대지의 경계를 따라서 부채꼴의 형태를 유지하면서 배치되어 있다. 4층 규모로 되어 있으며 세 개 동을 이루고 있다. 평면의 형태는 2침실형, 3침실형, 4침실형, 그리고 5침실형의 그룹형 주택으로 되어 있으며, 총 272명의 학생을 수용하고 있다. 단지는 남북 방향으로 서 있는 세 개의 동으로 구성되며, 동은 원통형 지붕의 4층 일자형 건물형태를 하고 있다. 동과 동 사이에는 내부정원이 건물의 방향과 같이 오픈되어 있어서 시각적인 투과성을 주고 있다. 층고는 평균적으로 2.75 m이다. 지하층이 기단 같은 역할을 하고 있어서 지면보다 상승되어 있다. 따라서 1층의 바닥은 대지로부터 1.375 m 위에서 시작되고 있다.

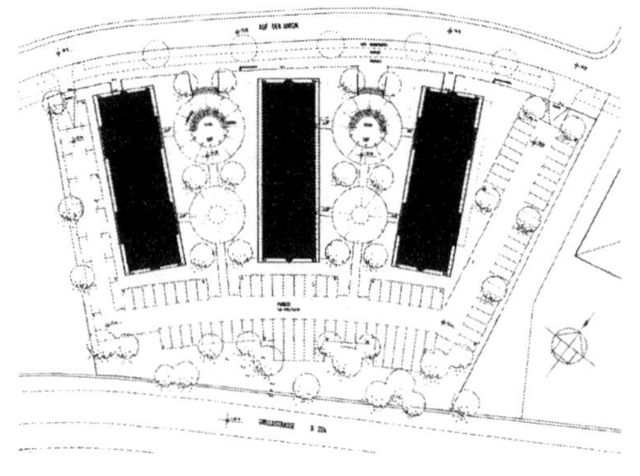

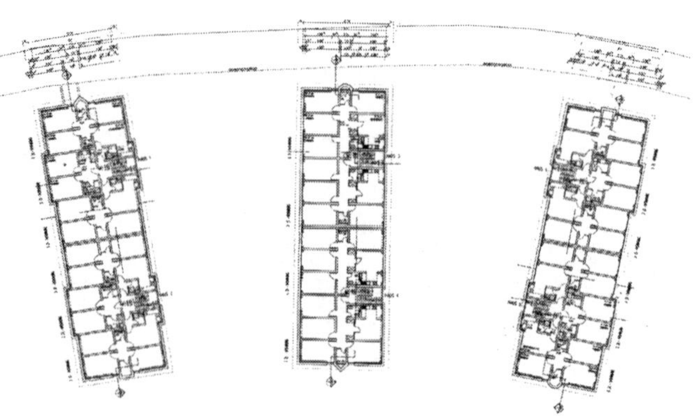

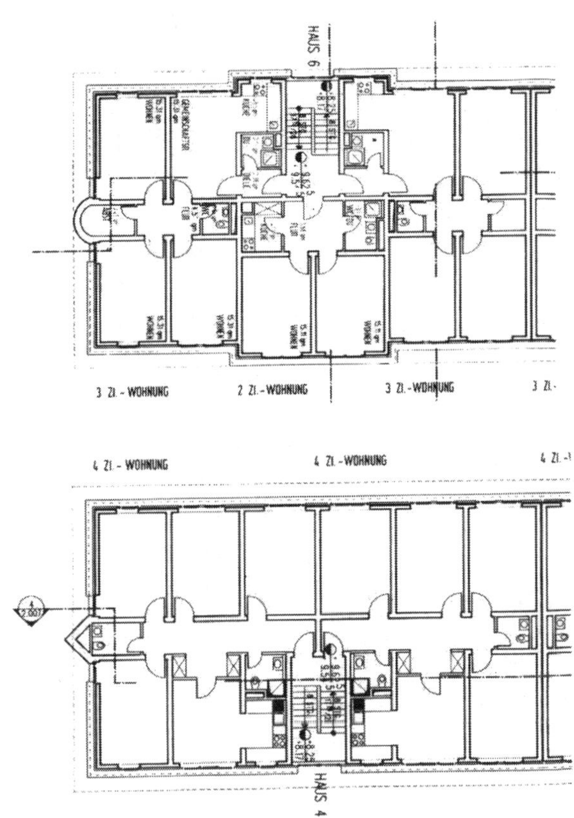

2. 뉘른베르크 학생기숙사(Nürnberg Theo und Friedl Scholler Studentenwohnanlage)

- 위치: Walter-Meckauer-Straβe 12-28 90478 Nürnberg
- 발주처: Studentenwerk Erlangen-Nurnberg, AoR
- 건축가: Puchner + Volkmar
- 건축연도: 10/1992-8/1993

이 기숙사는 제빵공장이던 자리에 새로 건축한 건물로 내부정원을 두고 건물들이 벽처럼 둘러쳐진 형태를 취하고 있다. 6층의 규모로 내부의 정원을 둘러싼 블록 동을 이루고 있다. 대부분 원룸형식으로 되어 있으며, 482명의 학생을 수용하고 있다. 특수한 상황이 아니면 독일의 기숙사는 그 도시에 거주하는 학생들 모두에게 기회가 주어진다. 이 기숙사도 이러한 동선을 고려하여 이 도시의 모든 학생들이 이용할 수 있도록 하였다. 기숙사단지는 누른베르크의 남부 밀집지역에 위치하고 있다. 이는 대학에서 도보로 약 8분 정도의 거리에 있는 것으로 지하철역 뒤렌호프터널(Dürrenhoftunnel)에서 5분 거리이며, 뉘른베르크-에르랑겐(Nürnberg-Erlangen) 대학교와도 대중교통으로 잘 연결되고 있다. 단지는 2단계로 건설된다. 2단계는 내부정원에 보완적으로 1994년 3월에 착공되었다. 기숙사에 부수적으로 카페와 상점 그리고 탁아소가 함께 하고 있다.

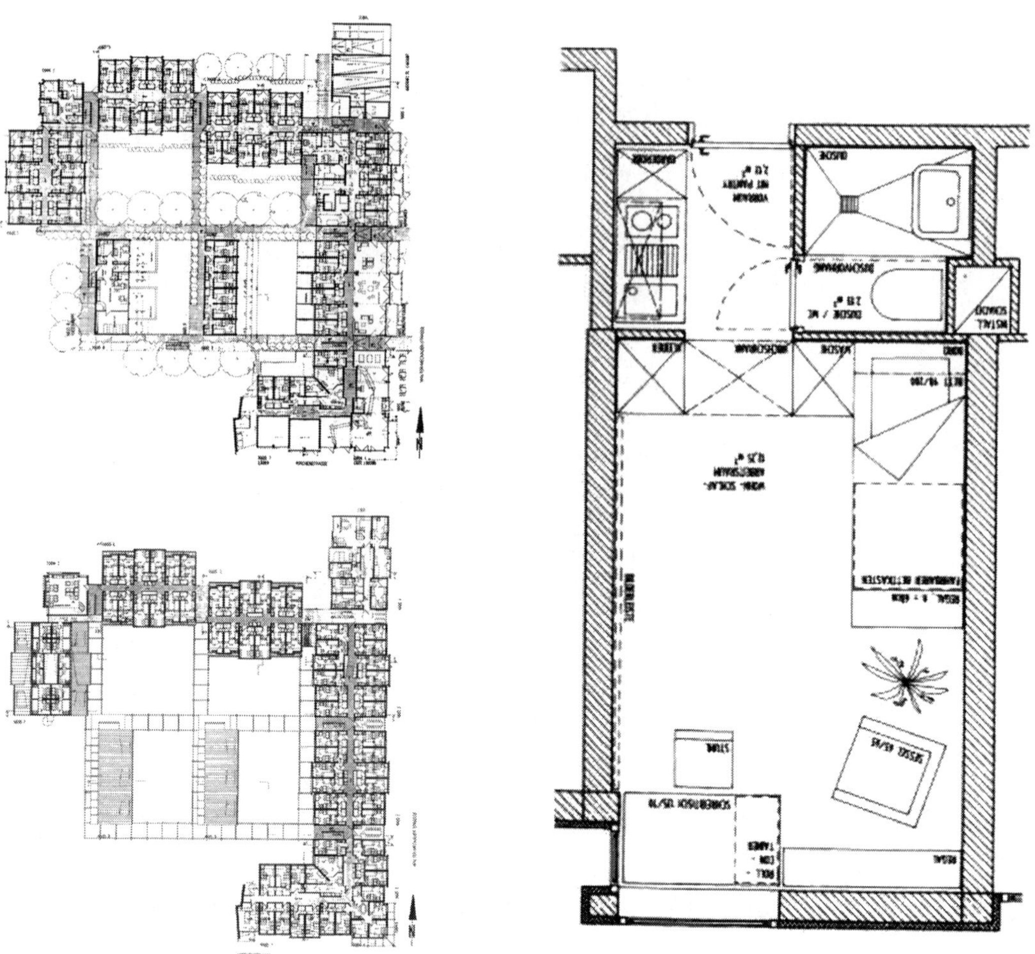

3. 보훔 학생기숙사(Bochum Laerheide Student Village)

보훔의 기숙사는 하나의 건물이 아닌 여러 건물로 나누어져 군락을 이루고 있다. 건물의 분포는 대지의 북동쪽에 주차장을 설치하였고 군락의 대지 내부에는 각 건물의 진입로와 연결되도록 건물을 배치하였다. 268명의 학생들과 35명의 아이들을 양육할 수 있는 부부기숙사가 있으며 다양한 면적의 3~4인용 아파트로 구비되어 있다. 아파트의 일부는 장애인들을 위한 시설에 적합하게 만들어져 있다. 대지는 기숙사의 주변을 따라 형성되어 있는 오솔길을 따라 루르(Ruhr) 대학까지 보도로 통학 가능한 내에 있으며, 강의 계곡 경사진 곳에 위치하고 있다. 학생 마을(기숙사)은 수평적인 구조를 따라 집들의 작은 집합으로 이루어져 있다. 외부공사는 복잡하지 않은 자연에 무해한 외부 재료를 선택하여 루르 시의 자연을 보호하는 프로그램에 따라서 계획되었다. 유지비는 곧 학생들에게 부담되는 기숙사 비용으로 충당하지만 최소를 꾀하기 위해 부식되는 재료를 가능한 배제하려고 선택하였다. 조경을 위하여 대지에 새로 이식한 식수는 계곡과 근접한 점을 감안하여 이 지역에서 원활하게 자랄 수 있는 나무를 선택하여 주변에서 흔하게 볼 수 있는 자연초목으로 선택하였다. 상하수로와 테라스 그리고 오물배수구는 빗물과 함께 지하수로 침투되도록 설치하였다. 대지의 주변을 꾸미는 재료는 시공 후 건물에서 작업 중 버려진 재질을 수거하여 색색의 꽃무늬를 만들어 장식했다.

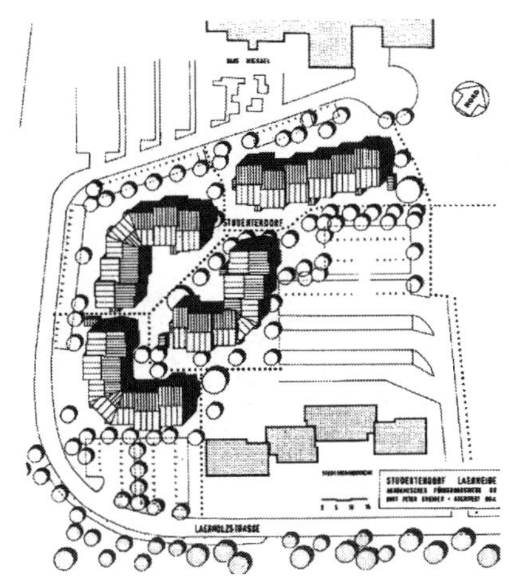

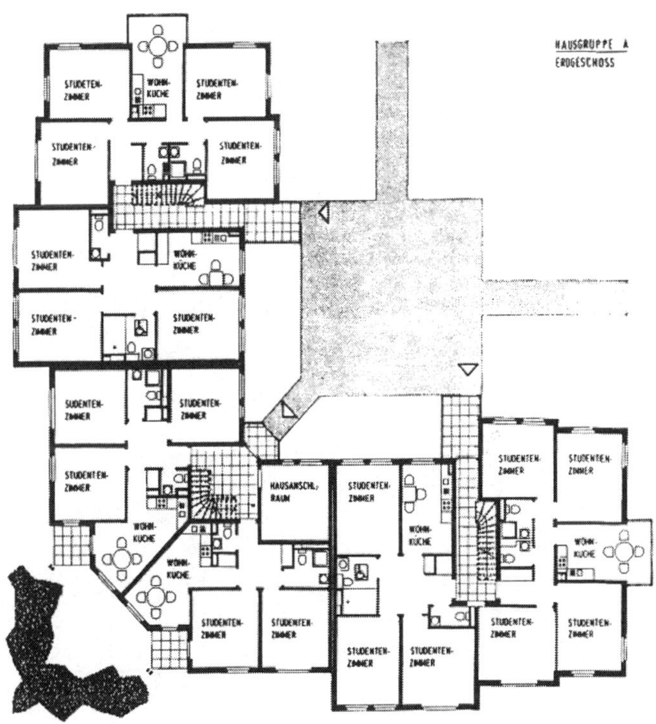

4. 뷔르츠부르크 학생기숙사(Wurzburg Am Hubland Student Hall of Residence)

단위별로 내부정원이 설치되어 있으며, 이 정원 주위로 그룹화되어 있는 6개의 개별 빌딩들이 모여 있는 전체적으로 2층 규모의 콤플렉스 형태로 구성되어 있다. 기숙사의 규모는 1인용 또는 2인용 아파트로 전체 56명을 수용할 수 있는 기숙사이다. 대지는 이미 250개의 기숙사가 있는 곳에 증축된 것이며, 이들 중 이 기숙사 구역들은 빌딩의 두 번째 면을 나타낸다. 대지 주변은 대학의 새 건물들이 들어 서 있는 가장자리를 장식하고 있다. 거의 모든 아파트 대지가 도시의 가장자리에 있는 대학의 새로운 대지에 가까이 위치해 있다. 한쪽 부분은 주 캠퍼스와 연결되는 주축을 통과는 길이며, 다른 부분들은 작은 정원에 의하여 경계가 만들어졌다. 이곳에서 학생식당, 휴게실, 그리고 도서관은 도보로 2분 안에 도달할 수 있는 거리에 있다.

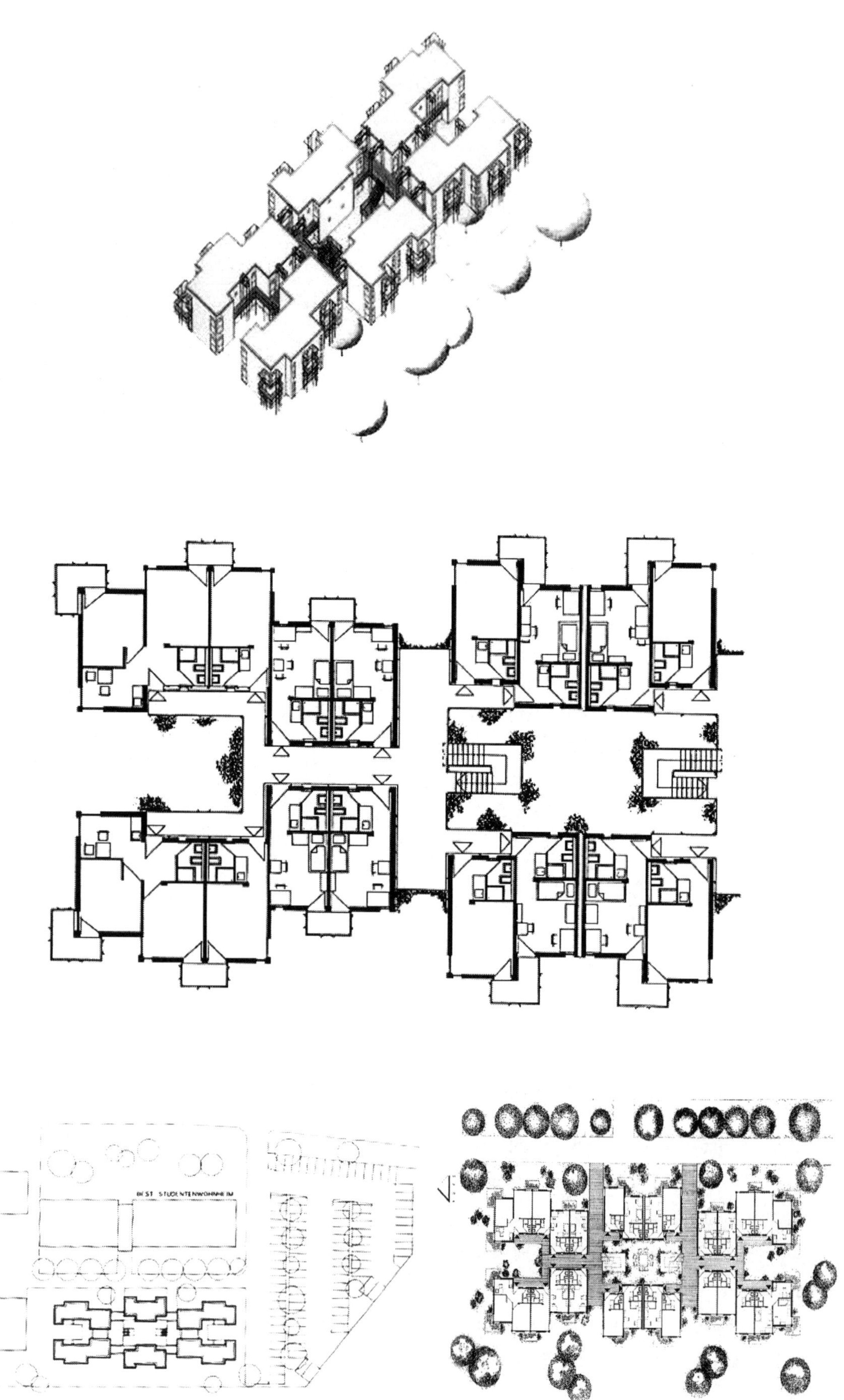

노약자 및 장애자용 숙소

과거에 노약자나 장애자는 가족이 보살피는 것이 일반적인 사항으로 인식되어 있었다. 이들을 국가나 어느 특정 단체에서 보살펴야 한다는 것이 인식되기 시작한 것이 유럽에서도 그리 오래되지 않았고 한국에서도 아직은 정착되어 있지 않은 상황이다. 유럽에서도 60년대까지는 이들에 대한 의학이나 그 외의 시설에 대한 관리에 있어서 그 영역이 일반적인 상황에 있지 않고 특정한 영역으로 다루었으며 삶의 특징도 별개의 것으로 취급하였다. 이뿐 아니라 그 수준도 아주 낮은 단계에서 인식되고 있었다. 그러나 인식의 변화를 통하여 병원뿐 아니라 모든 분야에 있어서 명확한 평등의 원칙이 적용되고 동등한 시설에 대한 계획이 이루어지고 있다. 우선적으로 사회적 인식의 변화를 통하여 경로원의 필요성을 인식하게 되었다. 초기에는 한 공간에 많은 침대를 요구하는 것부터 시작하였다. 그 후에 침대 하나 또는 침대 두 개를 수용하는 아파트를 계획하게 된 것이다. 오늘날에는 사간이 흐르면서 그룹 간 교류를 시도하는 등 시설에 거주하는 사람들에게 다양한 가능성을 제공하고 있다. 또한 기숙하는 이미지보다는 주거의 개념을 점점 더 원하기 때문에 가능한 장기간 자신의 집처럼 느낄 수 있도록 계획하고 있다. 오늘날 이 시설들의 목표는 장애자와 노약자가 자신들의 삶을 스스로 헤쳐 나갈 수 있도록 사람 속에서 관계를 형성하는 데 있다.

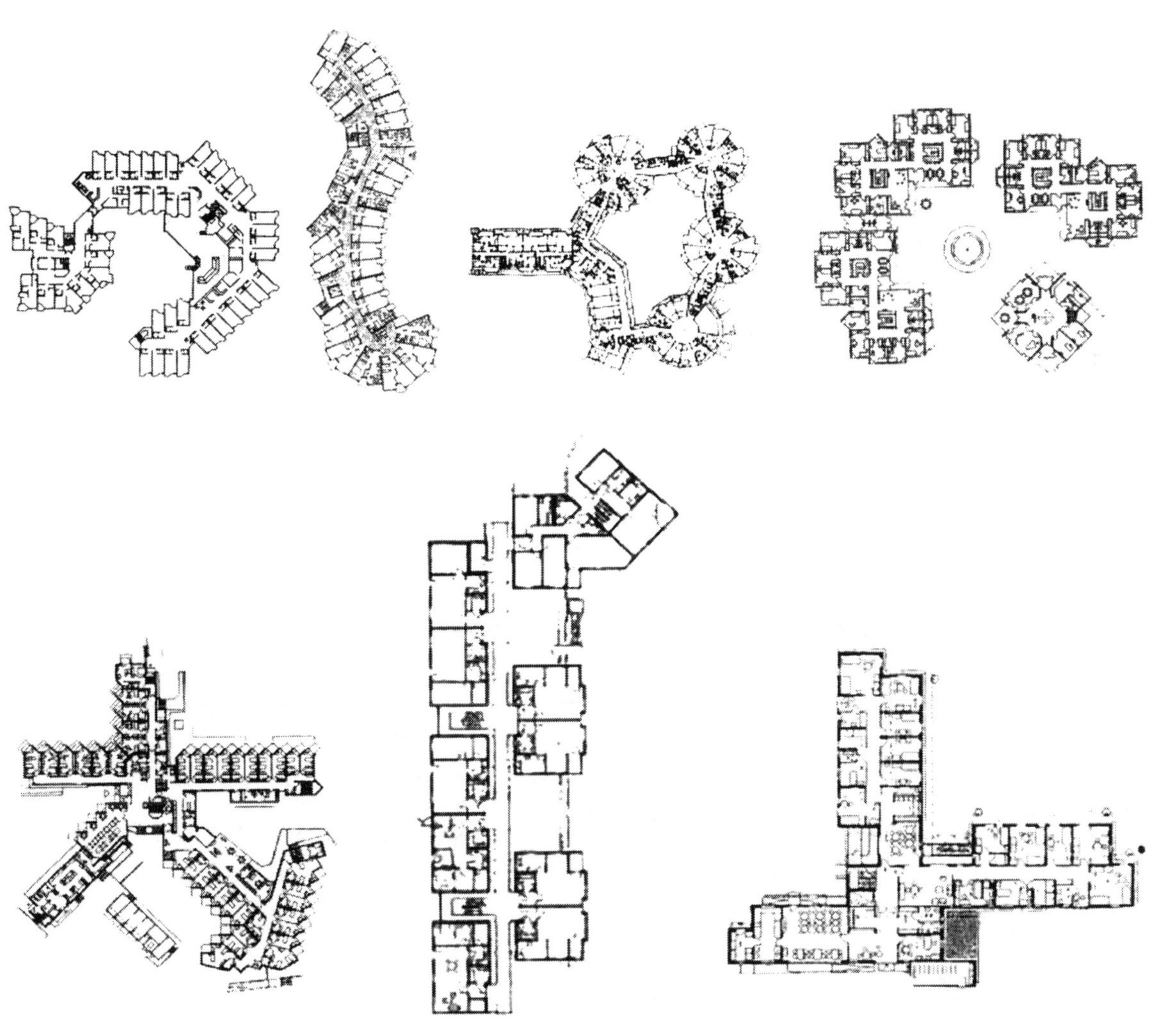

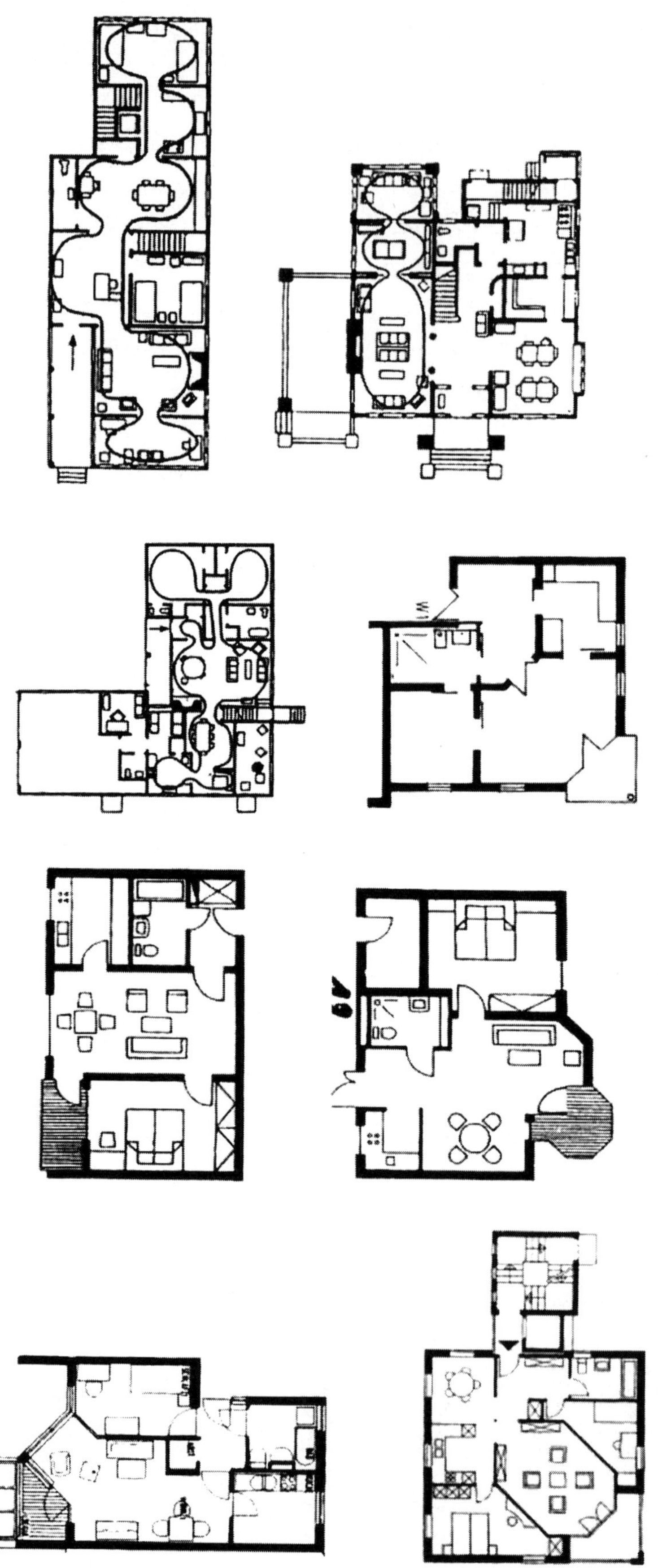

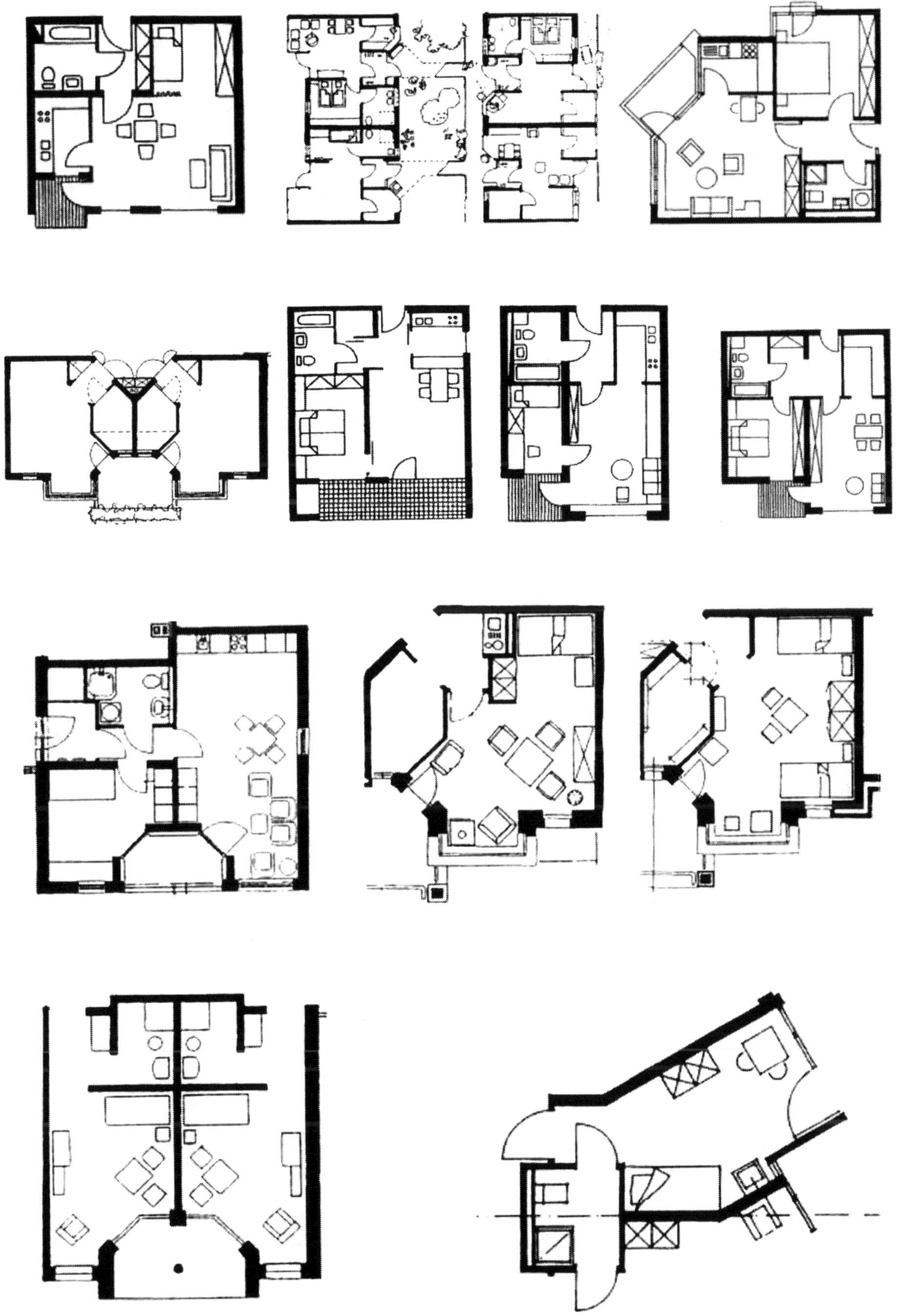

1. 뫼씽엔(Mössingen)에 있는 경로원

- 건축가: Prof. Tobias Wulf & Partner BDA
- 건축연도: 1992

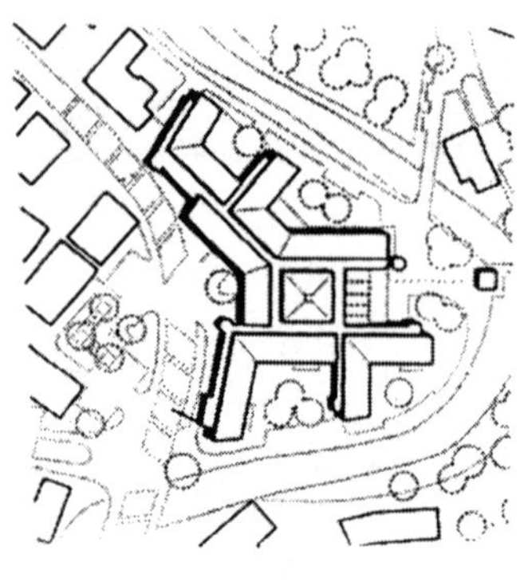

이 경로원은 4층 규모로 내부정원 주위로 그룹을 형성하고 있다. 이 시설의 중앙에는 상층으로 연결되는 계단과 엘리베이터를 포함하고 있는 연결공간이 있다.

- 지상층: 로비, 대강당, 주거영역, 다용도실, 주방
- 상　층: 주거영역과 관리영역

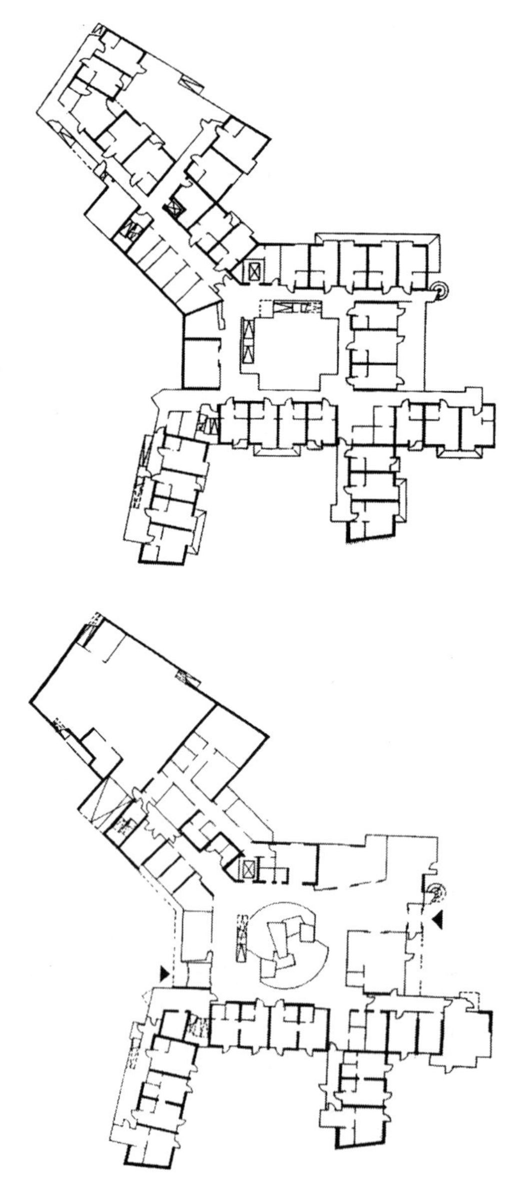

2. 킬(Kiel)에 있는 경로원

- 건축가: 프로젝트 수행단체 Baade + Hoffmannl
- 건축연도: 1992

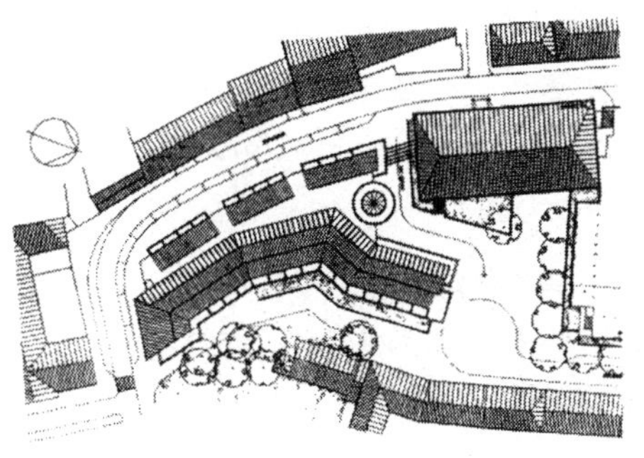

구 도시에 위치한 4층 규모의 이 시설은 옛날 수도원 방향으로 오픈되어 있다. 원형의 계단을 갖고 있는 큰 로비를 통해서 거주자와 방문자를 맞이하고 있다. 이 홀은 동시에 이 건물 전체의 교류영역으로 사용되고 있다.

- 지상층: 입구, 식당, 체조실, 주방, 카페, 관리자 그룹
- 1층부터 3층: 관리자 그룹
- 지붕층: 온실정원(wintergarden)

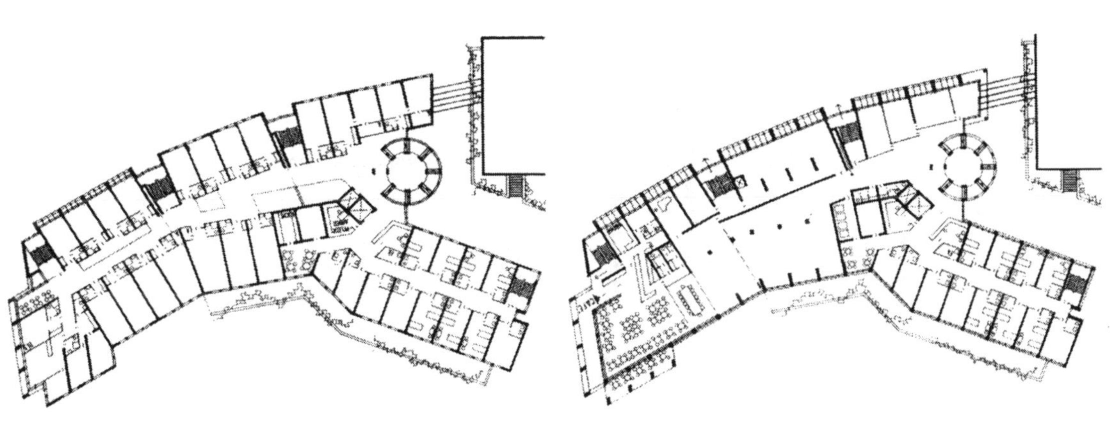

▲ 상층 ▲ 지상층

3. 조스트(Soest)에 있는 카리타스 성 안토니우스(Caritas St. Antonius) 경로원

- 건축가: J. G. Hanke BDA
- 건축연도: 1985

3층 규모의 콤팩트 형식이며 묵직해보이는 두 묶음 형태의 이 건물은 서로 연결되어 있다. 이 두 건물의 연결은 중앙에 로비를 공유하고 있다. 거의 모든 방들이 외부에 있는 발코니를 갖고 있다.

- 지하층: 설비실과 서비스실
- 지상층: 입구, 식당, 주방
- 1층: 공용공간, 주거공간
- 2층: 주거공간, 공동예배실

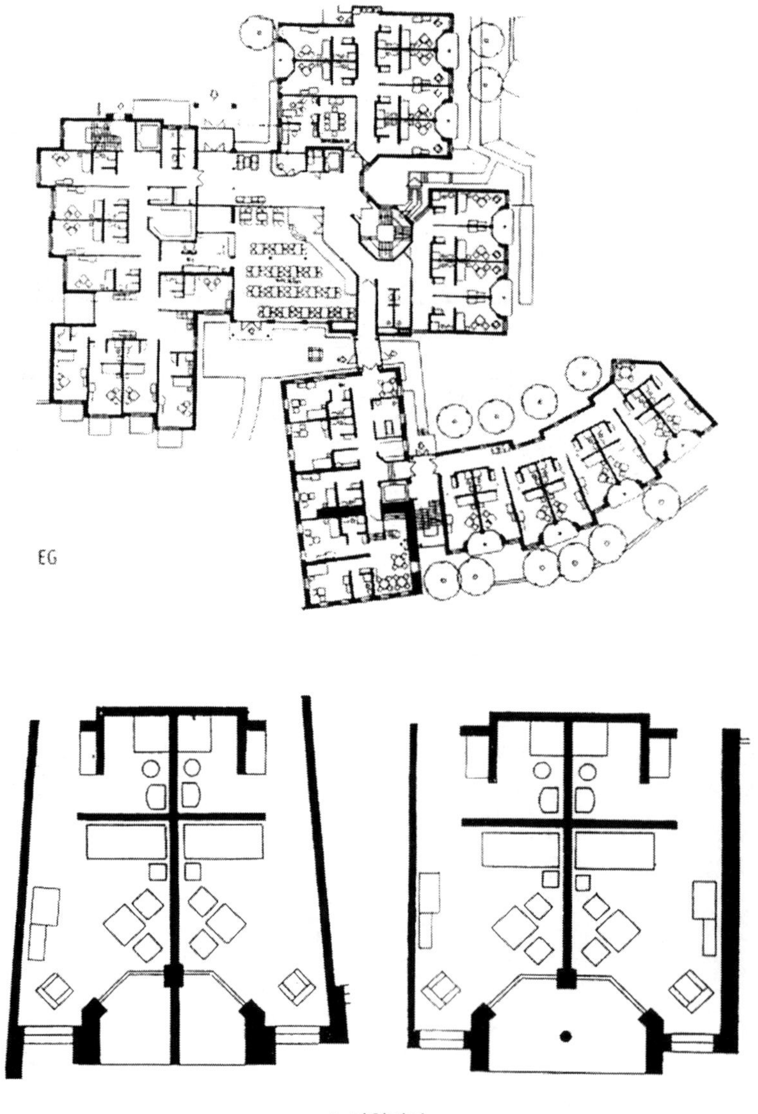

▲ 단위평면

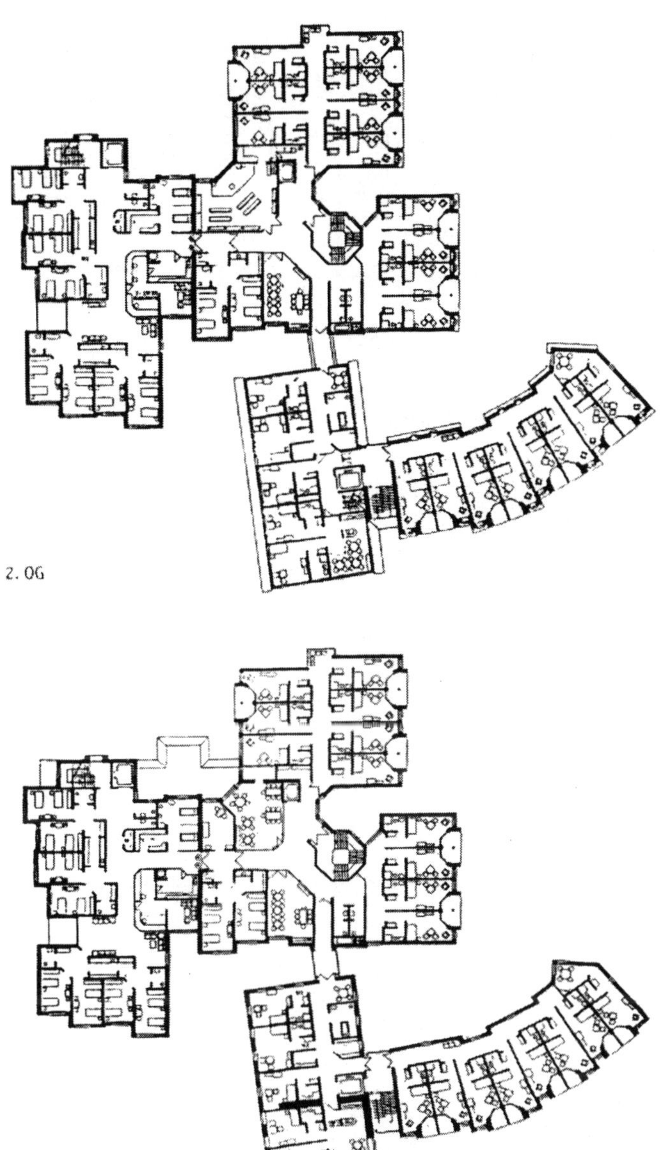

4. 메르쉬벡(Merschweg)에 있는 장애자 숙소

- 건축가: J. G. Hanke BDA
- 건축연도: 1990

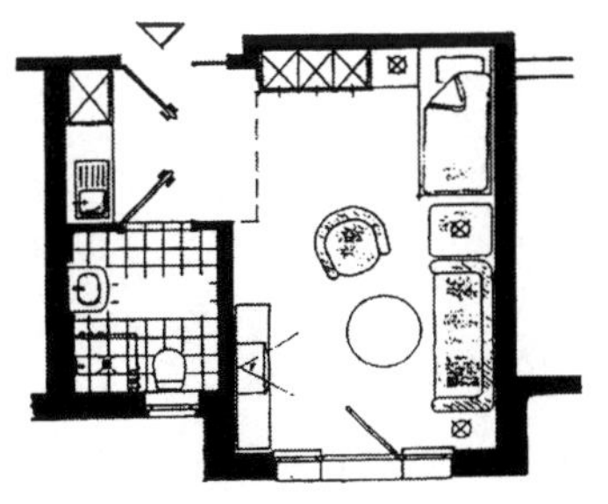

이 건물은 직각형태로 내부정원을 가운데 두고 둘러싸여 있다. 건물의 각 모서리에 세 개의 계단실을 두어 수직적인 연결을 하고 있다. 두 개의 건물은 신체장애자를 위한 공간으로 독실과 2인용실로 구분해 놓았다.

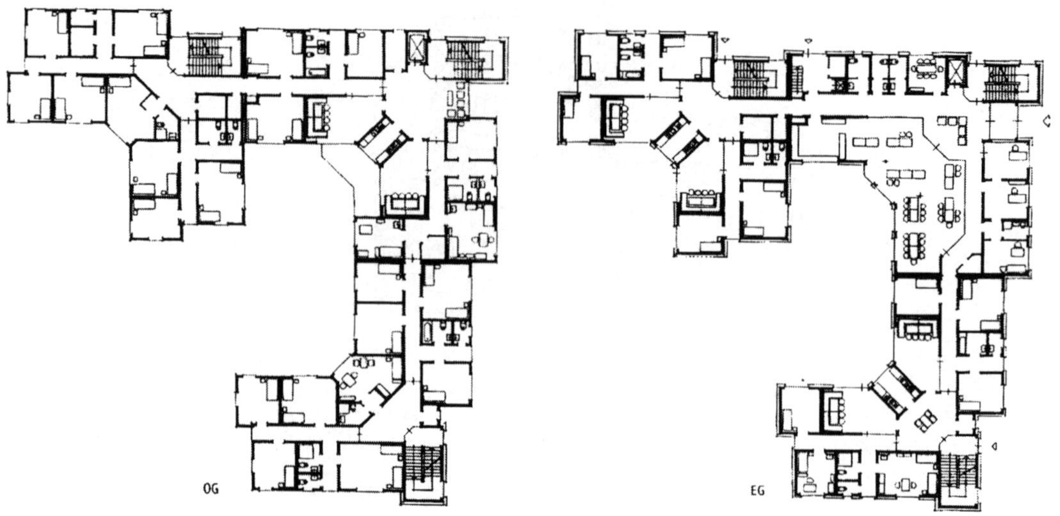

5. 미첼박-아르베르겐(Michelbach-Aarbergen)에 있는 장애자 숙소

- 건축가: Prof. Hans Waechter BDA, Mühltal
- 건축연도: 1992

이 건물은 2층 규모로 머리빗 모양을 하고 있으며, 분산된 형태를 취하고 있다. 이곳에 거주하는 사람들의 영역은 14명 단위로 되어 있는 그룹 단위의 세 부분으로 나뉘어 있다.

- 지상층: 입구, 관리실, 다용도실 및 의학관리실

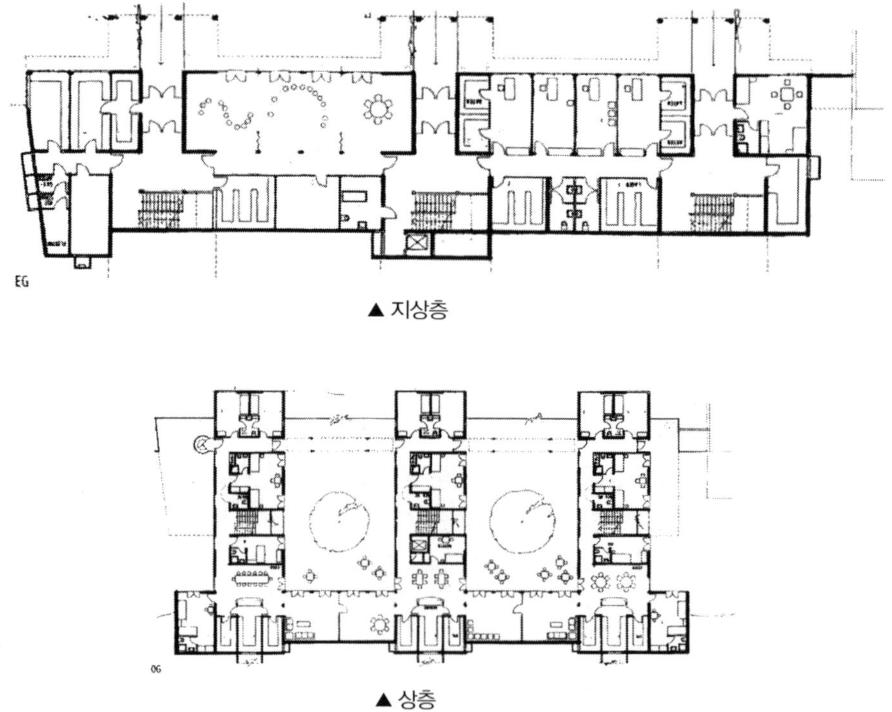

▲ 지상층

▲ 상층

이러한 건물 타입은 직업적인 관계가 있거나 독신자들을 위한 컨셉이 많다. 큰 축으로 보았을 경우 과거에 객지생활을 해야 하는 업종인 철도에 근무하는 사람이나 우편물과 관계있는 업종과 같은 사람들을 위한 것이나 또는 일정 기간 파견되어 일을 하는 사람들을 위한 컨셉이 많았다.

1. 브라운슈바이크(Braunschweig)에 있는 우체국 숙소

- 건축가: Henze + Vahjen BDA
- 건축연도: 1990

이 두 개의 4층 규모 건물은 중앙에 연결통로에 의하여 연결되어 있다. 지상층의 도로에 면한 부분에는 카페, 클럽하우스, 관리사무실, 그리고 로비가 있으며, 이 건물의 근처에 장애자용 숙소가 놓여 있다. 11명 단위를 한 그룹으로 이 인원에 맞추어서 주방이 딸린 공용공간이 배치되어 있다. 이 건물은 장기 투숙자와 단기 투숙자를 구분해 놓았다.

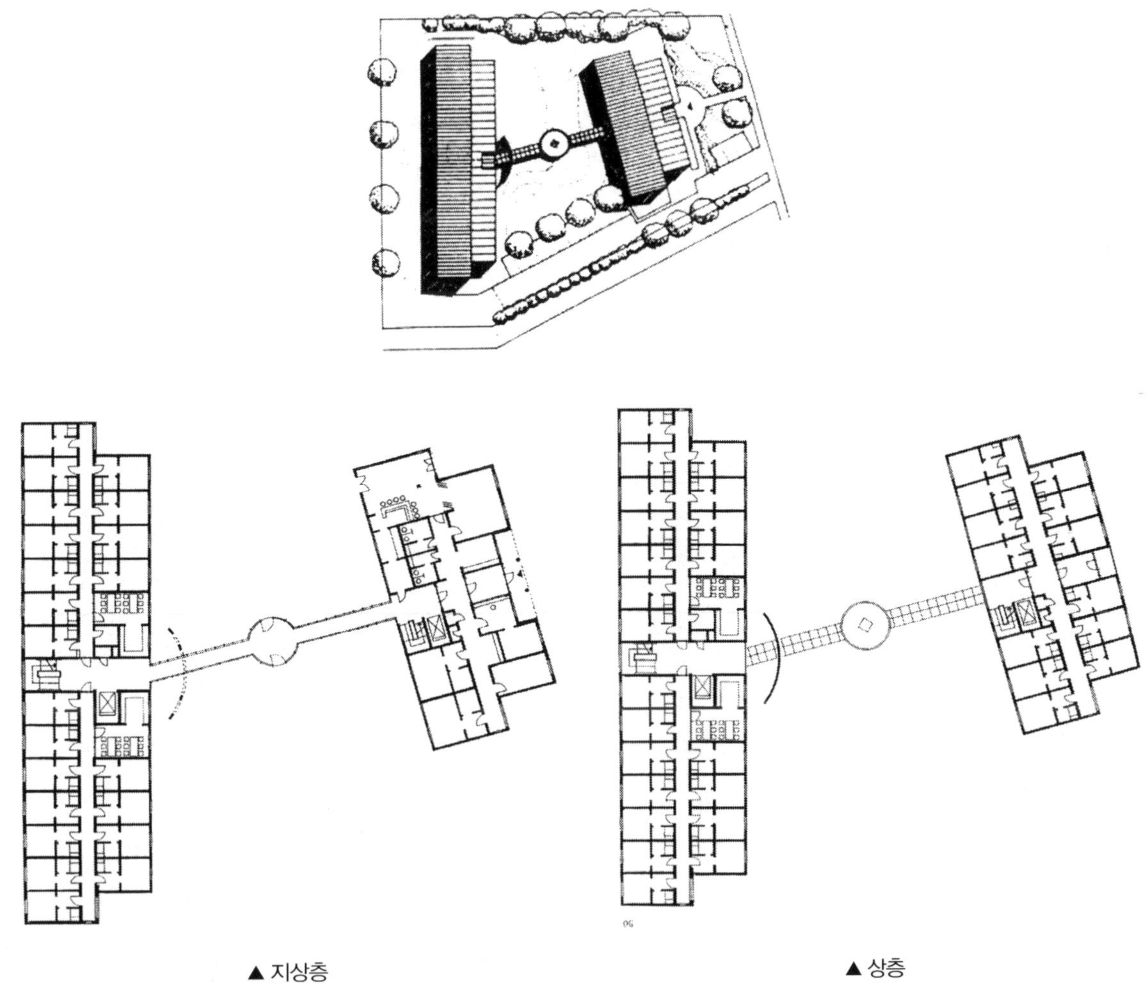

▲ 지상층

▲ 상층

2. 하노버-클레펠트(Hannover-Kleefeld)에 있는 우체국 숙소

- 건축가: Henze + Vahjen BDA
- 건축연도: 1989

다양하게 연결이 되어 있는 이 4층 규모의 건물은 사적인 공간이 얼마나 잘 구분이 되어 있는가 암시해 주고 있다. 평면은 320개의 독방과 6개의 장애자 컨셉에 맞추어서 계획된 방, 5개의 TV공간, 3개의 방문자 공간, 2개의 숙소가 있는 관리사무소, 2개의 병실, 16개의 공동주방, 카페, 그리고 다용도공간이 배치되어 있다.

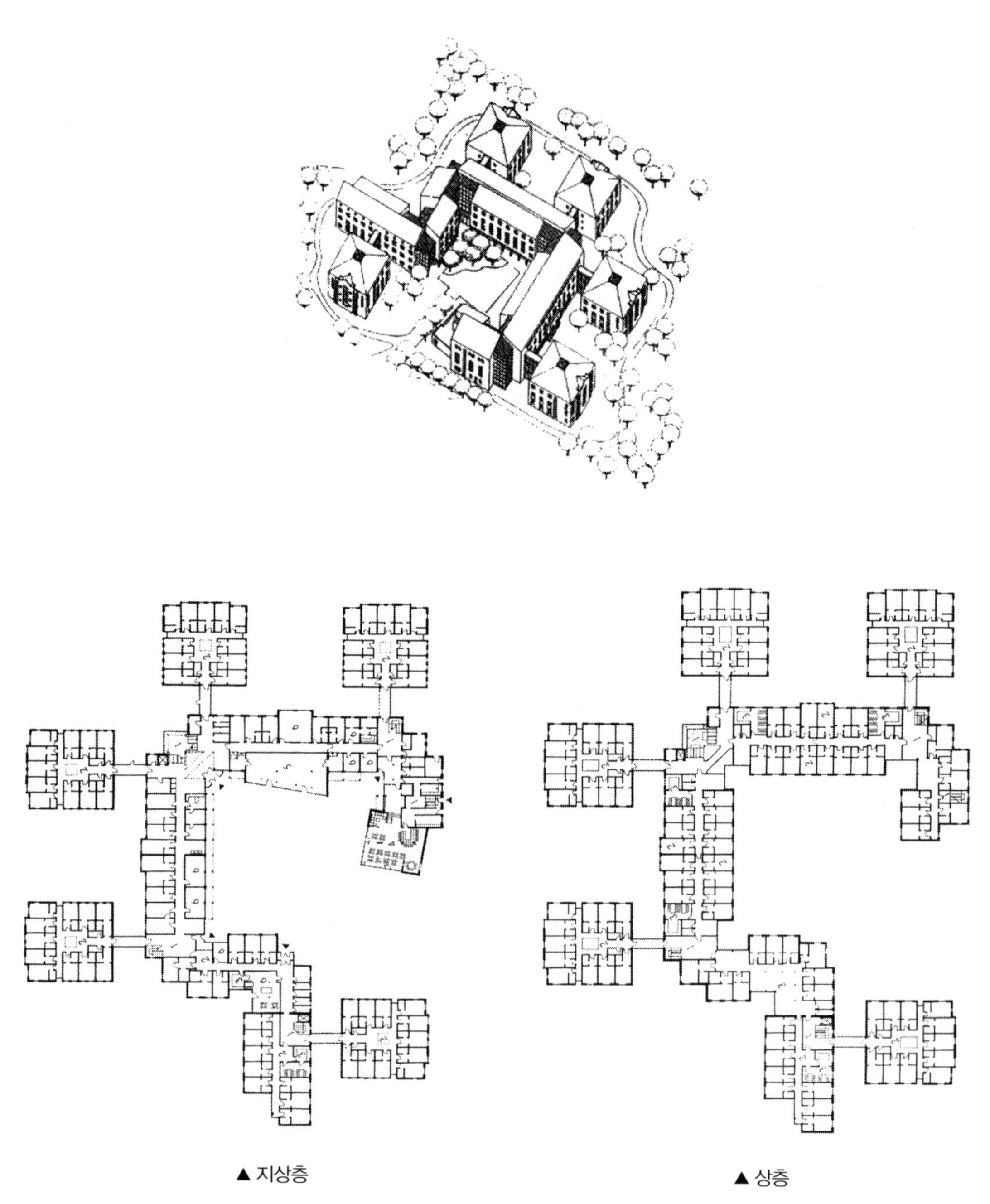

▲ 지상층

▲ 상층

망명자와 관계된 건물

이 건물은 정부의 법이 규정하는 컨셉을 따라야 한다. 이 때문에 임시거주자의 시설과 같이 제한된 생활을 하는 사람들을 위한 건축시스템을 가져야 한다. 주거공간, 위생공간, 침실공간 등은 공용공간과 같은 성격으로 단순한 연결을 갖고 있어야 한다. 그러나 노숙자를 위한 시설은 이와 반대로 정상적인 구조를 가져야 한다.

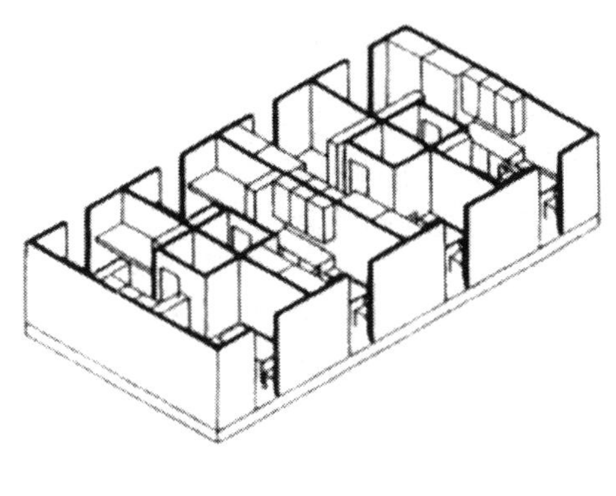

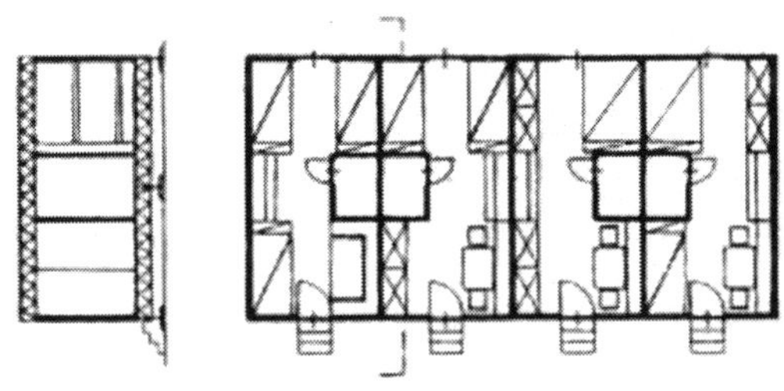

1. 브루흐잘(Bruchsal)에 있는 무주택자 시설

- 건축가: Michael Weindel BDA
- 건축연도: 1996

이 건물은 3층 규모로, 메인 건물은 2층 규모로 되어 있고 작업장 건물은 단층으로 되어 있다.

- 지하: 설비, 창고
- 지상층: 관리실, 공용공간, 작업장, 주방 및 식당, 위생시설, 주거그룹
- 1층 및 2층: 공용공간 및 주거영역

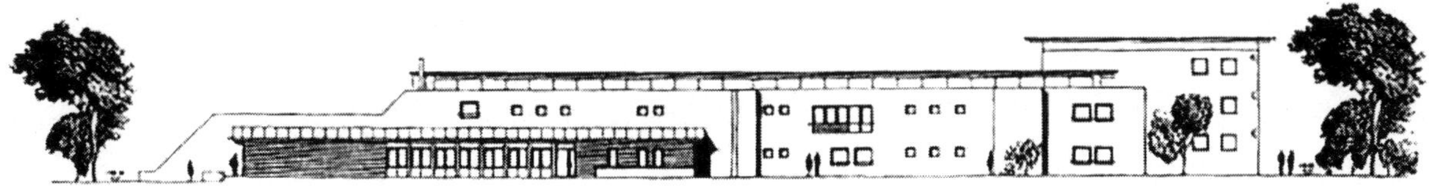

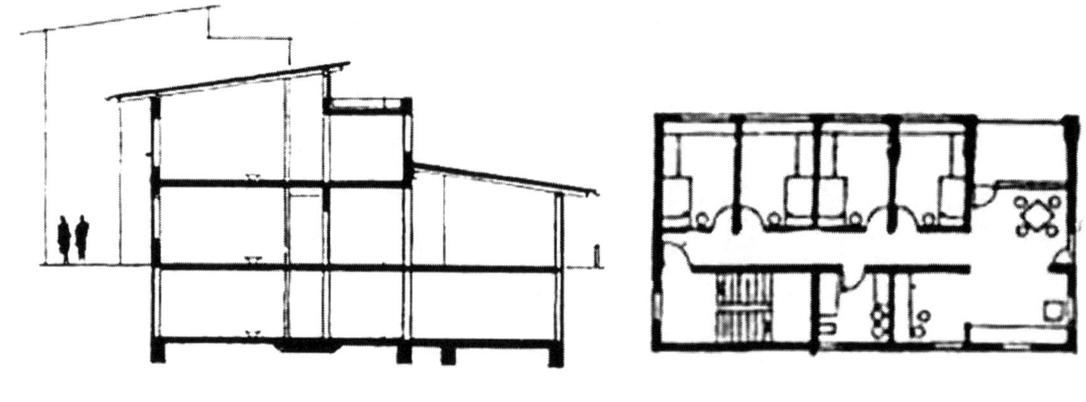

▲ 지붕층

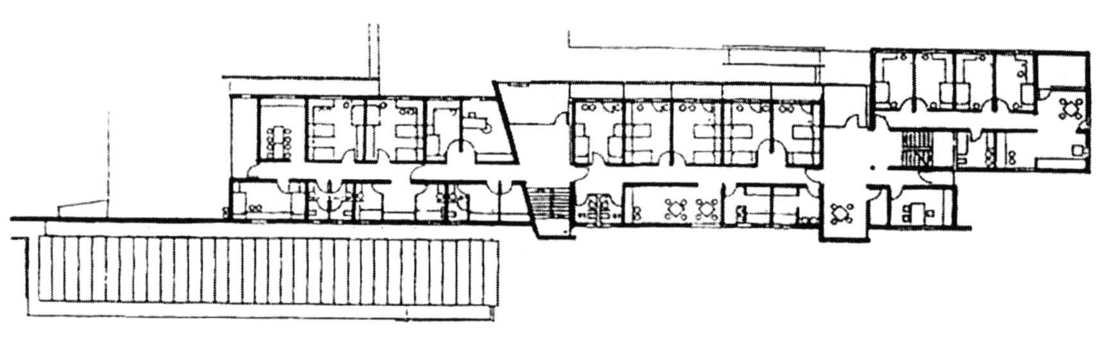

▲ 1층

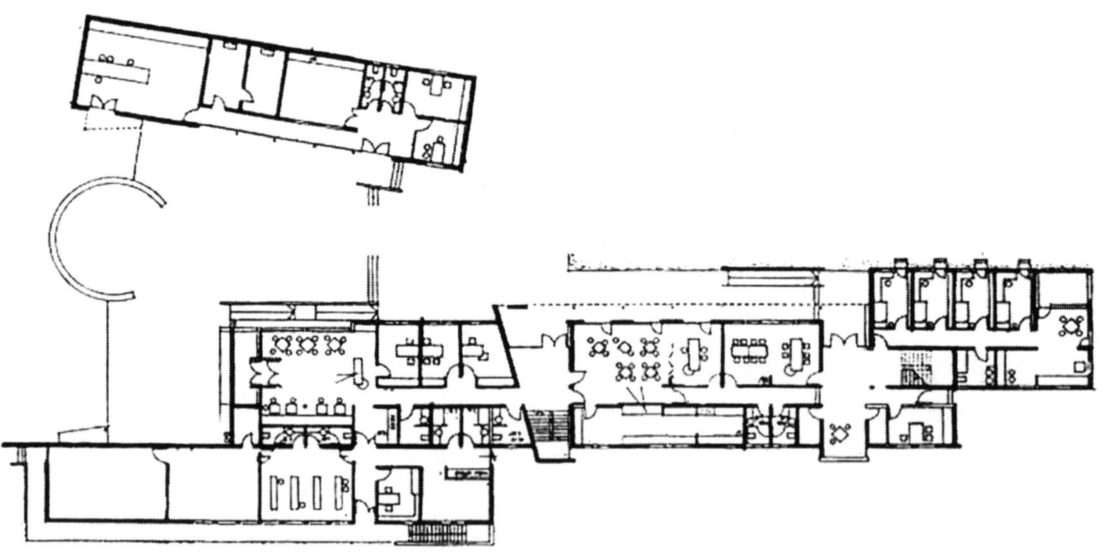

▲ 지상층

2. 잉골슈타트(Ingolstadt)에 있는 무주택자 시설

- 건축가: Prof. Johann and Sybille Ebe BDA, München
- 건축연도: 1997
- 24개의 주거단위

2층 규모의 이 건물은 긴 축을 갖고 있으며, 24개의 주거단위 속에 6개의 트윈침대 형식과 18개의 싱글침대 형식으로 되어 있다. 모든 주거의 배치는 북쪽으로 폐쇄되어 있다. U자 형태의 건물이 붙어 있는데 이 건물에는 공용공간과 주방이 내부정원을 감싸고 있다.

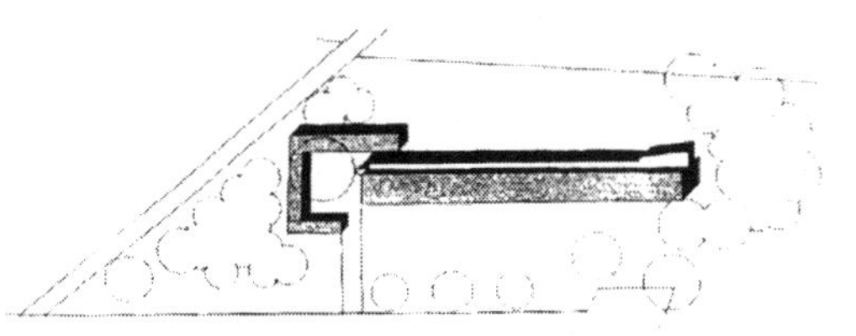

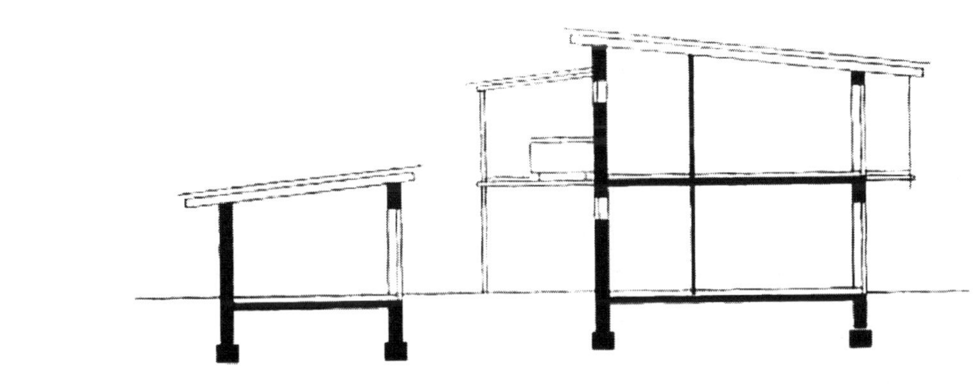

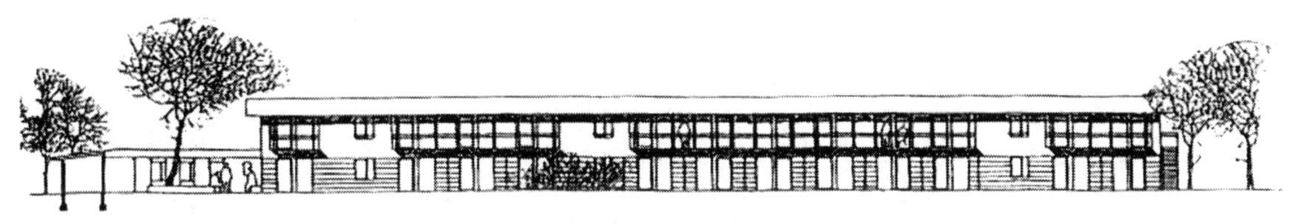

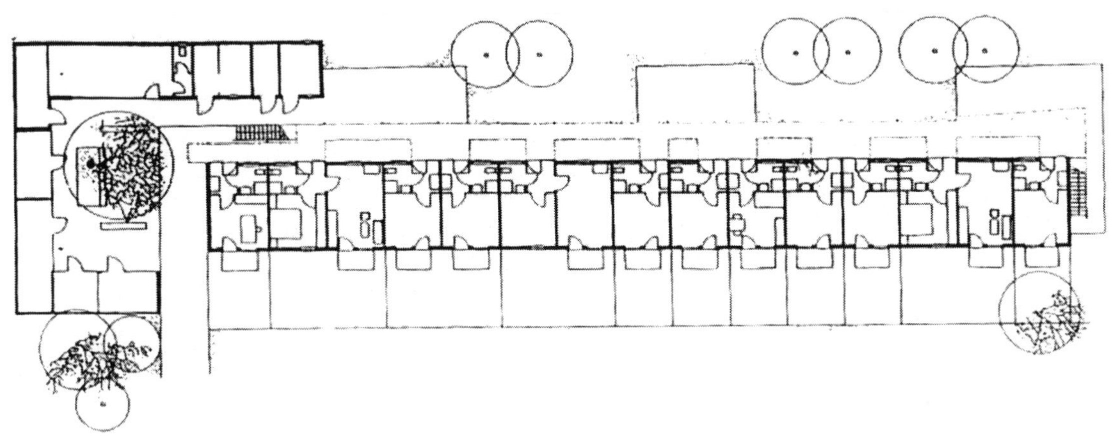

막사

이러한 유형의 건물은 군인막사, 경찰막사와 같은 유형의 건물이다. 과거에는 그 규모가 대형화되었지만 점차로 새로 짓는 건물은 개인적인 공간이 활성화되면서 일반적인 평면처럼 소규모로 바뀌어 가고 있다. 여성의 참여도가 높아지면서 이들을 위한 새로운 평면이 시도되고 있다. 이러한 집단에서 식당과 같은 공용공간들은 특수한 상황으로 설계가 되고 있다. 아래에 제시된 도면들은 독일 막사이다.

1. 독일 막사 I

- 건축가: Lassen and Paulsen BDA, Eckernförde
- 건축연도: 1978

이 건물은 2층 규모로 두 개의 평면으로 구분이 되는데, 과거의 군 막사를 개조한 것이다. 이 건물은 계급에 다라서 다양한 평면으로 연결시켜 놓았다.

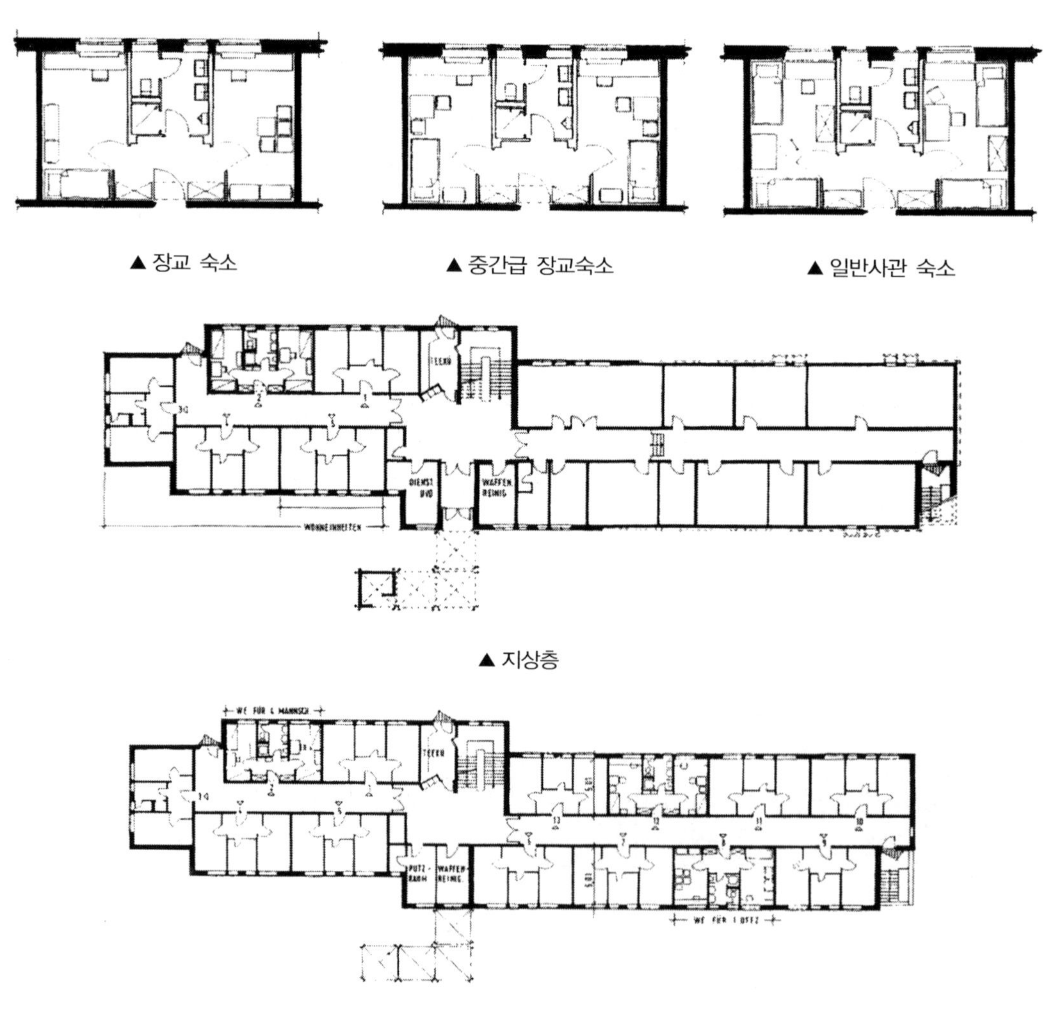

▲ 장교 숙소

▲ 중간급 장교숙소

▲ 일반사관 숙소

▲ 지상층

▲ 1층

2. 독일 막사 II

- 건축가: 애롤센(Arolsen)의 관청
- 건축연도: 1985

이 건물은 3층 규모로, 이 지역의 지붕 모양을 그대로 답습하여 계획하였다.

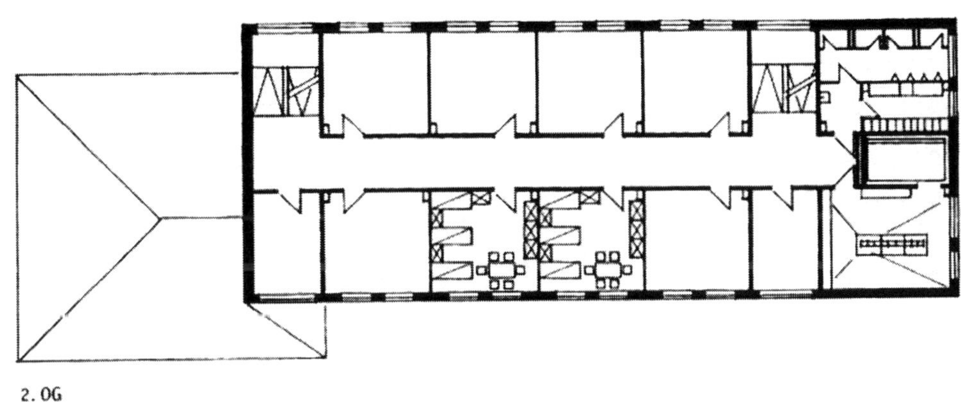

▲ 2층

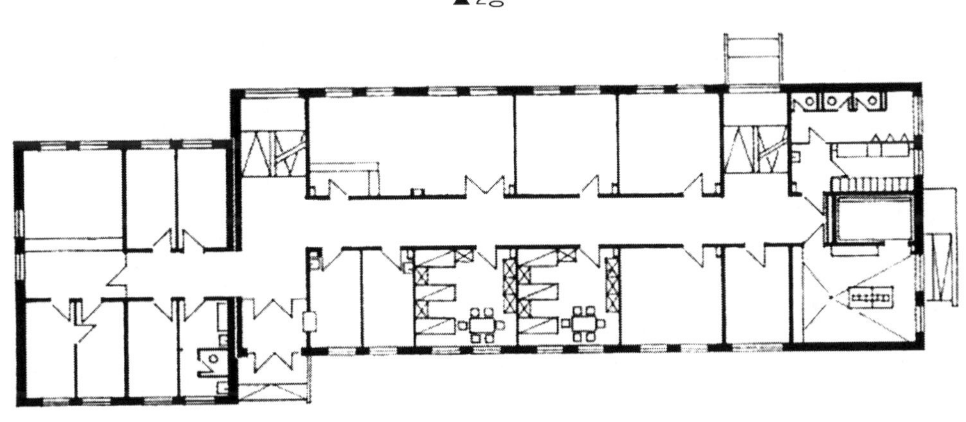

▲ 1층

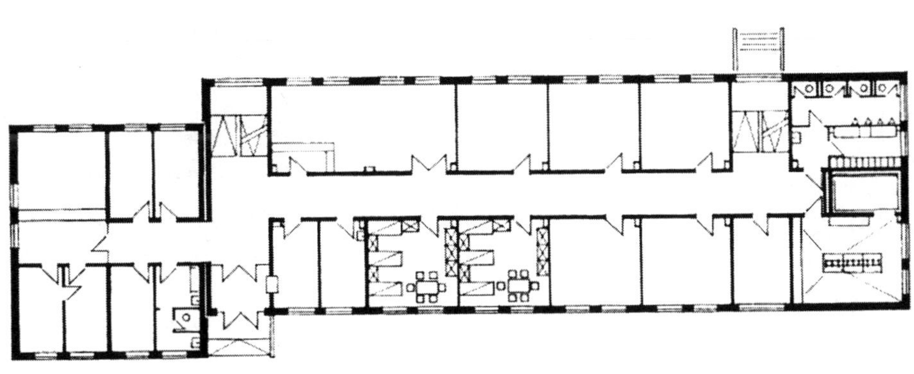

▲ 지상층

호텔

숙박의 역사는 길다. 귀족들이 도시호텔에 머무는 것에서 유래되었다는 설과 장인들이 유람을 하면서 묵었던 숙소에서 시작되었다는 설이 있다. 과거에는 반대편으로 건너가기 위하여 머무는 강어귀나 정박지역, 중간지역 등이 언제나 숙소가 있는 곳으로 결정되었다. 오늘날에는 숙박시설이 다양한 형태를 보여주고 있다. 이 외에 종류도 다양해서 예를 들면 휴양호텔, Sporthotel, conferenchotel, congresshotel, 역전호텔, 공항호텔, Grand-Hotels, Motels 등이 있다. 호텔을 구성하는 데 중요한 요소들에는 계산대를 포함한 현관, 로비, 잡지를 볼 수 있는 공간, 아침식사를 할 수 있는 공간, 그리고 회의실 등이 있다.

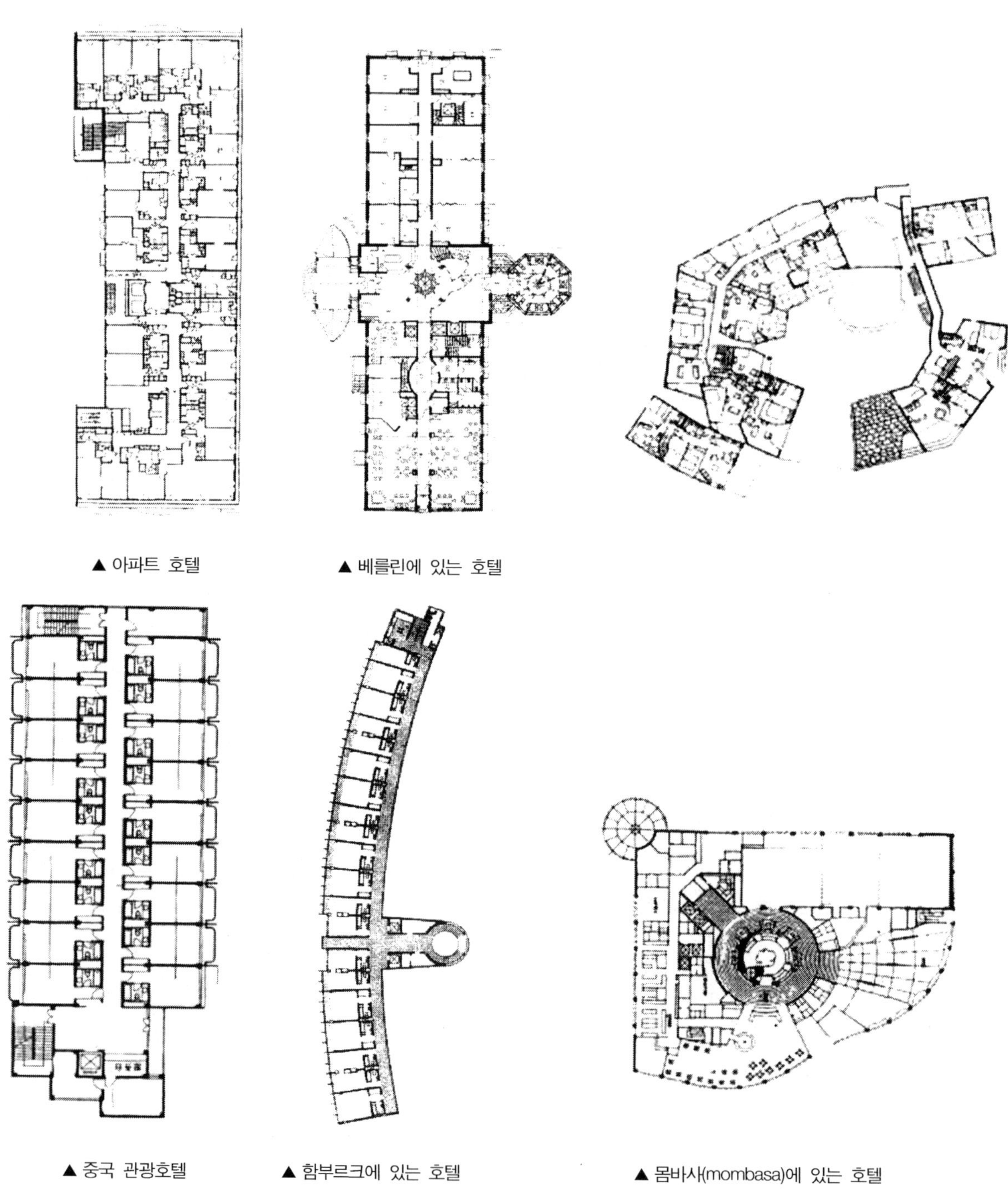

▲ 아파트 호텔

▲ 베를린에 있는 호텔

▲ 중국 관광호텔

▲ 함부르크에 있는 호텔

▲ 몸바사(mombasa)에 있는 호텔

1. 뤼넨(Lünen)에 있는 호텔 “Am Stadtpark”

- 건축가 : Hans Peter Gegus, Herdecke
- 건축연도 : 1991

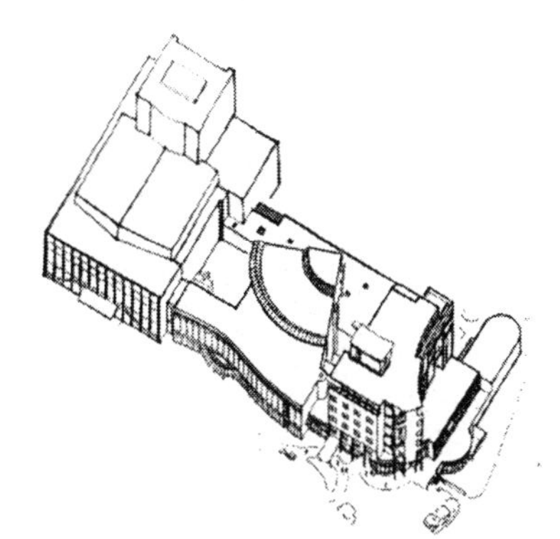

이 건물은 1958년 그라우프너(Graupner) 교수가 설계한 극장과 연결한 5층 규모의 건물이다.

- 지하층: Fitnesscenter, Squash, Sauna, Solarium, 수영장, 설비실, 창고
- 지상층: 홀, 레스토랑, 회의영역, 관리실
- 1~5층: 싱글 및 더블 룸, Suite, 다용도 공간

- 서비스 공간
  - 지하: 케겔 장소(볼링과 유사), 바, 설비
  - 지상층: 로비, 무대, 독서실, 옷보관소, 사무실
  - 1층: 갤러리, 방송과 같은 장비 조정실, 작업장, 창고

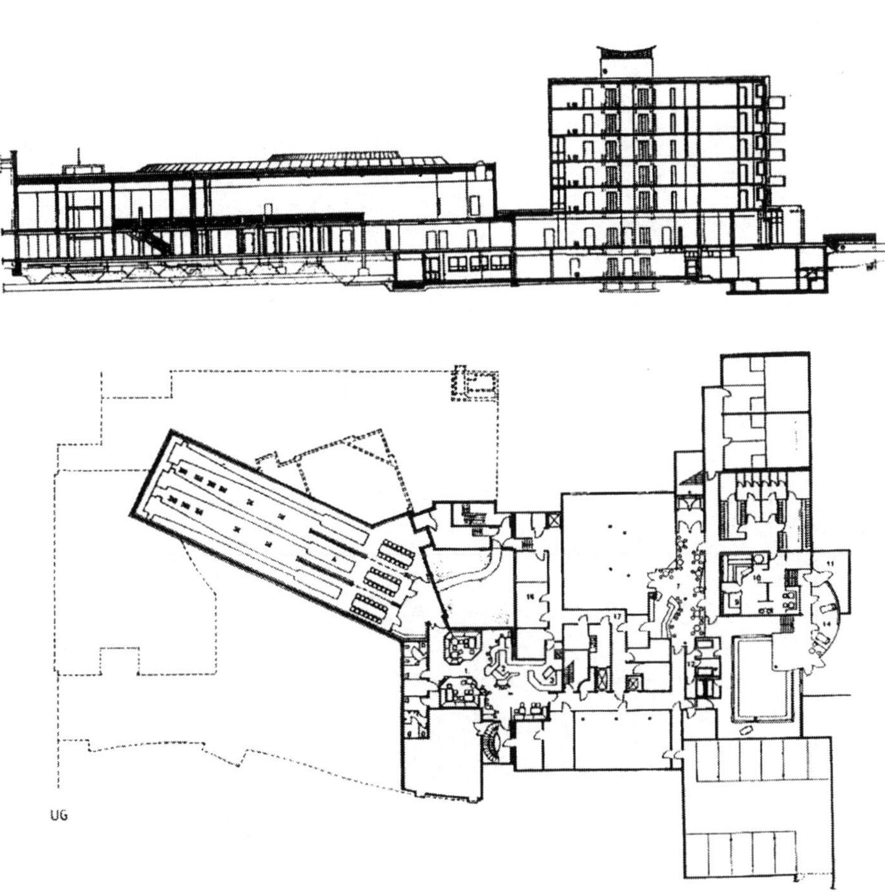

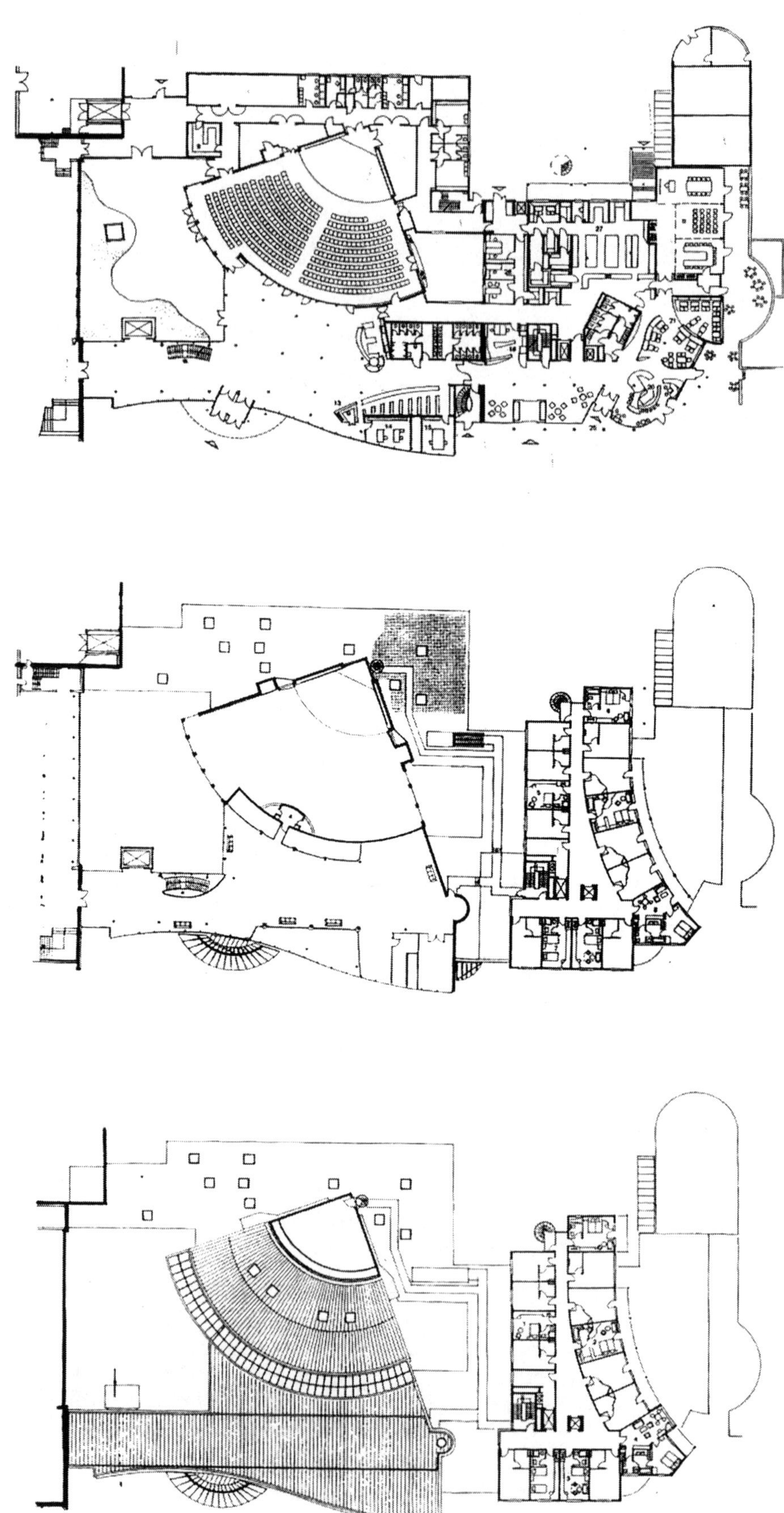

2. 자동차 도시 볼프스부르크(Wolfsburg)에 있는 호텔 "리츠칼튼(Ritz-Carlton)"

- 건축가: Henn 건축가, München
- 건축연도: 2000

6층 규모의 이 호텔은 오목한 원형의 형태로 남동쪽으로 개방되어 있다. 원형의 이 건물은 복도가 건물의 중앙에 배치되어 있다. 링 형태의 건물 중앙에는 일본식 정원이 배치되어 있다.

- 지상층: 입구, 로비, 서비스공간
- 상층: 2개의 고급 Suit 룸, 19개의 일반 Suit, 153개의 방

▲ 단면도

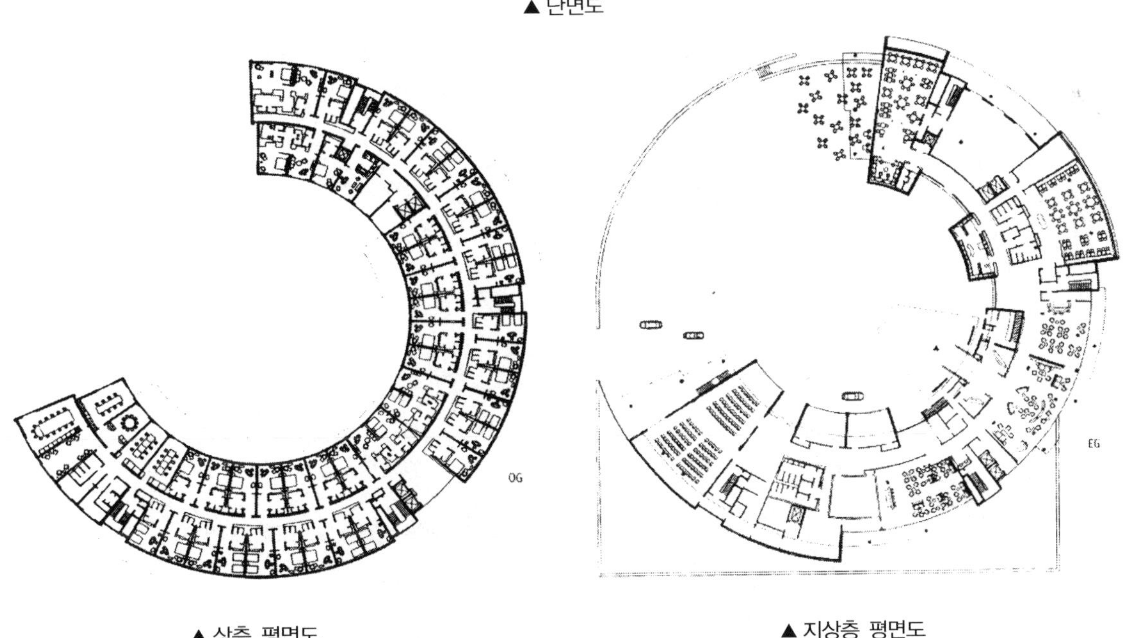

▲ 상층 평면도　　▲ 지상층 평면도

3. 뒤스부르크(Duisburg)에 있는 호텔

- 건축가: Wolfgang Kamieth, Herdecke
- 건축연도: 1997

이 건물은 이 지역에서 흔히 볼 수 있는 건물의 이미지를 갖고 있으며, 두 개의 날개형태로 전개가 되어 있다. 이 건물의 옆에는 두 개의 회의실을 갖춘 식당을 겸한 숙박업체가 같이 있다. 이 호텔은 19 m 높이의 탑이 인상적이다.

- 지하층: 지하차고, 공용공간, 설비
- 지상층: 식당, 회의실, 사무실
- 1~2층: 호텔영역
- 3층: 숙박시설과 사우나 전경
- 지붕층: 창고

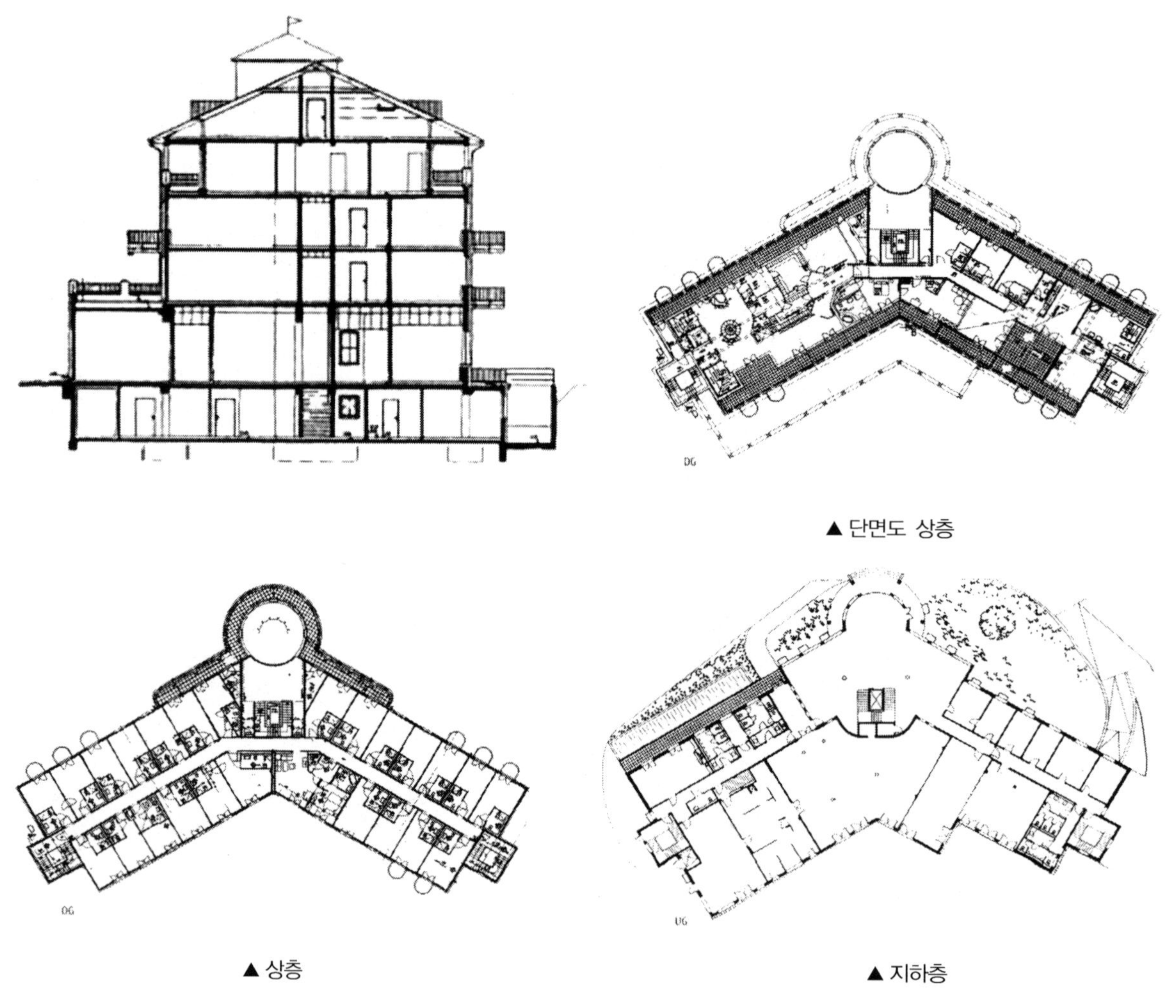

▲ 단면도 상층

▲ 상층

▲ 지하층

4. 니더바이에른(Niederbayern)에 있는 스포츠와 컨퍼런스 호텔 "콘그레스(Congress)"

- 건축가: Helmut Unterholzner, München
- 건축연도: 1989

이 건물은 3층 규모 두 개의 형태로 구분이 되며, 38개의 숙박시설과 5개의 스위트룸이 있다. 그리고 레스토랑을 겸비하고 있다. 두 개의 건물은 2층의 홀을 통하여 연결되어 있다.

- 지상층: 입구, 포이어, 회의영역, 관리영역, 주방영역, 수영장과 탈의실이 있는 호텔영역
- 1층: 포이어, 사우나, 호텔영역, 주방이 있는 레스토랑
- 2층: 스위트룸

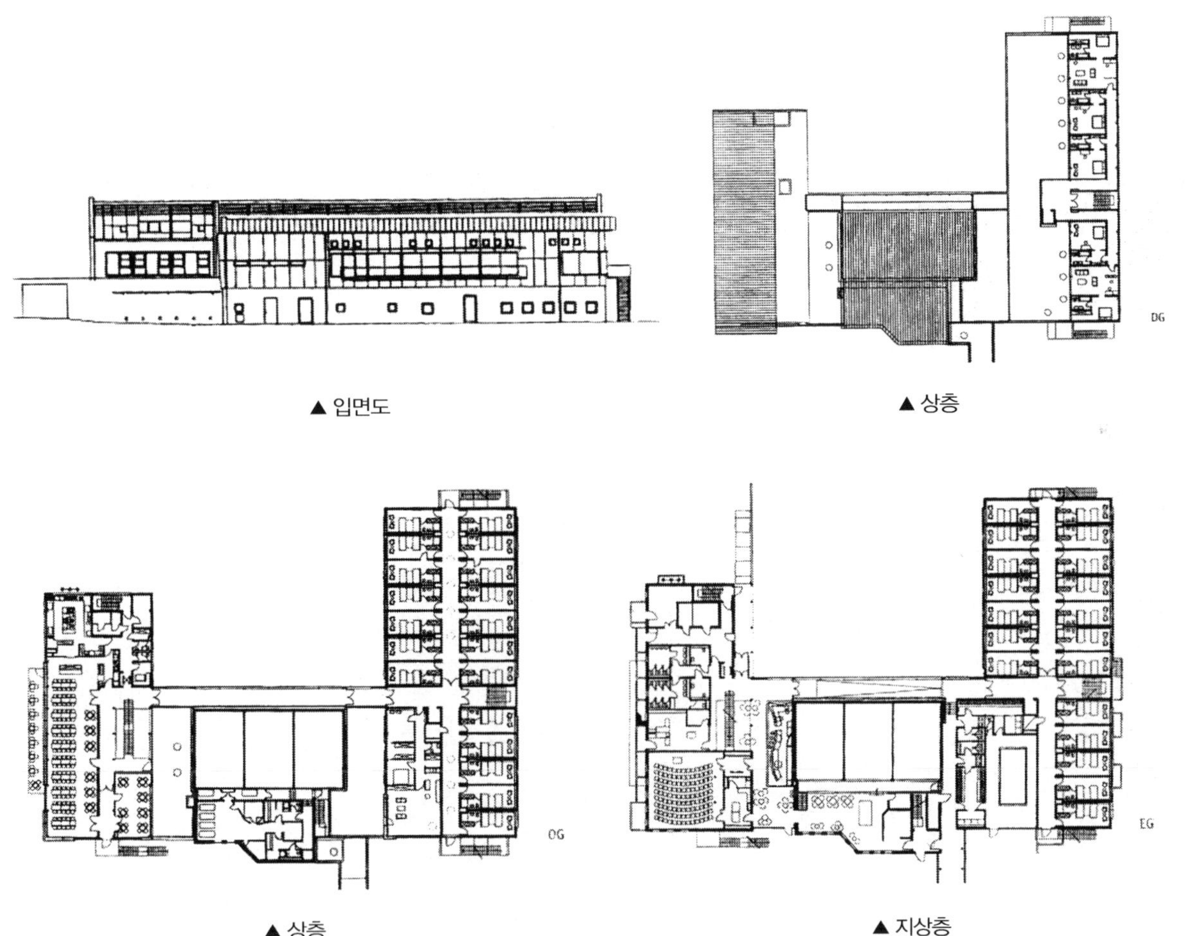

▲ 입면도

▲ 상층

▲ 상층

▲ 지상층

5. 우나(Unna)에 있는 호텔 "Katharinen Hof"

- 건축가: Gegus / Hellenkemper
- 건축연도: 1990

콤팩트 형식의 5층 규모인 이 건물은 대지 일부가 언덕에 위치해 있다. 외부 계단으로 연결되어 8 m 높이에 놓여 있는 이 호텔은 모든 영역을 연결하고 있다. 250명을 수용할 수 있는 350 m^2 크기의 회의실은 분리되어 있다.

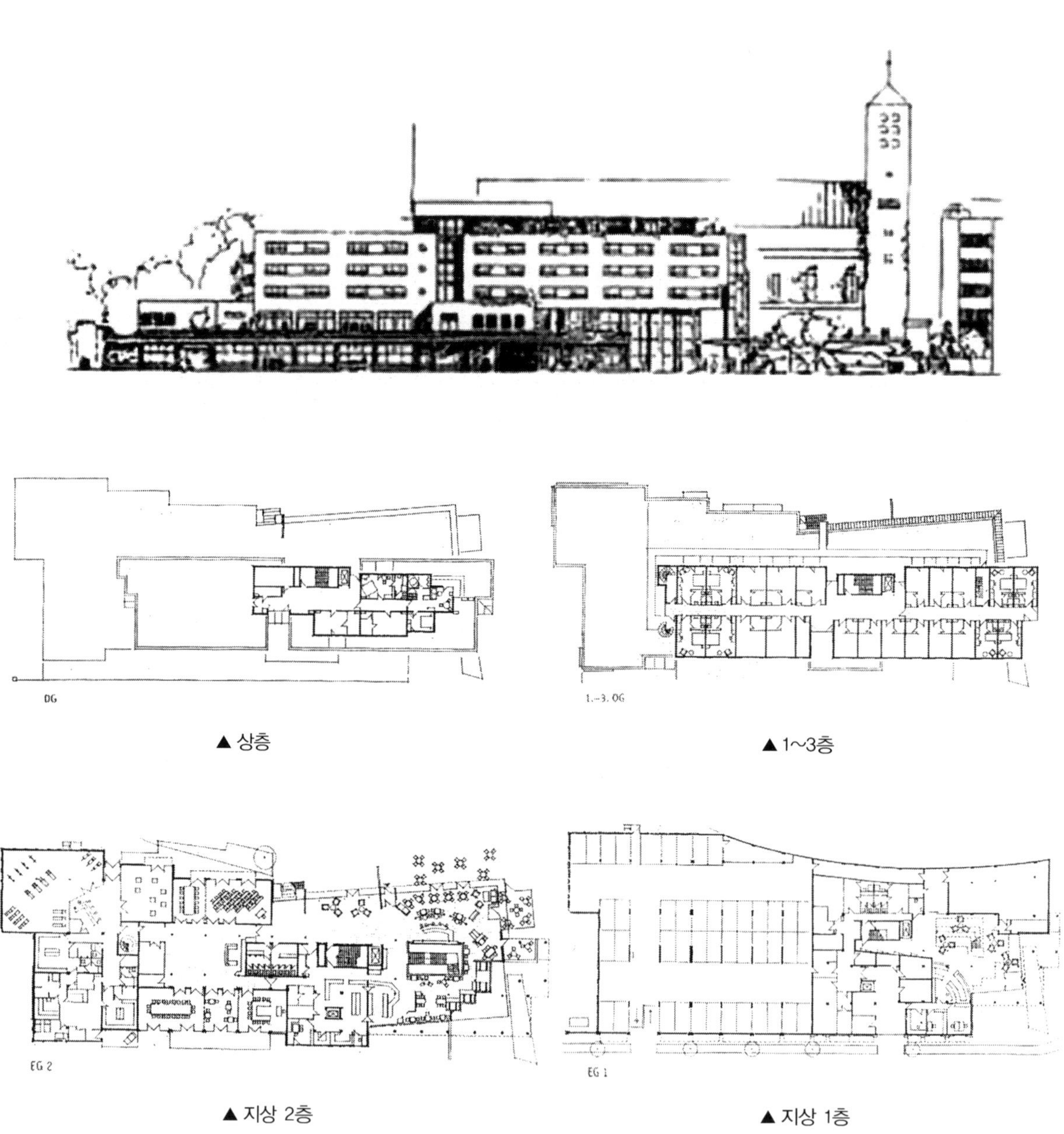

▲ 상층

▲ 1~3층

▲ 지상 2층

▲ 지상 1층

공관

각 도시는 그 도시의 원활한 기능을 수행하기 위하여 이에 따른 기관과 건물을 필요로 한다. 이러한 기능을 감안한다면 각 건물은 고유의 기능에 따라 계획되어야 할 것이다. 오늘날 중앙정부의 과도한 업무를 분산하여 국방부를 제외한 각 지방정부가 개별적으로 수행하는 것들이 많다. 이를 감안하여 공관의 건물들이 지어지고 있다.

1. 로스토크(Rostock)에 있는 직업 의료 건물

- 건축가: WGK 건축물 GmbH, Hamburg
- 건축연도: 1998

이 건물은 2개 층, 2개의 분리, 그리고 원형으로 구성되어 있다. 전체 형태의 중앙에는 쐐기형태의 영역이 배치되어 있고 이곳에 입구가 있다.

- 지하층: 물리치료실, 설비, 재료실
- 지상층: 입구, 의료실
- 1층: 교육실, 관리실, 주거시설

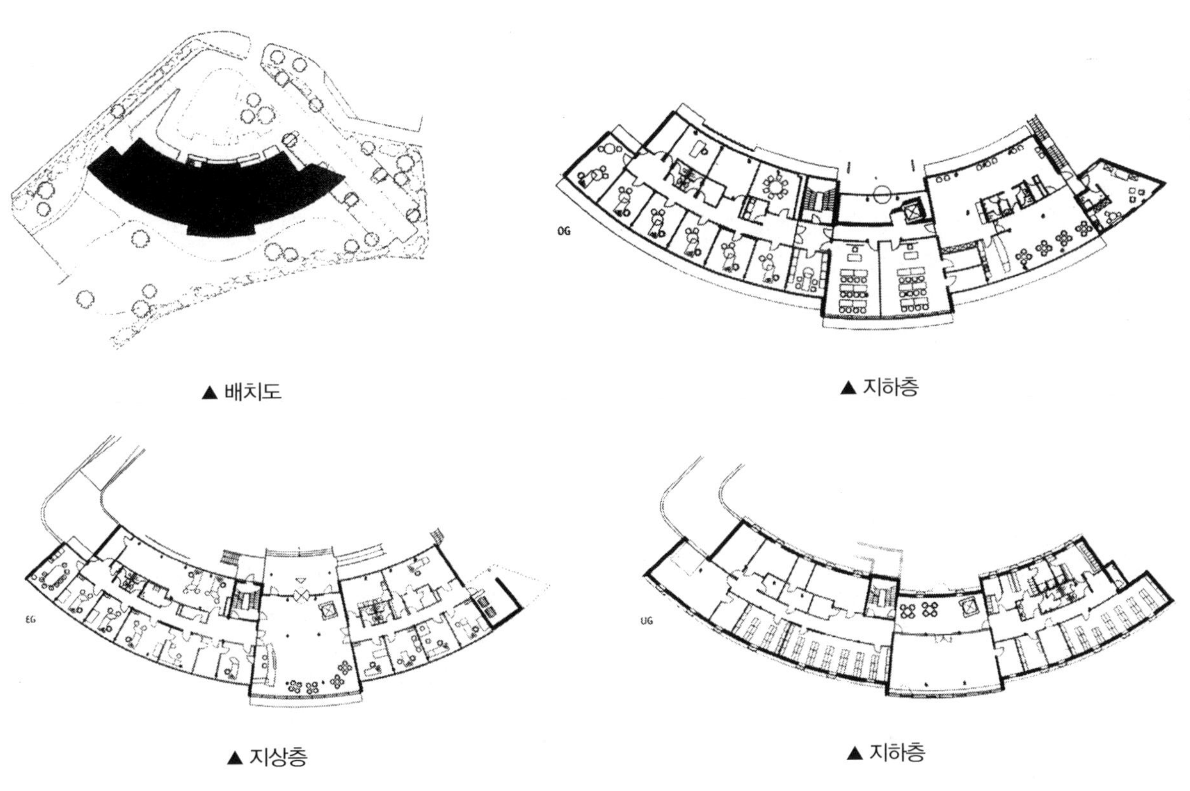

▲ 배치도

▲ 지하층

▲ 지상층

▲ 지하층

2. 드레스덴(Dresden)에 있는 정부 의료 건물

- 건축가: Log ID, Prof. Dieter Schrmpp, Tübingen
- 건축연도: 1996

- 140개의 작업장

자연친화적인 콘셉트로 만들어진 이 간단한 형태의 건물은 남향으로 전체적인 유리 외피를 갖고 있다. 공중에 떠 있는 지붕은 태양을 고려하여 계획된 것이다. 공기의 순환과 질을 유지하기 위하여 아열대식물을 위한 영역을 만들어 놓았다. 사무실은 개방된 형태를 갖고 있다. 공간의 분리는 가구에 의하여 구분해 놓았다.

- 지하층: 창고, 설비, 주차장
- 1~4층: 가변성 있는 사무실, 회의실, 작은 주방

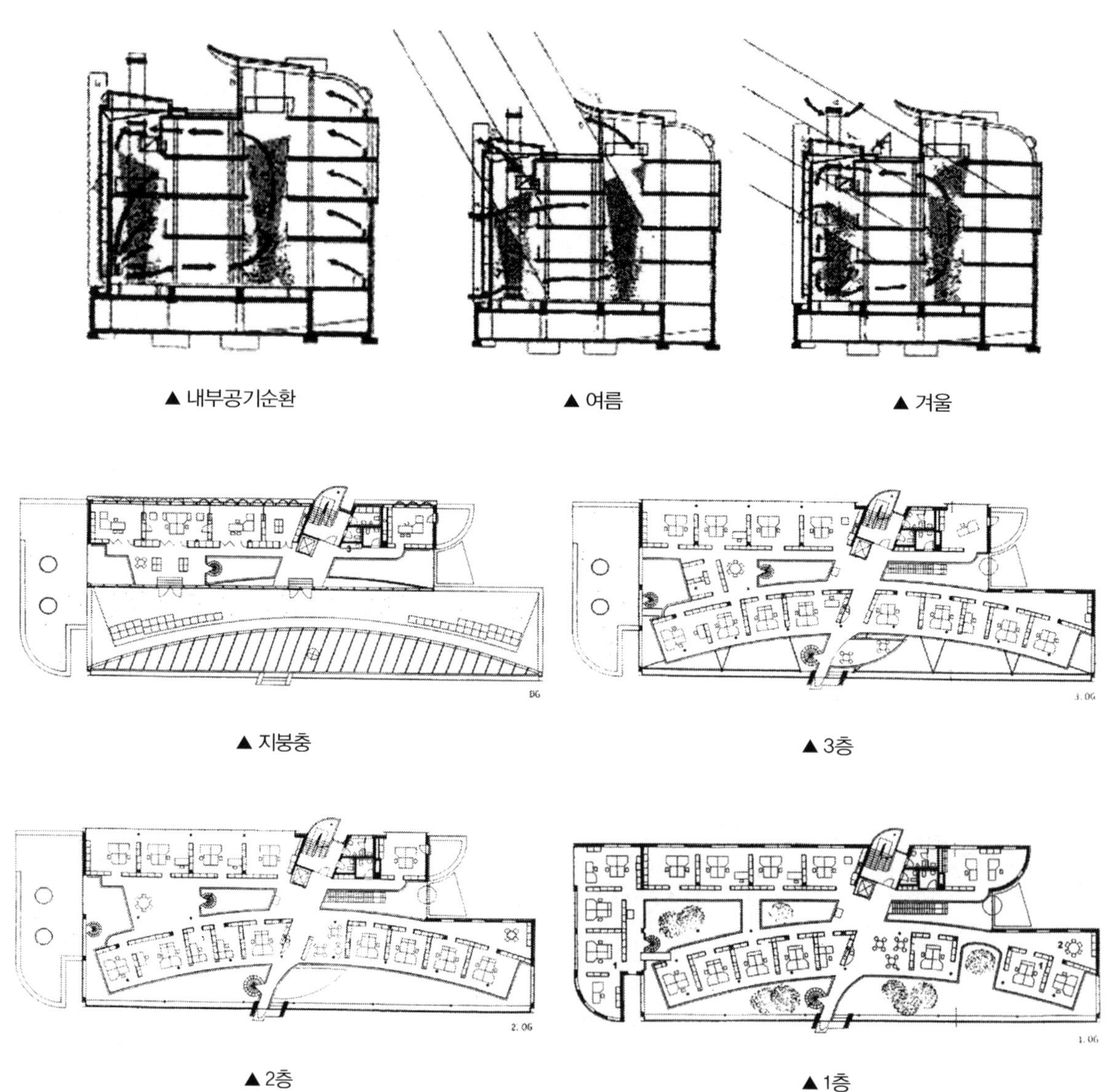

▲ 내부공기순환 ▲ 여름 ▲ 겨울

▲ 지붕층 ▲ 3층

▲ 2층 ▲ 1층

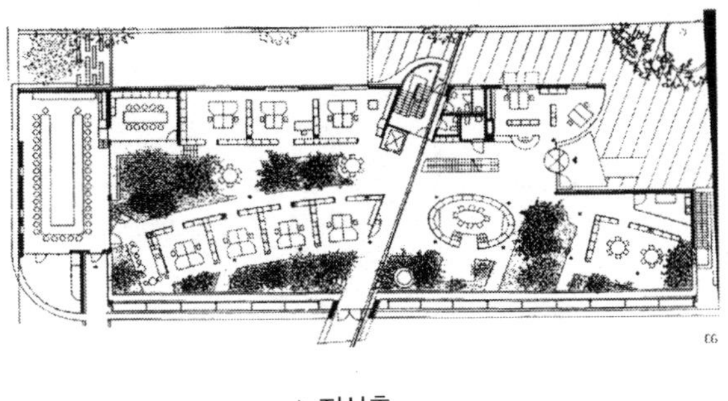

▲ 지상층

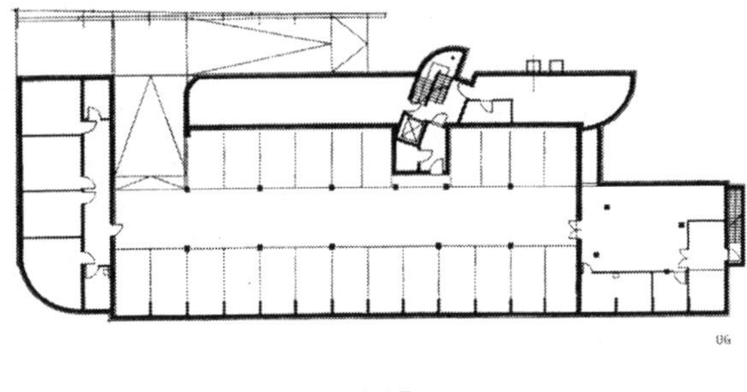

▲ 지하층

3. 보훔(Bochum)에 있는 정부 의료 건물

- 건축가: Dr. Lothar Kammel BDA, Hagen
- 건축연도: 1992

이 건물은 입구가 두 개로 분리되어 있다. 복도가 순환되는 중앙입구는 모든 층으로 연결되어 있다. 검사를 받을 수 있는 영역은 장애자에 대한 배려가 계획된 지상층에 배치되어 있다.

- 지하층: 식당, 시설 관리자 팀장실, 시설
- 지상층: 검사실
- 상층: 사무실, 카페

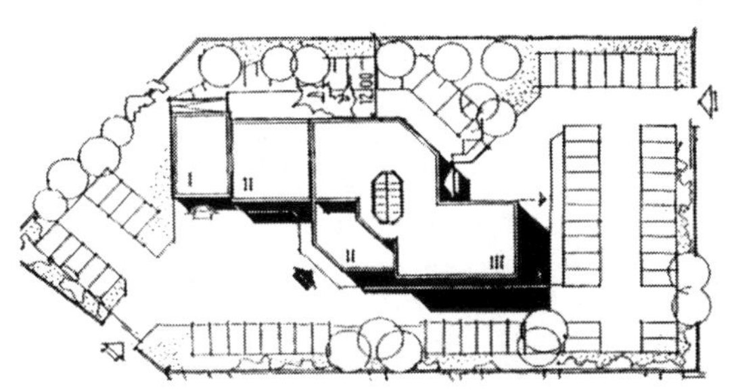

▲ 배치도

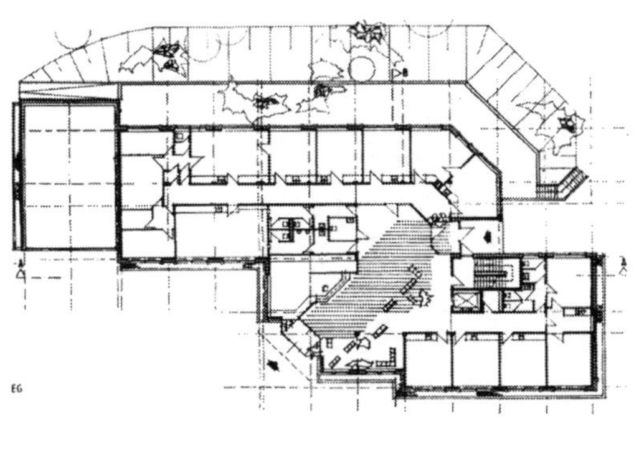

▲ 지상층

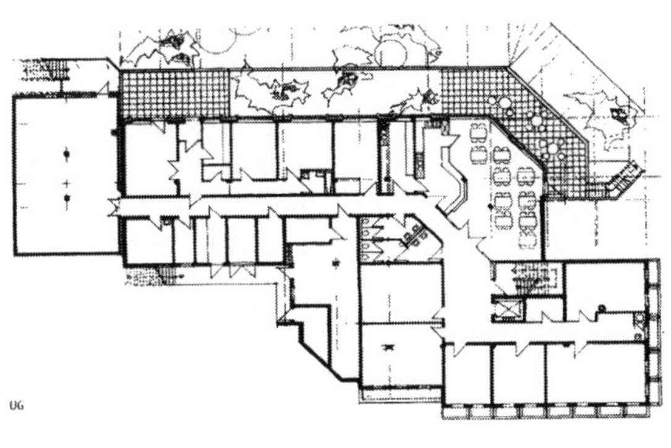

▲ 지하층

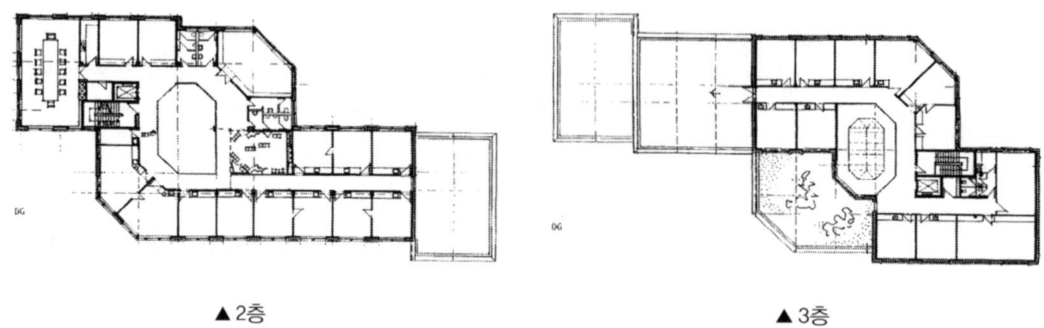
▲2층　▲3층

4. 노이브란덴부르크(Neubradenburg)에 있는 정부 의료 건물

- 건축가: WGK D. Krüger, Hamburg
- 건축연도: 1997

– 지상층: 접수, 청각과 시력테스트, 실험실, 전시실
– 1층: 교육실, 입원실, 사무실

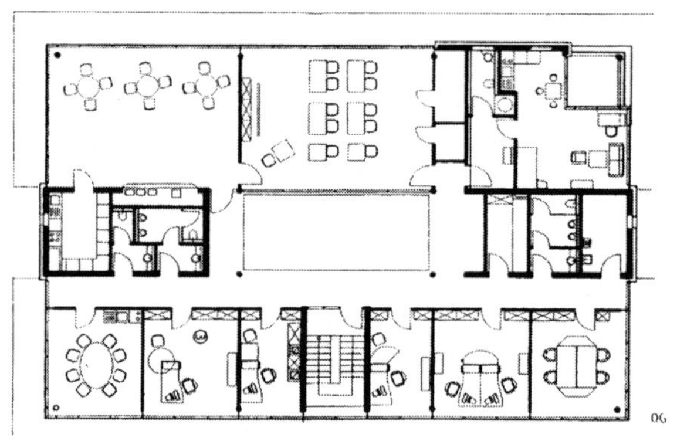
▲ 2층

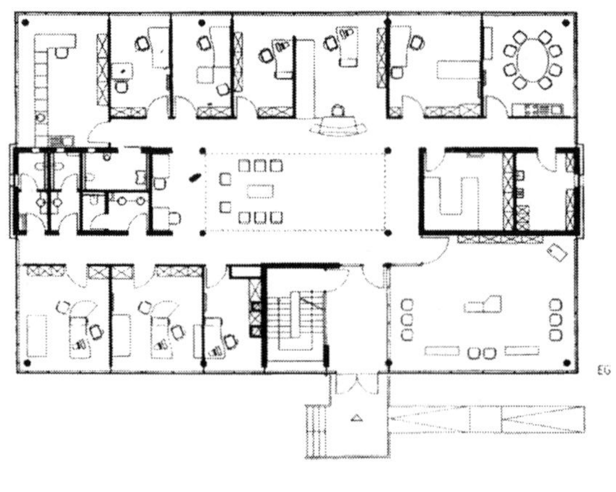
▲ 지상층

개인병원

과거의 개인병원들은 단과가 많은 추세였으나 현재의 개인병원들은 다양한 분야를 종합적으로 다루는 추세를 보이고 있다. 이들에게 공간배치에 대한 규칙이나 계획을 규정짓는 것이 어려울 수도 있다. 그러나 전문의에게 실에 대한 계획을 전달하는 것은 의의가 있을 것이다.

1. 노이하우젠(Neuhausen)에 있는 진료의 병원

- 건축가: Andreas M. Edelmann, Neuhausen
- 건축연도: 1990

다양하게 분리되어 있는 이 2층 규모의 건물은 크게 세 개의 형태로 구분된다. 이유는 전문분야 치료에 따라서 구분해 놓았기 때문이다.

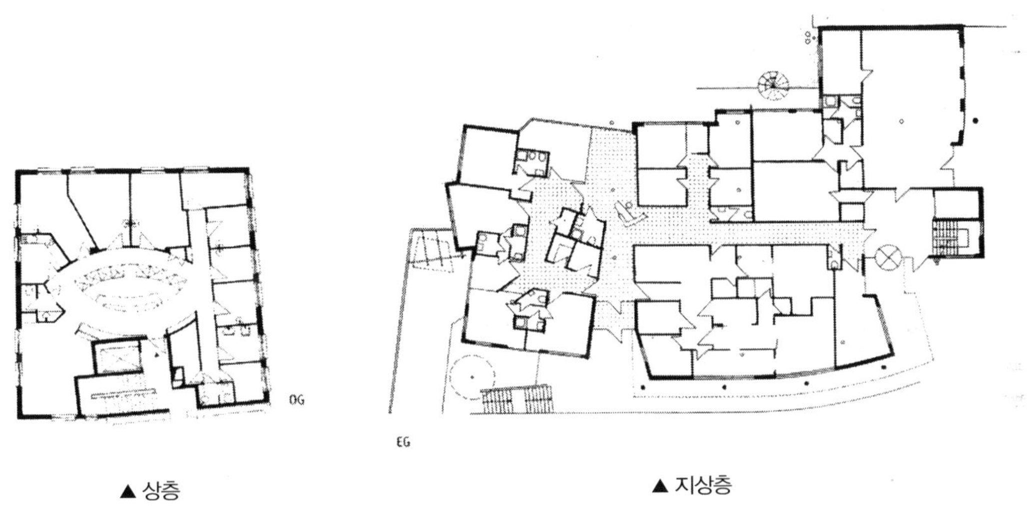

▲ 상층 ▲ 지상층

2. 비텐(Witten)에 있는 성인 병원

- 건축가: Hans Peter Gegus, Wetter
- 건축연도: 1998

이 병원은 응급병원에 연결되어 있다. 이 병원은 이 지역의 모든 정신적인 치료까지 담당하고 있다. 2층 규모이며 꺾어진 형태의 이 건물은 간호, 입원, 그리고 치료공간 등을 포함하고 있다.

-지상층: 입구, 복도, 작업장, 식당, 사무실, 부분적인 공용공간
-상층: 일반적인 서비스영역, 의사실, 검사실,

▲ 입면과 단면

▲ 입면

▲ 지상층

▲ 상층

2. 에센(Essen)에 있는 노인 병원

- 건축가: KZA Koschany, Essen
- 건축연도: 1997

2층 규모에 하나로 연결된 이 건물은 명확한 구조를 갖고 있다. 수지공선은 독립적으로 서 있는 계단과 엘리베이터를 통해서 이뤄지고 있다.

– 지상층: 근육처방, 체조, 진료실, 의사, 검사실, 실험욕조
– 1층: 5개의 명상실, 진료실, 간호실

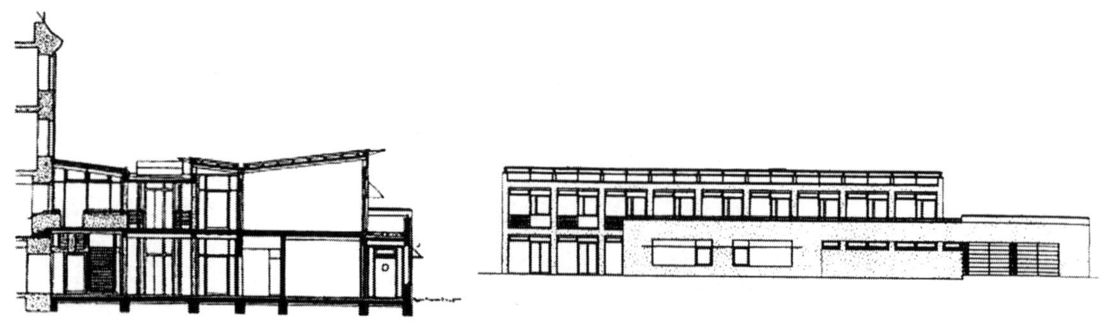

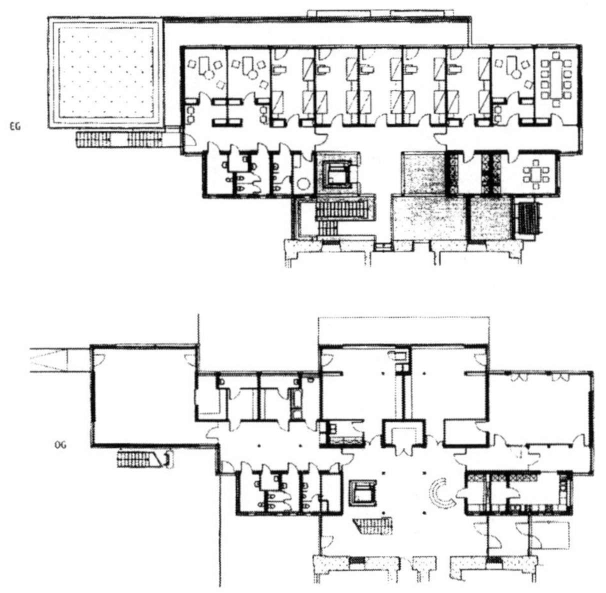

3. 다름슈타트(Darmstadt)에 있는 알리스 병원(Alice-Hospital)

- 건축가: Angela Fritsch, Darmstadt
- 건축연도: 1994

4층 규모의 이 건물은 세 개의 부분으로 구분이 된다. 동선의 연결은 엘리베이터와 함께 있는 독립적인 계단으로 연결된다.

- 지하층: 입구, 설비, 차고
- 지상층: 유아과, 교통사고를 포함한 외과, 스포츠 의학, 심장질환
- 1층: 심장 연구실, 내과
- 2층: 위, 사회심리학
- 3층: 내과 및 심장질환
- 4층: 관리실 및 병원관계 용무

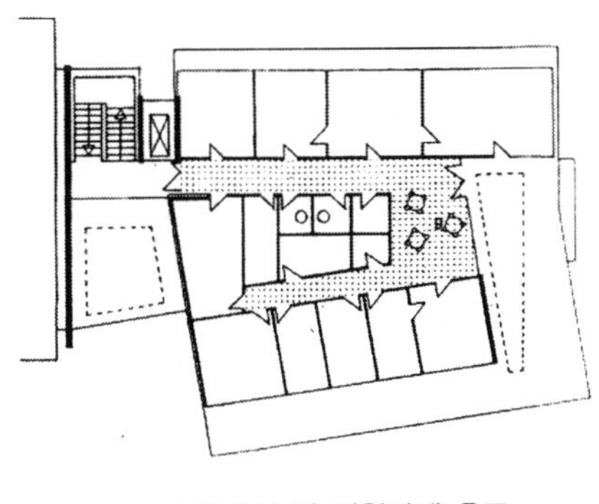

▲ 관리실 및 병원관계 용무

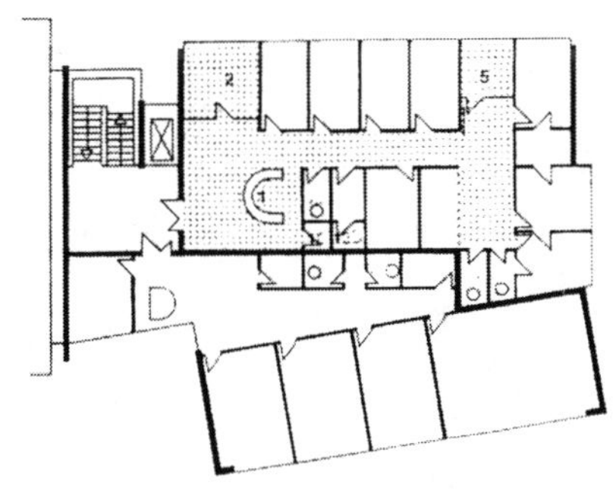

▲ 내과 및 심장질환

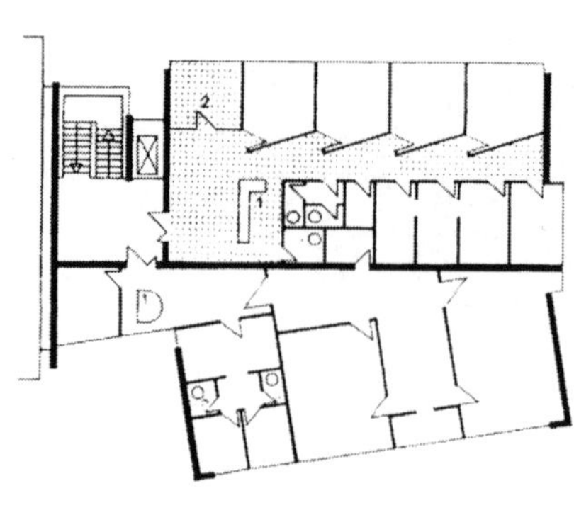

▲ 위, 사회심리학

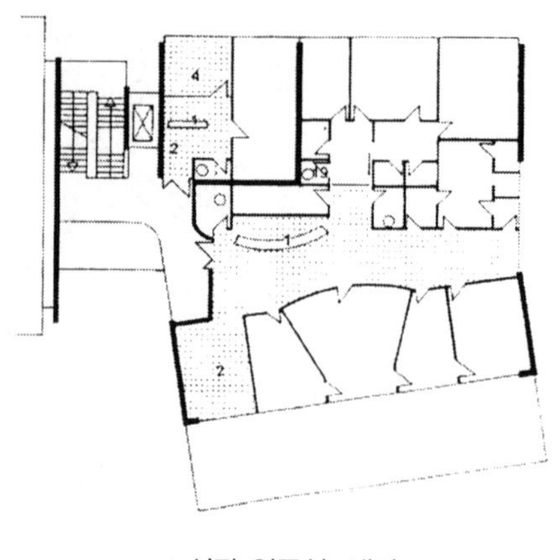

▲ 심장 연구실, 내과

4. 카셀(Kassel)에 있는 비상 심장병원

- 건축가: Bieling & Bieling BDA, Kassel
- 건축연도: 2000

3층 규모의 이 심장전문 병원은 두 개의 파트로 구분된다. 하나는 기본적인 구조로 병원영역을 포함하고 있는 L 형태로 있다. 또 하나는 유리가 위로 겹쳐져 보이는 기능성 공간들이 있다.

- 지하층: 심장과, OP. 설비
- 지상층: 접수, 관리, 대기실, 침대공간
- 1층: 대기영역, 진단실
- 2층: 진료, 진단, 사무실

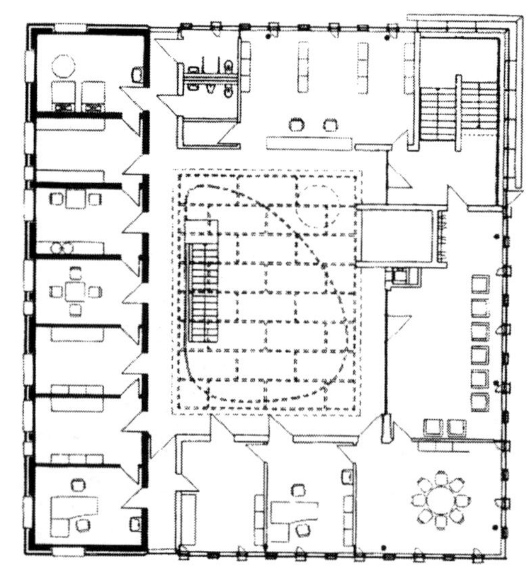

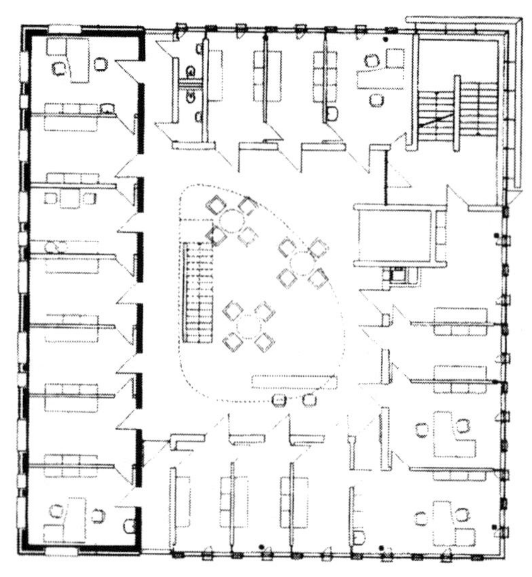

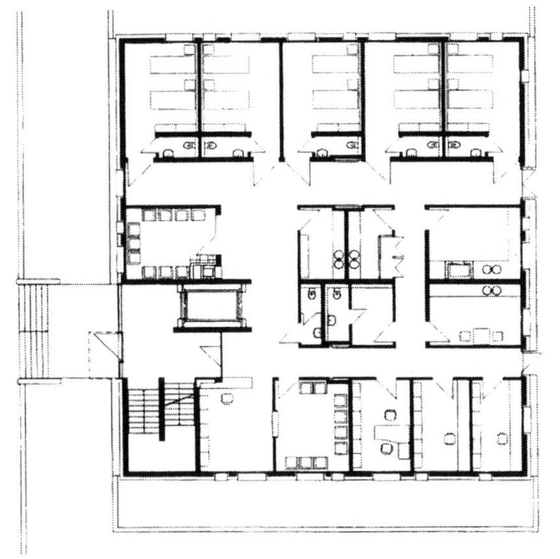

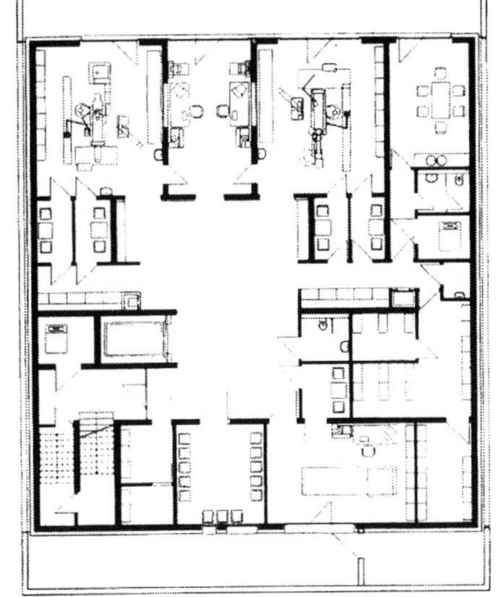

요양 및 온천

건축의 역사 흐름 속에서 전형적인 목욕탕 건축물들도 홀, 목욕시설, 펜션, 요양소 등과 같은 인상적인 건축물의 양식으로 변화해 왔다. 고대부터 이미 욕조와 함께 화려한 욕실 시설이 있었다. 이 시설들은 이미 오래 전에 유럽에서는 위생적이고 교류의 목적으로 그 기능을 수행해 왔다. 이러한 기능들은 이미 로마의 카라칼루스 욕장에서 충분히 보여주고 있다.

18세기의 설명을 보면 요양소의 새로운 형태들은 미네랄 온천에서 그 모습을 보여주고 있으며 여행의 목적도 이러한 온천을 즐기기 위한 방향으로 잡히는 경우가 있었다. 오늘날에는 이러한 시설들이 건강을 지키는 과정으로 그 역할을 수행하고 있다. 따라서 이 시설들에 대한 새로운 형태들이 등장하게 되었다.

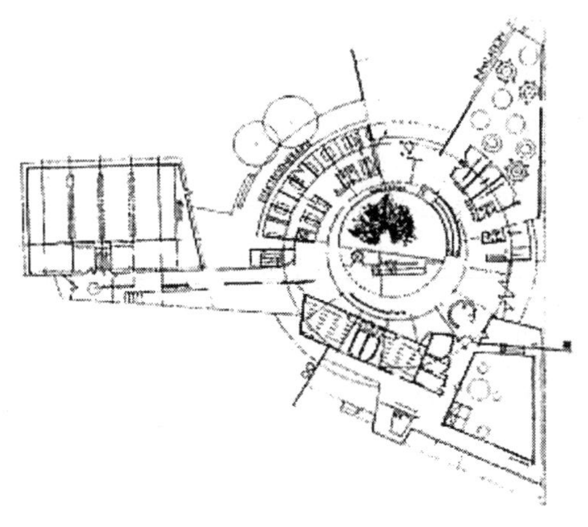

▲ 쾰른에 있는 치료용 휴양소

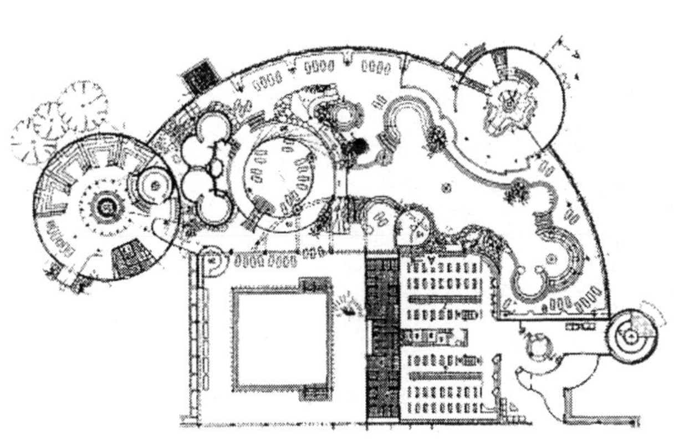

▲ 오인하우젠에 있는 요양소

1. 비른바흐(Birnbach)에 있는 치료용 요양소

- 건축가: Manfred Brennecke, München
- 건축연도: 1990

이 치료용 요양소는 다양한 기능적인 영역으로 구분되어 있으며, 두 개 층의 연결을 원활하게 수행하고 있다. 팔각형의 목욕탕은 외부 욕조를 감싸고 있다. 커다란 욕조 주변에는 움직이는 작은 욕조들의 연결고리가 걸려 있다. 중심적인 주출입구는 모든 영역을 연결하고 있다.

-지하층 : 설비, 지하주차장
-지상층 : 욕조, 탈의실, 의사, 관리실
-상층: 치료실, 명상실, 체조실

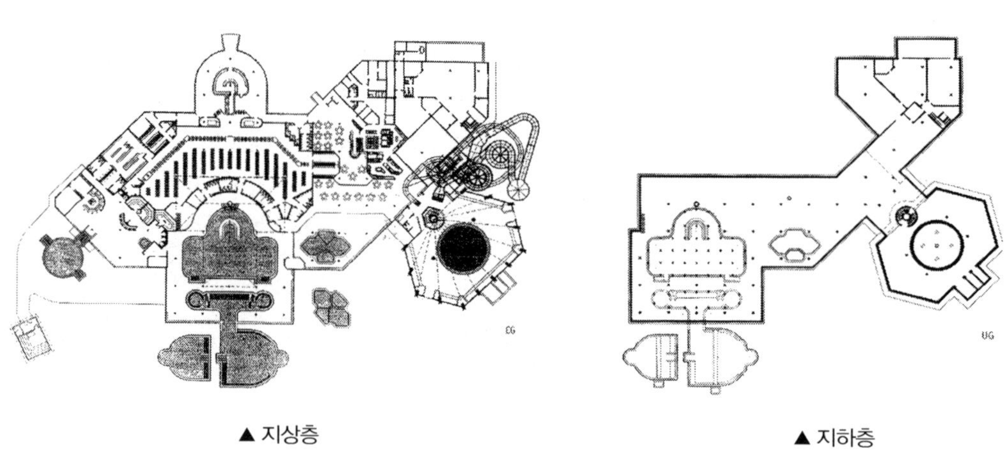

▲ 지상층　　▲ 지하층

2. 바트 콜베르크(Bad Colberg)에 있는 요양 병원

- 건축가: Manfred Brennecke, München
- 건축연도: 1990

요양소의 형태로서 과거의 말굽 모양은 오늘날의 요구를 충족시키기에 충분치 않다. 새로운 시설을 위해서는 4개의 침실건물과 11개의 다양한 욕조를 설치한 테라스 온천을 필요로 하고 있다. 침실건물에는 환자를 위한 실이 연결공간의 주변을 따라서 배치되어 있다.

- 두 번째 지하층: 홀, 의사영역, 진료실, 주방과 식당
- 첫 번째 지하층: 욕실과 치료용 화산니, 마사지와 같은 진료 시설

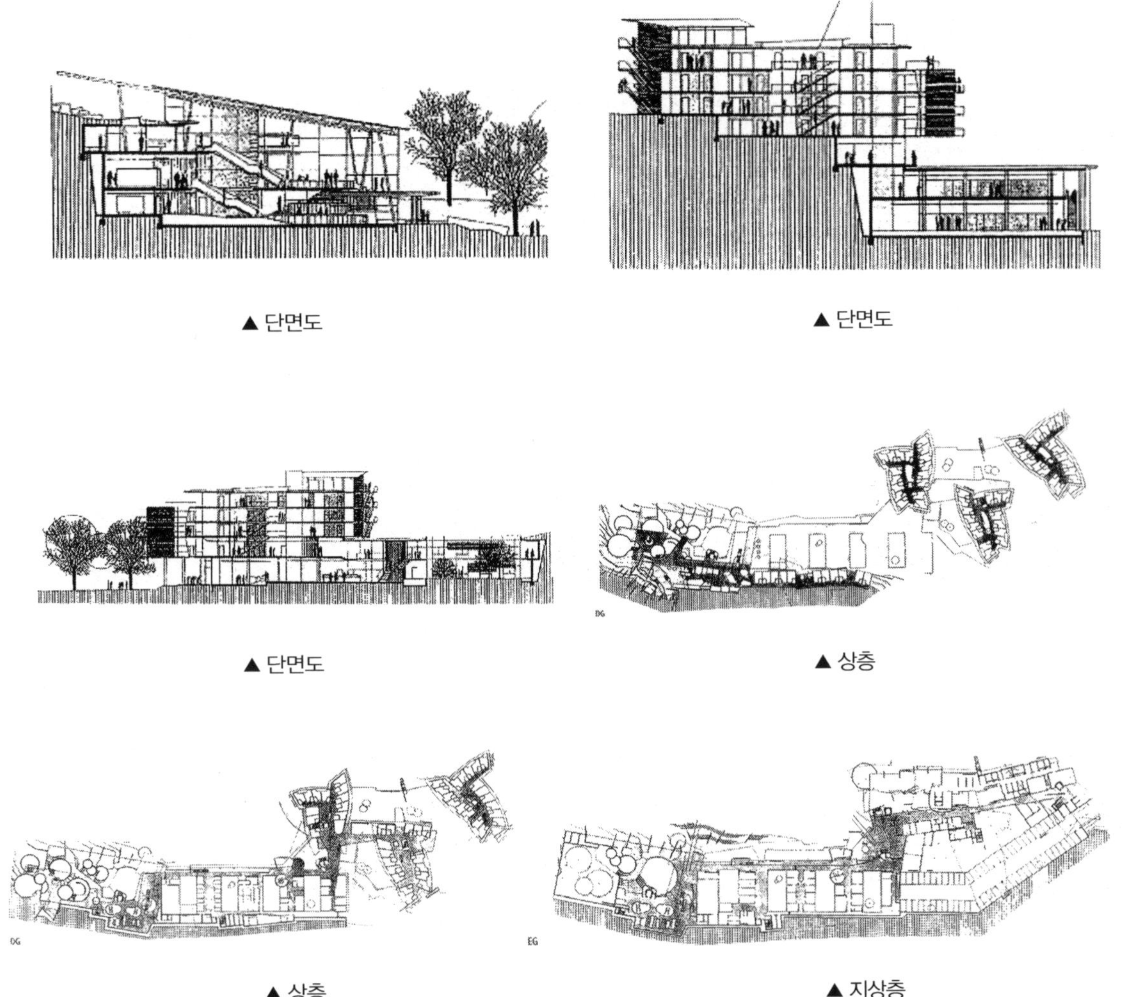

▲ 단면도

▲ 단면도

▲ 단면도

▲ 상층

▲ 상층

▲ 지상층

3. 바트 라우식(Bad Lausick)에 있는 요양 병원 "Riff"

- 건축가: Erich Heidingsfelder, Lechbruck
- 건축연도: 1995

대규모로 구성된 새로운 요양소는 체험온천으로 변경되었다. 여기에는 피라미드, 큰 규모의 미끄럼틀, 거품풀, 다이빙대, 물이 흐르는 터널, 뜨거운 욕조, 해수탕, 썬탠시설 등이 있다. 스포츠를 위한 요양소의 수영장 길이는 25 m이다. 핀란드식 사우나는 썬탠실과 증기욕조의 곁에 있다. 숙박시설에 있는 것과 유사한 조적식 사우나, 사우나정원 등은 선택적이다.

- 지하층: 설비
- 지상층: 입구, 탈의실, 옷 보관실, 샤워실과 화장실, 사무실과 관리실, 부엌, 식당, 체험 피라미드
- 1층: 인공선탠을 위한 캐비닛
- 외부: 뜨거운 욕조, 조적식 사우나, 유아용 욕조, 휴식공간

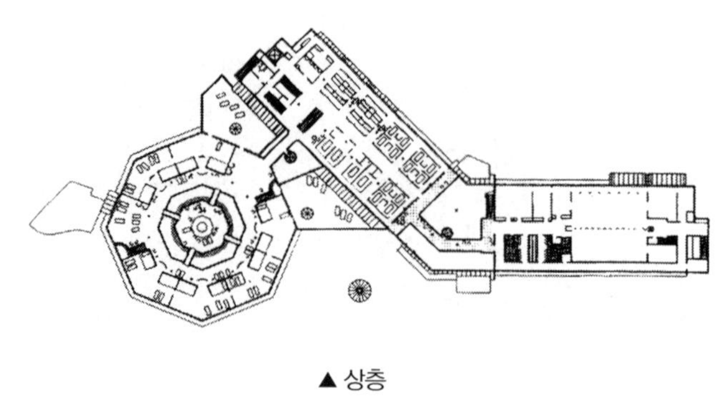

▲ 상층

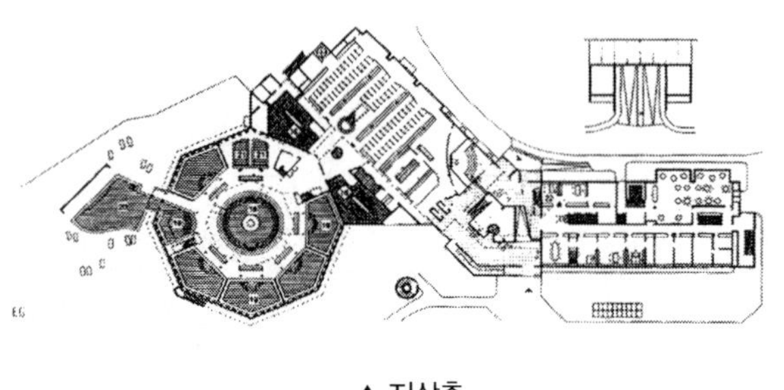

▲ 지상층

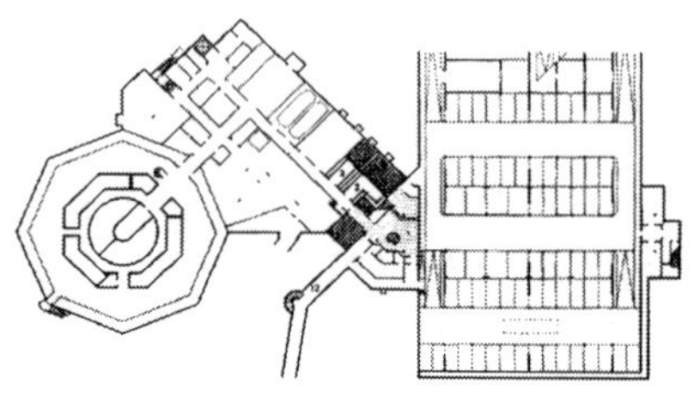

▲ 지하층

4. 바트 라우식(Bad Lausick)에 있는 휴양 온천

- 건축가: Hufnagel, Putz, Berlin
- 건축연도: 1998

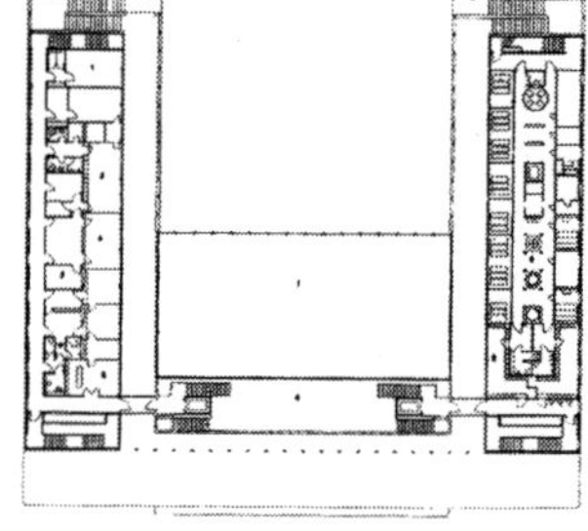

커다란 매스 건물의 이 형태는 기둥, 아케이드, 식수와 로비의 형태로, 보았을 때 전통적인 옛날 욕장의 형태를 취하고 있다. 이 시설의 중앙에는 유리로 둘러싸인 수영장이 있다.

- 지상층: 로비를 포함한 입구, 미용실, 상점, 피트니스, 체조실
- 상층: 관리실, 사우나, 치료실

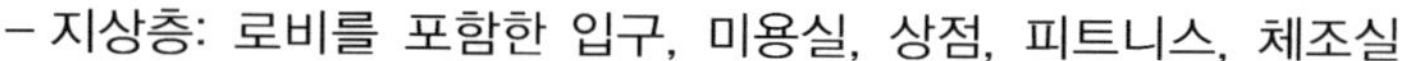

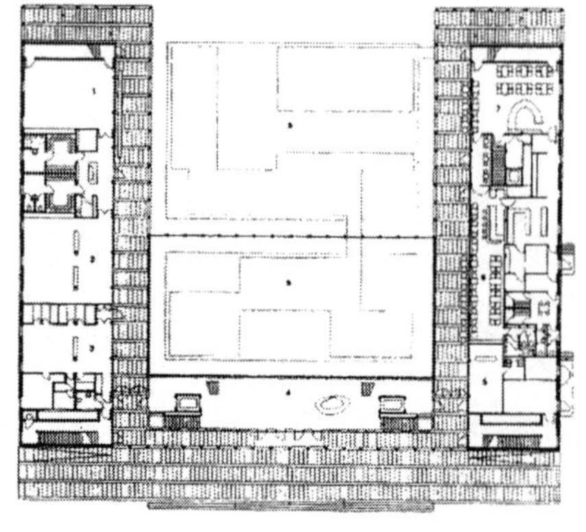

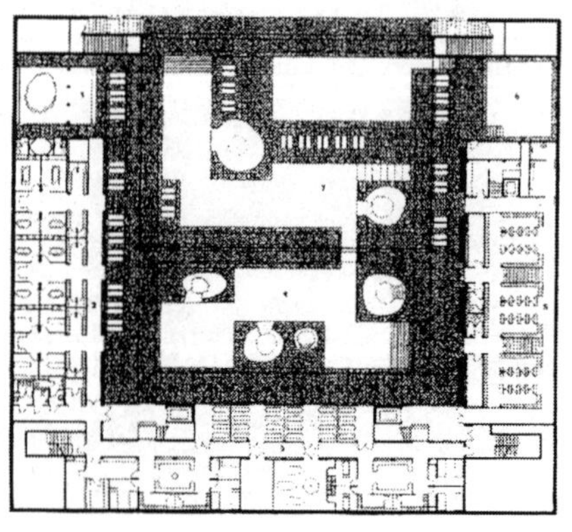

소방서

소방서는 중세부터 유럽에서는 자치정부의 일이었다. 대도시나 소도시를 막론하고 직업적인 소방대원들은 늘 대기하는 규정을 정해 놓았다. 여기에서 소방서의 탑은 소방서의 상태를 알리는 중요한 상징으로 보여진다. 도시와는 대조적으로 촌에 존재하는 소방대원들은 유럽에서 지원자에 한하여 구성되어 있다.

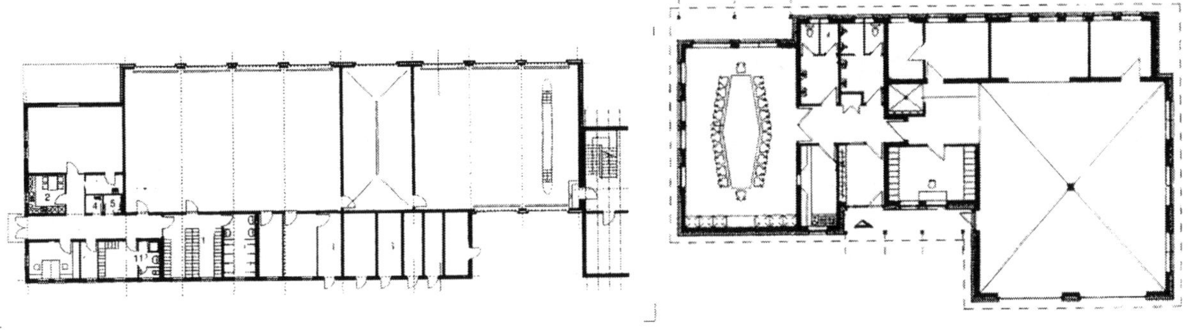

▲ 오버하우젠(Oberhausen)에 있는 소방서

▲ 야멜른(Jameln)에 있는 소방서

1. 엠핀겐(Empfingen)에 있는 소방서

- 건축가: SCALA Nagler, Esefeld, Stuttgart
- 건축연도: 1994

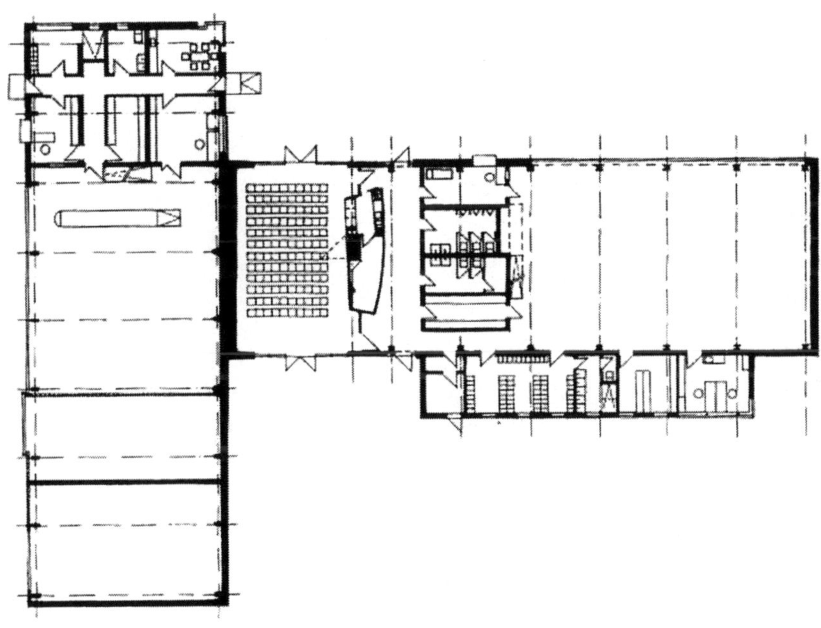

2. 카우푼겐(Kaufungen)에 있는 소방서

- 건축가: Prof. Berthold Penkhues, Braunschweig

그림 같은 기능적인 영역은 내부정원을 둘러싸고 그룹을 이루며 연결되어 있다.

- 지하층: 설비
- 지상층: 소방차 홀, 탈의실, 관리실, 호스공간, 정비실, 교육실
- 1층: 탈의실, 방송실, 기능적인 공간

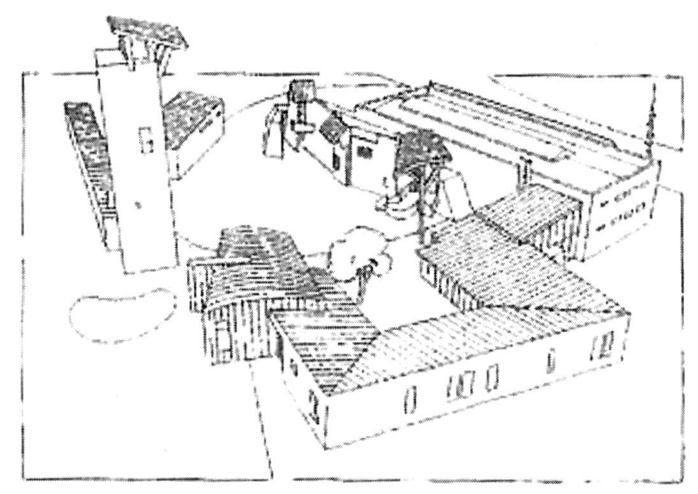

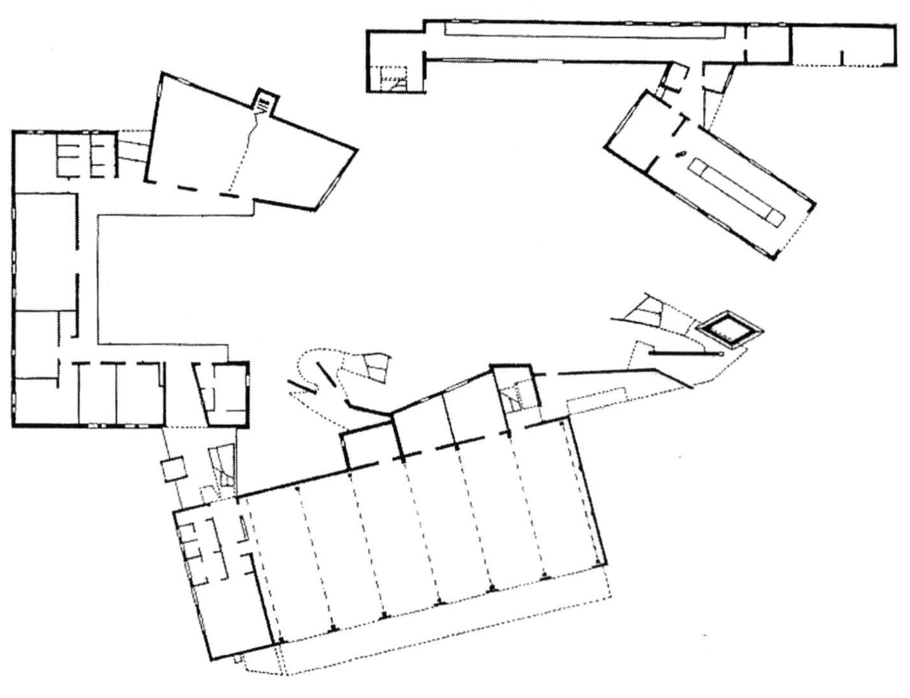

3. 슈투트가르트(Stuttgart)에 있는 공항소방서

- 건축가: K. U. Bechler, Heilbronn
- 건축연도: 1995

소방차량 홀 뒷부분에는 정비소가 자리하고 있다. 전망대는 전체 공항을 관찰할 수 있도록 하였다.

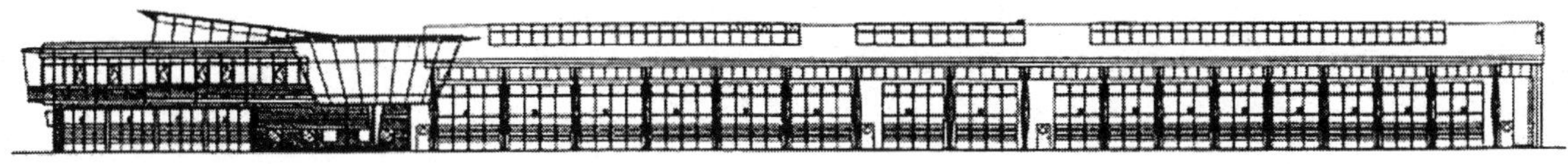

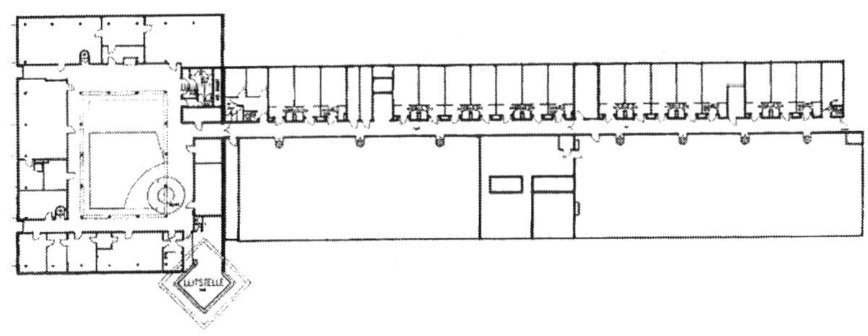

▲ 상층

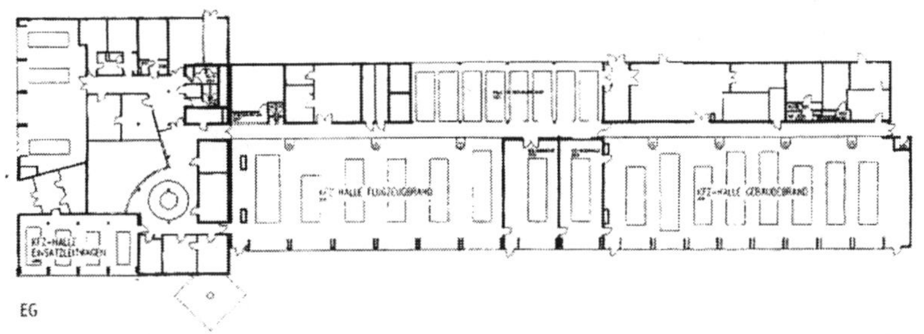

▲ 지상층

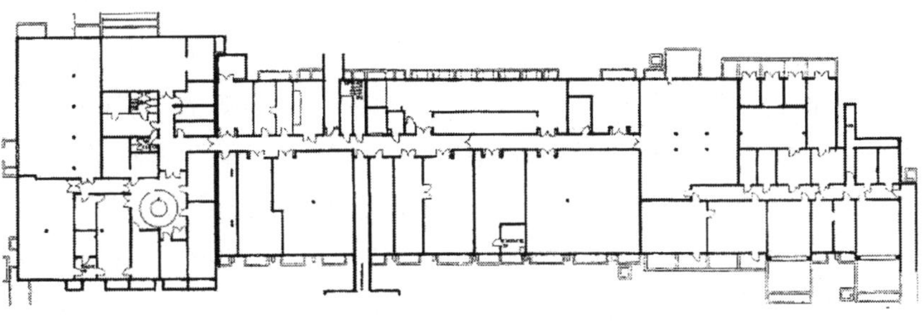

▲ 지하층

4. 코에스펠트(Coesfeld)에 있는 소방서

- 건축가: Michael van Ooyen
- 건축연도: 1995

이 건물은 꺾어진 형태로 4개의 부분으로 나뉘어 있다. 비상 시 탈의실과 교육영역이 있는 곳, 부엌이 있는 휴식공간, 관리공간, 그리고 회의실과 대기실이 있는 대기 통제실로 나뉘어 있다.

- 차량공간: 14대의 차가 대기할 수 있는 기둥이 없는 공간
- 작업실: 대기와 관리, 세척실, 비상전기실
- 탑: 호스를 청소하고 관리할 수 있도록 철골과 유리로 만들어진 투명한 24 m 높이의 탑

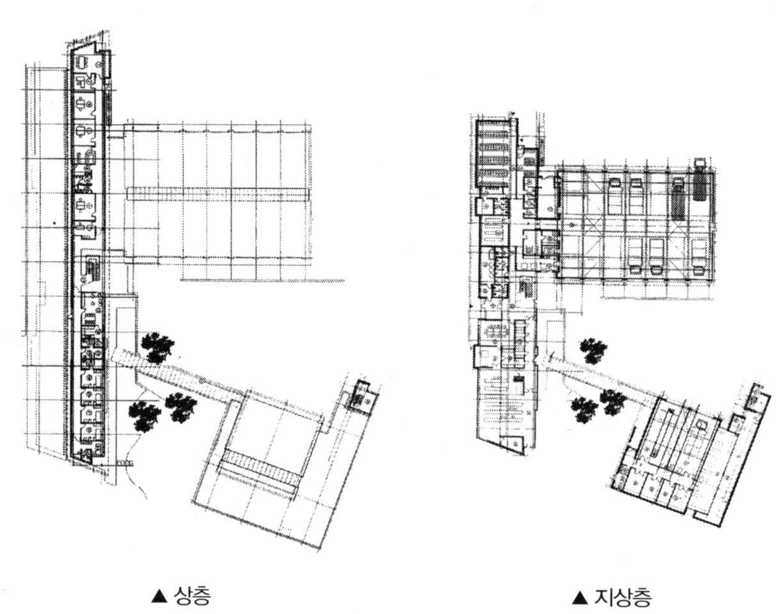

▲ 상층 ▲ 지상층

청소년 시설 및 보호 시설

이러한 시설의 가치 있는 건물은 다양한 원인에서 출발할 수 있다. 그 중에 하나는 작업시간의 축소되면서 생기는 자유시간에 대한 대책으로 인하여 올 수도 있다. 또 다른 이유는 부모의 보호를 받지 못하므로 생기는 원인과 결손 가정 속에서 오는 많은 청소년들의 외로움이 원인이 될 수도 있다.

이러한 상황을 보완해주는 시설로 교회, 자치단체, 그리고 지원 단체들이 있다. 이런 시설들의 주 업무는 청소년을 보호하고 자유로운 공간을 제공하는 것이다. 또한 합숙훈련을 위하여 경찰 또는 군대와 같은 시설에서 보호시설을 운영하는 경우도 있다. 과거의 카지노에서도 기본적인 프로그램을 수행하면서 자체적인 건물로 이용하기도 하였다. 이러한 시설에는 또한 개인적으로 운영하거나 경영하는 단체나 클럽하우스도 있다. 이러한 시설들은 대부분이 골프단체, 축구클럽, 또는 보트 동아리 등 일정한 회원제로 운영하는 것과 같이 어떤 일정한 조건을 제시하여 운영하기도 한다.

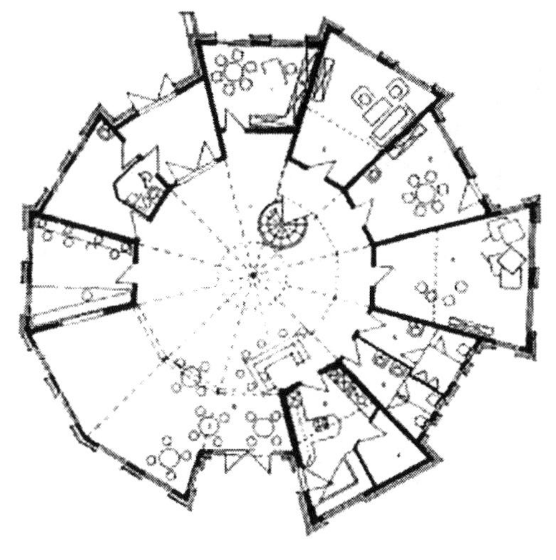

▲ 청소년 시설, 이쭘(Issum)

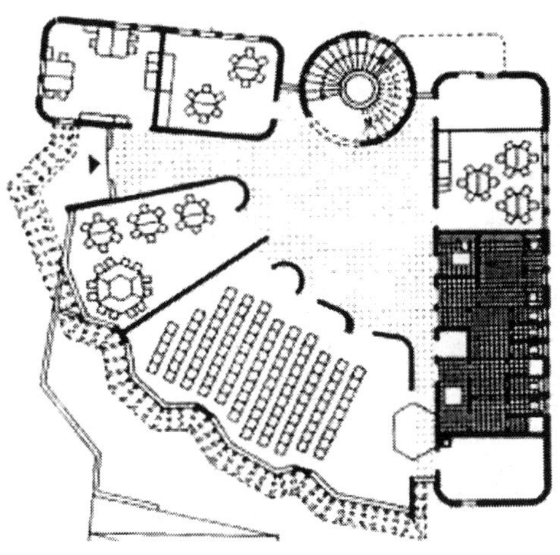

▲ 청소년 시설, 뵈블링겐(Boeblingen)

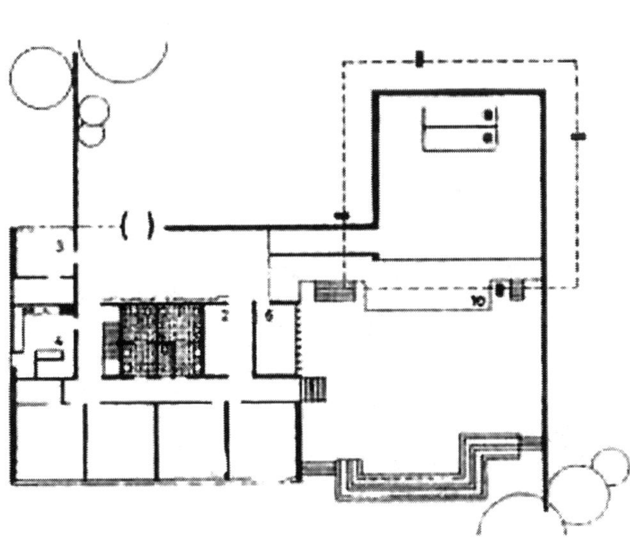

▲ 보호시설, 뮌헨

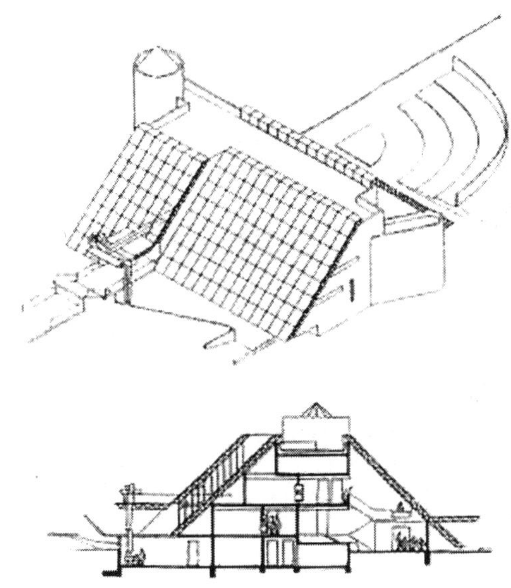

▲ 청소년 시설, 픔-보남즈(Ffm-Bonames)

1. 뫼글링겐(Möglingen)에 있는 청소년 시설 "UFO"

- 건축가: Peter Hübner, Neckar-Tenzlingen
- 건축연도: 1993

이 건물은 태양을 따라서 태양의 눈이라 불리는 내부의 검은 저장소가 움직인다.

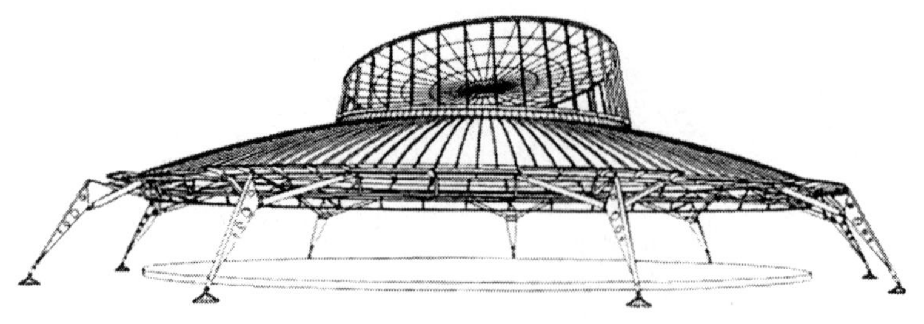

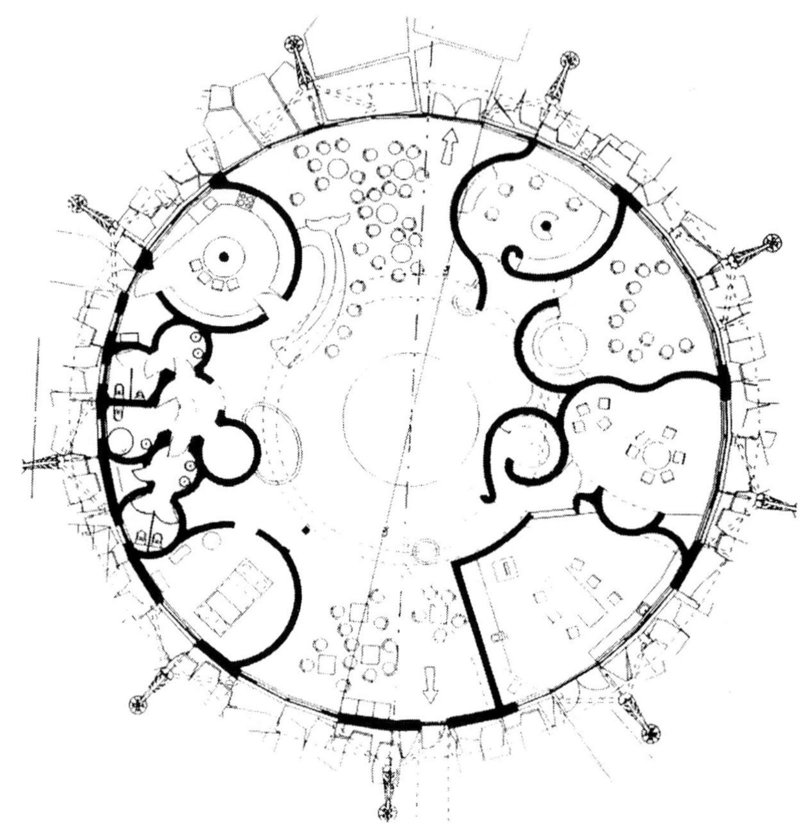

2. 성 아르보가스트(St. Arbogast)에 있는 청소년 및 교육 시설

- 건축가: Christian Lenz, Hermann Kaufmann, Schwarzach
- 건축연도: 1993

휘어진 형태의 이 건물은 큰 규모의 로비를 갖추고 있다.

- 지하층: 17대를 수용할 수 있는 지하차고, 4개의 주거시설, 설비, 작업장, 주방, 창고
- 지상층: 입구, 접수대, 관리실, 큰 규모와 작은 규모의 식당, 카페, 주방, 사무실
- 1층: 다용도 공간, 세미나실, 댄스실, 플레이룸, 의자 창고

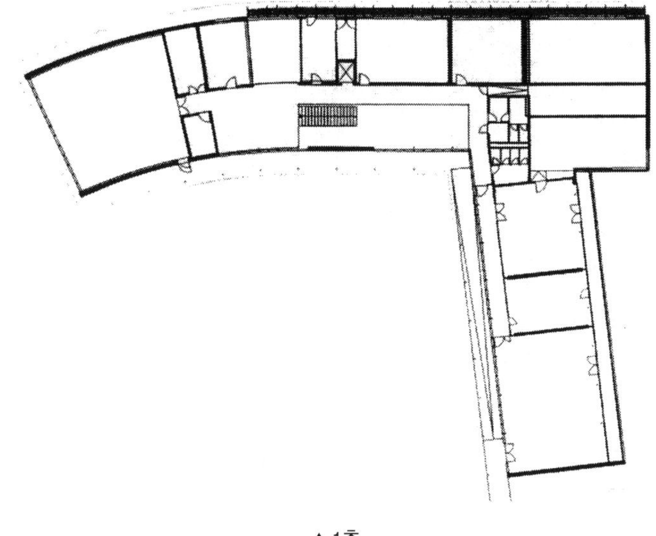

▲ 1층

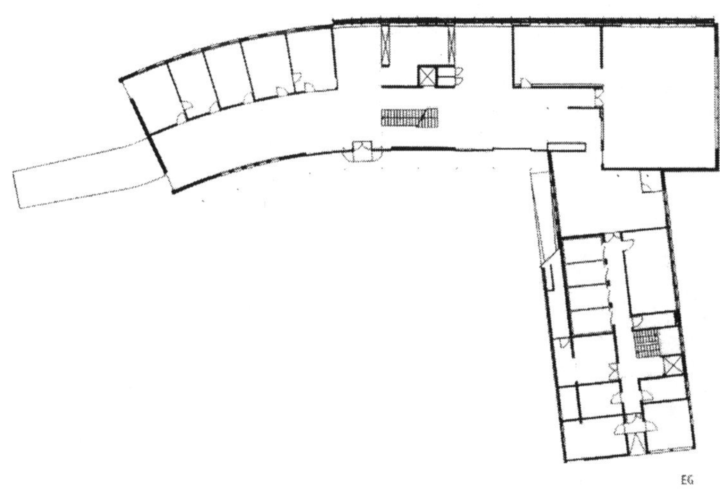

▲ 지상층

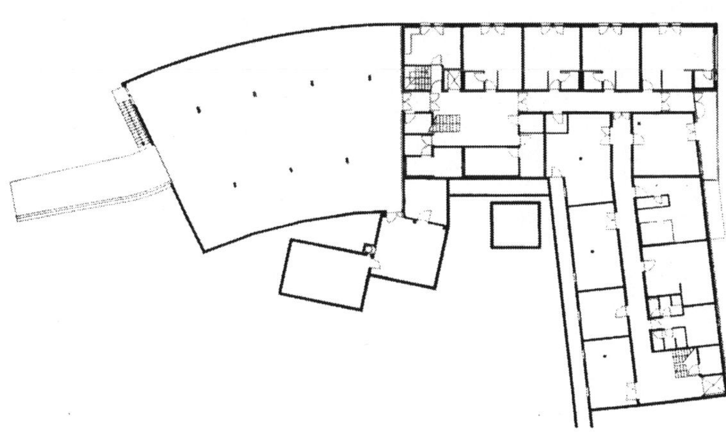

▲ 지하층

3. 노이-안스파흐(Neu-Anspach)에 있는 청소년 시설

- 건축가: Hahn + Helten, Aachen
- 건축연도: 1998

큐빅형태의 큰 규모로 컨셉을 잡은 홀이 있는 이 건물은 다양한 기능을 수행할 수 있도록 계획하였다. 이 건물은 곁에 종교적인 건물이 있으며 교회 업무와 청소년 업무를 동시에 담당하고 있다. 이 건물의 입구는 지하층에 청소년 위주의 동선을 연결하여 놓았다.

- 지하층: 입구, 청소년 영역, 부엌, 지하
- 지상층: 로비, 종교의식을 행할 수 있는 공간, 목사 전용 공간, 목사 사무실, 외부장, 부엌
- 1층: 갤러리, 소규모 부엌, 소모임 공간, 주거
- 지붕층: 목사주택과 지붕 정원

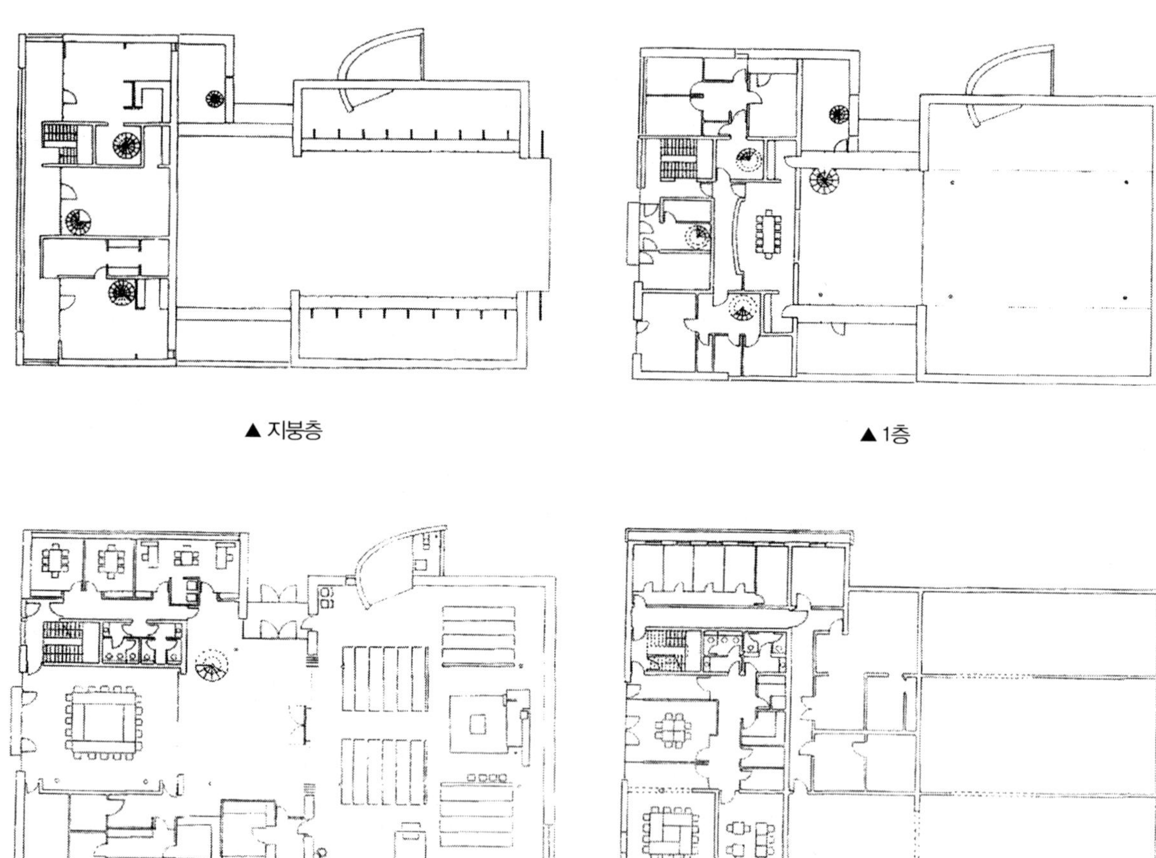

▲ 지붕층

▲ 1층

▲ 지상층

▲ 지하층

4. 군부대 장교시설이 운영하는 보호 시설

- 건축가: 튀빙엔 시 건축과

단층이며 부분적으로 지하에 있는 기본적인 형태의 이 건물은 4.8×4.8 m 격자형식으로 전형적인 모양을 취하고 있다. 아침식사, 음식영역, 그리고 대기영역과 함께 분리되어 식당이 운영되고 있다.

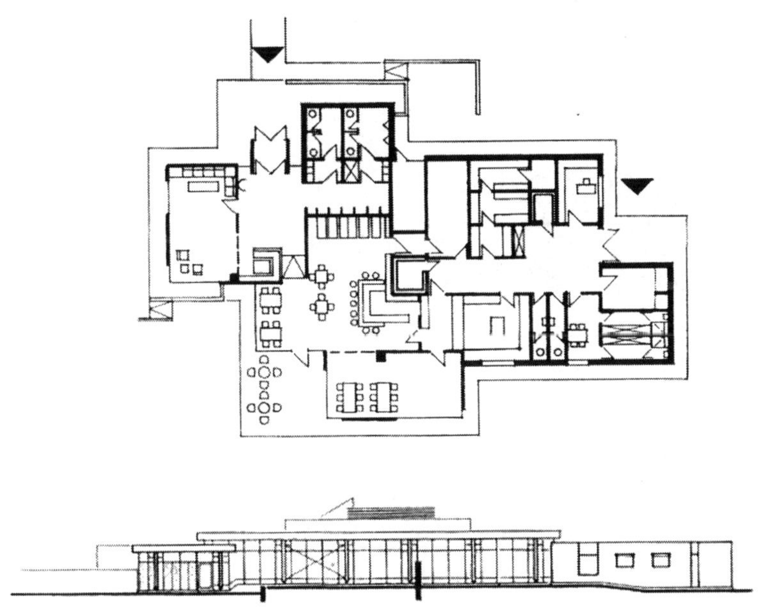

5. 군부대 일반군인이 운영하는 보호 시설

- 건축가: 튀빙엔 시 건축과

단층 규모의 이 보호시설은 놀이나 독서를 할 수 있는 클럽 공간, 사무실, 창고, 부엌 등으로 구성되어 있다.

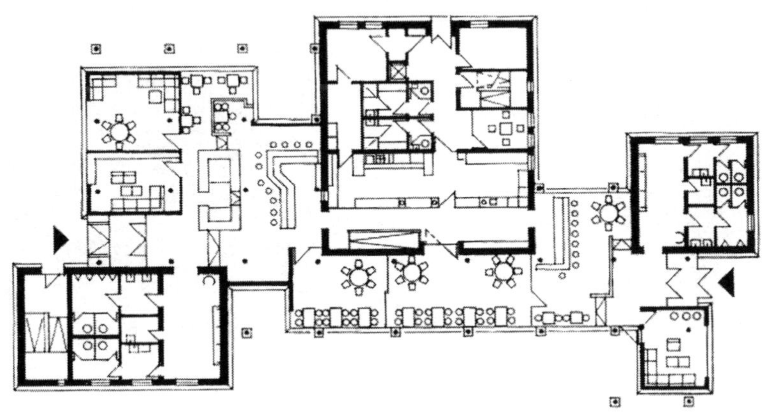

유치원 또는 유아원

초기의 유아원은 교육자 페스탈로치, 프뢰벨, 그리고 몬테소리의 영향을 받아 만들어졌다. 이 시설들은 3세에서 6세까지 아이들을 위하여 놀이에 대한 관리체계를 만들었는데 나이 등급에 맞게 조정한 것이다. 여기에 추가하여 취학 전 어린이, 지진아, 그리고 장애아 등에 대한 시설이 따라 온 것이다. 여성들의 사회적 직업 활동이 증가함에 따라 또한 종일반에 대한 요구도 증가하였다. 점심시간과 같은 교육 중단을 통하여 다른 프로그램들이 운영이 되는데, 예를 들면 취침실, 체조실, 밝은 곳이나 햇빛 속에서 놀이 등이 운영되고 있다. 오늘날 이러한 시설들을 운영하는 곳이 많은데 대체적으로 교회, 사립시설, 주정부, 또는 회사들이 있다. 오늘날에는 단지 보호만 하는 것이 아니라 추가 교육과 가족 간의 계속적인 관계 등 다양한 프로그램이 운영되고 있다.

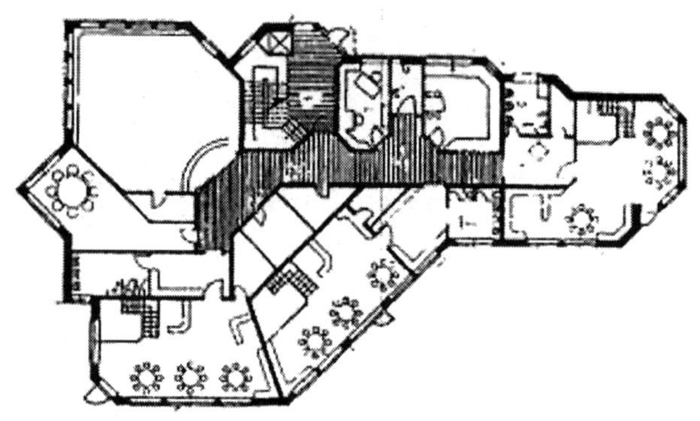

▲ 그라브센-베렌보스텔(Grabsen-Berenborstel)에 있는 유치원

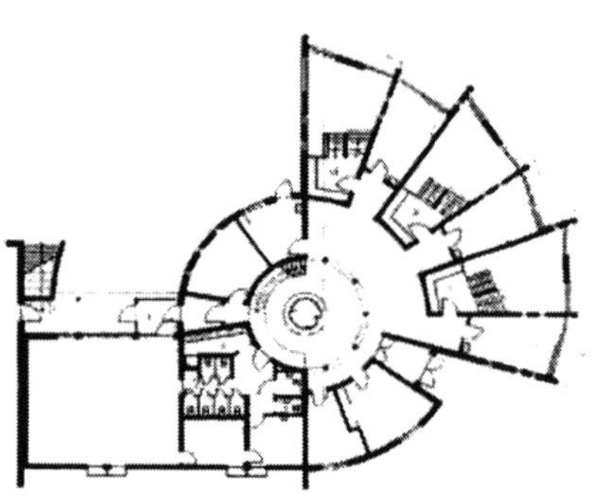

▲ 암젤(Amtzell)에 있는 3그룹형 유치원

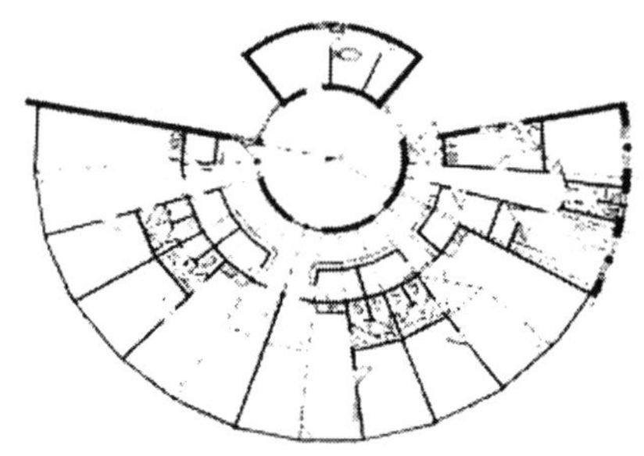

▲ 하인스베르크(Heinsberg)에 있는 4그룹형 유치원

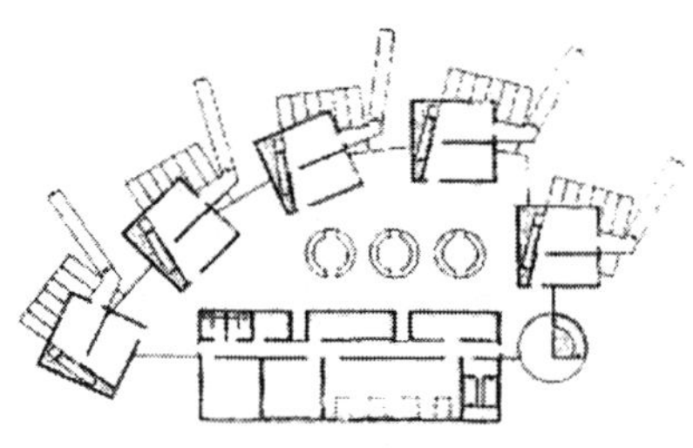

▲ 프랑크프르트에 있는 유치원

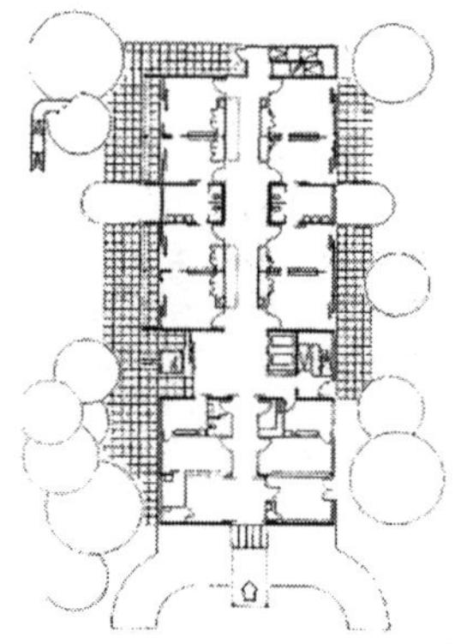

▲ 베를린에 있는 유치원

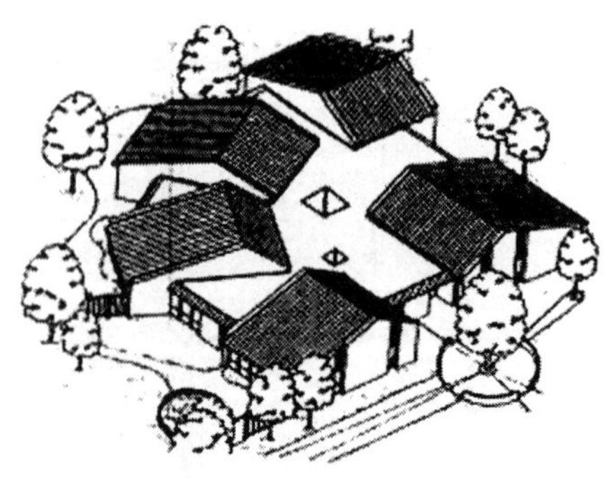

▲ 괴팅겐(Göttingen)에 있는 유치원

1. 튀빙겐(Tübingen)에 있는 유치원

- 건축가: 튀빙겐 시 건축과
- 건축연도: 1992

분사형의 이 건물은 8개의 각으로 중심에 뻗어 나가는 형태를 취하고 있다. 각 건물은 서로 바람을 막는 역할을 하면서 사이에 놓인 놀이터를 보호하고 있다. 컨셉은 놀이터를 중심으로 만들어 놓은 것이다. 각 건물의 머리 부분에는 다용도 공간을 배치하였다.

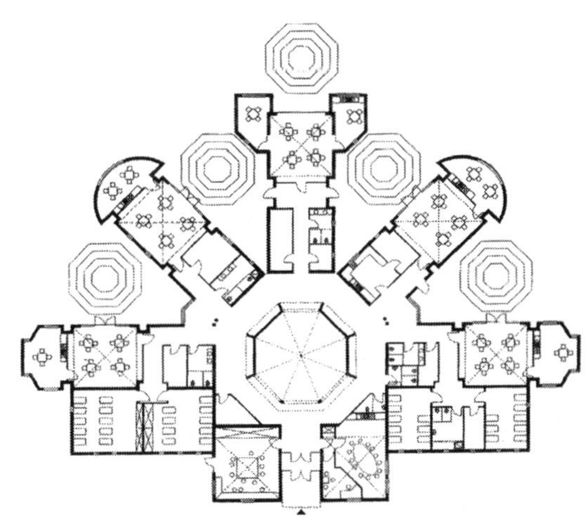

2. 지렌베르크-오버렐중겐(Zierenberg-Oberelsungen)에 있는 두 타입의 유치원

- 건축가: Prof. Wolfgang Rettberg, Kaufungen
- 건축연도: 1994

이 건물은 탑 형태의 중간 건물을 중심으로 교차되게 놓여 있다. 사용영역은 사무실, 설비, 위생공간, 창고, 유아용부엌, 그리고 다용도실로 구성되어 있다.

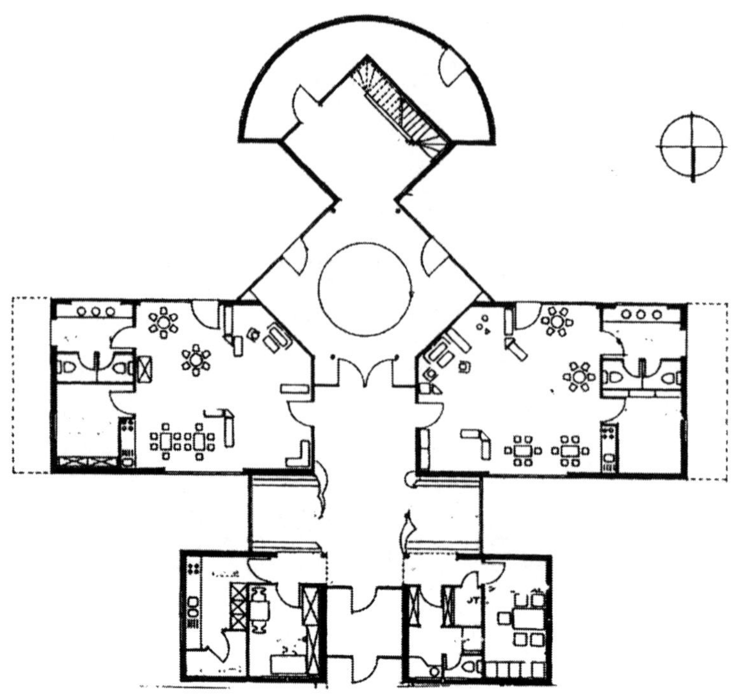

3. 뤼벡(Lübeck)에 있는 유치원 "붉은 사자"

- 건축가: Hansestadt의 시청 건축과
- 건축연도: 1992

단층의 이 건물은 내부마당을 중심으로 4개의 큐빅형태로 되어 있다.

- 주방, 다실(Tea Kitchen), 창고, 사무실, 옷장공간과 클럽공간, 테라스, 놀이와 독서를 하면서 보호하는 공간

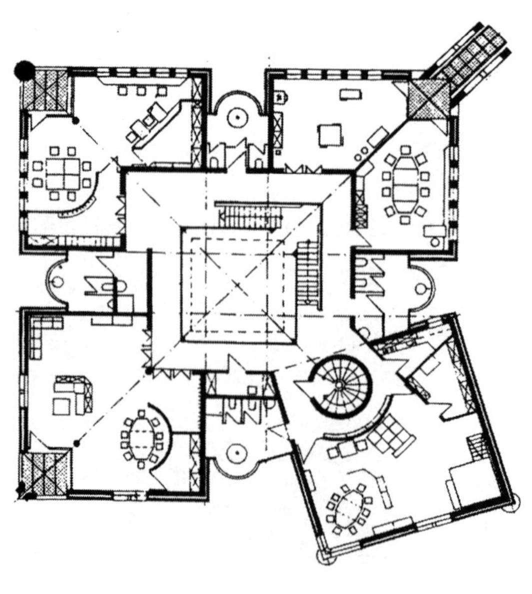

4. 브레멘(Bremen)에 있는 유치원

- 건축가: Peter Hübner, Forster
- 건축연도: 1996

이 건물은 2층 규모로 중앙의 홀을 중심으로 아주 다양한 형태를 이루고 있다. 지상층은 중심 홀에서 주변의 공간으로 연결되었다. 1층에는 관리실과 회의실이 있다. 식물 모양의 지붕과 콤팩트형의 건물은 생태적인 요구를 만족시키고 있다.

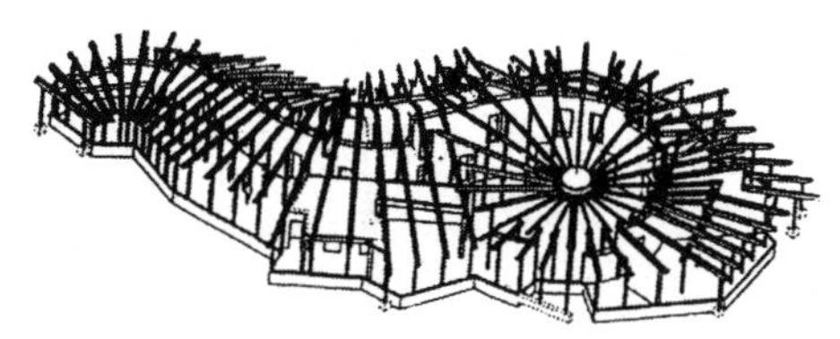

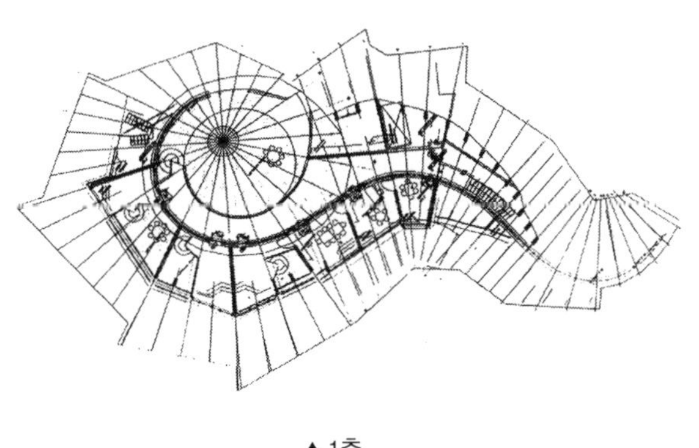

▲1층

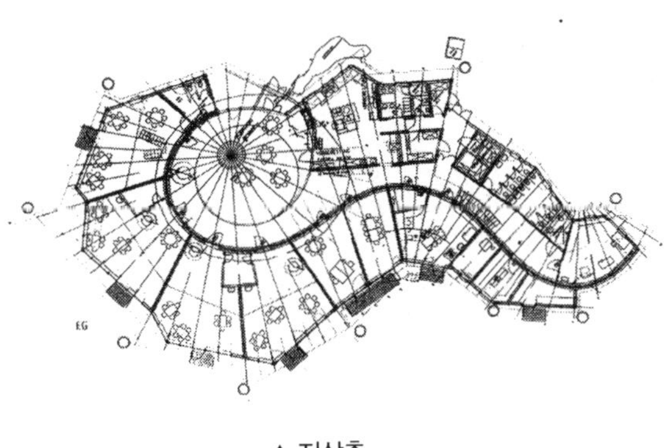

▲ 지상층

5. 베를린에 있는 유치원

- 건축가: Christian Hartmann
- 건축연도: 1990

기존에 있는 건물을 증축하여 220 m^2 면적의 U자 형태로 만들었고 다양한 기능을 유도하고자 유리 집으로 변형하였다. 이 유리를 통하여 모든 그룹을 시야 내에 놓고자 한 것이다. 이와 동시에 유리외피는 열전도에 대한 완충공간으로 활용하고자 한 것이다.

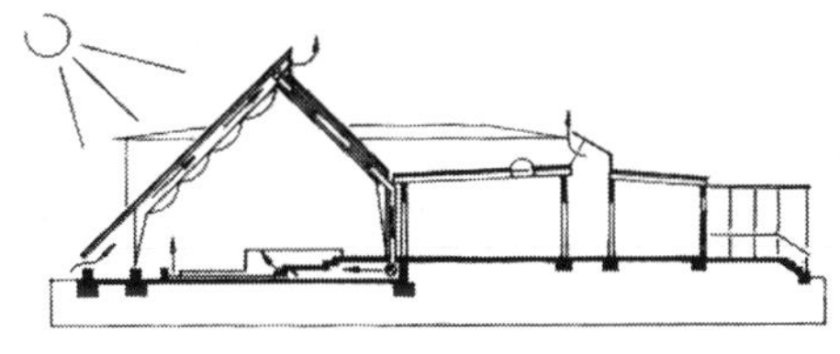

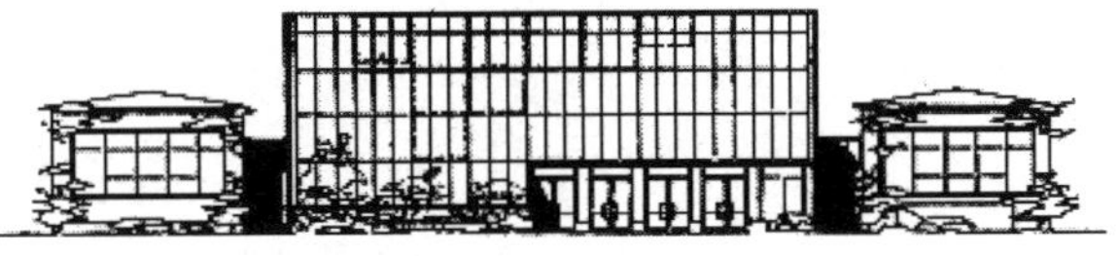

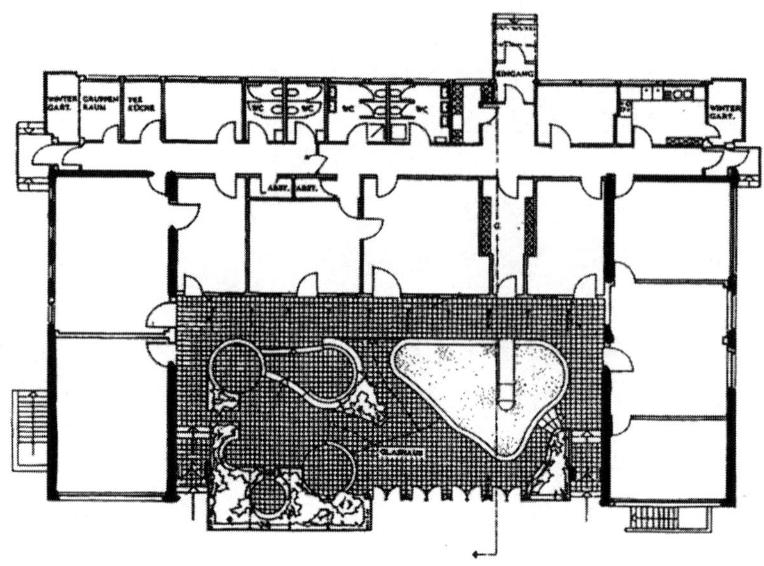

6. 로카르노(Locarno/CH)에 있는 유치원

- 건축가: Dolf Schnebli, Tobias Ammann, Agno/CH
- 건축연도: 1978

2층 규모의 마당을 포함하고 있는 이 시설은 미취학 아동을 포함한 전일반을 위한 시설이다. 부엌과 주방은 지상층 위에 놓여 있다.

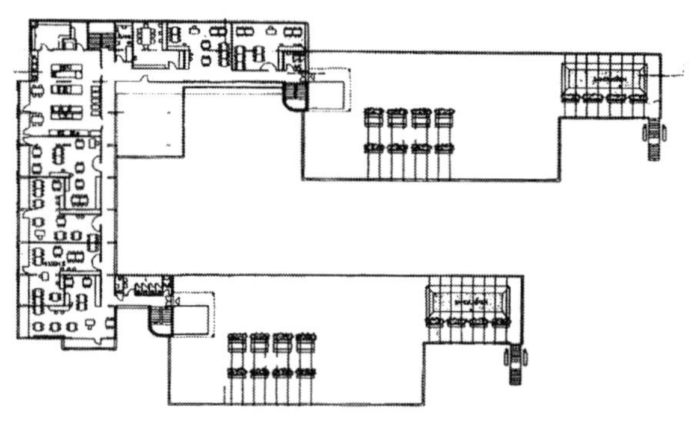

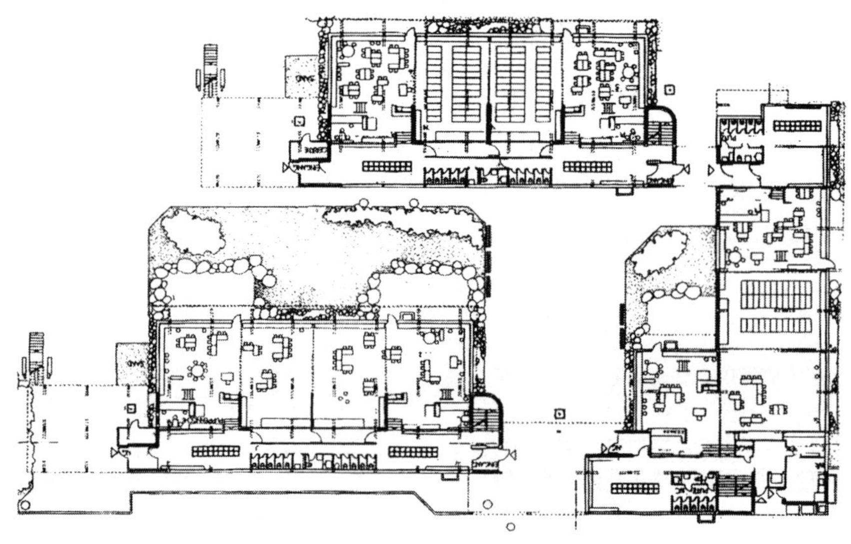

▲ 지상층

도서실

시 도서관, 대여 도서관, 주 도서관 등 공공 도서관은 국가의 문화정책에 중요한 기능을 한다. 이러한 도서관 등은 문학도서, 잡지, 그리고 간행물 및 신문 등을 관리한다. 이 시설들은 이러한 기능 외에 카페 또는 전시실도 갖고 있을 수 있다. 시 도서관은 요즘 새로 짓는 경우 국민교육 기관을 설치하거나 정보창구 역할을 하고 국민들의 교류의 장으로서 역할을 할 경우도 있다.

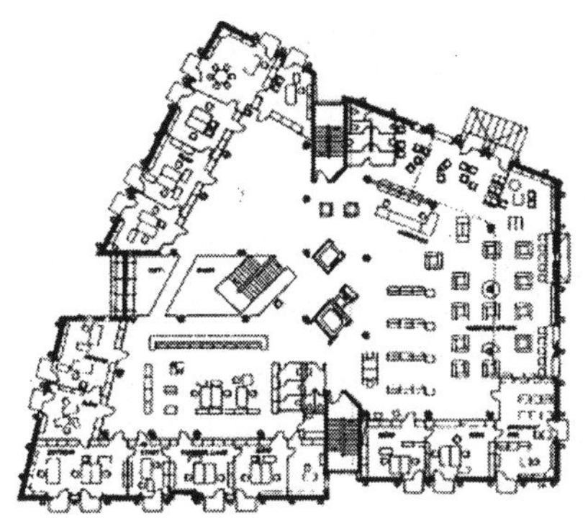

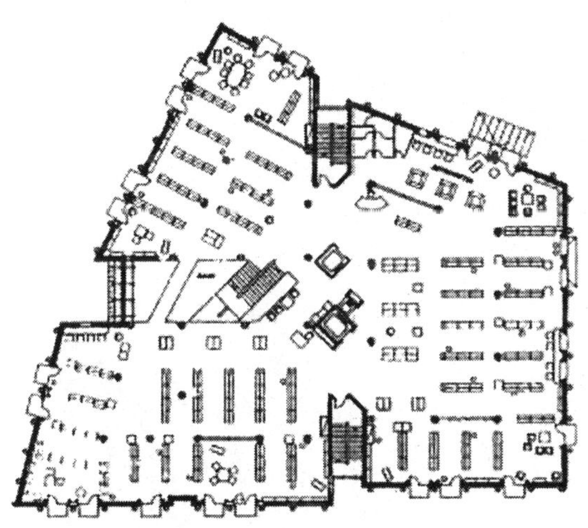

▲ Reutlingen 시립도서관 2층

▲ 로이틀링겐(Reutlingen) 시립도서관 지상층

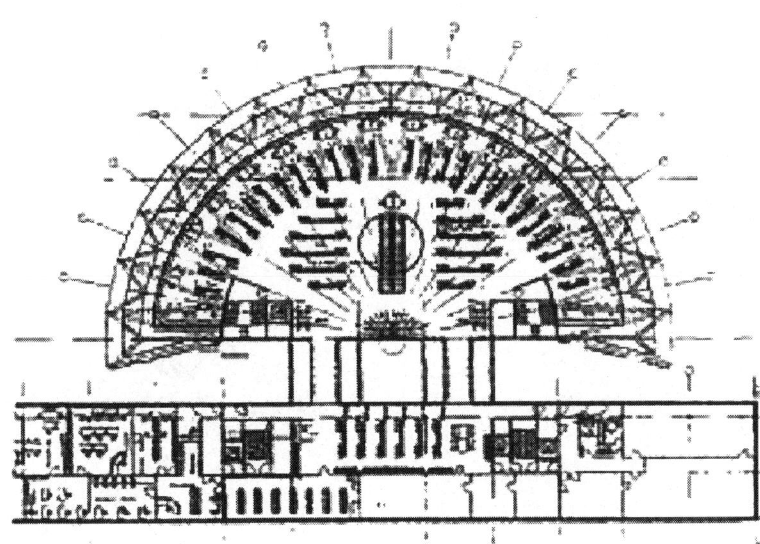

▲ 도르트문트(Dortmund) 시-도립 도서관, 마리오 보타

1. 뮌스터(Münster)에 있는 시 도서관

- 건축가: Christian Hartmann
- 건축연도: 1990

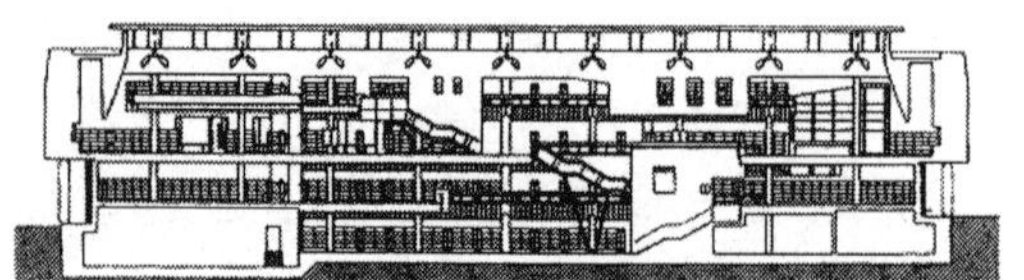

4층 규모의 이 건물은 연결통로를 통하여 이어진 두 개의 덩어리로 되어 있다. 이 교량은 오픈된 교량으로 두 개의 동선을 연결시키고 있다.

- 지하층: 잡지, 주택, 미디어, 유아 도서관
- 지상층: 입구, 신문 대여실, 로비, 카페, 등록실, 뜨개실, middle-area
- 1층: 교량, 중앙안내영역, PC실, 열람실 및 열람 독서실
- 2층: 관리실, 열람실 및 열람 독서실, 일반실
- 3층: 책 관리실, 의자 열람실

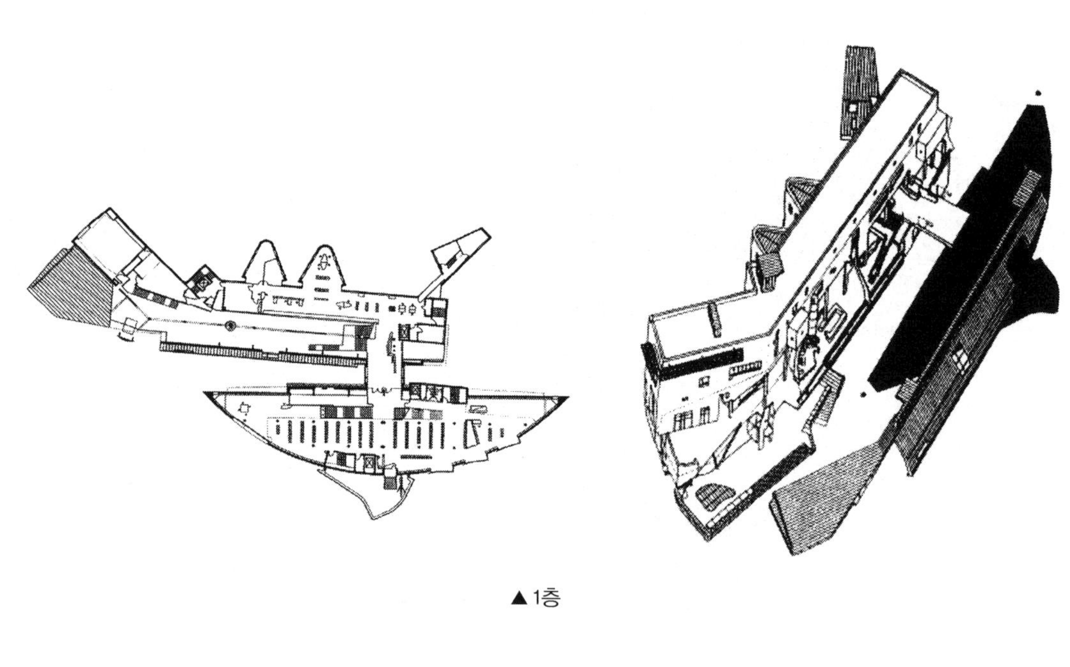

▲ 1층

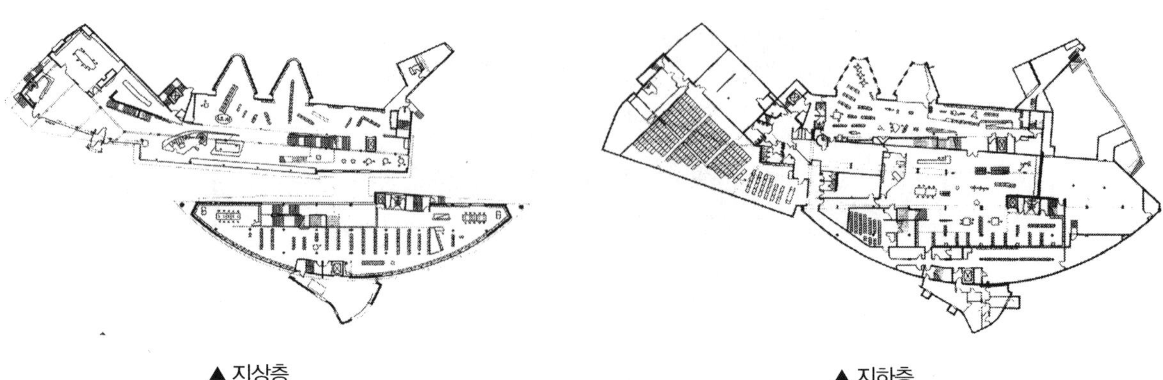

▲ 지상층

▲ 지하층

2. 뤼네부르거 하이데(Lüneburger Heide)에 있는 시도서관

- 건축가: Schumann + Reichert
- 건축연도: 1993

세 개의 2층 규모의 서가건물은 중앙에 있는 홀 주변으로 배치되어 있다.

– 지하층: 어린이용 도서, 발표장, 잡지

– 지상층: 전문도서, 카페, 푸드점

– 1층: 시민교육시설

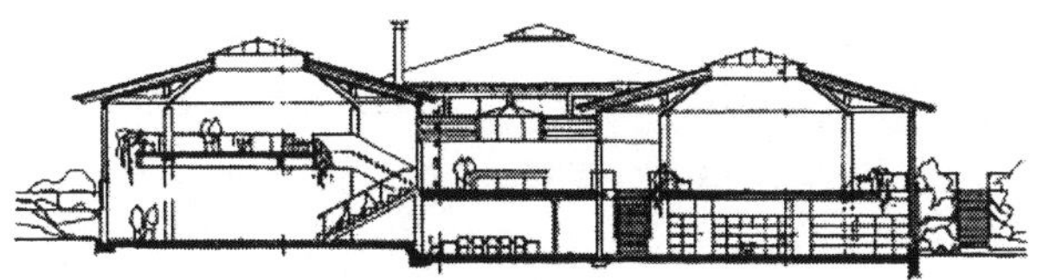

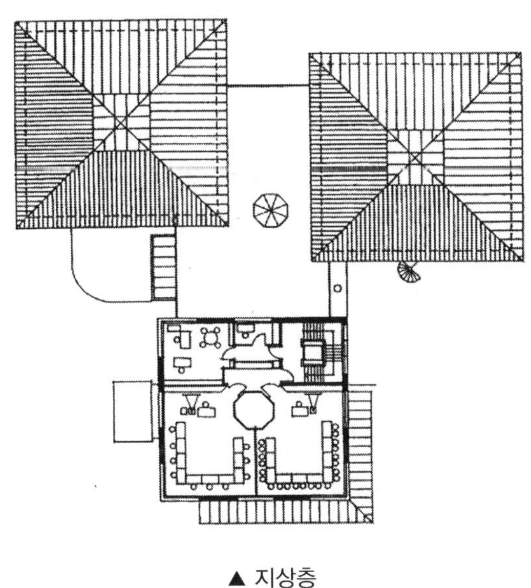

▲ 지상층

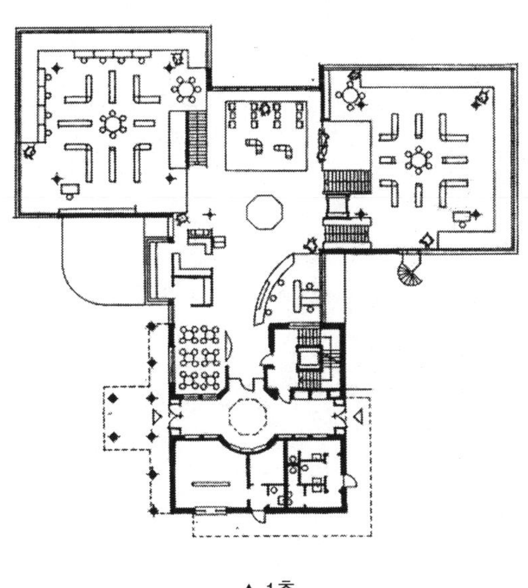

▲ 1층

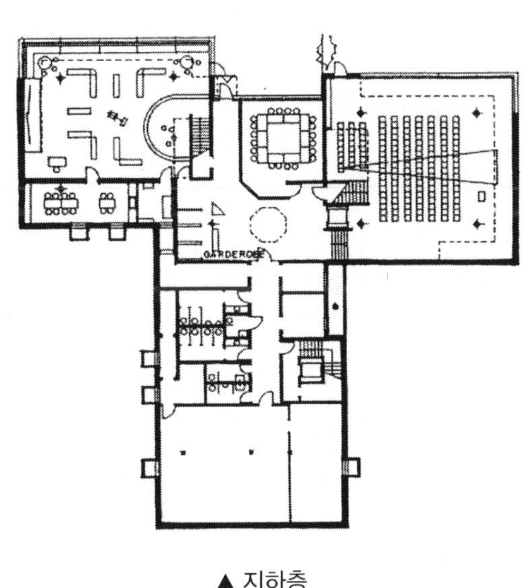

▲ 지하층

3. 피어젠(Viersen)에 있는 시도서관

- 건축가: J. E. P. Jansen + Partner, Düsseldorf
- 건축연도: 1992

– 지하층: 유아용 도서
– 지상층: 열람실을 바라 볼 수 있는 입구, 회전계단과 엘리베이터가 있는 로비, 발표실, 청소년 도서
– 1층: 잡지
– 2층: 수집 및 기부
– 3층: 카페가 있는 탑

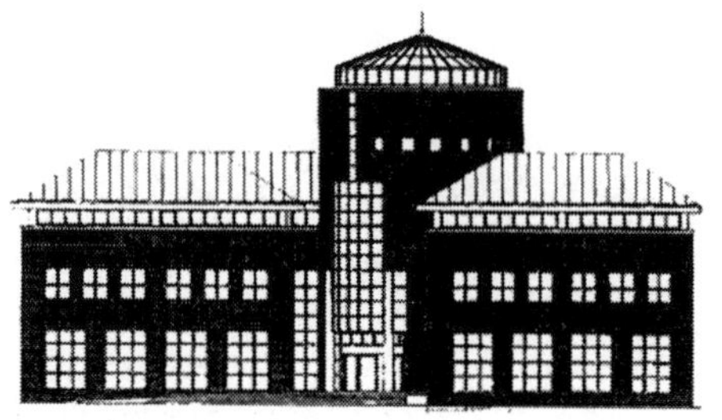

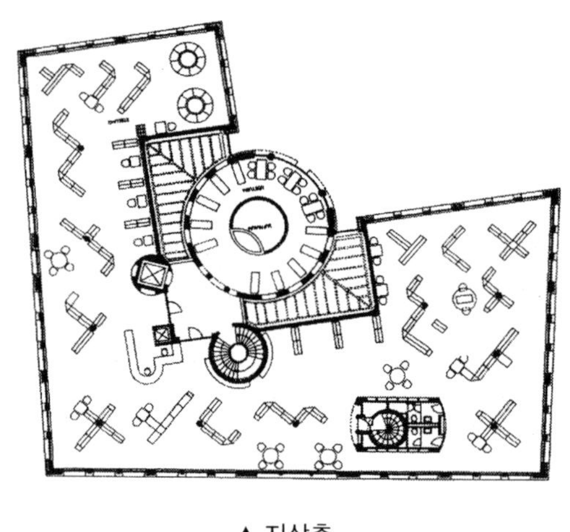

▲ 지상층

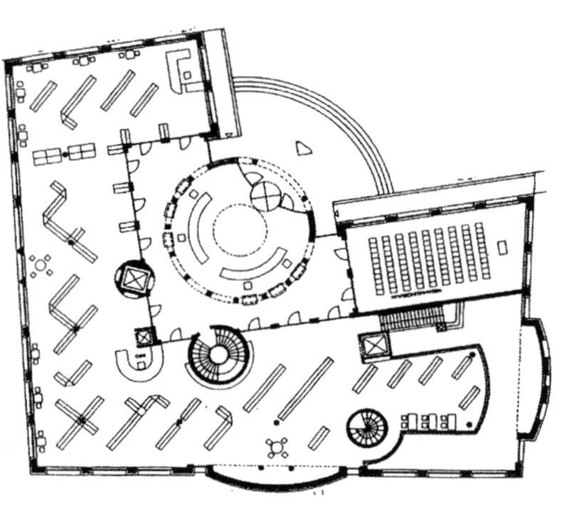

▲ 지하층

4. 카를스루에(Karlsruhe)에 있는 시도서관

- 건축가: Prof. Jürgen Schröder
- 건축연도: 1993

명확하게 층을 이루는 4층 규모의 이 건물은 건물의 모서리에 둥근 지붕으로 표식이 되어 있다.

– 지하 1층과 2층: 위층까지 오픈된 로비, 탑 공간, 부엌, 잡지, 콤팩트한 책장
– 지상층: 명상의 장소, 서고, 안내, 전시, 간행물열람실, 카페
– 지상 1층: 프리핸드(freehand) 도서관
– 지상 2층: 사무실과 열람실

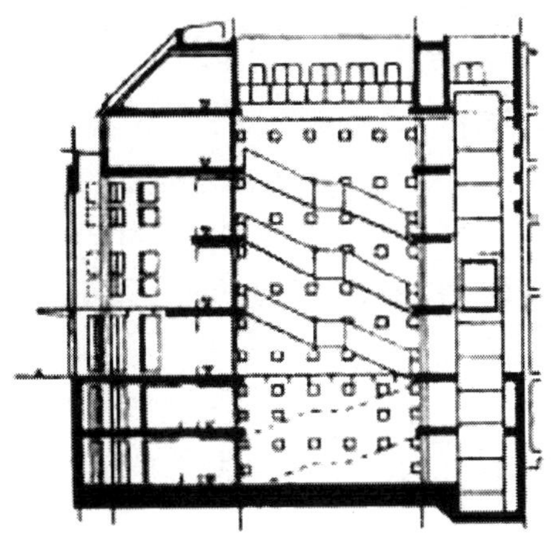

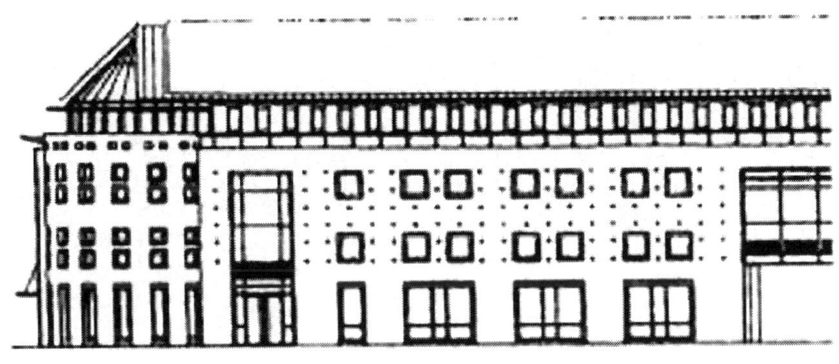

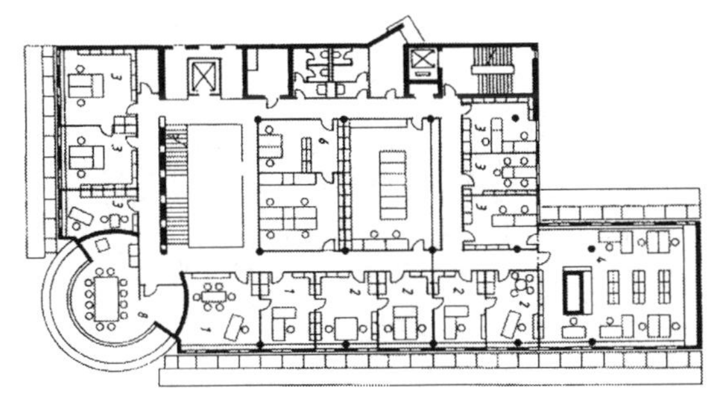

▲ 지상 3층

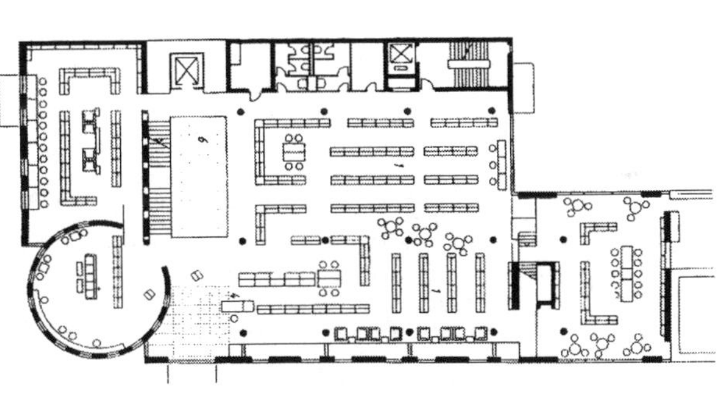

▲ 지상 1층

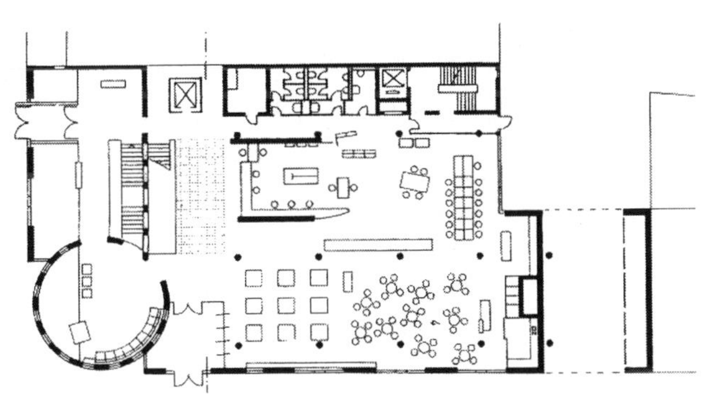

▲ 지상층

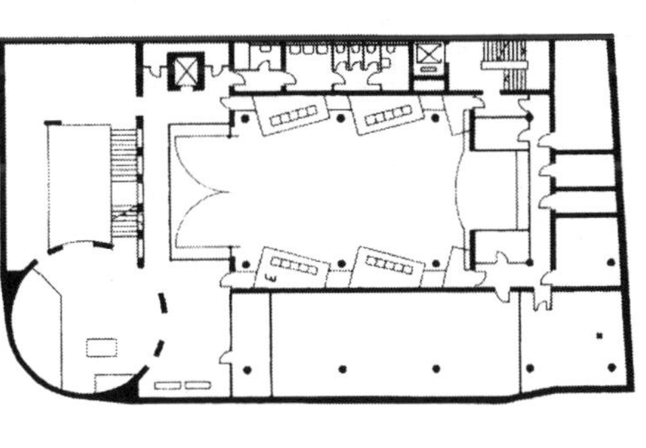

▲ 지하층

음식점

음식점을 의미하는 명칭은 아주 다양하다. 예를 들면 레스토랑, 간이음식점, 그리고 패스트푸드 등 표기의 차이뿐 아니라 내용에서도 차이를 보이고 있다. 이 차이에는 무엇을 제공하고 어떤 형식으로 되었는가에 따라서 구분이 된다. 그리고 시설과 부엌의 배치와 주변에 따라서 기능적인 작용이 아주 다르게 나타날 수도 있다. 서양에 비하여 한국의 음식점에는 표준적인 타입이 적용되지 않고 있다.

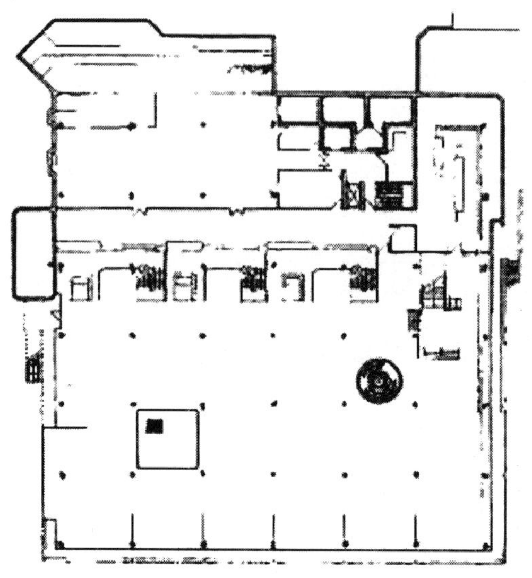

▲ 에스링겐(Esslingen)에 있는 교육대학 내의 학생식당

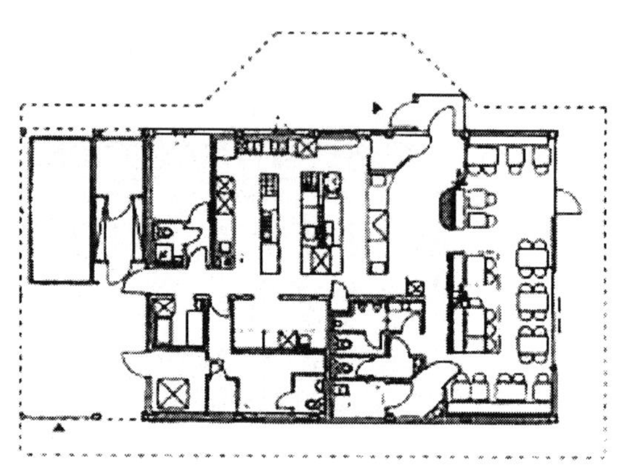

▲ 그레벤도르프(Grebendorf)에 있는 음식점

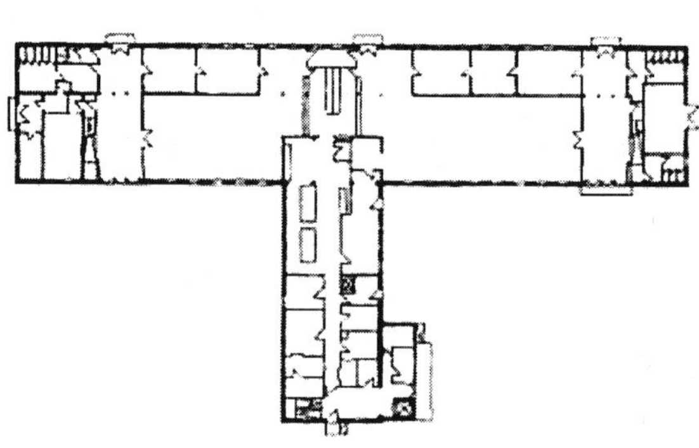

▲ 펠트키르첸(Feldkirchen)에 있는 1500명 수용 가능한 식당

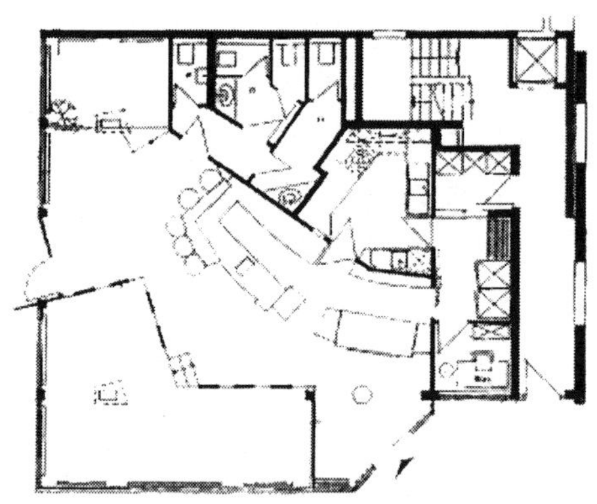

▲ 다이징겐(Ditzingen)에 있는 카페é

1. St. Luc/Tignousa/CH에 있는 레스토랑

- 건축가: Jean Gerard Giorla-Mona Trautmann, Sierre, CH
- 건축연도: 1990

알프스의 전경을 한 눈에 볼 수 있는 유일한 경치 전망대인 이 건물은 휘어진 형태를 유지하고 있다. 이 건물의 공간구성은 두 개의 큰 홀로 이루어져 있는데, 하나는 셀프서비스를 하는 공간이다. 그 외에도 테라스에는 약 350명의 인원을 수용할 수 있는 면적이며, 메인 홀은 두 개 층 높이의 천정이 있는 갤러리를 갖고 있다.

– 지하층: 화장실, 설비, 자체 공간, 창고, 냉동공간
– 지상층: 카페–레스토랑, 셀프서비스 공간, 부엌, 테라스
– 상층: 손님 룸, 갤러리

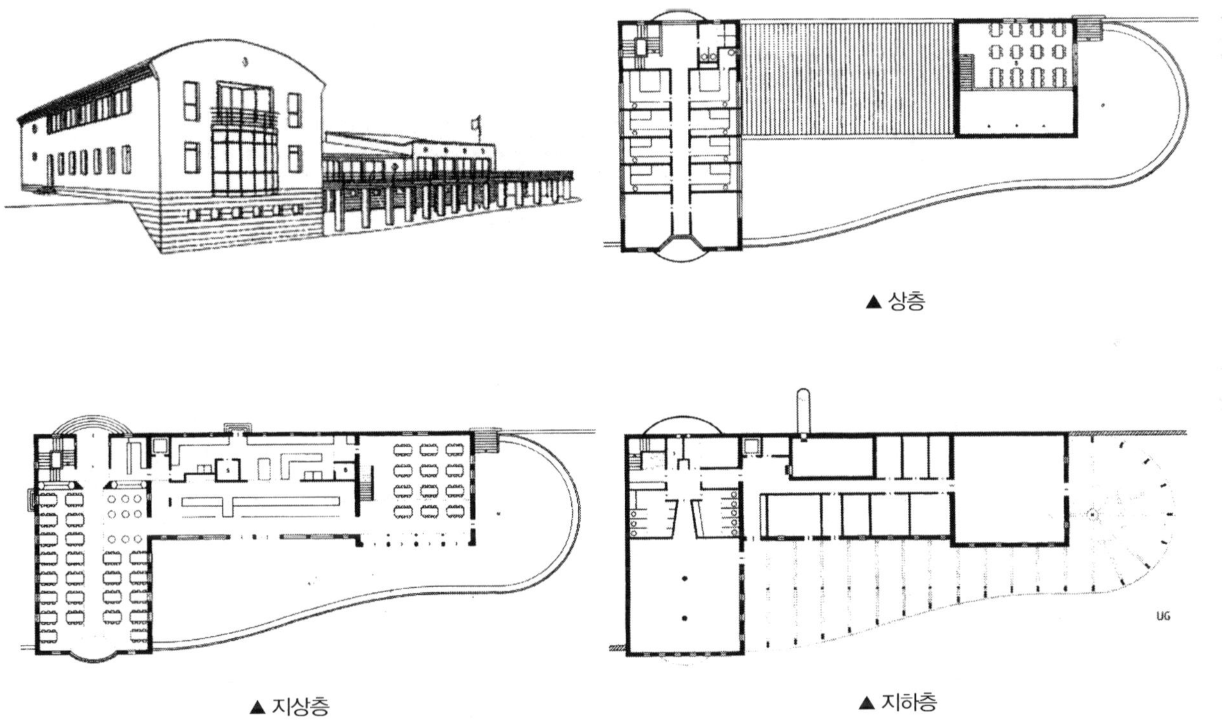

▲ 상층

▲ 지상층

▲ 지하층

2. 기센(Giessen)에 있는 레스토랑

- 건축가: Wetalar 시청의 건축과
- 건축연도: 1988

- 지하층: 케겔장, 화장실
- 지상층: 메인 주방, 주변 공간, 식당, 주거시설

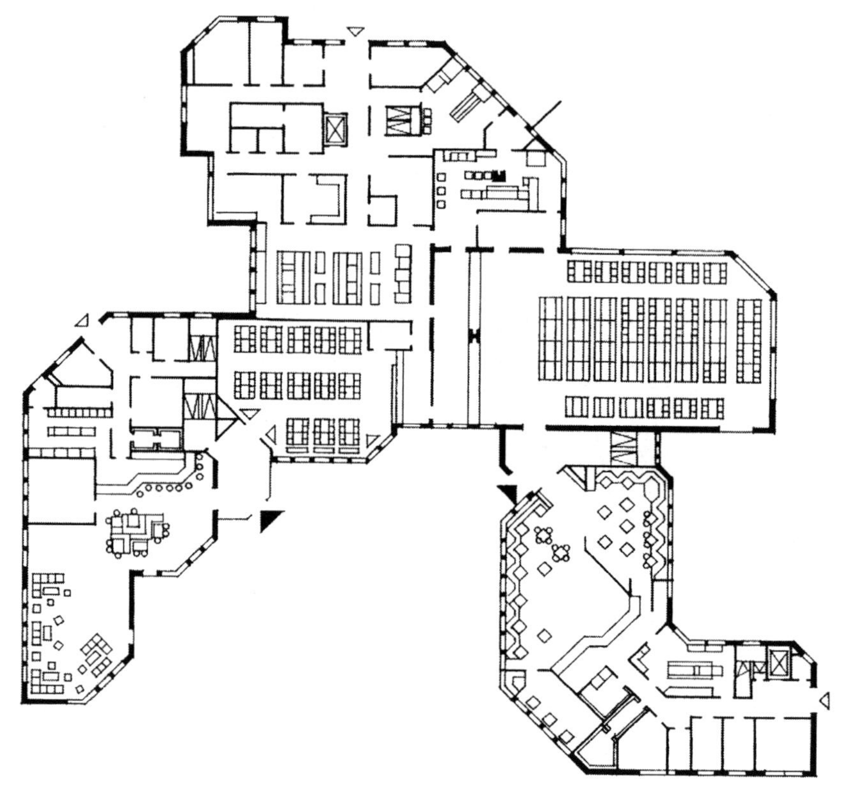

▲ 지상층

3. 에덴베르겐(Edenbergen)에 있는 레스토랑

- 건축가: Albrecht & Partner, Müchen
- 건축연도: 1992

기존에 있던 음식점 건물에 s자 형태의 영역을 증축한 것으로 유리로 투명한 벽체를 만들었다.

- 지하층: 화장실 시설, 기저귀 교체 공간, 장애자 시설, 위생시설
- 지상층: 바, 라운지, 회의실, 키오스크, 식당, 카페, 놀이터, 테라스

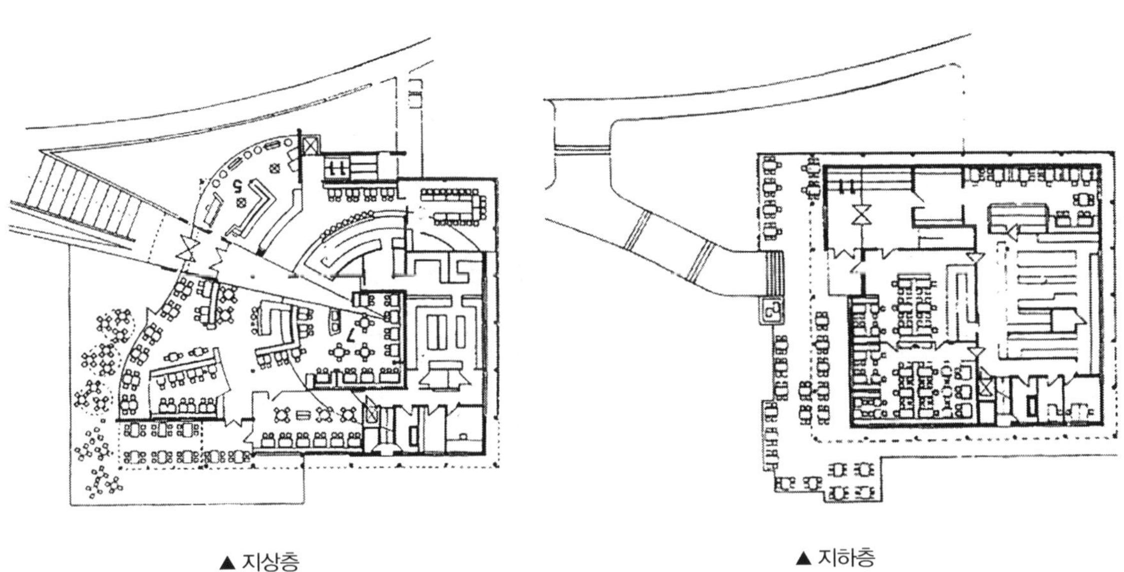

▲ 지상층　　▲ 지하층

4. 헤르초겐나우라흐(Herzogenaurach)에 있는 레스토랑

- 건축가: Prof. Andreas Theilig
- 건축연도: 1999

자연과 회사 아디다스 솔로몬의 사내 음식점을 신중하게 연관시킨 이 건물은 다양한 형태의 테라스를 형성하여 호숫가에 배치하였다. 뒤편에 놓인 서비스 공간은 유리벽을 적용하여 투시될 수 있게 하였다. 한 개의 축을 만들어서 후에 레스토랑을 증축하려는 영역에 입구와 피트니스 영역을 나타내었다. 건물의 온도 조절은 벽을 이중으로 만들었으며, 지면에 저장되는 에너지를 사용할 수 있게 기능을 주었으며, 자연적인 통풍을 이용하여 환기를 유도한 수동적인 지붕을 만들었다.

– 950명 수용, 홀 면적 635 m^2, 카페 210 m^2, 점포 85 m^2, 인원 500명을 위한 주방 580 m^2, 두 번째 층 950명 수용 면적, 마지막 층 380명 수용 면적

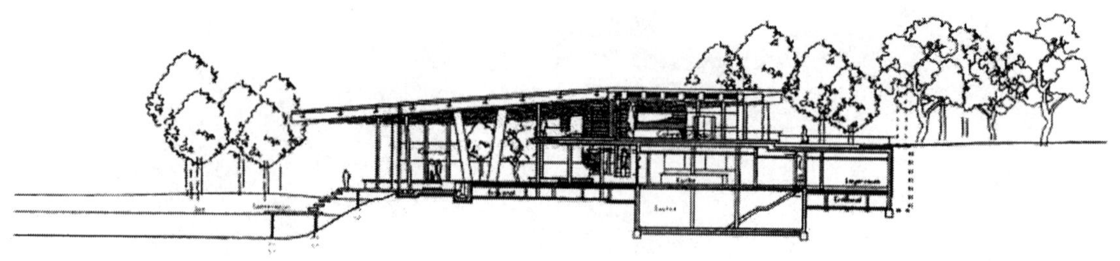

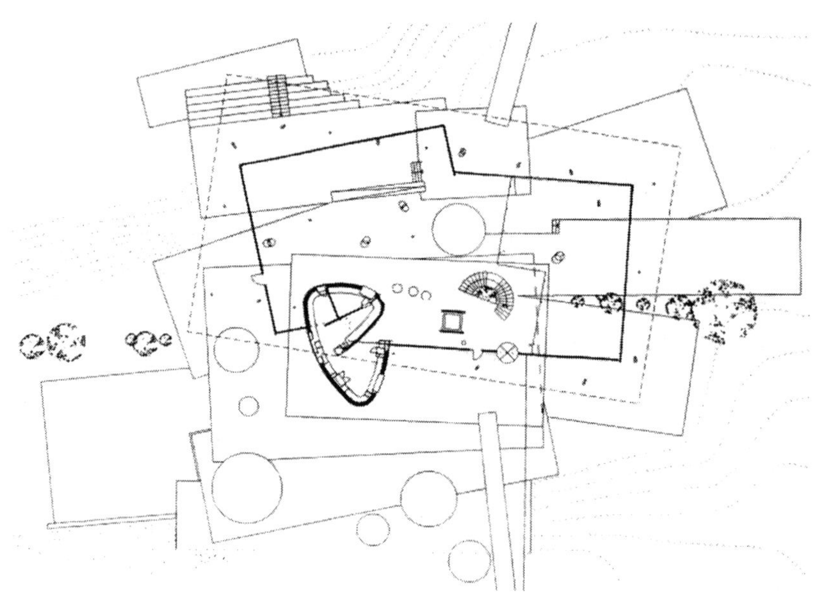

▲ 지상층

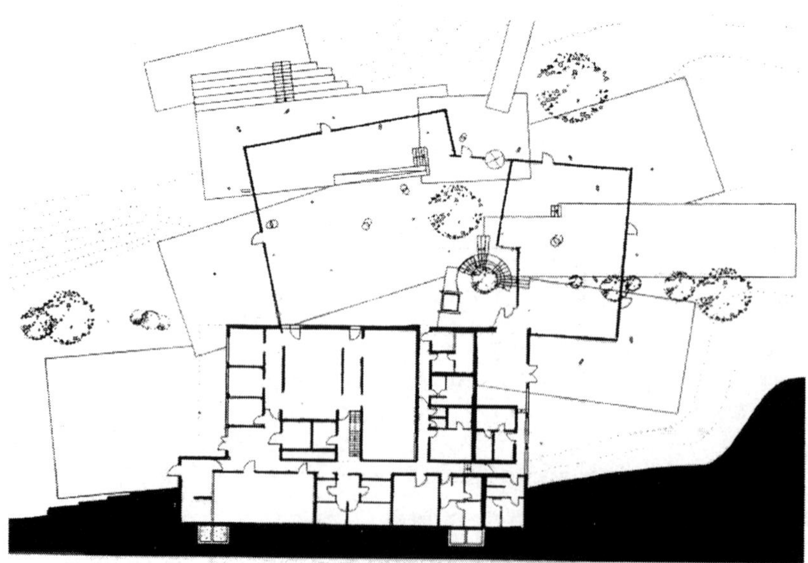

▲ 지하층

자료안내 및 전시시설

이러한 용도의 건물이 생긴 역사는 아주 짧다. 이 건물의 용도는 광고, 계몽, 여가 및 휴가를 위한 요구의 증가로 생겨났다. 그러나 이 외에도 예를 들면 에너지, 박람회, 연합회전시 등으로 자체적인 전시를 하거나 또는 소비자에게 알리는 홍보 효과를 위한 역할을 한다. 이러한 효과는 회사의 자체적인 정보를 위한 건물을 소유하거나 아니면 전시를 위한 건물이 따로 있다. 이 건물들에는 관람자를 위한 서비스 공간이 있거나 아니면 단순히 전시목적을 위한 건물 등으로 구분이 된다. 예를 들면 카페 또는 전시에 관계된 물품을 파는 공간 등이 존재한다.

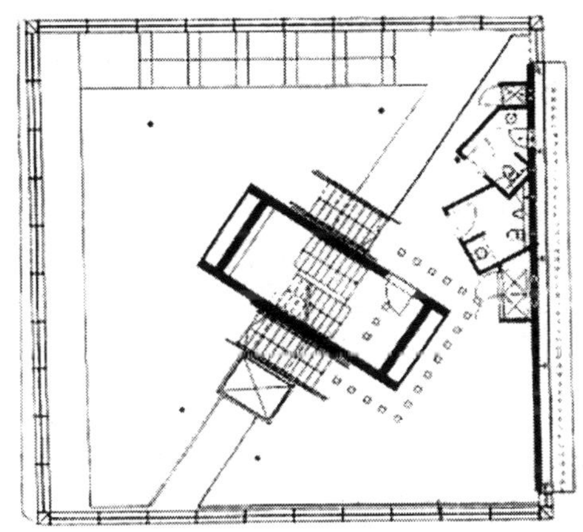

▲ 박람회 Hannover 2000. Deutsch Telekom

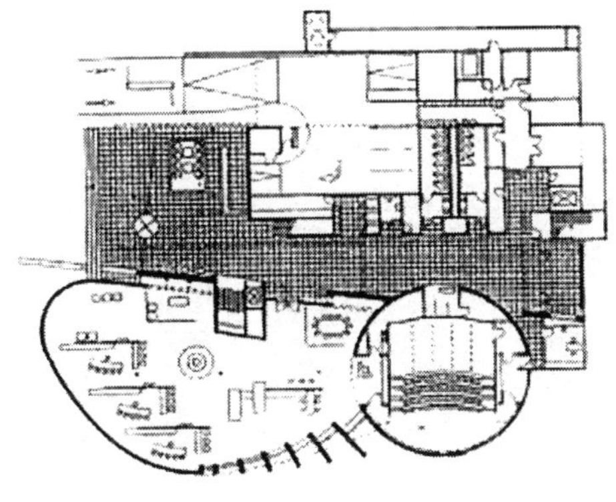

▲ 전시공간 in Tuebingen

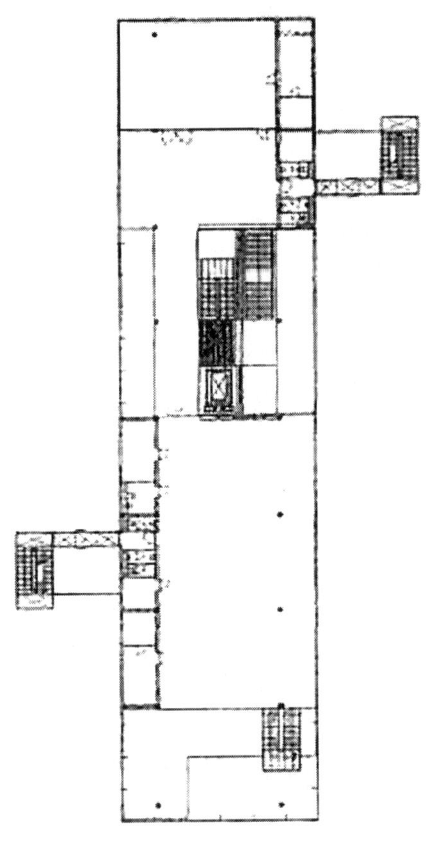

▲ 베를린 정보 box, 1995

1. 브레머페어데(Bremervörde)에 있는 환경 피라미드

- 건축가: Lothar Tabery BDA, Bremervörde
- 건축연도: 1992

전시와 발표자로서의 이 건물은 친환경적으로 지어질 것을 요구받았다. 이 건물은 피라미드 형태로 특별히 요구되는 사항을 만족시키기에 유용한 형태가 되도록 초점이 맞춰졌다. 이 건물은 고대 난방시설과 같이 에너지의 손실을 최소화하는 데 초점을 맞춘 것이다.

- 지상층: 회의 및 발표실 60m^2, 작은 규모의 사무실들
- 상층: 시각적인 조건을 연결시킨 사이공간이 존재하는 갤러리 용도의 공간들이 있는 여러 작업용 실

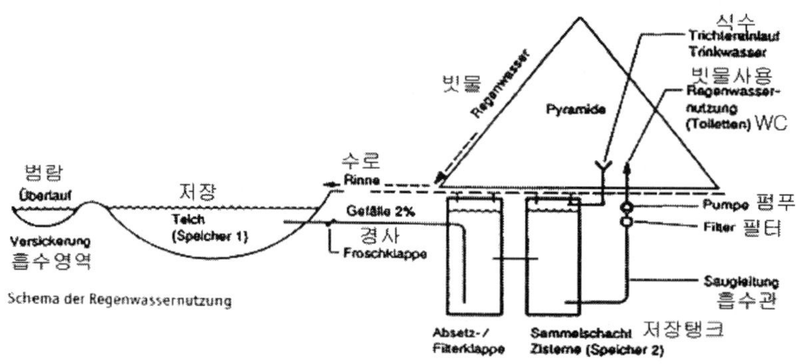

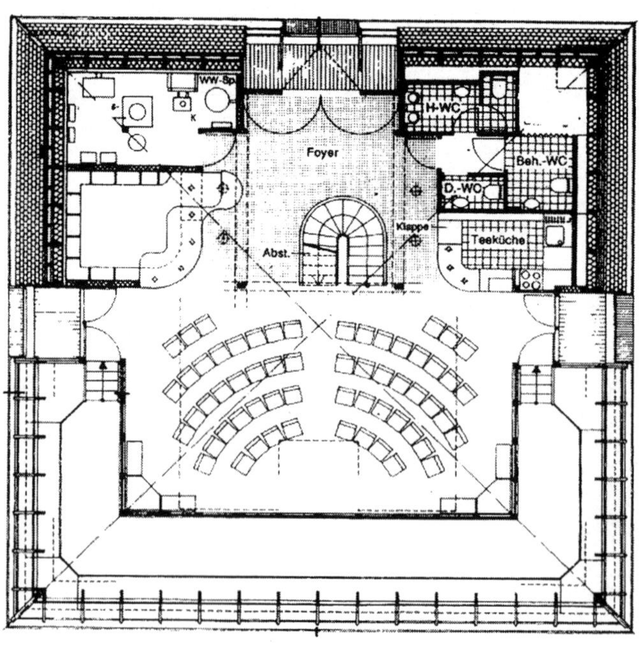

▲ 지상층

2. 렌스부르크(Rensburg)에 있는 에너지 및 설비에 관한 전시장

- 건축가: Prof. Christian Knoche
- 건축연도: 1999

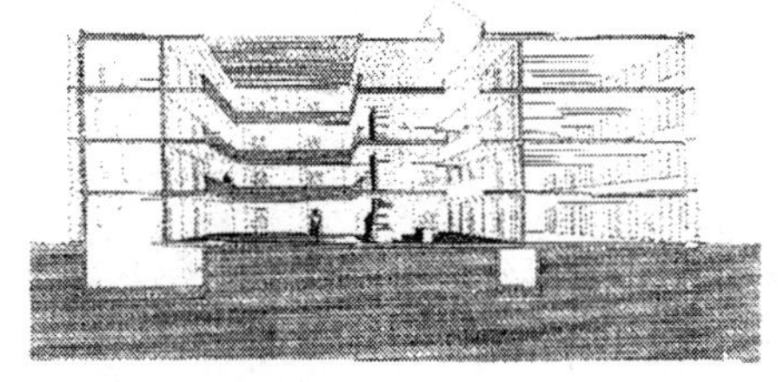

이 전시장은 에너지와 설비시스템에 관한 내용을 홍보차원에서 전시하고 있다. 다양한 영역들은 4층에 걸쳐서 연결되어 있다. 동선은 갤러리 주변을 돌면서 연결시켰다.
에너지에 관한 컨셉은 태양의 방향에 따라서 건물의 전면을 연관지어 보여주고 있다.
대지와 같은 주변에 저장된 에너지를 건축물에 어떻게 사용할 수 있는가를 보여주는 건물이다. 태양에너지를 120 m^2의 면적에서 남쪽으로 경사진 태양열 판을 설치하여 저장하고 있다.

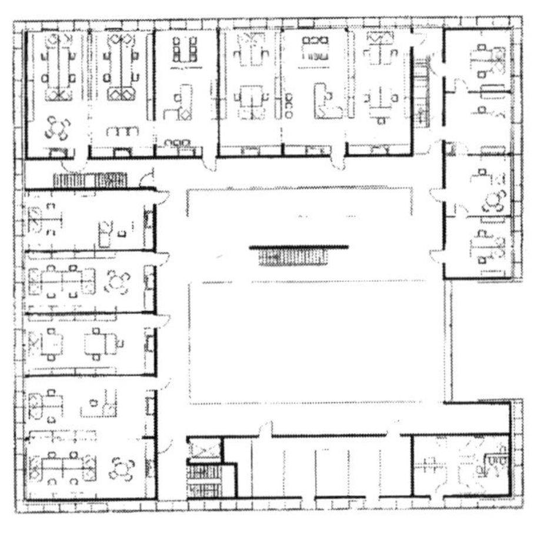

▲ 상층

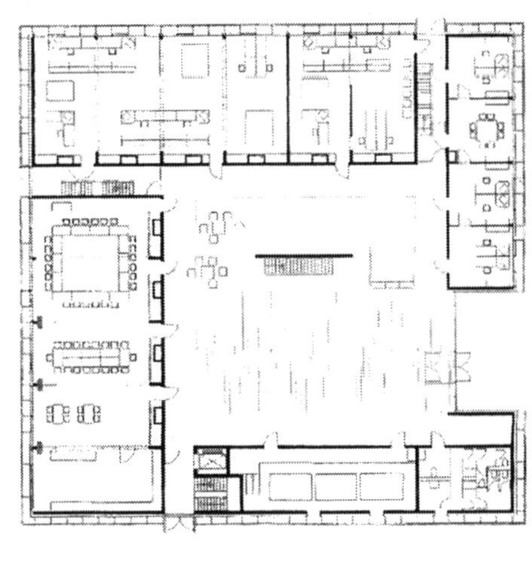

▲ 지상층

3. 엑스포-파빌리온(Expo-Pavillon) 2000

- 건축가: Atelier Bruckner, Hannover
- 건축연도: 2000

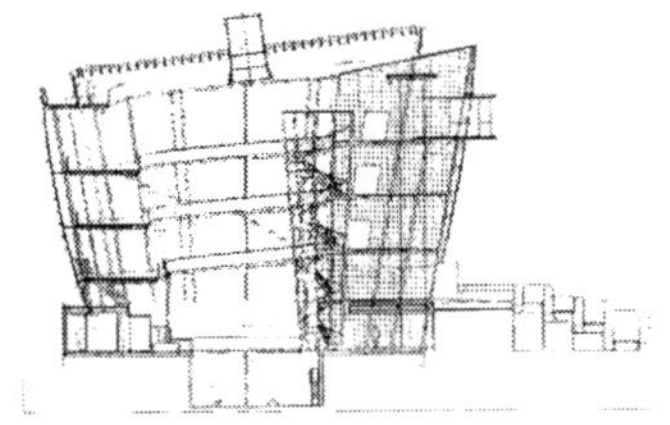

원을 따라서 테마별로 관람하게 컨셉을 잡은 이 건물은 관람자가 과거, 현재, 그리고 미래에 관한 경험을 하도록 설계되어 있다. 푸른색의 유리로 되어 있는 입구 램프는 원형태 울타리 사이에 배열되어 있다.
이 파빌이온에서 방문자가 머무는 시간은 대략 한 시간 정도가 된다.
아트리움은 저녁과 특별한 전시에 사용할 수 있도록 되어 있다.

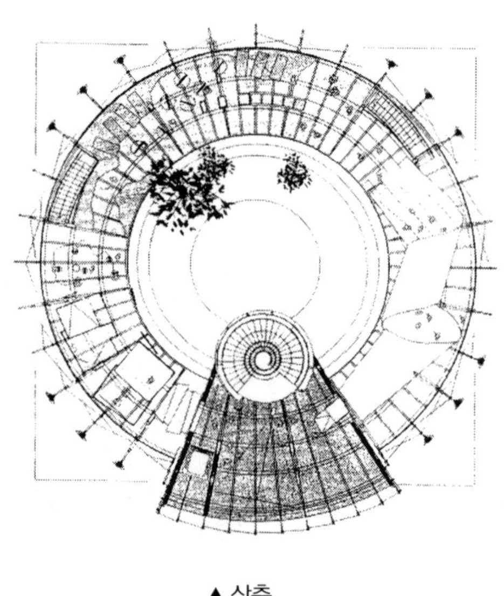

▲ 상층

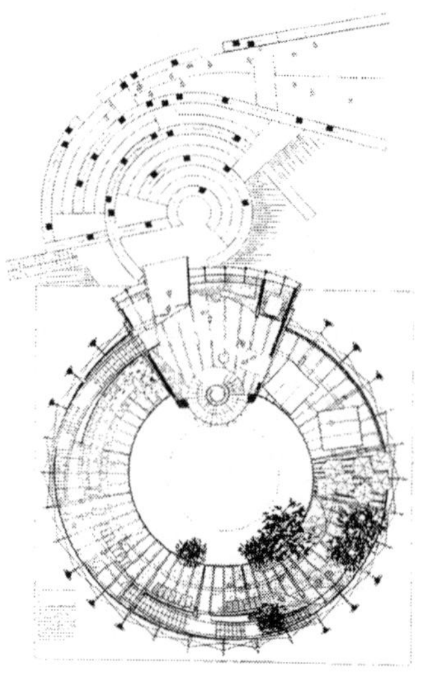

▲ 지상층

4. 아안하임(Arnheim)에 있는 freilicht 박물관

- 건축가: Mecanoo Delft/NL
- 건축연도: 2000

이 시설은 자유로운 상황을 그대로 두면서 두 개 층 규모의 전시장을 땅 속에 묻는 컨셉으로 되어 있다.

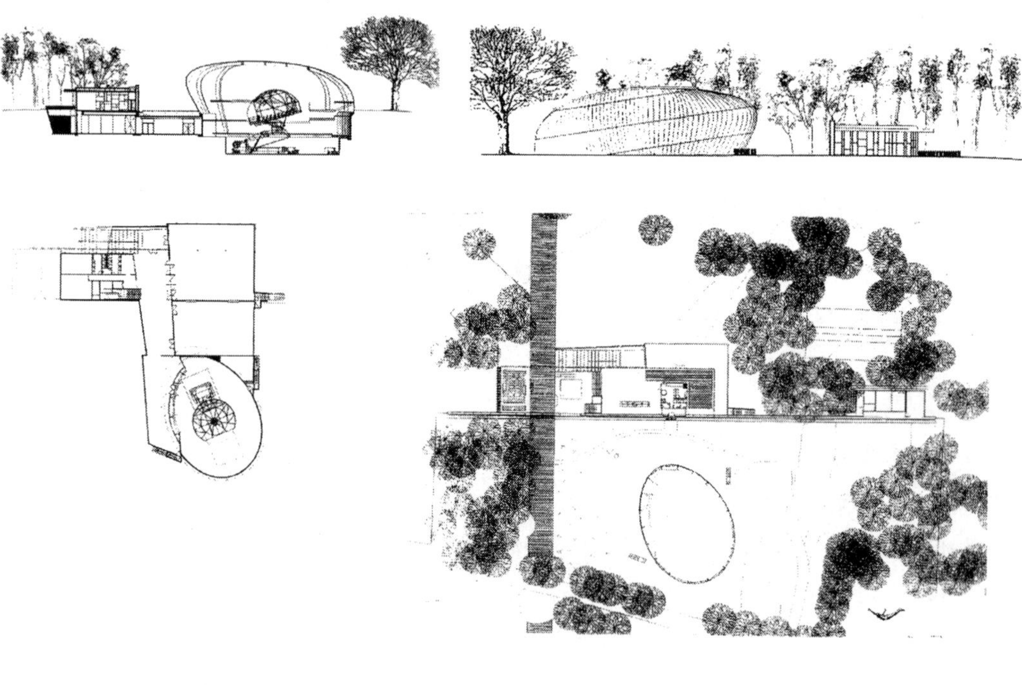

▲ 상층

▲ 지상층

스포츠

스포츠는 현대에 와서 여가 그리고 건강을 유지하는 것과 연관되어 있다. 현대에는 많은 사람들이 스포츠를 즐기고 있다. 그러나 100년 전만해도 제한된 소수의 사람들이 스포츠를 자유롭게 할 수 있었다. 한때는 단순히 병역과 같은 의무로 성과나 단련 등을 위하여 스포츠가 행해지던 시절도 있었다. 운동에 관련된 정치에서는 스포츠를 행할 수 있는 건물을 요구하였다. 이러한 과정을 거치면서 다양한 스포츠의 형태가 나오기 시작했다. 형태가 다양해지면서 스포츠 시설에 대한 다양성이 요구되고 기립한 장소, 앉는 장소, 그리고 관중석을 포함하는 외부 스포츠 시설에 지붕을 갖춘 시설을 추가하였다. 또한 예를 들면 시설에는 자전거 경기, 실내 핸드볼, 권투시합, 테니스, 또는 육상경기 등을 위하여 경기장 바닥을 교체할 수 있는 시설도 갖추어야 하는 경우도 생긴다. 오늘날 체육관이나 체조실을 위한 건물이 학교나 단체에 중요한 시설로 여겨지는 경우도 있다. 이러한 과정 속에서 체계적인 공모전을 수행하기 위하여 시설에 대한 규정된 크기가 표준화되어 가고 있다. 하나의 시설에 여러 가지 기능이 있는 것이 있는가 하면 한 가지의 기능만을 수행하는 분리된 시설도 있다. 스포츠 시설은 올림픽 경기 시설에 맞추어서 발전하는 경우가 많다. 고대의 그리스 경기장에 보면 아테네에는 192m의 가장 긴 길이로 된 원형경기장도 있다.

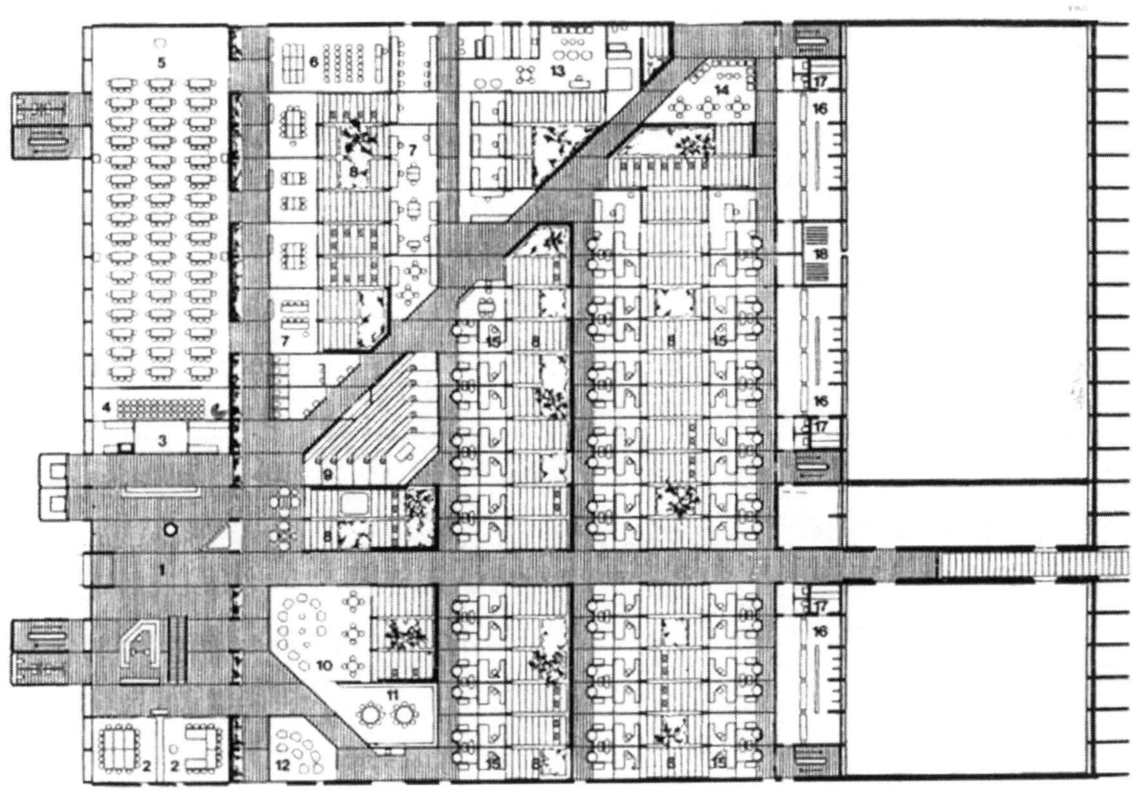

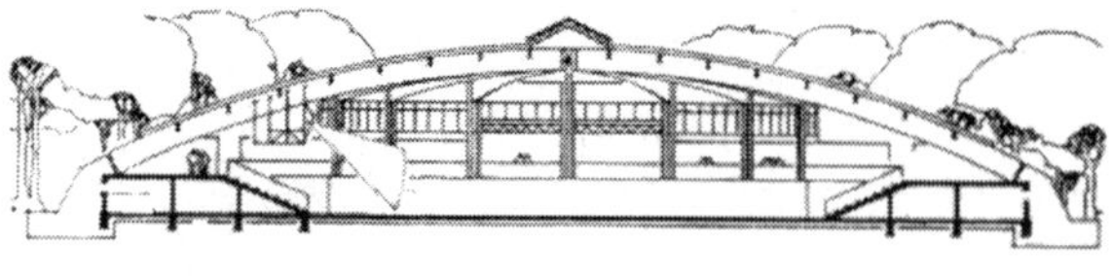

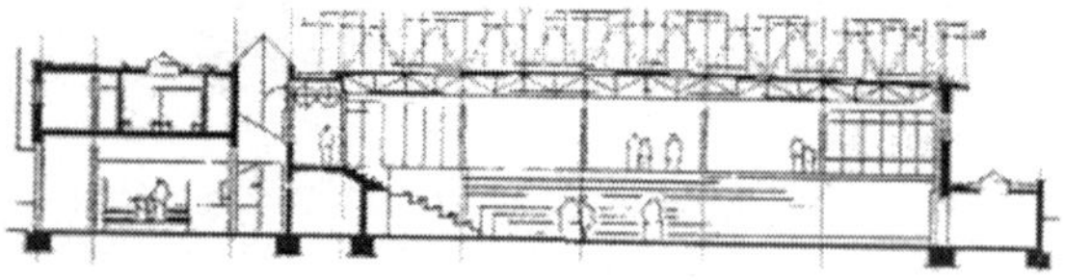

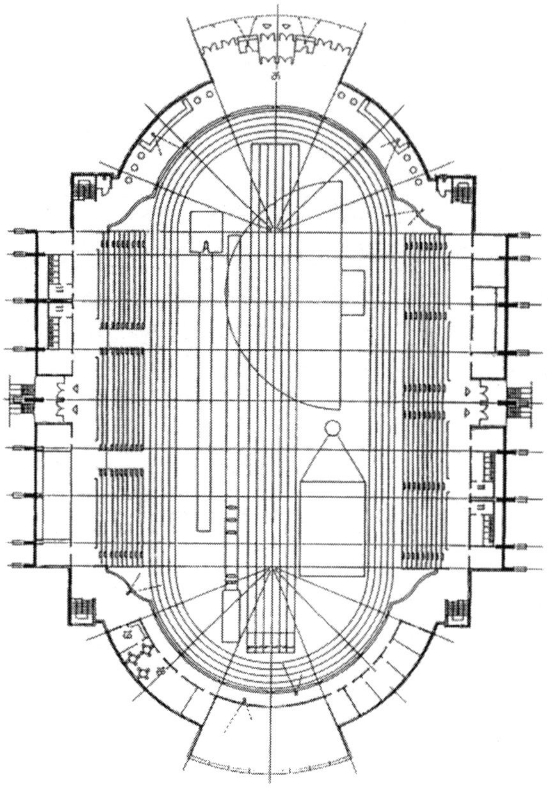

▲ Sporthall, Hanau

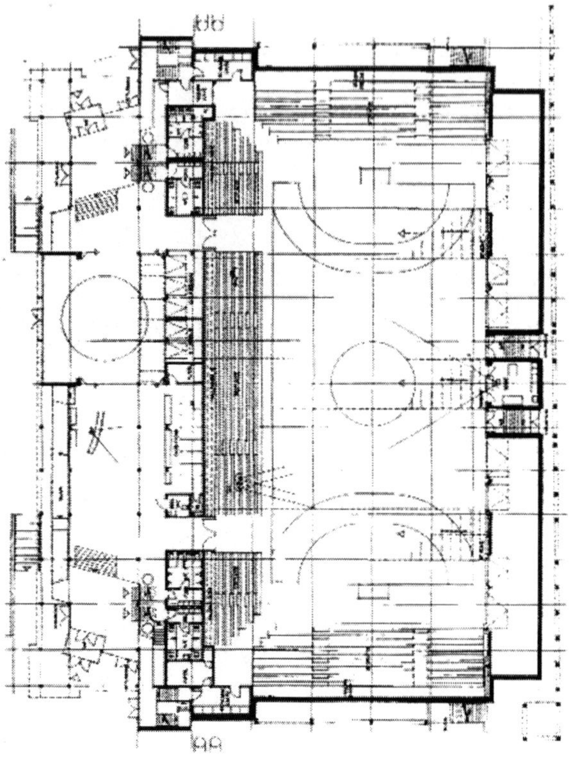

▲ Sporthall, Saarbrcken

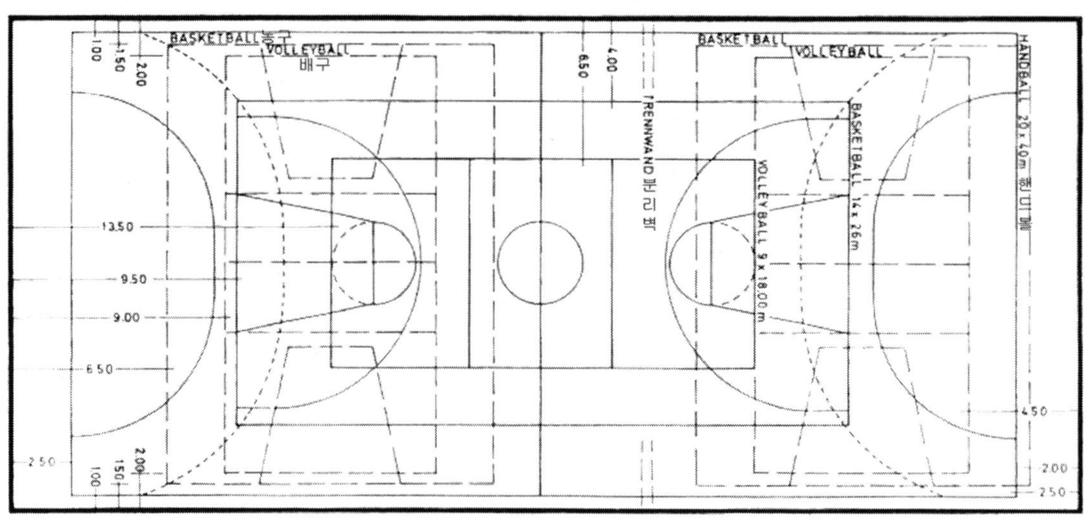

▲ 다목적 스포츠 홀 22 × 45 m

1. 베를린에 있는 Max-Schmeling-hall

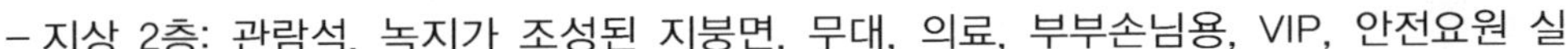

- 건축가: Jörg Joppien BDA. Berlin
- 건축연도: 1996

- 지하층: 다용도 공간, 창고, 설비, 지하차고, 의료영역, 탈의실, 트레이닝룸
- 지상층: 관리실, 서비스 공간과 함께 있는 스포츠 홀, Catering, 레스토랑, 무대, 10000명 수용의 관중석, 미디어실
- 지상 1층: Young room, 레스토랑, 안전요원 실, 시청자 영역, 의료, Boxen, 부부손님용
- 지상 2층: 관람석, 녹지가 조성된 지붕면, 무대, 의료, 부부손님용, VIP, 안전요원 실
- 지상 4층: 녹지가 조성된 지붕 면

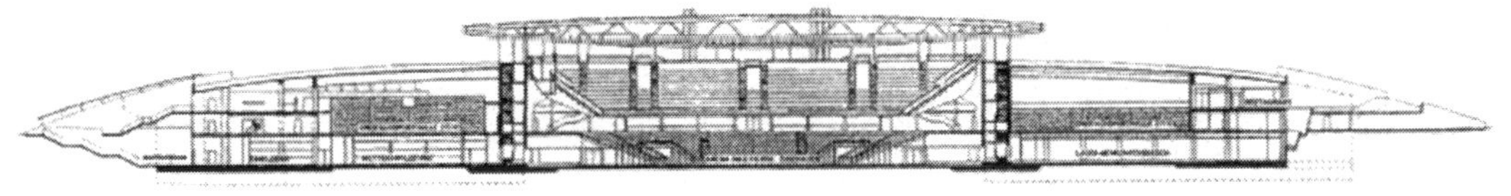

▲ 지상 1층

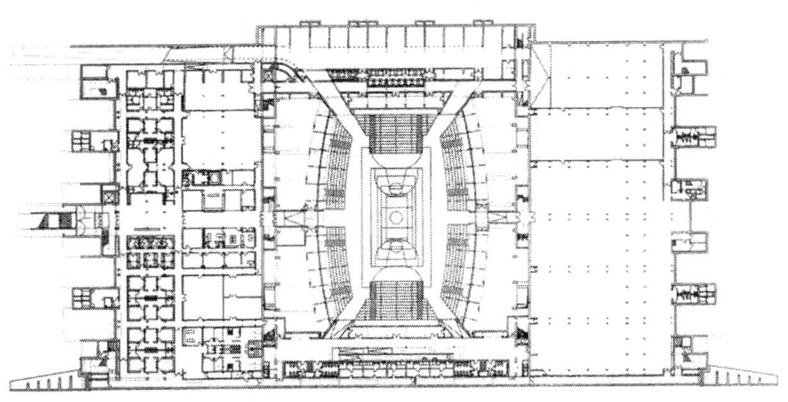

▲ 지상층

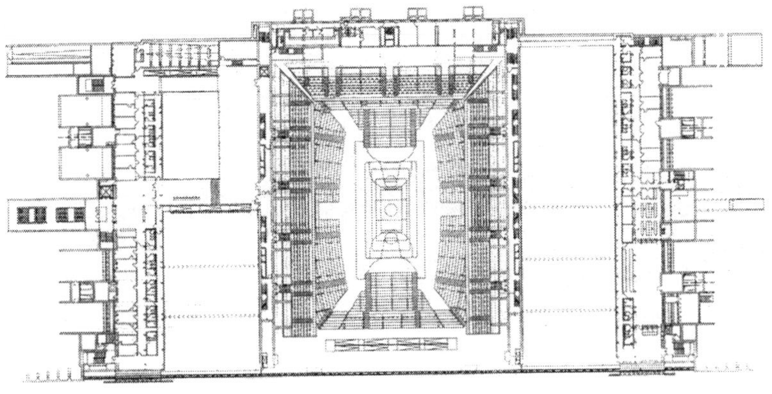

▲ 지하층

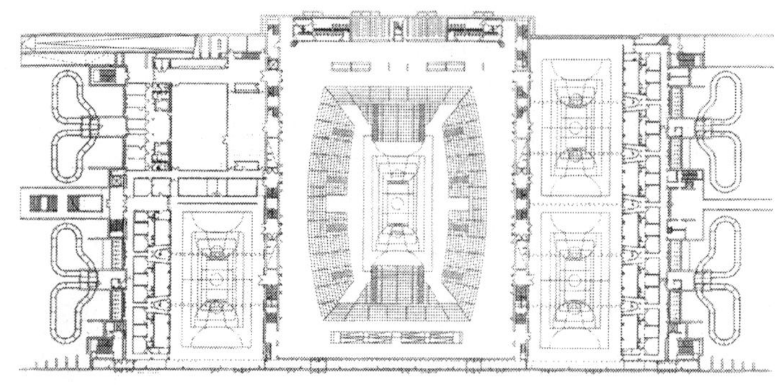

▲ 지하층

2. 베를린에 있는 자전거와 수영경기장

- 건축가: Dominique Perrault, Berlin
- 건축연도: 1997

두 개의 형태로 만들어진 이 경기장은 본래 2000년도 올림픽 경기를 위하여 설계되었다. 도시계획적인 측면을 고려하여 공원 조경에 맞추어 건물이 지하 17 m 자유롭게 하강되어 있다. 구조상 자유로운 형태를 취하는 이 건물은 철골구조이다. 확산되는 형태를 취하고 있고 호수와 같은 형태로 새로 심어진 사과나무들 사이에 있다.

- 지하층: 탈의실, 로비, 설비, 분수, 관중석, 레스토랑, VIP, 3중 스포츠 수용시설
- 지상층: 로비, 레스토랑, VIP, 3중 스포츠 수용시설, 다목적 경기장
- 지상층: 활주로를 이용한 경기 시설, 탈의실, 관중석, 접수실, 3중 스포츠 수용시설

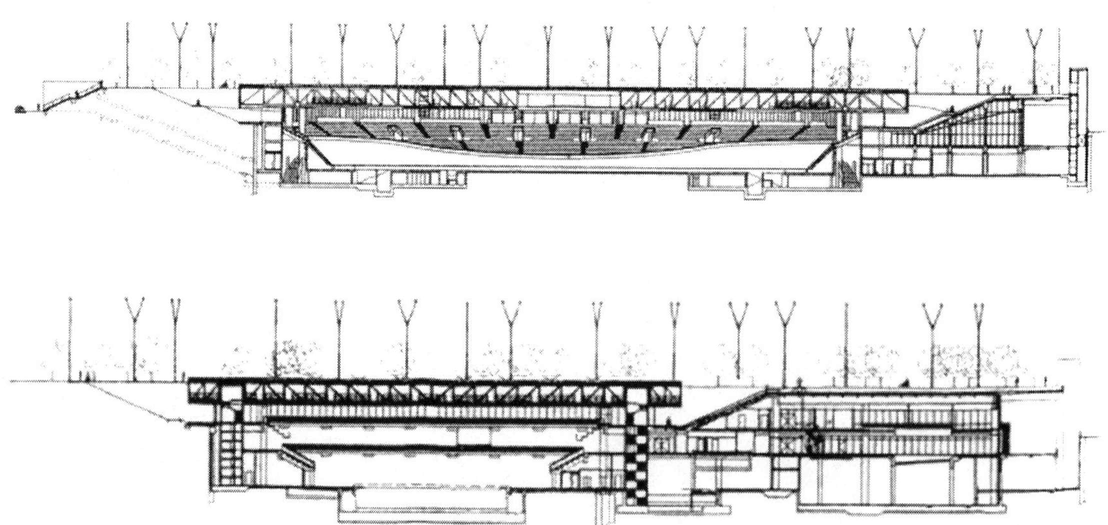

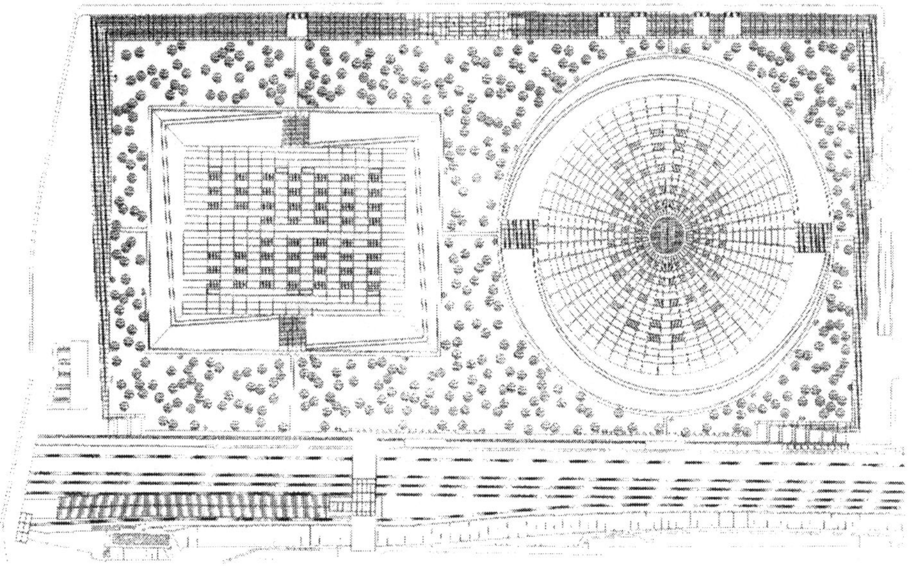

▲ 배치도

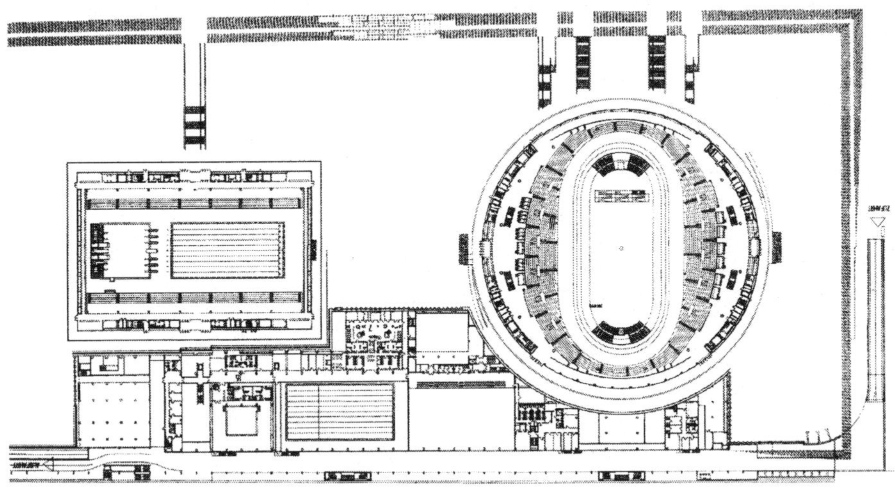

▲ 지하층

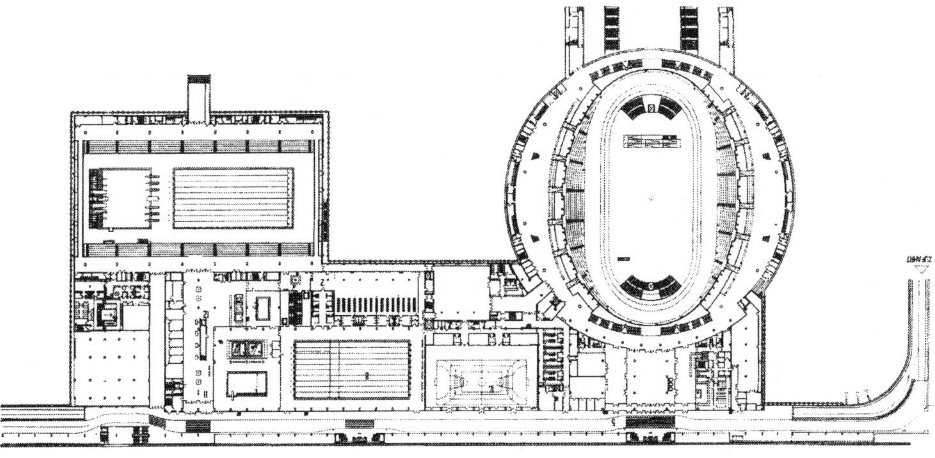

▲ 지상층

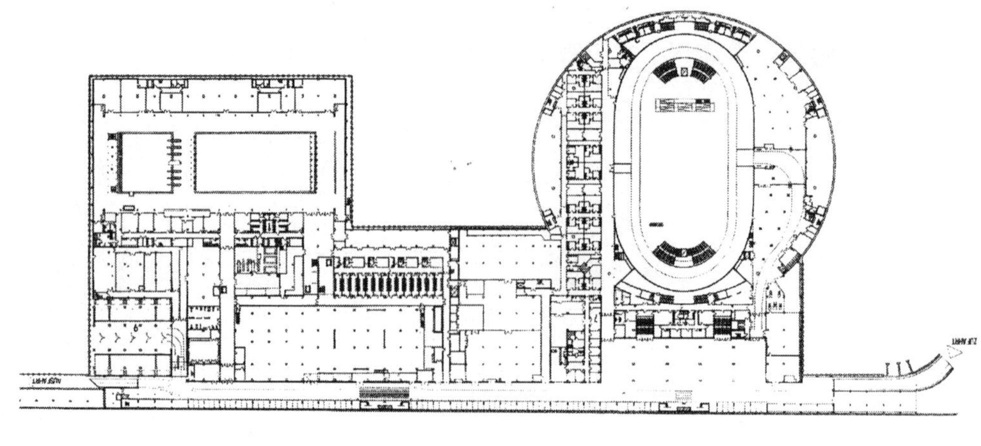

▲ 지상층

3. 베를린에 있는 경마경기장

- 건축가: Sasse & Fröde
- 건축연도: 1996

평면적이고 골조구조의 형태인 이 원형 홀은 경마경기를 할 수 있는 곳이다. 규모가 22×44 m인 이 경기장은 나뉘어 있다.

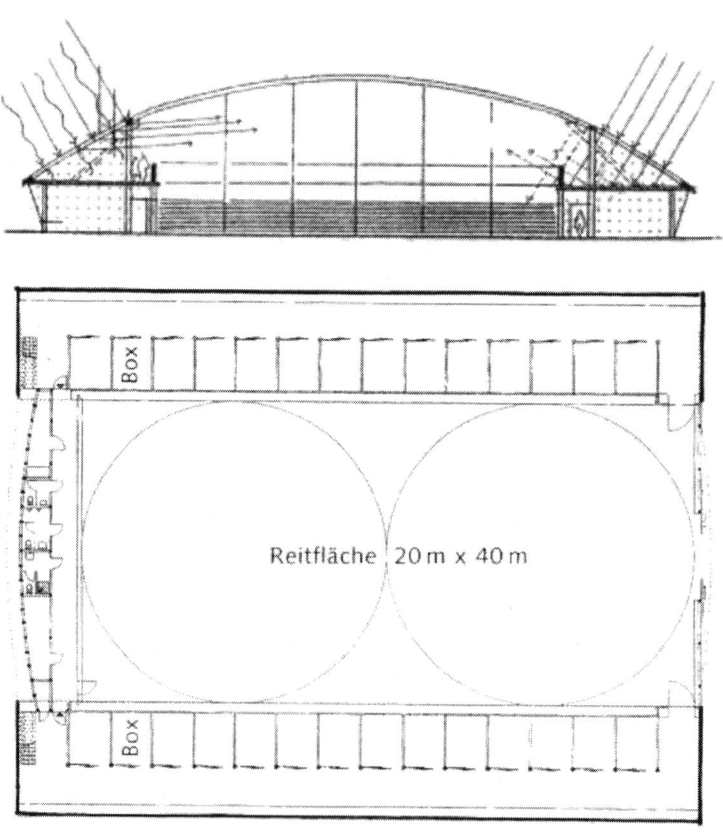

4. 그레펠핑(Gräfelfing)에 있는 3중 경기장

- 건축가: Prof. Peter Seifert. München
- 건축연도: 2000

이 건물은 Kurt-Huber 고등학교와 연결되어 있다. 다양한 공간의 필요에 의하여 이 건물이 설계되었는데, 예를 들면 학교의 스포츠를 위하여 도시의 문화적인 활동에 의한 것과 같은 단체나 동아리의 요구에 의하여 2층 규모로 제안하고 설계된 것이다. 장축으로 뻗어 있는 세 개의 보는 지붕에 빛을 유입할 수 있는 창을 만들려는 의도로 시도된 것이다. 지하층에 있는 입구 홀은 반지하층으로 되어 있다. 이렇게 반지하로 만든 것은 건너편에 있은 학교로 가는 동선을 연속적으로 만들기 위해서 결정된 것이다.

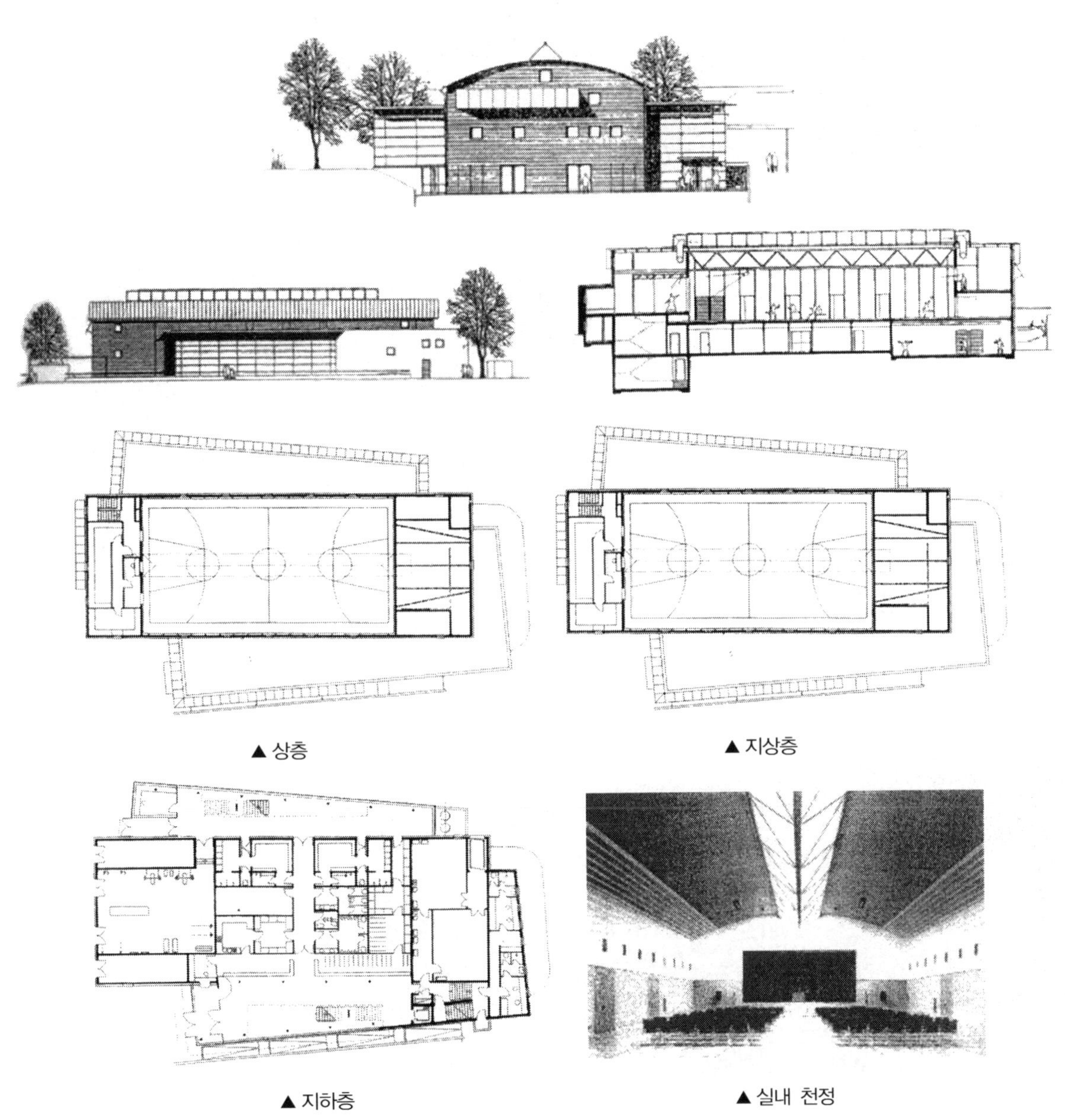

▲ 상층

▲ 지상층

▲ 지하층

▲ 실내 천정

수영장

수영장의 발달은 목욕에서 시작이 되었다. 유럽의 도시 목욕탕은 과거 전통적인 온천에서 시작이 된 것이다. 야외 수영장은 19세기에 처음 등장했다. 처음 장소는 강이나 바다였다. 오늘날에는 이것이 더 발달하여 미끄럼틀, 거품 풀, 그리고 사우나 같은 것이 제공되면서 다양한 형태로 변화하고 놀이나 수영 이외의 기능을 추가하게 된 것이다.

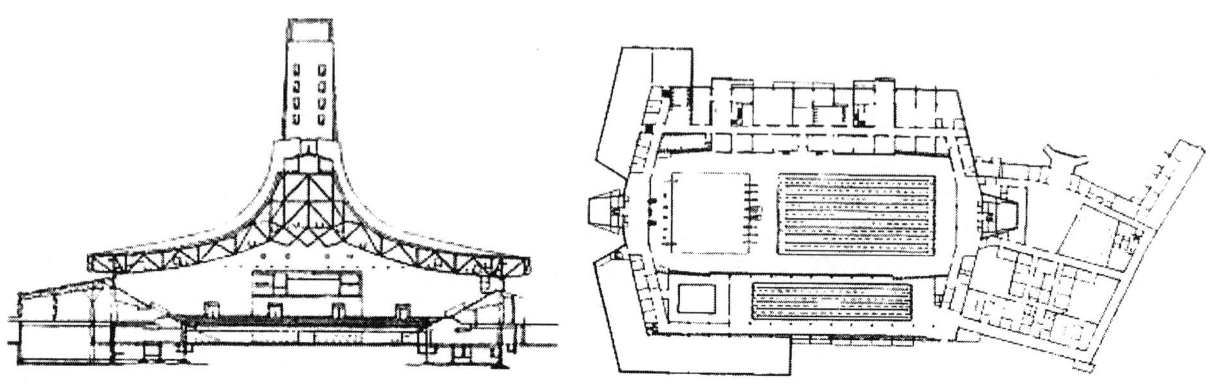

▲ 상하이에 있는 수영장, 1995

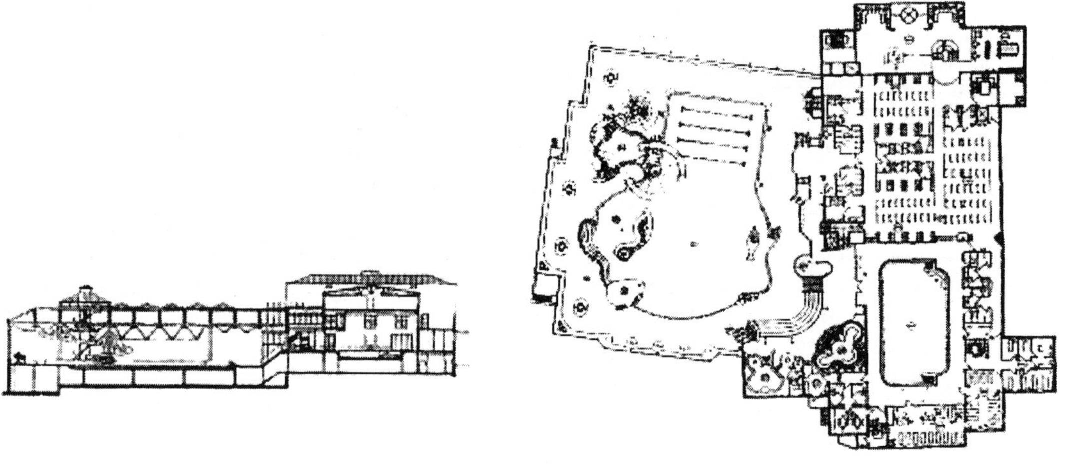

▲ Bad Norderney에 있는 수영장, 1997

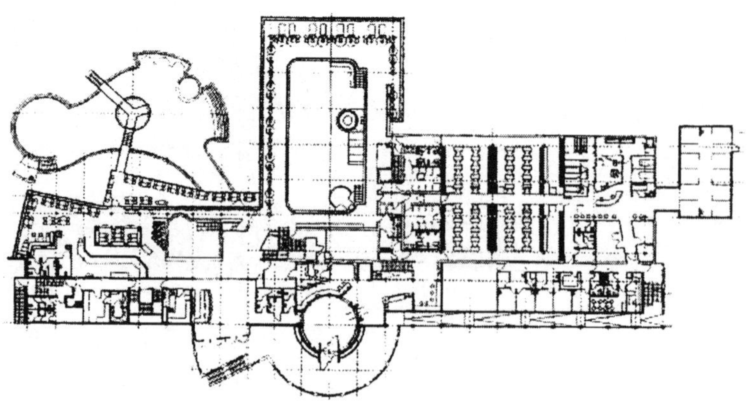

▲ Bad Hönningen에 있는 온천 수영장, 1994

1. 오스테로데(Osterode)에 있는 실내 및 야외 수영장

- 건축가: Wolfgang Kraatz, Göttingen
- 건축연도: 1995

직사각형 구조를 갖고 있는 이 수영장은 목재로 틀을 만들었다. 열을 흡수하는 정면은 외부 수영장과 함께 있는 전경을 바라볼 수 있도록 하였다. 다양한 기능을 하는 수영장이 배치되어 있어서 수영장의 즐거움이 더 해지도록 설계되었다. 사우나는 2개 층에 걸쳐서 놓여 있다.

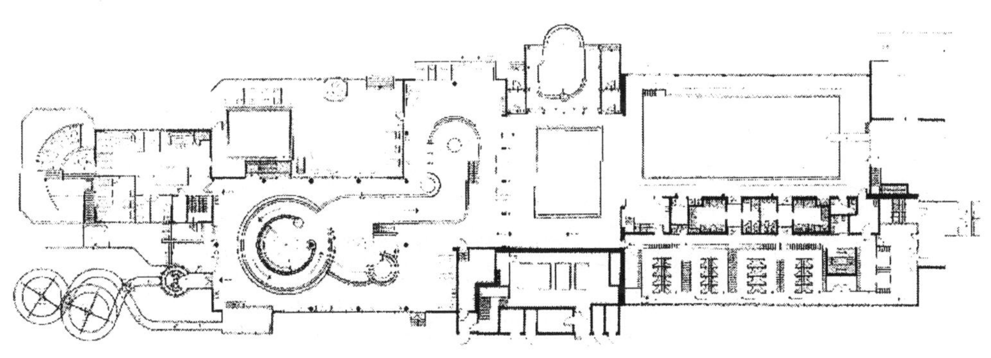

▲ 지상층

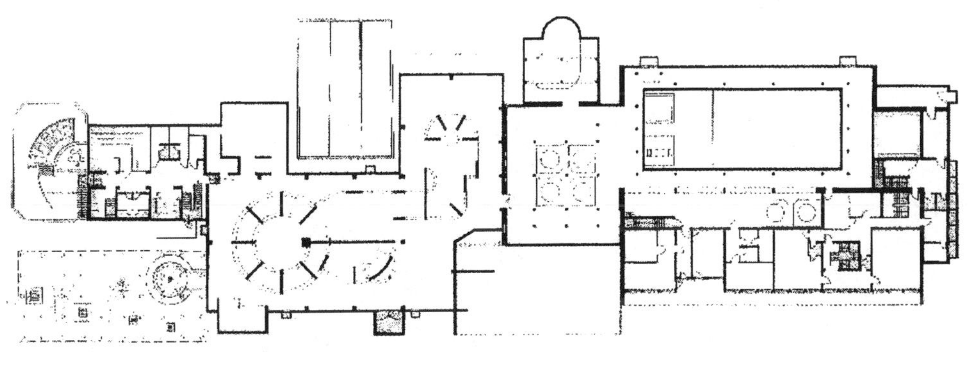

▲ 지하층

2. 부퍼탈(Wuppertal)에 있는 야외 수영장

- 건축가: Glasmacher
- 건축연도: 1993

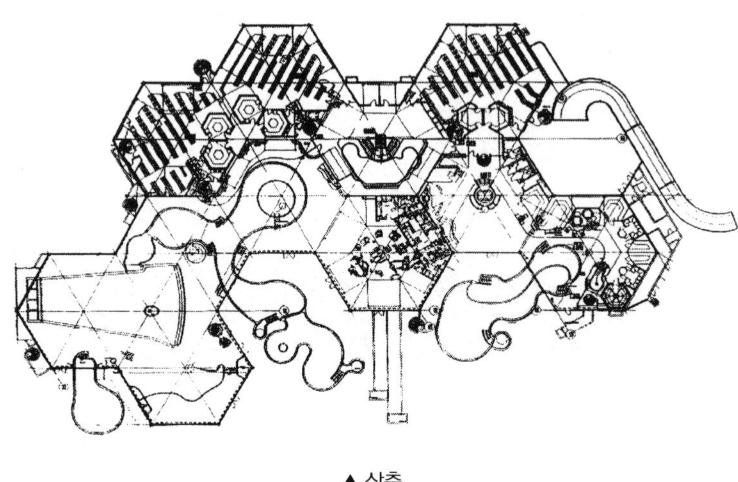

▲ 상층

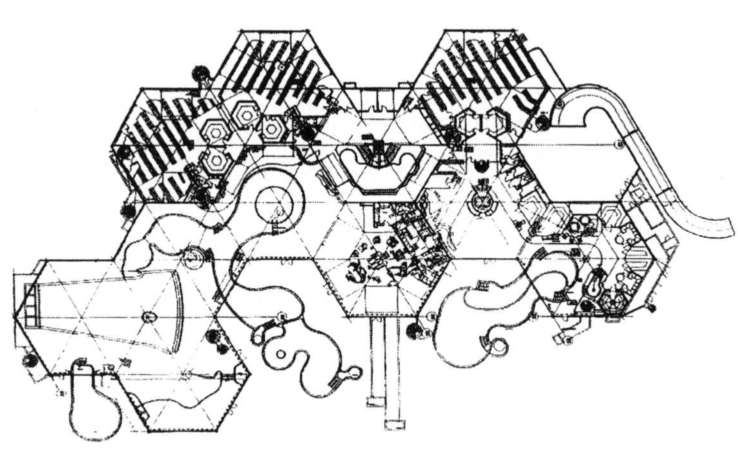

▲ 지상층

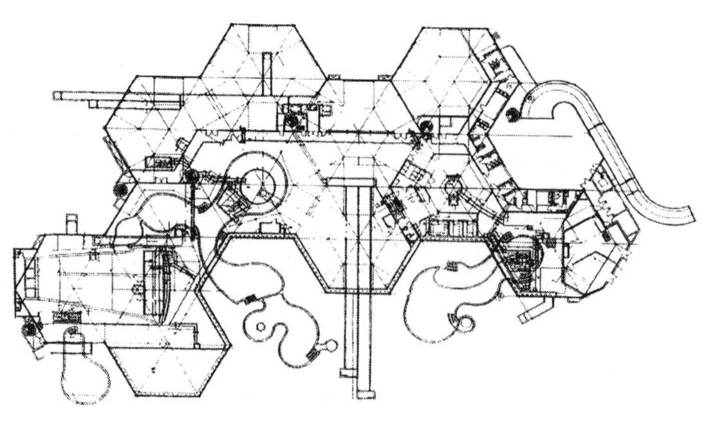

▲ 지하층

3. 부퍼탈(Wuppertal)에 있는 수영장

- 건축가: horsthaag BDA, Stuttgart/Leipzig
- 건축연도: 1994

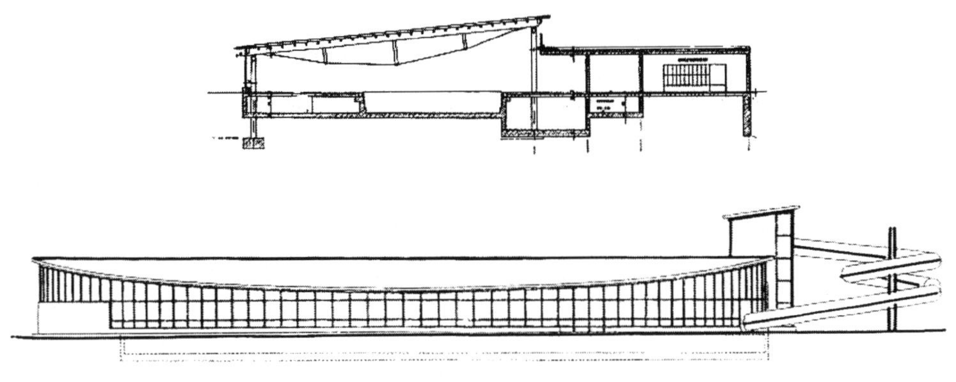

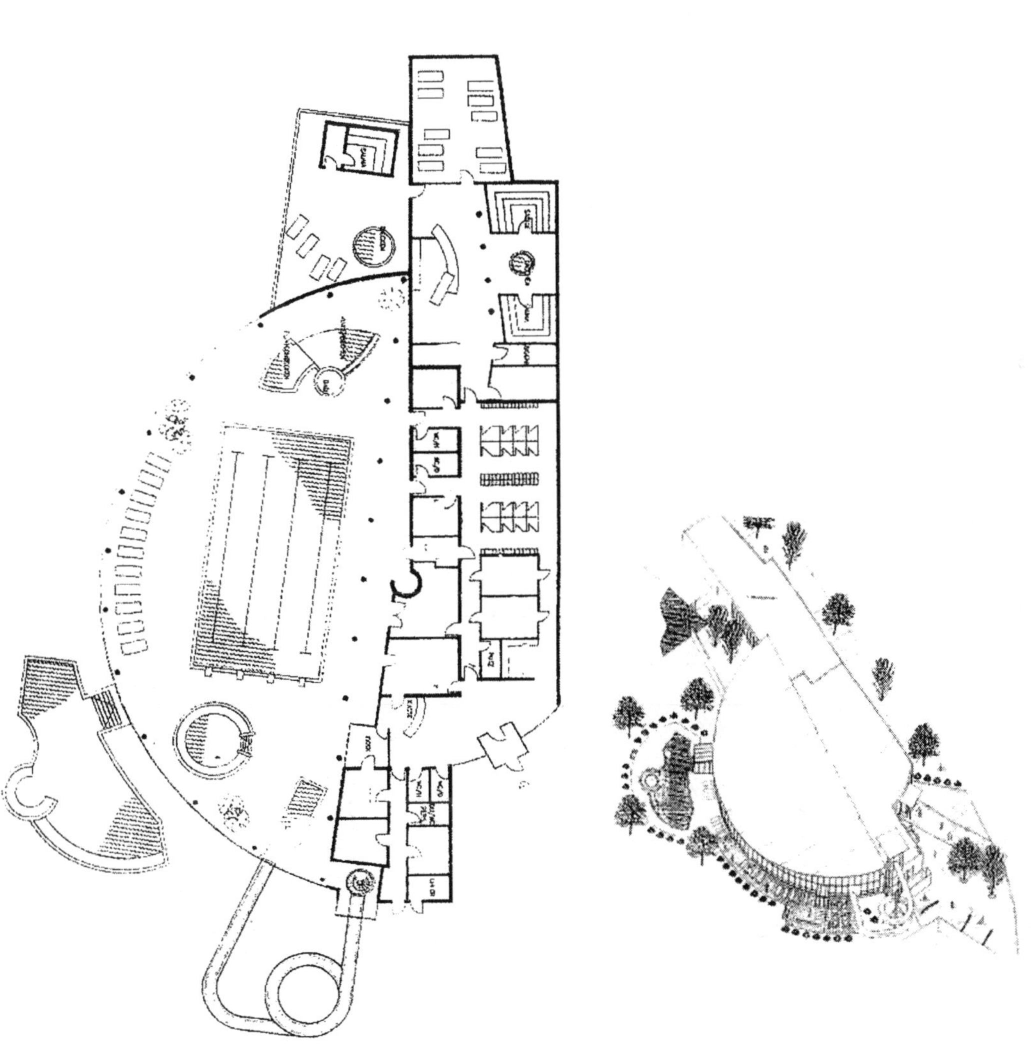

4. 초일렌로다(Zeulenroda)에 있는 수영장

- 건축가: M. Hoffmann & U. Meincke, Aachen
- 건축연도: 1997

하모니를 이루며 영역 간에 기능적으로 조화를 이루는 이 수영장은 여러 영역으로 구분되어 있다. 모든 영역은 접근이 제한된 계곡으로 향하는 전경을 갖고 있다. 공간에 대한 프로그램은 다각적으로 이루어져 있다. 바닥이 레벨을 갖고 있는 풀장, 3 m 높이의 다이빙대, 다양한 기능의 욕조, 누워 있는 곳, 미끄럼틀, 소금물로 되어 있는 사철 외부 욕조, 숙박시설 등이 다양하다. 이렇게 다양한 기능이 있는 영역은 36 m 지름의 오픈되어 있는 둥근 지붕을 갖고 있다. 둥그렇게 겹쳐 있는 사우나는 거품 욕조, 외부 사우나, 명상실, 소금욕조, 그리고 인공 일광욕 시설 등의 형식으로 되어 있다. 숙박시설은 위층에 놓여 있다. 바닥 레벨을 높게 올려 영역은 모임을 위한 장소로 사용할 수 있게 하였다.

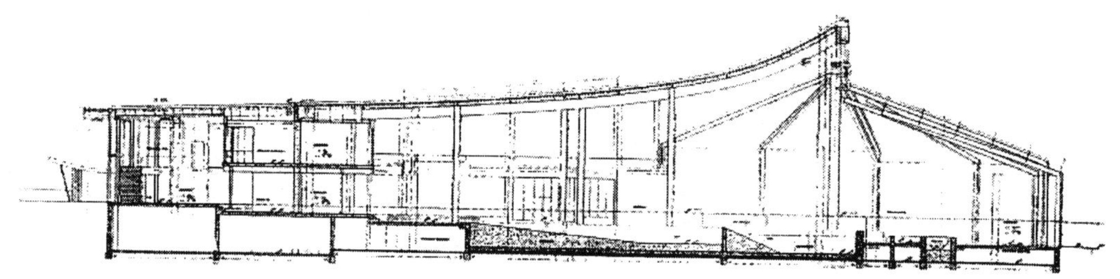

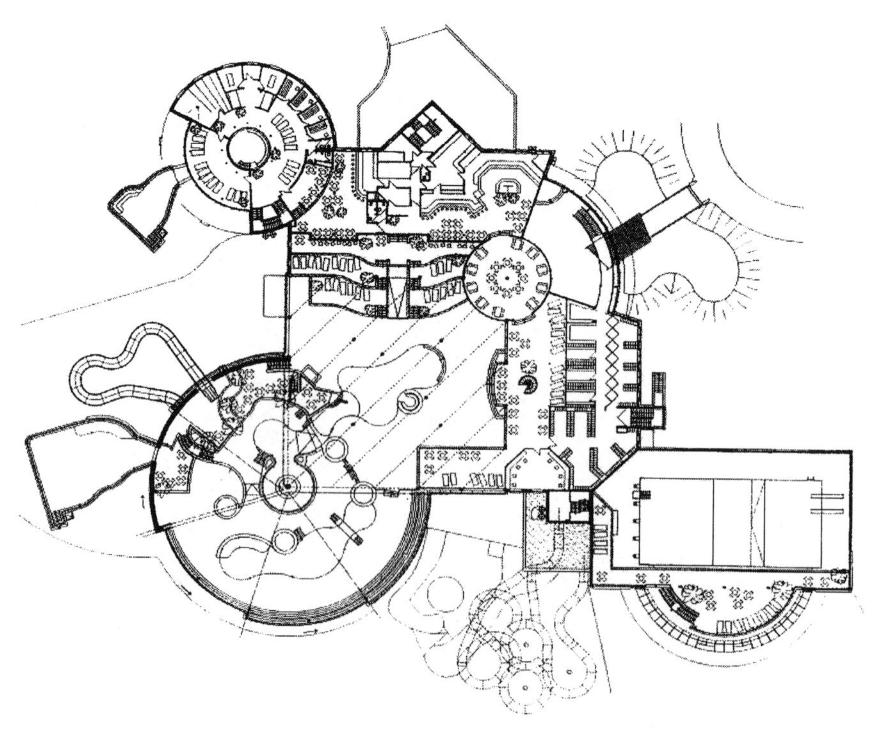

▲ 상층

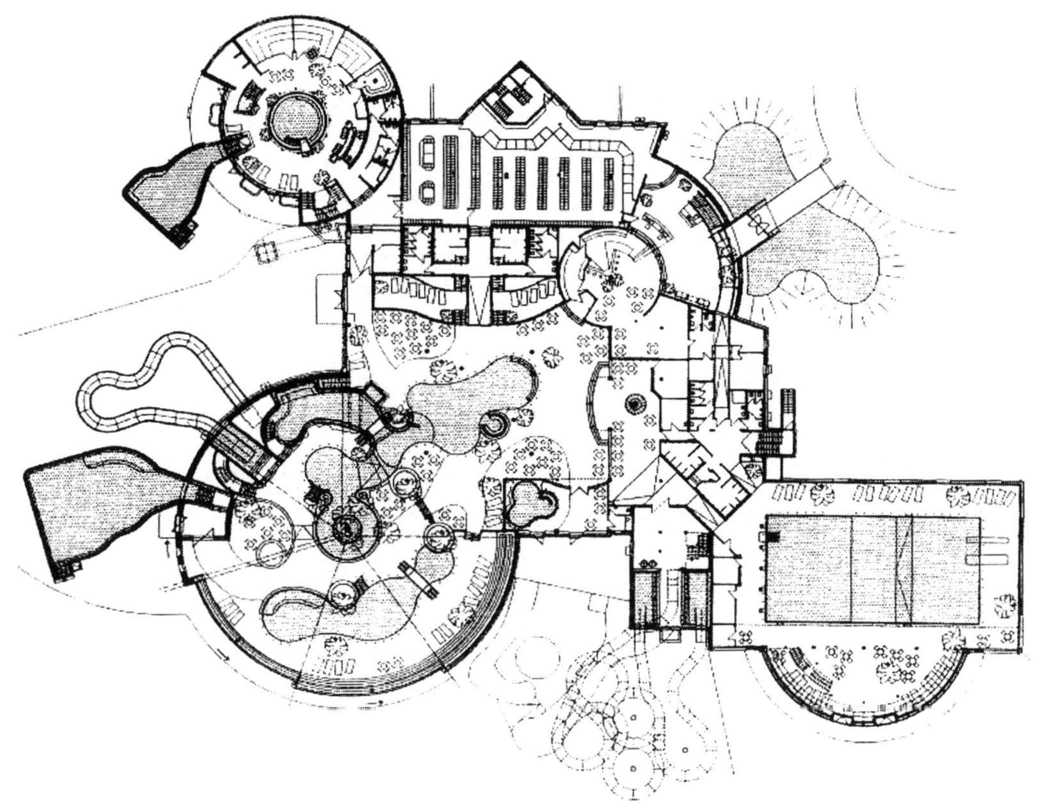

▲ 지상층

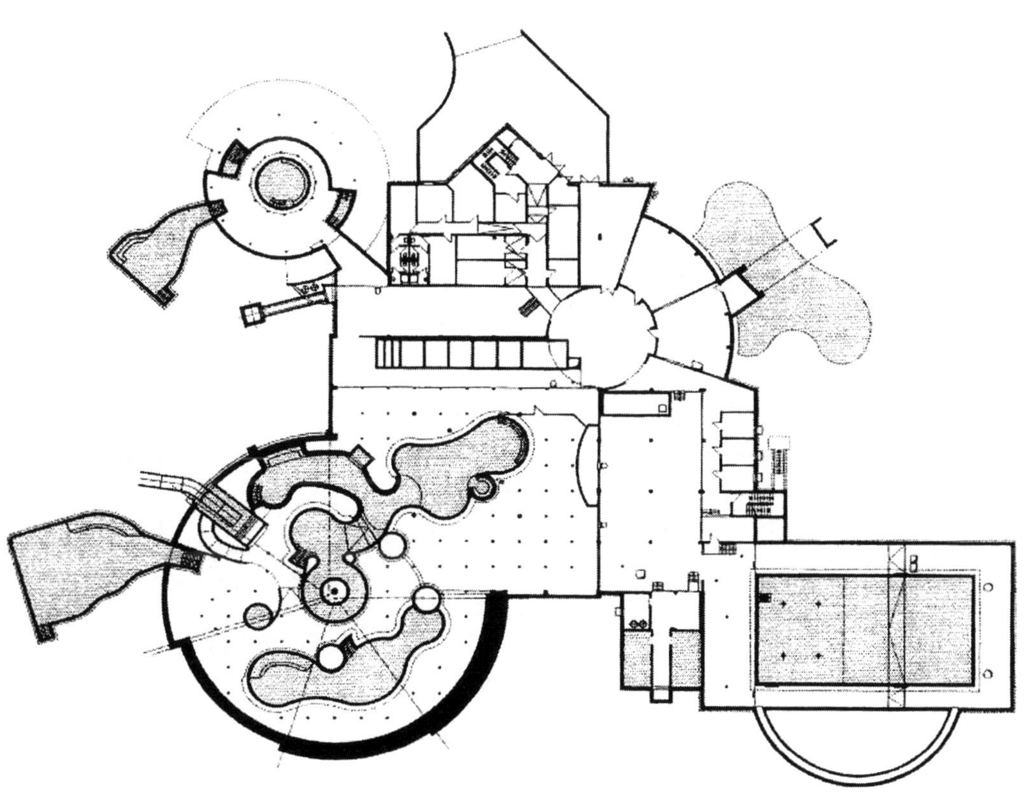

▲ 지하층

병 원

병원은 의학의 발달과 함께 끝없이 평면에 대한 변화가 있어 왔으며 건축물에도 변화를 보이고 있다. 병원 건물은 다른 건물에 비하여 용도가 변경되는 경우는 적었다. 예를 들면 잔텐(Xanten)에 있는 카스트라 베테라(Castra Vetera)처럼 초기 병원은 군인을 다루는 용도에서 시작되었다.

중세에는 장애자나 기형아들을 돕기 위한 자선단체들이 등장하였다. 약 800년 전 정도에는 성 갈렌(St. Gallen)의 수도원에서 운영하는 병원이 등장하기도 한다. 그 다음에는 페스트 같은 전염병 또는 소위 나병 같은 특수 병의 치료 목적으로 병원의 필요성이 대두되었다. 이러한 상황이 전개되면서 병을 치료하기 전 기술적인 면뿐 아니라 정신적인 면에서도 전문적인 교육이 필요하다는 것을 인식하게 되어 치료를 위한 전문적인 교육뿐 아니라 의료의 진보를 담당할 대학이 생기기 시작했다. 19세기에 양로원의 성격을 갖은 독립적인 병원이 생겼다. 첫 번째 병원의 형태는 십자가 또는 원형으로 만들어졌다. 1727년에 베를린에서 일반병원으로는 첫 번째 자선병원이 설립되었다. 병원이 설립되면서 단층에 600개의 수용인원을 갖는 병원이 지어지다 점차로 여러 층의 건물이 세워지기도 하고, 동선이 수평에서 수직으로 바뀐 병원이 등장하게 되었다. 예를 들면 함부르크-에펜도르프(Hamburg-Eppendorf)에 있는 병원처럼 1500명의 수용인원을 갖는 19세기 형태의 파빌리온(Pavillon) 형태로 연결이 된 병원 건물이 등장하게 된 것이다. 1900년도부터 여러 개의 건물로 나누어진 블록 형태와 테라스 형태의 병원 건물이 등장하기 시작했다. 블록 형태부터 전문적인 병동이 시작되었는데, 즉 각 블록은 각각의 전문성을 갖게 된 것이다. 이것이 더 발달하여 심장병원처럼 전문센터가 만들어지게 되었다. 블록 형태와 구별된 테라스 형태의 병원은 병실에 더 많은 빛과 햇빛을 유입하기 위한 컨셉으로 만들어졌다. 약 1975년부터 병원의 건물이 다시 거대한 형태로 바뀌기 시작했다. 예를 들면 스테글리저(Steglitzer) 병원의 경우 수용인원이 1,500명이며, 아헨(Aachen) 병원의 경우 분야가 다양한 병원인데 모든 과가 한 건물에 있다. 진단과 치료처럼 병원 영역과 간호 영역이 한 건물에 모두 있었다. 그러나 미국의 경우는 이와는 반대로 호텔과 같은 시스템으로 만들어진 입원실과 진료는 서로 구분되어 있다. 간호 영역은 그 동안 많은 변화가 있었다. 처음에는 병원실이 있었고, 그 다음 침대가 4개 또는 6개 있는 병동으로 되었으며, 오늘날에는 압도적으로 침대 두 개짜리 병실이 다수를 이룬다. 병원의 동선을 보면 복도방향으로 부속공간이나 공동실 등이 배치되어 있다. 그러나 복도가 없이 중앙 중심적인 형태로 배치되어 있는 것도 있다. 병원은 대부분 기능적인 영역끼리 연결되어 있어서 서로를 기능적인 지점으로 유도하도록 만들어져 있다.

각각의 영역은 면적 분포에 따라 나뉘며 다음과 같다.

1. X-Ray 방사선, 방사요법, 진단, 수술, 해부, 물리치료 등과 같은 검사 및 진료 약 26%
2. 일반진료, 응급진료, 장시진료 등과 같은 간호 영역 45%
3. 사회업무 6%
4. 관리 및 문서보관 5%
5. 소독, 빨래, 침대 및 음식업무, 쓰레기 업무 18%
6. 다양한 연구 및 교육

침대에 관한 업무는 대략 면적 100m^2 사이에 있다. 물론 이 수치나 위에서 열거한 사항이 모든 나라에 적용된다고 볼 수는 없다. 각 나라는 그 나라의 실정에 맞게 규정을 정함이 옳다.

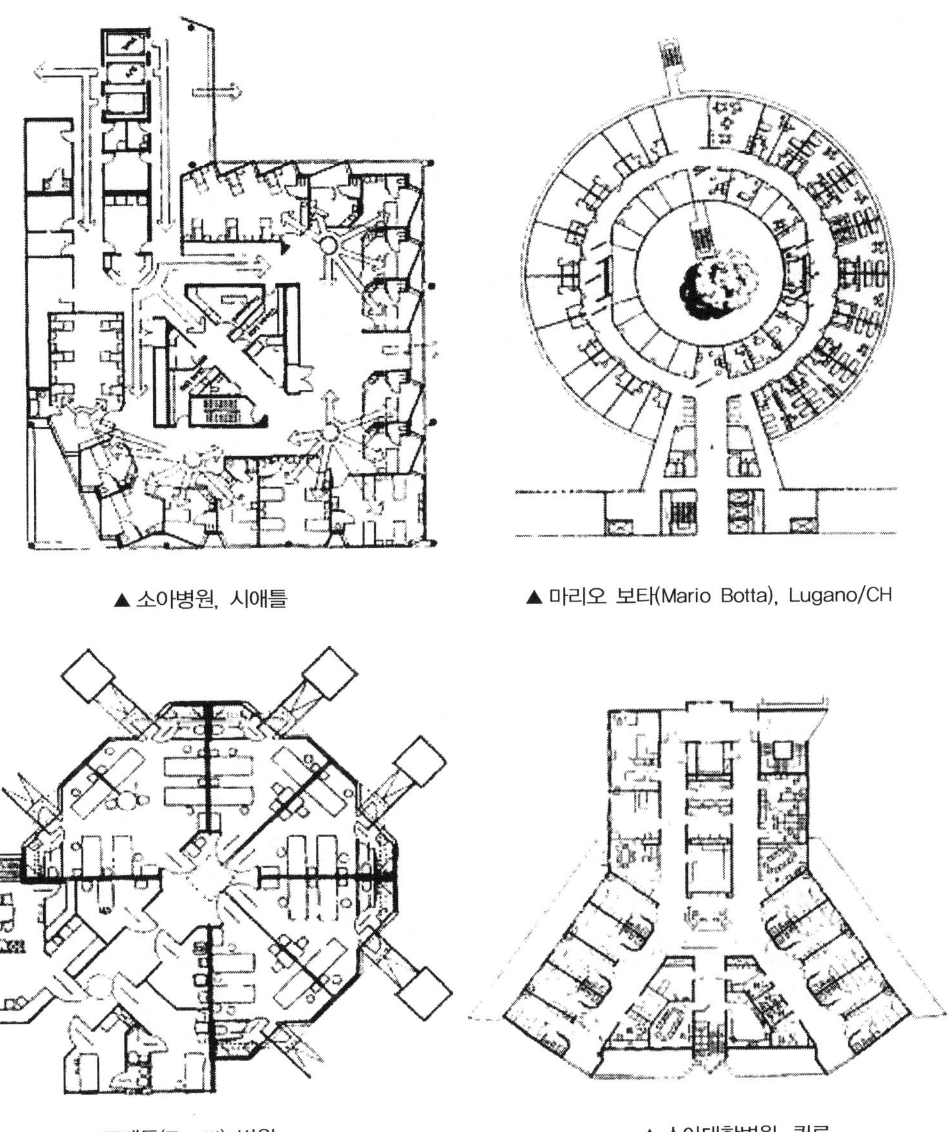

▲ 소아병원, 시애틀

▲ 마리오 보타(Mario Botta), Lugano/CH

▲ 쯔베틀(Zwettl) 병원

▲ 소아대학병원, 쾰른

〈병실의 평면 예〉

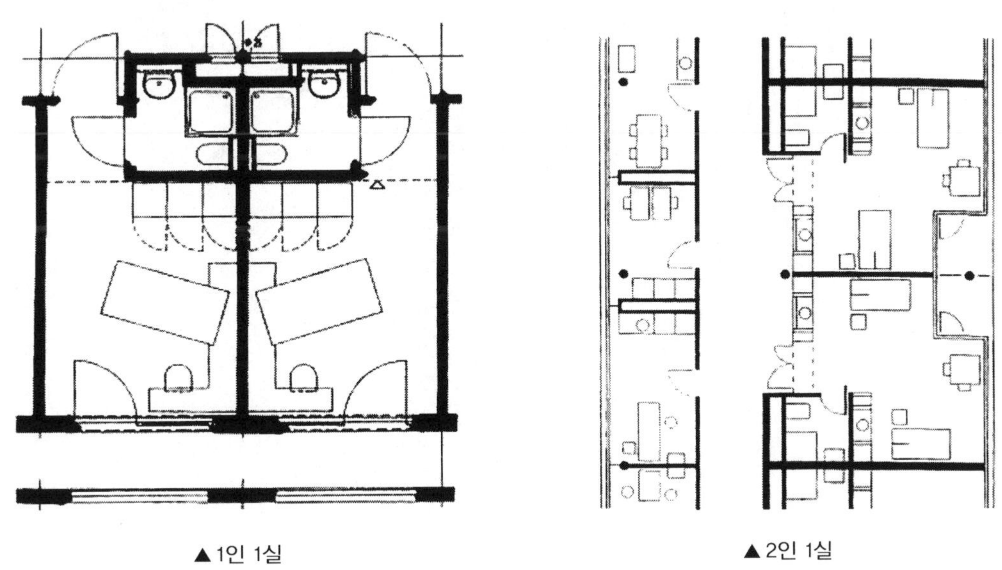

▲1인 1실

▲2인 1실

▲2인 1실

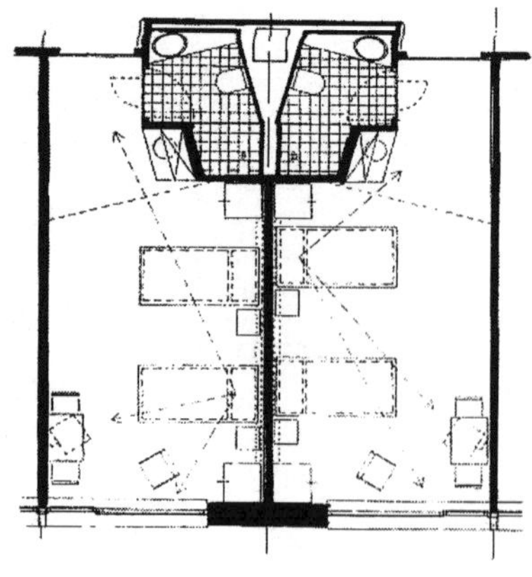

▲2인 1실

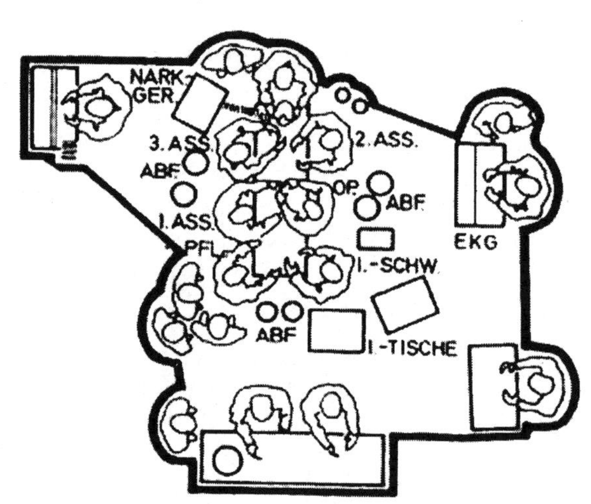

▲심장과 허파에 관련된 기계가 있는 심장수술실

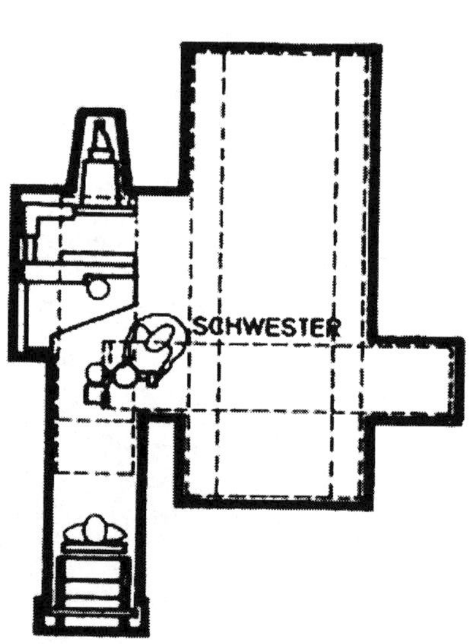

▲간호사가 있는 X-Ray 검사실

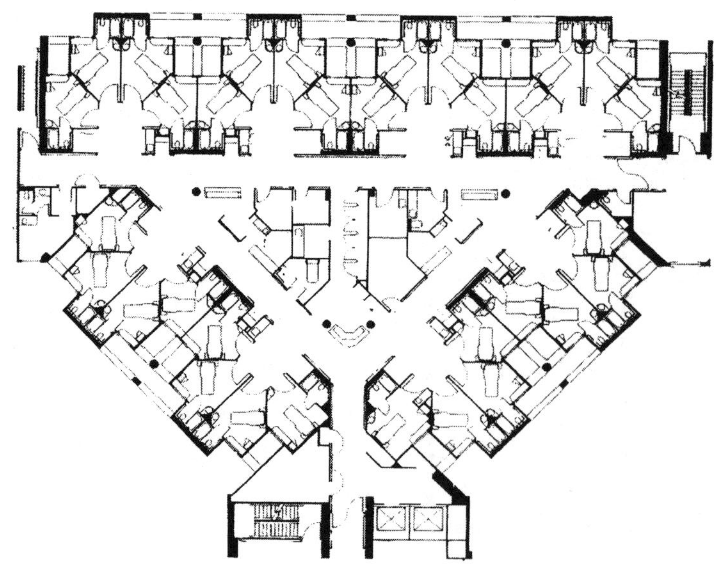

▲동선체계

〈기능적인 영역〉

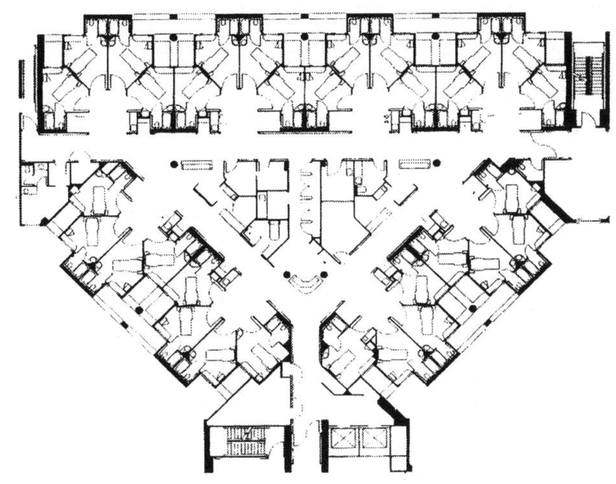

▲ 메모리얼 병원(Memorial Hospital), 시애틀

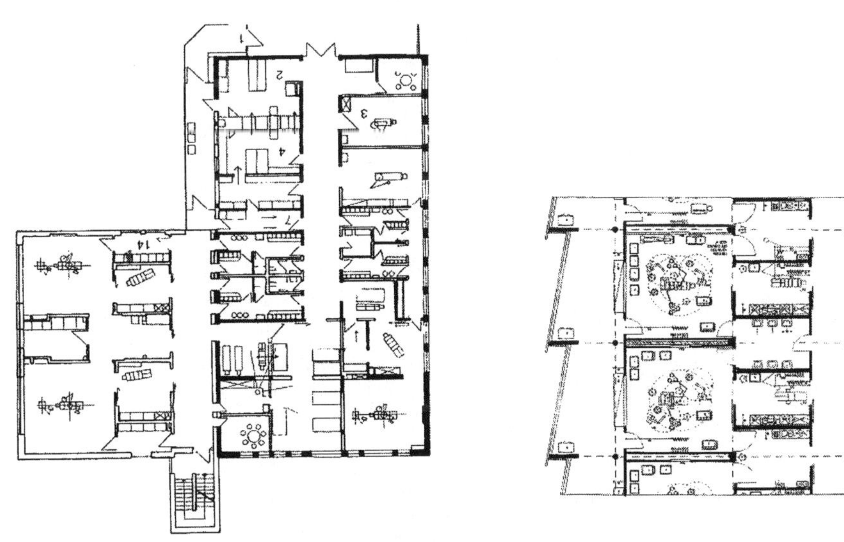

1. 힙니츠-담가르텐(Ribnitz-Damgarten)에 있는 지역 종합병원

- 건축가: Dissing + Weitling A/S, kopenhagen/DK
- 건축연도: 2000

콤팩트한 2층 규모의 건물에는 진료, 치료, 그리고 검사 등이 있으며, 이 건물은 북쪽으로 놓여 있다. 입구를 통과하여 지나가면 분리된 건물로 3층 규모의 간호병동이 있다. 이 건물에는 모든 입원실이 남향으로 놓여 있다. 주입구는 서쪽에서 직접적으로 건물에 진입하도록 되어 있다.

- 지하층: 설비 및 그 외 시설, 산부인과, 검사실, 관리실
- 지상층: 수술실, 렌트겐, 물리치료, 간호영역, 내과
- 상층: 외과

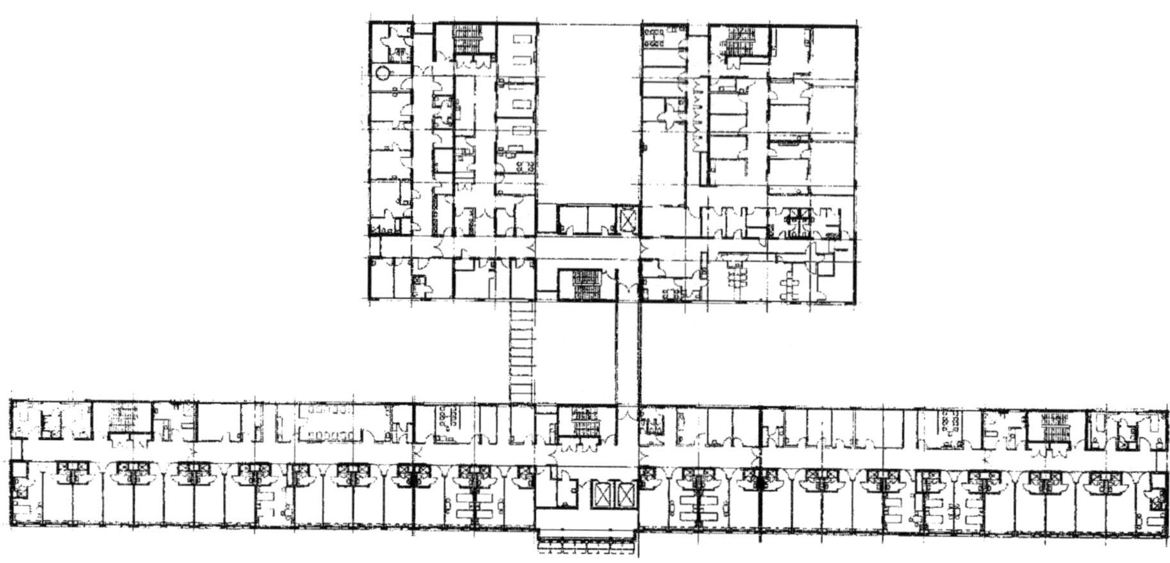

▲ 상층

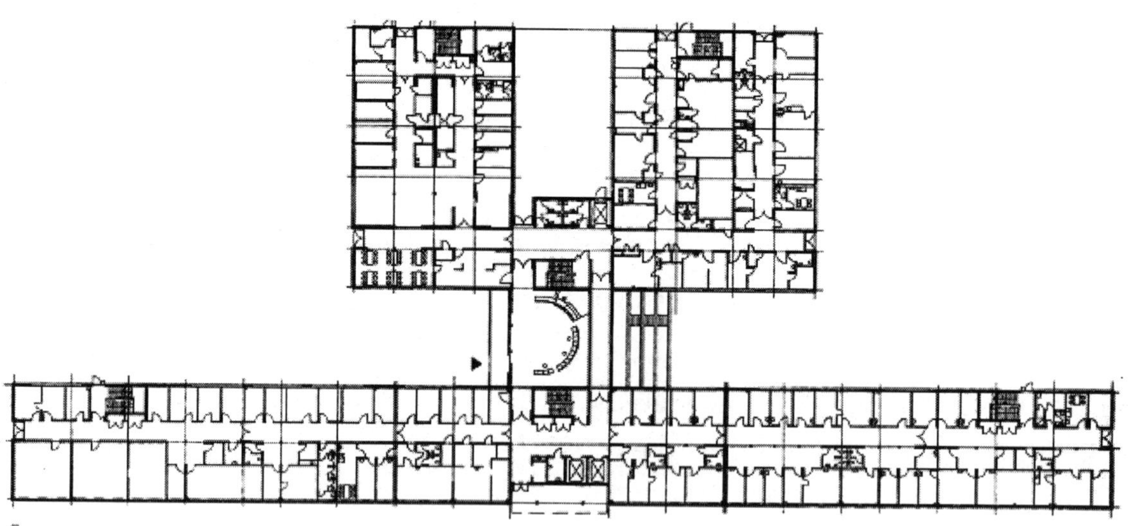

▲ 지상층

2. 유겐하임(Jugenheim)에 있는 지역 종합병원

- 건축가: Jens Junghans and Peter Formhals BDA, Darmstadt
- 건축연도: 1994

이 건물은 입원실이 호텔과 유사한 배치를 하고 있는 것이 특징이다.

- 지하층: 전염 및 비 전염성 수술실
- 지상층: 물리치료
- 지상 1층: 외과
- 지상 2층:내과
- 지붕층: 카페가 있는 자유공간

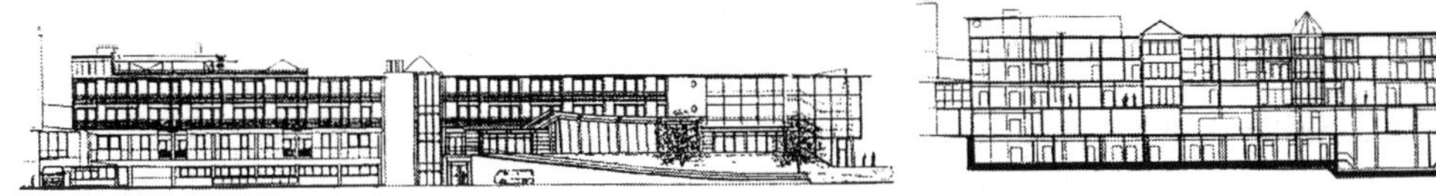

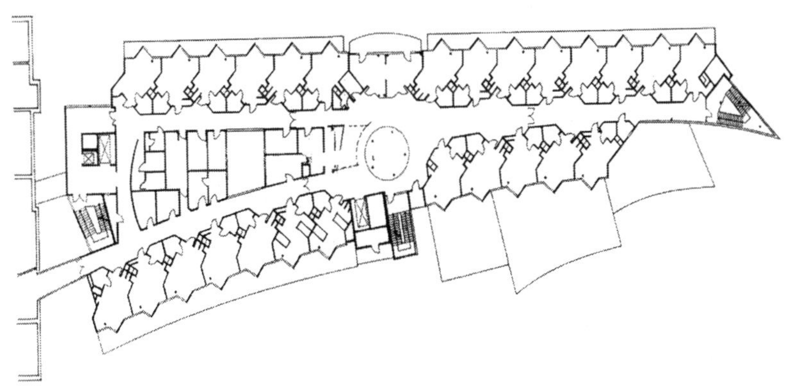

▲ 지상 2층 내과병동

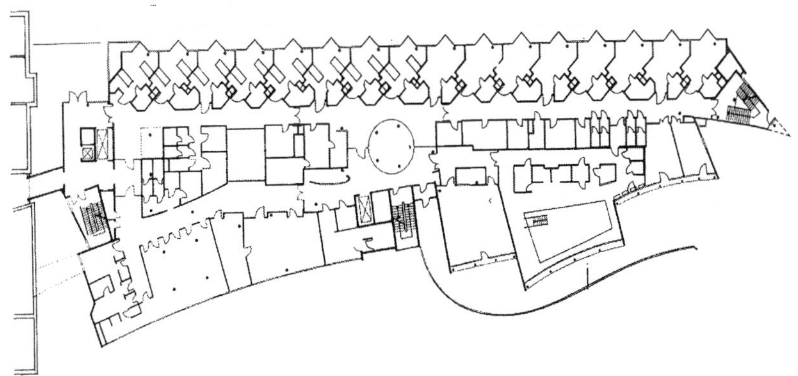

▲ 지상층 물리치료병동

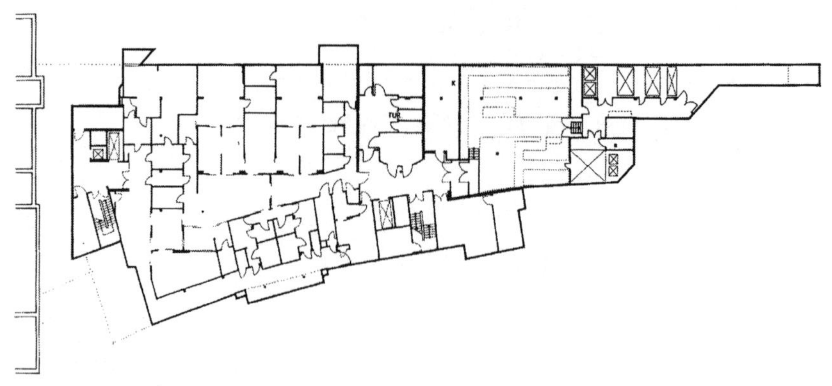

▲ 지하층 수술실

3. 뉘른베르크(Nürnberg)에 있는 지역 종합병원

- 건축가: 병원을 위한 건축가 그룹 Prof. Dr. Joedicke
- 건축연도: 1994

3층과 4층 규모의 간호병동과 중앙에 연결된 7층 규모의 진료 및 검사병동이 층층이 놓여 있다. 2인 1실 병동에는 각 개인마다 세면실이 배정되어 있다. 모든 환자 침대는 창가에서 문 쪽으로 배치되어 있다.

- 지하 3층: 설비
- 지하 2층: 식당 준비실 및 약품 관리실, 병리학, 도서실
- 지하 1층: 내과, 투석, 실험실, 물리치료
- 지상 1층: 수술센터, 간호영역, 내과, 외과
- 지상 2층: 비전염성 수술실, 심장내과, 소아과, 중화상, 치아 및 턱 담당, 간호영역, 외과
- 지상 3층: 설비

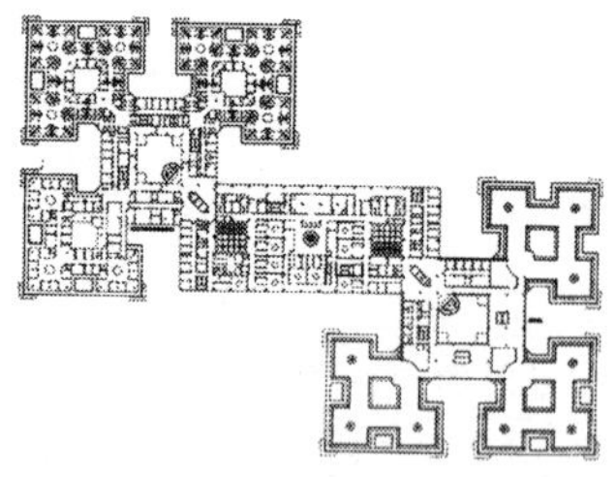

▲ 지상 2층

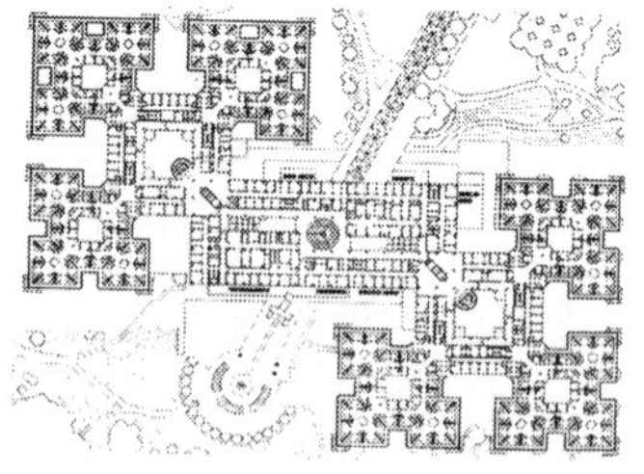

▲ 지상 1층

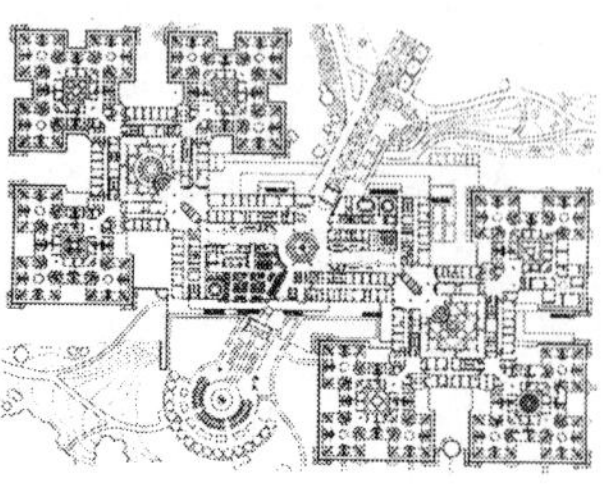

▲ 지상층

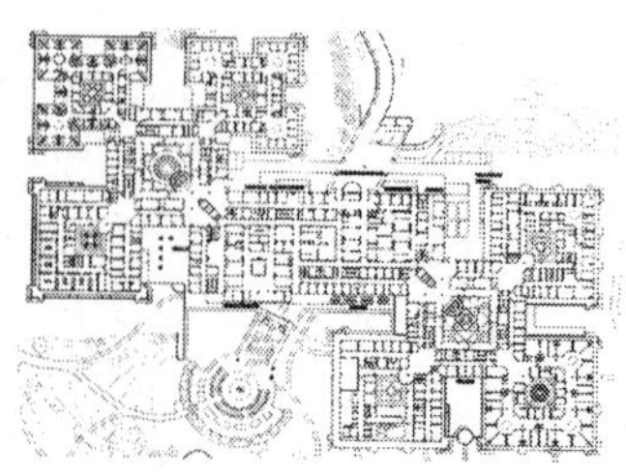

▲ 지하층

4. 뮌헨에 있는 독일 심장병원

- 건축가: Schuster, Pechthold and Partner, GbR. München
- 건축연도: 1996

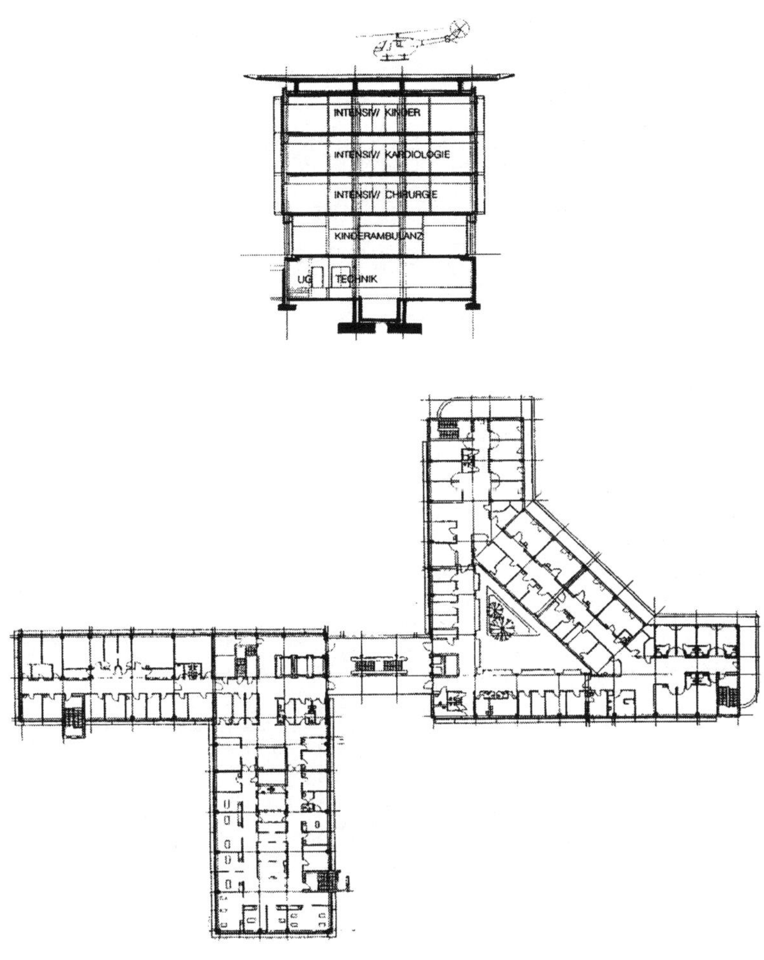

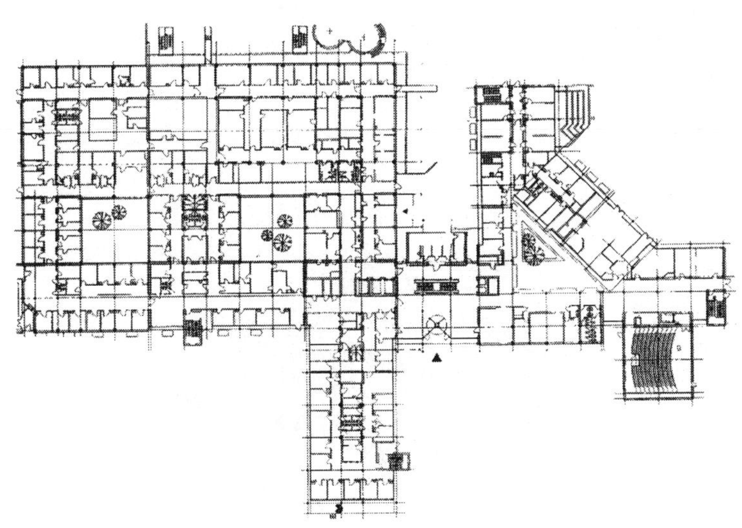

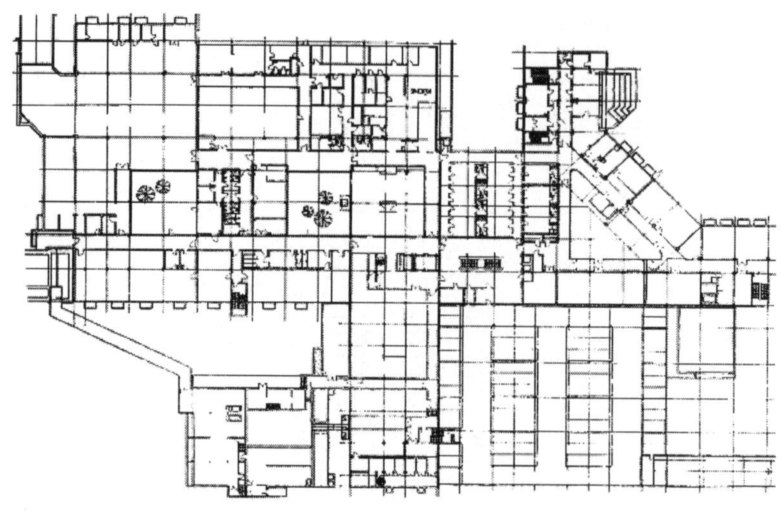

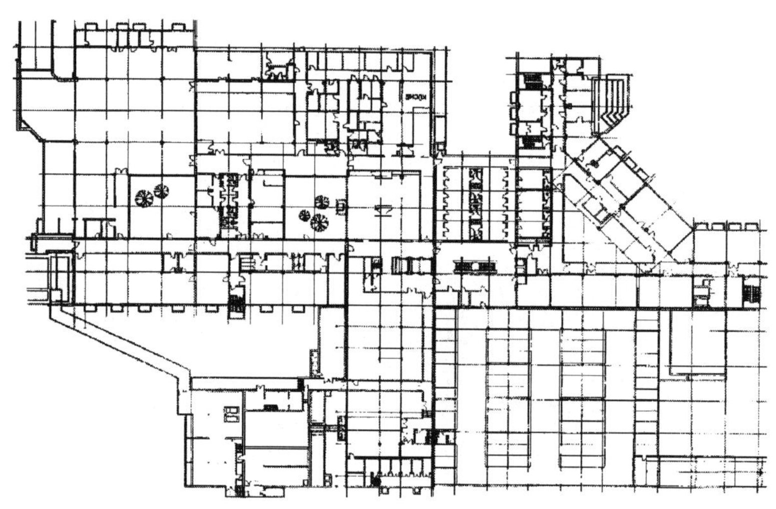

5. 에르푸르트(Erfurt)에 있는 지역 종합병원

- 건축가: Rossmann + Partner, Karlruhe
- 건축연도: 2000

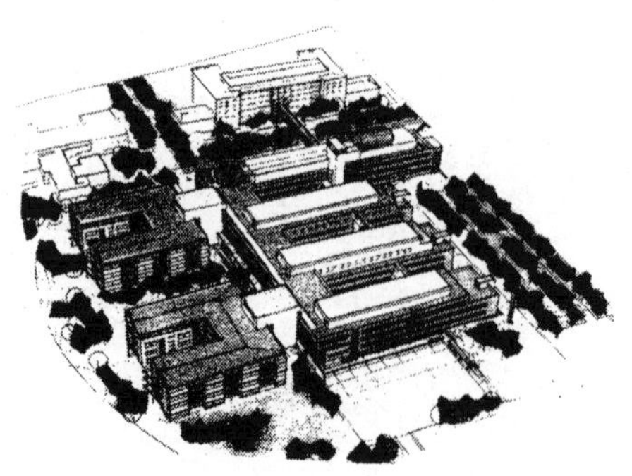

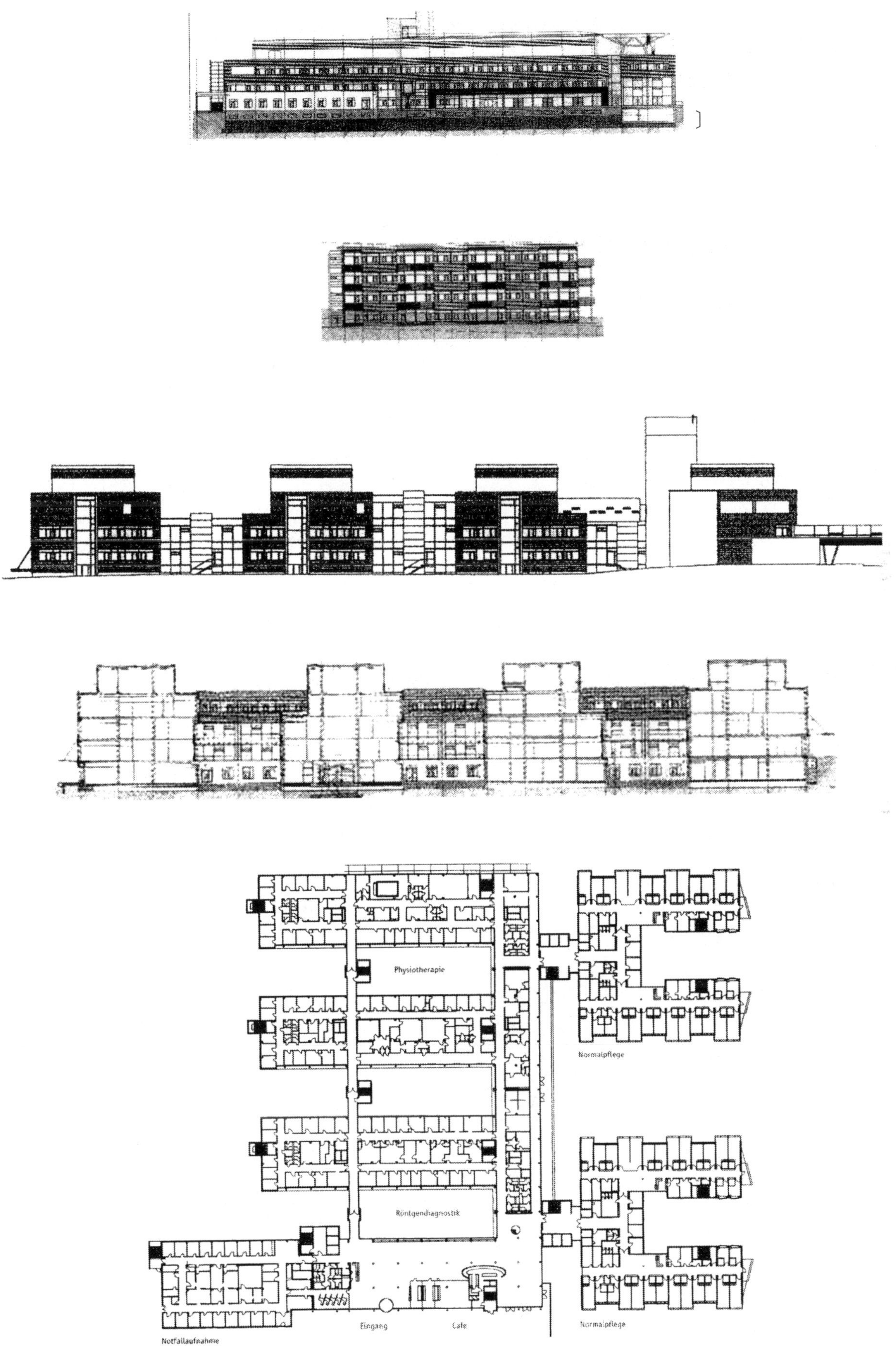
Physiotherapie
Normalpflege
Röntgendiagnostik
Notfallaufnahme
Eingang
Cafe
Normalpflege

1. 전문병원

만성적인 환자 그리고 정신적 또는 육체적으로 심한 질환을 갖고 있는 사람들은 전문적인 치료에 의하여 장기적으로 치료를 받아야 한다. 특수한 경우에는 법의학적인 차원에서 이들을 격리시키거나 범죄에 대한 연관성까지 판단을 이끌어내는 경우도 있다. 특히 정신적인 치료에는 특별한 시설을 요구하게 될 수도 있기 때문이다.

1. 륍스도르프(Lübsdorf)에 있는 정신적 그리고 의존적인 환자를 위한 전문병원

- 건축가: Schuster, Pechthold and Partner, GbR. München
- 건축연도: 1994

길게 뻗은 형태의 병원건물은 1층부터 4층의 규모이며 언덕에 놓여 있다. 기본적인 평면 시스템은 두 개의 형태로 만들어져 있다.

- 지상층: 호수 근처 – 정신적 환자를 위한 주거병동
  메인 건물 내 – 정신치료, 근육이나 작업을 통한 치료, 스포츠 홀, 설비
- 지상 1층: 주 출입구, 카페 및 식당, 수영장, 구급차, 의사영역, 관리실
- 지상 2층: 검사실, 중독성이나 정신적인 환자를 위한 입원실
- 지상 3층: 중독성이 있는 환자 입원실

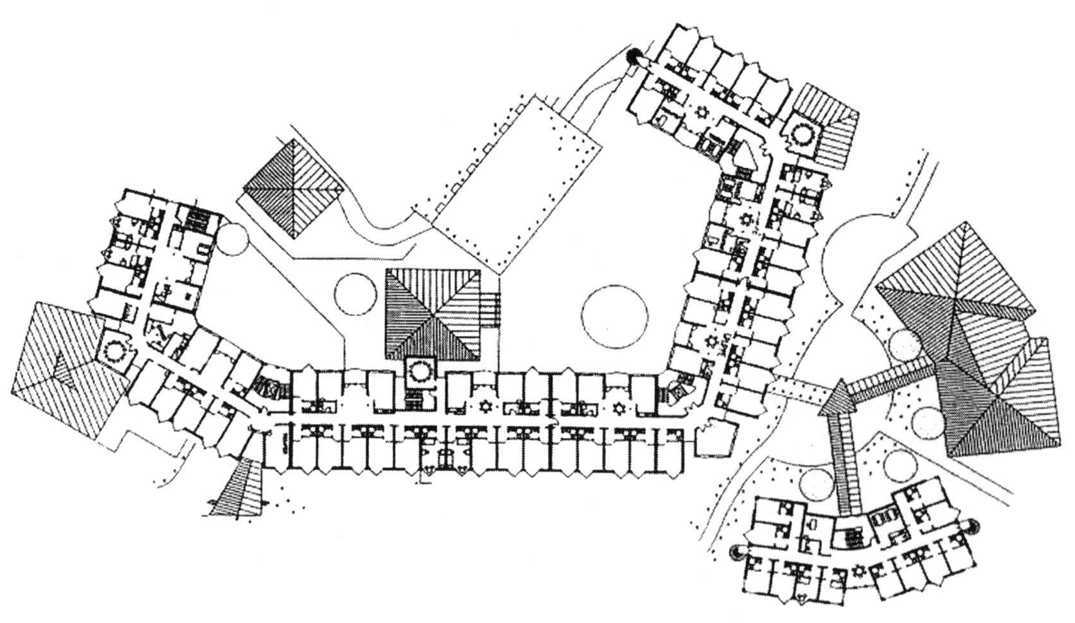

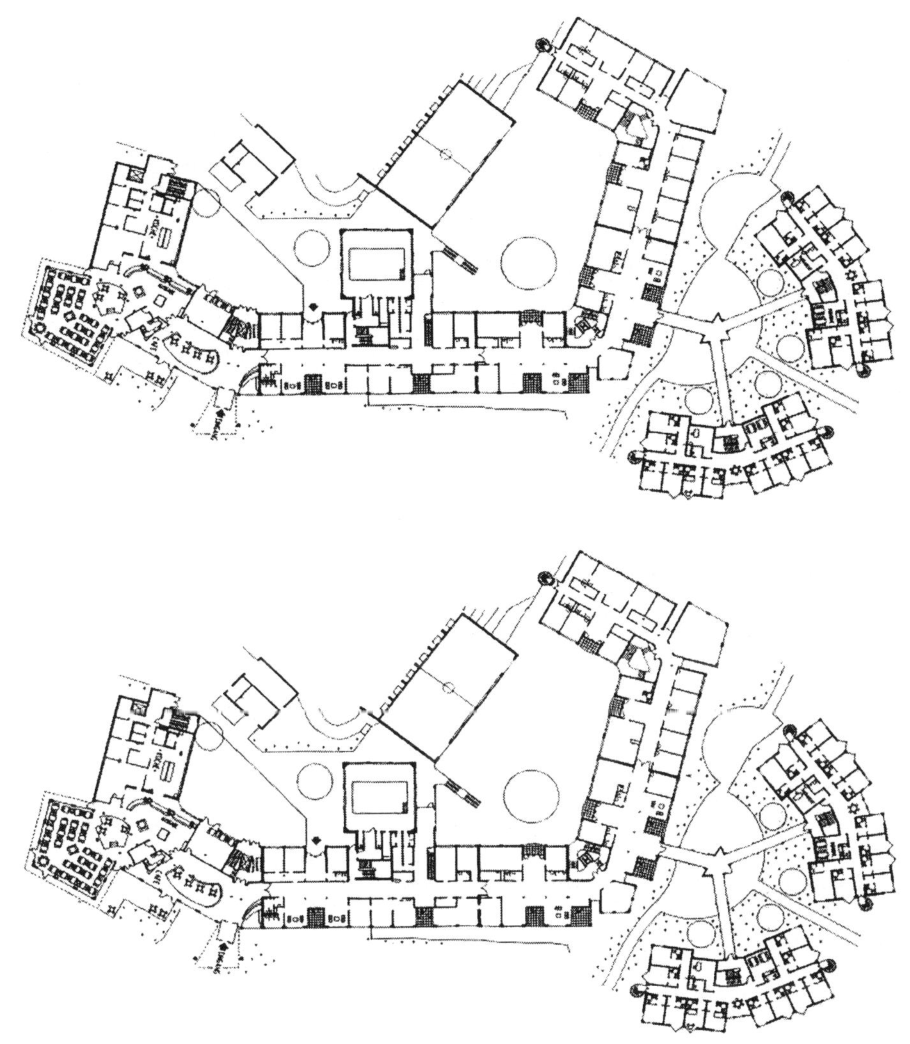

2. 본(Bonn)에 있는 카이제르-칼(Kaiser-Karl) 병원

- 건축가: Prof. Erich Schneider-Wessling, Köln
- 건축연도: 1996

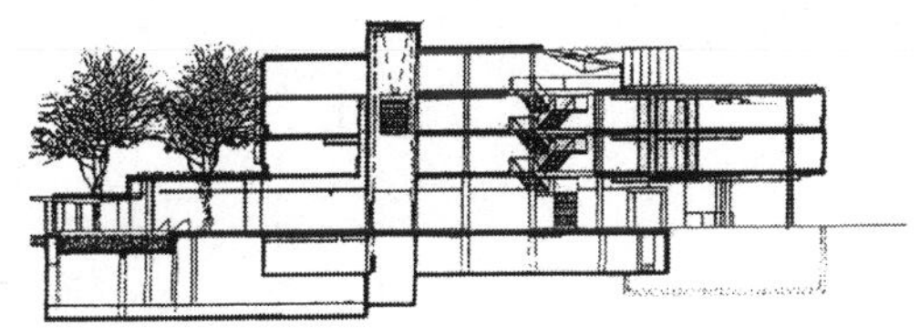

건물이 전형적인 병원의 형태가 아니라 호텔과 유사한 분위기를 보여주는 형상을 하고 있다. 4개의 날개를 갖고 있는 이 형태는 중앙 홀에 연결되어 있다.

- 지하 2층: 주방, 수영장
- 지하 1층: 수영장, 주방, 설비, 지하차고
- 지상층: 레스토랑, 로비, 접수, 도서실, 관리실, 의사, 진료영역, 렌트겐, 마사지, 사우나, 움직이는 욕조
- 지상 1/2층: 병동, 환자실, 집중간호동(intensivecare), 정원
- 지붕층: 병원체조실, 직원휴게실

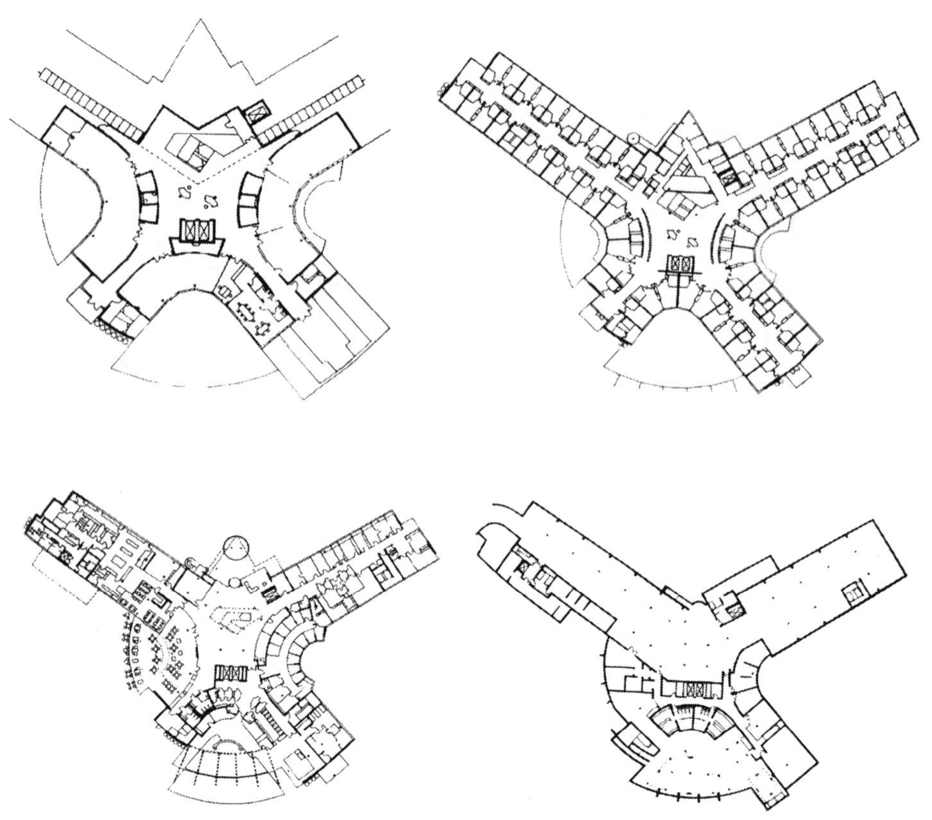

3. 힐첸바흐(Hilchenbach)에 있는 신경학 전문병원

- 건축가: E. and N. Grimbacher, Düsseldorf
- 건축연도: 1997

이 건물의 핵심적인 부분은 도시 방향으로 개방되어 놓여 있는 기능성이다.

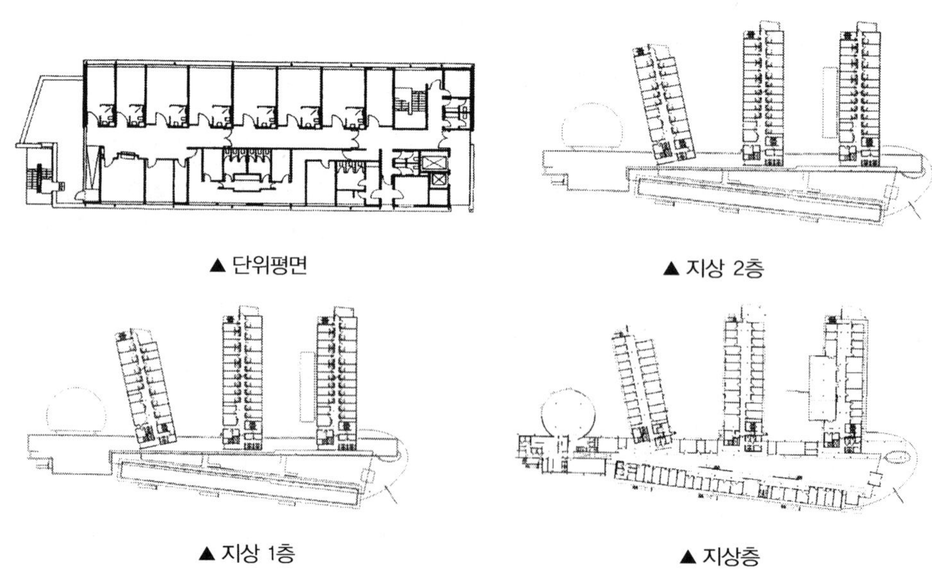

▲ 단위평면

▲ 지상 2층

▲ 지상 1층

▲ 지상층

4. 베를린에 있는 정신 및 신경 전문병원

- 건축가: Ganz + Rolfes BDA
- 건축연도: 1987

64명의 환자를 원활하게 관리하기 위해 8명의 단위로 묶어서 관리하는 시스템을 위한 컨셉으로 방 배치 등이 배정되어 있다.

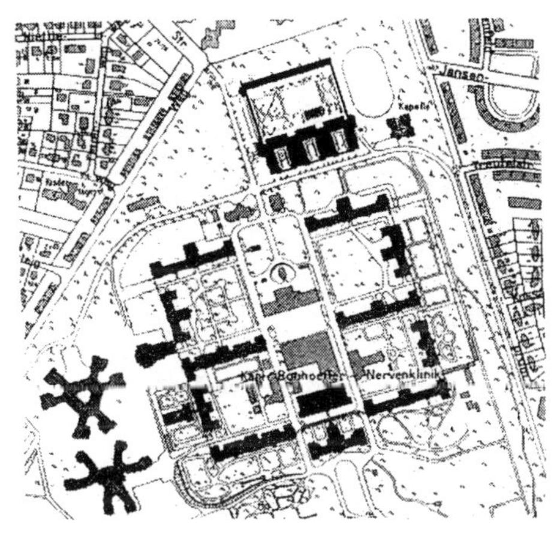

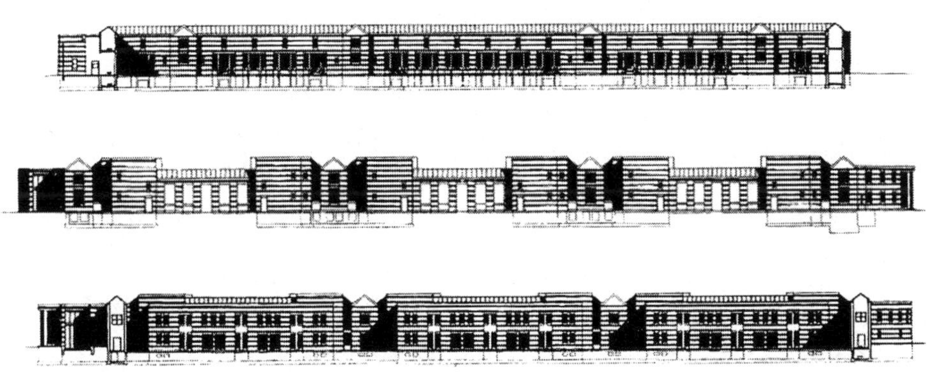

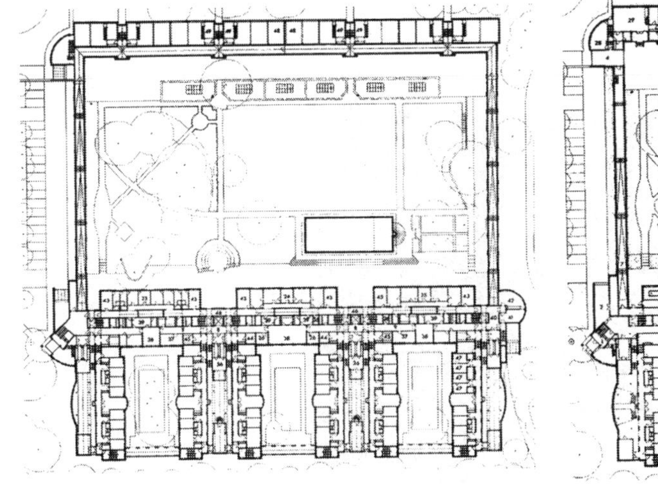

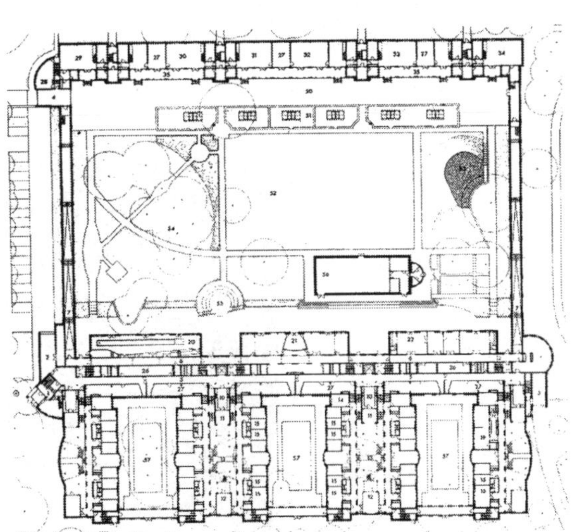

2. 대학병원

임상을 다루는 대학의 영역은 공동의 목적을 갖고 있다. 이 기관은 학생들에게 환자를 어떻게 다루고 관리하는가에 따른 교육과 실험을 수행한다. 이러한 내용들은 뤼벡(Lübeck)이나 하노버(Hannover) 같은 전문적인 의대에서 갖고 있는 것이다. 다양한 변화를 보이면서 건축 또한 초기의 덩어리 형태가 년도가 더해짐에 따라서 증축되는 형태가 되었으며 계속 증가 또는 증축의 형태로 발전되었다. 기능적인 영역은 일반적인 병원의 형태에서도 강하게 영역을 넓혀갔다. 간호와 진료는 기본적인 면에서 더 이상 규정화된 형태에 맞출 수 없게 되었다. 의학에 대한 영역은 점차로 더 넓어지면서 의학 주변 전공까지 필요로 하게 되었는데, 예를 들면 의학의 역사, 해부학, 조제학, 기초과학의 기본교육, 법의학 등이 보조를 맞추어 가게 되었다. 전공에 대한 전문성도 계속하여 진보하게 되면서 이에 따른 건축적인 프로그램도 변화를 갖게 되는 것이다. 특히 내과에서는 이러한 현상이 더욱 두드러지게 나타나고 있다. 대학병원의 미래는 도시의 관점에 그 해결책을 갖고 있다. 그리고 경제적으로도 자체적인 운영에서 계속 진전될 수 있는 가능성이 높다.

1. 뤼벡(Lübeck)에 있는 의대 대학병원

- 건축가: Tönies + Schroeter + Jansen BDA
- 건축연도: 1992

뤼벡 의대의 새로운 설립은 우선적으로 일시적인 정부의 임시지출에 의해서 가능해진 것이다. 그런 다음에 중앙의 병원에 대한 설계가 가능해진 것이다. 이 건물은 세 개의 영역으로 연결되어 있다. 3개 층의 진료와 검사실, 주변의 작은 도로와 연결된 3개 층의 메인 홀, 그리고 2개 층과 3개 층 규모의 간호병동이 있다. 입원실의 규모는 외과에 456개의 침대가 있으며, 일반외과에는 691개, 머리와 외과의 집중간호를 위해서는 258개의 규모가 있다. 이 대학의 도서실은 특수하게 계획되었다. 외과병동에는 5개의 수술실이 있고, 깁스와 같은 시설을 위한 기능실이 6개가 있다.

- 지하층: 검사와 치료, 방사선 센터, 응급실, 외과 엠블런스와 수술실, 정기 및 집중간호동
- 지상층: 시설을 위한 설비에 대한 저장실
- 지상 1층: 전문부서들

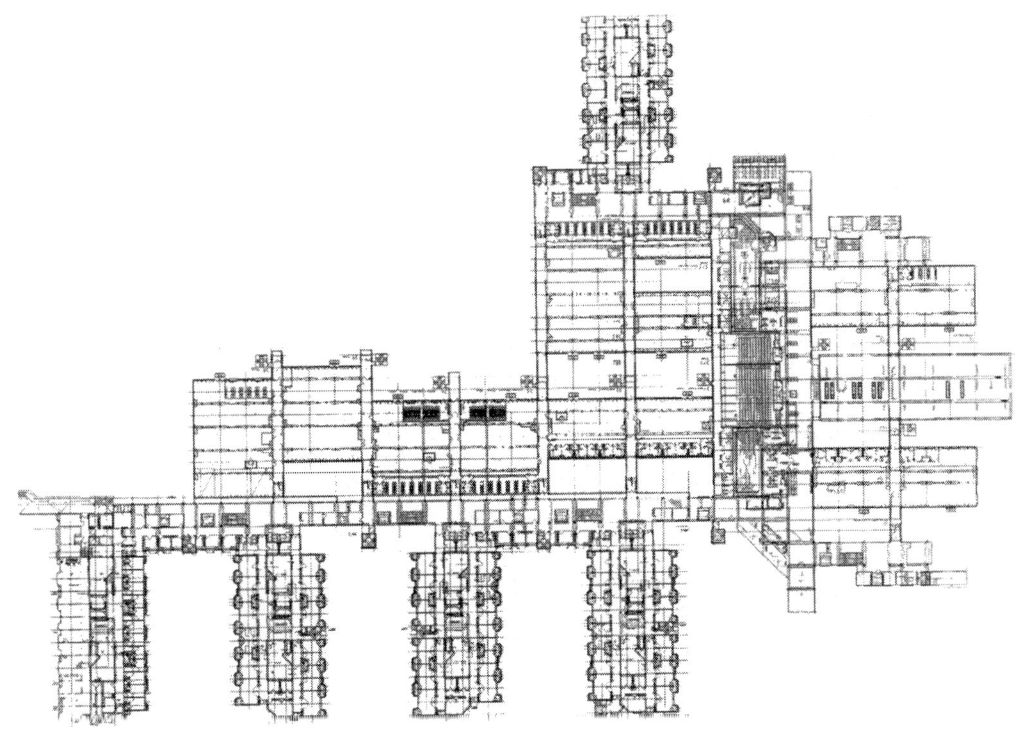

▲ 지상층

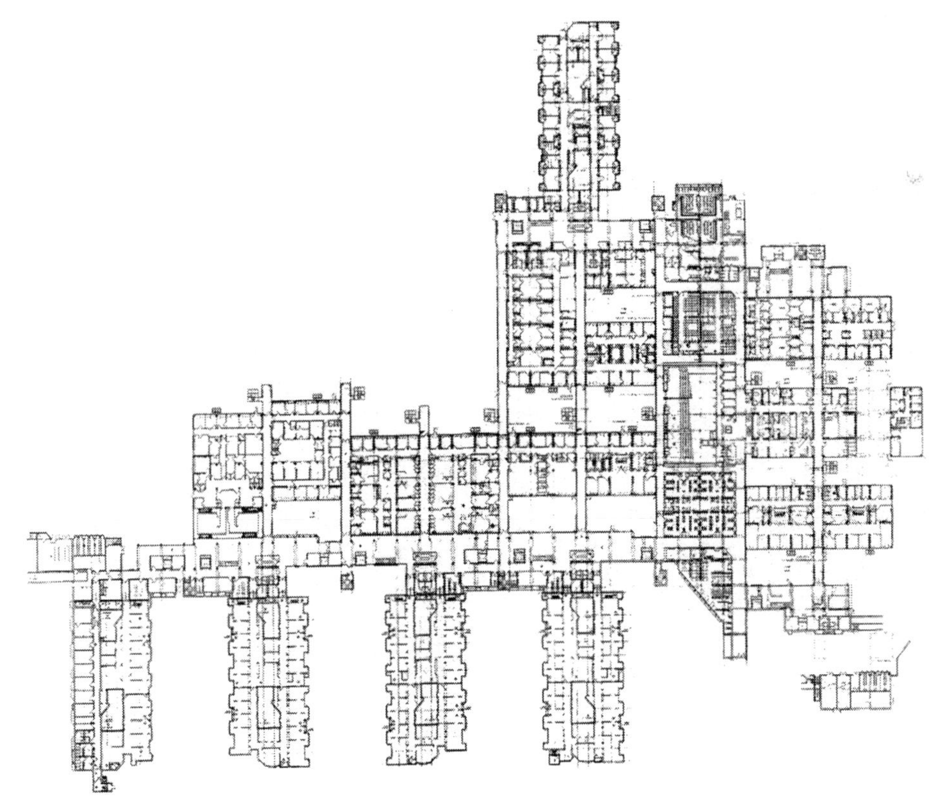

▲ 지하층

2. 에센(Essen)에 있는 수술센터 대학병원

- 건축가: Heinle, Wischer amd Partner, Stuttgart
- 건축연도: 1989

세 개의 축을 갖고 있고 길게 뻗어 있으며 겹쳐져 있는 이 건물은 테라스 형식으로 전면으로 겹친 검사영역을 갖고 있다. 관통하는 건물의 덩어리는 간호영역과 치료영역을 연결하고 있다.

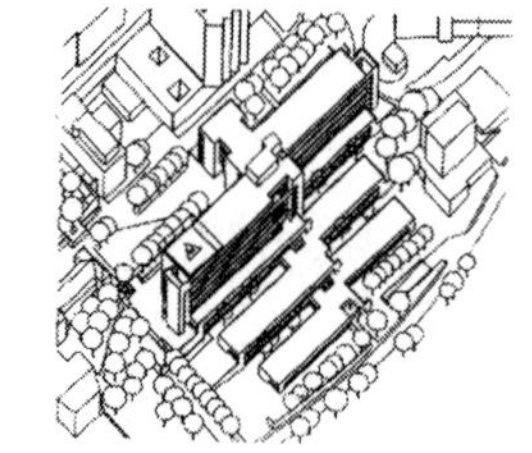

– 공간 프로그램: 일반 외과, 신경외과, 교통, 렌트겐, 마취, 수혈, 헌혈, 메인 실험실, 물리치료, 일반 또는 관찰대상자 병동, 20개의 집중간호동

▲ 지상 3층

▲ 지상 2층

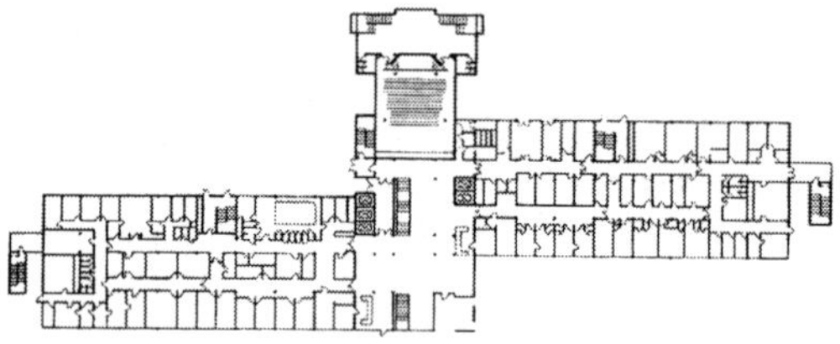

▲ 지상 1층

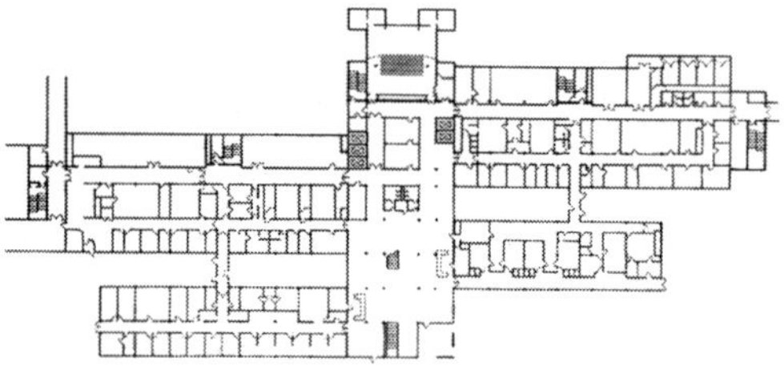

▲ 지상층

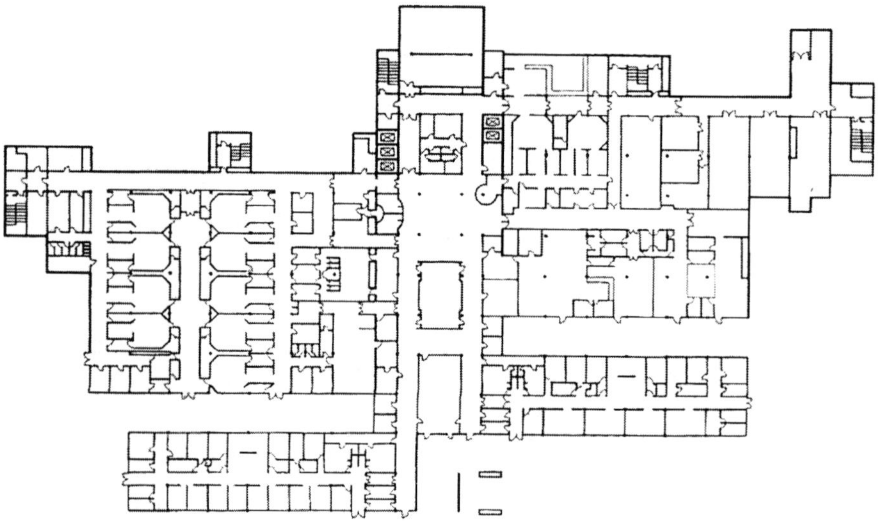

▲ 지하층

3. 킬(Kiel)에 있는 HNO 대학병원(증축)

- 건축가: Tönies + Schroeter + Jansen BDA, Lübeck
- 건축연도: 1993

50년대에 지어진 4층 규모의 구 건축에 집중간호 시스템을 갖춘 수술센터를 테라스 형식으로 증축한 것이다.

- 지하층: 설비
- 지상층: 수술 영역, 집중간호 영역, 침대 소독 영역
- 지상 1층: 음향시설

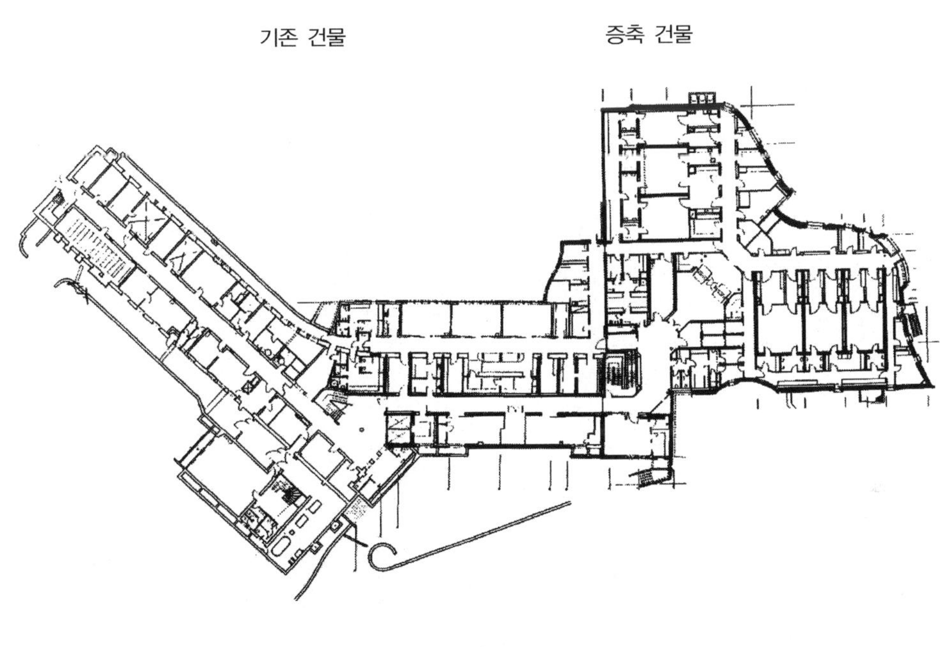

▲ 지상층

4. 라이프치히(Leipzig)에 있는 동물병원

- 건축가: KSP Engel and Zimmermann, Frankfur/M
- 건축연도: 1999

이 건물은 전체적으로 U-형태를 이루며, 사이에 또 하나의 육면체가 들어가 있다. U-형태에는 외래진료와 관리실이 배치되어 있고, 사이에 있는 육면체에는 일상적인 진료, 렌트겐, 그리고 수술 영역이 배치되어 있다.

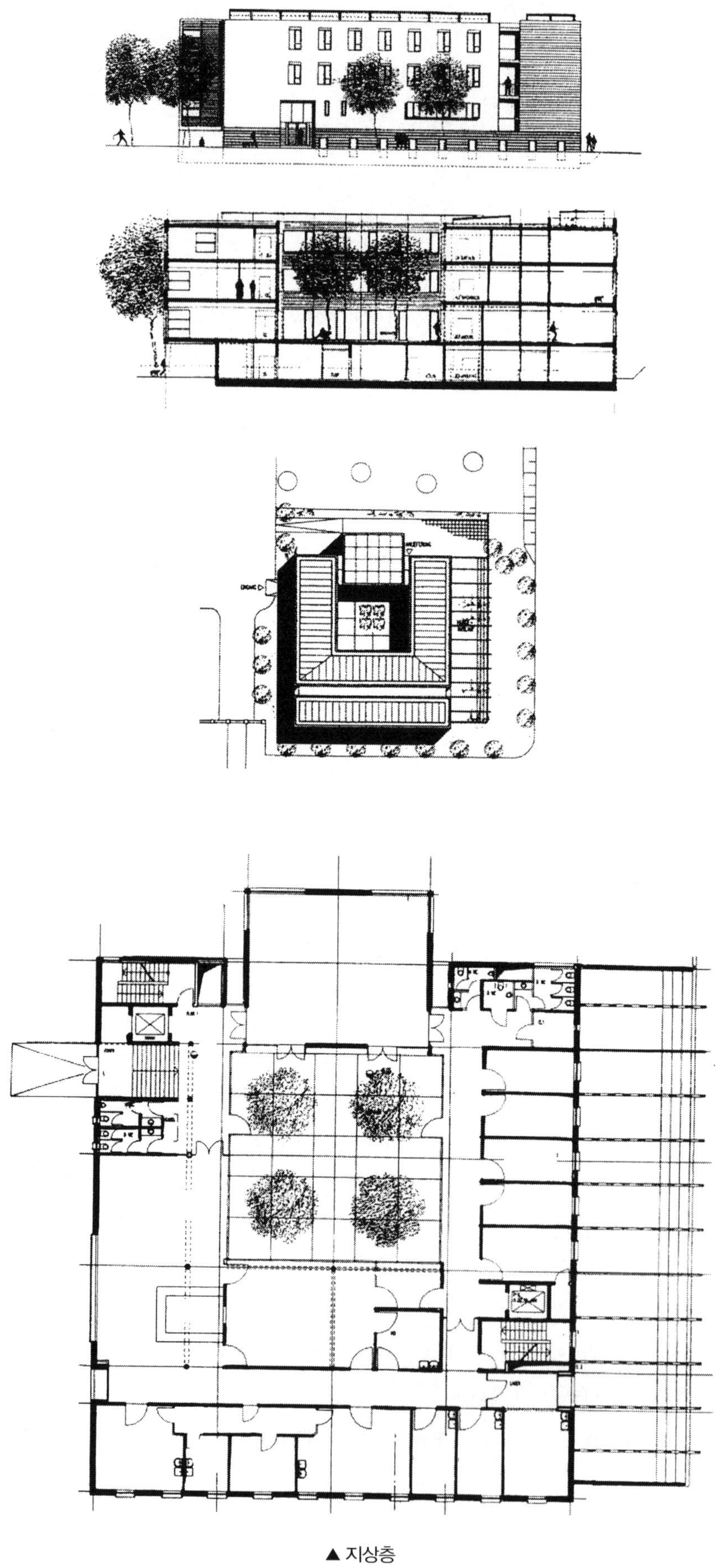

▲ 지상층

3. 특수병원

병원에서 다루는 업무는 세분화되어 일반적인 진료 업무 외에 계속적인 진료를 요구하는 업무도 있다. 이러한 병원업무 분야는 특수하게 세분화되어야 한다. 예를 들면 물리치료, 수영요법, 그리고 운동을 통한 치료법 등 완치를 위해서 약물만 의존하는 것이 아니라 다른 특수한 방법을 요하는 진료가 있다. 이러한 경우에는 특수병원에서 다루어야 하므로 일반병원의 평면도와 또 다른 형태를 요구하게 된다.

1. 바트 프랑켄하우젠(Bad Frankenhausen)에 있는 재활센터

- 설계자: Klaus Barzanty
- 건축연도: 1998
- 수용인원: 196명

이 재활센터는 사고나 수술 등에 의한 활동장애가 생긴 경우 재활을 돕는 병원이다. 4층 규모의 이 건물은 반원 형태로 경사지에 놓여 있는 4개의 메인 건물로 구성되어 있다.
건물의 중앙에 환자들이 머물 수 있는 주 출입구가 있으며, 환자 영역과 진료 영역은 공간적으로 구분이 되어 있다. 외부에 날개 형식으로 뻗은 건물에는 병원체조실과 메인 주방이 딸린 식당이 있다.

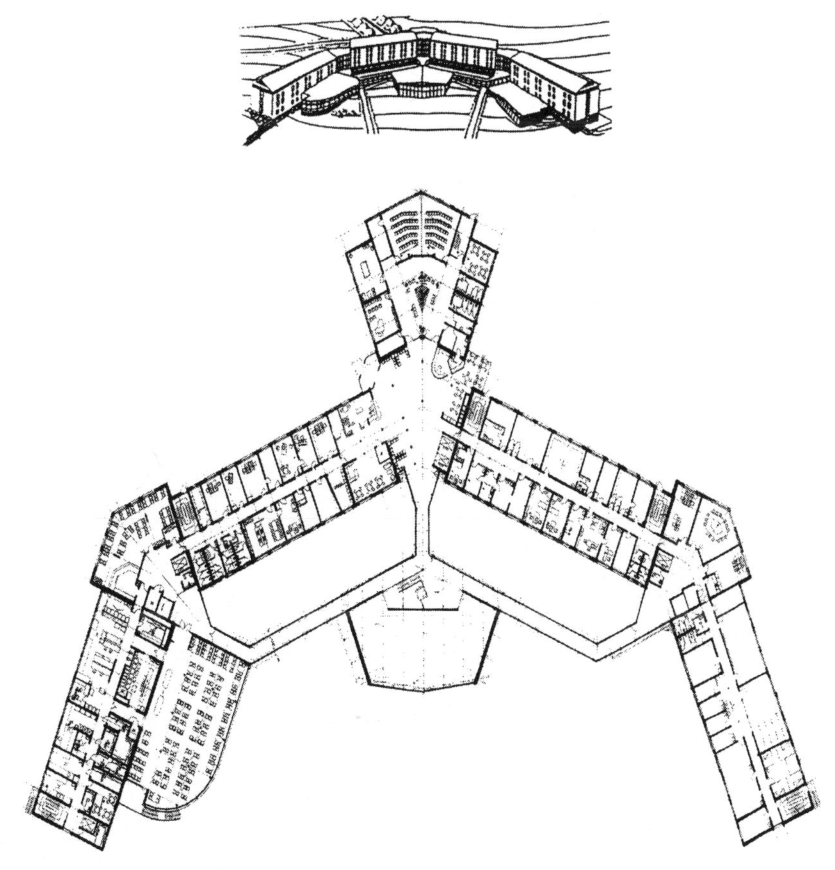

▲ 지상층

2. 바트 헤레날브(Bad Herrenalb)에 있는 재활센터 “독수리성(Falkenburg)”

- 설계자: Michael Weindel, Karlsruhe
- 건축연도: 1996
- 수용인원: 297명

이 시설은 재활센터와 호텔식 병원으로 구성되어 있다. 재활센터는 전체적인 관리를 도울 수 있도록 2개의 기본적인 층으로 구성되어 있다.

하부에 정원형식의 층은 치료실과 휴식을 취할 수 있는 의사들의 공간이 있으며, 수영장 시설도 있다. 지상층에는 주 출입구에서 시작하여 로비가 있으며, 진단영역, 관리실, 주방이 딸린 카페와 같은 카지노 시설이 있다. 지상 3층에는 환자들을 위한 입원병동이 있다.

병원호텔에는 특수치료를 요하는 개인환자를 위한 모든 시설이 완비된 호텔식 시설이 구비되어 있다. 이 시설의 주변 건물에는 이 관리를 위하여 일하는 사람들과 직원들을 위한 6개 빌라형식의 시설이 있다.

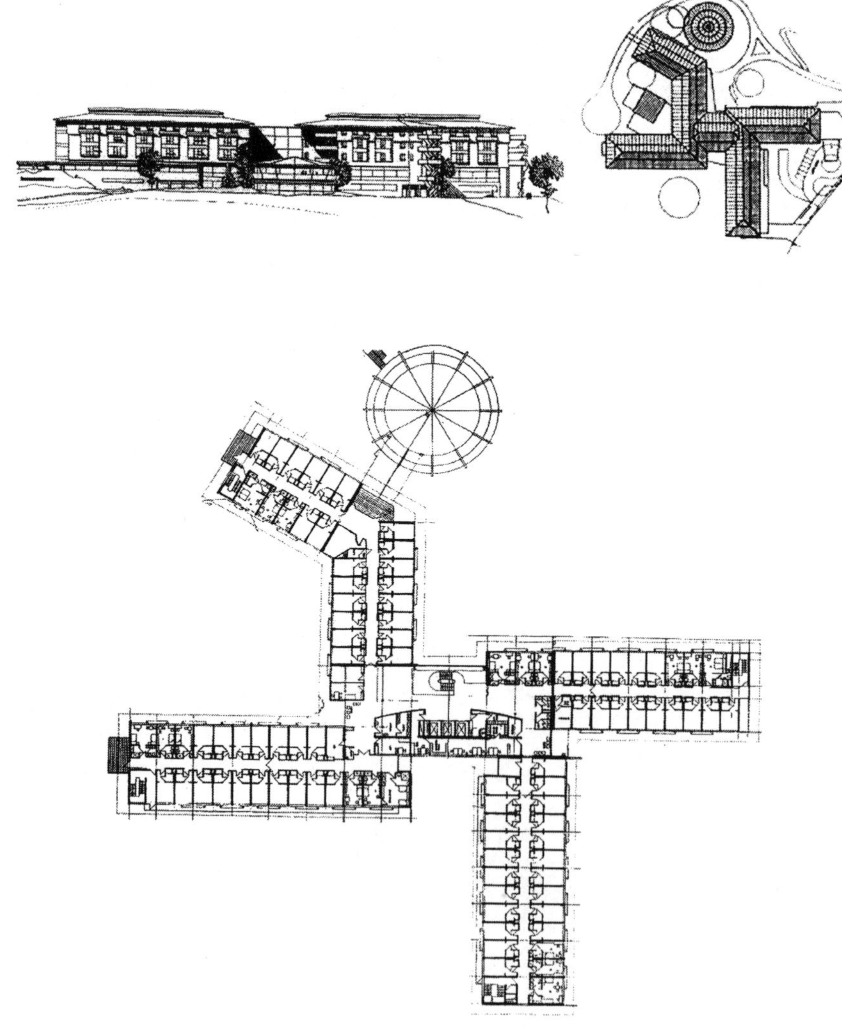

▲ 상층

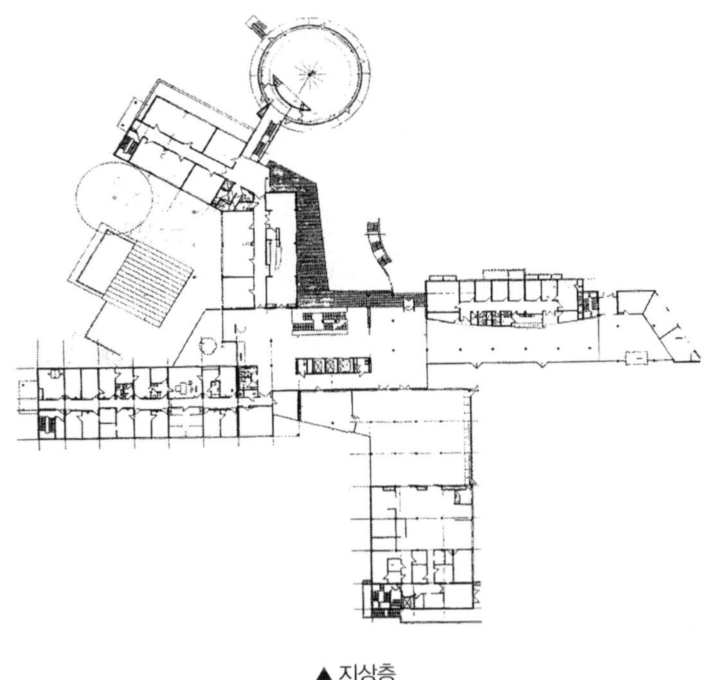

▲ 지상층

3. 엥겔스키르헨(Engelskirchen)에 있는 재활센터

- 설계자: Prof. Harald Deilmann, Müster
- 건축연도: 1996
- 수용인원: 222명

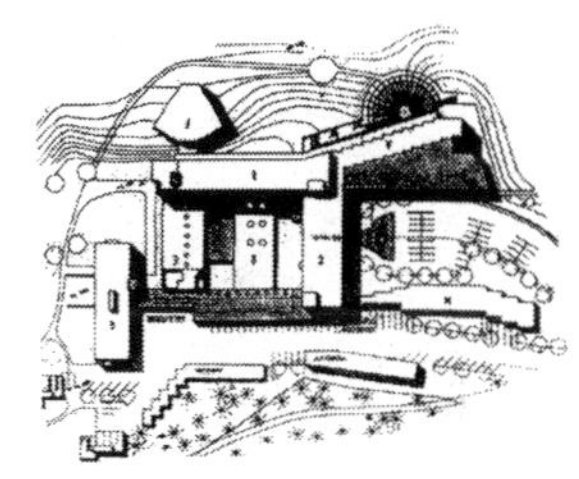

이 건물은 기존 건물에 시대가 요구하는 순수한 재활센터를 증축하여 리모델링을 시도하였다. 이 요구는 새로운 건물에 여가공간, 놀이공간 및 물리치료를 위한 공간와 같은 현대적인 분위기의 공간을 새로 만드는 것이었다.

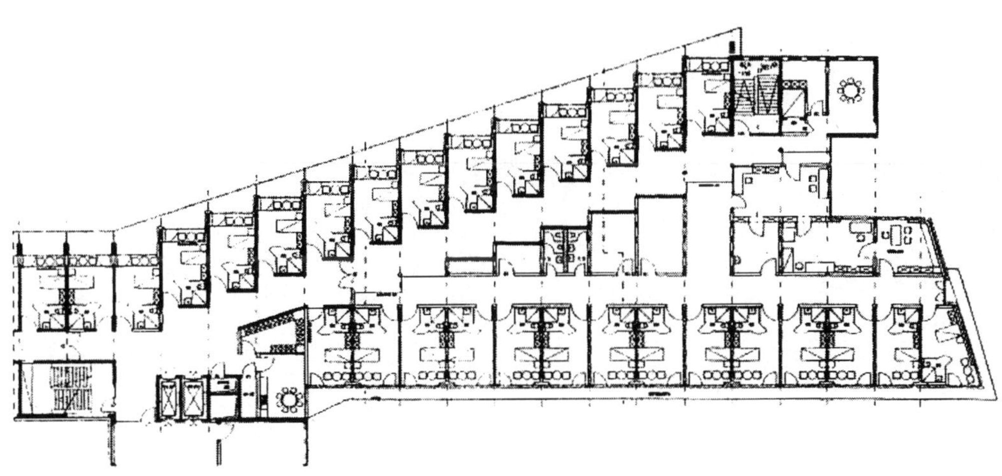

▲ 입원병동

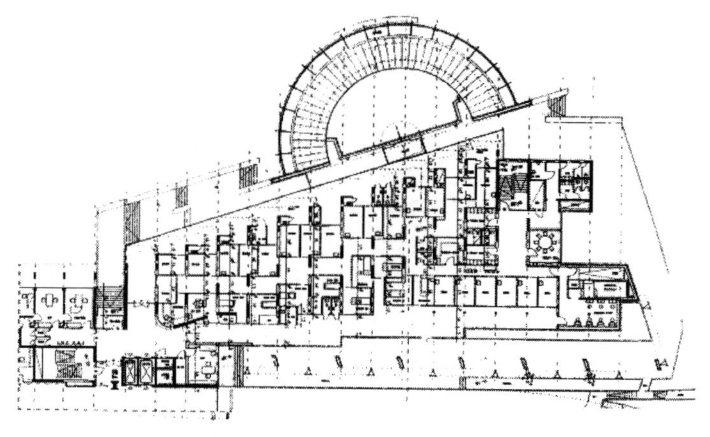

▲ 물리치료 영역

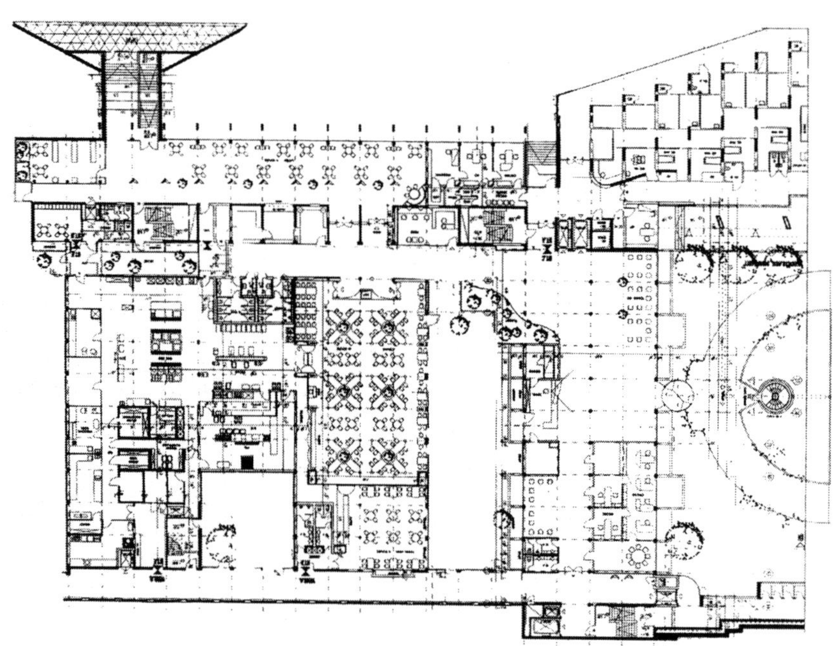

▲ 주 출입구 영역

4. 뷔넨베르크(Wünnenberg)에 있는 재활센터

- 설계자: Michael Weindel, Karlsruhe
- 건축연도: 1996
- 수용인원: 300명

이 재활시설은 호텔방식의 시스템으로 만들어졌다. 4층 규모에 동서의 2개 축으로 나누어진 건물에는 입원병동이 자리 잡고 있다. 여기에는 50개의 2인 1실과 149개의 1인 1실이 있다. 건물의 중앙에는 주 출입구와 의학적인 영역이 배치되어 있다.

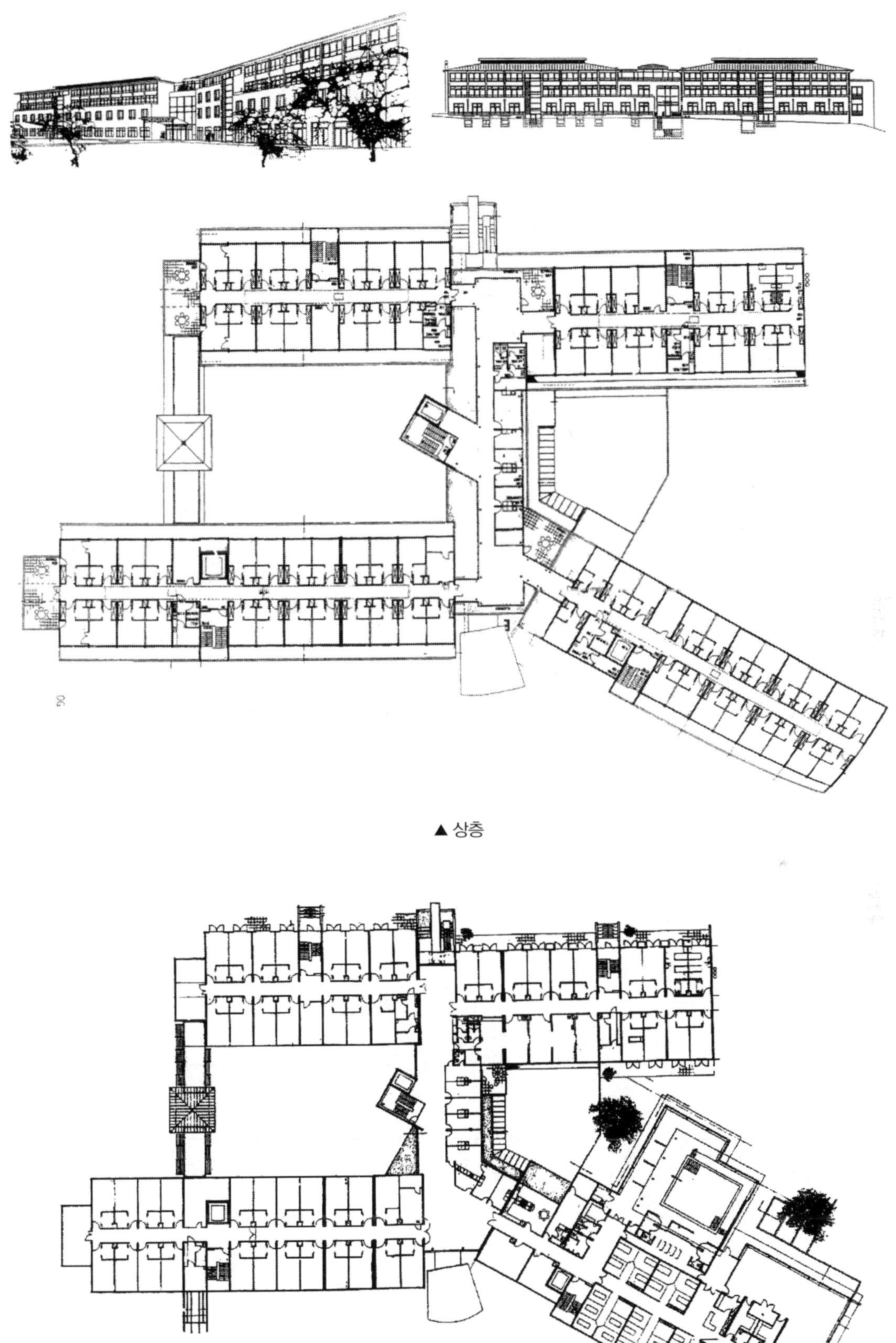

▲ 상층

▲ 지상층

요양원

중환자를 위한 장기치료는 요양원과 전문병원 사이의 중간적인 상태이다. 일반적으로 이러한 치료는 주거를 통한 장기적인 치료를 요구한다. 이 상태는 치료의 목적으로 의약에만 의존하는 것이 아니라 신경 또는 근육의 활성화를 복구시키는 작업이 필요한 경우도 있으므로 수영장, 체조공간, 그리고 물리치료와 같은 영역을 필요로 한다. 이 치료를 받는 그룹은 소규모이거나 가족과 같은 형태로 형성된다. 이러한 성향은 건축물이 큰 규모에서 소규모화 되면서 서로 연결되는 형태를 취하고 있다.

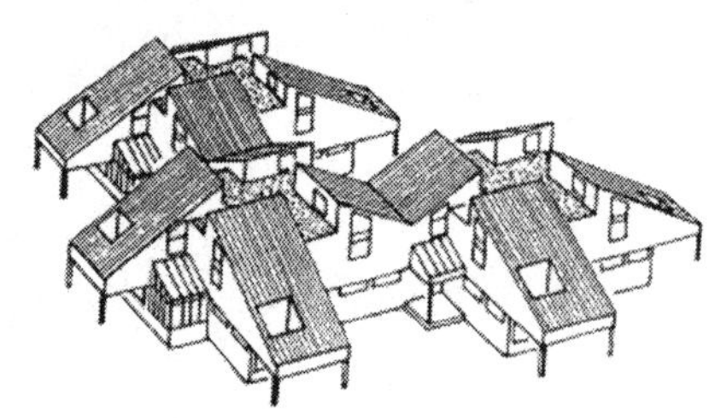

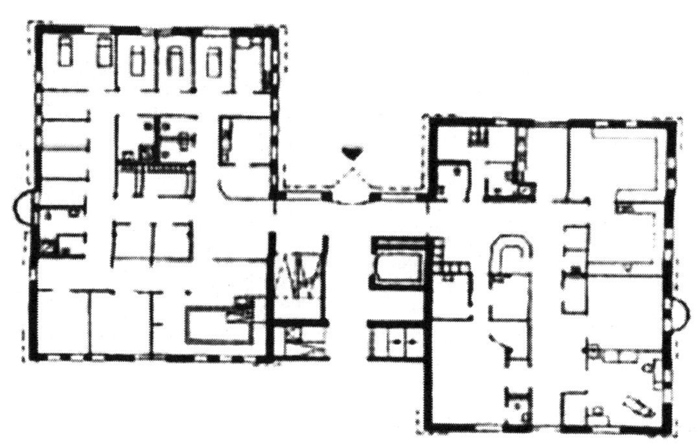

▲ 분스토르프(Wunstorf)의 기능영역

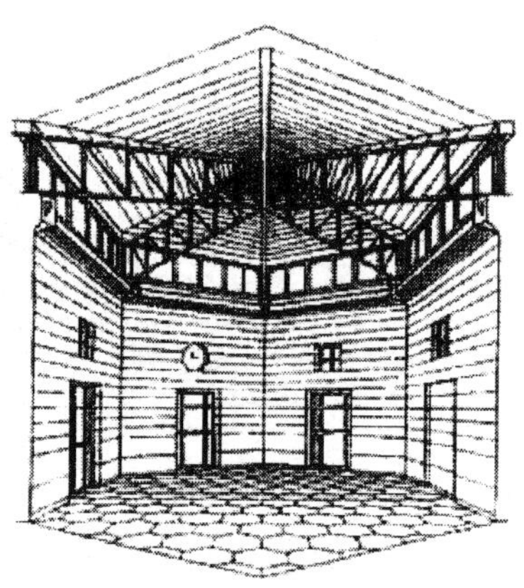

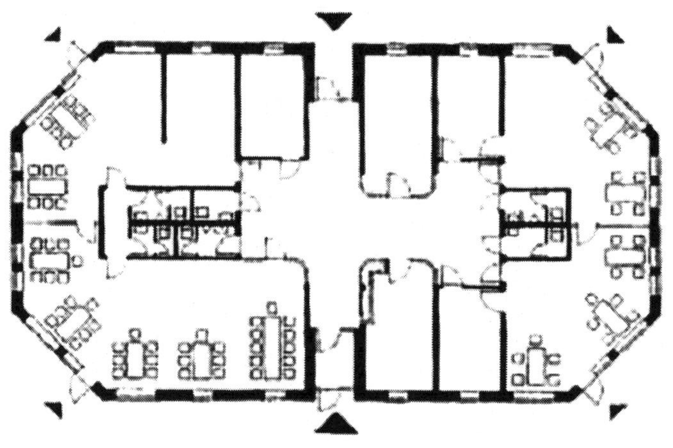

▲ 노이스타트(Neustadt)의 치료실

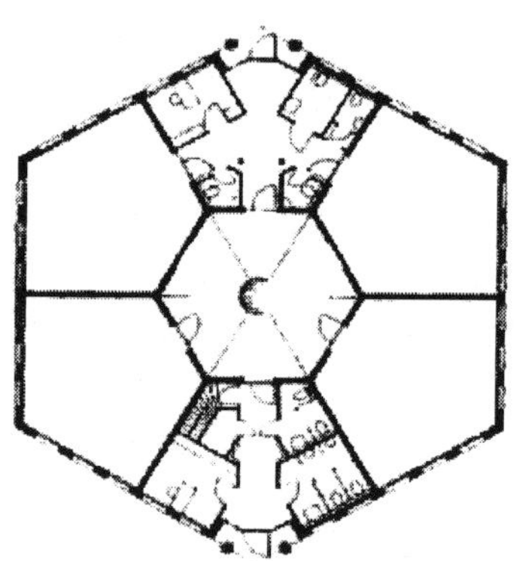

▲ 뒤셀도르프의 치료영역

1. 뮌헨에 있는 구호센터 "마르타 마리아(Martha Maria)"

- 설계자: Prof. Prof. Christian Ottow. München
- 건축연도: 1992
- 수용인원: 145명

중앙에 놓인 주 출입구는 간호 영역으로 연결이 되는 핵심영역이다. 평면상 입구 홀 건너편 간호병동과 주거영역 사이에 갤러리를 추가하여 공간을 분리하려는 의도가 보인다. 이는 거주영역에서 간호영역으로 거주자들의 이동동선을 끊어버리려는 의도가 담겨 있다.

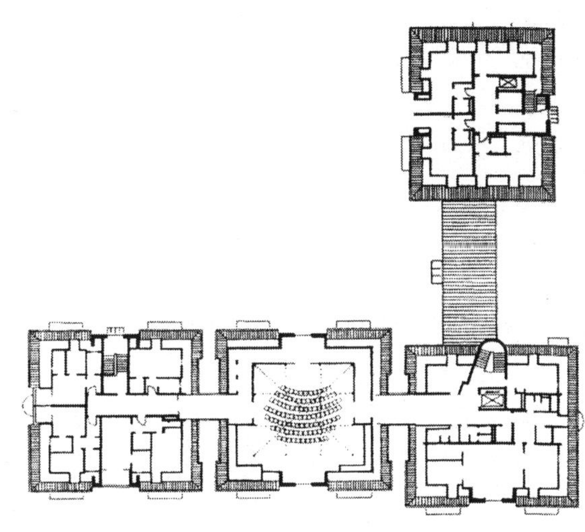

▲ 지붕층

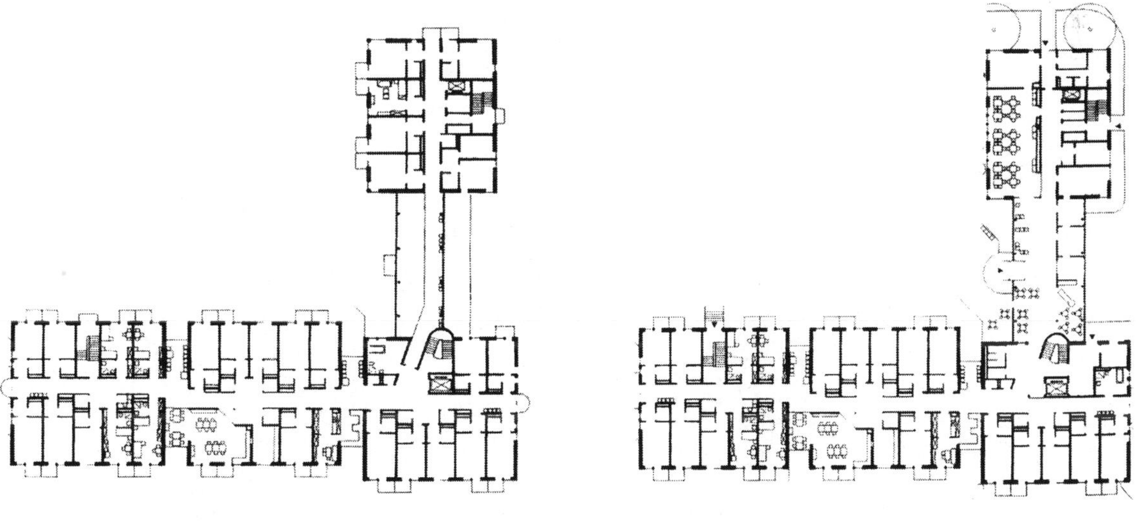

▲ 상층

▲ 지상층

2. 베른(Bern)에 있는 요양원

- 설계자: Atelier 5. AG. Bern/CH.
- 건축연도: 1992
- 수용인원: 222명

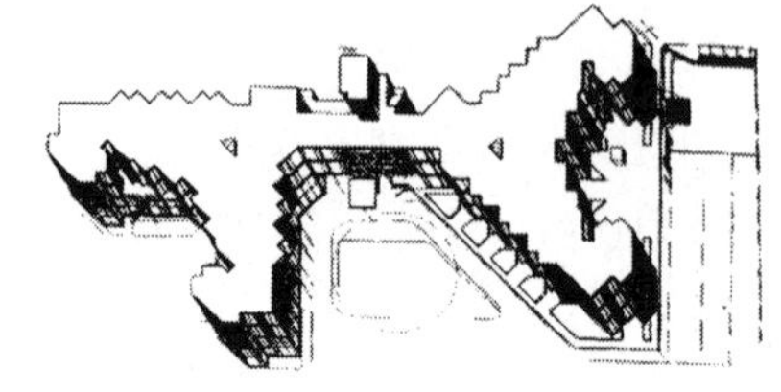

형태적으로 강한 인상을 갖고 있는 이 건물은 3층 규모로 삼각형 모양의 두 건물이 서로 연결되어 있다.

- 지하층: 작업장, 세탁실, 창고, 외부와 연결된 통로, 대형 냉장실이 있는 주방, 설비
- 지상층: 로비와 접수창구, 뷔페, 카레, 다용도실, 미용실, 약국, 실험실, 의사와 검사실, 치과, 관리실, 근육 및 물리치료실
- 지상 1층과 2층: 1인 1실, 2인 1실, 그리고 4인 1실이 있는 병동, 목욕탕, 대기실, 다실(tea room), 방문자실, 그리고 직원용 화장실이 있는 공간

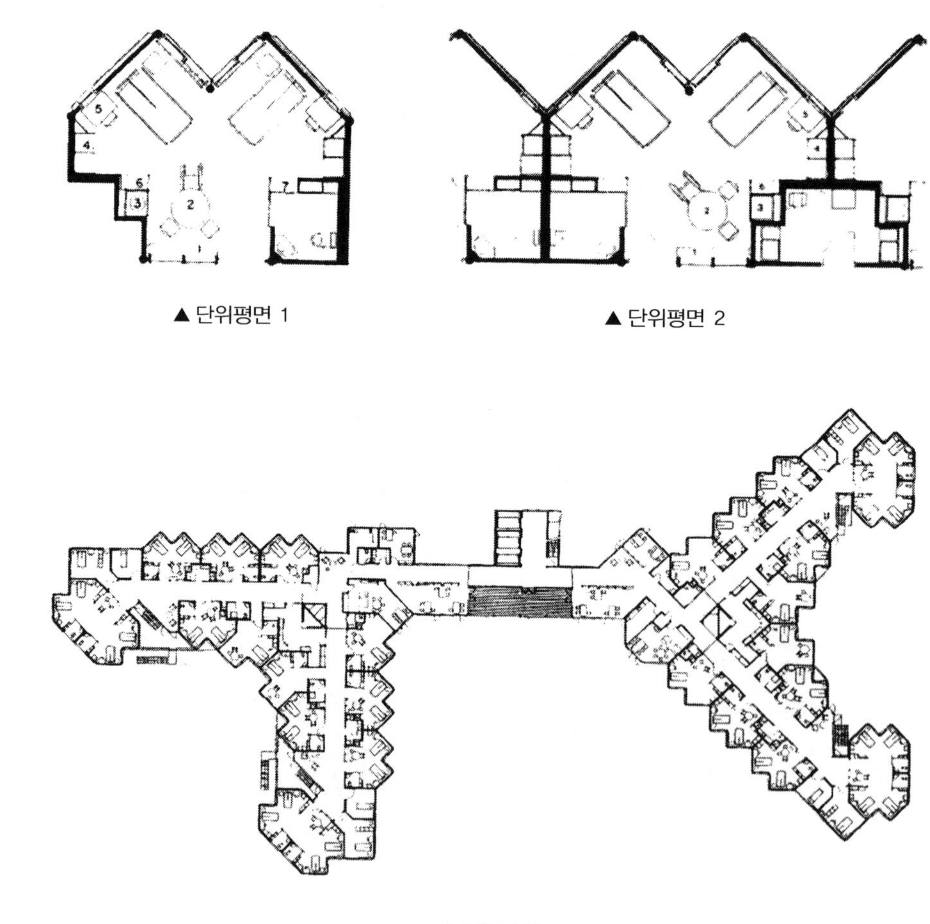

▲ 단위평면 1

▲ 단위평면 2

▲ 지상 1층

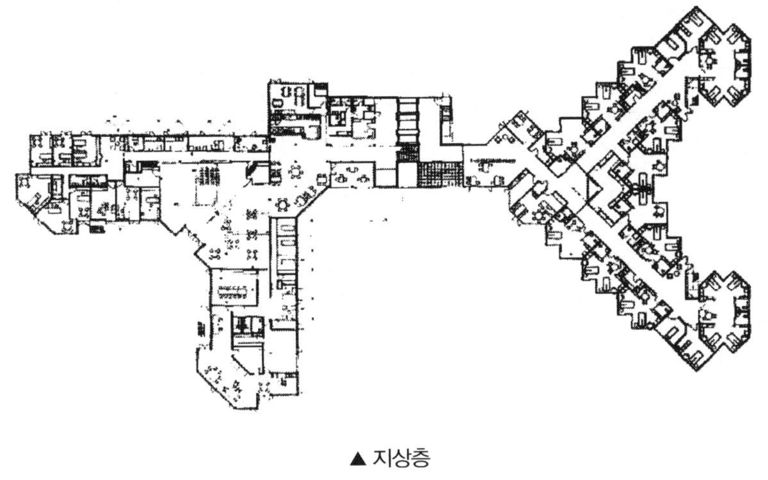

▲ 지상층

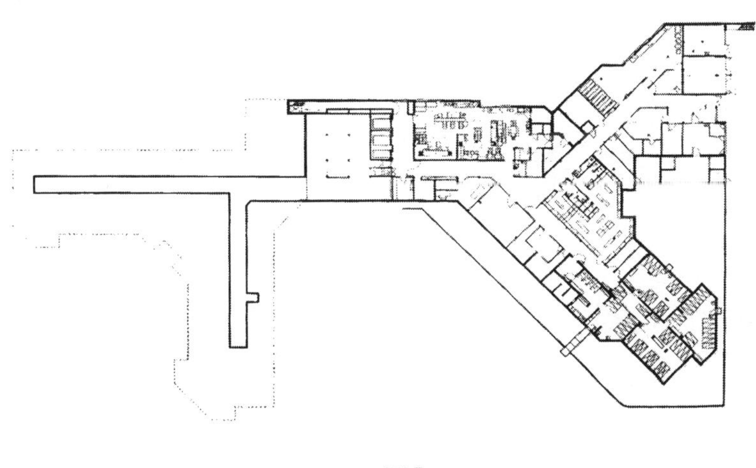

▲ 지하층

3. 라인펠덴(Rheinfelden)에 있는 요양시설

- 설계자: Heinz Gaiser, Stuttgart
- 건축연도: 1991
- 수용인원: 44명

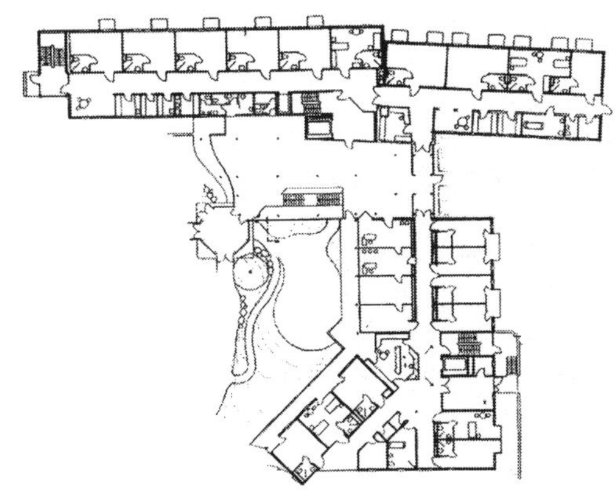

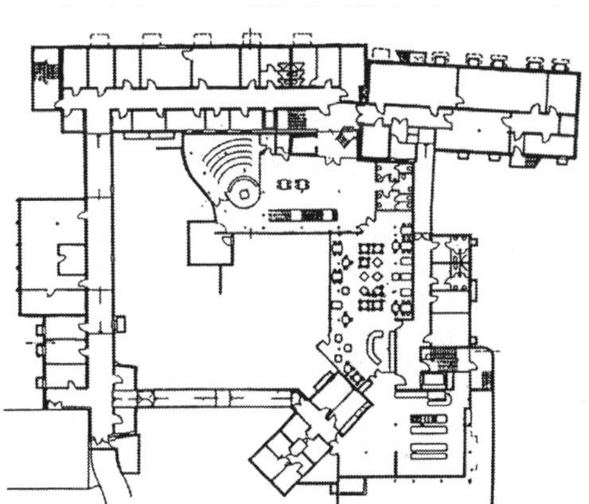

4. 메르쉬벡(Merschweg)에 있는 장애자 요양시설

- 설계자: J. G. Hanke BDA. Bielefeld
- 건축연도: 1991
- 수용인원: 60명

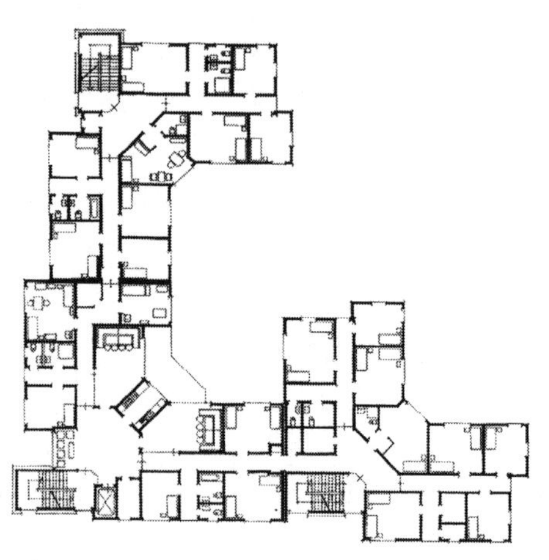
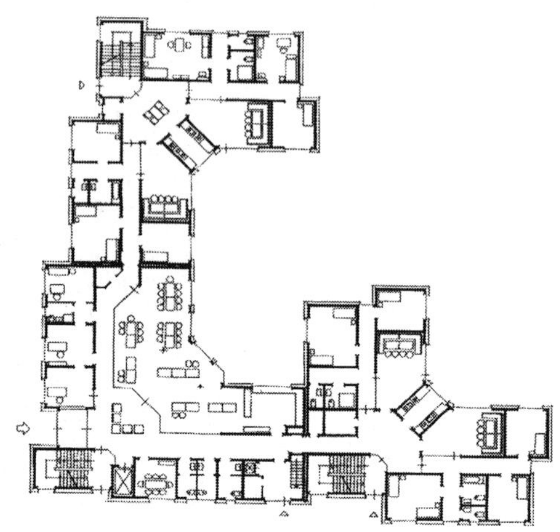

5. 잔데(Sande)에 있는 정신장애자를 위한 장기간 요양시설

- 설계자: Manfred Oesterlau, Oldenburg
- 건축연도: 1996

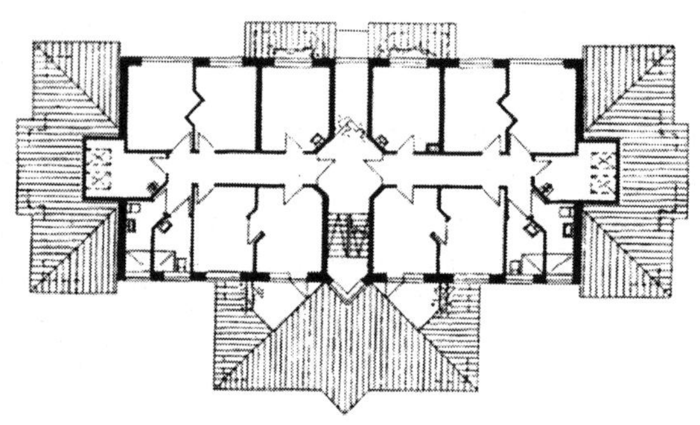

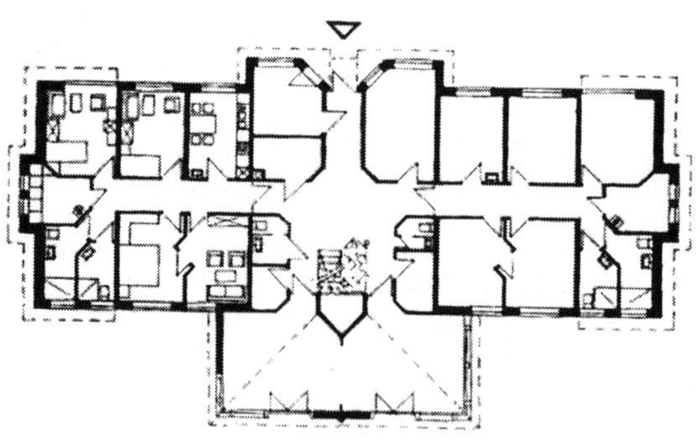

6. 델멘호스트(Delmenhorst)에 있는 정신장애자를 위한 장기간 요양시설

- 설계자: Manfred Oesterlau, Oldenburg
- 건축연도: 1994

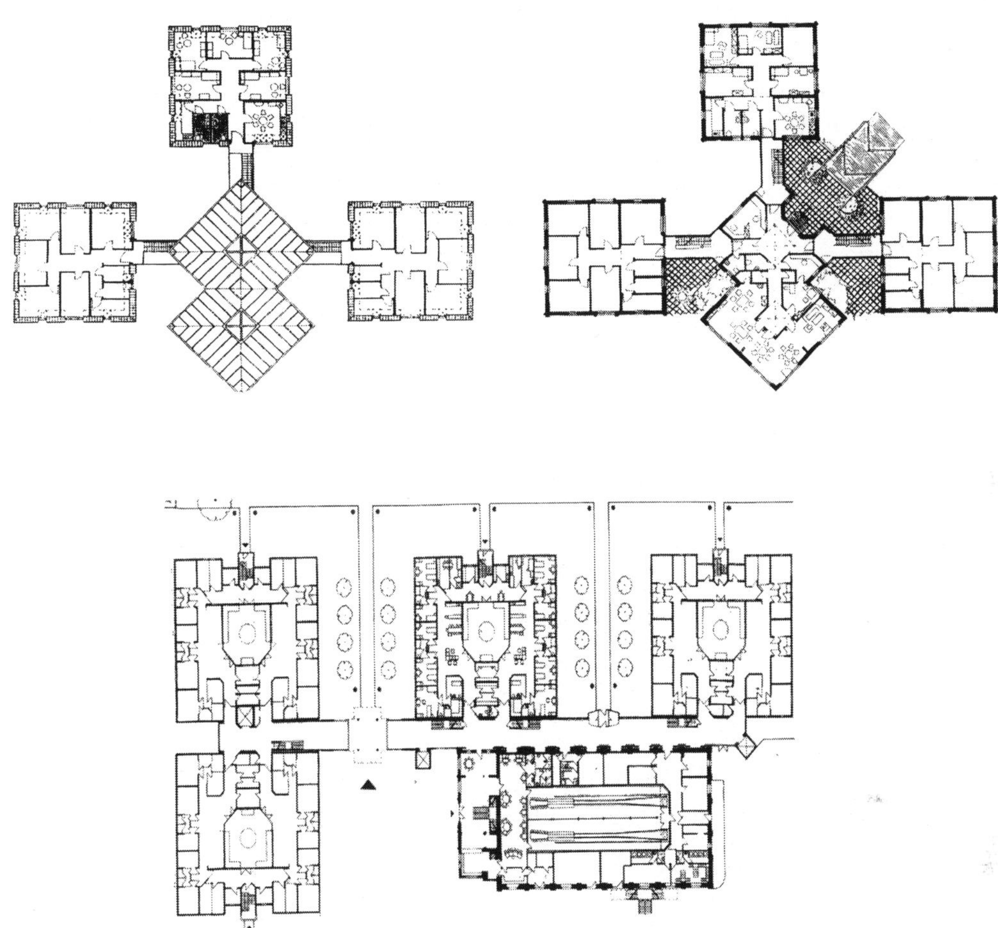

7. 델멘호스트(Delmenhorst)에 있는 정신장애자를 위한 장기간 요양시설

- 설계자: Manfred Oesterlau, Oldenburg
- 건축연도: 1994

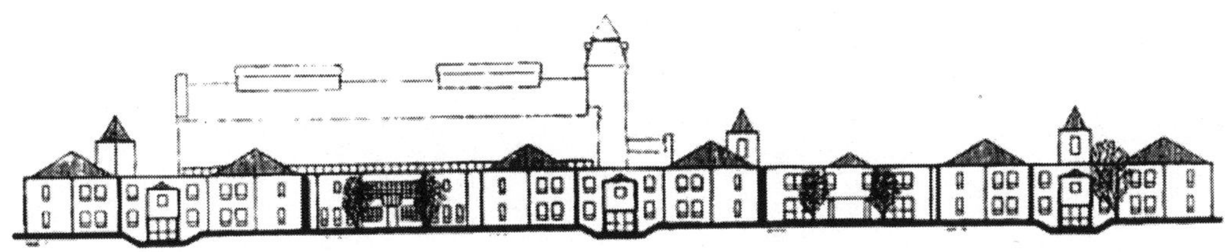

건축설계 Atlas

1판 1쇄 인쇄 | 2013년 9월 16일
1판 1쇄 발행 | 2013년 9월 16일

저　자 | 양용기

펴낸이 | 김호석
펴낸곳 | 도서출판 대가
편집부 | 권순현
디자인 | 포인, 김진나
마케팅 | 김재호, 이정호
관　리 | 신주영

등　록 | 제311-47호
주　소 | 경기도 고양시 일산동구 장항동 892 유국타워 1014호
전　화 | (02) 305-0210/306-0210
팩　스 | (031) 905-0221
전자우편 | dga1023@hanmail.net
홈페이지 | www.bookdaega.com

ISBN 978-89-6285-120-5 93540

■ 저자와의 협의 하에 인지는 생략합니다.
■ 파손 및 잘못 만들어진 책은 교환해 드립니다.
■ 이 책의 무단 전재와 불법 복제를 금합니다.